世界主要
国立科研机构概况

白春礼 ◎ 主编

A Profile of the World's Major National
Scientific Research Institutions

科学出版社
北京

图书在版编目(CIP)数据

世界主要国立科研机构概况/白春礼主编.—北京：科学出版社，2013.2
ISBN 978-7-03-036601-6

Ⅰ.①世… Ⅱ.①白… Ⅲ.①科学研究组织机构-概况-世界 Ⅳ.①G321

中国版本图书馆 CIP 数据核字（2013）第 020700 号

责任编辑：侯俊琳 李 薇 裴 璐 刘巧巧／责任校对：包志虹
责任印制：赵 博／封面设计：无极书装
编辑部电话：010-64035853
E-mail：houjunlin@mail.sciencep.com

科学出版社 出版
北京东黄城根北街 16 号
邮政编码：100717
http://www.sciencep.com

北京华宇信诺印刷有限公司印刷
科学出版社发行 各地新华书店经销

*

2013 年 4 月第 一 版　开本：880×1230　1/16
2025 年 2 月第十次印刷　印张：31 3/4　插页：1
字数：571 000
定价：198.00 元
（如有印装质量问题，我社负责调换）

编撰委员会

主　编：白春礼

副主编：潘教峰　李晓轩

编　委：刘　清　钟永恒　石　兵　代　涛　张　军
　　　　　陶宗宝　蔡长塔　陈　伟　马廷灿　肖小溪
　　　　　刘智渊　万　勇　黄　健　黄　可　姜　山
　　　　　梁慧刚　冯瑞华　周晓芳　杨国梁　周建中
　　　　　周长海　付丽丽　阿儒涵　李　强　徐　芳
　　　　　张月鸿　董　萌　蒋　芳

国家科研机构是国家的战略科技力量[①]

（代序）

党的十八大提出要实施创新驱动发展战略，坚持走中国特色自主创新道路，加快建设国家创新体系。国家科研机构（也称国立科研机构）是国家的战略科技力量，在国家创新体系中发挥着骨干引领作用。

一、国家科研机构是近现代科技高度社会化、建制化、专业化的产物

现代意义上的国家科研机构，始于17世纪的法国科学院。伴随着科学革命、技术革命和工业革命的蓬勃兴起，国家科研机构在西方发达国家率先实现现代化的进程中发挥了重要作用，为后发国家抓住科技革命机遇实现赶超发挥了关键支撑作用。当今世界，所有发达国家、新兴国家和发展中大国都有自己的国家科研机构，与研究型大学、企业研发组织共同构成国家创新体系的研发主体。

16~17世纪，以牛顿为代表的科学家建立了现代科学理论体系和实验研究方法，标志着近代科学的形成。英国于1660年成立了皇家学会。其后，法国科学院、德国科学院、俄罗斯科学院相继成立，聚集了一批优秀的科学家专职从事科学研究。这些国家科研机构的成立，标志着科学研究作为一种社会建制确立起来，成为有组织、独立的社会职业。支持科学研究也成为国家的一项基本职能，建立国家科研机构、集中优秀科学家开展科学研究成为各国竞相效仿的模式。

随着自然科学各学科的成熟和工业革命的蓬勃发展，一些国家认识到科学技术蕴含的巨大力量，陆续建立了一大批适应国家发展需要的多种类型的专业性国家科研机构，主要开展自然资源调查、解决医疗卫生问题、发展农业科技、研究制定测量标准、开展服务国防需求和产业技术发展的应用研究等。

[①] 本文发表于2012年12月9日《光明日报》。

20世纪初,随着第二次科学革命的兴起,科技在促进产业与经济发展、提升国家整体竞争能力等方面的作用更加显现。学科不断分化出众多的分支学科,科研活动规模不断扩大并对大型精密仪器设备提出更高要求。世界主要国家开始对国家科技力量进行整体战略布局,创建了一批综合性国家科研机构。1911年德国成立了威廉皇家协会,1916年加拿大组建了国家研究委员会,1917年日本成立了理化学研究所。这些综合性国家科研机构成为各国发展科技、支撑经济社会发展的骨干力量。

第二次世界大战后,为满足国家安全、社会发展、人口健康和经济发展的需求,发达国家进一步强化政府对科技活动的干预,纷纷投入巨资,在核技术、空间技术、能源科技等热点领域建立科研机构,开展全方位科技竞争,逐步形成各自完善的国家整体科技布局。美国在拓展已有国家科研机构职能的同时,还成立了原子能委员会、国家航空航天局和能源部所属的国家实验室。英国、法国、日本等也都相继建立了一批国家科研机构。20世纪80年代以来,随着信息技术和生物技术的快速发展,一大批科研机构应运而生。

国家科研机构主要有两种类型。一类比较集中,以德国、法国、日本、俄罗斯、澳大利亚、加拿大、韩国和中国等为代表,拥有综合性、实体性的大型国家科研机构,表现为科学院、学会、科研中心、联合会等形式。另一类相对分散,以美国、英国为主要代表,拥有许多专业性、部门管理为主的国家科研机构,表现为国家实验室、研究院所、研究理事会等形式。

二、国家科研机构担负着服务国家目标、引领科技发展的重要使命

国家科研机构关系国家长远发展和战略全局,是国家竞争力的集中体现,主要设置在战略必争领域。这些领域的研究开发具有长远性,以及风险大、技术难度高等特点,单靠市场机制不能完成,必须由国家集中投资和组织,保证研究开发的连续性和稳定性。总体上看,各国国家科研机构的人员规模都比较大,研发经费占政府研发总投入的比重一般都达到30%~40%。例如,美国国家科研机构有20多万人,研发经费占政府研发总投入的40%左右;德国国家科研机构有8万多人,研发经费占政府研发总投入的45%左右。

服务国家目标。国家科研机构在国家科技布局中发挥着基础和核心作用,主要开展基础性、战略性、前瞻性和综合性的研究工作,是国家重大科技任务的发起者、承担任务的主体与骨干力量。通过牵头发起和组织实施重大科技计划,联合优势科研力量,紧紧围绕国家经济社会发展和国家安全的重大需求,协同攻关,形成

集群优势。一些国家科研机构还担负科研资助的职能，面向全国设立竞争性项目，支持开展相关领域研究。

开展重大前沿研究。国家科研机构代表国家科技的最高水平，集中解决新兴、交叉、综合性的前沿科学问题，聚焦未来技术前沿，提出新理论新方法，开辟新兴前沿方向，创造新知识，为新兴技术提供源头，在本国科技创新中发挥引领作用。例如，截至2011年，美国能源部17个国家实验室共有87位科学家获得诺贝尔奖；德国马克斯·普朗克科学促进学会（简称马普学会）共有32位科学家获诺贝尔奖，超过德国大学的获奖人数。

建设国家重大创新平台。国家科研机构负责建设、管理和运行国家大型科技基础设施，研发重要科研装备，为大学和企业开放共享大型科技基础设施提供技术支撑服务，基于大科学装置与大学、企业联合开展综合交叉前沿研究。例如，美国能源部的核心使命包括"建造与运行大科学装置和设施，供联邦政府、大学、产业界和其他科研机构利用"，亥姆霍兹国家研究中心联合会（简称亥姆霍兹联合会）是德国最大的、以大型基础研究设施为依托的国家科研机构。

开展技术转移与技术服务。重视加强科技创新与市场的联系，为国家经济社会发展提供知识、技术和人才，是国家科研机构的重要任务。一般通过设立专门机构或利用技术转移中介机构推动科研成果向企业转移，通过承担企业委托的研究任务、合作共建研发机构、共建产学研创新联盟等形式为企业研发提供技术支撑和咨询服务等。例如，美国能源部所属的国家实验室都成立了技术转移办公室。

培养创新型人才。发挥科研资源丰富的优势，集聚优秀人才，培训培养高层次创新人才和青年人才，是国家科研机构的重要任务。与大学和企业建立密切的人才交流关系，鼓励研究人员到大学任教、到企业任职，与大学联合培养研究生，接受博士后、访问学者和客座研究人员等。例如，德国马普学会鼓励研究人员去大学担任兼职教授，其80%的所长和室主任都在大学任兼职教授。许多国家的国家科研机构也在探索自主培养研究生的新形式，如德国马普学会成立了国际研究学院，吸引和培训急需的青年科学家。

开展高水平国际科技合作。这是国家科研机构扩大科技资源来源，保持和提升科技竞争力、影响力的重要途径。国家科研机构主要与国际上高水平科研机构、大学开展合作研究、进行人才培养、共享科技基础设施等，代表国家发起或参与国际联合研究计划、参加重要国际科技组织，同时从自身战略布局需要出发，在海外建立或共建研发机构、设立办事机构等。例如，美国联邦政府各部门签署的与科技相关的协议有900多个；德国马普学会在全球有2900多个合作研究机构，在美国设立生命工程研究所，在韩国浦项工业大学设立材料研究所，与中国科学院共建了青年伙伴小组和计算生物学伙伴研究所；日本理化学研究所在美国麻省理工学院建有神经回路遗传学研究中心。

三、科技发达国家建立起比较完善的国家科研机构管理体制机制

国家科研机构形式多样、各有特点，与本国的历史、国情和发展阶段等密切相关。科技发达国家注重引导国家科研机构服务国家目标、提升核心竞争力，逐步建立了比较完善的治理结构、管理模式、资源配置机制、用人制度等。

拥有完善的治理结构。一般通过法律形式明确国家科研机构的设立与变更、定位与职责、隶属关系、管理体制等，或通过章程规范其组织管理，主要采取国家或政府部门直接管理和委托社会力量管理两种方式。综合性国家科研机构或委托管理的国家科研机构一般由政府、企业、社会等相关利益方组成理事会或咨询评议会等决策机构，负责对其运行和管理的重大问题做出决策。政府部门直接管理的国家科研机构，其负责人主要由政府或部门直接任免。

重视战略管理与绩效管理。政府一般采取目标管理和绩效管理的方式，从整体上引导国家科研机构的研究方向，将国家整体目标分解并落实到相关科研机构的目标和任务，主要评价其目标完成程度、整体绩效和创新贡献，同时也充分尊重科学研究活动自身的规律和特点，保证科学家自主、独立、持续地开展研究工作。

给予稳定的经费支持。根据国家科研机构定位采取相应的经费配置方式。一是目标导向的机构配置模式。国家科研机构根据国家确定的目标，基于自身使命和定位提交年度预算申请，由政府批准后实施。二是基础研究稳定配置模式。政府给予全额稳定预算支持。三是机构配置为主、项目竞争为辅的模式。该模式以稳定支持为主，同时设立竞争性基金或计划，允许科研机构参与项目竞争。稳定支持采取切块经费或支持科研机构牵头实施与其使命相关的战略性科技计划的方式，一般占科研机构总经费的80%以上。四是应用导向的市场配置模式。该模式主要针对面向产业开发关键共性技术并提供技术服务的科研机构。

实行竞争择优的用人机制。政府直接管理的国家科研机构，对研究人员的管理有两种方式，一是在招聘、晋升和薪酬制度方面采用与公务员相同的制度，同时也引入竞争机制对新进人员实行合同聘用；二是采取合同聘用制度，长期聘用与有限期聘用相结合，通过一定期限的考核评价，对高级科研人员实行终身聘用，对青年科技人员采取有限期聘用或合同聘用。委托管理的国家科研机构一般采取与管理方性质一致的人员管理方式。

四、我国国家科研机构的发展、改革和创新

新中国国家科研机构在实践中走出了一条中国特色科技发展道路。新中国成立之初，党和国家着眼新中国建设全局和未来发展，做出成立中国科学院的重大战略决策，标志着新中国拥有了一支国家科技战略队伍，开启了我国自主发展科学技术的光辉征程。

在"十二年远景规划"的实施和"两弹一星"研制期间，中国科学院逐步形成了自然科学基础学科相对齐全的布局，开创了我国计算技术、半导体技术、无线电电子学、自动化等新技术领域，向工业、国防和地方成建制转移了大批科研机构，在中国科技事业发展中发挥了火车头作用。由此，我国初步建立起以中国科学院为学术领导核心，中国科学院、部门研究机构、高等学校和地方研究机构共同组成的现代科学技术体系，国家科研机构在奠定、发展我国科学研究基础，有效解决"两弹一星"等一批国家经济社会发展中重大而迫切的关键科技问题，迅速缩小与世界先进水平的差距等方面，发挥了不可替代的作用。

1978年全国科学大会后，恢复和重建了"文化大革命"中受到严重破坏的学科体系和科研机构，迎来"科学的春天"。1985年党中央做出《关于科学技术体制改革的决定》，国家科研机构在科技体制改革中发挥了示范带动作用。中国科学院率先实行所长负责制，成立开放实验室，设立面向全国的科学基金，创办了新中国第一家高新技术企业、第一个科技工业园区，培育出联想等一批高新技术企业，实施我国第一个面向海外的高层次人才计划——百人计划。

1998年，党中央国务院支持中国科学院开展知识创新工程试点，要求中国科学院"建设成为具有国际先进水平的科学研究基地、培养造就高级科技人才的基地和促进我国高技术产业发展的基地"，"不仅要创造一流的成果、一流的效益、一流的管理，更要造就一流的人才"，进一步指明了国家科研机构的发展目标和方向。中国科学院率先实行岗位聘用制度和竞争择优的用人制度，建立以"三元结构工资"为主体的分配制度，改革资源配置机制和科技评价奖励制度，基本建立了现代科研院所制度。同时，国家推动一批面向产业技术的科研机构转制为企业，产学研结合更加紧密，基本形成了国家创新体系的整体战略布局。

2012年7月，党中央、国务院召开了全国科技创新大会，发布了《关于深化科技体制改革加快国家创新体系建设的意见》，指明了国家科研机构未来改革发展的方向。国家科研机构必须面向国家战略需求，面向世界科技前沿，以创新驱动发展为核心，以促进科技与经济的紧密结合为重点，加快提升自主创新能力，解决制约

我国经济社会发展的突出问题，抢占未来科技制高点，在加快转变经济发展方式、培育和发展战略性新兴产业中发挥支撑引领作用。大力推进协同创新，促进产学研用紧密结合，加强重要基础前沿交叉领域的前瞻布局，完善用人机制和科技评价，凝聚造就高水平科技领军人才，夯实发展的基础和条件。

中国科学院将紧密围绕党和国家赋予的战略任务，深入实施"创新2020"，坚持创新科技、服务国家、造福人民，进一步明晰新时期战略定位，履行出成果出人才出思想"三位一体"的战略使命，全面实施"民主办院、开放兴院、人才强院"的发展战略，全面推进"一个定位、三个重大突破、五个重点培育方向"的战略规划，构建科研院所、学部、教育机构"三位一体"的发展架构；深化科技体制改革，建立重大产出导向的评价体系和资源配置体系，大力推进协同创新和科教融合，加快提升自主创新能力，不断产出重大创新成果，为创新驱动发展提供有力的知识基础和发展动力，在建设创新型国家的历史进程中发挥好科技火车头的作用。

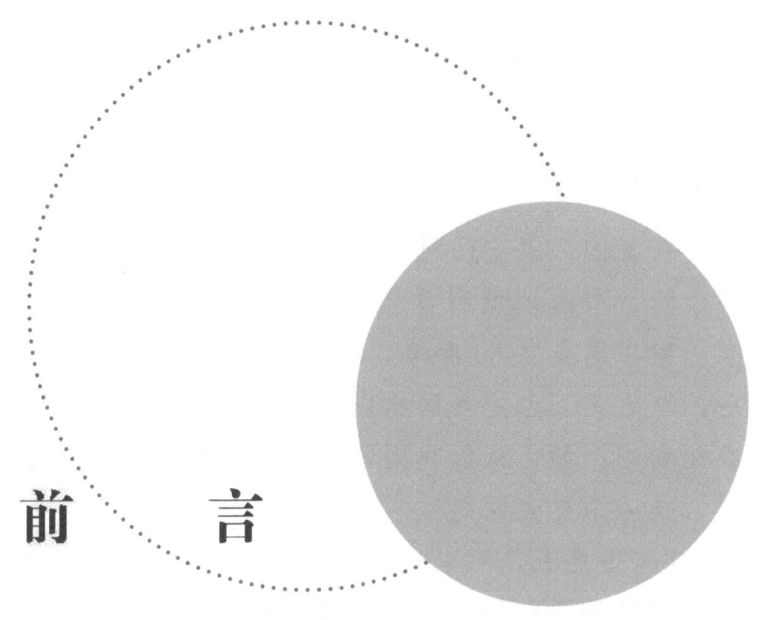

前 言

当前，我国正处于全面建成小康社会的关键时期和深化改革开放、加快转变经济发展方式的攻坚时期，破解发展难题、创新发展模式、抢占未来制高点，迫切需要发挥科技的支撑引领作用。党的十八大提出实施创新驱动发展战略，指出科技创新是提高社会生产力和综合国力的战略支撑，必须摆在国家发展全局的核心位置，进一步明确了我国科技发展的历史任务。2012年7月，党中央、国务院召开了全国科技创新大会，就贯彻落实《关于深化科技体制改革加快国家创新体系建设的意见》做出了全面部署，明确了我国科技体制改革的目标、重点和任务。

国立科研机构是我国国家创新体系的重要组成部分，《关于深化科技体制改革加快国家创新体系建设的意见》对国立科研机构改革提出了明确的要求，指出要提高科研机构服务经济社会发展能力，加快体制改革和机制创新，充分发挥国立科研机构的骨干和引领作用，并在治理结构、用人制度、工资制度、资源配置和评价等方面为国立科研机构的改革指明了方向。如何贯彻落实好科技体制改革的要求、建立健全现代科研院所制度、更好地发挥国立科研机构的作用，需要勇于实践、大胆探索。梳理和分析世界国立科研机构的发展情况，深入认识国立科研机构自身的发展规律，对我国科技体制改革和建立现代科研院所制度具有重要的参考价值。

现代意义上的国立科研机构始于17世纪的法国科学院。在过去300余年世界现代化的进程中，伴随着科学革命、技术革命和工业革命的蓬勃兴起，国立科研机构为西方发达国家率先实现现代化发挥了重要作用，为后发国家抓住科技革命机遇、实现赶超发挥了关键支撑作用。

当今世界，主要国家均形成了以国立科研机构、研究型大学、企业研发组织为主体的科技创新体系，国立科研机构担负着服务国家目标、保障公共利益和国家安全的重要使命，是国家的重要战略科技力量，在国家科技布局中起着基础和核心作用。

在我国，以中国科学院和部委直属的科研机构（如中国农业科学院、中国林业科学院、中国地质科学院、中国医学科学院等）为代表的国立科研机构约有400家。新中国成立60年来，国立科研机构在我国科技领域发挥着骨干和主力军的作用，与大学、企业共同构成国家创新体系的主体。但是，在创新型国家建设的宏大事业之中，如何认识我国国立科研机构的地位和作用，如何充分发挥这支力量的作用，是一个重大课题。

"他山之石，可以攻玉。"中国科学院一向重视国立科研机构的研究，近年来出版了《重要国际科研机构发展态势分析》、《国际科技竞争力研究：国立科研机构比较分析》、《中国与美日德法英五国科技的比较研究》、《人才与发展：国立科研机构比较研究》、《国外著名科研院所的历史经验和借鉴研究》等一系列研究报告。本书的初期工作始于2007年。当时，中国科学院启动了研究所综合配套改革试点工作，重点进行人力资源管理、经济资源管理、科研组织模式、科技评价等四个方面改革的研究与探索。为配合该项工作、借鉴国际经验，以中国科学院规划战略局、管理创新与评估研究中心、国家科学图书馆武汉分馆为主，选取了美国、加拿大、英国、德国、法国、俄罗斯、澳大利亚、日本、韩国和印度等10个国家的24个国立科研机构，梳理了这些国立科研机构的概况，包括各机构的一般情况（如使命与定位、科技布局与优先领域、人力资源、研发经费、国际合作等）、各机构的管理制度（如治理结构、人事管理、经费管理、科研组织模式、科技评价等），以及国立科研机构赖以存在的各国的基本科技政策与科技体制。在此基础上，进一步综合分析了国立科研机构的定位与主要特点。

从地域来看，选取的10个国家代表了北美洲、欧洲、大洋洲和亚洲。从科技发展程度而言，既有科技超级大国美国，传统的欧洲科技强国英国、法国和德国，新兴的科技发达国家日本、韩国、加拿大和澳大利亚，也有和中国一样处于追赶地位的俄罗斯和印度。国立科研机构主要根据其在该国和国际上的影响力选择。多数机构是比较专一的国立科研机构，也有一些研究机构除科学研究工作外还承担其他职能，如美国能源部、美国国家航空航天局、加拿大国家研究委员会、澳大利亚地球科学局等，同时也是国家政府部门；美国国立卫生研究院还承担着重要的资助作用。

本书编写大体分为三个阶段。第一阶段，讨论纲要并以此搜集、整理各国及其科研机构的材料，形成初步报告；第二阶段，集中对各国材料进行大量研讨、分析，征询有关专家意见，并以此修改初步形成的报告；第三阶段，进行各国及其机构特点的比较研究，进一步修改报告，突出各国及其机构的特点。

文献调研是本书在研究中采用的主要方法，包括对国内外相关研究文献、相关国家和机构网站等的调研。国内有不少作者从不同角度对世界上不同国立科研机构进行了研究和介绍，这些文献的大量研究工作为本书的完成提供了宝贵的素材。我们在此对所有引用到的文献的作者表示衷心感谢。

本书第一章为国立科研机构概论，综合分析了国立科研机构的特点。第二章至第十一章依次为对所选 10 个国家的 24 个国立科研机构的介绍。本书旨在全面、客观地展现当前世界主要国家及其国立科研机构的概况，作为相关领域学者和管理人员的参考工具，其特色主要有三个：一是涉及的国家及其国立科研机构多，有比较好的代表性；二是在对各国科技政策与体制进行全景性描述的基础上对其国立科研机构进行介绍，方便看清各国国立科研机构之间及与其他创新单元之间的相互关系；三是开展了各国国立科研机构的比较研究，易于把握国立科研机构整体发展脉络。

本书历时较长、涉及资料较多并力争采用最新数据，编写人员付出了大量辛勤劳动。此外，美国科技政策专家 Richard Pete Suttmeier 教授提供了经济合作与发展组织（Organization for Economic Co-operation and Development，OECD）的有关材料；英国诺丁汉大学曹聪副教授，国家自然科学基金委员会中德科学中心常务副主任陈乐生，中国驻法国大使馆科技处原秘书邱举良，中国科学院科技政策与管理科学研究所樊春良研究员，国家科学图书馆胡智慧研究员、任真副研究员分别对相关国家内容进行了审阅，并提出了宝贵的修改意见；中国科学院管理创新与评估研究中心研究生张大群、刘莹、赵宁，以及中国科学院国家科学图书馆武汉分馆研究生李娟、王巧玲、董克、汪莉莉、张晋辉等也参加了部分调研和校对工作。在此，一并表示感谢。由于能力及时间有限，本书中难免存在不当之处，敬请广大读者和专家批评指正。

编撰委员会
2012 年 12 月

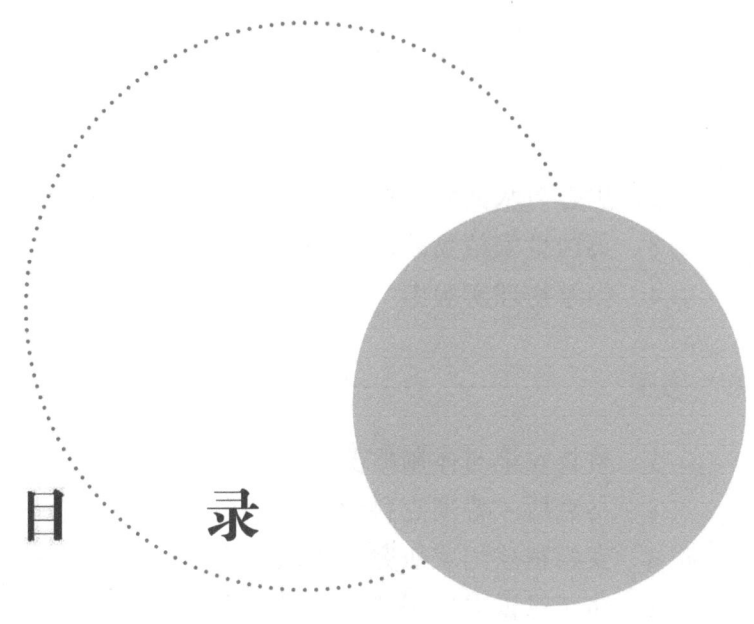

目 录

国家科研机构是国家的战略科技力量（代序） ………………………………… i
前言 …………………………………………………………………………………… vii

1 国立科研机构概论 ……………………………………………………………… 1
　1.1　10 国科技体制比较 ………………………………………………………… 5
　1.2　24 个国立科研机构的基本情况 …………………………………………… 12
　1.3　国立科研机构管理特点 …………………………………………………… 19

2 美国 ……………………………………………………………………………… 27
　2.1　科技政策与体制概况 ……………………………………………………… 29
　2.2　能源部及其所属实验室 …………………………………………………… 53
　2.3　国立卫生研究院 …………………………………………………………… 71
　2.4　国家航空航天局 …………………………………………………………… 81
　2.5　国家标准与技术研究院 …………………………………………………… 93

3 加拿大 …………………………………………………………………………… 103
　3.1　科技政策与体制概况 ……………………………………………………… 105
　3.2　国家研究委员会 …………………………………………………………… 121

4 英国 ……………………………………………………………………………… 129
　4.1　科技政策与体制概况 ……………………………………………………… 131

4.2 生态与水文研究中心	157
4.3 英国皇家植物园邱园	162
4.4 国家物理实验室	168

5 德国 … 173

5.1 科技政策与体制概况	175
5.2 马克斯·普朗克科学促进学会	198
5.3 亥姆霍兹国家研究中心联合会	215
5.4 弗劳恩霍夫应用研究促进协会	227
5.5 莱布尼茨科学联合会	238

6 法国 … 249

6.1 科技政策与体制概况	251
6.2 国家科研中心	274
6.3 国家信息与自动化研究所	287
6.4 国家农业科学研究院	295
6.5 原子能委员会	301

7 俄罗斯 … 309

| 7.1 科技政策与体制概况 | 311 |
| 7.2 俄罗斯科学院 | 328 |

8 澳大利亚 … 337

8.1 科技政策与体制概况	339
8.2 联邦科学与工业研究组织	357
8.3 澳大利亚地球科学局	366

9 日本 … 373

9.1 科技政策与体制概况	375
9.2 理化学研究所	396
9.3 产业技术综合研究所	407
9.4 原子能研究开发机构	418

10 韩国 · 427

10.1 科技政策与体制概况 · 429
10.2 韩国科学技术研究院 · 454

11 印度 · 461

11.1 科技政策与体制概况 · 463
11.2 印度科学与工业研究理事会 · 482

1 国立科研机构概论

1 国立科研机构概论

国立科研机构，也被称为国家科研机构，是由国家建立并资助的各类科研机构，其体现国家意志，有组织、规模化地开展科研活动，是国家创新体系的重要组成部分。国立科研机构包括国家大型综合性科研机构（如中国科学院、法国国家科研中心、德国马普学会、俄罗斯科学院等）和部门所属专业性科研机构（如美国能源部所属国家实验室、美国国立卫生研究院等）。其中，有一些国立科研机构是中央和地方政府联合建立的，有一些是委托高校或企业管理的。从科研活动的类型看，有的国立科研机构主要聚焦在基础前沿领域，如德国马普学会；有的聚焦在产业技术研发，如德国弗劳恩霍夫应用研究促进协会（简称弗劳恩霍夫协会）；有的聚焦在战略高技术领域，如美国国家航空航天局等。与国立科研机构相近的概念有政府科研机构、公共科研机构、公立科研机构等。后三者基本是同一概念，它们除国立科研机构外还包括地方政府科研机构等。一般来说，国立科研机构在人员规模、经费、产出和影响等方面都具有明显优势。

国立科研机构发源于欧洲。在近代科学的早期，欧洲出现一批由国家支持的科学组织。成立于1660年的英国皇家学会（Royal Society）是最早的由国家支持的近代科学组织之一[①]，而1666年由中央政府建立并给予经费支持的法国科学院（Académie des Sciences）通常被认为是最早的国立科研机构。19世纪后，科技对经济社会、国家安全的影响日益显著，各国政府对科技广泛涉入，国立科研机构快速发展，成为各国最重要的战略科技力量。

由英国曼彻斯特大学工程、科学和技术研究所研究人员等组成的研究小组分析了欧洲创建的科研机构[②]的数量变化情况（图1-1）。1940年以前，创建的科研机构数量增长较慢，其数量仅占总数的18%。20世纪前，主要建立了一些观测、地理调查和气象研究方面的实验室，19世纪末创建的实验室主要从事卫生和农业等领域的研究。20世纪20年代创建的科研机构数量有较大幅度的增长，主要是卫生、工业和农业领域的实验室。第二次世界大战后，伴随着各国的重建和科技革命的兴起，欧洲科研机构的数量迅速增长，20世纪50年代，许多国家纷纷建立了国立原子能实验室。80年代和90年代，一些信息技术和生物技术领域的实验室开始大量涌现。约有一半的科研机构是在20世纪80年代后建立起来的[③]。

---

① Royal Society. History. http://royalsociety.org/about-us/history [2011-08-29]; Encyclopedia Britannica. Royal Society. http://www.britannica.com/EBchecked/topic/511584/Royal-Society [2011-08-29].
② 这里的研究中心是指除大学外的一些公共和半公共的研究团体，其主体是属于政府和非营利公共组织的研究机构，可以大致反映出国立科研机构的发展变化。
③ PREST. 2002. A comparative analysis of public, semi-public and recently privatised research centres, final project report, part 1: summary report. ftp://ftp.cordis.europa.eu/pub/indicators/docs/ind_report_prest1.pdf [2011-08-29].

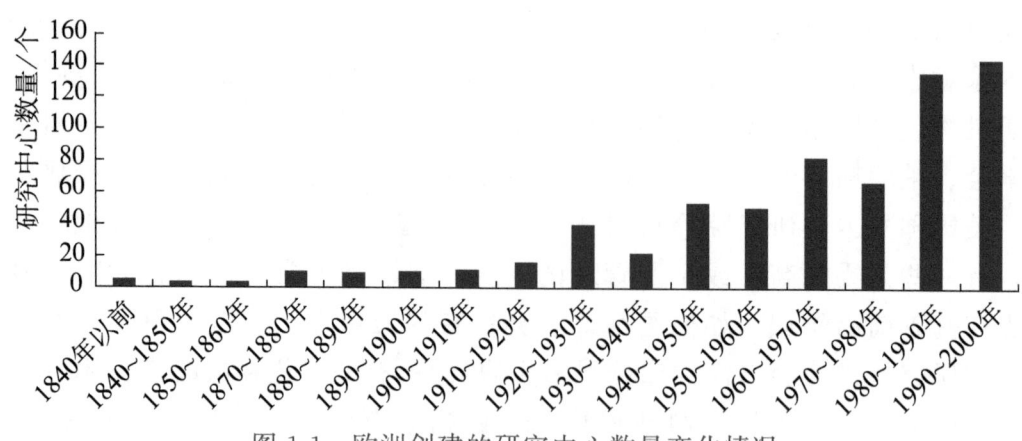

图 1-1　欧洲创建的研究中心数量变化情况

资料来源：PREST. 2002. A comparative analysis of public, semi-public and recently privatised research centres, final project report, part 1: summary report. ftp://ftp.cordis.europa.eu/pub/indicators/docs/ind_report_prest1.pdf [2011-08-29]

当今世界，国立科研机构与大学和企业研发机构共同构成推动科技发展的"三驾马车"。三者通过知识的循环流转相互作用，处于创新价值链的不同位置，形成了有序的分工和相互协作。其中，企业以技术创新和知识应用为主，同时进行知识传播；大学以知识传递和高素质人才培养为主，同时进行知识创新和知识转移，侧重于进行自由而灵活的科学探索[1]。国立科研机构在关系着国家长远发展和战略全局，关乎国家经济社会发展、国家安全和公众健康等方面的研究工作中发挥着重要作用，往往是一个国家科学技术发展最高水平的代表和一个国家综合国力的集中体现。

---

[1] 中国科学院. 1998. 迎接知识经济时代，建设国家创新体系. 中国科学院院刊，3：165-169.

1.1　10国科技体制比较

本书选取了美国、加拿大、英国、德国、法国、俄罗斯、澳大利亚、日本、韩国和印度等10个国家的24个具有代表性和影响力的国立科研机构进行系统研究和比较分析。在已有研究中，对各国科技管理体制研究比较系统的工作主要有两项。一是中国科学技术信息研究所研究人员对美国、英国、德国、日本、韩国和印度等国的科技体制形成与发展的研究，将各国的科技管理体制以组织结构为标准大致分为三类：多元分散型、高度集中型、分散与集中相协调型[①]。二是经济合作与发展组织科技政策委员会支持的"研究机构的管理与资助"（steering and funding of research institutions）项目发布的最终报告《公共研究的治理——走向更好的实践》。经济合作与发展组织报告中也提出了类似的三种科学体系形态，即集中体系、二元体系和分散体系，并对不同科学体系形态的特征进行了分析（表1-1）[②]。

表1-1　经济合作与发展组织报告中提出的三种科学体系形态

	集中体系	二元体系	分散体系
行政管理体系	国家级科技部统一管理（有时与教育或技术部门一体）	国家和地区科技（或教育、技术）行政部门共同管理	不同政府部门管理
优先领域设置	主要通过中央政府自上而下确定。其他利益相关者只能提出参考意见	自上而下和自下而上并行。其他利益相关者参与部分预算决策	主要依靠研究共同体自下而上的方式
资金支持方式	主要依靠机构式资助。对国立科研机构和大学实施直接拨款方式。较少的竞争性的项目资助；不存在独立的研究资助机构	对国立科研机构和大学实施机构式资助与竞争性的项目式资助相结合的方式。竞争性项目由研究资助机构提供	几乎没有机构式资助，主要通过项目式资助。竞争性的项目式资助由独立的资助机构实施，主要针对大学。对国立科研机构实施任务导向的资助
公共科学研究的承担主体（大学和研究机构的作用）	主要依靠国立科研机构承担，其中包括短期的博士后项目。大学作为辅助	大学和国立科研机构作用平衡。国立科研机构活动包括研究生及短期博士后项目	主要依靠大学承担，其中包括研究生及短期博士后项目。国立科研机构作为辅助
评估	委员会对研究机构的计划和绩效进行定期评估	委员会评估和同行评议相结合	竞争性的同行评议

---

① 中国科学技术信息研究所. 国外宏观科技管理体系比较研究（一）. http://library.gdut.edu.cn/libcn/info/tecinfo/tecinfo6/28.htm［2011-08-29］.

② 经济合作与发展组织. 2006. 公共研究的治理——走向更好的实践. 北京：科学技术出版社：19.

续表

	集中体系	二元体系	分散体系
主要优点	研究机构管理的独立性，为开展长期性、高风险的研究提供了便利；资助的可持续性；稳定的研究经费支持可以使研究机构随时开展对新问题的研究；吸引人才从事长期研究	能够对区域及产业发展的需要做出反应；国立科研机构可以从事可持续性研究；能够对各种新问题做出反应；人员培养与研究相结合；便于公共部门和私人部门之间的合作	对各种新问题（需求）有快速反应能力；研究质量控制能力强；人员培养与研究相结合；年轻科研人员有较好的发展机会；独立的研究资助机构不受政府更替的影响；产业部门可在公共研究活动中发挥有力作用
主要缺陷	对多学科交叉领域的反应能力低；缺乏激励机制，难以淘汰低水平研究人员；研究和人员培训分离；等级制度影响研究人员独立性；受政府更替的影响较大；公共部门和私人部门的合作需要政府主导	整个研究体系比较复杂；国立研究机构和项目支持之间比较杂乱；国立科研机构的研究和以大学为基础的人员培训分离；需要不同层级政府之间的协调和配合	难以确保研究队伍的长期稳定；需要进行不同组织机构间的协调；某些研究难以获得经费支持；存在某些领域缺乏专门人才的风险；短期博士后研究越来越多，降低了对从事长期研究的吸引力

然而，各国的科技管理体制往往是非常复杂的，也是动态变化的，简单地将某一个国家科技体系归为某一类并不十分恰当。正如经济合作与发展组织报告所指出的，"虽然某一国家接近某一基本形态，但不能简单地将其描述为某一单一形态"。本书不限于以上的分类，主要从五个方面对10国科技体制丰富的内涵与特征进行比较分析。

第一，从10国政府宏观科技管理部门来看，对国立科研机构的管理存在三种体系（表1-2）。一是没有专门的科技管理部门，相关政府部门均较大程度地参与科技管理。例如，美国没有全国统一的科技管理部门，政府研发经费主要分布在国防部、卫生部、能源部、农业部、国家航空航天局和国家科学基金会，这些政府部门均较大程度地参与科技管理。同时，按三权分立原则，除政府外，美国议会在国家科技管理方面（包括研发政策制定、研发投入、科技绩效评价等）也发挥着重要作用。二是由全国统一的部门管理科技。在政府层面设立主管科技的部门，负责制定科技规划、科技政策，协调政府其他各部门的科技管理工作，同时担负着主要的政府科研经费资助功能。英国、加拿大、澳大利亚等国将科技工作融合到经济工作中，而在德国、法国、俄罗斯、韩国等国，科技与教育主管部门合为一体。日本既有主管科技的文部科学省，还成立了综合科学技术会议（Council for Science and Technology Policy，CSTP），成为日本政府最高层面的科技决策机构。三是由国家和地区科技行政部门共同管理的体系。在一些联邦制国家，不同层级政府共同参与科技管理。例如，在德国、美国和加拿大，联邦政府和州政府在国立科研机构管理中共同发挥作用。以德国为例，联邦政府和州政府在分担国立科研机构科技投入和制定科技政策等方面均有明确的分工，对马普学会、亥姆霍兹联合会等主要国立科研机构的研发投入由两者按照一定的比例共同负担。

表 1-2 各国宏观科技管理部门及其职能

国家	宏观管理部门	主要职能
美国	分散在各政府部门；联邦政府和州政府分权管理，议会发挥重要作用	各机构负责其职权范围内的科技管理工作
加拿大	工业部主导，其他政府部门和省政府参与相关的科技管理	工业部是加拿大科技创新政策和科技管理的主要负责部门，负责制定与科技创新政策直接或间接相关的一系列政策
英国	商业、创新和技能部主导	负责全国科技发展、研发资助和管理。设置在商业、创新和技能部下的政府科学办公室（GO-Science）具体负责宏观科技政策的制定和实施、科学预算的分配，以及跨部门科技政策的沟通协调
德国	教育研究部是管理国家科技发展的主要职能部门，联邦政府和州政府共同参与科技管理	教育研究部负责制定并实施国家科学技术发展方针、政策和资助措施，管理国家科研经费，负责主持管理部门间的协调工作等。联邦经济技术部主要负责制订针对中小企业的科技创新计划，并管理众多企业科研机构
法国	高等教育与研究部主导	负责管理和协调科研与高等教育两方面的工作
俄罗斯	教育科学部主导	负责俄罗斯科技政策和战略的制定及执行监督
澳大利亚	创新、工业、科学和研究部主导	负责制定国家科技和创新政策，管理国家科研机构；实施国家重大科技基础设施计划、合作研究中心计划等；负责国际科技合作工作等
日本	综合科学技术会议主导，文部科学省是主要的科技管理部门	综合科学技术会议是日本政府最高层面的科技决策机制。文部科学省统管全国的教育、学术、文化及科学发展等事务，协调其他相关省厅的科研，其管理的经费占到政府研发支出的67%，通过拨款和研究项目，构成了日本教育、研究和开发体系的主框架。制定和执行产业政策的主要部门是经济产业省，其经费占政府研发支出的16%
韩国	国家科学技术委员会主导，教育科学技术部负责支撑工作	国家科学技术委员会是韩国科技政策的最高协调和决策机构，主要负责审批教育科学技术部制定的国家科技发展总规划和政策，协调政府各部的科技政策和各行业科技审议机构的活动。教育科学技术部负责支撑国家科学技术委员会的工作，主管科技规划、分析和预算案审查等工作。知识经济部负责拟定、执行技术开发、技术转移及商业化，产业标准化，培育设计产业等的产业技术政策
印度	科技部主导	科技部下设的科学技术局、科学与工业研究局两个重要部门管理着45个国家实验室和面向全国基础研究和工业研究的基金；负责协调政府内部合作和国际合作，为国内机构和研究计划提供资金等

第二，为了实现更加科学合理的决策和协调各科技管理机构更好地发挥其职能，各国在政府首脑或主管科技的部委层面建立了咨询协调机构。例如，在美国，白宫设有科技政策办公室，由总统科学顾问兼任主任，向总统提供科技相关资讯，阐述政府在经费分配中应有的选择；由知名科学家组成的总统科技顾问委员会帮助总统制定科

技政策；国家科技委员会为内阁级委员会，是白宫协调各种联邦政府研发机构的重要手段。加拿大于2007年整合了科学技术顾问委员会、科学技术咨询委员会和加拿大生物技术顾问委员会等三个科技咨询顾问组织的角色与责任，成立了新的科学技术与创新委员会，向工业部部长负责，主要负责就科学技术与创新问题向政府提供政策建议，并定期对加拿大的科技发展水平进行评估。英国科学技术委员会是英国政府科技政策和战略方面的最高独立咨询机构，其主要职责是向英国首相及政府各部门提供跨部门的战略咨询，负责协调英国科学创新政策。英国首相首席科学顾问担任该委员会负责人，并同时兼任英国科学技术办公室主任。其他国家类似的机构包括德国的联邦和州联合科学会议，科学委员会；法国的国家科学与技术高等理事会；俄罗斯的政府高技术与创新委员会；澳大利亚的总理科学、工程和创新理事会；韩国的总统教育科学技术顾问委员会；印度的总理科学顾问委员会等。这些咨询机构在制定科技政策、协调跨部门科技活动过程中发挥着重要作用。

第三，各国政府逐步重视科技发展战略和科技计划，将科技发展战略置于国家发展战略的核心和优先位置，从发展全局出发制定本国科技发展战略，出台各种科技发展计划。为保证科技计划的有效性，各国通过探索科技决策咨询制度和方法，形成一套有效机制，将经济社会发展需求转化为科技创新目标，并将科技计划确定的优先领域落实到科技资助体系中。目前，各国科技计划有多种形式，既有具体科技内涵的计划，也有科技投入、科技人才发展方面的计划等。美国、法国是较早制订科技计划的国家。例如，美国于20世纪40年代就启动了曼哈顿计划，以后根据国家需要陆续启动的著名计划还有阿波罗计划、航天飞机计划、星球大战计划、信息高速公路计划、反生物恐怖系列计划和奥巴马政府的新能源计划等。随着全球科技竞争的日益加剧，德国、英国等崇尚科学自由的国家自21世纪初以来也纷纷出台科技计划，希望通过科技计划带动整体科技和创新工作。例如，英国2004年第一次编制了中长期计划《科学与创新投入框架（2004—2014）》，德国2006年首次提出了跨部门的高技术战略等。

第四，各国都非常重视加大科技投入，积极引导民间资本投资科技，并保持国立科研机构、大学研究力量与企业研发力量的合理布局。随着经济全球化、知识经济时代的来临，再加上金融危机导致的全球经济衰退，各国都更加重视发挥科技促进经济社会发展、提升国际竞争力的作用，纷纷加大科技投入，并采取各种政策鼓励民间资本投资科技。例如，美国2009年研发经费达到4千亿美元，占国内生产总值（gross domestic product，GDP）的2.9%。奥巴马政府在《美国创新战略》中提出未来要把研发投入强度提高到占GDP 3%的目标，超过了太空竞赛时期的水平。从研发经费来源看，主要有政府主导型和企业主导型两种。政府主导型的国家主要包括俄罗斯和印度，两国政府投入的研发经费占总经费的比重在60%以上，企业投入的研发经费约为

30%；而美国等其他发达国家均是企业主导型，企业投入的研发经费占总经费的比重为45%~75%（图1-2）。从研发活动的执行部门来看，各国国立科研机构、大学和企业研究机构保持着一定的平衡。企业是各国研发经费和研发人员分布的主体，其次为高校和国立科研机构（图1-3，图1-4）。俄罗斯和韩国的国立科研机构执行的研发经费高于高校，印度和俄罗斯的国立科研机构研发人员数量均远超过高校。

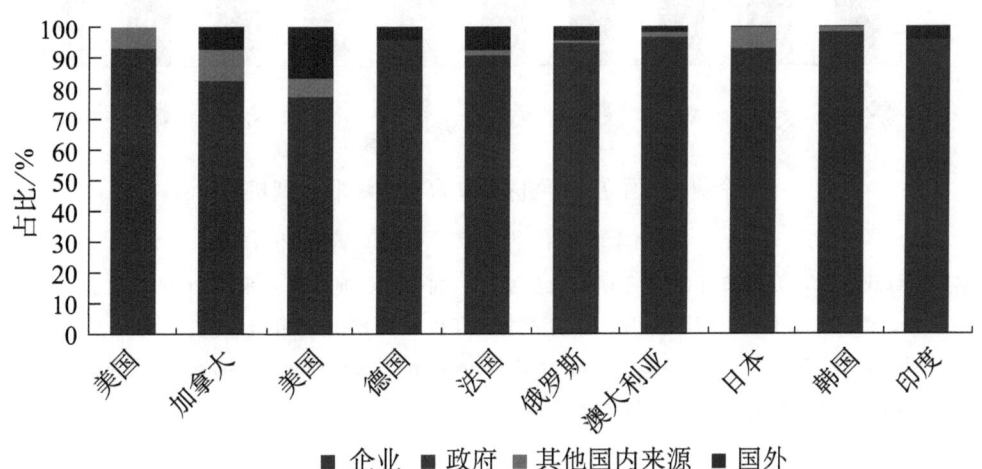

图1-2 各国研发投入部门研发经费投入构成

注：根据数据可获得性，加拿大、澳大利亚、印度采用2008年数据，美国、德国、日本采用2009年数据，英国、法国、俄罗斯、韩国采用2010年数据

资料来源：OECD Stat 数据库；Indian Department of Science and Technology. Research and development statistics at a glance 2007-08. http://www.nstmis-dst.org/rdeng.pdf [2012-06-07]

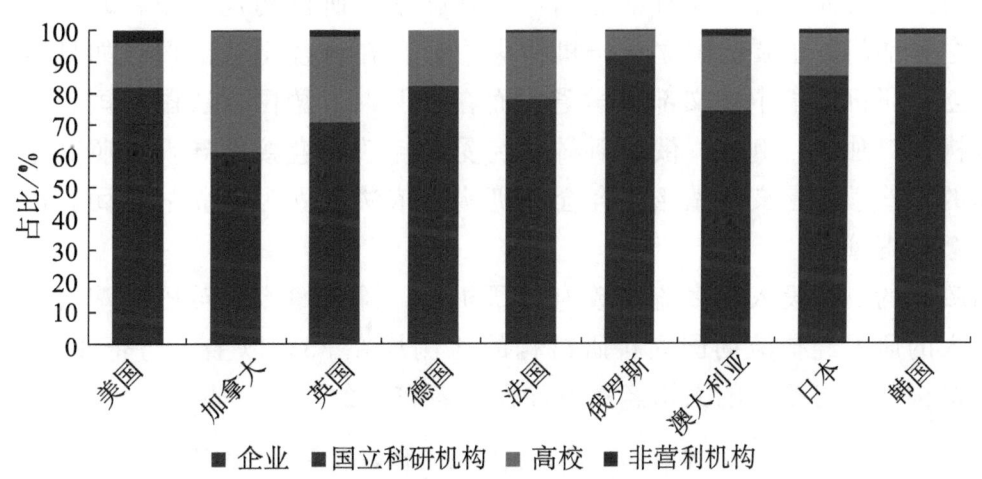

图1-3 各国研发执行部门研发经费使用构成

注：根据数据可获得性，澳大利亚采用2008年数据，美国、日本采用2009年数据，加拿大、英国、德国、法国、俄罗斯、韩国采用2010年数据

资料来源：OECD Stat 数据库

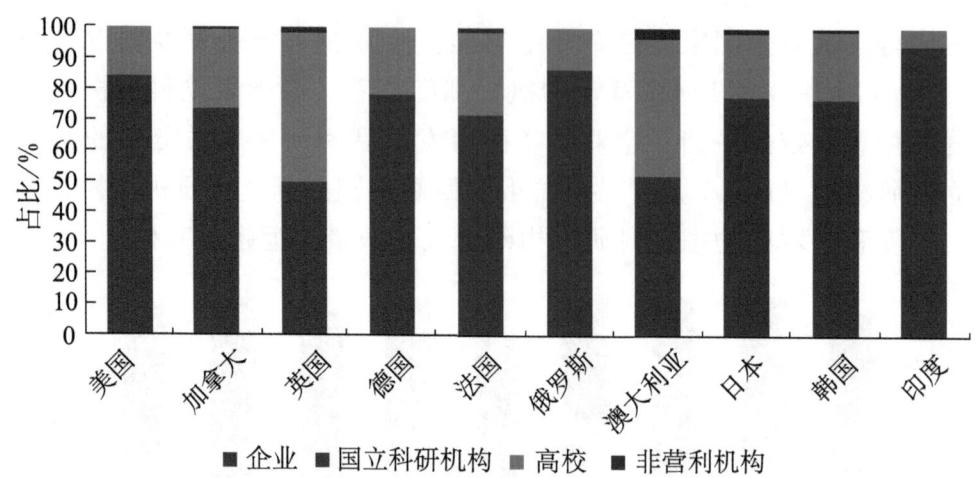

■ 企业 ■ 国立科研机构 高校 ■ 非营利机构

图 1-4 各国研发执行部门研发人员分布构成

注：根据数据可获得性，美国采用 2002 年研究人员数据，加拿大、澳大利亚采用 2008 年数据，法国、日本采用 2009 年数据，英国、德国、俄罗斯、韩国采用 2010 年数据，印度采用 2005 年数据

资料来源：OECD Stat 数据库；Indian Department of Science and Technology. Research and development statistics at a glance 2007-08. http：//www.nstmis-dst.org/rdeng.pdf［2012-06-07］

第五，各国政府均重视发挥国立科研机构的作用，保持其在服务国家战略目标方面的核心作用。各国对国立科研机构的设置有不同的模式。在美国，由于各个政府部门均较大程度地参与科技管理，所属领域的科技工作通常由各政府部门及其下属的国立科研机构负责。因此，其主要的国立科研机构分散在政府各部门，如美国能源部的国家实验室、健康与人类服务部的国立卫生研究院、美国国家航空航天局和商务部的国家标准与技术研究院等。在日本等国，尽管国立科研机构也分布在政府各部门，但因有科技主管部门，主要的国立科研机构集中分布在科技主管部门，如日本基础研究的优秀国立科研机构集中在文部科学省。而在俄罗斯、德国、法国等国，一些主要国立科研机构相对独立。例如，俄罗斯科学院受联邦政府直接领导，按照其章程自主管理；德国的马普学会、亥姆霍兹联合会等机构被依法设立为独立的社团，由其会员大会及理事会负责管理。

各国政府的科技投入也多流向政府科研机构，除加拿大、英国和澳大利亚外，各国政府投入的研发经费流向国立科研机构的比例均在 35% 以上。与企业和高校相比，国立科研机构在政府投入的人均经费方面保持着较大的优势（表 1-3）。

表 1-3 各国国立科研机构与其他研发主体的比较

国家	机构	获得政府科技投入占政府总投入的比重/%	研发人员人均经费/万美元	政府投入人均经费/万美元
美国	国立科研机构	37.53	—	—
	高校	25.15	—	—
	企业	31.52	—	—

续表

国家	机构	获得政府科技投入占政府总投入的比重/%	研发人员人均经费/万美元	政府投入人均经费/万美元
加拿大	国立科研机构	28.14	12.53	11.97
	高校	67.38	14.22	8.93
	企业	3.70	8.05	0.19
英国	国立科研机构	24.70	21.17	17.86
	高校	57.39	6.97	4.72
	企业	14.96	16.75	1.32
德国	国立科研机构	41.65	14.26	11.92
	高校	48.21	12.72	10.35
	企业	10.14	16.92	0.76
法国	国立科研机构	36.70	15.15	13.13
	高校	50.89	10.14	9.20
	企业	14.51	13.41	1.22
俄罗斯	国立科研机构	36.47	3.62	3.00
	高校	8.15	2.42	1.66
	企业	55.21	4.47	2.87
澳大利亚	国立科研机构	29.94	13.61	11.55
	高校	62.36	7.41	6.67
	企业	3.89	21.61	0.47
日本	国立科研机构	51.42	20.08	19.81
	高校	39.89	9.96	5.24
	企业	5.03	16.86	0.20
韩国	国立科研机构	45.31	25.06	23.96
	高校	32.27	7.83	6.25
	企业	18.80	17.28	1.16

注：根据数据可获得性，加拿大、澳大利亚采用2008年数据，美国、德国、法国、日本采用2009年数据，英国、俄罗斯、韩国采用2010年数据

1.2　24个国立科研机构的基本情况

在机构层面，本书选择了10个国家中具有代表性和影响力的24个国立科研机构，它们在机构定位、研究领域、人力资源和研究经费投入、管理模式等方面各具特色，其基本情况综述如表1-4所示。

表1-4　24个国立科研机构的基本情况比较

国家	国立科研机构	战略定位	人力资源	经费状况	组织架构
美国	能源部（Department of Energy，DOE）国家实验室	负责核武器研制、生产和维护，制定联邦政府能源政策，管理规范能源行业，开展能源相关技术研发和基础科学研究等，是美国最重要的基础科学研究管理和资助机构之一，其支持的基础科学项目和设施覆盖了基础科学研究的前沿领域	拥有约1.6万名联邦雇员，约10万名合同雇员，以及一定数量的访问学者和博士后	2013年度预算约为272亿美元，70%用于国家实验室，23%分配给大学使用，4%分给工业。其中支持能源基础科学、先进科学计算研究、生物与环境研究、高能物理、核物理和聚变能科学等方面的研究经费约为50亿美元	大多数实验室采用国有民营的模式，由能源部委托大学、非营利机构或者企业（承包方）运行和管理，在组织架构的安排方式上采用理事会制度，实行理事会领导下的实验室主任负责制
美国	国立卫生研究院（National Institutes of Health，NIH）	提高公众健康水平；探索生命本质和行为学方面的基础知识；充分运用这些知识延长人类寿命，预防、诊断和治疗各种疾病和残障	共有约1.81万名员工	2012财年经费为315亿美元，主要来自国家财政拨款，10%用于支持院内研究机构，80%以上的经费以基金形式资助院外研究	院长办公室全权负责执行院长的各项工作，包括国立卫生研究院政策和规划的实施、管理，协调27个研究单元的研究项目和各项活动等，常务副院长协助处理相关事务。在实验室管理方面，实行课题组长（principle investigator，PI）负责制
美国	国家航空航天局（National Aeronautics and Space Administration，NASA）	负责组织和协调美国航空航天研究工作，优先研究领域为航空学研究、探测系统、科学和空间操作四大学科群	拥有联邦雇员1.7万人，其中61.5%为科学与工程人员；合同雇员约为4万人	2011财年可支配经费为213亿美元，约90%来自国家财政拨款，约10%来自技术转移和提供服务	依据其发布的一系列政策文件进行管理；由三个局级管理委员会控制所有的战略管理过程

续表

国家	国立科研机构	战略定位	人力资源	经费状况	组织架构
美国	国家标准与技术研究院（National Institute of Standards and Technology，NIST）	主要从事物理、生物、工程领域的基础和应用研究、测量技术和测试方法研究，提供标准、标准参考数据，开展标准推广等	共有约3000名员工	2013财年经费为8.6亿美元，81%为国家财政拨款和国会项目，14%来自其他联邦机构的研究项目，5%来自技术服务	院长负责对国家标准与技术研究院进行宏观监督和指导。首席科学家负责管理其日常运作并协助确立其战略发展方向。下属有4个实验室和2个研究中心
加拿大	国家研究委员会（National Research Council Canada，NRC）	综合性国立科研机构，重点开展基础研究，支持产业发展，主要涉及生命科学、物理科学、工程、技术与产业支持五个关键领域	拥有员工4500多人，其中研究人员有3100多人，另有约1200名客座研究人员	2009~2010财年经费为12亿加元（约合11.77亿美元），85%以上来自政府拨款	隶属于加拿大工业部。主席是国家研究委员会的领导人，负责战略计划和交付成果。5位副主席分别负责各研究机构、计划与技术中心的具体事务。设有一个由22人组成的委员会，其职能是提供战略方向与建议，并对研究绩效进行审查
英国	生态与水文研究中心（Centre for Ecology & Hydrology，CEH）	陆地和淡水生态系统的综合科学研究中心，其使命是为全球环境问题提供世界领先的解决方案	共有约440名员工，其中科学家为330人	2006年度经费约3900万英镑（约合6129万美元），稳定支持经费占65%，另35%是来自欧盟和自然环境研究理事会（NERC）的竞争性经费	隶属于自然环境研究理事会。生态与水文研究中心内部实行主任负责制，其主任在执行委员会和科学委员会的支持下领导生态与水文研究中心。该中心的研究活动通过三个相互依存的科学计划（生物多样性、水和生物地球化学）来执行，并得到环境信息数据中心（EIDC）的支持
英国	皇家植物园邱园（Royal Botanic Gardens，Kew）	主要职责是鼓励并推广全球范围内的科学的植物保护，开发与植物和真菌相关的基础及应用信息，为世界植物科学做出贡献	约有员工800人，包括250名科学研究人员和200名园艺人员	2011年度经费为4710.7万英镑（约合7441.9万美元），政府补助金占52.3%	理事会管理模式。理事会是邱园的最高决策机构，对战略、目标和主要资源配置等重要事宜做出决策。下设审计委员会、经费委员会、薪酬委员会。主任负责制定和实施邱园的战略，并与执行委员会一起管理机构的日常事务

续表

国家	国立科研机构	战略定位	人力资源	经费状况	组织架构
英国	国家物理实验室（National Physical Laboratory，NPL）	应用物理研究机构，测量和材料科学领域的世界级卓越中心，从事开发和维护国家的主要计量标准，为国家的计量系统提供科学资源，既从事公共产品的研究，也提供商业服务	约有600多名员工，其中有400多名科学家	年度经费约7000万英镑（约合1.1亿美元），主要来自政府拨款	国有民营模式。由Serco（信佳）公司下的国家物理实验室管理有限公司负责管理
德国	马克斯·普朗克科学促进学会（Max-Planck Society for the Advancement of Science，MPG）	主要进行自然科学、生命科学、人文科学和社会科学等领域的基础研究，侧重前沿和多学科交叉的研究领域，特别是从事那些在大学尚不成熟或不宜开展的研究工作；部分研究所还为大学开展的研究工作提供必要的服务，为更多的科学家提供相应的仪器设备	共有1.7万名员工	2012年研究预算为19亿欧元（约合24亿美元），其中政府财政拨款约占77%	科学自治组织，实行理事会制度，全体会员大会为最高决策机构，选举产生理事会成员和学会主席。理事会是学会的中心学术机构，由资助方代表、社会各界代表和学会成员组成，主席是学会的最高领导人。下属80个研究所和研究设施、4个海外研究所和1个海外研究设施。通过任命杰出科学家，调整或改变实验室和研究所的研究方向，以及成立新的研究所等方法，适应不断变化的学科发展的需要
德国	亥姆霍兹国家研究中心联合会（Helmholtz Association of German Research Center，HFG）	以大型基础研究设施为依托，主要研究对人类生存环境有决定性影响的复杂系统，在能源、地球与环境、医疗卫生、关键技术、物质结构，以及航空航天与交通等六大领域开展跨学科的前瞻性研究，重点研究耗时长、复杂、对仪器装备要求高、德国工业界不愿或无力承担的国家委托的重大研究项目	共有3万名员工	2010年经费约为29亿欧元（约合37亿美元），研发经费的70%来自政府拨款	核心决策机构是全体会员大会和理事会，理事会的成员是联邦政府、州政府、科学界、商界、工业界和其他研究组织的代表。下属18个研究中心

1 国立科研机构概论

续表

国家	国立科研机构	战略定位	人力资源	经费状况	组织架构
德国	弗劳恩霍夫应用研究促进协会	非营利应用科学研究机构，主要从事面向工业部门的应用性基础研究和技术开发活动，既满足市场的现实需求，也对未来需求做出响应	共有1.8万名员工	2010年研发经费约为17亿欧元（约合21亿美元），1/3为机构式资助经费	理事会制度自行管理。全体会员大会和理事会为最高决策机构。执行委员会成员包括主席和另外3名副主席，负责管理该协会的运作。下属60个研究所，分为7大研究组，每一研究组专注于特定的技术领域
德国	莱布尼茨科学联合会（Wissenschaftsgemeinschaft Gottfried Wilhelm Leibniz，WGL）	较松散的协会组织，其职责是促进各成员机构的科学与研究工作。莱布尼茨科学联合会各研究所主要进行具有国际水平、面向实际应用的基础研究，同时积极提供具有国家战略意义的技术服务，努力为重大的社会挑战提供科学的解决方案	共有1.6万名员工，其中研究人员7714人	2011年度总经费为14.2亿欧元（约合18亿美元），政府机构式资助经费占61.5%	成员大会是莱布尼茨科学联合会的最高权力机构，理事会是莱布尼茨科学联合会科学决策与咨询机构，主席团负责协调莱布尼茨科学联合会的所有事务。共有5个学部，86个机构，各成员机构以会员身份加入，具有高度自治权
法国	国家科研中心（Le Centre National de la Recherche Scientifique，CNRS）	承担着提振法国科技实力、提高法国在全球科技地位的责任，其使命是推动科学知识发展并将研究成果回馈给社会，促进经济社会发展	约有2.6万名终身雇员，另有博士后、临时研究人员等非终身雇员8000多人	2012年经费为33亿欧元（约合42亿美元），其中76%来自政府拨款，占政府民用研发预算的1/4	外部由高等教育与研究部采取四年期合同制管理，内部实行理事会决策，中心主任负责日常管理的领导体制
法国	国家信息与自动化研究所（Institut National de Recherche en Informatique et en Automatique，INRIA）	致力于成为世界上最卓越的信息通信科技研究所，优先研究领域为复杂动态系统的建模、仿真和优化，计算系统的安全可靠性，信息、通信和普适计算，真实世界与虚拟世界的互动，计算工程学，计算科学，计算医学等	约有4290名员工	2010年经费约为2.52亿欧元（约合3.19亿美元），26%为研发合同和产品开发收入等外争经费	外部由高等教育与研究部和经济工业就业部采取四年期合同制管理。内部实行董事会领导下的所长负责制。国家信息与自动化研究所执行管理团队包括所长、常务主管（deputy managing director）、首席科技总监和首席管理总监
法国	国家农业科学研究院（Institut National de la Recherche Agronomique，INRA）	欧洲最大的农学研究机构，致力于开展任务导向的科学研究。其使命是解决人类生存相关的重大问题，改善人类饮食，维护人类健康，有效整治和管理人类的生存空间	共有8488名员工，还有1839名国外访问学者	2010年经费为8.22亿欧元（约合10.42亿美元），79%来自政府拨款	外部由高等教育与研究部、农业与渔业部采取四年期合同制管理。内部实行董事会领导下的院长负责制

续表

国家	国立科研机构	战略定位	人力资源	经费状况	组织架构
法国	原子能委员会（Commissariatà l'énergie atomique et aux énergies alternatives，CEA）	从事核领域科学技术研究的公共研究机构，主要研究领域包括国防和国家安全、能源、信息和健康技术	有1.6万名员工，其中民用研究部门1.1万人、国防研究部门近0.5万人	2010年经费总额为42亿欧元（约合53亿美元），研发经费的63%来自政府拨款	外部由高等教育与研究部、经济工业就业部和国防部采取四年期合同制管理，内部实行执行委员会领导下的主席负责制
俄罗斯	俄罗斯科学院（Russian Academy of Sciences，RAS）	全国自然科学和社会科学基础研究的中心，也是全国的科研协调中心，主要从事基础研究和对国民经济有重大影响的技术研究，促进科学和产业之间的联系，参与创新活动和俄罗斯经济部门的高科技发展	员工约10万人，科研人员超过5.5万人	2006年研发经费为463亿卢布（约合14亿美元），67%来自国家财政预算拨款	俄罗斯科学院受俄罗斯联邦政府的直接领导。在内部管理和运行机制方面由俄罗斯科学院章程规范。实行三级管理：①全体大会、主席团；②9个专业学部、3个地方分院、15个地区科学中心；③下属的科研院所、科学中心
澳大利亚	联邦科学与工业研究组织（Commonwealth Scientific and Industrial Research Organisation，CSIRO）	主要开展应用基础研究，为澳大利亚的工业转型、竞争力提升和新市场的创造提供创新技术，为特定的社会需求提供咨询、信息和研究，为政府和产业部门提供知识服务。研究领域包括能源、制造业、环境、材料、农业与食品、矿业与采矿、卫生与健康、交通与基础设施、信息通信技术、天文学与空间技术等	有员工6500多人，其中科学家1800多人	2010～2011财年经费预算约12亿澳元（约合12.41亿美元），60%来自政府拨款	基于《科学与工业研究法案1949》和《联邦机构和公司法1997》两部法案运作。实行矩阵式研究组织管理，研究所、中心等部门主要负责人员、建设等任务，具体的研究工作主要通过旗舰项目组织实现。下设16个研究所、中心、国家设施和联合投资研究单元，研究人员分布在国内外55个研究基地
澳大利亚	地球科学局（Geoscience Australia，GA）	澳大利亚的国家地球科学研究机构和地理空间信息服务机构。其主要使命是通过一流的科学研究和信息服务，在矿产与能源资源发现与开发、环境管理、基础设施保护等方面，协助政府与社会各界制定基于可靠信息支撑的决策，为澳大利亚的国民福祉、经济与社会发展和环境保护等做出贡献	有员工706人	2009～2010财年，经费总量为1.78亿澳元（约合1.81亿美元），政府拨款占78%	最高管理机构是执行董事会，其成员包括首席执行官、各部门负责人及首席科学家

1 国立科研机构概论

续表

国家	国立科研机构	战略定位	人力资源	经费状况	组织架构
日本	理化学研究所（Rikagaku Kenkyujo, RIKEN）	综合性自然科学研究机构，主要从事物理学、工学、化学、生物学、医学等多个研究领域从基础到实际应用的综合性研究，并根据国家发展目标和任务，以及国际科技发展趋势调整组织结构和研究方向	员工总数为3300多人，其中研究人员为2700多人，外籍研究人员占21%	2010年经费预算约1145亿日元（约合14.55亿美元），政府拨款占总经费的80%	独立行政法人机构，依据《通则法》和《机构法》管理，实行理事会管理制度。理事长是理化学研究所的最高领导，由首相任命，负责整体运行管理。设置研究优先会议讨论未来的研究方向及研究的优先度。理化学研究所将日本政府要求的3～5年期的业务运营目标作为中期目标，并为此制订相应的中期计划
日本	产业技术综合研究所（National Institute of Advanced Industrial Science and Technology, AIST）	发展先进工业技术为社会作贡献，研究方向集中在三个方面：①工业尖端研究；②推进长期政策的研究；③基础科学研究。实行"研究全周期"（full research）方法，包括从基础研究到实现产品的全过程	拥有员工3000多人，其中研究人员2300多人，另有访问研究人员约5000人	2011财年经费约813亿日元（约合10亿美元），约80%来自政府直接拨款和间接补贴	产业技术综合研究所具有灵活开放的组织结构，研究单元独立自主，实行自治管理
日本	原子能研究开发机构（Japan Atomic Energy Agency, JAEA）	通过在核能领域的创新改善人类的生活质量。将"开拓原子能未来，贡献人类社会福祉"作为自身使命	有共有员工3955人	2011年预算为2308亿日元（约合29亿美元），政府提供经费占总经费的98.7%	最高管理机构是理事会，正副理事长各1人，理事7人。在理事会之下，依据业务的构成设置管理部门、研发部门、事业推进部门等
韩国	科学技术研究院（Korea Institute of Science and Technology, KIST）	综合性科研机构，致力于高新产业核心技术研发，开展基础及应用科学研究和原创技术开发	有员工700多人	2012年经费预算为2834亿韩元（约合2.4亿美元），政府稳定资助占57%	隶属韩国基础科学技术研究会，具备法人资格。内部实行院长负责制和以课题为中心的管理制度

续表

国家	国立科研机构	战略定位	人力资源	经费状况	组织架构
印度	科学与工业研究理事会（Council of Scientific and Industrial Research, CSIR）	研发机构和研发资助机构，其使命是"推动和促进印度科学与工业研究的发展，从而促进印度的经济、环境和社会利益最大化"，主要任务是"为战略部门和促进基础知识进步提供增强产业竞争力、社会福利和科学技术基础等方面的研究开发"	有员工约1.7万人，其中科研人员超过1.2万人	科研经费70%来自于中央政府拨款，2007～2008财年政府拨款经费为186亿卢比（约合3.34亿美元）	根据《社团注册法》，科学与工业研究理事会实行理事会制度，理事会是其最高决策者，通过主管团体对科学与工业研究理事会进行领导和管理。理事会总干事负责对其日常工作进行管理。顾问委员会和绩效评估委员会协助总干事开展工作。科学与工业研究理事会下属的37家研究机构由其总部统一协调管理，其所长、主任直接向总干事负责，在管理委员会和学术委员会的辅助下，实现对机构的日常管理

1.3 国立科研机构管理特点

1.3.1 布局和管理

国立科研机构主要设置在战略必争领域。这些领域包括重要基础前沿研究，关系国家竞争力和国家安全的战略性高技术研究，卫生健康、农业、环境等重要社会公益研究，未来技术先导性研究，产业通用技术和共性技术研究，重大与关键科技创新平台和基础设施等。这些领域具有长远性、风险大、技术难度高的特点，靠市场机制不能解决，必须由国家集中投资和组织，保证研究开发的连续性和稳定性。

发达国家国立科研机构的设立通常有法律保障。国家通过立法（如美国的《国立卫生院研究法》）或章程（如德国的《马普学会章程》），明确研究机构的地位、职能、任务、性质、组织方式、运行方式、拨款方式，以及与政府部门的关系。这些机构在运行中必须严格按照相应的法律规定和限定开展科研活动，政府必须依法给予资助和监督管理。

各国对国立科研机构采取不同的管理方式。依据不同的国情和体制基础，主要有三种管理方式：一是政府直接管理，有的科研机构直属于政府，如俄罗斯科学院，有的隶属于政府部门，如美国国立卫生研究院、日本理化研究所等。一些由政府部门管理的科研机构，自身也具有较强的独立性，如美国国立卫生研究院下属的一些研究所，其经费预算、负责人任命直接由总统确定。二是科研自治组织，如德国马普学会、法国国家科研中心等，不隶属于政府部门，但由国家提供支持，具有较强的独立性。三是委托社会力量管理，如美国能源部的部分国家实验室、英国国家物理实验室。

1.3.2 定位和职能

国立科研机构的主要职能如下。一是服务国家目标。紧紧围绕国家经济社会发展和国家安全的重大需求，开展目标导向的重要基础研究、战略高技术研发和重大公益研究，突破关键核心技术，提供系统解决方案。二是开展重大前沿研究。集中解决新兴、交叉、综合性的前沿科学问题，聚焦未来技术前沿，创造新知识，形成集群优势，加深人类对自然、社会及自身的理解，为新兴技术提供源头。三是提供创新平台。建设、管理和运行国家大型科技基础设施，研发重要科研装备，为全国研发力量提供开放共享的创新平台，开展国际交流与合作。四是培养创新型人才。在科技创新活动中，培养造就高层次创新人才；发挥科研资源丰富的优势，与大学、企业等联合培养优秀青年人才。

有些国立科研机构，还承担了科研资助机构的功能，通过设立竞争性项目的方式，选择全国范围内的优势科研力量，与自身研究力量协同互补，整体上形成国家在相关领域的研究布局，有效提升科技创新能力和实力。典型的有美国国立卫生研究院。

1.3.3　经费配置方式

从各国的实践来看，对国立科研机构的经费配置方式大致有以下四种。

一是目标导向的机构配置模式。以美国部门管理科研机构为典型代表。根据总统确定的国家目标，科研机构基于自身使命和定位提出一揽子研发方案，主管部门协调后形成对该机构的年度预算案，白宫管理和预算办公室审核，国会批准。政府和国会定期对科研机构开展绩效评估，提高经费使用效率，保证目标实现。

二是基础研究稳定配置模式。以德国马普学会为典型代表。定位于基础前沿研究的马普学会，每年从联邦政府和州政府获得全额稳定预算支持。马普学会在确定研究领域的基础上，在全球范围内选聘该领域最优秀的科学家组成研究团队，根据协商好的年度研究经费给予稳定支持，最大限度地保证科学家自由开展创造性研究。马普学会每两年邀请国际著名科学家对其研究所进行评估，每六年对其每个领域方向进行评估，确保其研究质量保持在国际前沿领先水平。

三是机构配置为主、项目竞争为辅的模式。国家确定科研机构的使命和定位，并给予一定的稳定支持，同时设立竞争性基金或计划，鼓励科研机构竞争承担国家目标导向项目。稳定支持一般采取切块经费或支持科研机构牵头实施与其使命相关的战略性科技计划的方式，通常占研究机构总经费的80%以上。以法国科研中心为典型代表，这种模式在韩国、印度等国家也较为普遍。这种模式有效发挥作用的关键在于控制好不同研究性质科研机构的稳定支持与项目竞争支持的比例。

四是应用导向的市场配置模式。以德国弗劳恩霍夫协会为代表，其主要研究经费来自企业的委托合同；政府财政拨款比例不超过1/3，支持其开展市场失灵的竞争前研究。

1.3.4　组织架构

国立科研机构组织结构主要有两种方式（表1-5）：一是理事会制度，这种制度类似企业董事会的做法，根据机构的章程或法律，由主要利益相关方的代表构成机构理事会成员，对机构运行和管理方面的重大问题做出决策。对于政府部门委托管理的科研机构，政府部门通常与受托管理机构签订固定期限的合同，受托单位成立理事会，根据合同约定对机构进行管理。二是机构自我管理，政府部门任命机构最高领导人，由其在学术委员会的指导下负责机构管理工作。

表1-5 国立科研机构两种组织架构

主要模式		基本特征	典型机构
理事会制度	德国模式	(1) 全体会员大会选举产生评议会成员； (2) 评议会中有约1/3当然成员，主要是机构负责人、联邦和州政府代表、机构内的杰出科学家及其他机构的代表，这些成员没有任期限制； (3) 评议会是机构的核心政策制定与管理机构	德国马普学会、德国亥姆霍兹联合会、德国弗劳恩霍夫协会
	法国国家科研中心模式	(1) 理事会主席由高等教育与研究部部长提名，法国总统任命； (2) 当然成员主要是政府代表、大学校长代表、国家科研中心高级管理人员，其他成员中约1/4是国家科研中心人员通过民主选举产生的，约3/4是各学部推荐产生的； (3) 理事会是最高的决策机构	法国国家科研中心
	美国能源部模式	(1) 运营方提名理事会成员，政府部门批准，理事会里有若干当然成员，包括运营方负责人、同领域杰出科学家、产业界代表等，这些成员没有任期限制； (2) 理事会对国家实验室的日常管理具有最终决定权，国家实验室的战略任务、发展方向等仍由运营方和能源部共同决定； (3) 运营方在得到政府部门批准后任命实验室主任	美国能源部
机构自我管理		(1) 利益相关者代表组成国家层面、机构层面或研究单元层面的建议小组； (2) 内外部专家组成的学术委员会提供优先研究序列方面的咨询； (3) 政府任命机构负责人	美国国立卫生研究院、美国国家标准与技术研究院、日本产业技术综合研究所

1.3.4.1 理事会制度

由于各国科技体制和科学文化传统不同，国立科研机构的理事会制度也存在着一些差异，形成了不同的模式。主要包括德国模式、法国国家科研中心模式和美国能源部模式。

(1) 德国模式。德国是一个崇尚科学自治的国家。德国国家《基本法》规定德国科技发展政策的基本原则是"科学自由，科研自治，国家干预为辅及联邦分权管理"。这种科学自治在组织结构上的一个突出反映是德国国立科研机构普遍设立的全体会员代表大会和评议会（senate，即理事会）。从马普学会、亥姆霍兹联合会和弗劳恩霍夫协会来看，评议会具有以下特点：①全体会员大会由政府相关部门代表、科技界代表和机构内各个研究单元的负责人、主要的学术带头人组成，评议会成员由全体会员大会选举产生，由此保障了各个研究方向在机构决策层面的代表性；②评议会中有约1/3的当然成员，包括机构主席、机构科学委员会的主席和杰出科学家、联邦政府和州政府的官员、其他科研机构的代表等，这些当然成员不经全体会员大会选举，没有任期限制；③评议会是机构的核心政策制定与管理机构，负责机构主要负责人的遴选、发展战略与规章制度的制定和决策、经费预算的批准、年度报告的审议等。以马普学会为例，其评议会成员由32名一般成员、15名当然成员及13名其他科研机构代表构成。一般成员由全体会员大会选举产生，这些人员来自科技界、企业界、政府部门、媒体或其他机构。当然成员包括马普学会的主席、科学委员会的主席团成员、学部的主席团成员、秘书长、每个学部推选出来的科学家代表、5位来自联邦政府和州政府相关部门的部长或副部长等。

（2）法国国家科研中心模式。法国国家科研中心是法国规模最大，覆盖自然科学、社会科学和工程技术相关研究领域的最重要的国立科研机构，理事会的构成反映了其在法国的地位和法国各方的利益：①理事会主席由高等教育与研究部部长提名，法国总统任命。②理事会成员中，当然成员主要是政府代表、大学校长代表、国家科研中心高级管理人员；其他成员中约1/4是国家科研中心人员通过民主选举产生的，约3/4是各学部推荐产生的；国家科研中心21名理事会成员包括法国科研中心主席1名、由高等教育与研究部和预算部指派的政府代表3名、法国大学校长会议代表1名，以及内部选举的代表、科技界代表、社会经济界代表、劳动界代表各4名。③理事会负责确定国家科研中心的政策方向、审议运行和组织方面的措施、预算、年度报告等。

（3）美国能源部模式。美国能源部国家实验室大多采取了国有民营的运行机制，即通过签署合同的方式，由大学、科研机构或企业（运营方）负责运行和管理。这种特殊的运行机制使得能源部国家实验室的理事会制度呈现出鲜明的特色：①由运营方提名理事会成员，主管政府部门批准。如果运营方为某个大学，则校董事会就是国家实验室的最高决策部门；如果运营方是大学、科研机构和企业共同成立的专门管理国家实验室的有限公司，那么该公司也要成立一个理事会作为国家实验室的最高决策部门。理事会的当然成员包括作为运营方成员的大学/科研机构/企业负责人，此外，还有若干同领域的杰出科学家代表、产业界代表等。②理事会对国家实验室的日常管理具有最终决定权，但国家实验室的主要任务和发展方向仍由运营方和能源部共同确定。③运营方和能源部共同确定国家实验室的主任，授权运营方正式任命国家实验室主任，运营方为大学的国家实验室，大学校长在得到校董事会和能源部授权后任命实验室主任；大学一般还设立国家实验室咨询委员会，负责就国家实验室管理和运作的各个方面，向校长、董事会及国家实验室主任提供咨询。

1.3.4.2 机构自我管理

这类机构的负责人由政府部门直接任命，全权负责研究机构的事务，带领各研究所实现既定目标、寻求新的发展机遇。为了保障这种自我管理的效率和效益，这些机构普遍建立了不同层面的咨询团体，主要包括学术委员会和利益相关者委员会两大类。学术委员会主要在学术研究方面提供咨询和建议，如确定项目的优先研究序列等。利益相关者委员会可在国家层面、机构层面或研究单元层面为机构的整体科研活动、经费配置方式等提出意见和建议。

1.3.5 人事制度

传统上，国立科研机构的科研人员都属于国家公务员序列，按公务员管理制度进行管理，在招聘、晋升和薪酬制度方面沿用与政府部门公务员相同的制度。20世纪八九十年代的新公共管理运动对各国政府的运行和管理提出挑战。国立科研机构内部的人事制度和薪酬制度也开始走上改革的道路，在原有公务员体制的基础上，增加了科技人员管理的灵活性，包括灵活快捷的聘用机制和注重绩效管理等，形成科研机构特有的人事制度和政策。

对一般科研人员（通常是青年科研人员），目前各国科研机构普遍引入限期聘用制度。相对于以往对所有科研人员实行公务员制的做法，引入限期聘用制度的优点在于：项目负责人根据项目需要招聘的限期聘用人员，在项目结束后也随之离开，不会导致机构人员规模的迅速扩大；机构招聘的限期聘用人员，面临着在规定时间内如果不能通过竞争获得长期聘用资格就不得不离开的压力，有利于形成激励竞争的氛围。

高级科研人员（研究单元负责人、学术带头人、课题组长等）是科研机构发展的核心力量。各科研机构都吸引并设法为这些高级科研人员提供终身职位，但终身聘用又在一定程度上导致缺乏竞争激励。为此，各科研机构试图在鼓励稳定和鼓励竞争之间找到平衡。目前，高级科研人员人事制度主要有公务员制、任职年限（tenure track）制、项目合同制三种模式。

（1）公务员制。德国马普学会、法国国家科研中心等机构实施的公务员制是对原有公务员制度的继承和发展，主要特征包括：①按照国家公务员法律，教授/研究员为终身制，除触犯国家法律外不得解雇；②引入评价机制，在一定程度上增强竞争和激励；③薪酬水平主要依据相同级别的公务员薪酬，绩效工资的比重很小。

（2）任职年限制。以美国国立卫生研究院为代表的按国有国营方式管理的一些机构，实施类似美国大学教授的人事制度，主要特征包括：①获得终身职位之前，需要经过若干年的任职年限序列期，任职年限序列期结束后，如果未获得终身职位，将被机构解雇；②每年对处于任职年限序列期的人员进行评价，优秀者可提前申请终身职位，部分人员继续保留在任职年限序列，部分人员将被淘汰；③获得终身职位后（tenured），采取年薪制或协议制的薪酬制度，薪酬水平依据市场价值协商确定。

（3）项目合同制。以美国能源部按国有民营方式管理的国家实验室及日本理化学研究所为代表的一些机构，实施项目合同制，主要特征包括：①围绕具体的项目招聘合同制人员，这类人员直接服务于该项目，通常随着项目的结束离开机构；②实施"固定工资＋浮动工资"的薪酬制度，其中浮动工资主要根据能力、绩效和履行职责情况来确定，一般而言，项目合同制的工资高于同级别公务员工资；③合同期内定期评价人员的绩效和履行职责情况，合同期满后如果项目尚未结束，则依据评价结果决定是否续签合同。

综上所述，经过不断发展演化，国立科研机构形成了公务员制、任职年限制、项目合同制，以及限期聘用制等四种模式，比较结果简述如表1-6所示。

表1-6 国立科研机构的四种人事制度

适用人群	主要模式	主要特征	典型机构
一般科研人员（主要是青年科研人员）	限期聘用制（在原有公务员制度上引入）	（1）公开招聘，签订合同，享受合同规定的工资和社会福利等；（2）在任期内表现突出，可聘为长期聘用人员	德国马普学会、日本理化学研究所、法国国家科研中心、美国国立卫生研究院
高级科研人员（研究单元负责人、学术带头人等）	公务员制	（1）享受公务员的待遇，具体招聘、薪酬等方面依照公务员制度执行；（2）无被解雇和淘汰的危险；（3）薪酬稳定，激励不足	德国马普学会、法国国家科研中心
	任职年限制	（1）在获得终身职位前，存在任职年限序列，具有较强的竞争；（2）获得终身职位后，按照国家公务员的制度来进行人事管理；（3）薪酬方面可以实施市场定价，灵活性较大	美国国立卫生研究院
	项目合同制	（1）围绕具体项目聘用人员，可能随着项目的结题而离开；（2）实施"固定工资＋浮动工资"的薪酬制度，一般而言，项目合同制的工资高于同级别公务员工资；（3）通过严格的绩效评价来确定是否继续续签	美国能源部国家实验室

1.3.6 与大学和企业的合作

国立科研机构与国家创新体系中其他研究单元保持着紧密的合作，共同促进科技发展，并将科技成果迅速应用于生产，促进了科技与经济的融合。国立科研机构与大学的合作，主要是利用大学在基础前沿方面的研究能力和优秀人才，共同解决国家需求问题。另外，随着科研活动对大型昂贵仪器设备依赖程度的提高，国立科研机构运行大型昂贵仪器设备的优势明显，因而国立科研机构对大学优秀科学家开放设备平台，也是重要的合作形式。国立科研机构与企业的合作在近三四十年得到发展。早期从市场公平角度考虑，政府投入建立的国立科研机构与私有企业有明确的产权界线，因此其合作受到限制。随着美国1986年《联邦技术转让法》及1989年修正案允许联邦实验室与其他政府机构、企业、高校等签订研发合作协议，国立科研机构与企业的合作迅速发展。特别是21世纪以来，创新成为国家经济竞争的核心要素，各国政府纷纷出台政策，鼓励和促进国立科研机构与私有企业合作。国立科研机构与大学和企业的合作方式主要有以下五种。

一是科研项目合作。科研项目合作是国立科研机构与企业、大学合作的重要形式，主要包括与大学、企业围绕重大科技任务、科技计划的实施共同开展研发工作，与大学合作开展前瞻研究，承担企业委托的研究任务等。例如，日本理化学研究所开展工业应用的"种子"研究，与产业界联合创建了"融合的联合研究制度"，由日本国内企业提出研究开发课题，或公开征集并联合选定新的研究课题，将其研发能力与企业研发能力融合，促进两者在基础和应用阶段的联合。

二是开放共享平台。开放共享大型科技基础设施，为大学和企业的研究提供支撑服务；基于大科学装置，与大学或企业联合开展综合交叉前沿研究。例如，美国能源部的核心使命包括"建造和运行大科学装置和设施，供联邦政府、大学、产业界和其他科研机构利用"，每年有来自国内外的2.2万多名研究人员使用其大型科学设施开展科学研究。

三是共建研究单元。与大学、企业合作共建实验室、研究所、研发中心或技术中心、创新联盟等，合作方共同确定研究方向、共同支持，成果为合作方共享。近年来，合作研究网络建设成为新的合作形式。例如，法国国家科研中心的绝大部分实验室是与大学、其他科研机构或工业界共建的联合实验室；印度科学与工业研究理事会的20个实验室与13所大学、3个医学实体结成网络联盟，150多个研究所和实验室与50多家企业结成网络联盟。

四是优秀人才合作。与大学、企业合作，集聚优秀人才，交流专门人才，培训培养高层次创新人才,是国立科研机构重要的发展战略。主要形式包括与大学和企业合作,设立专门基金,吸引、集聚优秀人才;与大学和企业建立密切的人才交流关系,鼓励高级研究人员到大学任教,到企业任职;发挥科研资源优势,在科研活动中与大学、企业等联合培养青年创新人才。例如,德国马普学会鼓励研究人员去大学担任兼职教授,其80%的所长和室主任都在所在地大学任兼职教授,同时大学教授也可被聘为马普学会所属研究所的研究人员或所长;日本理化学研究所实行连携大学院制度,与东京大学、京都大学等16所著名大学建立了合作关系,接受大学的研究生参与有关课题研究。

五是成果转化合作。设立专门机构,或利用技术转移中介机构推动科研成果向企业转移,主要形式有知识产权授权、技术咨询与服务等。例如,德国马普学会创建具有独立法人地位的全资子公司马普创新公司(Max Planck Innovation),负责创新与技术成果市场转化;日本产业技术综合研究所通过技术转移机构(Technology Licensing Organizations,TLO)进行技术授权,获得企业的资金支持。

2 美 国

- 世界上科技最发达的国家，在航空航天、信息通信、生物工程、新材料、新能源、环保等高科技领域，都拥有明显优势。

- 2000~2009年科研论文产出总量占全球比重达到31.72%。2011年全球高质量科研论文中，美国所占比重超过50%。截至2011年，已有240名美国人获得自然科学领域诺贝尔奖，超过总数的40%。

- 2007年，全时当量研究人员有141.26万人·年，占经济合作与发展组织国家总量的33.64%，约80%的研究人员集中在企业。吸引和汇聚全球优秀人才是美国科技人力资源的突出特点，约70%的诺贝尔奖得主在美国工作。

- 全球最大的研发投资体。2009年国内研发经费总额为4015.76亿美元，占经济合作与发展组织国家总量的41.24%。其中，企业投入占61.6%，使用的研发经费占70.32%；政府投入占31.26%；国立科研机构使用的经费占11.73%。

- 没有全国统一的科技管理部门，除政府外，美国国会在科技政策制定、研发投资和绩效评估等方面也发挥着重要作用。

- 在国家科技体系中，国立科研机构以满足国家需求为主，高校主要从事基础研究，企业主要从事应用研究和试验开发，非营利科研机构是其他三类科研机构的有益补充。

- 国立科研机构主要指联邦实验室，其拥有良好的科研环境、实验条件及研究开发的骨干力量。共有600多个大型联邦实验室和近700个小型联邦实验设施，主要隶属于能源部、国防部、健康与人类服务部、国土安全部、国家航空航天局等联邦政府部门或机构。政府对联邦实验室的管理主要有国有国营和国有民营两种模式。

2.1 科技政策与体制概况

2.1.1 科技政策与体制演变

美国富有生机与活力的科技创新体系的形成是一个长期积累、逐步发展的过程，其构成包含了"官、产、学、研"等多个单元及其相互作用的复杂关系。从美国独立以来历经 200 多年的演变，美国科技政策与体制演变一般可以分为以下几个阶段。

1）美国独立到第二次世界大战前（1940 年以前）

18 世纪后期，进入美国的移民，特别是欧洲移民带来了大量劳动力和先进的科学技术，为美国科学技术的发展奠定了人才和技术基础。在此期间，美国国家科技体系各单元初具雏形：政府开始设立专门机构开展科技工作，建立了国立卫生研究院、国家标准与技术研究院、国家航空航天局等重要国立科研机构的前身，形成了全国性的高等教育网络，企业研发实验室开始成为创新最活跃的力量。这一时期美国政府通过立法为美国的科学研究事业特别是国立科研机构的成立和发展提供法律保证，但由于美国处于自由竞争资本主义发展阶段，政府对科技活动的具体规划和管理奉行"不干预"政策，科技政策总体而言比较零散、不系统。科学技术的发展主要靠少数发明者及民间企业来推动，以学习和借鉴英国、法国等欧洲国家为主，根据市场需求调节研究方向。

2）第二次世界大战时期（1941~1945 年）

美国形成了以军事服务为主要目的的科技体系。整个第二次世界大战期间，美国科技活动以军事为目的，并逐渐形成了联邦政府在大学或民间企业建立实验室并资助其研究活动的政府研究体系，也确立了政府支持基础研究的体系。1941 年成立的科学研究与发展局（OSRD）旨在对全国范围内的科学和技术力量进行大规模的集中管理和协调，实施一系列以军事为目的的研究计划，包括著名的曼哈顿计划、雷达研制计划、青霉素生产合成计划等。通过这些研究计划，美国国家实验室体系得以建立并迅速发展。

3）冷战时期（1945~1990 年）

美国的科学研究工作主要为国防服务，形成了坚实雄厚的科技基础。第二次世界大战也使得美国政府认识到国家科技政策的作用和意义。1945 年，科学研究与发展局主任 V. 布什向美国政府提交了题为"科学：无止境的前沿"的著名报告。这份报告旨在回答罗斯福总统关于第二次世界大战后美国科技政策走向的提问，涉及政府研发投入、基础科学研究、技术成果转移和人才战略等方面，成为美国第二次世界大战后几十年科技政策的指导性文件，形成了美国现代科技政策体系的主体构架。美国科学基金会的成立也来源于该报告的建议[①]。冷战时期，美国政府科技战略的重点是国防和空间领域，国防研发开支占到了联邦政府研发经费的80%~90%。这种强大的国防投入为美国的经济发展奠定了技术储备（如民用航空、先进材料、计算通信等），为以后转向民用和参与国际竞争打下了坚实基础。与此同时，美国科技体系各单元的科技实力也大大加强，不仅联邦实验室体系得到发展壮大，很多大学通过承担委托的科研项目逐步成为研究型大学，企业技术研发能力也大幅提升。

20世纪70年代后期，美国面对日本、德国等国的强大竞争压力，科技体系进入了调整转型时期，强调科技与经济的结合，引导经济产业结构的转型和增长方式的转变。注重对冷战时期政府主导或拥有的研究成果进行技术转移和扩散，通过建立各级政府与企业间广泛的伙伴关系，形成政府与民间通力合作的研发机制，共同进行新技术开发。这个时期，美国政府颁布了一系列促进技术创新与技术转移的相关法律，如《拜杜法案》（*Bayh-Dole Act of* 1980）、《史蒂文森-威德勒技术创新法》、《小企业创新开发方案》和《联邦技术转让法案》等。《拜杜法案》从根本上改变了政府资助形成的知识产权的权属关系，把这类研发成果的所有权从政府转移到与政府签订合同或授权协议的大学或研究机构，促进了研发成果的技术转移和商业运用，为美国产业国际竞争力的提升发挥了重要作用[②]。

4）冷战结束后（1990~2008年）

美国科技体系发展的重点是民用科技，突出私营部门研发主体地位，强化完善科技决策和管理机制。冷战后，全球局势趋于缓和，经济和科技全球化的趋势非常明显。全球经济发展的格局发生了重大变化，以跨国公司为先驱的生产全球化，促进了国际分工。1990年老布什政府公布的《美国技术政策》首次把加强和支持工业研究开发纳入国家技术政策。克林顿上台后针对国际、国内形势的变化，调整国家科研投入的军民比例，加强了民用科技，尤其是民用高科技的研发，实施多项重大科技计划。这个时期，美国不论在科学政策上还是技术政策上都将私营部门地位提升到突出位置，为其科技活动提供了良好的环境。此外，美国政府还通过保留科技政策办公室、成立各级别的国家科学技术委员会、扩充总统科技顾问委员会等措施强化了科技管理体制，

---

① 中华人民共和国科学技术部.2006.主要创新型国家科技创新发展的历程及经验.北京：中国科学技术出版社：32-37.

② 彭学龙，赵小东.2005.政府资助研发成果商业化——美国《拜杜法案》对我国的启示.电子知识产权，（7）：42-45.

完善了决策机制①。

"9·11"事件后,小布什政府继续大力支持信息、生物和纳米方面的计划,在能源和环境等优先领域制订了一些新的计划。2005年,美国科学院向国会提交了《站在风暴之上》的咨询报告,认为美国的科学技术和竞争力正面临着巨大的挑战,建议改善数理基础教育,保持和加强长期的基础研究,吸引汇聚全球的优秀人才,构建有利于创新的政策环境等,确保美国科学技术和竞争力在全球的领先优势。在此基础上,小布什政府2006年提出促进美国科技长远发展的"美国竞争力计划"。但是,反恐和国防成为各项政策的核心,造成美国联邦政府科技预算在一定程度上的失衡。另外,面对科学技术对人类社会影响的不确定性,美国政府在科技领域采取了相对保守的科技政策,对胚胎干细胞等研究领域加以干涉和限制,引起了美国科学界较大的争议②。

5) 奥巴马上台后(2009年至今)

美国政府进一步强化科学技术的重要地位,强调科技创新能够为经济发展和社会变革提供重要手段,同时进一步加强科学决策,完善科技管理体制。奥巴马政府强调要恢复科学应有的地位,政府要在科技发展中积极作为,承诺增加联邦政府的科技投入,重视培养美国的下一代科技人才。奥巴马政府还增设了第一个国家级首席技术官员职位,以增进跨部门的技术合作,并任命著名的科学家担任重要的科技管理职位。2011年2月,发布《美国创新战略:保障经济增长与繁荣》③,集中梳理了奥巴马政府支持创新的最新执政理念,其中凸显了逐层递进的三大战略重点,即夯实创新基础、培育市场环境和突破关键领域,并提出了无线网络计划、专利审批改革计划、教育改革计划、清洁能源计划、创业美国计划等五大行动计划。

尽管在不同的时期,美国政府对科技发展的重点和策略有所差异,但美国政府支持科技发展的基本原则长期以来得到了继承和发扬,政府始终将推动科技创新、促进科学技术为国家利益服务视为己任,并充分利用市场机制,引导私人资本参与科技创新活动,推动科技的产业化,避免直接介入技术开发和应用④。

2.1.2 科技管理体系

按三权分立原则,美国科技政策的制定、执行和监督功能分散在行政、立法和

---

① 徐峰.2006.美国科技管理体制的形成与发展研究.科技管理研究,(6):13-16.
② 张华胜,彭春燕,成微.2009.美国政府科技政策及其对经济影响.中国科技论坛,(3):7-15,20.
③ National Economic Council, Council of Economic Advisers, Office of Science and Technology Policy. 2011. A strategy for American innovation: Securing our economic growth and prosperity. http://www.whitehouse.gov/innovation/strategy [2011-08-22].
④ 梁伟.2008.美国科技创新体系中的政府作用.全球科技经济瞭望,23(3):20-25.

司法各系统。美国没有在联邦政府层面将科技管理的主要职责集中在某个单一部门（图 2-1）。

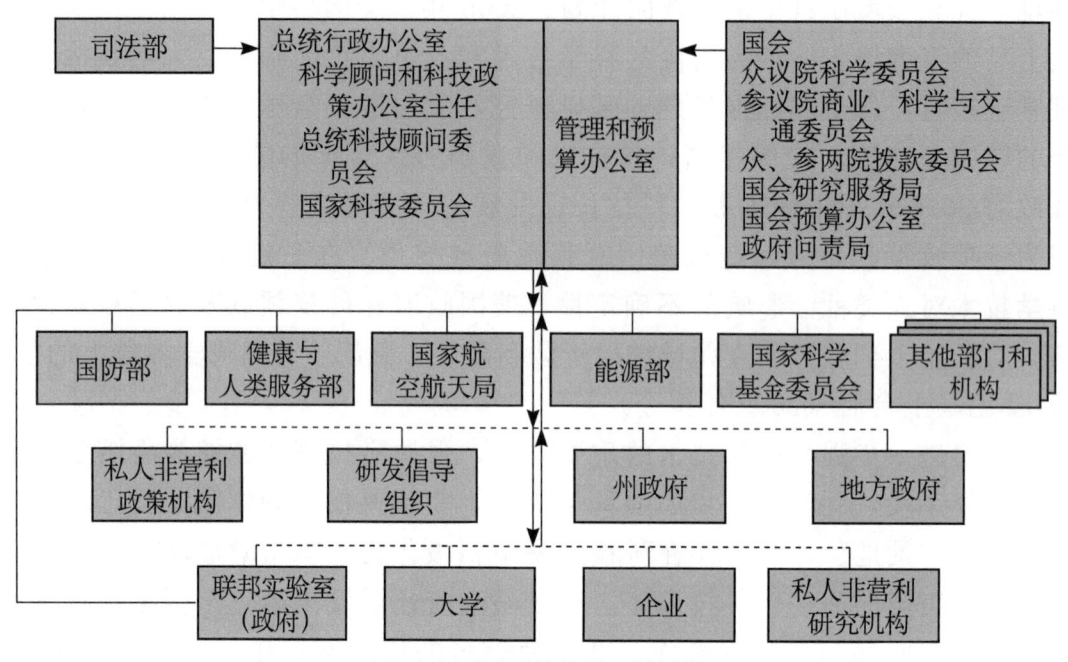

图 2-1 美国科技体系结构

资料来源：http://erawatch.jrc.ec.europa.eu/erawatch/export/sites/default/galleries/generic_images/usorganogram.jpg

2.1.2.1 行政系统

在美国行政系统中，总统具有最高决策权，直接辅助总统进行科技战略决策和相关预算编制的行政部门包括白宫科技政策办公室（Office of Science and Technology Policy，OSTP）、国家科学技术委员会（National Science and Technology Council，NSTC）、总统科技顾问委员会（President's Council of Advisors on Science and Technology，PCAST）及白宫管理和预算办公室（Office of Management and Budget，OMB），分别简述如下。

（1）白宫科技政策办公室成立于1976年，由总统科技顾问兼任主任，该办公室的主要职责如下：①向总统及总统办公室的其他人就科学和技术对国内和国际事务的影响提出建议；②牵头多部门制定和实施完整的科学技术政策和预算；③与私营部门合作以确保联邦政府对科技的投入能够促进经济繁荣、环境改善，保障国家安全；④在联邦政府、州政府、地方政府，以及国家和科学团体之间建立强有力的合作关系；⑤评估联邦政府在科学和技术方面举措的规模、质量和成效[①]。

(2) 国家科学技术委员会成立于 1993 年，为内阁级委员会，总统担任主席，成员包括副总统、各内阁部长、联邦主要科技部门负责人、白宫科技官员等，是白宫协调联邦政府各研发管理和执行部门的重要机构。

(3) 总统科技顾问委员会最早源于罗斯福总统在 1933 年成立的科学顾问委员会。总统科技顾问和总统指定的一个非政府部门代表共同主持总统科技顾问委员会，成员由总统直接任命，主要包括美国产业界、教育界、研究院所和非政府机构的知名科学家。总统科技顾问委员会与国家科学技术委员会在科技决策方面相辅相成，国家科学技术委员会从政府官方角度制订符合国家目标的科技发展计划，而总统科技顾问委员会则从民间角度对此进行评述，并提供反馈意见，促使这些计划更加合理可行，同时还积极向国家科学技术委员会提出事关国家发展的科技问题的建议。

(4) 白宫管理和预算办公室主要负责形成总统提交国会审议的预算方案及与国会就预算进行沟通，并负责监督政府各行政部门的预算执行情况。白宫管理和预算办公室通过评估各部门上报的计划、政策、报告、规定等，与白宫科技政策办公室一起制定预算的优先领域及每年的部门预算。具体而言，白宫管理和预算办公室首先汇总各联邦部门的预算支出计划，进行初步研究审核后提交总统核准。然后在总统批准该年度政府预算的基本框架基础上，白宫管理和预算办公室与各部门商议确定具体的支出计划，核定各部门的年度财政预算。自 2002 年起，白宫管理和预算办公室推出了项目绩效评估等级工具（PART），对各部门预算项目进行评估，评估结果成为预算制定的重要参考。

美国联邦政府中与科技相关的主要部门包括国防部、卫生部、能源部、国家航空航天局、商务部、农业部、运输部、国家环境保护局、国家科学基金会等，这些部门分别负责相应领域的科研管理和资助。其中，国家科学基金会是专门的科技资助部门，主要资助基础研究（不含医学）。

美国州政府在科技方面的职权与联邦政府有明确分工。在技术利用、发展和推广服务等方面，州政府可从自身职权范围出发，采取有关政策措施加以促进。例如，通过改进本地教育（特别是本州公立中小学的教育），提高科学教育水平；通过成立各种非政府、非营利机构，开展技术开发和成果推广服务；通过营造良好的科研环境和投资环境，吸引高科技企业。

2.1.2.2 立法系统

立法机构（国会）通过立法推动科技政策的制定和实施，对科研活动也起到一定

---

① 孙孟新. 2004. 美国科技领域法律政策框架概览. 科技与法律，4：15-21.

的监督作用。美国政府的科技计划和预算须经国会审议并通过，经总统签署后才能生效。国会影响政府科技决策的委员会主要有两个：一是授权委员会，通过颁布法令对科研机构进行授权；二是拨款委员会，对科技计划和科研机构分配经费。年度预算由13项拨款法案构成，每项法案由众议院和参议院的授权委员会分别进行讨论。众议院涉及科技事务最多的授权委员会是科学委员会，下设基础研究、能源和环境、航天和航空、技术四个小组委员会。参议院涉及科技事务最多的授权委员会是商务、科学与运输委员会，下设六个小组委员会，分别负责航空、通信、消费者事务、海洋与渔业、科技与空间、陆运与海运等领域。国会参、众两院各种常设会议中与科技密切相关的会议有20多个。国会还下设三个与科技相关的支撑机构，即国会研究服务局（Congressional Research Service，CRS）、政府问责局（Government Accountability Office，GAO）和立法顾问办公室（Office of Legislative Counsel）。以上机构对全国科技立法、大型科技项目审批和拨款起决定性作用。它们有权单独委托有关科研部门组成特别咨询小组，对任何科研项目的有关疑点进行质询，对其可行性进行评估认证，还可要求政府有关部门对某些项目重新设计等。特别咨询小组由委托部门聘请相关领域知名科学家、教授、专业人士及工商企业界高级管理人员组成[1]。

2.1.2.3 司法系统

在美国宏观科技体制中，司法部门也发挥着十分重要的作用。如果对科技相关法律的具体解释存在不同意见，则由司法部门负责相关法律条文的最终解释。涉及科技管理、高科技产业等的一些重大法律问题的解释[2]，也都是在司法体系做出决定。司法部门的判决不受国会和行政部门左右。

2.1.3 科技投入

2.1.3.1 人力资源

2007年，美国研究人员全时当量总数约为141.26万人·年，占经济合作与发展组织国家总量的33.64%[3]。表2-1给出了经济合作与发展组织关于美国研究人员数量的统计数据，约80%的研究人员集中在企业，国立科研机构研究人员在1995~2002年维持在5万人·年左右。图2-2给出了2002年美国研究人员在各部门的分布情况。

---

[1] 梁伟. 2008. 美国科技创新体系中的政府作用. 全球科技经济瞭望，23（3）：20-25.
[2] 近几年来，比较著名的案例包括微软垄断案、商业方法专利合法与否、数字音乐版权问题等。
[3] OECD. 2011. Main Science and Technology Indicators. Volume 2011/1. OECD Publishing：24.

表 2-1　美国研究人员全时当量数量　　　　　（单位：人·年）

分布	1995 年	2001 年	2002 年	2003 年	2004 年	2005 年	2006 年	2007 年
研究人员总数	1 035 995	1 319 705	1 342 454	1 430 550	1 393 523	1 387 882	1 425 550	1 412 638
企业	789 400	1 060 200	1 075 300	1 156 000	1 111 300	1 097 700	1 135 500	1 130 500
国立科研机构	53 900	48 187	47 822	—	—	—	—	—
高校	181 395	211 318*	219 332*	—	—	—	—	—
非营利科研机构	11 300	—	—	—	—	—	—	—

* 指高校和非营利科研机构研究人员全时当量数量的总和

资料来源：OECD Stat 数据库

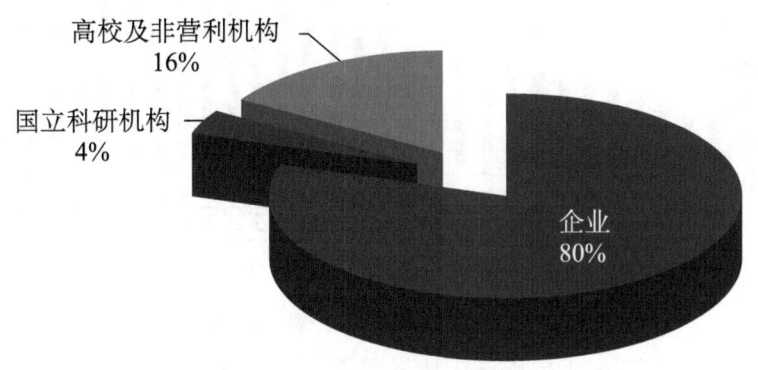

图 2-2　2002 年美国各部门研究人员分布图

资料来源：OECD Stat 数据库

汇聚全球优秀人才是美国科技人力资源的突出特点。全世界约 70% 的诺贝尔奖得主都在美国工作[①]。美国政府采取多种优惠政策和措施，提供优越的研发条件，吸引外国高技术人才，特别是科学与工程领域专家移民美国。同时，由于近 20 年来，美国大学科学与工程领域学士、硕士和博士学位获得者中外籍学生的比重不断提升，美国政府也特别重视吸引这些外籍学生临时性或无限期留在美国。此外，美国还成功地对移民进行了筛选，留美的科学与工程领域移民以 21~35 岁的优秀青年人才为主。美国科学家和工程师队伍中非美国公民所占比重从 1994 年的 6% 上升到 2006 年的 12%。优秀科学家和工程师移民来美使得美国可以从全球人才资源中雇用最优秀的人才，推动创新的益处（包括溢出效应）能够在美国产生，并确保美国在研究与创新方面的竞争力[①]。

2.1.3.2　科技经费

美国是全球最大的研发投资体。自 20 世纪 80 年代以来，美国研发经费稳步增长，2009 年达到 4015.76 亿美元，远远超过其他国家，较 1981 年增长了 4.52 倍。美国国

---

① RAND National Defense Research Institute. 2008. U. S. competitiveness in science and technology. http://www.rand.org/pdfrd/pubs/monographs/MG674 [2011-08-18].

内研发经费总额占GDP的比重长期稳定在2.6%左右，2009年达到2.9%（图2-3），在主要发达国家中仅次于日本（3.36%）。奥巴马政府已在《美国创新战略：保障经济增长与繁荣》中制定了未来要将该比重进一步提高至3%的目标，这一强度甚至超过了太空竞赛时期的水平[①]。

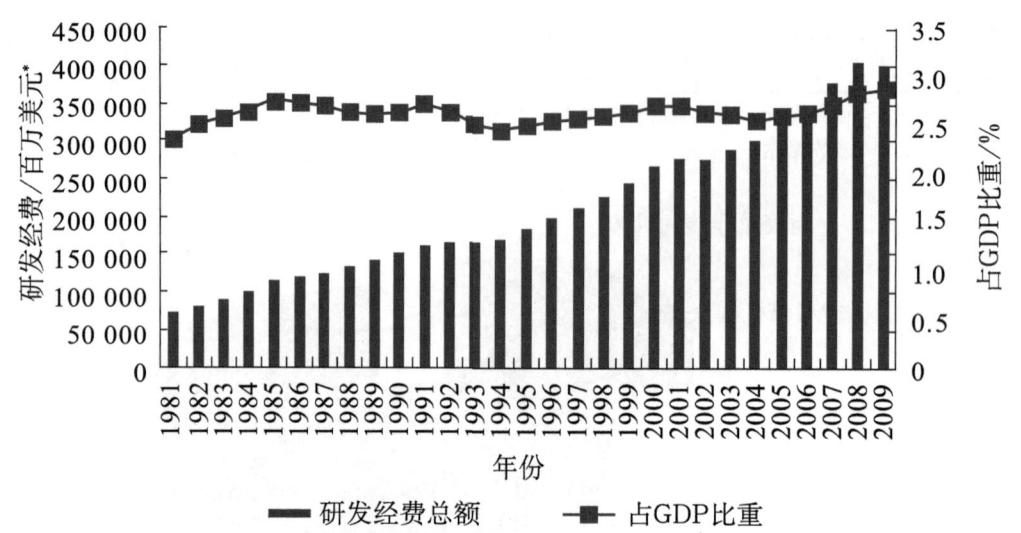

图2-3 1981-2009年美国国内研发经费总额及占GDP比重的变化态势

* 按购买力平价现值美元计

资料来源：OECD Stat 数据库

美国研发经费来源主体是企业和政府。2009年，企业投入经费2473.57亿美元，占美国研发经费总额的61.6%；政府投入1255.5亿美元，占31.26%；高校和非营利机构投入的经费很少，仅分别为151.1亿美元（3.76%）和135.59亿美元（3.38%）。2009年，企业和政府的研发经费投入比1981年分别增长了5.88倍和2.6倍（图2-4），表明企业在推动研发经费投入的持续增加上发挥着越来越重要的作用。

20世纪80年代以来，企业研发投入所占份额不断攀升，由20世纪80年代的约50%上升到2009年的61.6%；而政府研发经费投入所占份额呈现逐渐降低的趋势，由20世纪80年代的约47%下降到2009年的31.26%；国内其他经费来源（高校和非营利机构）所占比重逐年提高，但仍处于较低水平，2009年占7.14%（图2-5）。

从研发经费执行部门构成来看（图2-6），美国研发经费有70%以上由企业部门使用，2009年企业使用研发经费2823.93亿美元，占总经费的70.32%，超过了其投入

---

① National Economic Council, Council of Economic Advisers, Office of Science and Technology Policy. 2011. A strategy for American innovation: Securing our economic growth and prosperity. http://www.whitehouse.gov/innovation/strategy [2011-08-22].

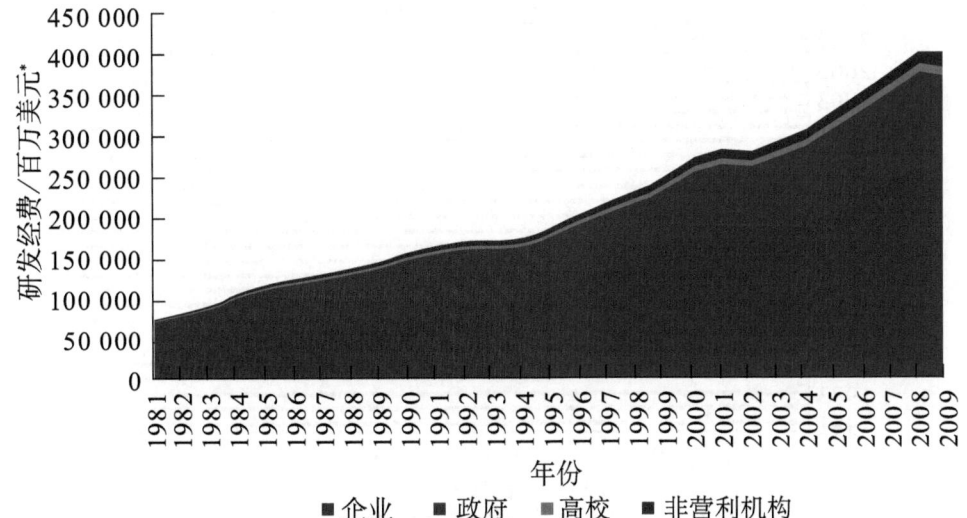

图 2-4　1981~2009 年美国研发经费按来源部门投入总量的变化态势

＊按购买力平价现值美元计

资料来源：OECD Stat 数据库

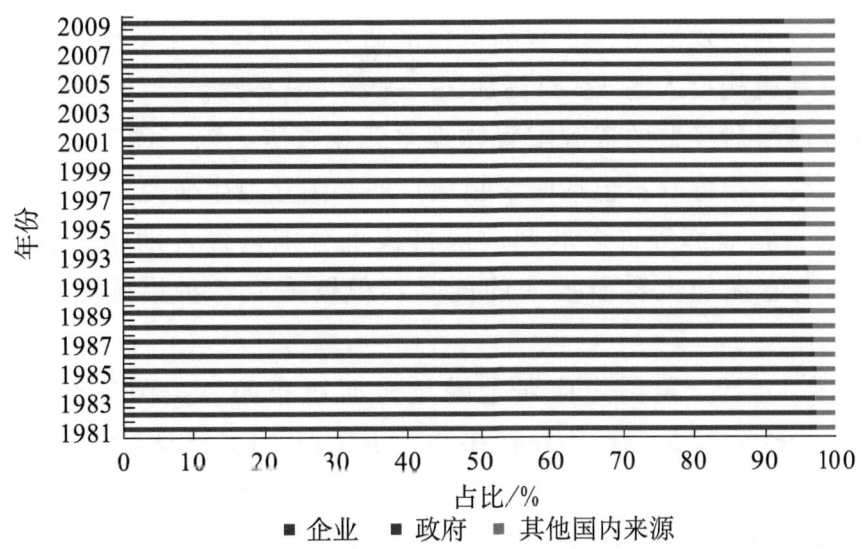

图 2-5　1981~2009 年美国研发经费来源部门投入比例的变化态势

资料来源：OECD Stat 数据库

数额和比重；高校使用的研发经费所占比重呈现上升趋势，由 20 世纪 80 年代的不到 10% 上升到 2009 年的 13.54%；而国立科研机构使用经费所占比重则由 20 世纪 80 年代的约 17% 下降到 2009 年的 11.73%。

从研发经费的流向来看，企业投入研发经费的 98% 以上都是供自身开展研发活动的，极少部分流向高校（1.3%）和非营利机构（0.5%）；政府投入研发经费的

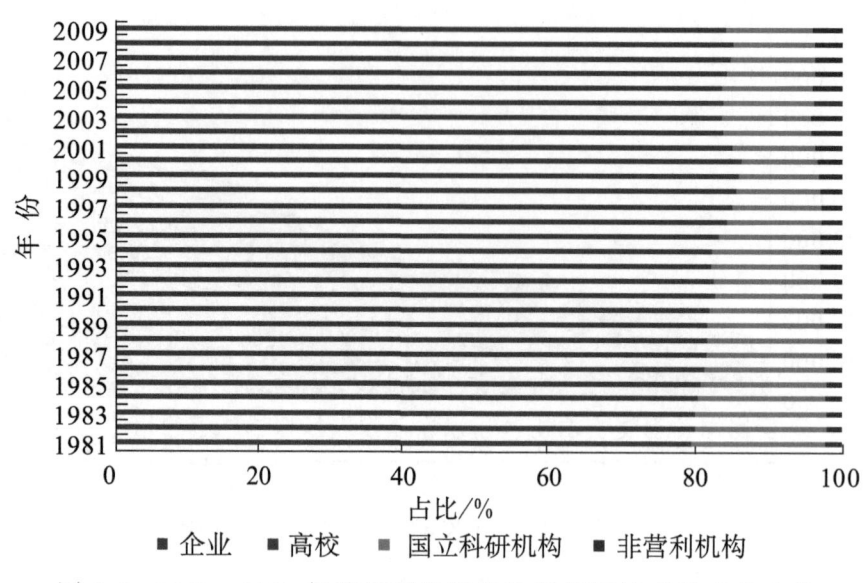

图 2-6　1981～2009 年美国研发经费执行部门构成的变化态势

资料来源：OECD Stat 数据库

37.53% 资助国立科研机构，31.52% 流向企业，25.15% 流向高校；高校投入研发经费几乎全部用于高校的研发活动；非营利机构的研发经费投入主要流向非营利机构和高校，分别占非营利机构投入的 67.41% 和 32.58%（图 2-7）。

美国联邦政府科研经费的资源配置体现多元化特点，除了国家科学基金会支持科学和工程基础研究、教育（不包括医学领域）外，国立卫生研究院、国防部、能源部、国家航空航天局、农业部等许多联邦政府机构也分别负责资助相应领域的研究工作（图 2-8）。联邦政府在加大科研投入的同时，积极采取各种措施鼓励企业加大研发投入。

2009 年 2 月 17 日，美国为应对金融危机而颁布的《美国复苏与再投资法案》（American Recovery and Reinvestment Act，ARRA）由奥巴马总统签署生效，这份经济刺激方案计划为激励未来在能源、医学、气候和高技术领域取得新发现提供联邦研发资助。《美国复苏与再投资法案》规定的拨款使联邦研发投资达到 1654 亿美元的新纪录，这些资金在 2009 年和 2010 年进行支付。

2.1.4　科技计划

美国联邦政府是较早组织大型科技计划以带动科技整体发展的国家。早在 1942 年，美国就成功地实施了曼哈顿计划。随后，美国还实施了阿波罗计划、航天飞机计划、星球大战计划、人类基因组计划、信息高速公路计划、国家纳米技术计划等。

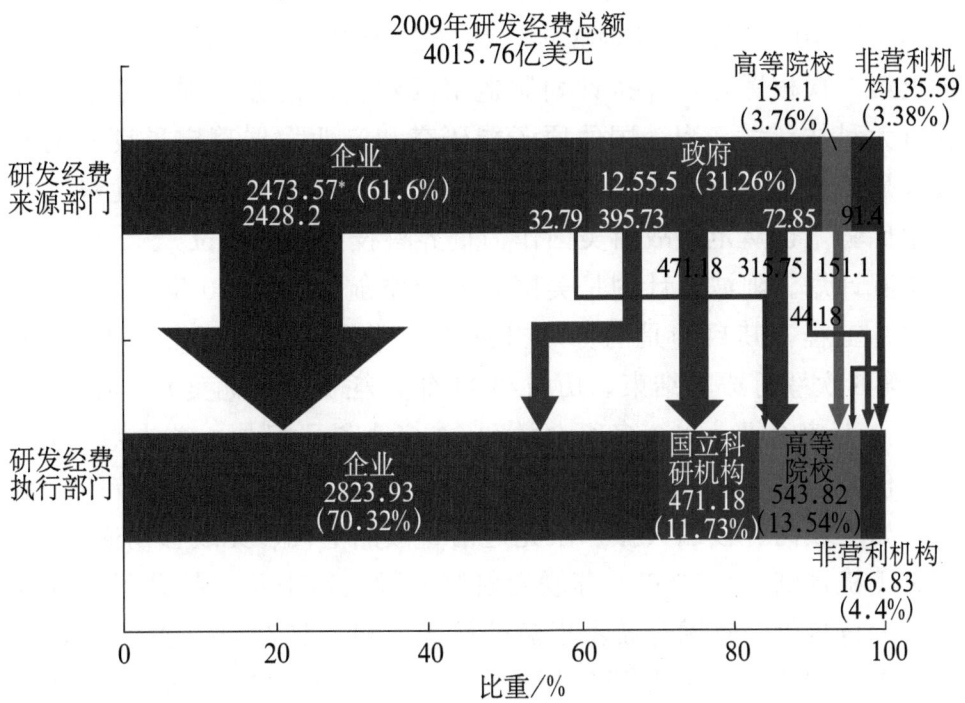

图 2-7 2009 年美国研发经费流向图

* 图中数值单位为亿美元，按购买力平价现值美元计

资料来源：OECD Stat 数据库

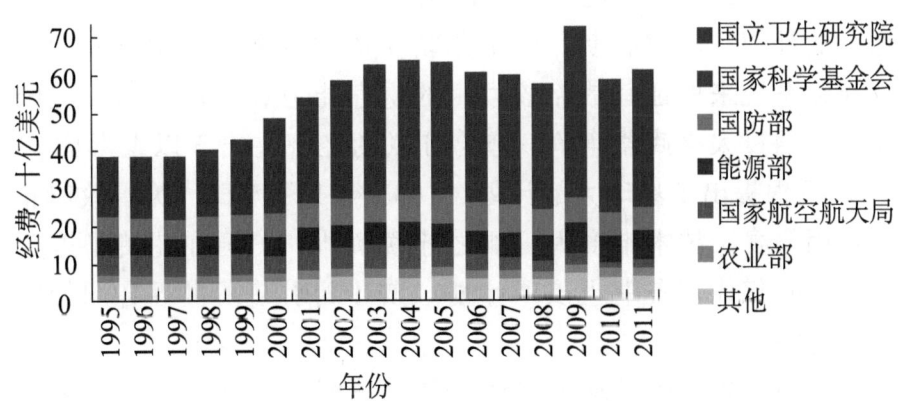

图 2-8 1995～2011 财年各联邦政府机构的研究经费变化态势

注：按 2009 财年不变美元计。2009 财年的数字包括《美国复苏与再投资法案》的拨款。研究包括基础研究和应用研究

资料来源：Office of Science and Technology Policy, Executive Office of the President. 2010. Investing in the building blocks of American innovation-federal R&D, technology, and STEM education in the 2011 budget. http://www.whitehouse.gov/sites/default/files/fy2011rd_final.pdf [2012-12-31]

(1) 曼哈顿计划。1942年，为了抢在纳粹德国之前研制出原子弹，美国实施了曼哈顿计划，动员了10万多人，历时3年，耗资20亿美元，于1945年7月16日成功地进行了世界上第一次核爆炸，并按计划制造出两颗实用的原子弹。曼哈顿计划是美国第一次实施重大科技计划，为美国的原子能研究和产业发展奠定了良好的基础。通过实施曼哈顿计划，美国积聚了大量的科技人才，拥有了空前的智力优势，并可以迅速地转化为技术优势，也奠定了战后美国作为世界科技中心的地位[①]。

(2) 阿波罗计划。阿波罗计划是美国国家航空航天局在20世纪60～70年代组织实施的载人登月工程，其目的是与苏联开展太空竞赛。工程开始于1961年5月，至1972年12月第6次登月成功结束，历时约11年，耗资255亿美元。在工程高峰时期，参加工程的有2万家企业、200多所大学和80多个科研机构，总人数超过30万人[②]。阿波罗计划不仅为后来的航天计划奠定了基础，而且其相关技术还被广泛地应用于国民经济领域，如互联网、核磁共振、激光通信、液晶电视、无线移动通信等。

(3) 航天飞机计划。1957年，苏联发射第一颗人造卫星，拉开了美苏太空竞赛的序幕。在这一大背景下，美国开始考虑建造航天飞机。1972年1月5日，美国研制航天飞机的计划得到尼克松总统批准，历经9年，耗资90亿美元，动员2000家公司、大学和研究机构的4万人参与。航天科技对美国经济的发展起到巨大的牵引作用，直接促成了20世纪若干重大的技术进步。美国在20世纪90年代开发的1000多种新材料中，80%是在空间技术的刺激下完成的，有近4000项空间技术成果已移植到民用领域，数万家企业参与了载人航天的生产、研制[③]。

(4) 星球大战计划。冷战后期，由于苏联在核攻击领域占据领先地位，美国需要建立有效的反导弹系统来保证其战略核力量的生存能力和威慑能力；美国也想凭借其强大的经济实力，通过太空武器竞争，拖垮苏联的经济。出于以上考虑，1983年3月23日，美国总统里根提出了星球大战计划。1985年1月4日，美国政府正式立项实施该计划。由于费用昂贵、技术难度大，加之苏联解体，美国在花费了近千亿美元的费用后，于20世纪90年代宣布中止该项计划。该计划引起了世界各国的关注，其政治和军事的影响极为深远[④]。

(5) 人类基因组计划。人类基因组计划是由美国能源部和国立卫生研究院共同推

---

① Jones V C. 1985. Manhattan: The Army and the Atomic Bomb. Washington, D.C.: United States Army Centor of Military History.

② 杨立杰. 2003. 美国阿波罗载人登月工程. http://news.xinhuanet.com/ziliao/2003-08/20/content_1034950.htm [2011-06-18].

③ 郭勉愈. 2011. 航天飞机：不完美的完美谢幕. http://news.xinhuanet.com/tech/2011-07/19/c_121689272_4.htm [2011-08-19].

④ 苏恩泽. 2000-11-01. 世界高科技计划追踪. 解放军报.

动的一项投资30亿美元的国际性研究计划,于1990年正式启动,先后有6个国家加入①。该计划的目标是通过以美国牵头的全球性国际合作,在大约15年内完成人类24条染色体的基因组作图和DNA全长序列分析,进行基因的鉴定和功能分析,并绘制成序列图。人类基因组计划的成果不仅可以揭示人类生命活动的奥秘,而且有望彻底阐明人类6000多种单基因遗传性疾病和严重危害人类健康的多基因易感性疾病的致病机理,为这些疾病的诊断、治疗和预防奠定基础。同时,人类基因组计划的实施还将带动医药业、农业、工业等相关行业的发展,产生巨大的经济效益和无法估量的社会效益②。

(6) 信息高速公路计划。1993年9月,美国政府宣布实施一项新的高科技计划——国家信息基础设施(National Information Infrastructure,NII),旨在以因特网为雏形,兴建信息时代的高速公路——信息高速公路,使所有美国人方便地共享海量的信息资源③。国家信息基础设施取代星球大战计划以后,美国信息技术发展迅速,信息化带动工业化成就显著,创造了美国119个月的持续经济增长,推动美国进入知识经济时代,极大地提升了美国产品的国际竞争能力④。

(7) 国家纳米技术计划。2000年,美国正式发布国家纳米技术计划(National Nanotechnology Initiative,NNI),提出发展纳米科技的战略目标和具体战略部署,标志着美国进入全面推进纳米科技发展的新阶段。国家纳米技术计划是通过联邦政府协调联邦各机构在纳米科学、工程和技术领域研发的一项投资计划,有20多个联邦政府机构参与。自国家纳米技术计划实施以来,美国在纳米技术的基础研究方面不断取得突破,在半导体芯片、癌症诊断、光学新材料和生物分子追踪等四大热点领域快速发展⑤。

2008年奥巴马上台之后,为了领导美国走出金融危机和经济衰退的困境,振兴美国的经济,重塑美国的国际形象,强化美国的全球领导地位,美国投入大量资金,实施了经济复苏与再投资计划、新能源计划等若干旨在刺激经济复苏的计划。以新能源计划为例,该计划旨在争夺未来能源和科技制高点,通过改变能源利用方式,催生经济增长模式的重大转变,由此强化美国在世界上的领导地位,为美国及全世界能源和

---

① 陈娉舒. 2000. 人类基因组计划及其目标. http://www.people.com.cn/GB/channel2/570/20000627/119466.html [2011-08-19].
② 上海交通大学. 人类基因组计划(Human Genome Project,HGP). http://genetics.sjtu.edu.cn/Human%20Genome%20Project.htm [2011-11-25].
③ 刘长敏. 1997. 论美国的信息高速公路. 世界经济与政治论坛, (4): 49-52.
④ 孙见君. 2003. 21世纪美国科技发展战略与我国科技发展对策. 江苏工业学院学报(社会科学版), 3(4): 7-10.
⑤ 庄嘉. 2010. 美国: 进入全面推进纳米科技发展新阶段. http://finance.jrj.com.cn/2010/06/2502007666674.shtml [2011-08-19].

经济发展带来深远影响。基于这种考虑，新能源计划将使美国在可再生能源、节能汽车、分布式能源供应、天然气水合物、清洁煤、节能建筑、智能网络等领域探索出一个能够实现利益最大化的创新战略，到2025年，新清洁能源技术和能源效率技术的投资规模将达到1900亿美元，其中能源效率和可再生能源900亿美元，碳捕捉和封存技术600亿美元，电动汽车和其他先进技术的机动车200亿美元，相关基础性研究200亿美元[①]。

2.1.5 国际科技合作

美国是全球多数国家最大的或非常重要的科技合作伙伴，引领和主导着国际空间站、全球气候变化、高能物理研究、海洋深钻、人类基因组、传染病控制等领域的国际科技合作。国际科技合作逐渐成为美国外交的重要工具。美国政府重视利用科技计划、外交、国际直接投资、援助、市场开放等手段促进美国的国际科技合作，以提升美国配置全球科技资源的能力与规模，提高研究开发效率，并服务于美国的国家战略和政治目标，使美国能够建设并保持国际科技时代的领先地位。2008年2月，美国国家科学理事会出台了《国际科学与工程伙伴关系——美国外交政策与国家创新体系的优先领域》的报告，从新的视野提出了美国国际科技合作的具体战略目标和措施建议（表2-2）。

表2-2 《国际科学与工程伙伴关系——美国外交政策与国家创新体系的优先领域》目标和建议

战略目标	措施建议
制定一体化的美国国际科学与工程战略	(1) 确保美国推行一种清晰的和一体化的国家科学与工程战略，在世界范围内推行以加强政府科技使命和提升国家经济、安全和可持续发展目标； (2) 协调联邦机构间的国际科技活动，用国家战略统一各机构间的科技活动； (3) 保证相关美国联邦机构在执行国际科技活动时遵循相应的计划、执行和责任规范； (4) 改善科技官员和美国使馆科技外交官员之间的交流沟通，加强美国国际开发署在科技领域的投入
平衡美国的外交与研发政策	(1) 将发展国际科学与工程伙伴关系作为美国外交与研发政策的优先战略； (2) 建立和维持更为稳定的国际伙伴关系，通过传播科技这一通用的语言与价值帮助发展中国家发展经济； (3) 平衡美国安全政策与发展国际科学与工程伙伴关系的需要； (4) 改善国际关系、提高发展中国家人民的生活水平和环境保护水平； (5) 评估美国在发展中国家开展科技能力建设中发挥的作用，鼓励美国国际开发署更多地在科技领域开展工作

---

① 高静. 2009. 美国新能源政策分析及我国的应对策略. 世界经济与政治论坛，(6)：58-61.

续表

战略目标	措施建议
促进人才交流	(1) 通过促进各国最优秀科学家间的合作交流，提高全球生活质量，促进经济繁荣； (2) 为了尽量避免不端行为和官僚作风，将强化责任意识，制定科技领域国际合作的共同准则； (3) 积极鼓励并资助美国科学家和工程师通过美国国家科学基金会建立并保持在科技领域的国际合作关系

资料来源：National Science Board. 2008. International science and engineering partnerships: A priority for U. S. foreign policy and our nation's innovation enterprise [2011-08-15]

美国国际科技合作的形式包括合作研究、国际会议、合同、标准开发、数据库开发、合办研究中心、科学家互访和交换，以及特别项目等[1]。截至 2007 年年底，由美国国务院主管与各国签署的科技合作协定有 43 个，联邦政府各部门签署的与科技相关的协议有 900 多个[2]。奥巴马上台后，采取的国际合作形式也日益多样化，科学家们不仅参与国际科技合作，更重要的是，他们开始为政府提供国际科技合作方面的决策支撑，成为国际科技合作的推动者。例如，奥巴马任命著名的科学家担任科学特使，派往拟发展合作关系的国家，并通过他们为加强美国与一些国家的国际科技合作开辟新途径。此外，科学家作为科技顾问，开始进入政府部门，承担推动有关国际科技合作活动的工作。例如，美国国际开发署在 2010 年伊始即任命了一位科技顾问。美国与其他国家共建针对专门领域的联合研究中心也成为共同解决技术挑战的一个重要方式，美国国际开发署已经开始支持在中东建立水资源卓越中心，在亚洲建立区域气候变化卓越中心[3]。美国还分别在 2009 年 11 月和 2010 年 11 月与中国和印度宣布共同投资 1.5 亿美元和 1 亿美元建立两国清洁能源研究中心，旨在为双方清洁能源技术研究、发展和商业化提供便利，为双方的清洁能源事业建立一个知识、人力和双边互利的平台[4]。截至 2011 年，中美清洁能源联合研究中心建立了清洁煤产学研联盟、建筑能效产学研联盟、清洁能源汽车产学研联盟，汇聚了中美双方多家知名大学、研究机构和企业。

美国国际科技合作的重点是同经济实力较强和科技水平较高的国家开展合作，重要的科技合作伙伴包括英国、德国、加拿大、日本、法国、中国、意大利、澳大利亚、俄罗斯、印度等国家。从国际科技合作论文来看，2006～2008 年在全学科领域与美国

---

[1] 王顺义. 2008. 西方科技十二讲. 重庆：重庆出版社：211, 212.
[2] 罗晖，金炬，陈霖豪. 2008. 2007 年美国科技发展综述（下）. http://www.chaxin.org/TechInfoArticle/tabid/642/ctl/ArticleShow/mid/1825/ArticleID/86818/Default.aspx [2009-04-02].
[3] 中华人民共和国科学技术部. 2011. 国际科学技术发展报告 2011. 北京：科学技术文献出版社：43.
[4] U. S. -China Clean Energy Research Center. http://www.us-china-cerc.org [2011-08-20]; Indo-US Joint Clean Energy Research and Development Center. http://www.indousstf.org/JCERDC.html [2011-08-20].

合著论文最多的五个国家依次为英国、德国、加拿大、中国和日本,而在材料科学、化学、数学、计算机科学和工程领域,中国是与美国合著论文最多的国家[1]。

为了保证国际科技合作的有效性,美国对国际科技合作采取了以下管理措施:①确立明确、科学的目标,设计适宜的合作方式;②根据合作领域的要求,确定适合的合作伙伴;③明确资金来源;④签订知识产权协议,强调信息的利用和分享;⑤成果评估,建立科学评价指标,在合作过程中或结束后对研究进行评估。

2.1.6 创新体系构成:高校、企业和非营利机构

2.1.6.1 高校

美国共有大专院校 4000 多所,其中,1700 多所为两年制,2400 多所为四年制。约有 1700 所公立院校,近 2500 所私立院校。在美国高校注册的学生超过 1400 万人,其中绝大多数(1100 万人)就读于公立院校[2]。

美国教育历来实行地方分权制,根据《权利法案》,将教育权利赋予各州政府和人民。各州和各大学可以按照自己的传统与特色来办学,这使得各大学保留了充分的自治权。美国大学间的竞争也非常激烈,包括在师资、生源、资金等方面的竞争。为此,各大学不断地进行自我调整,以保持或提升其竞争能力[3]。

美国大学的教育和科研实力雄踞世界之首。美国卡内基小组的研究表明,美国 50% 的经济实力是从它的教育制度获得的[4]。美国大学在不同世界大学排名机构的列表中均占据明显优势:根据上海交通大学 2011 年全球大学学术排名,美国有 8 所大学进入世界前十强,53 所大学进入世界一百强[5]。这些世界一流大学从世界各地吸引了大量极具潜质的学生到美国学习、工作,为美国的科技进步和经济发展做出了巨大的贡献。2002 年,美国科学与工程专业博士毕业生中有 41% 是外国人,其中 70% 在美国居留或工作至少两年[6]。

研究型大学在数量上占全部高校的 6% 左右,这些大学不仅是美国基础研究的重

---

[1] 中国科学院国际科技比较研究组.2009.中国与美日德法英五国科技的比较研究.北京:科学出版社.
[2] 美国使馆.2008.学在美国.http://chinese.usembassy-china.org.cn/studying_in_the_u.s [2008-05-22].
[3] 袁祖望.2006.美国高校自治与自律的统一机制分析.比较教育研究,(12):35-39.
[4] 陈炜华.2005.近看美国高等教育——中国高校领导赴美培训团访谈.国际人才交流,(1):11-13.
[5] 上海交通大学世界一流大学研究中心.2011.上海交通大学世界一流大学研究中心发布 2011 年"世界大学学术排名".http://www.shanghairanking.cn/ARWU-2011-Press-Release.html [2011-08-21].
[6] RAND National Defense Research Institute. 2008. U.S. competitiveness in science and technology. http://www.rand.org/pdfrd/pubs/monographs/MG674 [2011-08-18].

要执行机构，同时也是高层次科技人才培养的重要机构，培养了超过60%的科学与工程专业的博士毕业生[1]。美国研究型大学在科研管理方面注重学术权力与行政权力的相互制衡，实行以教授为主体、以兴趣研究为动力的科研组织模式，建立多渠道的科研经费筹措机制和以课题为中心的科研经费管理模式，建立以产学研合作为基础的技术转移机制[2]。利用校园内具有多学科优势的特点，建立许多跨学科的研究中心是美国大学科研的特色之一。

2.1.6.2 企业

企业一直是美国技术创新的主体，是研发活动的最大投入者和执行者。大约3/4的研发工作在企业中完成，3/4的科研人员分布在企业[3]。

2008年，由欧盟委员会联合研究中心和欧盟委员会研究事务部联合发布的《欧洲产业研发投入记分牌》显示，全球研发投入前五十强企业中，有20家是美国企业（另有18家欧洲企业，9家日本企业）；全球企业研发投入前十强企业中，有5家来自美国。美国的前三名（也是世界前三名）分别是微软、通用汽车和辉瑞。截至2008年，在拥有1000件以上美国授权专利的全球366家机构中，美国企业占到50%以上[4]。在美国企业研发活动中，大型企业起着重要作用。

尽管美国企业主要从事试验开发工作，但长期以来其一直是基础研究的第二大投入者，投入额从1953年的1.54亿美元持续增长到2004年的95.51亿美元，约占美国基础研究经费的20%[5]。企业研发机构使用的基础研究经费比重较低，以20世纪90年代以来为例，企业使用的基础研究经费比重略低于4%[6]。

2.1.6.3 非营利机构

美国非营利科研机构不以赢利为目标，不隶属于任何政府部门或大学，虽然机构数量不多，但对美国科学技术的发展起着有益的作用。非营利科研机构运行经费部分来自政府，享受政府税收优惠。根据经济合作与发展组织数据，2009年美国非营利科

---

[1] 赵可，史静寰. 2006. 研究型大学在美国科技研发中的地位与作用. 高等教育研究（武昌），(10)：96-103.

[2] 王清，丁可可，江海宁. 2008. 美国研究型大学的科研管理及对我国高校的启示. 中国矿业大学学报（社会科学版），10（2）：99-102.

[3] RAND National Defense Research Institute. 2008. U. S. competitiveness in science and technology. http://www.rand.org/pdfrd/pubs/monographs/MG674 [2011-08-18].

[4] 中国科学院国际科技比较研究组. 2009. 中国与美日德法英五国科技的比较研究. 北京：科学出版社.

[5] 中国科学院. 2008. 基础研究：企业缺席与管理缺陷. http://www.cas.cn/xw/kjsm/gndt/200810/t20081014_1003562.shtml [2011-08-11].

[6] National Science Board. 2008. Research and development：Essential foundation for U. S. competitiveness in a global economy. http://www.nsf.gov/statistics/nsb0803/nsb0803.pdf [2011-08-11].

研机构使用经费共 176.83 亿美元,其中,非营利科研机构投入占 51.69%,政府资助占 41.2%,其余约 7.11% 来自企业①。

美国非营利科研机构在管理上一般为较强的自治管理模式。作为国家创新单元之一,政府的科技经济发展规划和远景战略,以及咨询和项目委托合同,对非营利科研机构的活动具有导向性作用②。另外,政府还拥有对非营利科研机构的税收调整和优惠执行的管理权,可称之为"税收优惠正激励+司法部门和社会公众监督软性约束"的外部治理模式③。

从内部管理来看,美国非营利科研机构一般设有理事会,理事会作为最高决策机构,代表公众利益负责批准章程、解除和选定领导人、批准管理人员提出的计划和预算等。理事会成员通常由不同领域、有一定威望的知名人士组成。另外,很多非营利科研机构还设有顾问委员会,由企业界、科技界、教育界和政界的知名人士组成,指导并协调研究工作和行政事务。非营利科研机构的人事制度和预算执行一般比较灵活,采用合同聘用制,实行绩效薪酬体制。项目负责人、部门主管具有较大的决策权④。

2.1.7 创新体系构成:国立科研机构

2.1.7.1 类型与分布

美国的国立科研机构主要指联邦实验室。美国有 600 多个联邦实验室和近 700 个小型联邦实验设施⑤,主要隶属于国防部、能源部、卫生部、国土安全部、国家航空航天局、商务部等联邦政府部门或机构。美国联邦实验室拥有科学家和工程师共 20 余万人,研发支出经费占全国研发投入的 11% 左右,占联邦政府科技投入的 40% 左右。美国联邦实验室研究领域包括国家安全、能源开发、空间探索、海洋科学、资源环境、卫生健康、农林畜牧、交通运输等,是美国在世界上保持科技、经济领先地位的强大支撑,是政府履行国家职责和使命的重要基础⑥。

20 世纪 80 年代以前,美国联邦实验室主要从事与国家安全、能源、环境、健康

---

① 数据来自 OECD Stat 数据库。
② 刘亚非,陈德权,阎秉哲等. 发达国家非营利科研机构的管理机制研究. 2005. 科学学与科学技术管理,(1):39-42.
③ 张伟平. 2007. 美日非营利科研机构治理模式比较及启示. 中共云南省委党校学报,8(2):123-125.
④ 郭军灵,盛亚. 2004. 美日德非营利科研机构管理的比较研究及其启示. 科研管理,25(5):99,116-121.
⑤ Erawatch. 2009. US public research organisations. http://cordis.europa.eu/erawatch/index.cfm?fuseaction=ri.content&topicID=67&countryCode=US&parentID=65 [2009-10-14].
⑥ 卫之奇. 2008. 美国能源部国家实验室绩效评估体系浅探. 全球科技经济瞭望,23(1):35-40.

相关的研究与开发工作,以及大型科学装置的建造和运行,并不直接服务于经济。而20世纪80年代以来,美国联邦实验室开始注重技术转移。下面分部门介绍美国主要的国立科研机构。

(1) 能源部下属科研机构。成立于1977年的能源部是美国最重要的联邦政府机构之一,主要职能包括参与制定联邦政府能源政策、管理和规范能源行业、开展能源相关技术研发和基础科学研究、管理和维护核武库等。2007年,能源部创建了先进能源研究计划署(Advanced Research Projects Agency-Energy,ARPA-E),通过投资并开发先进能源技术,确保美国的领先优势。能源部下设17个国家实验室和4个技术中心,它们是高能物理和核物理、等离子科学、高分子化学、金属与冶金学、纳米科学等领域全球规模最大、综合性最强的科研机构群体之一,拥有世界一流的大科学装置,在国际上享有盛誉。作为开放的研究平台,能源部联邦实验室为外部研究者提供研究设施和技术支持,以及一定的经费资助。

(2) 国防部下属科研机构。国防部在联邦政府各部门中获得的研发经费拨款最多,2010年达到796.87亿美元。国防部长办公室直属的国防研究与工程署是国防部中主管科研的专门部门,其下设的高级研究计划局(Defense Advanced Research Projects Agency,DARPA)是美国一个非常有特色的研发资助机构。该局负责国防部重大科技攻关项目的组织、协调和管理,特别是风险大并具有潜在军事价值的项目。该局以高效的项目管理机制,从美国大学、科研机构和企业中网罗具有开创精神的科学家,资助这些科学家开展的具有高度前瞻性、对美国国防至关重要的科研工作。同时,国防部下设三类科研机构:一是国防部直接运营和管理的国家实验室;二是归属于国防部但是由外部科研机构、大学或企业运营和管理的联邦政府资助的研发中心(Federally Funded Research & Development Centers,FFRDC)[1];三是专设于大学、旨在发挥大学研究和教育相结合优势的大学附属的研究中心(University Affiliated Research Center,UARC),这类中心与联邦政府资助的研发中心比较类似,但是后者是联邦政府设立的,在能源部、国家航空航天局、国家科学基金会等机构中都存在,而大学附属的研究中心是国防部根据自身的战略需要专门设立的。

(3) 卫生部下属科研机构。卫生部主要科研机构包括国立卫生研究院、美国疾病控制与预防中心等。国立卫生研究院是美国最大的医学研究和资助机构,拥有27个研究单元,包括20个研究所、3个研究中心和3个国家医学图书馆。美国疾病控制与预防中心是美国疾病预防控制体系的核心机构,创建于1946年,致力于通过强有力的合

---

[1] Hruby, Jill M, et al. 2011. The Evolution of Federally Funded Research & Development Centers, Public Interest Report, SPRING 2011, Federation of American Scientists.

作，改善环境卫生与健康教育以提高美国人民健康水平，保护国内外美国公民的健康和安全，其设有11个国家中心和1个研究所。

（4）国家航空航天局下属科研机构。国家航空航天局是由成立于1915年的国家航空咨询委员会（NACA）改组而成，下属9个研究中心和1个公共服务中心、4个独立的试验和测试机构，在职人员超过17 000人，每年获得的研发经费拨款在美国国立科研机构中排在前列。国家航空航天局优先研究的领域是科学、航空学研究、探测系统和空间操作。

（5）商务部下属科研机构。商务部下属主要科研机构为国家标准与技术研究院。该院主要任务是与工业界合作开发和应用新技术、测试方法和标准，从而促进经济增长。其也是目前美国联邦政府中肩负着向产业界推广技术标准职能的政府部门，主要在四个方面开展研究工作，包括7个实验室和2个研究中心的运作、Baldrige国家质量计划（Baldrige National Quality Program，BNQP）、Hollings制造技术推广伙伴关系计划（Hollings Manufacturing Extension Partnership，MEP）和技术创新计划（Technology Innovation Program，TIP）。此外，该院还拥有大量软件、标准参考物质、标准和科技数据库。

（6）农业部下属科研机构。农业部在自然科学和生物科学领域最重要的研究机构是美国农业研究局（Agricultural Research Service，ARS），设有多个项目计划、协调及支撑机构，所属的各研究机构分布在马里兰州贝茨威尔区和美国其他地区。

（7）交通部下属科研机构。交通部在其所属机构中，与科技关系较大的机构主要有联邦铁路总署（Federal Railroad Administration，FRA）、联邦公路总署（Federal Highway Administration，FHWA）、联邦航空管理局（Federal Aviation Administration，FAA）、研究和科技创新管理局（Research and Innovative Technology Research and Innovative Technology Administration，RITA）等。

（8）国家环境保护局下属研发机构。该局成立于1970年，雇用17 000多名职员，分布在全国各地，包括华盛顿总局、10个区域分局和10多所实验室[1]。该局的主要作用是执行联邦政府的环境保护法律，减少环境风险，保护人民健康。该局下设有研究办公室，行使研发管理的职能，具体从事研发工作的有3个实验室和4个研究中心，分别为国家曝露与接触研究实验室、国家风险管理研究实验室、国家健康与环境影响研究实验室、国家环境研究中心、国家环境评估中心、国家计算毒理学研究中心和国家国土安全研究中心[2]。

---

[1] 美国国家环境保护局. 2010. 关于美国国家环境保护局. http：//www.epa.gov/chinese/simple/aboutepa.html［2011-08-15］.

[2] EPA. 2011. About EPA. http：//www.epa.gov/aboutepa/index.html#labs［2011-08-15］.

2.1.7.2 管理模式

美国联邦实验室以满足国家需求为主,为了实现其战略目标,一方面通过机构内部的科研力量承担国家某一领域的研发任务而达成其赋予的使命,另一方面通过资源配置的方式广泛凝聚全国乃至全世界的杰出科技资源,共同服务国家目标。例如,国立卫生研究院将其80%的经费用于资助院外的研究,国家标准与技术研究院通过技术创新计划资助中小企业、大学的技术创新等相关研究工作。联邦实验室战略目标的顺利实现,离不开其有效的管理体制,下面从政府对科研机构的外部管理和科研机构的内部管理两个层面介绍其管理模式。

1) 外部管理

美国联邦政府对联邦实验室的管理模式有以下几个特点。

(1) 基于明确定位的目标合同管理。美国联邦实验室主要隶属于国防部、能源部、卫生部、国土安全部、国家航空航天局、商务部等联邦政府部门或机构。这种隶属关系决定了各联邦实验室在主管部门所负责的相关领域具有明确的定位,主管部门所代表的国家需求能够向联邦实验室定向传导。同时,主管部门对联邦实验室实行合同制管理。通过签订具有法律约束力的合同,保证政府对国家实验室的领导和宏观调控,保证国家科技发展目标的实现。

(2) 基于项目的经费预算管理。联邦实验室的经费主要来自联邦政府,每年各联邦实验室根据其战略计划确定研究课题,制订年度计划和预算,经主管部门汇总后提交白宫管理和预算办公室,经总统审核后,管理和预算办公室再汇总成《××财年度总统预算建议》,由总统提交国会审议,国会通过后由总统签署成为年度授权法案。政府的财政预算为联邦实验室提供了充足的经费支持,确保实验室完成其使命。此外,联邦实验室也可通过承担来自其他联邦机构、州政府、企业的横向项目,如能源部国家实验室的横向项目经费占实验室总经费的20%左右。但是,实验室承担横向项目的前提是这些项目的实施要有利于促进该实验室职责的实现。

(3) 实行分类管理。美国联邦实验室主要有国有国营(government-owned, government-operated,GOGO)和国有民营(government-owned, contractor-operated, GOCO)两类管理模式。国有国营是指联邦政府直接管理下属实验室,如国立卫生研究院下属的研究所主要采用国有国营的管理模式。国有民营是指联邦政府通过签订合同委托大学、企业和非营利机构管理联邦实验室,如目前能源部下属的国家实验室中有一个实验室是国有国营,其余皆采用国有民营的管理模式。

(4) 将绩效评估纳入制度规范。联邦实验室作为政府部门组成机构,要接受美国政府基于《政府绩效与结果法》(*Government Performance and Results Act*,GPRA)、

《总统管理议程》（President's Management Agenda，PMA）和绩效评估评级工具（performance assessment rating tool，PART）开展的绩效评估。其中，《政府绩效与结果法》以立法的形式，强制性要求联邦实验室必须编制未来五年的战略规划报告，每三年修订一次，每年提供将战略规划分解为定量化实施目标的年度绩效规划报告，根据完成情况形成年度绩效评估报告。国会及白宫管理和预算办公室把对这三份报告的审议与联邦实验室的预算审批结合起来。此外，美国科学院在美国的科技评价中发挥着重要的作用，对美国的科技政策、学科领域和科研机构均开展了一些评估工作。例如，开展了基于国际标杆的美国科学研究领域国际地位的评估；接受美国国家标准与技术研究院主任的委托，美国研究委员会（National Research Council，NRC）组织对美国国家标准与技术研究院下属实验室和研究中心进行同行评议。

2）内部管理

（1）组织结构。美国联邦实验室实行院所长负责制。对于国有国营的联邦实验室，政府或主管部门任命机构负责人，机构负责人全权负责科研机构的事务，自行管理科研机构，带领科研机构实现其既定发展目标、寻求新的发展机遇。对于国有民营联邦实验室，实行理事会领导下的院所长（主任）负责制。运营方的理事会拥有对国家实验室管理的最终决定权。如果运营方为某个大学，则校董事会就是国家实验室的最高决策部门；如果运营方是大学、科研机构和企业共同成立的专门管理国家实验室的有限公司，那么该公司也要成立一个理事会作为国家实验室的最高决策部门。理事会在全国范围内招聘实验室主任，运营方和该实验室的政府主管部门共同确定国家实验室主任。主任每年向运营方和政府主管部门提交年度报告。

（2）人事管理。美国联邦实验室的人员构成大体分为三类，分别是联邦雇员、合同雇员、客座研究人员，另外有一些合作研究者和学生[①]。国有国营的联邦雇员人事管理主要有三种模式。一是传统公务员制，联邦雇员的人事管理完全按照《政府机构与雇员法》规定进行，适用统一的联邦公务员招聘、晋级和薪酬体系。大部分的国有国营联邦实验室采用这种模式。二是调整后的公务员制，在传统公务员制的基础上进行了一些改革，简化公务员职位分类及职位聘用和任命程序、延长科技人员聘用试用期、实施绩效薪酬等。例如，美国国家标准与技术研究院的职位按照职业路径和薪资段来进行分类，而非传统公务员制实行的总薪级表（general schedule，GS）薪资等级制。三是任职年限制，美国国立卫生研究院引入了在美国大学中广泛采用的任职年限制。在获得终身职位之前，需要经过若干年的任职年限序列期，任职年限序列期结束后，

---

① 中国科学院人事教育局. 2008. 增强创新意识 提升管理水平——中科院2007年科技创新管理高级培训班赴美考察纪实. 科学新闻，（7）：31-33.

如果尚未获得终身职位,将被机构解雇。国有民营的联邦实验室,其人事制度依据受托方的管理办法进行管理。在国有民营的联邦实验室中,还有一定比例的合同雇员,实行合同聘用制的人事管理模式。围绕具体的科研项目与雇员签订合同,如果科研项目不能继续获得联邦政府的资助,这些研究人员就会随着项目的结束而离开,如能源部所属的国有民营国家实验室。

(3) 经费管理。美国联邦实验室经费的来源主要是政府财政预算拨款,企业和其他经费来源所占比重较小。机构内部的各实验室、课题组以项目形式竞争科研经费,这种竞争体现在机构预算的编制与层层审批的过程中。在机构层面上以机构使命为基础审批各项目,确定预算优先项目,在这一环节中,对某些项目进行调整或淘汰,也体现出机构内部科研经费的竞争。最后,机构将所有项目打包,向总统和国会申请机构科研预算。以国家实验室为例,该实验室没有稳定的机构运行经费,能源部的科研经费到实验室、课题组分解为项目经费,实行项目合同制管理。机构运行经费包含于项目经费中,以管理费(overhead)的形式体现,管理费所占项目经费的具体比重由双方协商确定,管理费的使用方式以机构为主进行确定。实验室科研人员的薪酬全部来源于项目经费,以稳定的基本薪酬为主,如果业绩突出,可以根据绩效加薪。争取不到项目的项目组或实验室将被解散或关闭[1]。

(4) 科技评估。联邦实验室除了接受白宫管理和预算办公室的评估外,在实验室层面还普遍采用同行评议的办法进行项目评审、工作检查和职称评议等。联邦实验室内部在项目执行整个过程中,均会对项目进行评价。以美国国立卫生研究院为例,该院所有的院内、院外项目都采用两级评议制,第一级为项目的学术评审,由科学评议中心负责。科学评议中心下属的学科评议小组负责项目的受理和初审。评议小组一般由16~20名科学评审管理官员负责管理。第二级由各研究所或研究中心的国家顾问委员会进行,由科学家和关注健康的各界代表组成,更加关注研究计划的社会影响。对通过一审的申请书就其整体水平、研究目的、资助单位的资金预算及一审意见进行审核。通过二审的项目才能获得资助[2]。联邦实验室对科研人员进行绩效评价,评价结果决定职位晋升、去留和薪资水平等。以费米国家加速器实验室(Fermi National Accelerator Laboratory,FNAL)为例,其年度科研人员绩效评估体系包含计划、监控、评估和反馈四个环节。每年7月份,该实验室科研人员和直接主管讨论并制订下一年度的绩效计划,主要是确定绩效目标和能力目标。绩效计划的制订要考虑具体的岗位、人员和工作环境,并经过科研人员和直接主管的充分沟通,以确保双方对各项

---

[1] 吴建国. 2009. 美国国立科研机构经费配置管理模式研究. 科学对社会的影响,(1): 23-28.
[2] 徐彩荣,李晓轩. 2005. 国外同行评议的不同模式与共同趋势. 科学学与科学技术管理,(2): 28-33.

目标形成一致的理解。绩效监控通常在评估周期的中期进行，重点关注阶段性进展，并据此将绩效计划中的每一项绩效/能力目标进行评级。此外，直接主管还要给出综合评价，并用文字评述科研人员的总体绩效水平和能力水平、在实验室的服务性工作、职业发展计划等。对于综合评价较差的人员，将集中就不足的方面制订并实施绩效改进计划。绩效评估通常在每年7月上旬进行，主要基于中期监控情况和科研人员提供的年终绩效报告，对科研人员一年来完成绩效计划的情况进行评价。绩效报告包含一年内完成的主要工作和取得的重要成果、体现自身能力的活动、上一年度绩效评价表现出的不足如何得到改进、在个人职业发展方面的活动等内容。绩效反馈是直接主管和科研人员一起讨论上一年度绩效评估的结果，同时对未来如何进一步改进提出建议[1]。

---

[1] 肖小溪，周建中. 2009. 国立科研机构科研人员评价的模式研究. 科学学与科学技术管理，(4)：20-24.

2.2 能源部及其所属实验室

▶ 能源部主要职能是参与制定联邦政府能源政策，管理和规范能源行业，开展能源相关技术研发和基础科学研究，管理和维护核武库等，能源部科学局是美国最重要的基础科学研究管理和资助机构之一，其支持的基础科学项目和设施覆盖了基础科学研究的前沿领域。

▶ 能源部拥有约 1.6 万名联邦雇员、10 万名合同雇员，以及一定数量的访问学者和博士后。2013 年度预算约为 271.55 亿美元，70% 用于国家实验室，23% 分配给大学，4% 资助企业。截至 2011 年 3 月 24 日，能源部科学局所属 10 个国家实验室的全时当量雇员共有 22 317 人·年，实验室科学设施使用者与访问科学家共有 25 754 人·年，2013 财年预算为 42.08 亿美元。

▶ 能源部管理着 17 个国家实验室和近 30 个大型研究设施。能源部国家实验室是高能物理与核物理、等离子物理、高分子化学、金属与冶金学、纳米科学等领域中全球规模最大、综合性最强的研究机构，1925～2011 年，共有 112 位受能源部及其前身雇用或得到能源部科研设施、经费支持的科学家获得诺贝尔奖。

▶ 能源部科学局国家实验室采取国有民营模式进行管理。能源部拥有国家实验室资产，主要经费和研究计划由政府提供，但实验室的行政与业务管理由大学、企业或非营利机构等承包方负责。能源部通过与承包方签订绩效合同进行宏观管理。

▶ 在中国科学院管理创新与评估研究中心对 86 个国际国立科研机构的学术影响力排名中，能源部下属国家实验室的物理学和工程学排名第一，材料科学排名第三，计算机科学、空间科学和化学排名第四，数学排名第五。

美国能源部（United States Department of Energy，DOE）的主要职能是参与制定联邦政府能源政策，管理和规范能源行业，开展能源相关技术研发和基础科学研究，管理和维护核武库等。能源部科学局是能源部负责管理科学研究的主要部门，是美国在自然科学基础研究方面的最大机构，经费超过联邦投入资金的 40%，并为外部研究者提供研究设施和技术支持[①]。能源部科学局下辖位于美国 8 个州的 10 个国家实验室，

---

① DOE. 2011. Office of Science. http://science.energy.gov［2011-08-13］.

这 10 个实验室是美国国家实验室系统的典型代表。

2.2.1 能源部科技管理的整体情况

美国能源部依照《能源部组织法案》成立于 1977 年 8 月，其使命是通过变革性的科学技术解决方案来应对美国所面临的能源、环境和核挑战，从而保证美国的长治久安和繁荣发展[1]。能源部下设的国家实验室享有盛誉，是全球范围内在高能物理和核物理、等离子物理、高分子化学、金属与冶金学、纳米科学等领域规模最大、综合性最强的科研机构[2]。1925~2011 年，共有 112 位受能源部及其前身雇用或得到能源部科研设施、经费支持的科学家获得诺贝尔奖，其中，物理学奖 70 人，化学奖 34 人，生理学或医学奖 8 人[3]。

为确保核心使命的实现，能源部根据不同时期国家安全与科技进步的需要，不断地调整战略方向与重点。2006 年，能源部发布《2006—2010 年能源部战略规划》，针对美国在能源相关领域面临的挑战设立五大战略主题，分别是能源安全主题、核安全主题、科学发现与创新主题、环境责任主题和卓越管理主题。五大战略主题分解为 16 个战略目标，战略目标更具体地设定了能源部在特定时期须完成的具体任务，如图 2-9 所示[4]。

奥巴马上台后，能源部根据国内外形势的变化，于 2011 年 5 月发布了《2011—2016 年能源部战略规划》，指导能源部进一步全面贯彻奥巴马总统提出的应对气候变化和能源安全的目标。与前一个五年计划不同，此次的规划将五大主题缩减为四大主题，并且每个主题的内涵也有较大调整。四大主题及其内涵如下：①变革能源系统，保障美国在世界清洁能源技术领域处于领导地位；②致力于科学和工程事业，使之成为经济繁荣的基石，并在战略领域拥有明显的领导地位；③确保国家安全，通过国防、防扩散和环保工作加强核安全；④实现卓越管理和运营，集合各方智慧，最大限度地完成使命（图 2-10）。为了帮助实现上述目标，还提出了多项具体措施，包括对住宅实施能效改进方案、部署和示范清洁能源技术、电网现代化、加速能源创新研发、推进原油储备计划、支持能源安全应用新材料的研究、开发和部署高性能计算硬件和软件

---

① DOE. 2011. Mission. http://energy.gov/node/2797 [2011-08-13].
② DOE. 2009. Science and technology. http://www.energy.gov/sciencetech/index.htm [2009-10-13].
③ DOE. 2011. DOE nobel Laureates. http://science.energy.gov/about/honors-and-awards/doe-nobel-laureates [2011-06-20].
④ DOE. 2009. The Department of Energy strategic plan 2006. http://energy.gov/sites/prod/files/edg/media/2006StrategicPlanSection6.pdf [2011-08-13].

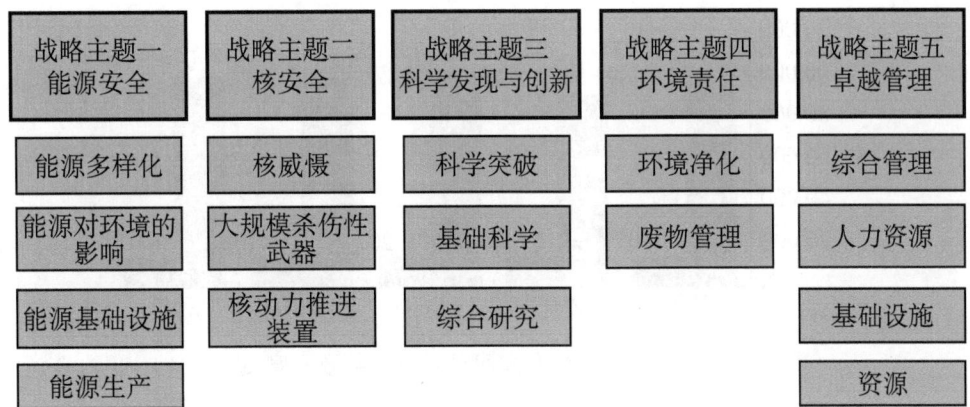

图 2-9　能源部的 2006～2010 年战略规划主题和战略目标

资料来源：DOE. 2009. The Department of Energy strategic plan 2006. http：//www.cfo.doe.gov/strategicplan/docs/2006StrategicPlan.pdf［2011-08-13］

系统、推进核安全计划、建立卓越运营和绩效导向型文化等①。

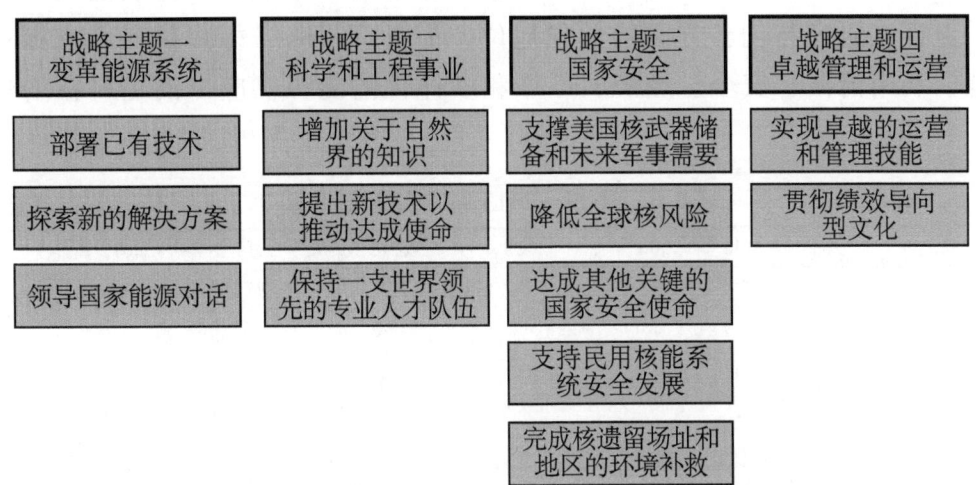

图 2-10　能源部的 2011～2016 年战略规划主题和战略目标

资料来源：DOE. 2011. The Department of Energy strategic plan 2011. http：//www.energy.gov/news/documents/DOE_StrategicPlan.pdf［2011-08-13］

能源部人员组成主要分为联邦政府雇员和合同雇员，其中联邦政府雇员规模近三年基本在 16 000 人左右，2011 年为 16 036 人；合同雇员基本在 100 000 人左右，2011 年为 100 072 人，如图 2-11 所示。

能源部 2013 财年预算总额约为 271.55 亿美元（表 2-3）。从各主题的预算经费可

---

① DOE. 2011. The Department of Energy strategic plan 2011. http：//energy.gov/sites/prod/files/2011_DOE_Strategic_Plan_.pdf［2011-08-13］.

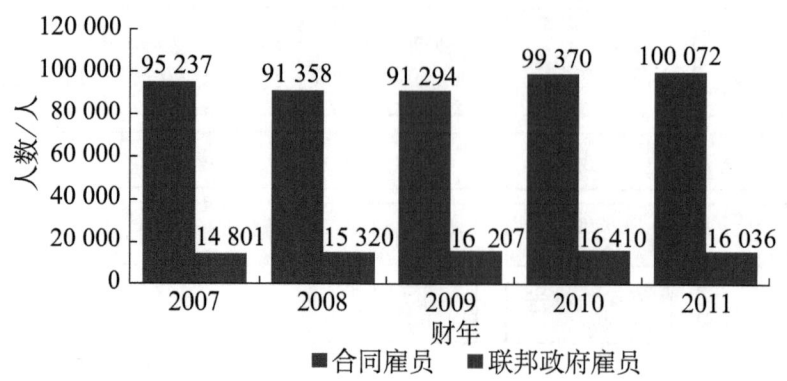

图 2-11 2007～2011 财年能源部人员情况

资料来源：DOE. 2012. Fiscal year 2011 summary of performance and financial information. http：//www.cfo.doe.gov/cf20/fy11SumRpt.pdf

以看出：①由于核安全主题涉及核武器的研制生产和维护，经费数额一直居于首位，涉及治理核武器环境影响的环境主题经费数额也较高；②能源部持续加大对科学研究的投入，保证在研究与创新方面的领先地位，为实现战略目标提供科学支撑；③重视能源安全，利用清洁、安全、经济、可靠和多样化的能源供应以满足日益增长的能源需求。

表 2-3 2007～2013 财年能源部预算* （单位：亿美元）

主题	2007 财年	2008 财年	2009 财年	2010 财年	2011 财年	2012 财年	2013 财年
核安全	93.16	93.87	90.97	99.45	112.15	117.83	115.36
环境	65.74	63.44	62.09	60.16	62.36	63	58.28
科学	41.02	43.98	47.22	49.42	51.21	54.16	49.92
能源	25.83	30.89	39.36	42.53	42.14	48.11	39.01
其他	9.82	10.41	10.51	12.38	16.18	12.37	8.98
合计	235.57	242.59	250.15	263.94	284.04	295.47	271.55

＊数据为能源部向国会的预算请求经费

资料来源：DOE. FY 2007-2013 congressional budget request. http：//www.cfo.doe.gov/crorg/cf30.htm

在组织架构上，能源部依靠 8 个业务局、13 个行政支撑机构、4 个地区电力管理局、能源信息署、国家核安全局、若干区域运营管理机构，以及国家实验室系统来履行其使命（图 2-12）。依据《能源部组织法案》，能源部由三名主要领导人负责：部长（secretary），常务副部长（deputy secretary）和副部长（under secretary）。部长对部务工作实施领导和监督，负责制定重要能源政策和计划，在能源政策、计划和研究规划方面是总统的主要顾问，能源部部长还直接领导能源信息署、先进能源研究计划署、4 个地区电力管理局和联邦能源监管委员会等机构。部长不在期间，由常务副部长履行部长职责，并协助部长制定主要能源政策和计划，代表能源部解答国会和公众的咨询。副部长设三名，分别主管核安全、能源和科学。主管核安全的副部长兼任国家核安全局局长，该部门主要服务军方，如防御项目、防止核扩散、海军核动力反应堆、反恐、核设施安全、应急等。主管能源的副部长负责管理5个业务局，包括能效与可再生能源局、化石能源局、核能局、电力传输与能源可靠性局、印第安能源政策与计划局。主管科学的副部长负责管理科学局。

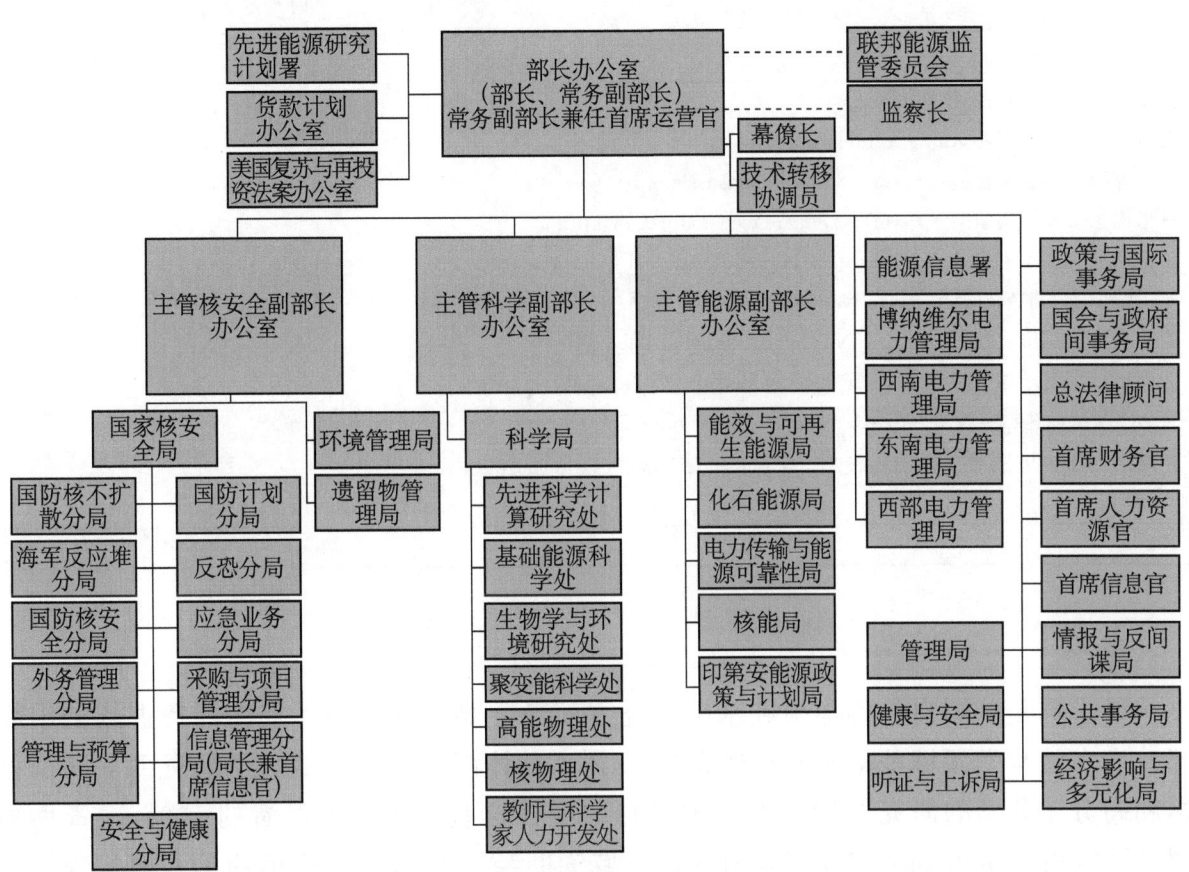

图 2-12　能源部组织架构图

资料来源：DOE. 2011. DOE organization chart. http://energy.gov/sites/prod/files/DOECHART-NONAMES%25202011-12.pdf

2.2.2　能源部科学局所属实验室的人力资源和经费状况

2.2.2.1　人力资源

截至2011年3月24日，科学局所属10个国家实验室的全时当量雇员共有22 317人·年。此外，这些国家级实验室内建造和运行了众多大科学装置，如离子加速器及探测装置、先进光源、先进计算及网络工具、等离子科学研究装置、基因组测序装置等[1]，每年有为数众多的科学设施使用者和访问科学家在此开展科研工作。截至2011年3月24日，实验室科学设施使用者与访问科学家共有25 754人（表2-4）。

表2-4　能源部科学局所属国家实验室[2]人员

实验室名称	全时当量雇员数/(人·年)	科学设施使用者与访问科学家数/人
艾姆斯实验室（Ames Laboratory）	308	152
阿贡国家实验室（Argonne National Laboratory）	3 195	4 409
布鲁克海文国家实验室（Brookhaven National Laboratory）	2 815	4 354
费米国家加速器实验室（Fermi National Accelerator Laboratory）	1 867	2 300
劳伦斯伯克利国家实验室（Lawrence Berkeley National Laboratory）	3 204	6 010
橡树岭国家实验室（Oak Ridge National Laboratory）	4 416	2 501
西北太平洋国家实验室（Pacific Northwest National Laboratory）	3 857	1 941
普利斯顿等离子体物理实验室（Princeton Plasma Physics Laboratory）	445	250
SLAC国家加速器实验室（SLAC National Accelerator Laboratory）	1 490	2 579
托马斯杰弗逊国家加速器实验设施（Thomas Jefferson National Accelerator Facility）	720	1 258
合计	22 317	25 754

2.2.2.2　经费状况

科学局是美国自然科学领域基础研究方面最主要的支持者，资助经费占到美国联邦政府自然科学领域基础研究总经费的43%。具体而言，能源部科学局资助等离子科学和高分子化学的研究经费占到美国联邦政府在这些领域资助经费的100%，资助物理学研究的经费占到美国联邦政府在该领域资助经费的69%、高能物理和核物理领域的90%，资助催化研究的经费占到美国联邦政府在该领域资助经费的60%，资助金属与冶金学研究的经费占到美国联邦政府在该领域资助经费的49%，资助纳米科学研究的经费占到美国联邦政府在该领域资助经费的25%[3]。2007～2013财年科学局在不同领域的经费分配情况如表2-5所示。

---

[1] DOE. Distinctive characteristics of the U. S. Department of Energy's national laboratories. http：//science. energy. gov/~/media/lpe/pdf/National _ Laboratory _ Definition _ 11-08. pdf [2011-08-13].

[2] DOE Office of Science. 2011. Labs at-a-glance. http：//science. energy. gov/laboratories [2011-08-15].

[3] DOE Office of Science. 2004. Strategic plan 2004. http：//www. science. doe. gov/bes/archives/plans/SCSP _ 12FEB04. pdf [2009-10-14].

表 2-5　2007～2013 财年能源部科学局在不同科学领域经费分配情况

（单位：百万美元）

科学领域	2007 财年拨款	2008 财年拨款	2009 财年拨款	2010 财年拨款	2011 财年拨款	2012 财年拨款	2013 财年预算
先进科学计算研究	275.73	341.77	358.77	383.20	410.32	440.87	455.59
能源基础科学	1221.38	1252.76	1535.76	1598.97	1638.51	1688.09	1799.59
生物与环境研究	480.10	531.06	585.18	588.03	595.25	609.56	625.35
聚变能科学	311.66	294.93	394.52	417.65	367.26	401.00	398.32
高能物理	732.43	702.84	775.87	790.81	775.58	790.86	776.52
核物理	412.33	423.67	500.31	522.46	527.68	547.39	526.94
合计	3433.63	3547.03	4150.41	4301.12	4314.60	4477.77	4582.31

资料来源：DOE. FY 2007-2013 congressional budget request science

科学局所属国家实验室的研发经费主要来自联邦政府预算经费（表 2-6），此外还有一部分经费是其他政府机构的项目经费、私人部门委托的研究计划经费，以及私人机构的捐赠等。

表 2-6　2007～2013 财年能源部科学局国家实验室预算经费

（单位：百万美元）

实验室名称	2007 财年拨款	2008 财年拨款	2009 财年拨款	2010 财年拨款	2011 财年拨款	2012 财年拨款	2013 财年预算
艾姆斯实验室	25.07	25.50	28.30	29.45	30.77	24.87	27.42
阿贡国家实验室	390.18	410.65	492.40	531.56	621.74	596.37	597.11
布鲁克海文国家实验室	445.85	461.33	539.22	619.69	589.78	593.40	530.90
费米国家加速器实验室	347.73	354.68	392.93	418.10	415.46	385.46	365.65
劳伦斯伯克利国家实验室	431.70	497.26	570.79	596.01	613.24	556.71	567.50
橡树岭国家实验室	932.51	998.61	1187.76	1189.64	1183.54	1099.57	1044.04
西北太平洋国家实验室	361.15	512.76	515.61	581.48	519.34	536.63	470.09
普利斯顿等离子体物理实验室	72.82	76.34	74.84	78.90	80.37	73.59	61.84
SLAC 国家加速器实验室	359.57	302.94	325.96	304.88	338.45	323.88	406.03
托马斯杰弗逊国家加速器实验设施	94.11	98.52	129.51	147.44	166.92	157.57	137.39
合计	3460.69	3738.59	4257.32	4497.15	4559.61	4348.05	4207.97

资料来源：DOE. FY 2007-2013 congressional budget request science laboratory table

2.2.3 能源部科学局所属实验室的战略定位和重点领域

2.2.3.1 战略定位

科学局的主要职责包括监管能源部所有科学研究和开发项目，避免存在重复和空白；管理下辖的国家实验室；有效管理基础研究和应用研究的拨款及其他资助；开展相关的教育和培训活动。从战略定位来看，科学局及所属国家实验室定位于满足国家需求、具有"实施+资助"的双重角色。一方面，实施是主角，主要通过自身的科研力量即国家实验室系统来承担具体的服务国家战略的重要任务，开展科学研究。能源部平均每年把总预算经费的40%左右，即约100亿美元分配给下属国家实验室。1996年10月生效的《能源部实验室使命法》也规定了能源部国家实验室核心使命是维护国家安全；通过研究开发和长期的高风险研究，确保能源供给，降低国家对进口能源的依赖；从事与能源科技相关的基础研究，包括建造和运行大科学装置和设施，供联邦政府、大学、产业界和其他科研机构利用；从事降低因使用能源、核武器和核材料等引起的环境影响方面的研发；从事能源部委派的其他任务。另一方面，资助是重要配角。通过资源配置的方式，特别是经费的调控作用凝聚全国乃至全世界特定领域的优质科研力量，向大学、企业或其他科研机构提供竞争性项目经费支持，发挥整体优势以服务国家目标。据2008财年能源部预算报告，科学局用于支持外部科研力量的科研经费接近其总科研经费的30%，其下属各业务处资助内外部科研的经费分配比例如表2-7所示。

表2-7 能源部科学局资助内外部科研的经费分配比例 （单位：%）

业务处	分配给国家实验室的科研经费所占比重	分配给外部科研力量的科研经费所占比重
能源基础科学处	63.40	36.60
先进科学计算研究处	83.30	16.70
生物与环境研究处	73.00	27.00
高能物理处	73.00	27.00
核物理处	61.10	38.90
聚变能科学处	79.50	20.50
合计	72.22	27.78

资料来源：DOE. FY 2008 citizens' report. http://www.cfo.doe.gov/CF1-2/2008CR.pdf

此外，科学局及下属国家实验室还对外提供开放的大科学装置平台，起到装置支持的作用。科学局负责建造大型科学设施，国家实验室负责具体管理和使用大型科学设施。外部科研人员可以自由申请使用这些装置；国家实验室在提供设施使用及相关技术支持的同时，还通过科学局对外提供竞争性项目，申请者既可以得到经费支持，也可以得到装备和技术支持；国家实验室还积极参与国际大型项目。据科学局统计，2009 财年，其下属国家实验室每年为国内外 24 000 多名研究人员提供使用大型科学设施开展科学研究[1]。

在战略规划制订方面，能源部是"自上而下"的模式，即能源部为满足国家战略需要，实现自己的核心使命，制订部门战略规划；而后各业务局根据部门战略规划，结合本业务局的工作职责选择优先发展内容，制订业务局的战略规划。科学局在 2004 年发布的未来 20 年科学发展战略规划即建立在 2003 年能源部战略规划制定的战略目标与规划上，科学局的战略规划直接指向能源部的战略目标四（能源安全）和战略目标五（世界一流的科研能力）[2]。其战略规划目标体现了国家需求，并通过重点科研项目来实施。每个战略目标均包含子目标及相关重点，并规划了时间进度和成功指标。主要战略目标包括七个方面。

（1）提高基础科学水平，保障能源独立自主。为实现国家能源自主、确保领导地位、实现基础能源科学重大突破并提供科学知识工具。

（2）充分利用能源，为净化环境和保护环境提供必需的科学发现。提供新的可替代能源，以及从根本上改变未来人类的医疗保健和健康状况的科学发现。

（3）引入核聚变能。揭开关键的科学谜团，战胜巨大的技术挑战，利用恒星燃烧的能量。到 21 世纪中期争取把聚变能引入美国电网。

（4）探索能源、物质和时空的相互作用原理。认识基本粒子的统一，认识支配世界不可见物质和能量及其存在形式，探索研究新的空间维度和本性。

（5）探索核物质——从夸克到恒星。深入了解核物质的结构。从最小的基本单元、夸克和胶子，到由恒星构成的宇宙元素，再到实验室获取的具有极高稳定性的独特同位素，都有与已知物质完全不同的特性。

（6）为科学前沿提供计算技术。为全国科学家提供最先进的计算和网络技术，扩大研究领域，解答从活细胞的功能到聚变能等紧迫问题。

（7）为发展大科学提供资源基础。创建和维护科学发现工具、培养 21 世纪科技人员、建立科研协作和管理体制等，为世界一流的国家科学事业打下基础[3]。

2.2.3.2 重点研究领域

根据战略规划，科学局的战略研究重点分为六个领域：高能物理、核物理、生物

---

[1] DOE Office of Science. 2011. About. http：//science.energy.gov/about［2011-08-17］.
[2] DOE Office of Science. 2004. Strategic plan 2004. http：//www.science.doe.gov/bes/archives/plans/SCSP_12FEB04.pdf［2009-10-17］.
[3] 国家能源局. 2005. 美国能源部科学办公室发布未来 20 年科学发展战略规划. http：//nyj.ndrc.gov.cn/jsjb/t20051104_48332.htm［2011-08-17］.

与环境研究、能源基础科学研究、先进科学计算研究和聚变能科学。高能物理领域将促进对暗能源与暗物质、物质的基本构造及其他维度的可能存在性的理解；核物理领域将推动构建和使用世界领先的科学设施及尖端仪器，用以研究包括小至夸克和胶子、大至宇宙中恒星产生的稳定元素的核物质的演化和结构等；生物与环境研究领域旨在研究基因组学和系统生物学中与能源相关的生物和环境技术，利用科学方法净化环境等；能源基础科学研究领域重点开展原子、分子水平的材料科学、工程学、化学、地球科学及能源生物科学领域的研究，推进纳米科学的发展，提供一流的研究仪器；先进科学计算研究领域重点研究科学模拟及计算，应用新的方法、运算法则、软件及硬件组合研究未来关键科学的挑战；聚变能科学领域将重点推进对等离子体和聚变能科学的理论及实验认识，并通过国际合作共同研究等离子基础科学、应用开发基础和计算工具等。科学局下设六个业务处分别对这六个领域所资助的科研项目进行管理。

对于具体从事科学研究的国家实验室而言，其科技布局主要围绕国家战略需求和世界科学前沿进行，根据不同时期的战略规划进行调整，并确定重点研究方向。科学局下属国家实验室主要的研究方向如表2-8所示。

表2-8 能源部科学局下属国家实验室主要研究方向

实验室名称	主要研究方向
艾姆斯实验室	材料设计合成与加工、分析仪器/设备设计/制造、凝聚态物理学理论（包括光子频率带隙和其他新型材料）、材料特征、X射线与中子散射、固态核磁共振、波谱学/显微镜方法、分离科学
阿贡国家实验室	基础科学（生物科学和生物技术、化学、高能物理、材料科学、数学和计算机科学、物理学）、能源资源（化学工程、决策与信息科学、能源系统、能源技术、核工程、传输技术）、环境管理（决策和信息科学、能源系统、环境评估、环境研究、核反应堆安全与技术）、国家安全（先进光子源、化学工程、化学、决策和信息科学、能源系统、能源技术）
布鲁克海文国家实验室	对撞机与计算生物学、生物和物理交叉领域、生命科学、国土安全、能源和基础建设安全、先进核燃料、可持续发展的新能源技术、纳米催化、生物软纳米材料、催化作用与表面科学、电离辐射化学、纳米科学、能量转换中的电子转移、超导材料、固态电化学与电催化作用的结构和功能、金属交感作用机制、导电聚合物的合成及结构
费米国家加速器实验室	研究集中在当代粒子物理的几个主要问题：为什么粒子具有质量；中微子质量是否来自不同的源；夸克与轻子的真正本质是什么；为何有三代基本粒子；真正意义上的基本的力是什么；如何将粒子物理和量子引力融合在一起；物质与反物质有何区别；把宇宙组合在一起的暗物质是什么；什么是促使宇宙膨胀的暗能量；除我们知道的维数之外，是否还有隐藏的维数；我们是多维广义宇宙的一部分吗；宇宙是由什么组成的及宇宙是如何运作的；等等
劳伦斯伯克利国家实验室	加速器和聚变、环境能源技术、地球科学、先进光源、计算研究学、物理生物学、化学、计算科学、工程学、环境、健康与安全、基因组学、信息技术、联合基因研究、生命科学、材料科学、核科学、物理学
橡树岭国家实验室	基础能源科技（材料科技与工程、化学、地球科学与生物学）、核聚变能项目（基础研究、优化配置、燃烧等离子体实验、核聚变材料与技术支持）、能效与可再生能源（分布式能源、运输、氢能与燃料电池、工业、建筑与联邦设施、可再生能源）、电力输送与分配项目、化石能源项目（材料研发、用于气体分离的无机膜、甲烷水合物、碳捕集与封存、传感与控制、计算建模）、核能科技（先进核技术研究、运行与管理、空间与防御能量系统）

续表

实验室名称	主要研究方向
西北太平洋国家实验室	能源与工程（节能建筑技术、二氧化碳管理、能源效率、输配电、燃料电池）、材料（燃料电池、催化剂、纳米材料、运输材料、反应堆材料、辐射探测材料、薄膜光伏）
普利斯顿等离子体物理实验室	等离子物理，托卡马克（tokamak）核聚变试验堆的建设和试验
SLAC国家加速器实验室	加速器物理学、天体物理学与宇宙学、基本粒子物理、材料与纳米科学、分子环境科学、结构生物学、超速科学
托马斯杰弗逊国家加速器实验设施	开放式研究设施，利用连续高能电子束开展核科学研究

2.2.4 能源部科学局及其所属实验室的组织架构和管理模式

2.2.4.1 组织架构

依照管理领域的不同，科学局组织架构分为区域运营、科学项目、资源管理三部分，分别由三名副局长主管（图 2-13）。

负责科学项目的副局长下面设先进科学计算研究处、能源基础科学处、生物与环境研究处、聚变能科学处、高能物理处及核物理处等六个业务处管理多学科的研究项目，教师和科学家人力资源开发处负责管理教育计划、培养科技后备人才[1]，另有一个项目评估处。科学局广泛使用同行评议的方式，并与一些重要的联邦顾问委员会（如总统科技顾问委员会、能源部顾问委员会等）磋商研究投资的总体方向、确认优先级并确定支持最佳的科研项目。科学局还在六大战略研究重点方向上各设有一个顾问委员会，为科学局提供科学指导，同时与科学界沟通和达成共识。

科学局对下属国家实验室的管理职能主要通过负责地区机构运营的管理部门来实现。由实验室政策与评估处负责实验室制度、政策和程序的制定及各实验室合同和绩效管理的总体管理等；由10个区域管理办公室（Site Office）具体负责各自区域国家实验室的合同和绩效管理、年度评估等。科学局还设有综合支撑中心，由芝加哥办公室和橡树岭办公室组成，负责提供行政、商业和技术服务。

实验室采用国有民营的管理模式，由能源部委托大学、科研机构或企业（承包方）来运行和管理，实行理事会制度下的实验室主任负责制。这种制度类似企业董事会的做法，由主要利益相关方的代表构成理事会成员，对机构运行和管理方面的重大问题

---

[1] DOE Office of Science. 2011. Organization. http://science.energy.gov/about/organization [2011-08-15].

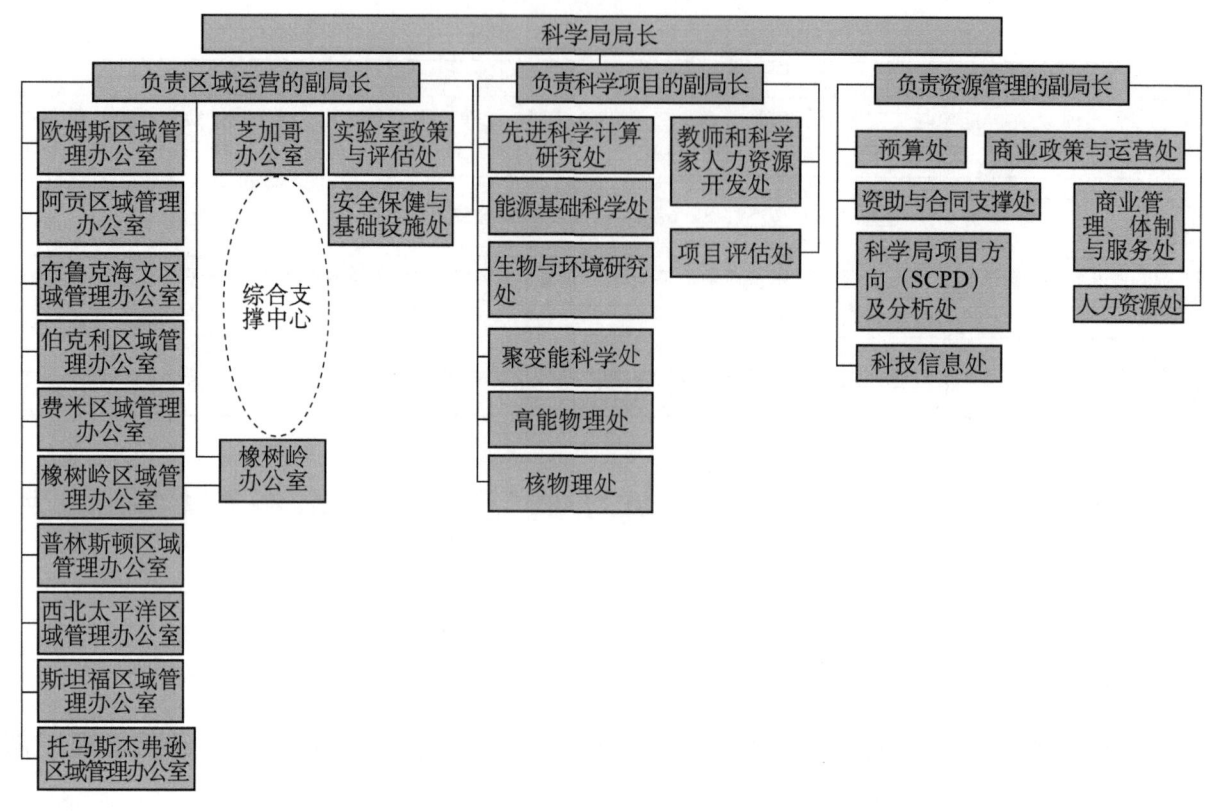

图 2-13　能源部科学局组织架构

资料来源：DOE. 2012. Office of Science organization. http://science.energy.gov/~/media/_/pdf/about/onesc_org.pdf [2012-12-31]

做出决策。如果承包方为某个大学，则校董事会就是国家实验室的最高决策部门，校长得到校董事会和能源部授权后任命实验室主任，并通过设立国家实验室咨询委员会，负责实验室管理和运作的各个方面，为校长、董事会和实验室主任提供咨询。如果承包方是大学、科研机构和企业共同成立的专门管理国家实验室的企业，那么该企业也要成立一个理事会作为国家实验室的最高决策部门。理事会成员中一部分是承包方成员的大学/企业负责人，不受任期限制，还包括若干同领域的杰出科学家代表、产业界代表等成员，每届任期三年，最多只能连任两届。理事会的职责是为实验室各项工作提供指导、监督和建议，包括科技问题、长期目标、预算和实验设施计划、合作研发、外延研究（outreach）、技术转移转化及人事事务等。理事会下设若干分委员会，如行政和预算委员会、审计委员会、薪酬委员会、环境健康和安全委员会、科学政策委员会等，分别在所负责的范围内行使决策权。

理事会在全国范围内招聘国家实验室主任，由承包方和能源部共同确定。实验室主任的职责和权力主要包括根据其任务制订年度计划和预算；根据实验室专家组的评议结果和经费情况决定项目是否立项和投入经费的多少；有权使用总经费的 5%～

10%的机动经费以支持创新研究和合作研究;每年向主管部门和承包方提交年度报告。

以阿贡国家实验室为例,该实验室现由科学局委托芝加哥大学和几家企业组成的团队——芝加哥大学阿贡(UChicago Argonne)有限责任公司代为管理。芝加哥大学阿贡有限责任公司通过设立理事会来监督和指导阿贡国家实验室的工作,理事会由来自工业界和大学的29位知名人士组成,成员包括芝加哥大学校董事会主席或其委托人、芝加哥大学校长、芝加哥大学教务长或其委托的主管科研的副教务长、芝加哥大学负责阿贡国家实验室并主管科研的副校长或其委托人、西北大学校长、伊利诺伊大学校长、阿贡国家实验室主任等。

阿贡国家实验室包括一名实验室主任、一名负责运营的常务副主任(首席执行官)、一名负责科学项目的常务副主任。基本结构单元包括科研部门和支撑服务部门。实验室根据能源科学与工程,计算、环境与生命科学,以及光子科学三大学科方向划分科研部门。三名实验室副主任担任各学科方向科研部门负责人,对实验室主任负责。阿贡国家实验室的组织架构如图2-14所示。

2.2.4.2 管理模式

科学局对国家实验室实行的国有民营模式源于第二次世界大战期间的曼哈顿计划,即政府拥有国家实验室资产,通过签订绩效合同委托给大学、科研机构或企业加以管理,主要经费和研究计划由政府提供,只是实验室的行政与业务管理由托管机构负责,采取与托管机构相似或相同的人事管理方式。政府决定实验室应做什么,而实验室及承包方的责任是实现这些目标,国有民营模式保证政府对国家实验室的领导和宏观调控,保证国家科技发展目标的实现,最大限度地发挥国家实验室的作用。国有民营模式一是可以充分利用大学、科研机构或企业科研和管理方面的优质力量;二是保障科学研究的独立性。由于政府和承包方之间能够以契约的形式在公共服务、财产产权、研究成果的产权与转让及实验室绩效等方面对实验室做出详细规定,在很大程度上保证科学家免受政治压力而真正为国家利益工作。

1) 评估

国有民营模式最核心的内涵是基于绩效合同开展管理。具体而言,科学局每年提出总体项目战略方向与运作目标,科学局区域管理办公室与实验室承包方讨论确定年度绩效标准和评估方案,形成年度绩效计划,并作为合同附件纳入能源部与承包方之间的绩效合同。绩效合同包括科学研究和实验室管理两大内容:科学研究方面有三项绩效指标,分别涉及高质量、原创性的科技产出及由此产生的科技影响力和国际同行的认可,大装置建设、运转的效率和效果,科技的战略规划、高层次人才吸引、项目部署等;实验室管理方面有五项绩效指标,分别涉及实验室战略规划、高层管理、支

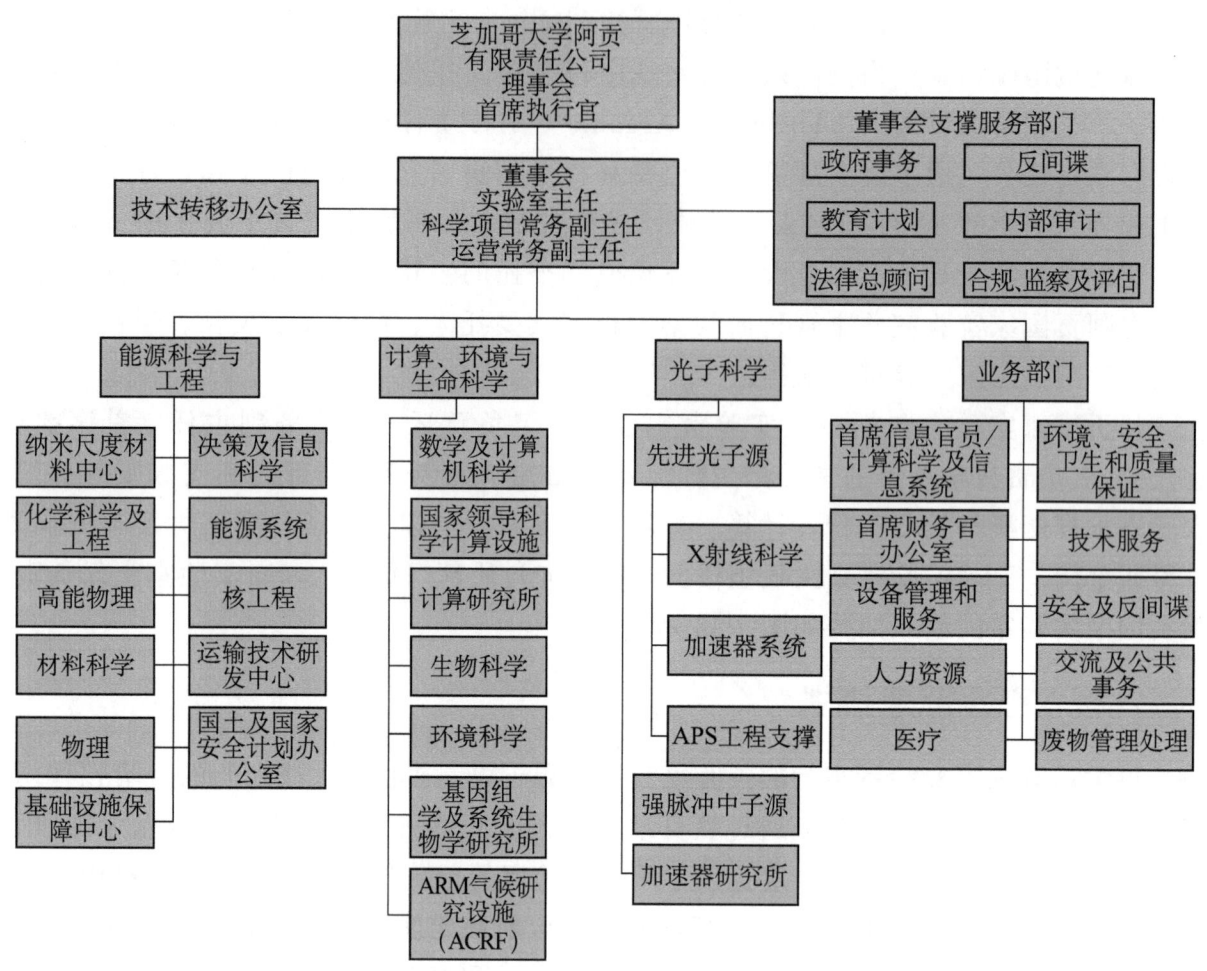

图 2-14 阿贡国家实验室组织架构图

资料来源：Argonne National Laboratory. 2012. Organization chart. http://www.ipd.anl.gov/anl_org_chart [2012-12-31]

撑办公室，安全、环境保护，财务管理、人力资源管理、内部审计监督、技术转移转化，装置和设施的有效管理以支撑实验室内外的需求，应急管理、信息安全等。

每年年末，科学局区域管理办公室组织专家依据绩效计划对国家实验室科学和管理方面的每一项绩效指标进行评估，每个实验室都得到一张绩效得分卡，对科学和管理两方面共八大绩效指标分别给出十一个级别的得分，每一个得分都对应一定的奖励经费比例和一定的拨款比例，两者相乘的结果决定该实验室将获得的奖励经费（表2-9）。通过这种绩效管理，能源部对国家实验室的运营方提供持续的监督和指导。对于运营方而言，绩效评估的结果不仅影响到这一年度的奖励经费，而且直接影响与能源部的合同能否续签。

表 2-9　能源部国家实验室绩效评估得分级别与奖励经费的对应关系

科学与技术绩效（绩效目标1~3）			管理与运营绩效（绩效目标4~8）		
等级	得分	奖金比例/%	等级	得分	下拨比例/%
A+	4.3~4.1	100	A+	4.3~4.1	100
A	4.0~3.8	100	A	4.0~3.8	97
A−	3.7~3.5	100	A−	3.7~3.5	94
B+	3.4~3.1	100	B+	3.4~3.1	91
B	3.0~2.8	95	B	3.0~2.8	88
B−	2.7~2.5	90	B−	2.7~2.5	85
C+	2.4~2.1	85	C+	2.4~2.1	75
C	2.0~1.8	75	C	2.0~1.8	50
C−	1.7~1.1	60	C−	1.7~1.1	0
D	1.0~0.8	0	D	1.0~0.8	0
F	0.7~0	0	F	0.7~0	0

资料来源：李强. 2009. 美国能源部国家实验室的绩效合同管理与启示. 中国科技论坛，(4): 137-144

从实施情况看，科学局对所属国家实验室的评估采取绩效目标导向的诊断性评估：一方面，对实验室完成科学技术任务情况及其内部管理与运营全面评估，关注承包方是否能够带来增量价值，以提升联邦实验室完成科学技术目标任务的能力，促进联邦实验室效能的发挥；另一方面，在评估的同时更多地体现出管理咨询的特点，由各利益相关方参与的年度绩效评估在给出绩效结果的同时，就存在的问题及解决途径给出咨询建议，注重"发现并解决问题"[①]。

2）经费管理

国家实验室内部的各研究部、课题组以项目竞争获取科研经费，竞争体现在预算的编制与层层审批的过程中：研究部或课题组以机构使命为基础，提出若干研究课题，在国家实验室层面竞争，由实验室主任审批确定优先项目，并打包形成此领域的研究项目，提交至能源部项目审批和预算部门。能源部再审批各项目，确定预算优先项目，调整或淘汰某些项目。最后，能源部将所有项目打包，向总统和国会申请机构科研预算。在拨款过程中，项目依然是基本的拨款单元。科研预算在能源部机构层面进行配置与控制时，以项目配置为主线。能源部的科研经费到实验室、课题组分解为项目经费，实行项目合同制管理：能源部提出目标及其战略方向后，与承担项目的课题组协商年度绩效标准和考核办法，并签订合同。国家实验室没有稳定支持的机构运行经费，这一经费实际包含于项目经费中，以管理费的形式体现，即能源部总部和实验室从承担的项目中提取一定比例的管理费，具体比例由项目双方协商确定，具体的管理与使用方式由机构自主确定。实验室科研人员的薪酬全部来源于项目经费，以稳定的基本薪酬为主，不存在可变薪酬，如果业绩突出，可以在基本薪酬的基础上增加绩效，也

---

① 李强. 2009. 美国能源部国家实验室的绩效合同管理与启示. 中国科技论坛，(4): 137-144.

属于稳定性报酬。长期争取不到项目的课题组或研究方向将被解散或关闭,以项目经费配置为手段实现科研方向与科研人才的优胜劣汰[①]。

3) 人事管理

国家实验室在人事管理上除了联邦雇员制外,还广泛采用项目合同制的人事制度,并且在薪酬方面主要参照其承包方的工资水平,有以下几个特点:①围绕具体项目招聘合同制人员,这类人员直接服务于该项目,通常随着项目的结束而离开机构;②实施"固定工资+浮动工资"的薪酬制度,其中浮动工资主要根据能力、绩效和履行职责情况来确定,一般而言,项目合同制的工资高于同级别公务员工资;③合同期内定期评价人员的绩效和履行职责情况,合同期满后如果项目尚未结束,则依据评价结果决定是否续签合同。

以洛斯阿拉莫斯国家实验室为例,其合同雇员分为两种,第一种是承包方直接聘用的雇员,第二种是通过人才公司聘用和管理的员工。此外,还有约 120 名能源部政府雇员工作在洛斯阿拉莫斯国家实验室,负责购置实验室设备、监督经费的使用及实验室的安全保密工作,每天实验室都要向能源部汇报运行情况。不论是承包方直接聘用的雇员,还是通过人才公司聘用和管理的员工,主要都是围绕具体的科研项目来签订合同,如果科研项目不能继续获得联邦政府的资助,这些研究型的科学家就会随着项目的结题而离开。就合同期限而言,通过人才公司聘用和管理的员工,相比于承包方直接聘用的员工,其合同有效期相对更短(通常为短期合同或临时合同),而且部分合同是不可续签的[②]。

在薪酬方面,能源部实行三种工资制度。联邦雇员实行联邦工资制度,在托管给大学的国家实验室和设施中工作的雇员实行类似大学的工资制度,在托管给企业的国家实验室和设施中工作的雇员实行企业工资制度,后两者比联邦雇员工资要高[③]。通过人才公司聘用和管理的员工在基本工资方面与承包方直接聘用的员工是相似的,但是在津贴方面会有一定的差别。

2.2.5 国际科技合作

能源部是美国政府进行能源外交的主要代表机构,与许多国家展开了广泛的合作,签署了大量的双边和多边国际协议。进入 21 世纪以来,能源部更是加大了与世界主要

---

① 中国科学院科技政策与管理科学研究所. 2009. 国立科研机构管理制度国际比较与分析调研报告(内部报告).
② LANL. Employment FAQs. http://www.hr.lanl.gov/FindJob/faqs.shtml [2009-11-10].
③ 中国科学院人力资源管理研究组. 2007. 关于我院创新三期人力资源管理的若干思考. 中国科学院院刊, 22 (5): 355-373.

能源生产与消费国家和组织（如中国、俄罗斯、日本、欧盟等）的合作力度。大部分协议均包括以下一种或多种合作形式：信息交流；样本、材料、设备和试验部件的交流；科学家、工程师和其他专家的交流；独立专家或专家团队的短暂访问；研讨会或其他会议；各方分担工作和项目成本的联合项目等。合作协议大致可以分为六大类：一般的科技或研发协议；技术信息的交流协议；核裂变领域协议；核聚变和高能物理领域协议；化石能源领域协议；可再生能源、能源转化和相关主题领域协议等。根据合作协议主题的不同，由能源部不同的业务部门负责管理。能源部政策与国际事务局国际科技合作处负责协调合作协议的发展、管理、评估和续订，并提供指导。

除了与许多国家签订国际合作协议之外，能源部为了促进国内能源供应多样化、抢占未来能源研究的制高点，主动发起了多项国际联合研究计划。

为引领第四代核能系统的研发，2000年能源部带头组建了第四代核能系统论坛（Generation IX International Forum，GIF），共10个国家（第一批参与国家共10个，欧洲原子能共同体于2003年加入该论坛，中国和俄罗斯在2006年年底也加入了该论坛）合作研究开发第四代核能系统。2002年5月，第四代核能系统论坛在巴黎举行的研讨会上，选定了超临界水冷堆、超高温气冷堆、熔盐堆、带有先进燃料循环的钠冷快堆、铅冷快堆和气冷快堆等六种反应堆型的概念设计，作为第四代核能系统的优先研究开发对象。

2006年，能源部又发起了全球核能伙伴计划（Global Nuclear Energy Partnership，GNEP），目标是"与其他国家合作，以获取更先进的核技术用于发展新的防止核扩散的再循环技术，以生产更多能源，减少废物，最大限度地降低人们对核扩散的忧虑"。该计划包括两个主要内容：一是新的后处理技术，将所有超铀元素（而非反应堆级钚）分离处理；二是先进燃烧（快）堆，用于消耗核燃料发电时产生的这些超铀元素。截至2008年2月底，加入全球核能伙伴计划的国家已有21个，世界上主要的核能国家都包含其中。2007年9月16日，在奥地利举行的全球核能伙伴计划第二次部长级会议上，美国、俄罗斯、法国、日本、中国等16个国家的部长签署并发表了全球核能伙伴原则声明。该声明围绕在全球范围内倡导和平利用核能、加速先进燃料技术开发应用、鼓励清洁发展、改善环境等问题，确立了国际间合作的具体条款。其中包括以可持续的方式，保证核电站运行和核废物管理，与国际原子能机构（International Atomic Energy Agency，IAEA）合作，对核材料和核设施进行有效监督，建立国际供应体系等。

另外，能源部还决定与巴西建立乙醇燃料战略联盟，通过双边、第三国和全球途径合作发展乙醇产业；进行新一代生物燃料技术的研究和开发；通过建立国际生物燃料论坛和制定乙醇生产和销售的统一标准，共同扩大全球生物燃料市场。能源部与欧盟在生物燃料、洁净煤与碳封存计划、高效能源、甲烷气回收利用，以及更多一般意义上的能源安全问题方面也开展了合作研究。

机构网址：http：//www.doe.gov

联系地址：U.S.Department of Energy，1000 Independence Avenue，SW，Washington，DC 20585

电话：+1-202-586-5000

传真：+1-202-586-4403

E-mail：The.Secretary@hq.doe.gov

2.3 国立卫生研究院

> ▶ 世界上最大的医学研究机构，拥有27个研究单元，其中包括20个研究所、3个研究中心和1个国家医学图书馆。
>
> ▶ 2008年，共有约1.81万名工作人员。经费主要来自政府拨款，2012财年约为315.15亿美元。超过80%的经费通过竞争性基金资助国内外大学、医学院校、医院及其他研究机构的医学研究工作，大约10%的经费用于支持院内研究。
>
> ▶ 院长负责所有的学术和管理事务，院长办公室负责政策和规划的实施与管理，并负责协调27个研究单元的研究项目和各项活动。实验室采用课题组长负责制。
>
> ▶ 在中国科学院管理创新与评估研究中心对86个国际国立科研机构的学术影响力排名中，美国国立卫生研究院的生物和生物化学、临床医学、免疫学、微生物、分子生物和遗传学、神经科学与行为学、药理学与毒理学、神经病与心理学和社会科学排名第一。

美国国立卫生研究院（National Institute of Health，NIH）成立于1887年，总部位于马里兰州的贝塞斯达。国立卫生研究院隶属于美国卫生部，其任务是探索生命本质和行为学方面的基础知识，并充分运用这些知识延长人类寿命，预防、诊断和治疗各种疾病与残障。国立卫生研究院是世界上最大的医学研究机构，拥有27个研究单元，其中包括20个研究所、3个研究中心和1个国家医学图书馆[1]。国立卫生研究院也是美国最大的医学研究资助机构，其每年约300亿美元的预算中，超过80%的科研经费用于资助院外研究工作，受其资助的国内外大学及其他科研机构达2500多所，涉及超过30万名研究人员[2]。许多世界著名的科学家和医生曾在国立卫生研究院工作过或接受过国立卫生研究院资助，他们中有106位荣获过诺贝尔奖，其中，5位获奖人的研究工作是在国立卫生研究院的实验室完成的[3]。国立卫生研究院也是开展研究人员

---

[1] NIH. 2011. Institutes, centers & offices. http://www.nih.gov/icd [2012-06-15].
[2] NIH. 2011. About NIH. http://www.nih.gov/about/budget.htm [2012-06-15].
[3] 他们是Drs. Christian B. Anfinsen、Julius Axelrod、D. Carleton Gajdusek、Marshall W. Nirenberg和Martin Rodbell。参见：苏连芳，宋玉琴，申阿东. 2004. 美国国立卫生研究院概况. 生命科学，16（2）：117-126.

培训，促进医学信息交流的重要地方①。

2.3.1 人力资源和经费状况

2.3.1.1 人力资源

自 1930 年以来，国立卫生研究院的职员数量逐步增加，1930 年国立卫生研究院的职员数仅为 140 人，1950 年为 2888 人，到 1960 年人员跃升至 9109 人，2001 年以后，则一直稳定在 18 000 人左右①。截至 2008 年，共有 18 082 名工作人员（图 2-15）。

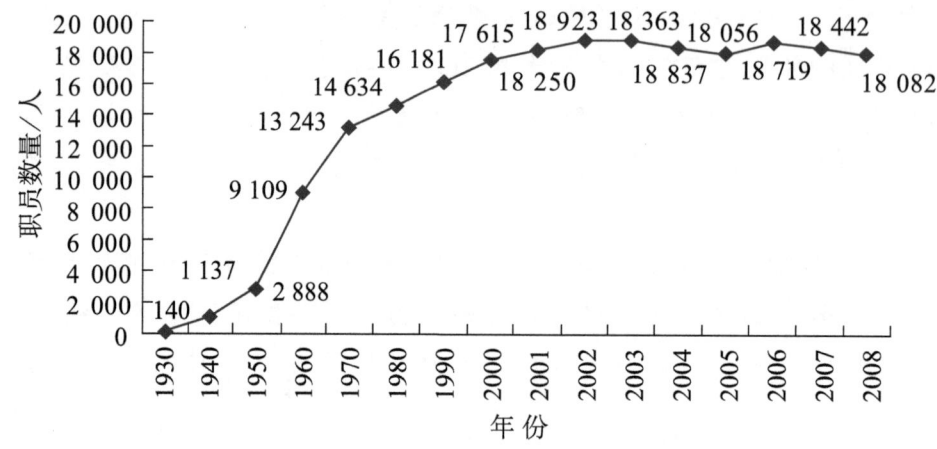

图 2-15　1930～2008 年国立卫生研究院职员数量变化情况

资料来源：http：//www.nih.gov/about/almanac/staff/index.htm（通过 olib@od.nih.gov 索取）

国立卫生研究院的研究人员包括高级课题组长（senior PI）、终身序列课题组长（tenure track PI）、一般科研人员（staff scientists）、一般临床医生（staff clinicians）、博士后、研究生和其他实习生。2007 年，国立卫生研究院的研究人员总数为 8340 人，各类人员的具体构成情况如图 2-16②所示。近些年，国立卫生研究院内部研究人员的年人均经费达 40 万美元左右，加上实行联邦雇员人事制度，因此一般科研人员、一般临床医生及以上级别的人员相对固定，这些人员一般不需要向外申请经费，但需要接受每四年一次的外部专家评估，评估结果可以作为学科、方向和人员调配的重要参考依据①。

---

①　数据通过 olib@od.nih.gov 索取。

②　中国科学院人事教育局. 2008. 增强创新意识 提升管理水平——中科院 2007 年科技创新管理高级培训班赴美考察纪实. 科学新闻，(7)，31-33.

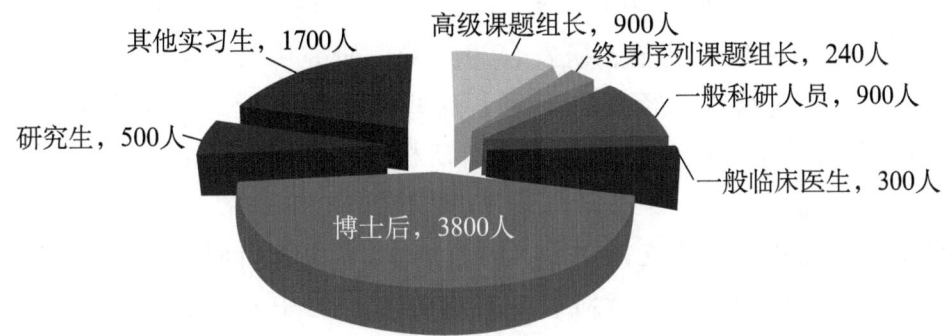

图 2-16　2007 年国立卫生研究院研究人员构成情况

资料来源：根据中国科学院赴美国国立卫生研究院考察访谈所得数据整理

2.3.1.2　经费状况

自 2009 年以来，国立卫生研究院的经费总量一直保持在 300 亿美元以上，2012 财年预算经费为 315.15 亿美元。2001～2012 年的经费情况如图 2-17 所示[①]。

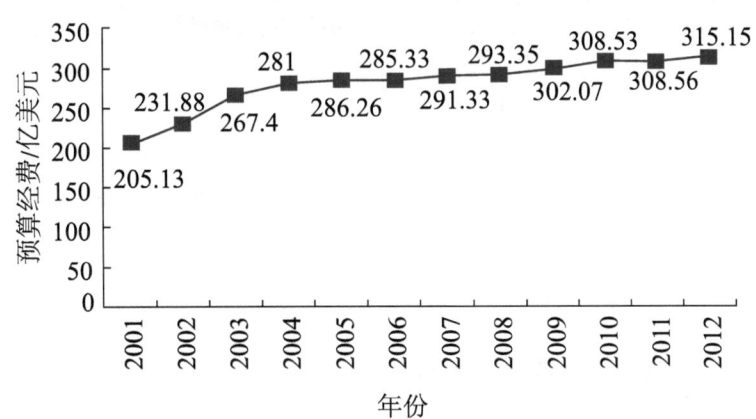

图 2-17　国立卫生研究院历年经费变化情况

资料来源：2001～2009 年的数据来自 http：//officeofbudget. od. nih. gov/pdfs/FY12/Mechanism％20Detail,％20Total％20NIH,％20FY％201983％20-％202010. pdf；2010～2012 年的数据来自 Burdget Authority by Mechanism (OAR-4)，http：//officeofbudget. od. nih. gov/pdfs/FY12/Volume％201％20-％20Overview. pdf

国立卫生研究院的经费主要用于院内外研究工作和管理工作。以 2011 财年为例（图 2-18），国立卫生研究院直接用于研究的经费占总经费的 90％左右，用于项目和行政管理及培训等用途的经费约占总经费的 10％。在直接用于研究的经费中，用于国立

---

① NIH. 2011. Mechanism detail total NIH FY 1983-FY 2010. http：//officeofbudget. od. nih. gov/pdfs/FY12/Mechanism％20Detail,％20Total％20NIH,％20FY％201983％20-％202010. pdf ［2012-06-16］.

卫生研究院下设27个研究所和中心中近6000名科学家研究工作的院内研究经费[1]，约占总经费10.5%。研究项目基金、研发合约经费、研究中心经费、其他研究经费则属于院外研究经费，总量约占总经费的80%，这些经费通过近5万个竞争性基金项目资助国内外2500多所大学、医学院校及其他科研机构的30多万名研究人员的研究工作。其中，研究项目基金以项目形式向国内外科研机构和研究人员开放，占总经费的53.2%，研发合约经费的主要支持对象是小企业技术和创新研究项目，约占总经费的11.0%，研究中心经费的主要支持对象是综合性或特色中心及临床研究等，约占总经费的9.6%，其他研究经费主要用于疾病宣传教育和支持少数民族生物医学研究等，占5.8%[2]。

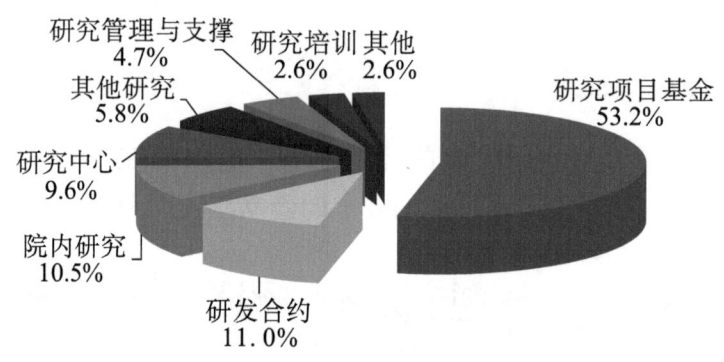

图2-18　2011财年国立卫生研究院预算分配图

资料来源：NIH. 2011. Budget. http：//officeofbudget. od. nih. gov/pdfs/FY11/Summary%20of%20 the%20FY%202011%20Presidents%20Budget. pdf

2.3.2　战略定位和重点领域

国立卫生研究院的使命是"探索生命本质和行为学方面的基础知识，并充分运用这些知识延长人类寿命，以及预防、诊断和治疗各种疾病与残障"。为了实现这个使命，国立卫生研究院设立了四大战略目标：①促进基础性、创造性的科学发现和创新性的研究战略，并运用研究成果提高整个国家增进健康的能力；②开发和汇聚对国家防治疾病具有重要作用的人力和物质资源；③扩展生物医学和相关科学的知识基础，促进美国经济的健康和长足发展，以保障公众对科研投资的高回报；④在科学研究中保持高标准的公正性、公众责任和社会责任。

---

[1] 陈宁. 2008. 美国国立卫生研究院系列调研（二）. 全球科技经济瞭望，23（4）：46-53.

[2] NIH. 2010. Summary of the FY 2011 president's budget. http：//officeofbudget. od. nih. gov/pdfs/FY11/Summary%20of%20the%20FY%202011%20Presidents%20Budget. pdf ［2012-06-11］.

围绕这些战略目标，国立卫生研究院重点开展和支持以下方面的研究：①关于人类疾病的致病原因、诊断技术、预防措施和治疗方法；②关于人类成长与发展的过程；③关于环境污染的生物学效应；④关于精神病、成瘾嗜性、身体紊乱方面的探索研究。此外，国立卫生研究院还支持医学健康方面的数据和信息的收集、传播和交流工作，包括支持和创立医学图书馆、培训医学图书馆馆员和其他健康信息专家等[①]。

2.3.3 组织架构和管理模式

2.3.3.1 组织架构

国立卫生研究院的组织架构如图 2-19 所示。内设 1 个院长办公室和 27 个研究单元（包括 20 个研究所、3 个研究中心、1 个临床医学中心、1 个科学评审中心、1 个信息技术中心和 1 个国家医学图书馆）。

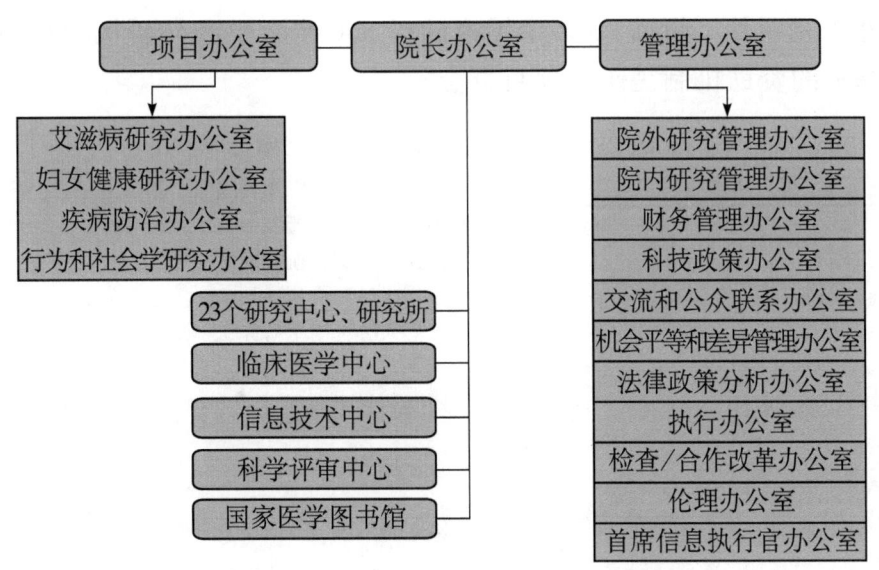

图 2-19　国立卫生研究院组织结构图

资料来源：http://www1.od.nih.gov/oma/manualchapters/management/1123/nih.pdf

院长办公室全权负责执行院长（executive director）的各项工作，包括国立卫生研究院政策和规划的实施、管理，协调 27 个研究单元的研究项目和各项活动等，常务副院长协助处理相关事务。院长办公室下设项目办公室和管理办公室。项目办公室即计划协调、规划和战略行动部（Division of Program Coordination, Planning and Strategic

---

① NIH. 2011. Mission. http://www.nih.gov/about/mission.htm [2011-08-07].

Initiatives，DPCPSI），下设 4 个办公室，分别负责艾滋病、妇女健康、行为和社会学、疾病预防等领域的研究资助和管理及战略协调等；管理办公室下设 11 个办公室，具体负责经费管理、课题协调、政策法规、公众信息反馈等管理事务。

国立卫生研究院的 27 个研究单元中，除临床医学中心、科学评审中心、信息技术中心外，其他都直接接受国家拨款。27 个研究单元如表 2-10 所示。国立卫生研究院的研究所和研究中心一方面开展相关领域的科研工作，另一方面承担着院外基金的评议与管理工作[①]。以国立癌症研究所（National Cancer Institute，NCI）为例，它是国立卫生研究院研究所/中心中历史最悠久、获取经费最多的研究所，其使命是促进和支持癌症研究，以期在不远的将来降低癌症对人类的威胁。该所由 7 个分支机构组成[②]，分别是癌症研究中心、癌症流行病学和遗传学部、癌症诊断和治疗学部、癌症控制和人口科学部、癌症预防学部、癌症生物学中心及院外研究事务部。该所的科研人员主要开展基础实验、长期流行病学、基因及其突变的研究，并开展独特的学科交叉支撑的临床试验。2010 年，院内研究经费占总预算 50.98 亿美元的比重为 15.8%，近 80% 的经费资助院外研究项目，超过 20 多个国家的约 650 个大学和科研机构从中获益，院外研究经费最基本的资助机制是研究项目资金[③]。

表 2-10 国立卫生研究院研究单元

英文名称	中文名称	创建年份
National Cancer Institute，NCI	国立癌症研究所	1937
National Heart，Lung，and Blood Institute，NHLBI	国立心、肺、血液病研究所	1948
National Eye Institute，NEI	国立眼科研究所	1968
National Human Genome Research Institute，NHGRI	国立人类基因组研究所	1990
National Institute on Drug Abuse，NIDA	国立药物滥用研究所	1974
National Institute on Aging，NIA	国立老年研究所	1974
National Institute of Environmental Health Sciences，NIEHS	国立环境卫生研究所	1966
National Institute on Alcohol Abuse and Alcoholism，NIAAA	国立酒精滥用与酒精中毒研究所	1970
National Institute of General Medical Sciences，NIGMS	国立综合医学研究所	1963
National Institute of Allergy and Infectious Diseases，NIAID	国立过敏与传染病研究所	1948
National Institute of Mental Health，NIMH	国立精神卫生研究所	1946

---

① 吕立宁. 2005. NIH 资助及管理模式给我们的启示. 中国基础科学，7（4）：46-51.
② National Cancer Institute. 2011. About NCI. http：//www.cancer.gov/aboutnci [2011-08-08].
③ NCI. 2011. An annual plan and budget proposal for fiscal year 2012 (Exclude American Recovery &Reinvestment Act Funding). http：//www.cancer.gov/PublishedContent/Files/aboutnci/budget_planning_leg/plan-archives/nci_plan.pdf#page=58 [2012-06-16].

续表

英文名称	中文名称	创建年份
National Institute of Arthritis and Musculoskeletal and Skin Diseases，NIAMS	国立关节肌肉骨骼及皮肤病研究所	1986
National Institute of Neurological Disorders and Stroke，NINDS	国立神经疾病与中风研究所	1950
National Institute of Child Health and Human Development，NICHD	国立儿童健康与人类发育研究所	1963
National Institute of Nursing Research，NINR	国立护理医学研究所	1986
National Institute on Deafness and Other Communication Disorders，NIDCD	国立耳聋及交流障碍研究所	1988
National Institute of Dental and Craniofacial Research，NIDCR	国立牙科与颅面研究所	1948
National Institute of Diabetes and Digestive and Kidney Diseases，NIDDK	国立糖尿病、消化与肾病研究所	1950
National Institute for Biomedical Imaging and Bioengineering，NIBIB	国立生物医学影像学与生物工程学研究所	2000
National Library of Medicine，NLM	国家医学图书馆	1968
Center for Scientific Review，CSR	科学评审中心	1946
National Center for Research Resources，NCRR	国家研究资源中心	1956
John E. Fogarty International Center，FIC	John E. Fogarty 国际中心	1968
National Center for Complementary and Alternative Medicine，NCCAM	国家补充与替代医学研究中心	1993
Warren Grant Magnuson Clinical Center，NIH Clinical Center	Warren Grant Magnuson 临床医学中心	1953
Center for Information Technology，CI	信息技术中心	1964
National Center for Minority Health and Health Disparities，NCMHD	国立少数民族健康与健康水平差别研究中心	1990

2.3.3.2 管理模式

（1）决策机制。国立卫生研究院院长由美国总统直接任命，负责院内所有的学术和管理事务，是国立卫生研究院的全权责任人，带领各研究所实现既定目标、寻求新的发展机遇，协调各研究所之间的合作关系。国立卫生研究院的高层决策者在进行设置研究优先级、协调计划、制定战略等宏观决策的时候，需考虑以下多方面的意见和建议：①听取国会和卫生部的建议；②听取各研究所专家委员会和专门对院长负责的专家委员会的意见，以及国立卫生研究院之外的个人研究者和专业学会的意见；③听取病患组织、志愿卫生团体和公众代表委员会的意见；④通过高级员工常规会议、内部科学交流和研究所所长简报等方式听取国立卫生研究院内部员工的意见。

（2）研究和资助管理。计划协调、规划和战略行动部是国立卫生研究院机构层面挖掘重要科学问题和重大公共卫生需要、确定资助优先领域的专门机构。国立卫生研究院的研究资助分为院外研究与院内研究两种。院内研究项目由院内研究处管理，负责所有与院内研究、培训、技术转让有关的政策法规、审核、立项、实施管理及实验室、临床医院之间的协调等；院外研究由院外研究处管理，负责国立卫生研究院对外的基金（grants）、合作协议（cooperative agreements）、合约（contracts）等方式的资助活动的政策制定和实施，其中基金是最主要的资助方式[1]。院外研究处还负责开发同行评议程序并组织院内外专家对外部研究者提出的研究申请进行评议。2008年6月，院外研究处启动了一项改进同行评议系统的计划，试图在评审专家遴选、评审过程的透明性、多学科交叉、回顾评估等方面对原有的同行评议系统进行改革，并加大对研究者自主发起（investigator-initiated）的高风险、高影响研究的支持力度，从而促进变革性研究成果的出现[2]。

（3）经费预算和管理。国立卫生研究院的经费预算是一个逐层竞争的预算方式。国立卫生研究院下设的研究所直接接受美国国会的拨款，但是各研究所的经费预算需要与国立卫生研究院整体的战略目标相符。每年，国立卫生研究院根据科学问题和公共卫生需求制定当年的资助策略，并在此基础上形成资金分配及预算方案。当年的预算方案到达各研究所后，各研究所组织内部研究人员形成若干具体的研究项目，并基于项目形成该研究所的预算计划。在这个过程中，所内各研究方向之间存在一定的竞争。各研究所的预算计划提交到院层面后，院长与各研究所所长磋商，对各研究所提出的研究项目进行优先排列，选出其中与国立卫生研究院战略关系最为密切、最有可能获得国会批准的研究项目，整合形成当年国立卫生研究院向总统提交的年度预算报告，该报告的内容核心就是这些具体的研究项目。在这个过程中，不同研究所提出的研究项目之间存在一定的竞争。国立卫生研究院的年度预算报告如果获得了国会批准，那么下一年度国会的拨款就按照年度预算中各研究所支持或参与的研究项目的情况直接分配到各研究所。需要特别指出的是，2006年国立卫生研究院改革法案中规定了国立卫生研究院共同基金（common fund）的存在，该基金主要是用于支持国立卫生研究院内部各研究所之间跨所合作的、高风险的、有可能产生广泛影响的研究工作。该基金的预算由计划协调、规划和战略行动部组织各研究所协调制定。目前，该基金占国立卫生研究院科研经费的比重约为8%[3]。

（4）人事管理。像美国所有其他大学和研究所一样，国立卫生研究院也采用课题

---

[1] NIH. 2010. Salary limitation on grants, cooperative agreements, and contracts. http://grants.nih.gov/grants/guide/notice-files/NOT-OD-10-041.html [2011-08-11].

[2] 任霄鹏. 2008. NIH项目申请同行评审制度的改革方案出台. http://paper.sciencenet.cn/htmlnews/2008/6/207700.html?id=207700 [2011-08-11].

[3] NIH. 2011. NIH budget. http://www.nih.gov/about/budget.htm [2011-08-13].

组长负责制。课题组长聘用采取公开招聘方式，竞争非常激烈。课题组内的其他人员都由课题组长独立招聘，包括技术员、博士后、访问学者等。国立卫生研究院的技术员多为联邦终身雇员，博士后和访问学者属非固定人员。与美国大学终身教授制度类似，国立卫生研究院为杰出的科技人员设立了终身研究员的职位，为其配备稳定的经费、人员、仪器等研究资源，保障其最大程度的学术自由。终身研究员候选者的能力评价主要依据科技产出和贡献情况。对于国立卫生研究院内部的科技人员而言，要获得终身研究员的职位首先要进入终身研究员序列成为 TTI（tenure-track investigator），并力争在最多 6 年或者 8 年（仅限于临床和传染病专业）的时间内竞争取得终身研究员职位。在此期间，TTI 每年要接受一次学术指导者（由实验室主任、学术主管或国立卫生研究院的课题组长来担任）的评估。为此，TTI 要准备一份当年的产出情况自评估报告，内容包括经过同行评议的学术出版物、已发表或者接受的综述性文章、邀请报告、参与学术资助评议、参与学术稿件评议、指导学生和博士后、临床实践、参与国立卫生研究院内部各类委员会或团体、与国立卫生研究院内外部的学术合作等有显示度的产出成果，以及当前需要关注的问题与不足及下一年研究目标。TTI 或国立卫生研究院外部学者申请终身研究员职位时，这些候选者要接受国立卫生研究院终身研究员中央委员会（Central Tenure Committee，CTC）的评估。该委员会是一个由至少 12 名代表国立卫生研究院杰出研究水平的终身研究员组成的评估委员会，下设临床医学、计算机科学、传染病及寿命测定、行为科学四个领域的专业委员会，分别对该领域的终身研究员候选者进行评估。具体而言，该委员会评估重点依据的资料包括候选者的出版情况（如论文发表、著作出版）及这些出版物产生的影响、国立卫生研究院内外部学者的推荐信、参与及主持学术会议或研讨会、开发创新性技术或专利产品、对国立卫生研究院内部研究的贡献、在实验室或部门内发挥的学术指导或其他领导作用、学术研究的道德标准等。在评估会议上，候选者的学术指导者和部门主管要共同来回答评估委员会关于候选者所拥有的资源情况、技能水平、研究成果及其与国立卫生研究院总体目标的一致性等方面的问题。此外，对于已经取得终身研究员职位的科技人员而言，国立卫生研究院也要组织专家每隔四年对其产出和贡献情况进行评议[①]。

2.3.4 国际科技合作

国立卫生研究院的国际科技合作一方面通过研究资助（包括研究项目和合同）和

---

① NIH Board of Scientific Directors. 2007. Philosophy and practices for tenure track investigators. http://www.training.nih.gov/handbook/tenure.html [2011-08-08].

直接针对科学家的资助向国外从事生物医学研究的研究人员和科研机构提供研究经费，另一方面大力开拓与国外研究机构的战略合作协议。

在院层面上，国立卫生研究院的 John E. Fogarty 国际中心（FIC）在总体上负责制定该院的国际合作政策和程序，协调该院的国际合作活动，并且该中心还直接管理少数不适合国立卫生研究院单一研究所进行管理的国际合作项目。该中心还建立了评价国立卫生研究院国际合作项目投资收益的方法框架，进一步细化国际合作的管理制度[①]。

在所层面上，国立卫生研究院的 27 个研究单元非常重视与相关研究领域团体的合作，这些合作既体现在科学研究中，也表现在公众服务上。国立卫生研究院各研究所积极寻求与其他国家的科研合作，如国立眼科研究所与印度生物技术部开展眼科研究合作，国立过敏和传染病研究所与中国在"中医药国际科技合作执行计划"框架下的合作研究等[②]。

  机构网址：http://www.nih.gov
  联系地址：9000 Rockville Pike, Bethesda, Maryland 20892
  电话：+1 301 496 4000
  传真：+1 301 402 9612
  E-mail：NIHinfo@od.nih.gov

[①] 中国科学院文献情报中心情报部. 2003. 国际科技合作执行机构的地位与作用. http://www.cas.cn/zt/jzt/gjjlzt/zkygjkjhzzlgcythzj/jyjl/200312/t20031231_2665681.shtml [2011-08-08].

[②] NEI. 2007. Indo-U.S. collaboration on expansion of vision research. http://www.nei.nih.gov/indo-uscollaboration/index.asp [2011-08-08].

2.4 国家航空航天局

> ▶ 美国政府系统中主要的航空航天科研机构，在太空科研领域处于全球领先地位。
>
> ▶ 截至2011年，全时当量联邦雇员有16 908人·年，其中科学与工程岗位人员约占总人数的61.5%，还有超过40 000名的合同雇员。2011财年可支配的经费为231.16亿美元，其中国会财政拨款占86.5%，净支出为186.18亿美元。
>
> ▶ 共有9个研究中心和1个公共服务中心，通过设立科学任务理事会负责跨研究中心的协调。
>
> ▶ 优先研究的领域是科学（包括地球科学、行星科学、天体物理学和太阳物理学）、航空学研究、探测系统和空间操作。
>
> ▶ 通过3个局级管理委员会控制所有的战略管理过程，称为精益治理（lean governance）管理模式。
>
> ▶ 在中国科学院管理创新与评估研究中心对86个国际国立科研机构的学术影响力排名中，美国国家航空航天局的空间科学排名第一、地球科学排名第二、工程学排名第五、物理学排名第八、计算机科学排名第九。

美国国家航空航天局（National Aeronautics and Space Administration，NASA）是美国政府系统中主要的航空航天科研机构，负责组织和协调美国航空航天领域的研究工作，在太空科研领域处于全球领先地位。国家航空航天局的前身是美国国家航空咨询委员会，1958年10月1日，为了赶超苏联的卫星发射计划，美国政府将该委员会正式改组为国家航空航天局[①]。自成立以来，国家航空航天局组织实施了一系列著名的航空航天科研计划，如阿波罗计划、火星登陆计划、航天飞机计划、哈勃天文望远镜计划、国际空间站计划等，在国际上产生了巨大的影响。国家航空航天局主要有四大研究领域，分别是航空学研究、探测系统、科学（主要包括地球科学、行星科学、天体物理学和太阳物理学）和空间操作，下设9个研究中心、1个实验室、4个独立的试

---

① NASA. 2010. What does NASA do? http://www.nasa.gov/about/highlights/what_does_nasa_do.html [2011-07-25].

验和测试机构,以及跨研究中心形成的若干任务理事会。

2.4.1 人力资源和经费状况

2.4.1.1 人力资源

根据最新的《国家航空航天局劳动力战略报告》(NASA Workforce Strategy),从2005年开始,分布在该局总部、9个研究中心和1个公共服务中心的联邦雇员全时当量数量在逐年下降(表2-11)[①]。截至2011年7月21日,国家航空航天局共有联邦雇员16 908人·年,其中科学与工程岗位人员约占总人数的61.5%,专职行政人员(professional administrative)约占28.76%,文员(clerical)约占3.8%,技术员(technicians)约占5.9%,蓝领(wage grade)约占0.1%[②]。此外还有超过40 000名的合同雇员[③]。

表2-11 国家航空航天局联邦雇员分布情况　　　　　(单位:人·年)

机构	2005年	2006年	2007年	2008年	2009年	2010年	2011年
埃姆斯研究中心	1 380	1 284	1 193	1 070	1 070	1 070	1 070
德莱顿飞行研究中心	524	488	488	488	488	488	488
格伦研究中心	1 821	1 700	1 562	1 428	1 428	1 428	1 428
戈达德空间飞行中心	3 303	3 332	3 223	3 223	3 223	3 223	3 223
约翰逊空间中心	3 126	3 237	3 262	3 262	3 262	3 172	2 905
肯尼迪航天中心	1 981	2 082	2 107	2 107	2 107	2 107	1 902
兰利研究中心	2 130	1 963	1 839	1 749	1 749	1 749	1 749
马歇尔空间飞行中心	2 668	2 600	2 600	2 600	2 600	2 500	2 400
斯坦尼斯空间中心	294	284	284	284	284	284	284
总部	1 397	1 390	1 300	1 300	1 300	1 300	1 300
公共服务中心	—	50	121	146	157	159	159
合计	18 624	18 410	17 979	17 657	17 668	17 480	16 908

注:不包括监察长办公室人数
数据来源:NASA workforce strategy. http://nasapeople.nasa.gov/HCM/WorkforceStrategy.pdf

为了更好地履行其使命,国家航空航天局在2008年制订了载人航天部分的工作人员战略转型计划,其中共制定了七个目标,如表2-12所示。

---

① NASA. National Aeronautics and Space Administration workforce strategy. http://nasapeople.nasa.gov/HCM/WorkforceStrategy.pdf [2011-08-08].

② 根据 NASA workforce strategy 和 http://nasapeople.nasa.gov/Workforce/default.htm 中 workforce size 数据整理。

③ NASA. 2011. Workforce. http://nasapeople.nasa.gov/Workforce/data/wfmap.htm [2011-08-15].

表 2-12 国家航空航天局 2008 年人员战略转型目标

序号	目标内容
1	构建有能力与决心的工作团队,确保航天飞机安全飞行至 2010 年退役;依据国家航空航天局与国际合作伙伴在完成国际空间站方面所作的承诺,完成国际空间站建设任务
2	在 2010 财政年度和星座计划(Constellation Program)开始之前,为国家航空航天局的星座计划提供所需的人力支持,保证该计划初始运作能力
3	发展核心技能,跨越航天飞机计划向星座计划过渡的技术障碍
4	最大限度地利用航天飞机计划和国际空间站计划中经验丰富和技术熟练的人员,保证星座计划的顺利实施
5	保持 10 个国家航空航天局实验中心的正常运作
6	确保人员配置合理到位
7	通过国家航空航天局内部项目,实现工作人员的知识共享与协调,在最大程度上提高工作人员的工作效率和知识转移程度

资料来源:NASA. Human space flight transition plan. http://www.nasa.gov/pdf/315546main_space_flight_transition_plan.pdf

2.4.1.2 经费状况

国家航空航天局的经费主要通过国会财政拨款获得,另有少量经费来自技术转移和对外提供服务。2011 年的经费来源结构如图 2-20 所示。2011 财年可支配的经费为 213.16 亿美元。其中国会财政拨款为 184.49 亿美元,占可支配经费的 86.55%,前一财政年度未支配的经费结余约为 6.15 亿美元,占 2.89%,此外还有一些其他的经费来源,如国家航空航天局向其他联邦机构(如商务部、海洋和大气管理局等)和公共实体转移其技术和提供服务所得的经费等,约占 10.56%。

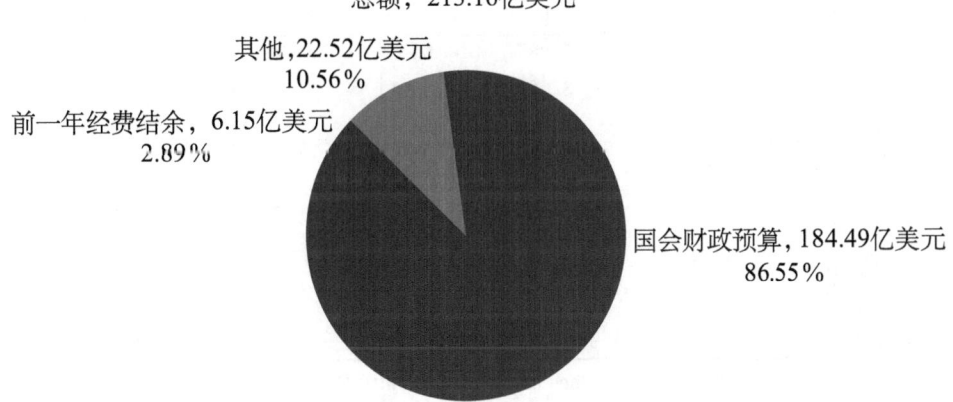

图 2-20 2011 财年国家航空航天局经费来源

资料来源:NASA. FY2011 performance and accountability report. Sources of funding

2011 财年国家航空航天局的净支出为 186.18 亿美元,比 2010 财年下降了约

13%，其中空间操作和科学领域经费支出最多，分别占 38.6% 和 32.3%，探测系统和航空学研究领域分别占 25.4% 和 3.7%[①]，如图 2-21 所示。国家航空航天局四大研究领域近年来的经费支出情况如表 2-13 所示。

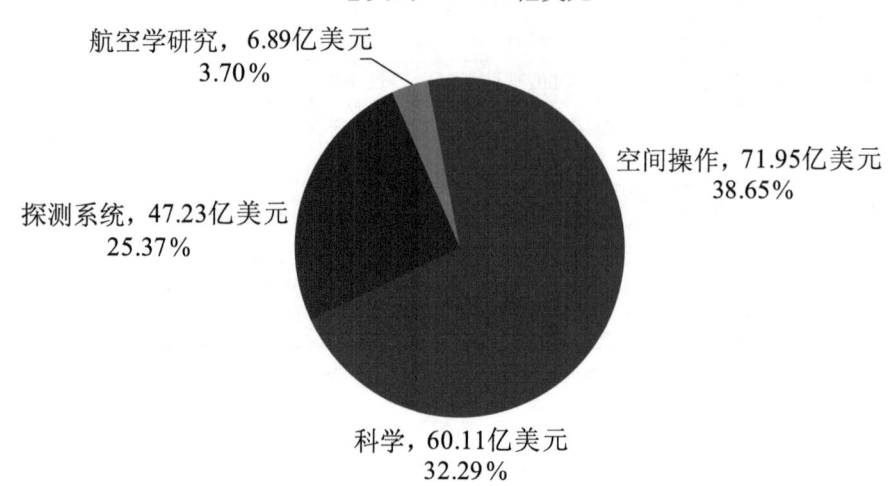

图 2-21 2011 财年国家航空航天局经费使用

资料来源：NASA. FY2011 performance and accountability report

表 2-13 2006～2011 财年国家航空航天局经费使用情况（单位：亿美元）

研究领域	项目	2006 财年	2007 财年	2008 财年	2009 财年	2010 财年	2011 财年
航空学研究	总支出	11.29	7.00	7.79	8.28	8.16	8.08
	总收入	0.79	1.06	0.86	1.13	1.19	1.19
	净支出	10.50	5.94	6.93	7.15	6.97	6.89
探测系统	总支出	27.02	32.17	48.11	51.53	53.60	47.91
	总收入	0.88	0.29	0.28	0.33	0.62	0.68
	净支出	26.14	31.88	47.83	51.20	52.98	47.23
科学	总支出	66.25	55.06	63.92	66.06	66.97	70.30
	总收入	3.48	3.52	5.11	6.16	6.49	10.19
	净支出	62.77	51.54	58.81	59.90	60.48	60.11
空间操作	总支出	81.17	64.43	74.49	110.70	96.94	72.53
	总收入	4.24	3.01	4.18	4.28	4.29	0.58
	净支出	76.93	61.42	70.31	106.42	92.65	71.95
合计	总支出	185.73	158.66	194.31	236.57	225.67	198.82
	总收入	9.39	7.88	10.43	11.90	12.59	12.64
	净支出	176.34	150.78	183.88	224.67	213.08	186.18

资料来源：NASA. FY2007-FY2010 Performance and Accountability Report

---

① NASA. FY2011 performance and accountability report. http：//www.nasa.gov/pdf/604052main_NASA-FY2011-PAR.pdf [2012-06-08].

2.4.2 战略定位和重点领域

国家航空航天局作为美国重要的国立科研机构之一，从建立之初起，就一直致力于满足国家在航空航天领域的战略需求，组织协调和开展美国航空和航天研究工作。同时，国家航空航天局也定位于帮助人类到达更高的宇宙空间高度，揭示未知世界的秘密，从而使全人类受益。为了实现这一目标，国家航空航天局研究人员在地球各地及太空不断进行科学探索，试图解决一些基本问题。例如，太空中存在什么，我们怎样才能到达那里，我们会发现什么，我们可以从那里学到什么，通过试图到达那里学到什么，这些发现将会怎样改善人类的生活，等等[①]。

2004年，布什总统在太空探索远景计划（Vision for Space Exploration）中提出了国家对国家航空航天局在21世纪的需求及国家航空航天局面临的挑战，同时要求国家航空航天局负责规划实施长期综合性机器人和人类探索计划。该计划由重要的目标事件组成，并在现有可利用的资源、已积累的经验和技术储备的基础上实施。美国国会通过了这项指令，同时签署了两项拨款和《美国国家航空航天局授权法案》保障该计划的实施。根据这样的国家需求，国家航空航天局随后发布的《战略规划2006》对未来10年的战略目标作了详细的描述，重点围绕六个战略目标（表2-14），实现下列远景：把人类活动扩展到整个太阳系，研发创新技术，推动国际力量和商业力量参与空间探索，从而进一步扩大美国在科学、安全和经济等方面的世界影响。

表2-14 国家航空航天局未来10年战略目标

序号	战略目标
1	在航天飞机2010年服役之前，尽可能保证安全飞行
2	根据国家航空航天局对国际合作伙伴承担的义务及人类探索的需求，完成国际空间站计划
3	改变以探索为重点的人类宇宙飞行计划，发展平衡而全面的科学、探索和航天计划
4	在航天飞机退役后，尽快开发新的载人探测飞行器（crew exploration vehicle）
5	鼓励与新兴的商业空间部门建立适当的伙伴关系
6	建立一个登月返回计划，尽可能地为将来的火星和其他目的地登陆计划作准备

资料来源：2006 NASA strategic plan. http：//www.nasa.gov/pdf/142302main_2006_NASA_Strategic_Plan.pdf

根据这六大战略目标，国家航空航天局优先部署了科学、航空学研究、探测系统和空间操作四大学科群的研究工作。其中，科学领域包括地球科学、行星科学、天体物理学和太阳物理学，航空学研究领域包括空气动力学、材料和结构、推进技术、动

[①] NASA. 2010. What does NASA do? http：//www.nasa.gov/about/highlights/what_does_nasa_do.html [2011-07-25].

力学与控制、传感器和制动器技术等,探测系统领域包括星座系统和先进能力的研究,空间操作领域包括航天飞机、国际空间站、空间与飞行支持等方面的研究。表 2-15 给出了四个学科群的主要研究方向。

表 2-15 国家航空航天局四个学科群的研究方向

优先学科群	研究方向
科学	探索宇宙的起源、进化和走向及形成宇宙奇特现象的本质①。同时,国家航空航天局还探索宇宙中生命的本质,以及地球以外存在的生命种类;研究太阳系,为进行人类科学探索作好准备;研究太阳和地球、地球-太阳系统的变化及它们与地球生命关系的结果。国家航空航天局在科学领域的研究对探索活动有着重要贡献,这些研究包括了解火星和太阳系的形成;寻找类似地球的行星和其他恒星周围的居住环境;为科研目标而探索太阳系,同时支持安全机器人和人类太空探索的研究
航空学研究	主要致力于研究新的航空经营理念、新的工具与技术,力图解决美国国家航空运输系统的空中交通拥堵、安全及环境影响问题②。国家航空航天局同样致力于发展"绿色航空",以改善国家的航空运输系统,并支持未来航空航天工具的发展③
探测系统	主要为地面研究和技术开发提供知识、进行太空研究及来自于机器人飞行任务的观测。同时开发和完善先进技术,将技术整合到原型系统中,向星座计划转移知识和技术,为星座项目降低业务和技术风险④
空间操作	主要进行低地轨道和超低地轨道的人类探索,同时还要兼顾低层次需求开发、政策和方案等。当前在低地轨道开展的探索活动是航天飞机计划和国际空间站计划。负责管理空间操作相关的发射服务、太空运输、太空通信,支持人类和机器人探索计划⑤

国家航空航天局正在进行的大型研究项目有 69 项,其中包括要素/同位素成分高级探测器、Aqua 卫星、Artemis 星座计划、臭氧总量测绘光谱仪地球探测系统等⑤。其通过科研课题、合同、合作协议等形式与国防部、高校和企业的科研部门保持密切联系。

2.4.3 组织架构和管理模式

2.4.3.1 组织架构

国家航空航天局的总部位于华盛顿哥伦比亚特区,组织架构如图 2-22 所示。其组织机构包括管理部门、任务理事会、任务支撑部门、研究中心和实验室。

---

① NASA Science. About us. http://nasascience.nasa.gov/about-us [2011-08-16].
② NASA. Welcome to the Aeronautics Research Mission Directorate. http://www.aeronautics.nasa.gov [2011-07-27].
③ NASA Aeronautics Research. About us. http://www.aeronautics.nasa.gov/about_us.htm [2011-08-19].
④ NASA. 2011. NASA strategic plan. http://www.nasa.gov/pdf/516579main_NASA2011StrategicPlan.pdf [2011-08-19].
⑤ NASA. Current missions. http://www.nasa.gov/missions/current/index.html [2011-07-25].

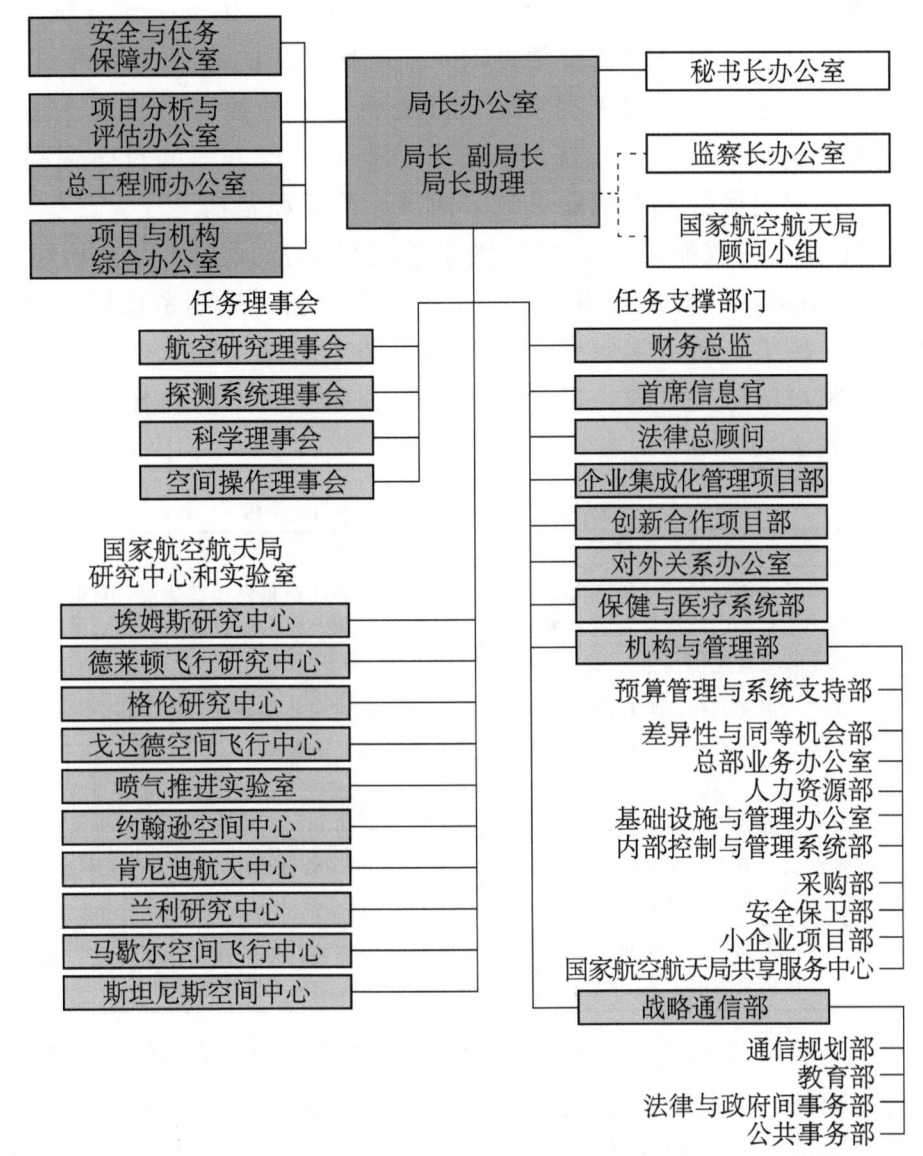

图 2-22　国家航空航天局组织结构图

资料来源：Organization chart. http：//history.nasa.gov/orgcharts/orgchartMay2008.pdf

　　国家航空航天局的管理部门包括局长办公室、安全与任务保障办公室、项目分析与评估办公室、总工程师办公室、项目与机构综合办公室、秘书长办公室（Chief of Staff）、监察长办公室、国家航空航天局顾问小组。局长办公室领导和主管全局的工作，局长办公室的高级官员包括局长、副局长、局长助理、参谋长、副局长助理、白宫联络官等①。安全与任务保障办公室负责保证项目的安全实施，提高国家航空航天局

---

① NASA. 2010. Organization structure. http：//www.nasa.gov/about/org_index.html［2011-08-15］.

所有活动的质量①。项目分析与评估办公室为战略决策者提供国家航空航天局项目的客观、透明和多学科分析,同时也负责领导国家航空航天局的战略规划②。总工程师办公室保证任务有计划地进行良好的工程实践,并进行适当的控制和管理。总工程师是国家航空航天局局长在计划和项目的技术准备、检查和执行方面的首席顾问,总工程师办公室为工程设计和项目管理机构提供政策指导、监督和考核③。

根据2006年发布的战略目标,目前国家航空航天局设立了四个科学任务理事会(mission directorates),即科学理事会、航空研究理事会、探测系统理事会和空间操作理事会,分别对应科学、航空学研究、探测系统和空间操作四大学科群。这四大理事会专门负责相关领域的研究管理,以及组织跨中心和实验室的协作研究。各任务理事会的主要职责如表2-16所示。

表2-16 国家航空航天局四个科学任务理事会

名称	主要职责
航空研究理事会	负责管理能够导致革命性概念、技术和能力产生的高质量创新性研究,它们能使空域系统及在其中飞行的航空器发生根本性的转变,同时确保其研究在国家航空航天局的空间探索任务中继续发挥重要作用
探测系统理事会	主要发展和支持人类及机器人空间探索系统的研究和技术开发。该理事会将为月球探测的近期目标开发机器人先导任务、人类运输单元及生命支持系统
科学理事会	管理地球、太阳、太阳系其他星球和宇宙的科学探索,大型战略任务得到由带头人负责的较小任务的补充,包括地面/空中/太空观测站、深空自动宇宙飞船、行星轨道飞行器/着陆器/表面探测器。该任务理事会还开发国家航空航天局的战略目标中所设定的越来越精密的仪器仪表、航天器、机器人技术
空间操作理事会	指导航天操作、太空发射、太空通信和近地轨道内集成系统操作的管理,包括国际空间站。该任务理事会利用国际空间站为未来的月球和火星任务奠定良好的基础④

国家航空航天局还设有完整齐全的任务支撑部门,为其各项研究提供财务管理、信息咨询、法律顾问、项目合作、人力资源等方面的支持,保证其科研工作的有效开展。这些任务支撑部门包括财务总监、首席信息官、法律总顾问、企业集成化管理项目部、创新合作项目部、对外关系办公室、保健与医疗系统部、机构与管理部及战略通信部。

国家航空航天局共有9个研究中心和1个实验室,负责完成其探索、发现和研究项目,它们接受任务理事会的领导,每个研究中心或实验室都有不同的技术特长和分

---

① NASA. Office of Safety and Mission Assurance. http://www.hq.nasa.gov/office/codeq [2011-08-22].
② NASA. Program analysis & evaluation. http://www.nasa.gov/offices/pae/home/index.html [2011-08-17].
③ NASA. Office of the Chief Engineer. http://oce.nasa.gov/oce/home/index.html [2011-08-18].
④ NASA. Agency FY07 financial report. http://www.nasa.gov/pdf/202960main_NASA_FY07_Financial_Report.pdf [2008-04-15].

工，承担不同的任务[①]，如表 2-17 所示。

表 2-17　国家航空航天局下属研究中心和实验室名单

英文名称	中文名称	简介
Ames Research Center	埃姆斯研究中心	成立于 1939 年 12 月 20 日，最初是国家航空咨询委员会的航空器研究实验室，1958 年成为国家航空航天局的一部分。作为超级计算机、网络和智能系统等信息技术研究的领导者，埃姆斯研究中心通过管理和协调信息技术的研究和发展来支持国家航空航天局的各项任务。此外，它还与美国联邦航空局（FAA）合作进行空中交通运输管理的研究
Dryden Flight Research Center	德莱顿飞行研究中心	主要进行大气飞行研究工作，是执行国家航空航天局空间探索、空间操作、科学发现和航空学研究开发任务的关键机构
Glenn Research Center	格伦研究中心	成立于 1941 年，最初是美国国家航空咨询委员会的航空飞行器研究实验室，1958 年国家航空航天局成立的时候成为它的刘易斯研究中心（Lewis Research Center），1999 年更名为格伦研究中心，主要进行太阳系及太阳系外的探索研究，以保持国家航空航天局在这方面的全球领先地位
Goddard Space Flight Center	戈达德空间飞行中心	美国开发和操作无人宇宙飞船的实验室，该中心负责管理国家航空航天局的许多地球观测、天文学和空间物理任务
Jet Propulsion Laboratory	喷气推进实验室	20 世纪 30 年代由加州理工学院成立，目前主要负责推动太阳系边缘探索
Johnson Space Center	约翰逊空间中心	负责进行航空航天、生物技术、机器人技术、神经系统科学、行星科学研究，促进太空飞行开发的技术在医药、能源、交通、农业、通信和电子领域的广泛应用
Kennedy Space Center	肯尼迪航天中心	负责国家航空航天局空间发射管理实施，主要承担发射服务工作
Langley Research Center	兰利研究中心	成立于 1917 年，当时是美国首个民用航空实验室，主要研究领域为航空学，重点是完善当今的军用和民用飞机，并设计将来的飞机，不仅开发机身系统，也研究飞机和航空器在大气层的飞行情况
Marshall Space Flight Center	马歇尔空间飞行中心	成立于 1960 年，拥有国家航空航天局最强的火箭推进技术，自美国空间计划开始以来，马歇尔空间飞行中心已成功发射宇宙飞船和探测器
Stennis Space Center	斯坦尼斯空间中心	主要负责火箭推进测试，作为国家航空航天局的火箭推进测试基地已有 40 多年的历史

资料来源：根据网站 http：//www.nasa.gov/about/sites/index.html 资料整理

[①] NASA. NASA facilities & centers. http：//www.nasa.gov/about/sites/index.html ［2011-08-14］.

2.4.3.2 管理模式

（1）在战略管理和决策方面，国家航空航天局采取一种被称为"精益治理"的扁平化管理模式。具体而言，局层面设有三个职责分明又相互配合的管理委员会来制定和管理国家航空航天局的战略。其中，战略管理委员会（Strategic Management Council）决定该局在远景和任务层面的战略方向，并评估该局在这些层面上的进步；项目管理委员会（Program Management Council）指导计划和项目的执行情况，并界定该局的战略目标和成果；业务管理委员会（Operations Management Council）审查和批准计划体制。除这三个管理委员会外，局层面没有其他长期存在的委员会或部门来实施战略管理。在特殊情况下，局长要求特别专案小组或组织单元监督跨任务理事会、任务支撑办公室和研究中心。

（2）在项目管理方面，国家航空航天局合理利用内部竞争来促进发展，系统地管理项目和工程。国家航空航天局的科研任务均是通过具体的计划/项目来拨款和执行。国家航空航天局总部负责提供战略方向、对计划/项目的需求、时间表、预算，并监督任务的实施，而研究中心则负责执行计划和项目。通过这种方式，总部和研究中心的权力实现了制衡[1]。具体的项目（program）均有明确定义的目标、要求和资金支持需求，并且包括一个或多个子项目（project）。每一个项目都有项目经理，负责从研究设想的提出到最终产品交付的全过程活动。对项目的评价贯穿全过程。总部组织外部专家对项目/子项目的理念、计划、状态、风险和绩效进行独立的评审和评价，以确保项目的顺利实施。

（3）在人事管理方面，国家航空航天局的联邦雇员遵守统一的联邦公务员人事和薪酬制度。喷气推进实验室委托加州理工学院管理运营，因此该实验室的人员遵循加州理工学院的管理制度，而其他研究中心的人员则主要分为合同雇员和联邦雇员两种。国家航空航天局根据工作岗位的难度、责任和资格要求等进行职位和薪资分级，包括总薪级表（general schedule）、高级管理人员（senior executive）、ST/SL（senior scientific/senior level）等。职位和薪资等级的晋升根据其绩效评价决定。国家航空航天局的合同雇员则在双方意愿的基础上遵守具体的合同。

（4）在绩效评估方面，作为联邦政府部门，国家航空航天局接受国家层面的《政府绩效与结果法》和总统管理议程评估，也接受白宫管理和预算办公室采用项目绩效评估等级工具对其计划/项目进行评估。国家航空航天局每年提交其1/3的项目

---

[1] NASA. 2011. NASA strategic plan. http://www.nasa.gov/pdf/516579main_NASA2011StrategicPlan.pdf [2011-08-19].

给该办公室作上述评估，每三年完成对国家航空航天局所有项目主题的评估。评估结果为未来的项目制定提供参考，也对未来的战略规划、项目预算和绩效计划等产生影响。

需要特别指出的是，国家航空航天局特别注重内部管理的制度化建设，先后发布了一系列政策文件。例如，1000s（1000～1999）系列涉及组织和行政管理，2000s系列涉及法律和政策，3000s系列涉及人力资源和人事，4000s系列涉及财产、供应和设备，5000s系列涉及采购和工业政策等，6000s系列涉及运输，7000s系列涉及计划项目编制，8000s系列涉及计划和项目管理，9000～9799系列涉及财政管理，9800～9999系列涉及审计调查[①]。

2.4.4 国际科技合作

国际合作是国家航空航天局活动的重要组成部分。1958年的美国《国家航空航天法案》（*National Aeronautics and Space Act*）将国际合作作为该局的目标之一，并认为国际合作将带来诸多潜在收益，如获取独特的能力或专业知识、增加任务飞行机会、进入美国境外的重要位置、分担费用、建立或加强各国之间积极的国际关系等[②]。国家航空航天局的每一个任务理事会在它们的项目中都要安排不同层次的国际合作，这促成了该局与100多个国家和国际组织签订了几千份合作协议，合作范围包含数据交换、科技人员培训、相互利用卫星开展试验、联合研制卫星及合作建造国际空间站等。总体而言，国家航空航天局的国际合作一直受到美国政府的大力支持和推动，合作对象不仅限于美国的盟国，也包括美国的竞争对手。例如，尽管美俄在空间时代早期的竞争非常激烈，但两国也开展了合作[③]。

近年来，国家航空航天局积极推动国家空间组织的协调机制。例如，2006年年初，国家航空航天局和世界上13个空间科研机构开始讨论彼此在空间探索的共同利益，由于各机构的背景、兴趣和能力不尽相同，它们已经开始制定空间探索的共同认识和语言。2007年5月，这些机构共同发布了《全球探索战略：协调框架》（*The Global Exploration Strategy: The Framework for Coordination*），反映了共同的空间探索远景。该框架文件允许建立一个自愿的、不具约束力的机制，空间研究机构能够在各自的空间探索计划上交换信息。这种协调机制将帮助找出参与机构空间探索计划

---

① NODIS Library. Directives. http://nodis3.gsfc.nasa.gov/lib_docs.cfm?range=1 [2011-08-13].
② NASA. 2011. NASA strategic plan. http://www.nasa.gov/pdf/516579main_NASA2011StrategicPlan.pdf [2011-08-19].
③ 薛培元. 2006. NASA空间探索新设想与国际合作的潜力. 中国航天，(6): 13-17.

中的差距、共同点，并在协同方面发挥重要作用[1]。

机构网址：http://www.nasa.gov

联系地址：Suite 5K39 Washington, DC 20546-0001（总部）

电话：(202) 358 0001

传真：(202) 358 4333

E-mail: public-inquiries@hq.nasa.gov

---

[1] NASA. 2007. NASA, 13 space agencies release exploration strategy framework. http://www.nasa.gov/home/hqnews/2007/may/HQ_07126_Exploration_Framework.html [2011-08-13].

2.5　国家标准与技术研究院

▶ 隶属于美国商务部,主要从事物理、生物、工程领域的基础和应用研究,以及测量技术和测试方法研究,提供标准、标准参考数据及有关技术服务、标准推广等。核心竞争力是计量科学、严格的可追溯性体系,以及标准的开发与使用。

▶ 截至2012年,有员工3194人,其中,从事科学技术研究和服务工作的全职人员2175人,从事工业技术服务工作人员133人。2013财年预算达到8.6亿美元,其中科研经费预算达到6.48亿美元。

▶ 由管理委员会、院长和秘书长负责对国家标准与技术研究院的最高监督和指导,以及对外协调、国际事务等工作,另外有三名副院长分别负责实验室及研究中心标准协调、创新和工业服务、资源管理的工作。

▶ 2010年,按照国家战略需求,国家标准与技术研究院对其下属的实验室和研究中心进行优化整合,形成了物理测量实验室、材料测量实验室、工程实验室、信息技术实验室等四大实验室和国家标准与技术研究院中子研究、纳米技术研究等两个中心。

▶ 除实验室基础设施外,还拥有大量软件、标准参考物质、标准及科技数据库等信息资源。特别推行技术创新计划,在国家需要的重点领域、资助企业和大学开展高风险、高回报的技术研究。

▶ 在中国科学院管理创新与评估研究中心对86个国际国立科研机构的学术影响力排名中,美国国家标准与技术研究院的物理学排名第十三、材料科学排名第十五、化学排名第十七、工程学排名第十九。

美国国家标准与技术研究院（National Institute of Standards and Technology,NIST）成立于1901年,隶属于美国商务部,是美国从事测量科学和标准化领域研究的最大机构[①]。该院下设7个实验室和2个研究中心,主要从事物理、生物、工程领域的基础和应用研究、测量技术和测试方法研究,同时提供标准及标准参考数据,并推广标准等。这些实验室和研究中心代表着该领域美国的最高水平,迄今为止产生了3

---

① NIST. 2010. About NIST. http：//www.nist.gov/public_affairs/nandyou.cfm［2011-08-04］.

名诺贝尔奖获得者和 1 位美国国家科学奖章获得者[①]。此外，国家标准与技术研究院管理了 3 个国家级计划，包括 Baldrige 国家质量计划、Hollings 制造技术推广伙伴关系计划、技术创新计划。通过这些计划，国家标准与技术研究院一方面支持企业和大学在国家需要的重点领域开展高风险、高回报的技术研究[②]，另一方面向产业界推广技术和测量标准，提升美国制造商、服务公司、教育协会、医疗卫生供方、非营利组织的卓越质量体系。

2.5.1 人力资源和经费状况

2.5.1.1 人力资源

截至 2012 年，国家标准与技术研究院有员工 3194 人，其中从事科学技术研究和服务工作的全职人员 2175 人，从事工业技术服务工作有 133 人，研究设施建设方面有 121 人，管理和其他方面的人员有 765 人。根据商务部 2013 财年预算文件，国家标准与技术研究院的全时当量人员数量将增至 3256 人·年，其中计划在科学技术研究和服务方面增加 117 名全职人员。

2010 年，国家标准与技术研究院对内部的实验室职能进行优化整合。此后，其人力资源在各实验室的分布情况也发生重大变化。目前，人员主要集中在物理测量实验室、材料测量实验室、工程实验室、信息技术实验室等从事科学研究的工作上。2008～2013 财年国家标准与技术研究院各部室全职人数如表 2-18 所示。

表 2-18　2008～2013 财年国家标准与技术研究院全时当量人数的变化

（单位：人·年）

工作性质	2008 财年	2009 财年	2010 财年	2011 财年	2012 财年	2013 财年
科学技术研究和服务	1891	1953	2064	2001	2175	2292
工业技术服务	139	142	158	206	133	87
研究设施建设	66	89	119	121	121	121
其他	716	697	658	693	765	756
总计	2812	2881	2999	3021	3194	3256

资料来源：DOC. The Department of Commerce Budget in Brief FY 2009-2013

2.5.1.2 经费状况

国家标准与技术研究院的经费主要来自国家财政拨款、国会直接项目和建设经费、

---

① NIST. 2010. NIST general information. http://www.nist.gov/public_affairs/general_information.cfm [2011-08-04].

② NIST. 2008. NIST general information. http://www.nist.gov/public_affairs/general2.htm [2008-04-15].

其他联邦机构研究项目经费和服务收入。奥巴马政府颁布《2009美国复苏与再投资法案》后,美国的基础研究经费大幅增长,国家标准与技术研究院获得的经费得到一定增加,2010年经费高达8.57亿美元;2011年,国家标准与技术研究院财政预算开始下降,并回到2008年金融危机前的预算水平,2013财年预算达到8.6亿美元,其中科研经费预算将达到历史最高水平6.48亿美元,比上财年增加约0.81亿美元。近年国家标准与技术研究院经费的变化如表2-19所示。

表2-19 2006～2013财年国家标准与技术研究院预算经费变化情况

(单位:亿美元)

类别或计划		2006财年拨款	2007财年拨款	2008财年拨款	2009财年拨款	2010财年拨款	2011财年拨款	2012财年拨款	2013财年预算
核心研究与设备项目	科学技术研究与服务(STRS)*	3.95	4.34	4.41	4.72	5.15	5.07	5.67	6.48
	研究设施建设(CRF)**	1.74	0.59	1.60	1.72	1.47	0.70	0.55	0.60
	小计	5.68	4.93	6.01	6.44	6.62	5.77	6.22	7.08
工业技术服务	先进技术计划(ATP)	0.79	0.79	—	0	0	0	0	0
	技术创新计划	—	—	0.65	0.65	0.70	0.80	0	0
	Hollings制造技术推广伙伴关系计划	1.05	1.05	0.90	1.10	1.25	1.30	1.28	1.28
	先进制造技术	—	—	—	—	—	—	—	0.21
	小计	1.84	1.84	1.55	1.75	1.95	2.10	1.28	1.49
总计		7.52	6.77	7.56	8.19	8.57	7.87	7.51	8.57

* 包括国家标准与技术研究院实验室计划、Baldrige国家质量计划和STRS相关的国会直接项目拨款
** 包括设施建设、更新与维护费用、国会直接建设项目计划和建设资助计划拨款
资料来源:DOC. The Department of Commerce Budget in Brief FY 2009-2013(2009财年拨款数据未包括《2009美国复苏与再投资法案》增加的经费)

2.5.2 战略定位和重点领域

国家标准与技术研究院的使命是通过提高计量科学、标准和技术,以强化美国的创新和产业竞争力,提高经济安全和改善生活品质,其远景目标是成为创造关键计量技术和推动公平标准方面的全球领导者[①]。其先后发布了2009～2011年和2010～2012年两份纲领性计划,提出了未来的三大战略目标:①推动技术的发展并使美国从中获

---

① NIST. 2009. Mission, vision, core competencies, and core values. http://www.nist.gov/public_affairs/nist_mission.htm[2009-07-10].

益；②在国内与全球市场促进更有效的技术交易；③满足国内重要的技术需求。为实现这三大目标，国家标准与技术研究院提出要提高其工作人员与设施的效力与效率[①]。这两份纲领性计划是国家标准与技术研究院目前正在建立的一种中长期规划机制的重要尝试，这一机制将使其在保持测量科学的领先地位的同时，动态地根据国家需求调整其战略目标，及时高效地对日新月异的技术创新做出反应。

就上述三大战略目标而言，第一大战略目标主要由国家标准与技术研究院内部的实验室和研究中心来实现。这些实验室和研究中心主要从事多学科交叉的物理与工程科学研究[②]，具体的研究领域如表2-20所示。

表2-20 国家标准与技术研究院各实验室与研究中心研究领域

实验室	研究领域
建筑与消防研究实验室	旨在提升美国建筑相关能力与质量，减少火灾、地震、风灾及其他灾害中的人员与经济损失。研究领域包括应用经济学、建筑环境、消防研究、物理结构与系统、材料与建筑研究
纳米科学与技术中心	旨在为科学界与产业界提供必要的计量方法、仪器仪表及标准，对纳米技术从开发到生产的整个过程予以支持
化学科学与技术实验室	生物化学科学、过程计量、表面和微观化学、物理化学性质及分析化学
电子与电气工程实验室	旨在为电子与电气行业提供先进标准与计量科学技术，此外，还向其他联邦与地方政府机构提供计量支持。研究领域包括微电子、光电、电磁、量子电气计量、相关法律标准及半导体电子
信息技术实验室	面向新兴的、迅速变化中的信息技术展开测试方法和标准研究开发，侧重于改善计算机和计算机网络的可用性、可靠性和安全性。研究领域包括数学和计算科学、先进网络技术、计算机安全、信息获取、统计工程，以及软件诊断和一致性测试
制造工程实验室	旨在开发计量方法、标准与技术以提升美国制造业的能力。研究领域包括精密工程、制造计量、智能系统、制造业系统集成及制造技术
材料科学与工程实验室	致力于为国家的材料计量与标准基础设施提供技术引导。研究领域包括理论与计算材料科学、陶瓷、材料可靠性、聚合物及冶金
国家标准与技术研究院中子研究中心	侧重于为美国研究团体提供中子计量服务
物理实验室	旨在为美国产业界提供电子、光子与辐射技术的计量研究服务。研究领域包括电子与光学物理、原子物理、光学技术、电离辐射、时间与频率、量子物理学，以及提供科学与工程数据

资料来源：NIST. NIST laboratories. http：//www.nist.gov/public_affairs/labs2.htm

第二和第三大战略目标体现出国家标准与技术研究院在与产业界合作、为高风险的技术研究提供竞争性资助、向小型企业推广先进技术、促进重要行业的质量管理等

[①] NIST. 2008. Three-year programmatic plan for NIST, FY 2009-2011. http：//www.nist.gov/director/reports/Final_NIST_3y.pdf [2008-06-13].

[②] 美国商务部-美国国家标准技术研究院中国学者联谊会. 美国国家标准与技术研究院. http：//www.cssa-nist.org/image/NIST.pdf [2009-03-19].

方面的职能定位。根据1995年的《联邦技术转移促进法》，国家标准与技术研究院是目前联邦政府中肩负着向产业界推广技术标准职能的政府部门。美国所有其他政府部门制定的技术标准，都需通过国家标准与技术研究院向产业界推广，相应的协调和评估工作也由其执行。

具体而言，国家标准与技术研究院通过承担三个国家级计划的管理工作来加强与工商业界、大学及社会的联系。Baldring 国家质量计划旨在促进美国制造商、服务企业、教育机构和医疗保健提供商提升卓越绩效和质量意识实施标准推广，以及负责颁发每年的 Malcolm Baldrige 国家质量奖，以奖励绩效高、服务质量好的机构。Hollings 制造技术推广伙伴关系计划是一个全国性的服务网络，主要为小型企业提供技术支持与商业协助，帮助企业改进技术，改善经营管理。技术创新计划的前身是先进技术计划[1]，主要向产业界、大学和财团提供资金以分摊成本，鼓励它们在国家需要的重点领域进行高风险、高回报的技术研究。技术创新计划的主要资助特点是对高风险研发项目的投资比例不超过全部项目资金的50%。技术创新计划的申请者可以是个人或中小企业、高校，大型企业只能作为参与方。技术创新计划鼓励高校、科研机构和企业联合申请，这种联合申请的资助额度在900万美元以内，资助年限为五年。相比之下，单个个人、企业、高校或科研机构提交申请，可获得的资助额度不超过300万美元，资助期限不超过三年[2]。

2.5.3 组织架构和管理模式

2.5.3.1 组织架构

国家标准与技术研究院的管理层包括管理委员会、院长和秘书处。其组织结构如图2-23[3]。管理委员会是国家标准与技术研究院的最高决策机构，负责对机构的重要事务进行讨论和决策，帮助和推进机构行政和管理，对机构发展进行宏观监督和指导，把握战略发展方向等。院长直接在商务部分管标准技术工作的副部长领导下开展相关工作，直接领导三位副院长的工作，这三位副院长分别负责实验室及研究中心、创新和工业服务、内部资源管理。秘书处主要负责对外的项目协调、公共事务、学术和国际交流等工作，具体包括协助院长管理国家标准与技术研究院的政策、计划和机构运

---

[1] NIST. 2012. General information. http://www.nist.gov/public_affairs/general2.htm [2012-02-03].
[2] 北京市科学技术情报研究所. 2007. 美国技术创新计划. http://www.bjast.com.cn/Article/20070906/1999.htm [2008-09-22].
[3] NIST. 2012. Office of the Director. http://www.nist.gov/director/orgchart.cfm [2012-05-31].

行事务,增进外部对国家标准与技术研究院研究与服务的理解与支持;推动协助高层决策的制定,改善内部交流;协调国家标准与技术研究院各项行动;作为院长的代表承担商务部与其他联邦机构的特殊任务;对国会与立法事务、法律服务、战略计划、项目与政策分析、战略合作、评估服务,以及所有公共与商业事务等进行管理监督和提供支持。

2010年,国家标准与技术研究院对原有的组织架构进行整合优化,并根据国家新的战略需求,将原有的研究力量合并为四个实验室和两个研究中心,分别是材料测量实验室、物理测量实验室、工程实验室、信息技术实验室、纳米科学和技术中心、中子研究中心。新形成的组织架构如图2-23所示。

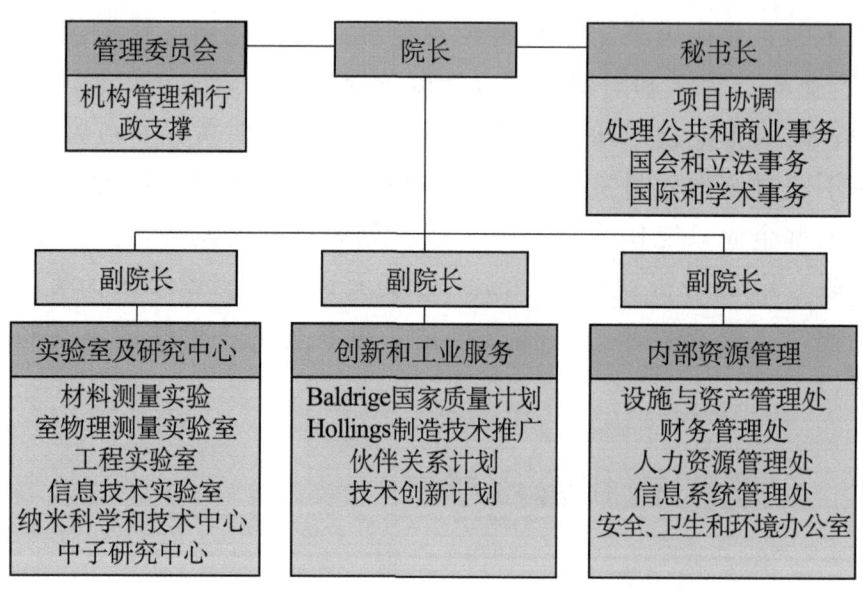

图2-23 国家标准与技术研究院组织结构图

资料来源:NIST organizational structure. http://www.nist.gov/director/orgchart.cfm

2.5.3.2 管理模式

1)内部管理制度

(1)人事管理制度。为了吸引和留住顶尖人才,国家标准与技术研究院在国会支持下从20世纪80年代中期开始了人事管理系统改革研究计划,1996年3月,新的人事管理系统正式确立。该系统的基本概念是体现市场敏感度和竞争力、基于绩效的薪酬体系、简化行政、灵活管理和对其他政府机构具有广泛适用性[①]。这种新的人事管理

---

① Hratch G. Semerjian. 2005. Alternative personnel systems: Assessing progress in the Federal Government. http://www.ogc.doc.gov/ogc/legreg/testimon/109f/Semerjian0927.htm [2011-08-15].

系统极大地改变了国家标准与技术研究院的人力资源管理状况，同时也成为商业部下属其他机构人事管理系统改革的范例。具体而言，国家标准与技术研究院人事系统的基本特征如下：①独特的分级管理。国家标准与技术研究院的职位是依照职业路径和薪资段来进行分类的，而非其他政府部门实行的总薪级表等级制，这是其与其他联邦机构人事系统的最大不同。国家标准与技术研究院的职业路径是根据工作相似度、资格要求、薪酬范围及职业发展情况进行分组的职业类别，共分为四类职业路径：科学与工程专业人员（ZP）、科学与工程技术人员（ZT）、行政专员（ZA）和行政支撑人员（ZS）。薪资分级包含的薪资与分类范围比总薪级表等级制更广，一个"段"的薪资范围通常相当于两个或更多"级"。②绩效薪酬的激励措施：一方面，为了更有效地支持以绩效定薪酬的原则，国家标准与技术研究院采用绩效评价结果作为加薪、业绩奖金及评估和提高个人或团体业绩的基础。另一方面，通过以绩效定薪酬、薪资分级（pay banding）、主管薪差（supervisory differential）和（雇员）挽留津贴（retain allowances）等方式对表现优异的员工予以奖励和挽留。③灵活的招聘制度。通过采取更加有效而迅速的招聘机制，使国家标准与技术研究院在劳工市场上更具竞争力。④简化的事务管理。通过减少文书工作、人事程序（包括雇员的招纳、开发与解职）自动化及权力下放等，改进行政工作流程。

（2）绩效评估制度。国家标准与技术研究院有完整的绩效评估制度来保证其战略目标的实现，该体系可以分为三个层次：①作为商务部的一个部门，国家标准与技术研究院的正式绩效评估报告包含在商务部的年度绩效报告中，接受联邦政府的《政府绩效与结果法》与绩效评估等级工具评估；②国家标准与技术研究院主任委托国家研究理事会对其下属的实验室和研究中心进行同行评议；③对其内部项目或技术开展的经济影响评估活动。这三个层次相辅相成，其中，第一个层次主要是使用绩效评估等级工具对国家标准与技术研究院的项目展开评价，在此基础上对其整体战略绩效目标进行评估，这是国家层面对国家标准与技术研究院机构的绩效评估，具有法律效力。后两个层次则是国家标准与技术研究院为了满足国家的评估需求而开展的内部评估活动，其中内部经济项目的经济影响评估又是作为同行评议和国家层面评估的基础材料支撑。国家标准与技术研究院机构评价逻辑模型如图2-24所示。在对实验室和研究中心的同行评议方面，自1959年以来，国家研究理事会每年都会组织由产业界、学术界和政府专家组成的评估委员会（Board on Assessment，BOA）对国家标准与技术研究院的实验室进行评估，评估过程独立、技术先进并且涉及内容广泛。评估委员会约有150人，分成若干小组，每个小组对应一个国家标准与技术研究院实验室，另设有两个子小组负责特别项目的评估。每年，评估小组对每个实验室的技术质量展开为期2~3天的实地考察。评估小组特别关注以下要素：①国家标准与技术研究院实验室的技术质量与价值；②项目实施的有效性；③实验室项目与客户需求的相关度；④实验室的设施、设备、人力资源履行其使命、满足客户需求的能力。国家标准与技术研究院机构内部项目的经济影响评估始于1992年，评估对象是该院内部的研究项目或技术。国家标准与技术研究院通过经济影响评估主要想达到三个目的：①为管理层提供该院研究项目的特性和重要性等相关信息；②向政策和预算相关部门通报该院项目给社会带来的经济收益；③贯彻《政府绩效与结果法》对绩效评估数据的要求。国家标准与技术研究院对项目或者技术的经济影响评估主要利用经济学中的一些指标，如效益成本比率（benefit-cost ratio，BCR）、社会回报率（social rate of return，SRR）等①。

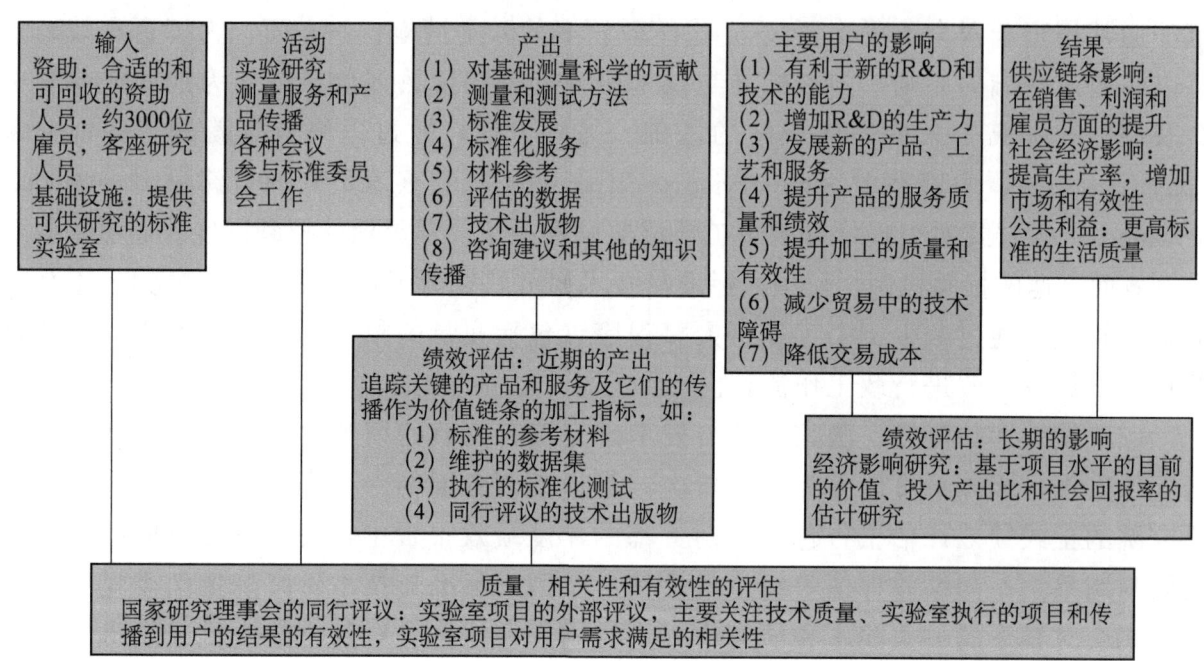

图 2-24 国家标准与技术研究院机构评价逻辑模型图

资料来源：DOC. FY 2007 annual performance plan. http://www.osec.doc.gov/bmi/budget/07APP/TANIST07APP.pdf

2）国家级项目的管理制度（以技术创新计划项目为例）

（1）优先领域的确定。相比于之前的先进技术计划项目，技术创新计划项目在资助额度、资助对象、成本支付等方面都有所不同，更加强调在国家和社会需要的领域进行项目资助。为此，国家标准与技术研究院作为技术创新计划项目的具体管理机构，采用多种渠道来获取和确定优先资助的领域，并确保这些领域真正为国家和社会所需。这些渠道如下：①10位专家组成的技术创新计划顾问委员会，其中至少7位专家来自

---

① 周建中. 2009. 美国标准与技术研究院绩效评估的实践、方法及启示. 中国科技论坛，(1)：135-139.

企业界，并且在技术方向上覆盖比较宽泛的领域，该委员会每年以年度报告的方式向国会汇报技术创新计划项目的情况；②联邦政府的咨询机构，如国家研究理事会、国家科学院、国家工程院、医学研究院等；③科技政策和管理方面的专家；④社会公众可以以白皮书的方式向国家标准与技术研究院提交自己认为的重要的资助领域，这种来自社会各方面的白皮书将被国家标准与技术研究院的管理人员进行汇总和分析整理[1]。

（2）项目绩效评估。国家标准与技术研究院对技术创新计划项目的资助和管理活动开展年度绩效评估[2]。国家标准与技术研究院认为，定期的绩效评估能够监测技术创新计划项目是否实现了项目目标。为此，国家标准与技术研究院每年都从以下三个方面来评估技术创新计划项目的短期成效：①技术创新计划项目是否资助了高风险、高收益的研发项目；②技术创新计划项目是否推动了科研合作；③技术创新计划项目是否加速了专利、论文、出版物的形成和传播。这三方面绩效评估的结果纳入国家标准与技术研究院的年度预算报告，并提交给商务部和白宫管理和预算办公室。美国商务部按照每年国家标准与技术研究院提交的各项绩效指标对未来三年技术创新计划项目可能实现的目标进行预测，并以此为依据确定技术创新计划项目的绩效目标。

2.5.4 国际科技合作

国家标准与技术研究院的国际合作事务由国际事务与学术事务办公室负责。该办公室的主要职责是为国际科学与技术事务提供建议（包括管理国际性项目及阐释商务部制定的外交政策指导方针）；担任其他国内外政府和国际组织科技相关机构与国家标准与技术研究院的联络人；管理国家标准与技术研究院的双边或多边合作项目；在国际合作协议的谈判过程中充当主任代表；为外国访客与客座研究员提供服务；为国家标准与技术研究院人员出访他国实验室或研究机构提供协助；向友好国家的用户提供国家标准与技术研究院的服务；同时也负责协调国家标准与技术研究院所有学术相关事务[3]。

从形式上来看，目前国家标准与技术研究院主要的国际合作活动如下。

（1）国外客座研究员计划。国际事务和学术事务办公室设有国外客座研究员计划，

---

[1] NIST technology innovation program—frequently asked questions. http：//www.nist.gov/tip/faqs.cfm［2012-06-20］.

[2] Technology innovation program performance measures. http：//www.nist.gov/tip/factsheets/upload/tip_performance_measures_fact_sheet_11jan2011.pdf［2012-06-20］.

[3] NIST. 2008. Office of International Affairs. http：//www.nist.gov/oiaa/intlaffr.htm［2008-05-28］.

为国外科学家提供与国家标准与技术研究院科学家进行合作的机会。客座研究员可分三类：受本国机构资助的研究员、通过双边合作项目或国际组织支持的研究员、科学家与科学家之间直接合作或支持的研究员。

（2）国际协议。标准与技术研究院与阿根廷、巴西、加拿大、厄瓜多尔、埃及、欧盟、芬兰、德国、日本、韩国、墨西哥、中国、俄罗斯、沙特阿拉伯、西班牙等的组织机构签订了双边协议；与超过20个国家签订了多边协议；与国际度量衡委员会（Committee of Weights and Measures，CIPM）签订了互认协定。

（3）埃及联合基金。1995年，美国政府与埃及签订了一项科技合作协议，美国与埃及每年各出资一半给联合基金，对合作活动予以支持。该基金旨在为双边合作提供补充性支持，如交通、设备、津贴、交流访问科学家的活动经费等。国家标准与技术研究院是该合作协议的美方参与者之一。

（4）以色列双边工业研究与发展（BIRD）基金。该基金的任务是激励、推动与支持美国与以色列之间的工业研究与发展。该基金对开发和商业化民用创新产品或工艺的美国-以色列公司之间的合作伙伴关系进行支持。资金直接划拨给合作企业。公司进行产品商业化开销的50%由该基金提供。该基金并不获得产品的知识产权，但如果商业化成功，该基金接受最多为原资助额150%的还款。国家标准与技术研究院和以色列首席科学家办公室（OCS）共同组成专家组对提交给该基金的项目进行审查。

机构网址：http://www.nist.gov

联系地址：NIST, 100 Bureau Drive, Stop 1070, Gaithersburg, MD 20899-1070

电话：(301) 975-NIST (6478) or Federal Relay Service (800) 877-8339 (TTY)

E-mail：inquiries@nist.gov

3 加拿大

- 加拿大在信息通信技术、生命科学、资源和环境技术、先进制造技术、航空航天技术、能源技术、化学及化工技术等领域达到了世界先进水平。截至2011年,已有9人获得自然科学领域的诺贝尔奖,其中化学奖4人,物理学奖2人,生理学或医学奖3人。

- 2008年,全时当量研发人员总数为24.27万人·年,其中,研究人员为14.9万人·年,占61.39%。企业研发人员占全时当量研发人员总数的65.49%。

- 2010年国内研发经费总额为239.7亿美元,占GDP的1.8%,其中46.78%的投入来自企业部门,34%的投入来自政府。经费的50.67%由企业部门使用,高校其次,国立科研机构约占10%。

- 国立科研机构主要由国家研究委员会和其他政府部门所属科研机构组成。其科研活动主要是支撑国家科技创新相关政策、管理标准与规章的制定,支撑公共健康、安全、环境和国防的需要,以及推动经济和社会发展等。

- 政府部门所属的科研机构直接受所属部门的管理,其科研经费一般来自政府拨款。一些专门性科学研究机构(如国家研究委员会)通常是根据法律成立、自主开展研究的独立性机构,具有独立的内部人员、经费、项目、评估等管理体系。

3.1 科技政策与体制概况

3.1.1 科技政策与体制演变

加拿大是一个联邦制国家。在 1867 年联邦自治之前，加拿大已有 11 所大学和 17 所学院，这些教育机构开展了一些以科学家兴趣为主的科学研究活动。受欧洲工业革命的影响，一些先进的技术在加拿大也得到了发展，特别是英国的技术成果直接在加拿大得到应用，促进了加拿大科学技术的发展。联邦自治后，加拿大先后成立了皇家学会、国家研究委员会和国家自然科学与工程研究理事会（Natural Science and Engineering Research Council of Canada，NSERC）等国家级科学研究与管理机构[①]。1982 年，加拿大国会通过新宪法，真正完成独立，同时，开始着力打造以高科技、高附加值为主的若干优势领域。在政府引导下，到 20 世纪 90 年代，企业研发人员数量超过高校，企业投入的研发经费超过政府投入，确立了企业作为加拿大科技创新体系主体的地位。

加拿大拥有丰富的自然资源，这是一个优势，但也导致了传统工业长期处于主要地位。为了改变长期以来对科技创新重视不足的状况，进入 21 世纪以来加拿大政府出台了若干创新战略。2001 年，加拿大联邦议会工业、科学和技术委员会向议会提交了一份题为"加拿大 21 世纪创新议程"的报告，分析了加拿大科技发展面临的问题，并提出了面向 21 世纪的 18 条科技发展建议，计划到 2010 年实现科技投入翻番，使加拿大成为世界上创新能力最强的五个国家之一。这些建议包括推动科技成果转化和知识传播，增加研究与开发密集型企业数量，加大对非营利机构的研发投入，加强大学科研投入力度，改进三大科研资助计划的管理和投入，增加对国家研究委员会的投入，调整现行联邦科技管理体制，加强对大科学项目的协调和管理等[②]。2002 年，加拿大工业部和人力资源发展部共同发布了加拿大未来 10 年的创新指导政策——《加拿大创新战略》。该战略由《知识至关重要：加拿大人的技能与学习》和《实现创优：投资于国民、知识和机会》两份报告组成，重点阐述了在知识经济和知识社会中，加拿大应如何抓住机遇和进行经济创新，促进私人企业、非政府组织、学术机构和政府共同合

[①] 曹恒忠. 2006. 加拿大科学技术概况. 北京：科学出版社：16-18.
[②] 陈军. 2002. 加拿大 21 世纪科技政策. 全球科技经济瞭望，(3)：16-18.

作，确定加拿大创新战略的优先领域①。2007年5月，加拿大政府发布了题为"让科学技术成为加拿大的优势"的战略报告。相对于2002年的创新战略，该战略思路更为清晰、目标更加具体、更具可操作性②。该战略提出了"推进卓越、突出重点、鼓励合作、强化责任"的基本方针，明确了加拿大未来四个国家重点发展领域，包括生态环境、资源能源、生物技术和信息通信③。该战略确定了加拿大政府促进科技进步和发展的原则和策略，提出了通过科技引领建设一个可持续的、有竞争力的、有独特优势的加拿大的目标，拟订了科技发展时间表。这份报告为加拿大政府科技决策提供了指导性原则，反映了加拿大在科技创新政策方面的现实调整和未来方向，设立了使用公共基金促进和引导科技发展的整体战略框架④。

在推动国家创新体系建设方面，近些年来加拿大政府采取了一系列措施：加大科技投入，加强创新实体的创新能力建设；加强决策咨询，促进科学决策；加强政府部门间的协调，加强拨款机构间的合作，努力提高工作效率和经费使用效率；加强各创新实体之间的协调和合作，提高创新效率；大力支持交叉学科和新兴学科研究；支持小型大学、社区研究机构的创新活动，鼓励全民创新；重视社会科学和人文研究在国家创新体系建设中的作用；建设科技项目信息系统，建立国家科学、技术和医学信息网络⑤。

3.1.2 科技管理体系

加拿大的联邦政府和省政府共同参与国家的科技管理，联邦政府负责制定国家主要科技政策。加拿大研究体系的骨干主要是由联邦政府及其工业部等部委和机构管理，而卫生、教育、农林业等领域的研究体系则相对分散，主要由各省政府分别管理。加拿大的科技管理体系如图3-1所示。

加拿大联邦政府的科技管理体系大体可分为三个层面：科技决策机构、科技经费资助机构和科技活动执行机构。这三类机构由加拿大议会立法确定其各自职责和相互关系。下面重点介绍科技决策机构和科技经费资助机构。

1）科技决策机构

加拿大联邦众议院负责全国科技立法、审议政府科技预算和监督政府行政，内设工业、科学与技术委员会，负责审议联邦政府提交的有关工业、科技、创新方面的法

---

① 白鸽，陈佳，陈文涛. 2003. 提高竞争能力，加拿大推出创新战略. 中国基础科学，(4)：54-57.
② 中华人民共和国科学技术部. 2008. 国际科学技术发展报告. 北京：科学出版社.
③ 王启明. 2011. 加拿大政府的科技政策、管理与科技计划. 全球科技经济瞭望，26(11)：47-54.
④ 李敏. 2008. 加拿大科技创新政策及其对我国的借鉴. 科技与经济，(1)：59-61.
⑤ 中华人民共和国科学技术部. 2005. 国际科学技术发展报告. 北京：科学出版社.

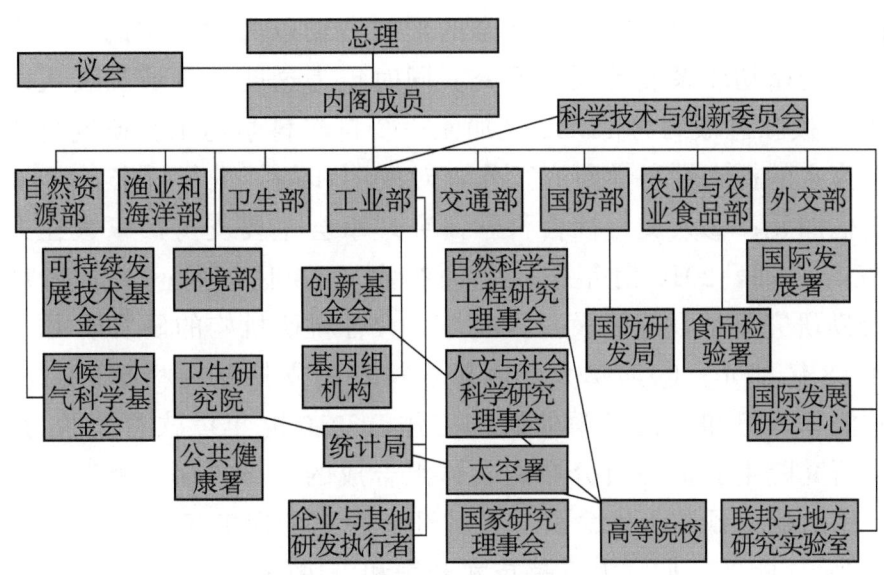

图 3-1　加拿大科技管理体系

资料来源：http：//cordis.europa.eu/erawatch/index.cfm?fuseaction=ri.content&topicID=35&parentID=34&countryCode=CA

案、财政预算，并有权独立开展调查和问责。

联邦政府有关科技问题的决策一般由总理与内阁成员共同商讨制定[①]，并接受科学技术与创新委员会（Science Technology and Innovation Council，STIC）的政策建议。该委员会由来自科技、教育、企业和政府方面的18名专家构成，其职责是向加拿大政府提供科技政策咨询和科技政策建议，并定期对加拿大国家科技创新体系现状进行评估[②]。

工业部是负责加拿大国内科技创新政策和科技管理的主要部门，负责制定与科技创新政策直接或间接相关的一系列政策，包括工业、贸易与商业、科学、消费事务、竞争与贸易管制、知识产权、通信、投资、小企业与区域发展等，经议会通过后，由一系列与科技相关的部委和机构具体执行。

2）科技经费资助机构

加拿大支持科学研究的科研经费资助机构主要有工业部下属的国家研究委员会、自然科学与工程研究理事会、人文与社会科学研究理事会（Social Science and Humanities Research Council of Canada，SSHRC）、加拿大创新基金会（Canada Foundation for Innovation，CFI）和加拿大基因组机构（Genome Canada），以及卫生部下属的加拿大卫生研究院（Canadian Institutes of Health Research，CIHR）等。其

[①] Erawatch. 2009. Government policy making and coordination. http：//cordis.europa.eu/erawatch/index.cfm?fuseaction=ri.content&topicID=619&parentID=44&countryCode=CA［2011-08-01］．

[②] 王启明．2011．加拿大政府的科技政策、管理与科技计划．全球科技经济瞭望，26（11）：47-54．

中：①国家研究委员会主要通过研究基金的形式资助以大学为主的基础研究，通过建立产业界和大学的密切联系支持项目研究，同时也为这两个领域高级人才的培训进行资助，2009财年拨款总额约为12.02亿加元；②自然科学与工程研究理事会主要支持以大学和企业为主的探索性科学研究工作，对发明和创新进行投资，2010财年拨款总额为约10.87亿加元；③人文与社会科学研究理事会主要支持加拿大在人文与社会科学方面的研究与培训，2010财年拨款总额约为6.83亿加元；④加拿大创新基金会（CFI）主要资助研究基础设施建设，提高加拿大各科研机构的研发能力，2010财年拨款总额约为4.88亿加元；⑤加拿大基因组机构专门支持基因科学研究和基因治疗开发，特别是功能基因组和蛋白组学的研究工作，2010财年拨款总额约为0.8亿加元；⑥加拿大卫生研究院主要资助由分布的实体组合成的"虚拟研究所"在医学研究、生物技术开发、重点疾病预防等生命科学领域开展特定的研究工作，2010财年拨款总额约为9.77亿加元。此外，加拿大支持技术开发和应用的科研经费管理机构主要是工业部下属的工业技术办公室。

加拿大联邦政府中没有国家教育主管部门，大学由所属地方政府管理，各省政府中设有教育部。因此，大学的运行经费来源于地方政府，但其科研经费则是来源于联邦政府、省政府、企业和非营利机构等。地方政府对科研活动的支持主要体现在提供基础设施及科研运行经费，有的地方政府也自主或与联邦政府一起开展和资助科学研究①。

3.1.3 科技投入

3.1.3.1 人力资源

2008年，加拿大从事研发活动的全时当量人员总数为24.27万人·年，其中研究人员为14.9万人·年，占61.39%；技术人员6.04万人·年，占24.89%；支撑人员3.32万人·年，占13.68%（图3-2）。自20世纪80年代以来，加拿大从事研发活动的人员总数一直逐年增加，其中增加数量最多和增长速度最快的是研究人员。

从研发人员部门分布情况来看（图3-3a），自1983年后，加拿大企业中从事研发活动的人员数量超过了高校，成为研发人员分布最多的部门，从1983年的3.68万人·年增加到2008年的15.89万人·年，历年来的增加数量和增长速度均领先于其他部门。高校从事研发活动的人员数量居次，增长幅度相对较低，从1983年的3.67万人·年增加到2008年的6.23万人·年；国立科研机构从事研发活动的人员数量在

---

① Erawatch. 2009. Brief description of the structure of the research system. http：//cordis. europa. eu/erawatch/index. cfm? fuseaction=ri. content&topicID=35&parentID=34&countryCode=CA [2011-08-19].

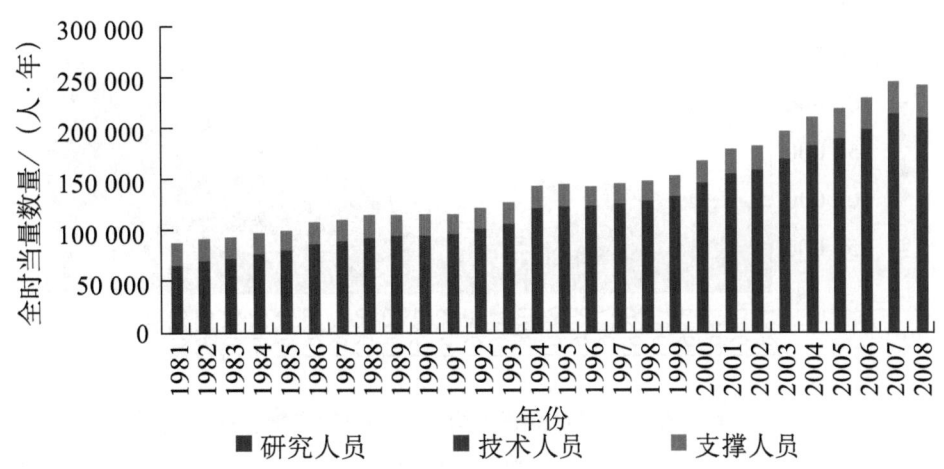

图 3-2　1981～2008 年加拿大研发人员全时当量数量变化态势
资料来源：OECD Stat 数据库

1994 年之前保持在 2 万人·年左右，1994 年之后人数有所减少，但自 2003 年以后缓慢回升，到 2008 年增加到 1.94 万人·年；非营利机构从事研发活动的人员数量很少，2008 年为 2000 人·年。从研究人员数量来看，企业部门从 1985 年开始超过高校，成为研究人员最多的部门，且增长幅度最大，2008 年为 9.03 万人·年，相比 1981 年增长了 5 倍多。高校研究人员数量位居第二，2008 年达到 4.93 万人·年。国立科研机构研究人员数量位居第三，2008 年为 8890 人·年。非营利机构研究人员数量最少，2008 年仅为 490 人·年（图 3-3b）。

加拿大研发人员大部分集中于企业和高校，超过全国研发人员总数的 91%，其中企业研发人员所占比重最大，占研发人员总数的 65.49%。国立科研机构研发人数占总数的 8%。非营利机构占比则不到 1%（图 3-4a）。而研究人员构成比例也与之类似（图 3-4b）。

由于加拿大人口基数低，该国面临着科技人才短缺的问题。据加拿大独立商业联盟估计，加拿大缺少各类科技人员 25 万人，其中高科技领域人才短缺的情况最为严重。为此，加拿大政府通过放宽有关移民政策，给予投资移民和技术移民优厚待遇，大力鼓励高科技人才到加拿大定居，将投资移民带来的大量资金用于实验室、研究机构和科研网络。技术人才引进对补充人才缺口、提高科研实力起到了重要作用。据统计，加拿大每年大约吸收移民 20 万人，其中技术移民占 60% 以上。移民占加拿大新增劳动力的 70%，其中 42% 以上拥有本科学历，将近 90% 的移民抵加之后继续接受教育或培训[①]。

---

① 投资加拿大. 2011. 人力资源优势. http://investincanada.gc.ca/chi/advantage-canada/people-advantage.aspx [2011-08-11].

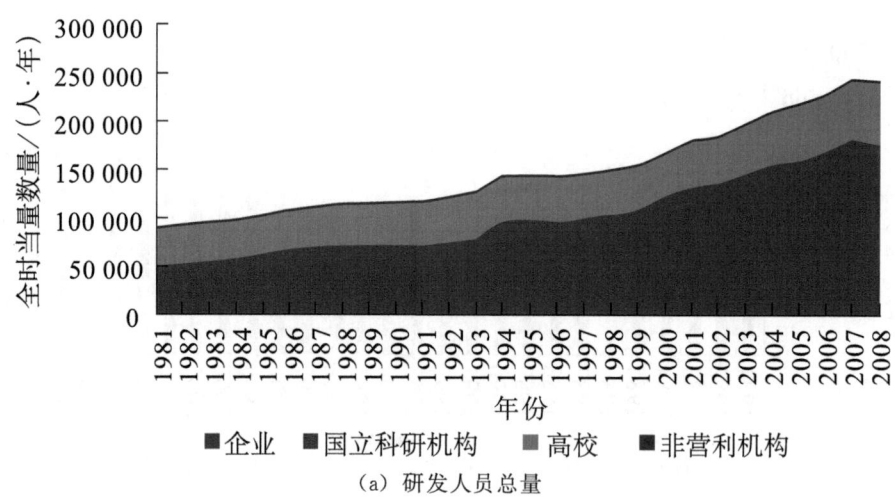
(a) 研发人员总量

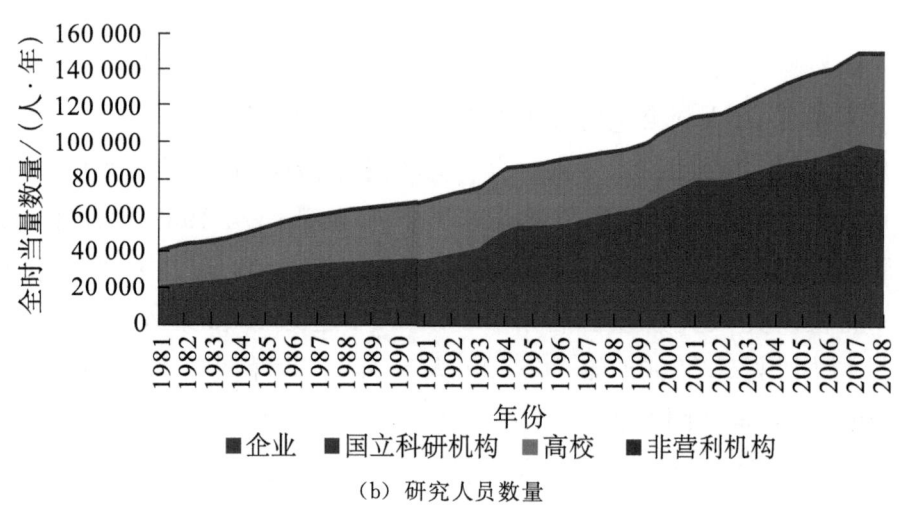
(b) 研究人员数量

图 3-3　1981～2008 年加拿大各部门科技人力资源数量变化态势

资料来源：OECD Stat 数据库

为吸引和留住高级科研人才，加拿大政府还于 2000 年提出加拿大首席研究员计划（Canada Research Chairs Program，CRC）①。这一计划旨在引进及留住一些具有世界级水平的杰出科学家或具有潜力的优秀青年科学家在加拿大工作，不仅吸引海外的加拿大科学家回归，也吸引各国科学家到加拿大工作，以提高加拿大的创新能力和国际竞争力。加拿大政府每年投资 3 亿加元，在全国大学设立 2000 个首席研究员职位，用于支持研究者开展具有世界科技领先水平的基础研究。该计划期望在自然科学、健康科学、人文与社会科学方面取得卓越成果。截至 2012 年 3 月，该计划已成功在加拿大

---

① Canada Research Chairs. 2011. About us. http：//www.chairs-chaires.gc.ca/about_us-a_notre_sujet/index-eng.aspx [2011-08-11].

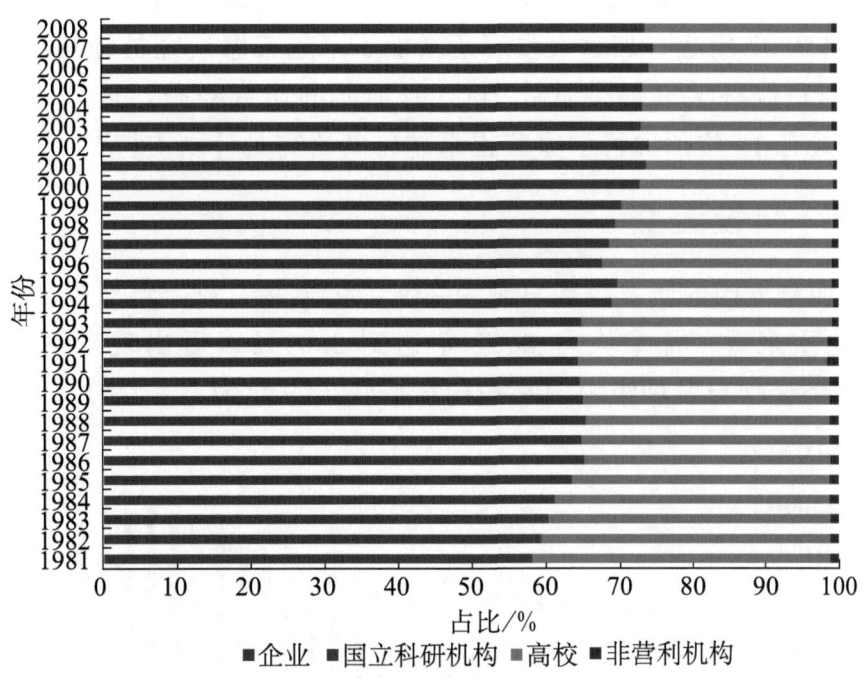

(a) 研发人员构成比例

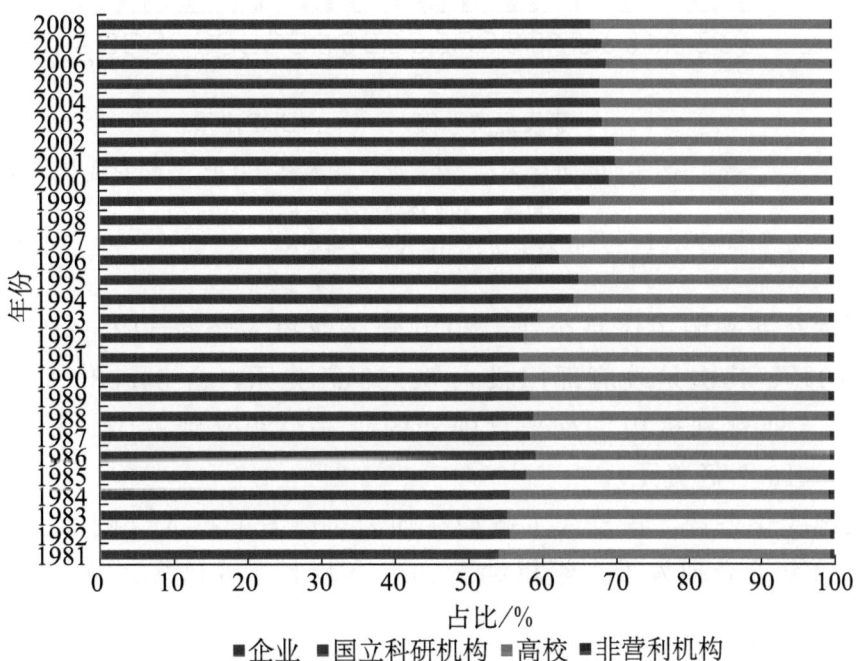

(b) 研究人员构成比例

图 3-4　1981～2008 年加拿大各部门科技人力资源构成的变化态势

资料来源：OECD Stat 数据库

各大学设立共 1819 个首席研究员职位，其中从国外招募回来的研究人员有 446 人，约占 24.5%①。自 2007 年起，加拿大政府还增加了卓越首席研究员计划，专门吸引世界顶尖科学家，向每位科学家提供总计 1000 万加元的研究经费，连续支持 7 年。截至 2011 年 3 月，共有 19 位顶尖科学家获得卓越首席研究员计划支持②。

3.1.3.2 科技经费

2010 年，加拿大国内研发经费总额为 239.7 亿美元，较上年减少 2.32%。从研发经费占 GDP 比重来看，加拿大自 2001 年达到 2.09% 以后出现下滑，2010 年仅为 1.8%，低于经济合作与发展组织国家平均水平（2009 年为 2.4%③）（图 3-5）。

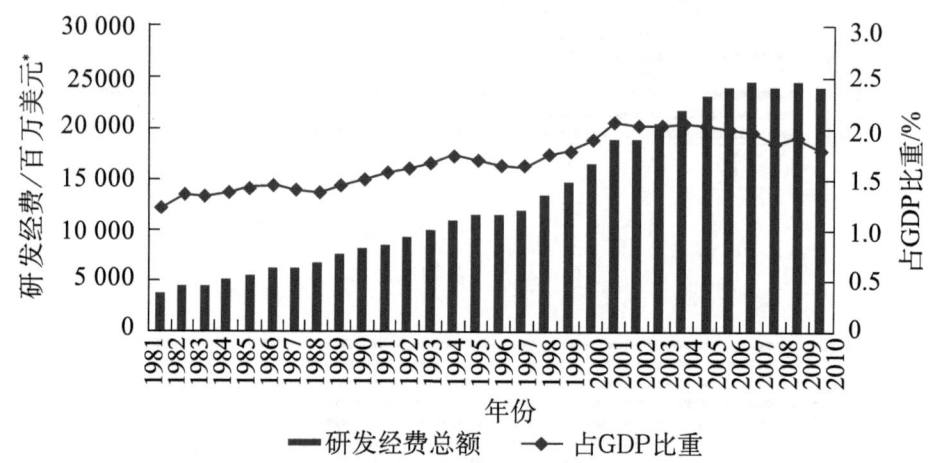

图 3-5　1981~2010 年加拿大研发经费总额及占 GDP 比重的变化态势
* 按购买力平价现值美元计
资料来源：OECD Stat 数据库

加拿大研发经费来源主体是企业，2010 年企业投入经费 112.13 亿美元，占研发总经费的 46.78%，其次是政府部门投入 82.53 亿美元，占 34.08%；其他国内来源（包括高校和私人非营利机构）及来自国外的研发经费分别占 10.46%（25.33 亿美元）④ 和 6.8%（16.3 亿美元）。

从经费来源变化来看，各投入主体均在加大对研发的投入（图 3-6），其中企业的增幅最大，2010 年企业研发投入额相对于 1981 年增长了 6 倍多。政府投入的增长幅度

---

① Canada Research Chairs. 2012. Program statistics. http://www.chairs-chaires.gc.ca/about_us-a_notre_sujet/statistics-satistiques-eng.aspx [2012-06-19].
② 王启明. 2011. 加拿大政府的科技政策、管理与科技计划. 全球科技经济瞭望，26（11）：47-54.
③ OECD. 2012. Main Science and Technology Indicators. Volume2011/2. OECD Publishing：25.
④ 编者注：截至发稿之日，由于 OECD Stat 数据库尚未更新 2009 年和 2010 年加拿大政府和高校经费投入数据，故此处采用 2008 年数据。

也较为明显，2008年政府研发投入额相对于1981年增长了3倍多。

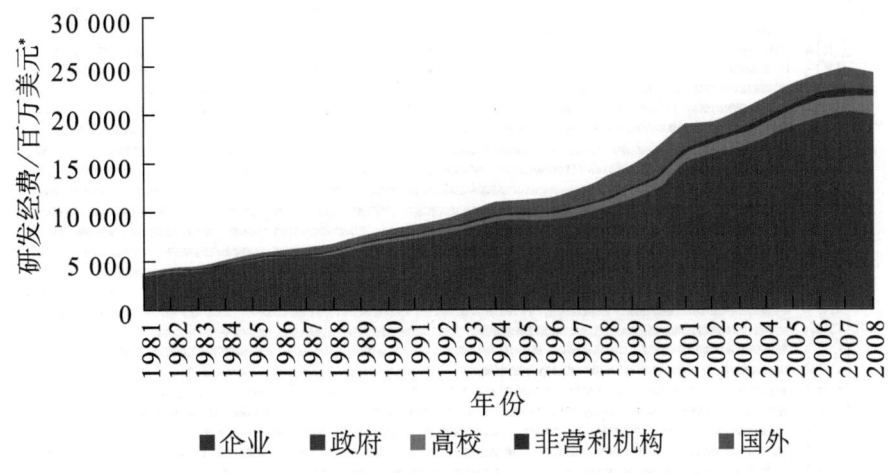

图 3-6　1981～2008年加拿大研发经费按来源部门的变化态势
* 按购买力平价现值美元计
资料来源：OECD Stat 数据库

从研发经费来源部门的构成来看（图3-6），加拿大经历了由政府投入为主向企业投入为主的转变过程：1993年及之前，政府研发投入所占比重要高于企业（42.30%：41.24%）；1993年之后企业的研发投入逐渐超过了政府的研发投入，到2008年分别占48.41%和34.08%。2001年及之前，来自国外的研发经费投入仅次于加拿大企业和政府的研发投入，2000年达到最高，为17.42%，2001年之后下降到10%以下，2010年占6.8%（图3-7）。

从研发经费执行部门的构成来看，2010年加拿大企业部门使用研发经费121.47亿美元，占50.68%；其次为高校，2010年使用研发经费91.66亿美元，占38.24%；第三是国立科研机构，2010年使用研发经费25.16亿美元，占10.5%；私营非营利机构使用的研发经费最少，2010年为1.43亿美元，占比仅为0.6%（图3-8）。

2008年加拿大全国研发经费的流向情况如图3-9所示。企业投入的研发经费绝大部分用于企业自身的研发活动（92.82%），少部分用于支持高校的研发活动（6.17%）。政府投入研发经费主要流向高校（67.38%）和国立科研机构（28.14%），流向企业的极少（3.7%）。

3.1.4　国际科技合作

加拿大的国际科技合作非常活跃，许多国际科技合作受到政府专项经费或者国际合作基金的支持。2004年3月，加拿大已正式成为总部设在莫斯科的国际科学技术中

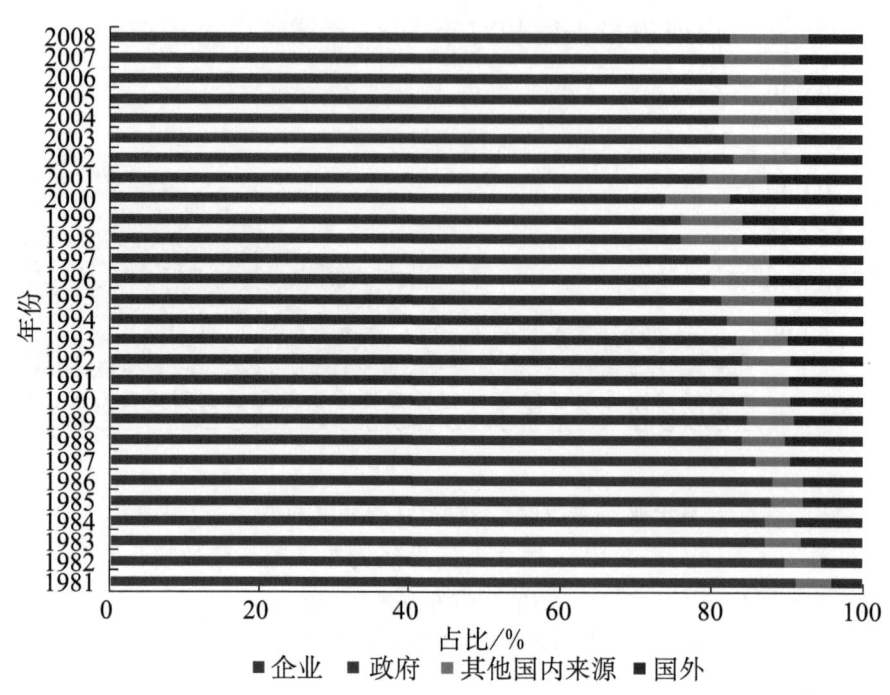

图 3-7 1981～2008 年加拿大研发经费来源部门构成的变化态势

资料来源：OECD Stat 数据库

心（ISTC）的成员[①]。

加拿大主要的国际合作基金包括国际合作风险基金、国际参与基金和国际机遇基金。国际合作风险基金每年预算约 1 亿加元，主要支持建设大型的国际性研究基础设施，吸引国外研究人员使用加拿大研究设施。国际参与基金则通过提供费用的形式，让加拿大科学家得以使用国际性的研究设施，参与国际性的科技合作计划，通过合作获益。国际机遇基金规模较小，主要是促使加拿大科研人员加入新的国际研究合作，如以推进国际合作为目的的国际会议，参与国际合作项目的前期工作等[②]。

加拿大的主要国际科技合作伙伴包括美国、欧盟，以及中国和印度等发展中国家。由于加拿大与美国之间天然的紧密联系，两国的科技合作异常活跃。加拿大和美国的科技对口部门已签署了大量科技合作协议。加拿大与欧盟则在航天领域进行了很多合作。近年来，加拿大直接参与了欧洲空间局的电信、地球观测和其他普通技术项目。作为西方七大工业化国家之一，加拿大与发展中国家之间的科技合作主要是援助性的科技合作。这些合作主要通过加拿大国际发展署和加拿大国际发展研究中心（IDRC）

---

① 中华人民共和国驻加拿大使馆经济商务参赞处.2009.加拿大社会环境.http：//ca.mofcom.gov.cn/aarticle/ddgk/zwrenkou/200904/20090406204162.html［2011-08-15］.

② 中华人民共和国科学技术部.2005.国际科学技术发展报告 2005.北京：科学出版社.

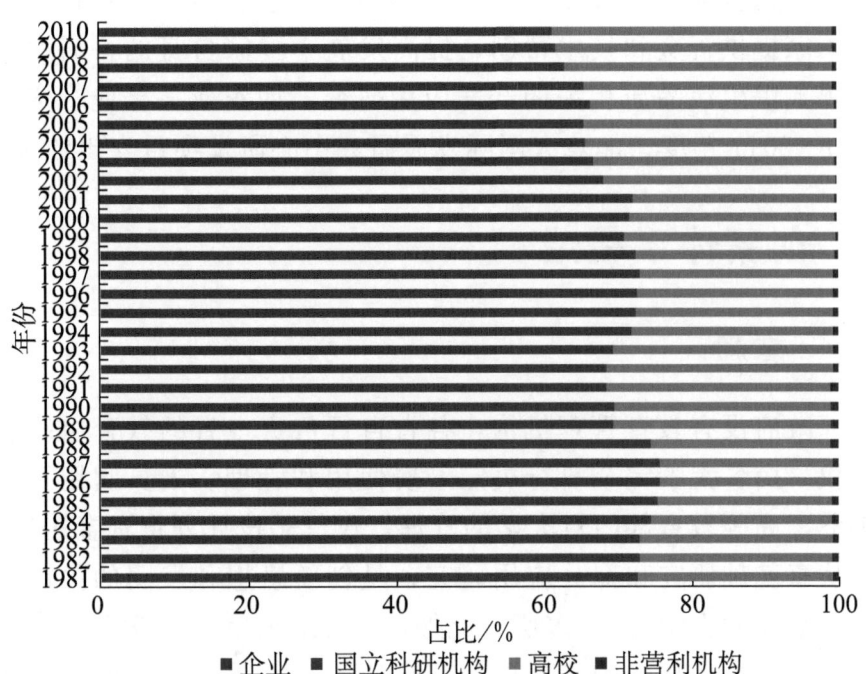

图 3-8　1981~2010 年加拿大研发经费执行部门构成的变化态势

资料来源：OECD Stat 数据库

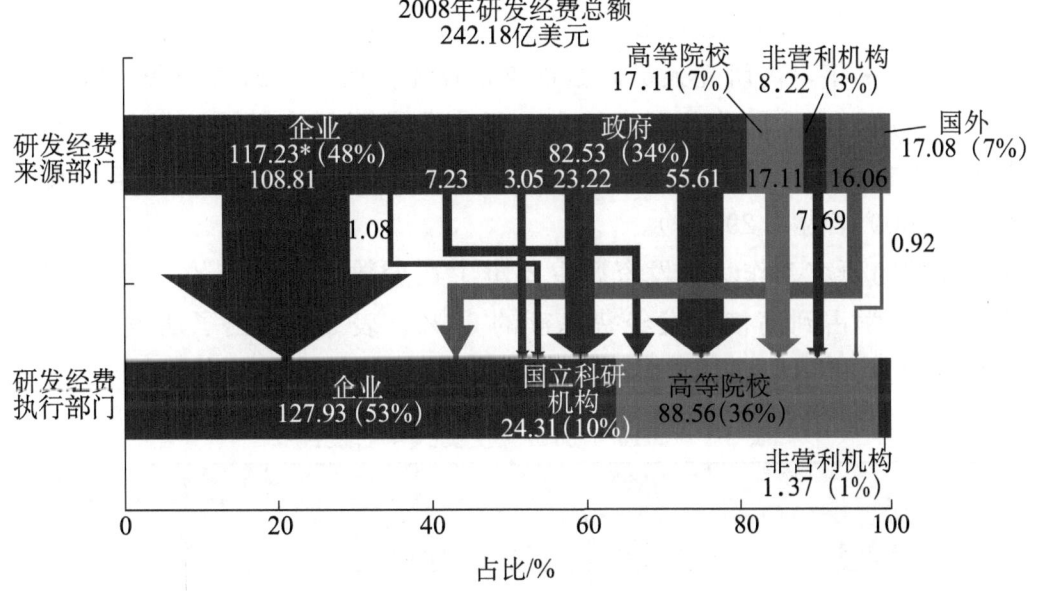

图 3-9　2008 年加拿大研发经费流向图

* 图中数据单位为亿美元，按购买力平价现值美元计

资料来源：OECD Stat 数据库

来进行。前者主要是资助一些大型的、带有经济援助色彩的经济科技合作；后者则主要是向发展中国家提供资金和技术帮助，提高发展中国家自身的科研水平，资助的领域主要是与改善人民生活品质相关的开发应用研究，如农业、林业、资源开发和环境保护等[①]。2010～2011年度，加拿大国际发展研究中心研发项目支出约2亿美元。

3.1.5 创新体系构成

3.1.5.1 高校

加拿大联邦政府没有教育管理机构，各省自行负责本省的教育组织和管理，大学有高度的自主权，由各大学完全自行决定经费使用和管理、人员聘用及报酬、课程设置等各方面事务，高等教育部门对大学的管理，仅仅是按计划将资金拨划到学校。

高校主要从事基础研究和部分应用研究，是创新思想和发明的关键来源。加拿大开展研究和创新活动的大学有80多所，此外还有150所社区大学和理工院校。除研发活动外，对学生基础科技技能的培养也是高校的重要贡献。尽管加拿大的大学数量并不多，但仍然涌现出了一些世界一流的高等学府，如多伦多大学、阿尔伯塔大学、蒙特利尔大学、不列颠-哥伦比亚大学等。

加拿大高校的研发经费和人力资源均仅次于企业研发机构，高于国立科研机构。2010年使用研发经费91.66亿美元，占总经费的38.24%；2008年研发人员全时当量数量为6.23万人·年，占研究人员总数的25.67%。加拿大高校经费来源多元化，有联邦政府、州政府、企业、非营利机构和大学本身获得的资助或捐助。高校使用的研发经费中来自加拿大企业投入的比例较高，约占8.16%，高于经济合作与发展组织国家平均水平（2009年为6.29%[②]）。

加拿大高校的研究工作和研发资源主要集中在少数实力较强的大学。2010年经费最多的前10所大学占到高校研发经费总额的68%。表3-1给出了研发经费排名前10的大学及其经费。

表3-1 2010年加拿大主要大学研发经费

排名	学校名称	研发经费/亿加元
1	多伦多大学（University of Toronto）	8.79
2	不列颠-哥伦比亚大学（University of British Columbia）	5.38

---

① 中国国际科技合作网. 加拿大科技概况. http://www.cistc.gov.cn/World_ST/World_S&T_T_4_Country.asp?countryId=191&continentId [2011-08-11].

② OECD. 2012. Main Science and Technology Indicators. Volume2011/2. OECD Publishing：25.

续表

排名	学校名称	研发经费/亿加元
3	蒙特利尔大学（Université de Montréal）	5.24
4	阿尔伯塔大学（University of Alberta）	5.13
5	麦克吉尔大学（McGill University）	4.70
6	麦克马斯特大学（McMaster University）	3.95
7	拉瓦尔大学（Université Laval）	3.08
8	卡尔加里大学（University of Calgary）	2.83
9	渥太华大学（University of Ottawa）	2.73
10	西安大略大学（University of Western Ontario）	2.21

资料来源：RESEARCH Infosource. 2011. Canada's university innovation leaders 2011. http：//www. researchinfosource. com/CIL _ 2011. pdf

3.1.5.2 企业

加拿大企业在知识转化为生产力的过程中起着核心作用，主要根据自身发展战略从事市场导向的应用研究和产品开发。自1990年以来，加拿大企业在科技投入和人员规模上都超过了政府和其他机构，成为加拿大科技研发的核心。加拿大企业数量约为9000家，其中雇员人数在500人以上的大型企业有288家。

企业是加拿大研发投入和执行的主体。2010年投入研发经费112.13亿美元，占到全部研发经费的46.78%；而执行的经费为121.47亿美元，占到50.67%。其经费来源主要是企业自身投入和国外研发经费，以2008年的经费为例，企业投入的92.82%和国外研发经费的94.03%都流向了企业，分别占企业总研发支出的85.05%和12.55%。2007年，加拿大信息通信制造业、科学研发服务、计算机系统服务、医药制造、航空产品和部件制造这五个主要的工业领域经费支出占总经费的47%[1]。

加拿大企业研发主要集中在少数的大型企业。2009年年收入在4亿加元以上的大型企业数量仅占1%，而其研发经费占40%[2]。2010年研发经费居前10位的企业如表3-2所示。

表3-2 2010年加拿大主要科技型企业研发经费

排名	企业名称	研发经费/亿加元	所属行业
1	捷讯移动科技有限公司（Research In Motion Limited）	13.91	信息通信设备

---

[1] Science，Technology and Innovation Council. 2011. State of the nation 2010—Canada's science, technology and innovation system. http：//www. stic-csti. ca/eic/site/stic-csti. nsf/vwapj/10-059 _ IC _ SotN _ Rapport _ EN _ WEB _ INTERACTIVE. pdf/ $ FILE/10-059 _ IC _ SotN _ Rapport _ EN _ WEB _ INTERACTIVE. pdf［2012-06-19］.

[2] Statistics Canada. 2012. Industrial research and development：Intentions 2011. http：//www. statcan. gc. ca/pub/88-202-x/88-202-x2011000-eng. pdf［2012-06-19］.

续表

排名	企业名称	研发经费/亿加元	所属行业
2	贝尔加拿大公司（Bell Canada）	8.21	电信服务
3	IBM加拿大公司（IBM Canada Ltd.）	5.51	计算机、软件服务
4	加拿大原子能有限公司（Atomic Energy of Canada Limited）	4.76	工程服务
5	曼格纳国际有限公司（Magna International Inc.）	4.63	汽车
6	普拉特-惠特尼加拿大公司（Pratt & Whitney Canada Corp.）	3.95	航空
7	爱立信加拿大公司（Ericsson Canada Inc.）	3.53	信息通信设备
8	AMD加拿大公司（AMD Canada）	2.42	电子系统及部件
9	阿尔卡特-朗讯公司（Alcatel-Lucent）	2.33	信息通信设备
10	庞巴迪公司（Bombardier Inc.）	1.99	航空

资料来源：RESEARCH Infosource. 2011. Canada's corporate innovation leaders. http：//www.researchinfosource.com/media/2011Top100Listsup.pdf

加拿大政府非常重视和支持企业的研发，把企业视为国家创新政策的主体，开展了多个支持企业研发的计划，比较有名的有技术伙伴计划（Technology Partnerships Canada，TPC）和工业研究辅助计划（Industrial Research Assistance Program，IRAP）。技术伙伴计划是加拿大工业部于1996年开始实施的，用以支持开展具有战略意义同时能够为企业带来直接收益，以及能为加拿大产生经济、社会和环境效益的示范性研究与开发活动[1]。它的资助对象为在一定领域内准备进行研发和创新活动并具有能力实现其目标的境内企业或组织。2005年，转化技术计划（Transformative Technologies Program，TTP）取代了技术伙伴计划，目的是使先进的技术研发在加拿大的企业中能转化为产品。它追求的不是回报，而是与企业一起共担创新的风险和成本，特别重视避免技术伙伴计划管理上的一些漏洞[2]。1947年制订的工业研究辅助计划是由加拿大联邦政府提供财政支持，国家研究委员会具体组织实施，专门为支持中小企业创新设立的计划。工业研究辅助计划通过它的工业技术顾问（ITA）向企业提供咨询、研发活动资助、商品化前资助、青年创业项目和国际合作项目等各种服务[3]。

为了促进企业与其他单位的合作，加拿大政府还把建立创新集群作为加拿大创新战略的一个重点。创新集群是把同一技术领域的相关企业和科研机构集中在一个地区，进行新产品的研发和创新。它的好处是有利于企业间的信息交流，有利于专业投资部门对其进行投资，也有利于人力资源的培养和保障。根据2002年提出的创新战略，加

---

[1] Industrial Technologies Office. 2009. About TPC. http：//ito.ic.gc.ca/eic/site/ito-oti.nsf/eng/h_00154.html［2011-08-11］.

[2] 王心见. 2005-09-29. 加拿大设立新的技术创新支持项目. 科技日报，第2版.

[3] National Research Council Canada. About NRC industrial research assistance program. http：//www.nrc-cnrc.gc.ca/eng/ibp/irap/about/index.html［2011-08-11］.

拿大拟在 2010 年建成 10 个国际化的创新产业集群。现已有几个世界级的创新集群，如温哥华的氢能源、蒙特利尔的生物技术、渥太华的信息与通信工程等[①]。

3.1.5.3 国立科研机构

(1) 类型与分布。加拿大的国立科研机构主要是指隶属于联邦政府的科研机构。目前，加拿大有 9 个联邦政府部门设有科学研究管理部门，总计约有 30 个，下辖 150 多个科研机构（研究所或研究中心），这些机构是加拿大政府行使其科学研究职能、促进科学创新的主体。其中国家研究委员会拥有 23 个研究所和技术中心，是联邦政府的主要研发力量。这些机构可分为两类：一类是专门从事科学研究的机构；另一类是依据其管理职能而组织实施科学研究的政府机构（表 3-3）。

表 3-3　加拿大主要国立科研机构

机构类型	科研机构	研究领域
专门科学研究机构	国家研究委员会	隶属于工业部，是加拿大最重要的综合性国立科研机构，重点开展基础研究，支持产业发展。下属 20 多个研究机构，雇员数量约 4280 人。2009 财年总经费约 12.02 亿加元
	国防研究与发展局	隶属于国防部，由 7 个研究中心组成，年预算经费约 3 亿加元，雇员 1600 人。负责国防科学技术的研究开发，并提供相关科技建议和趋势分析
	卫生研究院	隶属于卫生部，是加拿大最主要的卫生与健康研究资助机构，下属 13 个研究所。2010 财年总经费约为 9.77 亿加元
	加拿大太空署	隶属于工业部，负责加拿大空间计划、空间科学技术、卫星通信、航天技术研究
	加拿大原子能有限公司	加拿大国有企业，从事核能研究和商业应用开发，包括核反应堆研制及乏燃料和核废物的管理。该公司以独创重水堆技术而闻名，是世界上三大核电商用堆之一的坎杜型重水堆的设计者和供应商
科研管理与实施部门	环境部科技局	隶属于环境部，由水科技、大气科技、野生动物与景观科学、科学与风险评估、科技战略、环境科学和技术等部门组成。并在全国六大地区设有 29 个国家实验室、研究中心和野外台站等。主要领域涉及气候变化、空气、自然环境、污染与废弃物、水资源、气候与气象
	加拿大农业与农业食品部	下辖分布于加拿大各地区的 15 个研究中心、4 个研究与发展中心
	加拿大食品检验署	是根据加拿大食品与药物法成立的研究与监管机构，由农业与农业食品部和卫生部共同管理。下设实验室司，管理分布于四个地区的实验室网络，并设有国家动物疾病中心，员工 696 人。负责食品安全、动物健康和植物保护方面的科学工作，开展实验室测试、方法开发、研究及提供科学建议和专家意见
	加拿大渔业和海洋部	设有主管科学研究的副部长，下属 14 个研究所和实验室，科研人员约 1600 人。研究方向包括鱼类数量和种群产量、栖息地和种群规模的联系、气候变迁/变化性、生态系统的评估和管理、入侵的外来水生物物种、水生物的健康、水产业的可持续性、能源生产的生态系统效应

---

① 曹恒忠. 2006. 加拿大科学技术概况. 北京：科学出版社：20.

续表

机构类型	科研机构	研究领域
科研管理与实施部门	加拿大自然资源部	职责是促进加拿大的矿产、能源和森林资源的可持续开发和可靠利用。主要研究机构包括5个林业研究中心和能源科技研究中心
	加拿大地质调查局	隶属于自然资源部,负责地球科学调查、资源可持续利用、环保和技术创新
	加拿大遥感中心	隶属于自然资源部,负责遥感数据的接收、处理、存档及发布,并与私营部门合作开发遥感技术及其应用

（2）管理特点。加拿大联邦政府所属的科研机构偏重于基础研究和交叉学科，强调比一般研发活动范围更广的科学技术知识的产生、传播和应用及数据收集、信息服务和特定研究。加拿大科研管理与实施部门依其所属政府部门的业务范围开展内容广泛的科研活动，其管辖下的研究中心、实验室等均为政府部门的组成单元。管理上一般直接受所属部门的管理，其科研经费一般来自政府拨款。专门性科学研究机构通常是根据法律成立或自主开展研究的独立性机构，具有独立的内部人员、项目、经费、评估等管理体系。除国家拨款外，还通过商业运营、知识产权转移转化、衍生企业等方式获得额外收益。

3.2 国家研究委员会

> ▶ 加拿大最重要的综合性国立科研机构，隶属于加拿大工业部，重点开展基础研究，支持产业发展。
> ▶ 2009~2010 年度雇员为 4508 人，其中研究人员为 3140 人，另有约 1200 名客座研究人员（至 2005 年）。2009~2010 财年总经费 12.02 亿加元（约合 11.77 亿美元），85.9% 经费来自于政府拨款，外争经费的能力逐渐增强，占总经费的比重提高到 15% 左右。
> ▶ 下属 20 多个研究所和技术中心，管理结构简单高效。主席是国家研究委员会的领导人，负责履行其战略计划并交付成果。5 位副主席分别负责各研究机构、计划与技术中心的具体事务。还设有一个由 22 人组成的理事会，其职能是提供战略方向与建议，并对研究绩效进行审查。
> ▶ 在中国科学院管理创新与评估研究中心对 86 个国际国立科研机构的学术影响力排名中，加拿大国家研究委员会的材料科学、化学、空间科学和工程学排名前二十，分别为第十七、第十八、第十八和第二十名。

加拿大国家研究委员会（National Research Council Canada，NRC）创建于 1916 年，是隶属加拿大联邦政府的综合性国立科研机构。该委员会原为一个政府咨询机构，20 世纪 30 年代其在渥太华建立了一个实验室，从此其职能发生了重大转变，其研究实力在第二次世界大战期间迅速成长。直至 20 世纪 60 年代，国家研究委员会一直是加拿大科学与工程领域基础与应用研究的开拓者，主要成就包括心脏起搏器的发明（40 年代）、油菜子的开发利用（40 年代）、坠机位置指示器（50 年代）及铯束原子钟的发明（60 年代）、电脑动画技术（70 年代）和"Canadarm"机器人（80 年代）。国家研究委员会目前的工作重点是与加拿大公共和私营部门及国际伙伴展开合作，推动技术进步和国民财富的增长[①]。该委员会同时也是加拿大科研机构和高科技企业的"孵化器"。1995~2010 年，从国家研究委员会诞生了超过 65 家高科技企业，创造了 500

---

① National Research Council Canada. 2010. A history of NRC. http://www.nrc-cnrc.gc.ca/eng/about/history-nrc.html [2011-08-18].

多个就业机会,并吸引私营部门投资 4.7 亿加元[①]。

3.2.1 人力资源和经费状况

3.2.1.1 人力资源

2009～2010 年度,国家研究委员会有全时当量雇员 4508 人·年,其中从事研究与开发活动的实际人数有 3140 人·年,从事技术与工业支持活动的实际人数有 703 人·年(表 3-4)。另有约 1200 名客座研究人员(截至 2005 年),大多来自加拿大或国外的大学、公司及公共和私营组织[②]。

表 3-4　2009～2010 年度国家研究委员会全时当量雇员数

从事活动类型	计划需要人员/(人·年)	实际人员/(人·年)
研究与开发	2873	3140
技术与工业支持	800	703
内部服务	831	665
总人数	4504	4508

资料来源:NRC departmental performance report 2009-2010. http://www.tbs-sct.gc.ca/dpr-rmr/2009-2010/inst/nrc/nrc-eng.pdf

3.2.1.2 经费状况

国家研究委员会的经费主要来自政府财政拨款(图 3-10)。2009～2010 年度,国家研究委员会经费总额共计 12.02 亿加元(约合 11.77 亿美元[③]),其中政府拨款为 10.33 亿加元,占 85.94%。政府拨款的经费主要用于运行费、人员工资和基础研究的开展,同时,国家研究委员会中应用研究课题和工业前期开发项目则要求课题组寻求工业界合作伙伴及其经费支持,主要形式包括与企业开展联合研究项目、提供产品与服务等(图 3-11),自 20 世纪 90 年代初期以来,国家研究委员会自主创收的能力逐渐增强,占总经费的比重不断提高。2009～2010 年度国家研究委员会实现创收 1.70 亿加元,占经费总额的 14.14%。

---

① National Research Council Canada. 2010. NRC:Also known as. http://www.nrc-cnrc.gc.ca/eng/about/also-known-as.html [2011-08-18].

② National Research Council Canada. 2008. Just the facts. http://www.nrc-cnrc.gc.ca/eng/about/facts.html [2011-08-13].

③ 根据 2012 年 6 月 21 日汇率换算——美元:加元=1:1.0213。

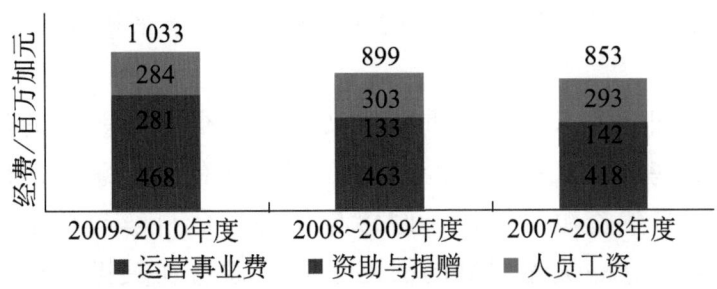

图 3-10 国家研究委员会政府拨款经费情况

资料来源：NRC. Annual report 2009-2010. http：//www.nrc-cnrc.gc.ca/obj/nrc-cnrc/doc/annual-report2010/2010-annual-report.pdf

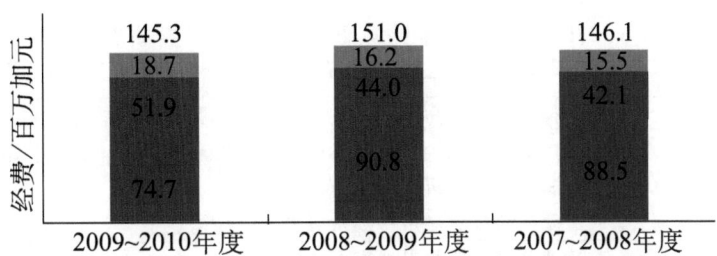

图 3-11 国家研究委员会创收经费情况

资料来源：NRC. Annual report 2009-2010. http：//www.nrc-cnrc.gc.ca/obj/nrc-cnrc/doc/annual-report2010/2010-annual-report.pdf

3.2.2 战略定位和重点领域

国家研究委员会创建90余年来一直是加拿大领先的国立科研机构，是政府研发和技术创新的首要资源，广泛跨越多种学科，并提供多样化的服务。国家研究委员会下属部门遍及加拿大的各个省份，对基层创新起着重要的激励作用。根据《国家研究委员会法案》，国家研究委员会履行以下职责：在对加拿大有重要意义的各种领域里，从事、辅助或促进科学研究与产业研究；建设、运行和维护国家科学图书馆；出版、销售或发行国家研究委员会所认为重要的科技信息；探索测量的标准与方法；制定加拿大业界所使用的或可使用的科技设备、仪器和材料的标准与认证；运行并管理加拿大所有的国立天文台；管理国家研究委员会的研发活动，其中包括对资助国际研发活动的拨款和捐助的管理；为研究团体和产业团体提供必要的科技服务[1]。国家研究委员会

---

[1] National Research Council Canada. 2010. Our mandate. http：//www.nrc-cnrc.gc.ca/eng/about/mandate.html[2011-08-18].

的《2008～2009年计划与优先领域》报告中确定了其未来国家研究委员会四大优先领域[①]。

优先领域一：对加拿大未来具有重要意义的关键行业和领域的研发。国家研究委员会关注的重点是那些对国家社会和经济两方面都具有重要意义的研究领域，主要包括环境科学与技术、自然资源与能源、健康与相关生命科学与技术、信息与通信技术等。国家研究委员会在这一优先领域的战略计划是通过在关键领域的重点研发，为加拿大创造价值，提升可持续发展能力。国家研究委员会将投资于前沿科学研究和相关基础设施，同时为越来越普遍的横向研发和多学科研发提供便利。国家研究委员会的计划重点如表3-5所示。

表3-5　2008～2009年国家研究委员会主要研究计划

研究领域	研究计划
环境科学与技术	提升技术优势，为下一代航空航天企业服务 继续为加拿大减少温室气体排放和改善环境的承诺提供技术支持 水资源评估、分析和保护 通过海洋科技建立可持续发展能力
自然资源与能源	支持加拿大在燃料电池方面的领导地位 针对能源领域的关键需求展开重点研究 在先进制造领域结合"绿色"材料和工艺，以满足全球市场需求
健康与相关生命科学与技术	多学科健康与保健研究 努力改善医疗器械和微创诊断技术 功能性食品和营养保健品 健康与良性室内条件
信息与通信技术	降低下一代信息与通信技术的产业风险和成本 语音保密项目
尖端多部门研究	综合性纳米技术研究与创新 通过采用和互相认可国际标准，支撑加拿大的长期竞争力 "大科学"合作伙伴 推动加拿大天文学和天体物理学长程计划（LRP）的实施 支持能源、环境与健康领域的横向与多学科合作 与产业界和学术界合作进行尖端材料科学研究 进行多学科研究合作以支持北部战略 为国家安全提供支撑

优先领域二：区域技术集群计划。国家研究委员会的技术集群计划以合作方式支持联邦科技战略，加速新技术、新产品、新服务和新过程的商业化进程，提升关键部门和地区的科技实力。该计划通过与学术界、企业界合作，采用各种措施建立起知识优势、企业优势及人才优势。加拿大政府自1999～2000财年起，分阶段地向11个技

---

① Treasury Board of Canada Secretariat. 2008. Reports on plans and priorities. http：//www.tbs-sct.gc.ca/rpp/2008-2009/inst/nrc/nrc01-eng.asp#s1.9.1 ［2009-03-04］.

术集群计划注入了约 5 亿加元。国家研究委员会在这一优先领域的战略计划是为促进加拿大各区域的经济活力贡献力量，专注于推动技术集群增长以达到临界点，建立区域的自我创新能力，在企业与创新者之间搭建桥梁。

优先领域三：技术与工业支持。建立加拿大的企业优势是加拿大联邦科技战略中的一个关键。为积极支持这项政策，国家研究委员会将在中小企业团体和关键企业之间牵线搭桥。帮助中小企业对研发和新产品开发过程中的风险进行管理，这部分将是国家研究委员会的工作重点之一。国家研究委员会在该优先领域的战略计划是为加强中小企业的创新能力提供综合全面的支撑服务，其中包括科技信息和情报支持、围绕技术转让和知识产权管理开展的商业化支持，以及帮助新产品开发和上市过程中的风险管理支持。

优先领域四：为成为可持续发展的灵活组织而进行计划管理。国家研究委员会正不断完善其战略，以吸引、培养和保留高素质人才，确保它在物理和 IT 基础设施方面的世界领先地位。国家研究委员会在该优先领域的战略计划是成为加拿大一个可持续发展的、灵活的国家研究与创新组织。随着国家研究委员会 2011 年战略计划的进行，国家研究委员会将在既定优先目标的引导下，确保可持续、清晰、一致的发展方向，保证其发展目标与国家科技战略相一致。

3.2.3 组织架构和管理模式

3.2.3.1 组织架构

国家研究委员会隶属于加拿大工业部。国家研究委员会主席负责履行国家研究委员会的战略计划并交付成果，5 位副主席分别负责各研究机构、计划与技术中心的具体事务[1]。还设有一个由 22 人组成的理事会，其职能是提供战略方向与建议，并对研究绩效进行审查[2]。国家研究委员会组织架构如图 3-12 所示。

国家研究委员会下属的 20 多个研究所和技术中心分属 7 大领域。其中，航空航天领域有 1 个研究所和 1 个技术中心，生物技术领域有 6 个研究所，工程与建筑有 3 个研究所和 3 个技术中心，基础科学有 3 个研究所，技术产业支持有 1 个研究所，信息

---

[1] Treasury Board of Canada Secretariat. 2008. Reports on plans and priorities. http：//www.tbs-sct.gc.ca/rpp/2008-2009/inst/nrc/nrc01-eng.asp#s1.9.1 ［2011-08-18］.

[2] National Research Council Canada. 2010. Corporate overview. http：//www.nrc-cnrc.gc.ca/aboutUs/corporateoverview_e.html ［2011-08-18］.

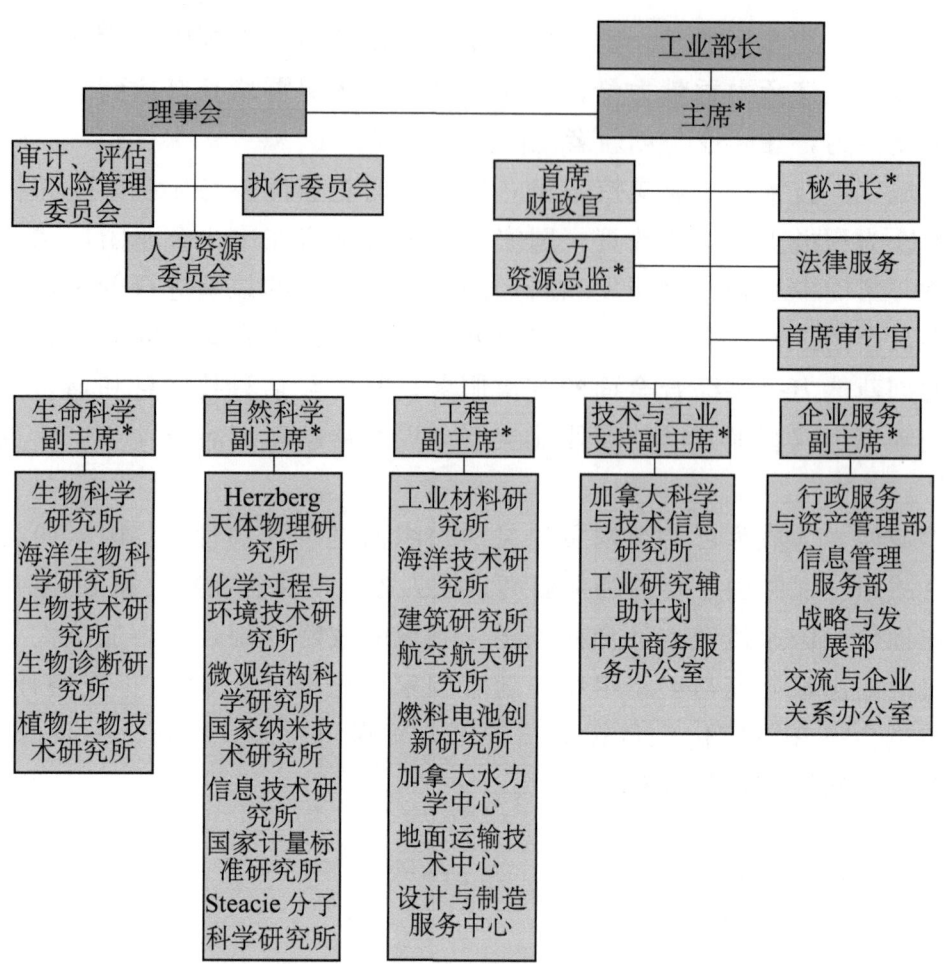

图 3-12　国家研究委员会的组织架构图
＊为国家研究委员会高级执行委员会成员

与通信技术有 2 个研究所，制造技术有 3 个研究所和 1 个技术中心[①]。

3.2.3.2　管理模式

国家研究委员会的管理层人员很少，且多来自工业部等政府部门。各研究所中的管理人员一般也仅占员工总数的 2.6% 左右，管理简单高效。国家研究委员会在管理上不对各研究所的具体研究内容进行干涉，各研究所及其科研人员可根据所研究定位、从事领域的发展状况及自身优势选择课题。在前期探讨的基础上，国家研究委员会鼓励向企业申请接续项目，使科研成果能够顺利产业化和市场化。

在经费方面，国家研究委员会的运行费用、人员工资全部由国家承担。国家也负

---

① National Research Council Canada. 2008. Just the facts. http://www.nrc-cnrc.gc.ca/eng/about/facts.html ［2011-08-13］.

担基础研究课题的部分经费，用于项目预研和课题启动，并采用分阶段的拨款方式，由国家通过研究所组织阶段性评价，确定阶段经费数量。对于应用研究课题和工业前期开发项目，则要求课题组寻求工业界合作伙伴及其经费支持，如果得不到企业的认同，这一项目就很有可能被中止。来源于国家或企业的研究经费不能用于个人福利、工资补贴，但可用于差旅费、召开学术会议、开展国内外交流等支出。研究所将国家所拨款研究费的30%扣做实验室用房、水、电、公用设施等管理费用[①]。

在评价方面，国家研究委员会理事会内设的审计、评估与风险委员会负责对国家研究委员会各研究所、分支机构和计划进行内部审计和评估。评估部门负责设计和制订评估方法和计划、收集量化信息、传达信息和解决技术问题等。各研究院所及计划牵头单位负责提交评估报告。国家研究委员会自评估的绩效指标分为七个类别，包括战略、计划和统筹，计划/项目管理，与合作者及利益相关者的关系，工作环境保障，高质量的人才，知识管理和智力，技术转让和商品化[②]。

在成果转化方面，国家研究委员会鼓励将获得的技术和专利成果向企业转让，促进科技成果的商业化、产业化，并制定了一些优惠政策。成果转移所获得收益的90%归企业所有；10%归政府所有，其中35%奖励给专利个人拥有者，65%归国家研究委员会所有，其中15%再分配给专利的研究小组，用于参加学术会议、出差、聘用新人等[①]。

3.2.4 国际科技合作

为了保持和提高加拿大的科学技术水平，国家研究委员会积极寻求国际性的研究合作伙伴和建立联盟关系，建立了广泛的国际联系和网络渠道[③]。自1931年起，国家研究委员会就是国际科学理事会（International Council of Scientific Unions，ICSU）的固定成员，该机构以增进国际科学界的联系为目标，国家研究委员会则参与并推动从化学到人类学等广泛领域的国际性科学活动。此外，国家研究委员会还是30多个国际科学组织的成员，其中大多数都属于国际科学理事会的分支。

2007年1月，加拿大与中国签署了科技合作和联合培训计划的谅解备忘录，当时的国家研究委员会主席Pierre Coulombe博士为中-加联合委员会副主席。国家研究委

---

① 彭以祺，魏志远，王蓉芳等.2002.加拿大国家研究理事会及其应用基础研究特点.中国基础科学，（6）：57-60.
② 陶蕊，屈明剑.2010.浅谈加拿大的科技评估.科技评估（科技部国家评估中心内刊），6：1-11.
③ National Research Council Canada. 2010. International：NRC's global reach. http://www.nrc-cnrc.gc.ca/eng/international/international-global-reach.html［2011-08-18］.

员会还与中国教育部签订了联合培训计划谅解备忘录，吸引中国研究人员到国家研究委员会的实验室开展工作[1]。

机构网址：http：//www.nrc-cnrc.gc.ca
联系地址：1200 Montreal Road，Bldg. M-58，Ottawa，Ontario，Canada K1A 0R6
电话：+1（613）993-9101
传真：+1（613）952-9907
E-mail：info@nrc-cnrc.gc.ca

---

[1] National Research Council Canada. 2009. NRC annual report 2006-2007. http：//www.nrc-cnrc.gc.ca/obj/nrc-cnrc/doc/report-2006-2007.pdf ［2011-08-18］.

4 英 国

- 工业革命的发源地，具有悠久的科学传统，科技总体实力位于世界前列。在自然科学领域诺贝尔奖的获奖人数方面，英国仅次于美国。截至2011年，英国共有85人获得自然科学领域诺贝尔奖，其中物理学奖24人、化学奖28人、生理学或医学奖33人。

- 英国用仅占世界1%的人口从事着世界上5%的科学研究活动，发表了世界上9%的科学论文，且这些论文引用率约占到全世界的12%。

- 2010年全时当量研发人员共有31.95万人·年，其中研究人员为23.54万人·年。高校研发人员占全时当量研发人员总数47.89%，企业研发人员占44.56%。

- 2010年国内研发经费总额为391.38亿美元，占GDP的比重为1.77%。经费投入和使用以企业为主体，分别占到45.13%和60.93%。

- 政府定位为科学基础的主要投资者，大学和企业合作的服务者，创新的管理者和公众科学信仰的推动者。英国建立了以双重支持体系为主的科技经费管理机制、科技评估机制、科技研究优先选择机制、政府主导下的多样的产学研合作模式及科技咨询机构体系。

- 国立科研机构和高校是基础科学研究的主要力量。国立科研机构可以分为部属科研机构和非部属科研机构。非部属科研机构包括七个研究理事会下属的研究机构及独立性的科研机构。

4 英国

4.1 科技政策与体制概况

4.1.1 科技政策与体制演变

英国在世界科技史上书写过灿烂的篇章。作为工业革命的发源地，英国有着悠久的科学传统和深厚的科学基础，诞生了一大批享誉世界的科学家（如牛顿、达尔文、法拉第、麦克斯韦、瓦特、汤姆逊和卡文迪许等），奠定了近现代科学的基础，为世界科学技术众多领域的发展做出了举世瞩目的贡献。但是，随着第二次工业革命在德国的兴起及两次世界大战的冲击，英国的科技水平在世界上的地位有所下降。第二次世界大战后的一段时间里，英国科技政策的侧重点在核研究项目、飞机和军用化学领域，对民用科技特别是与市场结合的科技重视不足，导致英国缺乏工业创新竞争能力、科技与经济脱节、研究成果难以迅速转化为新产品、新技术难以推广应用，陷入了"英国发现，美国应用"的怪圈，科学技术难以迅速地转化为生产力，造成国际竞争能力的削弱。

20世纪70年代以后，英国政府逐渐意识到这种长期重视基础理论研究而忽视技术应用的"重理轻工"现象给英国经济带来的负面影响，提高技术创新能力势在必行。因此，英国政府对科技政策进行了重大改革，其加大对技术创新的支持力度，促进科学界和工业界联合攻关，削减国防科研投资，推行国立科研机构"私有化改革"，等等[1]。

20世纪90年代初，英国政府进一步推进了英国科技体制改革，设立了科学技术办公室，加强对科技的管理，并于1993年5月和1994年4月出台了指导英国科技发展的两个标志性文件：《实现我们的潜力：科学、工程与技术战略》和《政府资助的科学、工程与技术展望》。前者是英国政府的科技白皮书，是继1972年著名的罗斯柴尔德《客户-合同制原则》发表以来第一份最重要的英国政府有关科学技术发展的纲领性文件，也是英国政府20世纪90年代及世纪之交的科学技术战略和政策声明；后者被视为英国政府的年度科技报告。

世纪之交，面对日益激烈的国际竞争，英国政府实施以创新为核心的国家科技发

---

[1] 刘云，董建龙. 2002. 英国科学与技术. 合肥：中国科学技术大学出版社；张雪平. 2001. 论英法德三国战后科技政策的特点. 科技进步与对策，(8)：117，118.

展战略,把经济发展的后劲放在科技支撑上,通过领先的基础科研和更加富有活力的技术创新使英国在新一轮的世界市场竞争中占领有利的制高点,进一步提高科技进步对国家经济和社会发展的贡献率。1998年12月,英国出台了《我们的竞争:建设知识型经济》,2000年7月发表了《卓越与机遇:面向21世纪的科学与创新政策》,2001年发表了《变革世界中的机遇:创业、技能和创新》,2008年3月出台了《创新国家》,这四份政府白皮书均以创新为主题。此外,英国还发布了一系列的行动计划,包括"投资于创新"(2002年7月)、"在全球经济下竞争:创新挑战"(2003年12月)、"科学与创新投入框架(2004—2014)"(2004年7月)、"'从知识中创造价值'5年计划"(2004年11月)和"10年框架:下一步工作"(2006年3月)等。2007年10月5日,英国政府发布了一份评估英国政府科学与创新政策的报告——《迈向顶端》(*The Race to the Top*)[①],从国际和国内的角度对现行的科技政策进行了全面的评估,并提出了相应的改进建议。

为应对全球经济危机,2010年10月,英国财政部推出被称为过去30年来"最紧缩"的预算方案:计划到2015年,削减830亿英镑的财政预算,内政、司法、外交等部门在未来四年开支均大幅减少。但与其他部门平均19%的巨大削减幅度相比,科技领域的开支基本未变。随着社会的发展,英国长期倚赖的制造业等传统产业已不具优势。为保证经济的可持续发展,也为了应对气候变化带来的挑战,英国掀起了一场建设绿色经济的风潮,并成立了绿色经济委员会(Green Economy Council)。发展绿色经济,离不开科技的支撑。为此,英国政府采取了一系列政策措施促进科研院所与企业的结合,加快知识转移和高技术产业化的步伐,以期为绿色经济的发展铺平道路。2010年10月25日,英国首相卡梅伦宣布,将在未来四年里投资两亿英镑,筹建技术创新中心网络,以此来推动英国高科技产业的发展。这些技术创新中心只是英国政府同日公布的总投资额超过2000亿英镑的《国家基础设施规划》的一部分。该规划的重点是低碳经济、数字通信、高速交通系统和基础研究等领域的科技基础设施建设。政府科学办公室明确提出,要将先进制造业、医药、通信、能源等领域作为未来20年英国主要的经济增长点,加以重点发展扶持。新能源、信息产业和生物医药成为未来英国经济的三个支撑点,连同英国的金融服务业和文化创意产业,构成英国未来经济发展的支柱[②]。2011年12月,英国发布了《促进增长的创新和研究战略》,进一步强调了通过投资科研和创新来促进英国经济的增长。该战略明确提出优先发展生命科学、高附加值制造业、纳米技术和数字技术四大关键技术。

---

① Lord Sainsbury of Turville. 2007. The race to the top: A review of government's science and innovation policies. http://www.hm-treasury.gov.uk/media/5/E/sainsbury_review051007.pdf [2011-08-10].
② 刘海英. 2011-03-11. 英国:饿谁也不能饿科技. 科技日报,第5版.

4.1.2 科技管理体系

英国是君主立宪制国家,政府实行议会内阁制(又称责任内阁制),由议院大选获得多数的政党组建内阁,一般是党魁出任首相并行使国家的权力,任期4~5年,而英国女王只是名义上的国家元首。英国政府由首相领导负责国家事务,与各部门的内阁大臣组成内阁,由内阁成员共同决定政府的政策及其他重要事宜。

议会对政府的科技预算、科技政策及政府职能部门的科技管理等情况进行审议与监督[①],它是英国科技管理体系中的最高决策者。议会附设的科技管理与咨询机构包括议会科技办公室和特设委员会及非委员会等。由各部门的内阁大臣组成的首相领导下的内阁提出国家科技政策及科技预算。商业、创新和技能部(Department for Business,Innovation and Skills,BIS)是英国科技管理的最主要部门,下设政府科学办公室(GO-Science),具体负责宏观科技政策的制定与实施及科学预算的编制,以及跨部门科技政策的沟通协调。其他科技管理部门还包括环境、食品和农村事务部、国防部、卫生部等。政府通过广泛咨询科技界、工业界和高等教育界,制定国家科技创新政策并编制国家科学预算,通过英国研究理事会等渠道对科学研究及科技基础设施投资,并通过独立的监督、评审委员会对政府实施的项目和计划进行监督和评审。英国的科技体系结构如图4-1所示。

商业、创新和技能部是政府各部门管理机构中最主要的科技管理部门和科技政策推动、主导部门。英国政府于2009年6月将原来的创新、大学和技能部(Department of Innovation,Universities and Skills,DIUS)与商业、企业和管理改革部(Department for Business,Enterprise and Regulation Reform,BERR)进行合并,将有关科学、高等教育、继续教育、技能、创新和企业的政策统一划归商业、创新和技能部管理。而创新、大学和技能部是于2007年6月由之前的贸工部及教育与技能部的一些单位改组而成。商业、创新和技能部是英国公共科研资金的主要来源,它通过高等教育拨款委员会(Higher Education Funding Councils,HEFC)和英国研究理事会(Research Councils of United Kingdom,RCUK)为英国大学提供经费支持。商业、创新和技能部负责科学与研究的机构主要有政府科学办公室和科学与创新组。政府科学办公室由之前贸工部下属的科学技术办公室改组而成,由政府首席科学顾问领导,并支撑其履行使命,包括管理政府的科学工作和前瞻计划。政府科学办公室主要负责宏观科技政策的制定及科学预算的分配,协调跨部门的整体科技合作,向首相和内阁提出有关科学和创新政策的建议,并负责向

---

① 刘云,董建龙. 2002. 英国科学与技术. 合肥:中国科学技术大学出版社.

世界主要国立科研机构概况

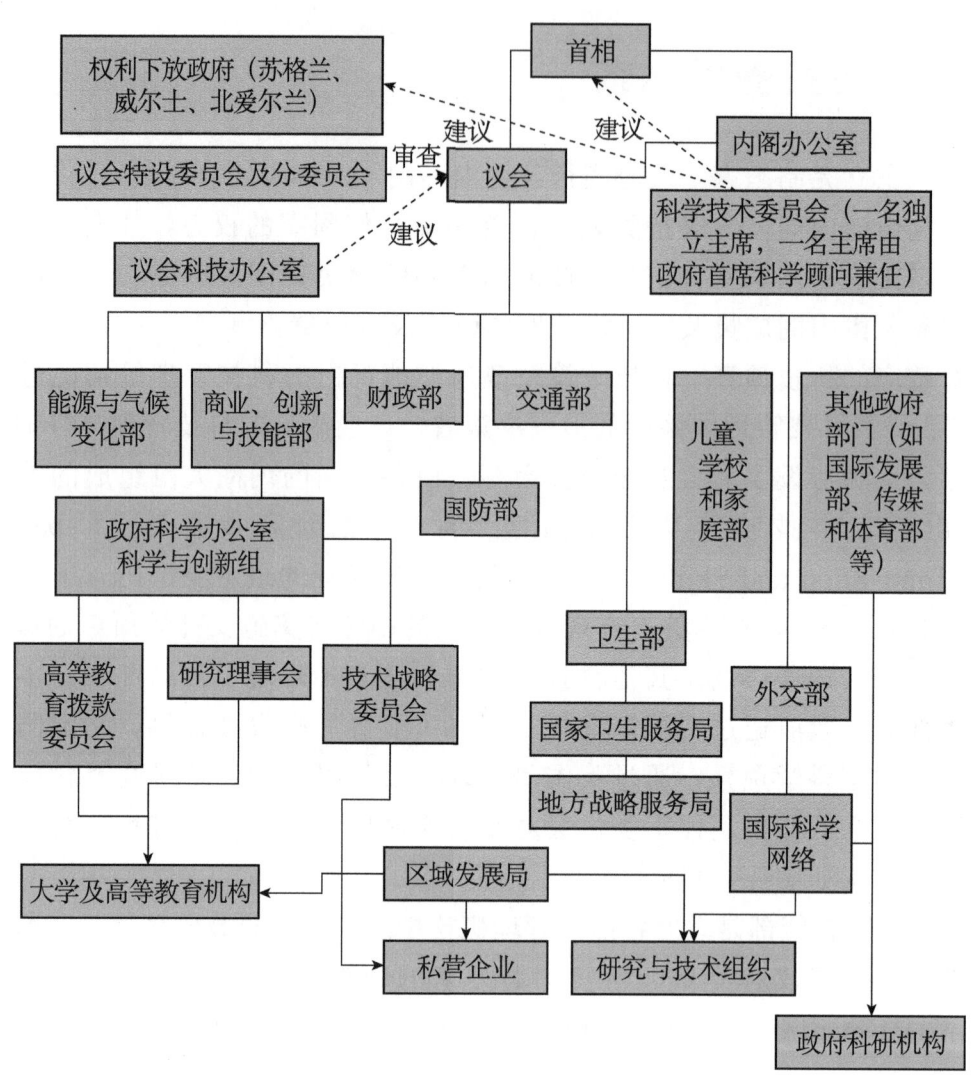

图 4-1 英国科技体系结构

资料来源：根据http://cordis.europa.eu/erawatch/index.cfm?fuseaction=ri.content&topicID=35&countryCode=GB&parentID=34和英国政府网站进行整理

七个研究理事会（Research Council）、皇家学会（Royal Society）、皇家工程院（Royal Academy of Engineering）等部门下拨经费。科学与创新组由科学与创新总干事领导，监督英国研究理事会和英国其他科学基础设施单位。

科学技术委员会（Council for Science and Technology，CST）是英国政府科技政策和战略方面的最高级别的独立咨询机构，成立于1993年，重组于2004年。该委员会成员由来自学术界、商业界和慈善机构等的科学、工程和技术领域的知名专家组成。自2002年科学技术委员会评估后，政府同时任命了两个科学技术委员会主席，负责不同的工作：一个是独立主席，由首相任命，负责主持所有讨论和形成政府建议的会议；另一个由政府首席科学顾问兼任，负责主持向政府汇报其咨询建议的所有会议。科学技术委员会成员由首相任命,任期为三年,可以连任。涉及某些具体工作时,科学技术委员会也会邀请外部的非成员专家加入分委员会(Subgroups)。科学技术委员会的工作议题包括研究、科学和社会、教育、科学和政府及技术创新五个方面。科学技术委员会的工作计划由其成员与政府协商制订。政府可以要求科学技术委员会就某个具体问题进行商议,但是有更重要议题时,科学技术委员会可以不接受政府要求。其可根据具体议题挑选相关领域成员组成项目组,通过发表报告、机密信函与部长、官员、咨询专家讨论等多种形式向政府提供咨询建议[1]。

技术战略委员会(Technology Strategy Board,TSB)是一个建于2007年的公共机构,在英国重要的经济部门开展工作,鼓励创新和开发、改良产品和服务。它得到商业、创新和技能部及其他政府部门、权力下放政府、区域发展局和英国研究理事会的支持和资助,主要负责国家技术战略的制定和出台,并确保商业技术和创新由商业自身来引导。

政府首席科学顾问(Government Chief Scientific Adviser,GCSA)为首相和内阁各部门提供科学、工程和技术方面的咨询,政府首席科学顾问兼任科学技术委员会主席、政府科学办公室主任,同时领导政府前瞻计划(Foresight Program)等[2]。政府很多部门设有自己的首席科学家(部门首席科学顾问),为各部门提供咨询建议[3]。英国首席科学顾问的模式为政府制定科学决策、确保科技界的地位和权威提供了行之有效的方式,日本、新西兰、欧盟等国家和组织也在建立这样的咨询机制。

英国研究理事会和高等教育拨款委员会组成英国政府对高校和科研机构的双重支持体系(dual support system),这是英国政府科技经费管理上的一大特点。英国政府不直接将科研经费分配给高校和科研单位,而是由商业、创新和技能部通过上述两个非政府部门机构进行分配。高等教育拨款委员会的任务是支持大学的基础科研设施建设,其资助经费根据大学研究质量评估结果分配,不需要有明确的研究任务和计划,主要包括了基于各大学科研质量评估结果的经常性拨款、属于专项拨款的海外研究生资助计划和科学研究投资基金等,可由高校根据自己的科研和教育活动计划自由安排。英国研究理事会和其他机构(如其他政府部门、企业、慈善机构等)通过同行评议竞争机制以研究项目或研究计划的形式支持大学和科研机构的研究,其经费投入必须要有明确的任务和计划。[4] 英国有七个研究理事会,即艺术与人文科学研究理事会(Arts

---

[1] BIS. Council for Science and Technology. http://www.bis.gov.uk/cst [2011-08-10].
[2] BIS. Foresight. http://www.foresight.gov.uk/index.asp [2011-08-12].
[3] Wikipedia. 2011. Chief scientific adviser. http://en.wikipedia.org/wiki/Chief_Scientific_Adviser_to_HM_Government [2011-08-10].
[4] 中华人民共和国财政部. 2008. 美国、英国大学科研资助情况研究. http://www.mof.gov.cn/preview/jiaokewensi/zhengwuxinxi/tashanzhishi/200807/t20080731_60011.html [2011-08-12];英国研究理事会. 英国科学与创新体系. http://www.rcuk.cn/rcuk/fore/s_content_cnt_cn.php?lid=67&cnt_id=62 [2009-12-02].

and Humanities Research Council,AHRC)、生物技术与生物科学研究理事会(Biotechnology and Biological Sciences Research Council,BBSRC)、经济与社会研究理事会(Economic and Social Research Council,ESRC)、工程与自然科学研究理事会(Engineering and Physical Sciences Research Council,EPSRC)、医学研究理事会(Medical Research Council,MRC)、自然环境研究理事会(Natural Environment Research Council,NERC)及科学与技术设施理事会(Science and Technology Facilities Council,STFC)。英国研究理事会是推动七个研究理事会密切合作而成立的合作组织,每年从英国政府获得约28亿英镑的研究基金。七个研究理事会资助相关领域的研究,一些研究理事会还有下属研究机构。

4.1.3 科技投入

4.1.3.1 人力资源

根据经济合作与发展组织的统计数据,2010年英国研发人员全时当量总数约为31.95万人·年,其中研究人员23.54万人·年(占73.68%),技术人员及支撑人员8.41万人·年(占26.32%)(图4-2)。

与其他西方发达国家不同,英国高校的研发人员数量要多于企业部门(图4-3a)。根据经济合作与发展组织的统计数据,企业研发人员数量在20世纪80~90年代的近20年间,呈逐年下降趋势(从1981年的19.50万人·年,减少至1997年的13.68万人·年),之后呈现一定的波动态势,2010年企业研发人员为14.24万人·年,较上一年度减少了6.02%。2010年高校研发人员达15.30万人·年,较上一年度减少了9.43%。国立科研机构的研发人员则从1981年的5.40万人·年降至2010年的1.74万人·年。从研究人员数量来看(图4-3b),高校研究人员数量在2000年后大幅增加,但同样受到金融危机的影响,2009年达到15.80万人·年之后,2010年降为14.27万人·年。而企业研究人员数量在10万人·年以下,2010年为8.06万人·年,较高校少了近一半。国立科研机构的研究人员数量从1981年的约2万人·年减至2010年的8134人·年。

从研发人员构成比例来看(图4-4a),英国企业和高校的研发人员是本国研发人员的主要组成部分,20世纪80年代,企业研发人员是英国研发人员的绝对主力,比重近2/3,而当时高校研发人员仅占16.67%;但到2010年高校和企业研发人员所占比重分别为47.89%和44.56%。国立科研机构研发人员的比重呈不断下降趋势,从1981年的17.31%降至2010年的5.45%,这与英国政府对国立科研机构的改革有关。非营利机构研发人员所占比重不大,2010年为2.10%。从研究人员构成比例来看(图4-4b),

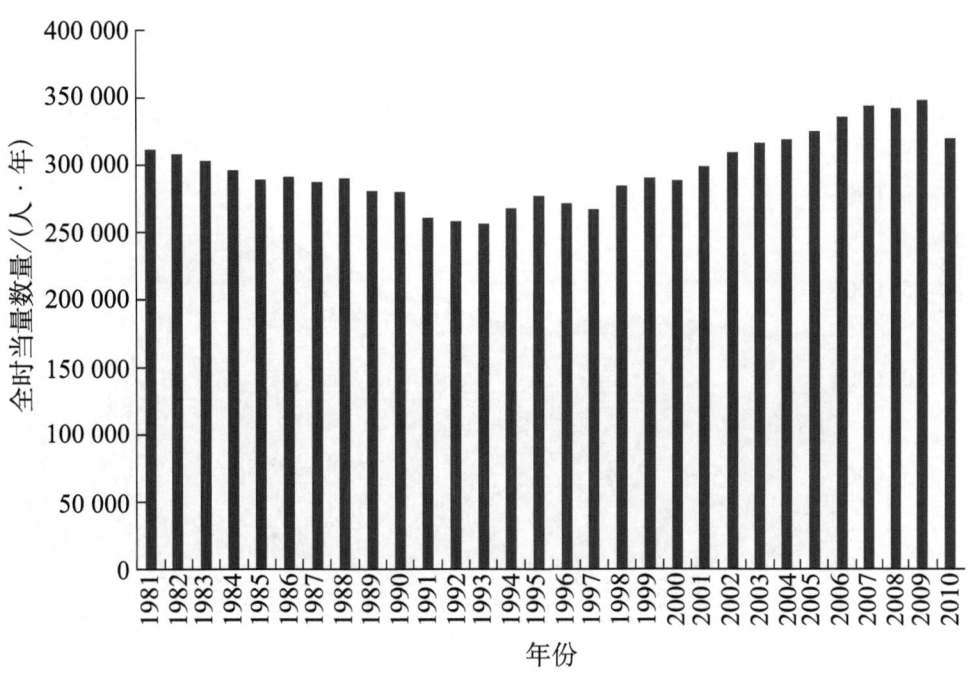

图 4-2　1981~2010 年英国研发人员全时当量数量变化态势

资料来源：OECD Stat 数据库

尽管同样是企业和高校的研究人员构成其主体，但 2010 年高校研究人员占比已达到

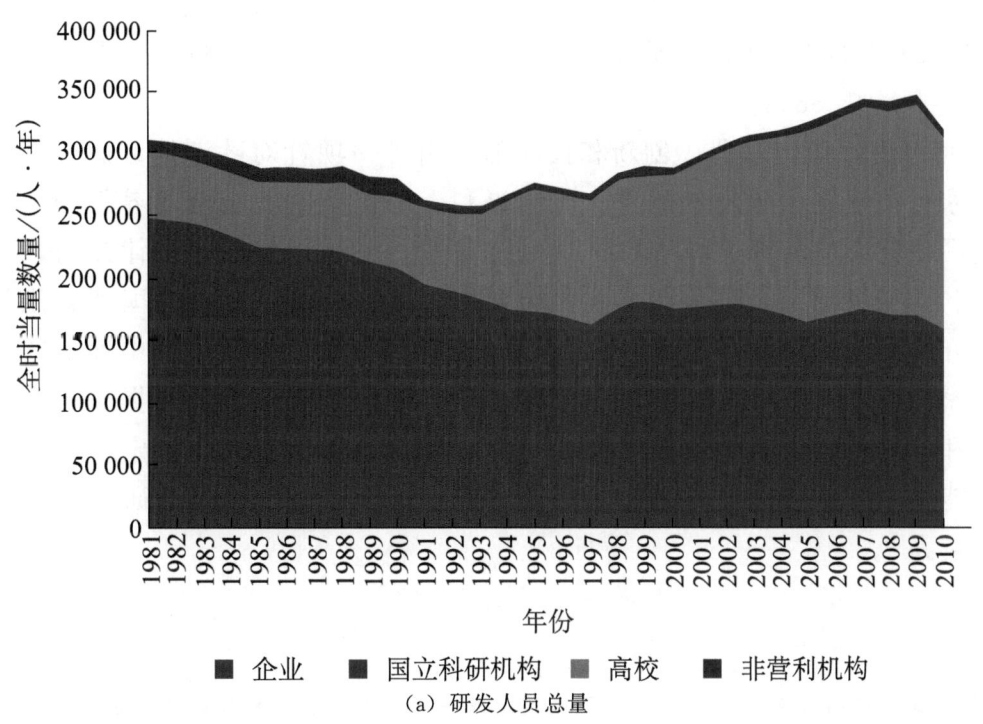

(a) 研发人员总量

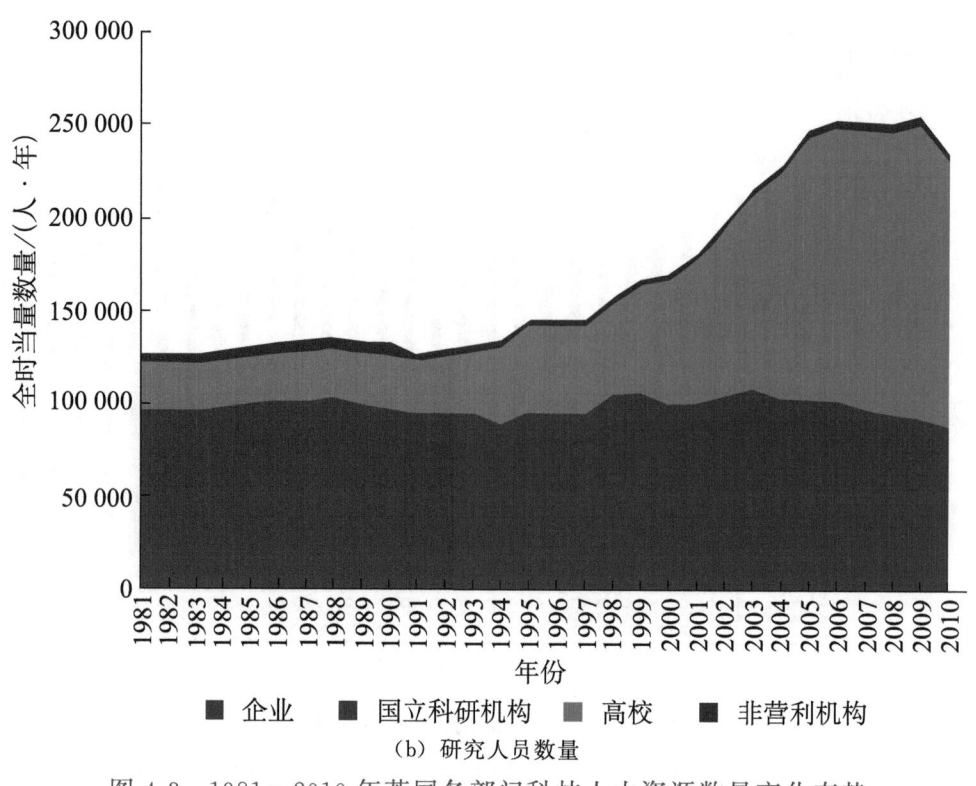

图 4-3　1981～2010 年英国各部门科技人力资源数量变化态势

资料来源：OECD Stat 数据库

60.64%，接近企业（占 34.23%）的两倍。国立科研机构研究人员的比重呈不断下降趋势，从 1981 年的 15.75% 降至 2010 年的 3.46%。非营利机构研究人员所占比重最低，2010 年仅为 1.68%。

2009 年年底，英国商业、创新和技能部推出了一项针对欧洲地区研究人员流动和发展的国家行动计划，从公开招聘、社会福利、工作条件和技能培养等四个方面，鼓励欧洲地区研究人员前来英国从事科学研究事业。该计划并没有法律效力，但对各研究理事会、研究机构及大学等具有重要指导作用。该计划认为，英国拥有比其他欧盟国家更为开放的研究环境。英国境内 20% 的研发人员来自国外，其中其他欧盟国家和非欧盟国家的研发人员各占一半，该比重在一些领域甚至更高。根据该行动计划，商业、创新和技能部将组织学术界重要机构共同制定英国研究人员协定，其目的是保证英国研究能力的可持续性，提高英国科学研究水平，以及增强英国研究活动对经济和社会的影响力[①]。

---

① 中华人民共和国科学技术部. 2010. 英国制定欧洲研究人员流动和发展的国家行动计划. http://www.most.gov.cn/gnwkjdt/201003/t20100330_76509.htm [2011-08-10].

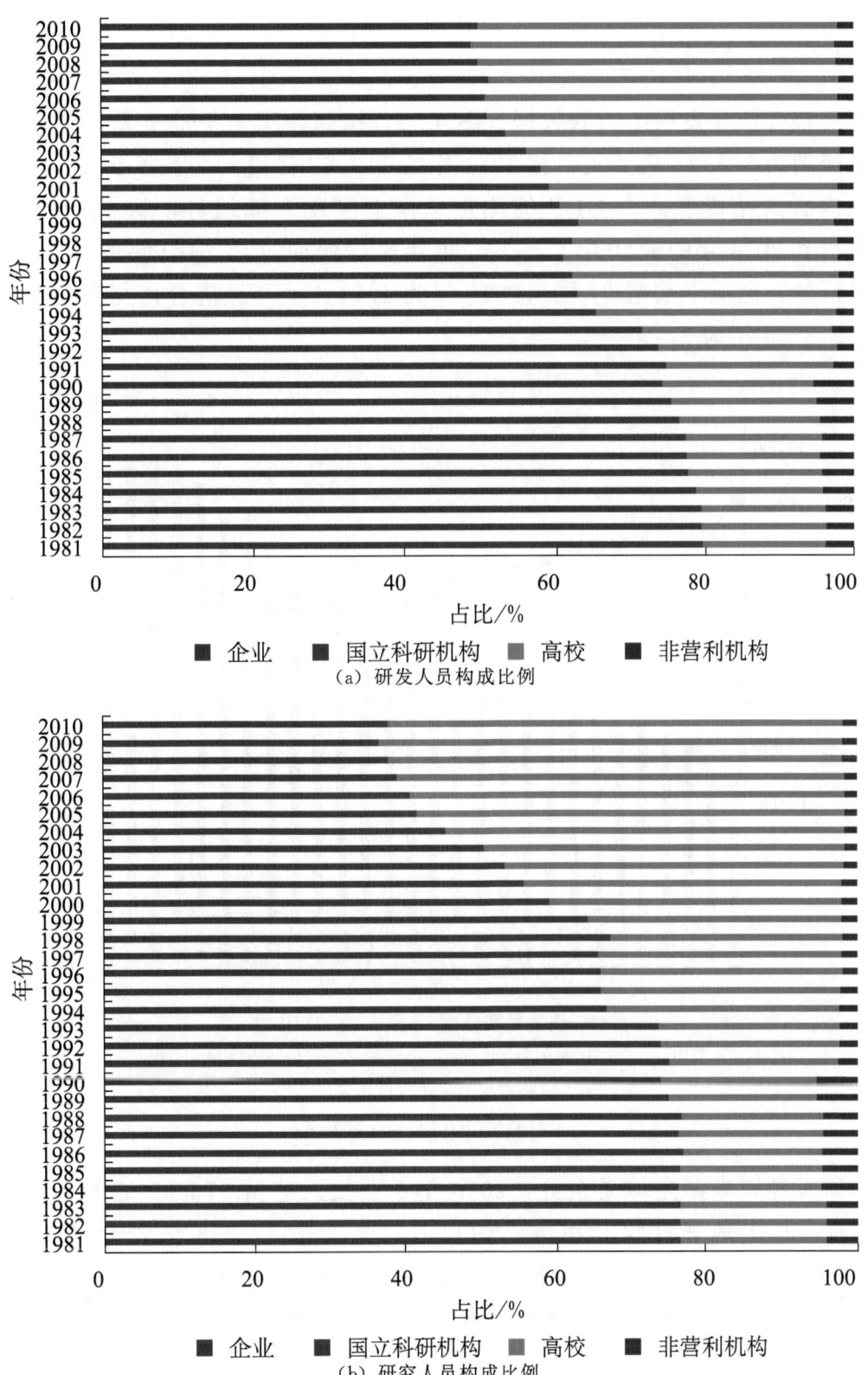

图 4-4　1981～2010 年英国各部门科技人力资源构成的变化态势

资料来源：OECD Stat 数据库

4.1.3.2 科技经费

根据经济合作与发展组织的数据（图4-5），按照购买力平价美元计算，英国2010年的研发经费为391.38亿美元，比1981年的119.58亿美元增长了2.27倍。近20余年英国国内研发经费总额占GDP的比重总体上呈现下降趋势，从1981年的最高值2.35%下滑到2004年的最低值1.68%，近年来缓慢回升至2010年的1.77%，是G7国家里最低的，也低于欧盟27国（2010年为1.91%）和经济合作与发展组织国家的平均水平（2009年为2.4%）[①]。

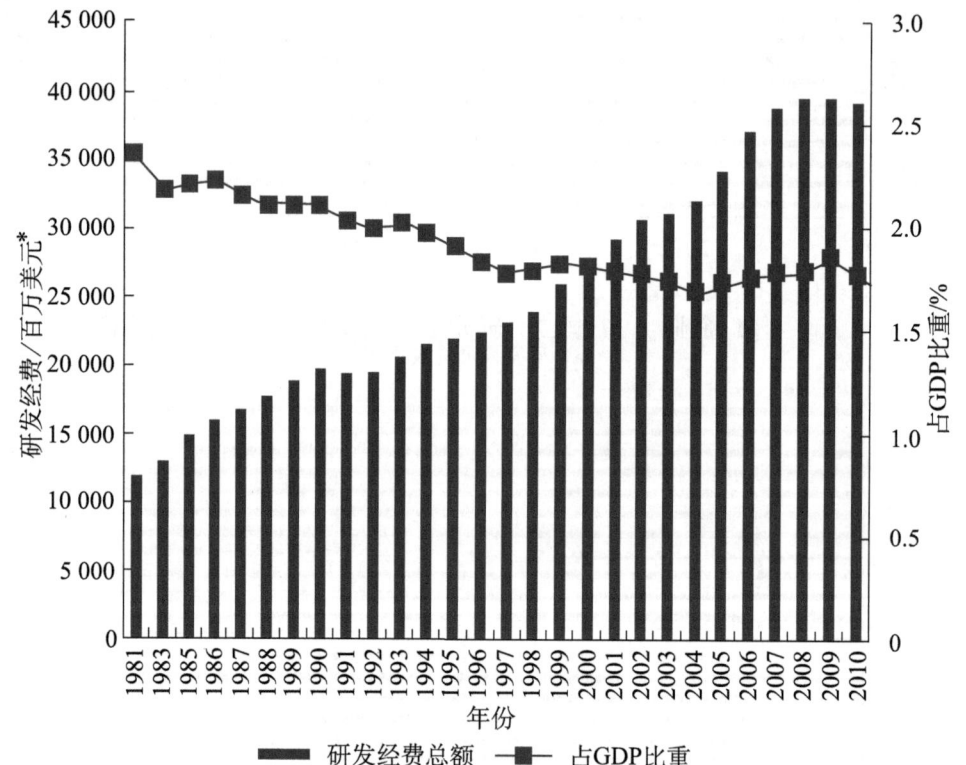

图4-5　1981~2010年英国研发经费总额及占GDP比重的变化态势
*按购买力平价现值美元计
资料来源：OECD Stat 数据库

英国研发经费来源主体是企业，2010年企业投入经费176.61亿美元，占总经费的45.13%，其次是来自政府和国外的投入，分别是125.78亿美元（32.14%）和64.35亿美元（16.44%）；来自高校和非营利机构的经费很少。

从经费来源来看，各投入主体均在加大对研发的投入。20世纪90年代以来英国

---

① OECD. 2012. Main Science and Technology Indicators. Volume. 2011/3. OECD Publishing：25.

政府出台了鼓励和刺激企业加大科技投入的一系列创新计划和措施，使得企业对研发的投入稳步增长，2010年比2000年增加了31.21%，比1990年增加了81.10%，其占总经费比重一直维持在45%左右，2010年为45.13%。政府对研发的投入情况稍有波动，数量上仍呈增长的态势，但其所占比重在减少，由1981年的48.10%下降到2010年的32.14%。来自国外的经费增长较快，2010年比2000年增长了44.59%，从图上看，2010年是1990年的1.78倍，所占比重由1981年的6.87%上升到2010年的16.44%（图4-6，图4-7）。

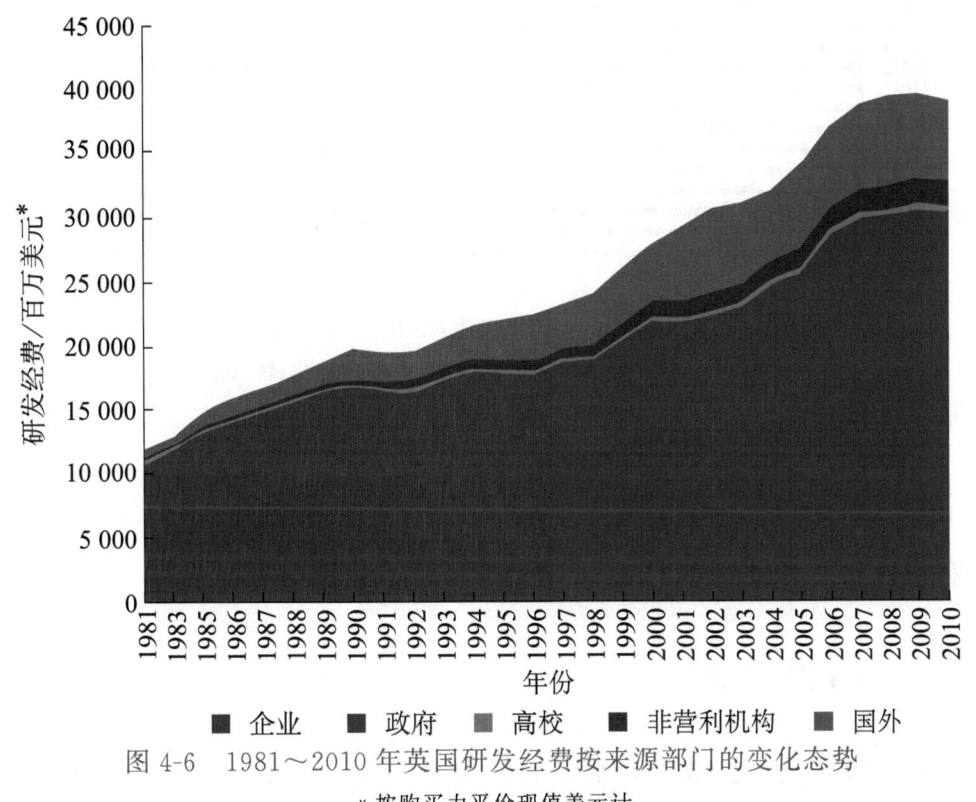

图4-6 1981~2010年英国研发经费按来源部门的变化态势

＊按购买力平价现值美元计

资料来源：OECD Stat数据库

从研发经费的执行情况来看（图4-8），企业是主要执行部门，其研发活动占据主导地位，这也是市场经济发达国家的共同特征，2010年英国企业部门使用的研发经费达到238.46亿美元，占60.93%。其次是高校，所占比重逐年提高，表明大学在英国国家创新体系中的作用正在不断加强，地位正在不断提升，2010年英国高校使用的研发经费为106.61亿美元，占27.24%。国立科研机构2010年使用研发经费为36.83亿美元，占比由1981年的20.64%降至9.41%。

从科研经费的流向（图4-9）来看，企业投入经费绝大部分用于自身开展研发活动（95.03%），而大部分的国外资金也流向了企业（80.21%）。一半以上的政府投入经费

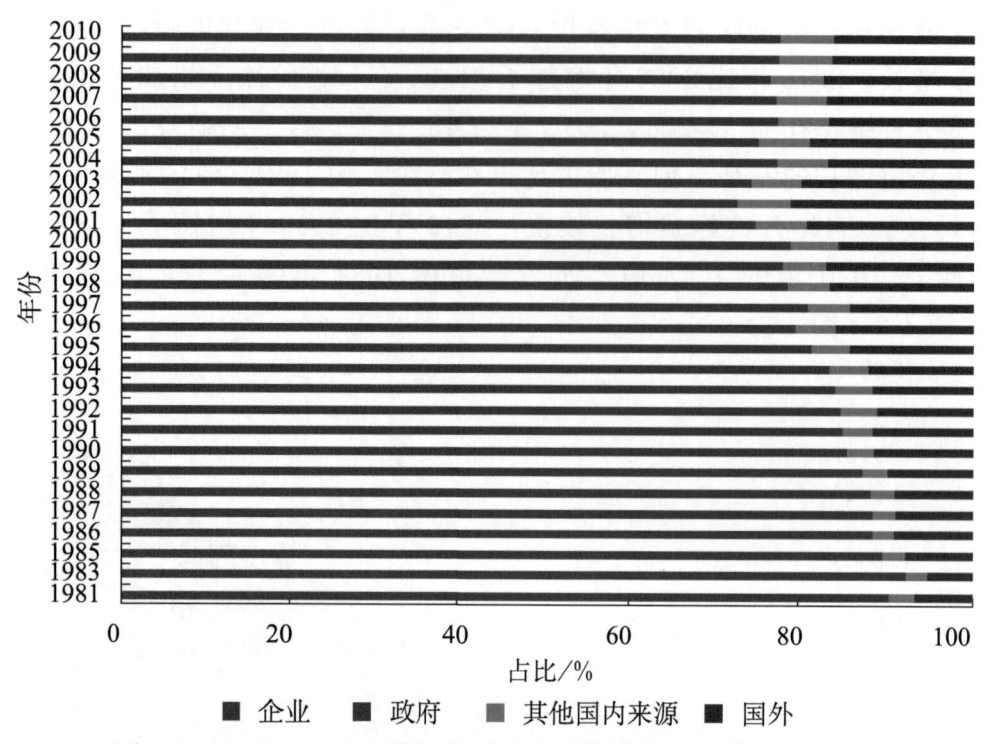

图 4-7 1981～2010 年英国研发经费来源部门构成的变化态势
资料来源：OECD Stat 数据库

流向高校（57.39%），其次流向国立科研机构和企业，分别占 24.70% 和 14.96%。高校和非营利机构的投入经费主要流向了高校。

4.1.4 科技计划

英国政府为贯彻其科技政策，促进科技发展，制订了各项研究发展计划。英国政府历来是不做中长期科技发展计划的，每三年变更一次的短期科技计划一直是英国的传统做法，计划完成后经过评估再确定是否进入下一轮或是制订新的计划。2004 年 7 月，由内阁的三个主要部门（财政部、贸工部、教育和技能部）第一次共同编制了为期 10 年的科学与创新投入框架计划（2004—2014）。该计划的目的在于通过增加科技投入最终使英国成为世界上对科学和创新最具吸引力的地方，成为全球经济的重要知识枢纽，成为将知识转化成新产品和新服务的世界领先者[1]。该计划设立的科技投入目标如下：将科技投入置于其他领域投入之上，承诺对科技投入的年度实际增长率保持

---

[1] HM Treasury. 2004. Science & innovation investment framework 2004-2014. http://www.hm-treasury.gov.uk/spending_sr04_science.htm [2011-08-12].

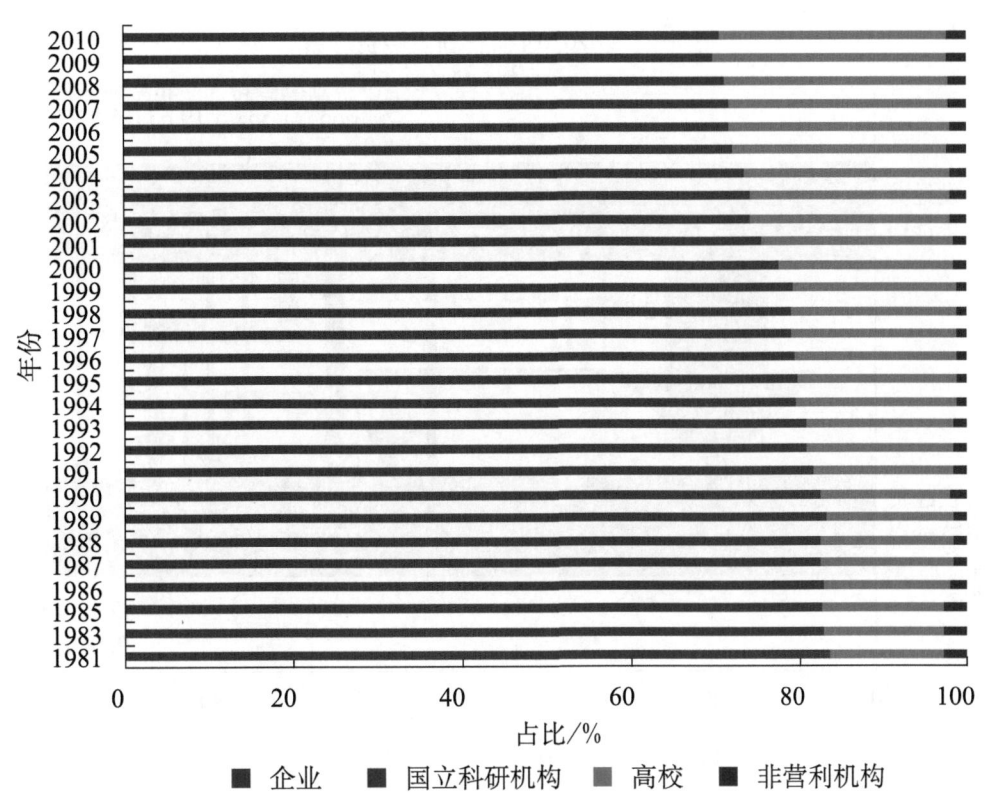

图 4-8　1981～2010 年英国研发经费执行部门构成的变化态势
资料来源：根据英国国家统计局和 OECD Stat 数据库整理

在 5.8% 的平均水平，将研发投入占 GDP 的比重从 2004 年的 1.9% 提高到 2014 年的 2.5%。

英国当前正在执行的研究发展计划主要包括技术前瞻计划、e-Science 计划、知识转移合作伙伴计划、能源研究合作计划、"联系"计划、SMART 计划和生物银行计划等。下面重点介绍技术前瞻计划、e-Science 计划和知识转移合作伙伴计划。

(1) 技术前瞻计划 (Technology Foresight Programme)[①]。第一轮前瞻计划于 1994～1999 年实施，政府共拨款近四亿英镑用于计划的执行。1999 年 4 月至 2002 年，第二轮前瞻计划开始实施，突破上一轮的技术局限，本轮计划更加关注科技创新与社会、市场趋势的相互作用，共涉及三大主题十个部门专题小组。新一轮的前瞻计划已于 2002 年 4 月启动，目前仍在进行当中。本轮计划较上两轮作了较大的调整，把原来按专业小组划分、同时全面启动的做法，改为按若干重大项目划分，分阶段滚动发展，一次启动 3～4 个项目，每个项目周期为 9～18 个月。本轮计划已完成的项目如下：全球食品与农业、土地使用、精神健康、可持续能源管理、肥胖症、传染病诊断、智能

---

① BIS. Foresight. http://www.foresight.gov.uk/index.asp [2011-08-12].

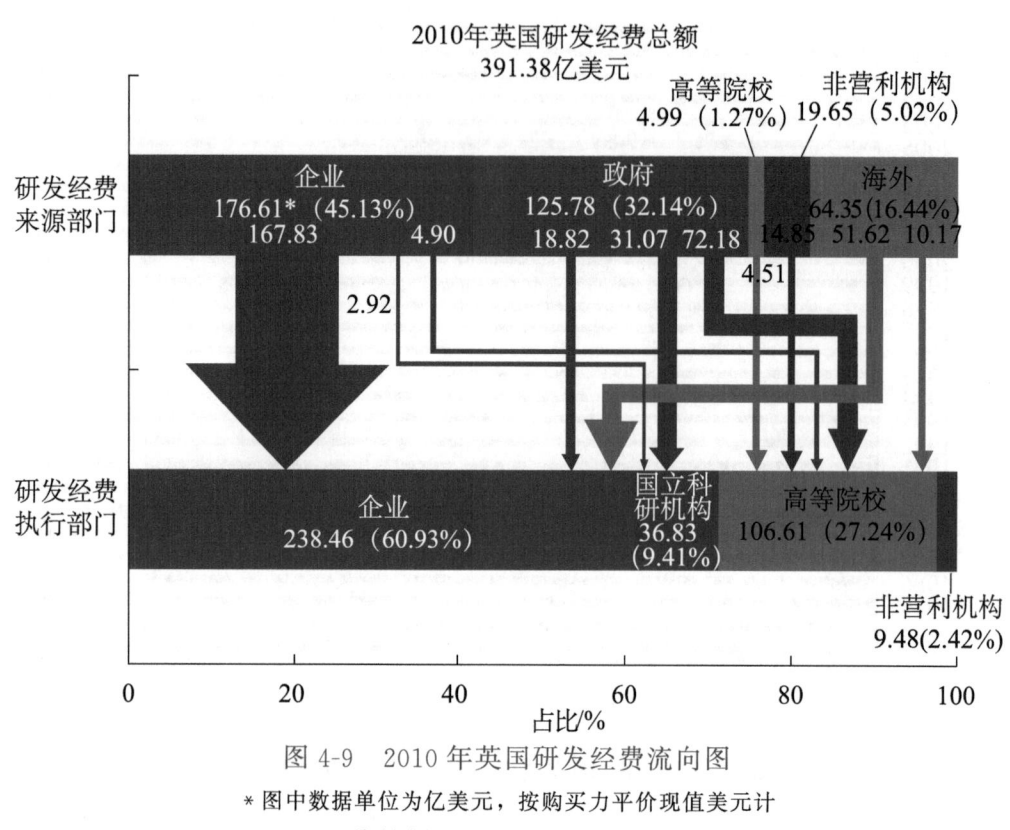

图 4-9　2010 年英国研发经费流向图
* 图中数据单位为亿美元，按购买力平价现值美元计
资料来源：OECD Stat 数据库

基础系统、脑科学与药物、网络信任机制与犯罪预防、电磁波频谱开发、洪水与海岸防护、认知系统等。

（2）e-Science 计划（UK e-Science Programme）[①]。英国 e-Science 计划开始于 2001 年，是近年来英国政府在信息技术领域支持的最大的研究计划，总经费 2.5 亿英镑。该计划由两部分组成：工程与物质科学研究理事会代表其他研究理事会负责的 e-Science 核心计划（e-Science Core Programme），以及各个研究理事会自行负责的 e-Science 计划（e-Science Programme），随后原贸工部也加入进来。2001～2006 年，英国 e-Science 计划共资助了 100 多个项目。e-Science 核心计划推动了共性技术的发展。各研究理事会通过 e-SCience 核心计划与联合信息系统委员会（Joint Information Systems Committee，JISC）合作，一起打造《科学与创新投入框架（2004—2014）》所要求的信息化科研基础设施（e-infrastructure）。2004 年起英国开始实施 e-Science 核心计划的第二阶段，开展的主要活动如下：①在爱丁堡大学、格拉斯哥大学建立了与地区网格中心相连的国家 e-Science 中心；②形成了由卢瑟福·阿普尔顿实验室、曼

---

① RCUK. UK e-Science programme. http：//www.rcuk.ac.uk/escience［2008-12-12］.

彻斯特大学、牛津大学、爱丁堡大学、利兹大学等组成的英国 e-Science 的国家网格服务体系（National Grid Service，NGS）；③在南安普顿大学建有开放中间件（middleware）的基础设施研究所；④在爱丁堡大学成立了数据维护中心。此外，还建立了 e-Science 的新样本，并参与了一批国际网格项目。2007 年，e-Science 核心计划进入第三阶段。2008 年 3 月，该计划向四个网络项目注资 400 万英镑。

（3）知识转移合作伙伴计划（Knowledge Transfer Partnerships，KTP）[①]。该计划是英国政府于 2003 年实施的将 1975 年启动的教研公司计划（Teaching Company Scheme，TCS）和 1996 年开始试运行的院校-企业合作伙伴计划（College-Business Partnerships，CBP）合并而成的新计划。该计划鼓励产业界与知识界的合作，利用高校、研究组织和继续教育学院等学术机构的知识、技术和技能提高产业界的竞争力及生产力。与此同时，该计划也帮助提高知识研究与教学的产业相关性。博士后研究人员、大学毕业生或者达到英国国家职业资格证书（National Vocational Qualification，NVQ）四级或同等水平的人员，也可以加入该计划。一项计划一般有三方参与：公司、知识基地伙伴和知识转移合作伙伴计划研究员。知识转移合作伙伴计划在全国设有 9 家地区发展机构和 3 家独立机构。自 2007 年 7 月起，该计划的经费主要来自技术战略委员会及其他 17 个组织，如艺术与人文科学研究理事会、生物技术与生物科学研究理事会、环境食品和农村事务部、卫生部等。合作项目涉及的领域包括产品设计、制造、技术创新、业务流程（包括 IT 及社会科学）和商务发展等。一般每个教研公司计划项目的周期为 12~36 个月，知识转移合作伙伴计划则更为灵活。

4.1.5 国际科技合作

英国把国际科技合作视为保持其科技竞争力的重要措施之一，除继续密切与美国和欧盟成员国等世界发达国家的合作外，同中国、印度等经济快速发展国家的合作也在不断加强。英国约 18% 的研发经费来自国际合作，1996~2000 年，英国合作论文数量为 9.76 万篇，占论文总数的 29%；2001~2005 年，合作论文 14.45 万篇，占比上升至 40.4%，与英国合作论文最多的国家是美国、德国、法国、意大利[②]。

2006 年 10 月，由政府首席科学顾问牵头的全球科学与创新论坛发布了《英国研究与发展国际合作战略》，即英国的国际科技合作战略。该战略建立在以下四个优先领域基础之上：①卓越研究：加强国际合作、吸引最优秀的研究人员来到英国；②卓越

---

① Technology Strategy Board. Knowledge transfer partnerships. http：//www.ktponline.org.uk［2011-08-10］.
② 中国科学院国际科技比较研究组. 2009. 中国与美日德法英五国科技的比较研究. 北京：科学出版社.

创新：英国的企业参与国际科学研究、吸引国际研发资金投向英国；③全球影响：利用国际科学研究强化英国的外交政策，并作为提升双边合作关系的工具；④发展：通过研究和创新达到国际发展的目标，与英国《消除世界贫穷》白皮书保持一致。

英国的国际科技合作主要有四种类型：①参与国际科技合作计划，如欧盟第七框架计划、尤里卡计划、伽利略计划、欧洲科学技术研究领域合作计划、人类基因组计划等。此外英国还是经济合作与发展组织、北大西洋公约组织、联合国多个专业机构科技委员会的成员；各个研究理事会、皇家学会和皇家工程院等非政府机构还是欧洲科学基金会的成员，积极参与这些组织开展的各项科研合作计划。②保持和扩大同美国、日本及新兴的中国、印度等国的双边交流与合作。③通过支持访问学者和外国博士后研究人员，提供国际差旅费和国际会议费等形式扩大对外交往、吸引国外优秀人才。④与跨国公司开展合作[1]。

英国是欧洲国家中与中国合作最多的国家。在工程领域，与中国的合作规模要大于与加拿大、澳大利亚的合作。英国的七家研究理事会均已同中国的有关对口机构建立起正式的合作关系。2007年10月，英国研究理事会在北京设立了其在欧洲以外的第一家代表处。2007年11月在伦敦还启动了中英创新合作计划（Innovation China-UK，ICUK），这是一项由大学和企业共同参加的合作项目。第一阶段的合作重点是市场化前的科研合作研究；现在已进入第二阶段，重点是向中方提供关于英国市场研究、中国进入战略、知识产权贸易等的咨询服务[2]。2011年6月7日，在北京举行的中英第六次科技联委会确定了两国今后两年的重点科技合作领域，包括前沿科学、能源与可再生能源、环境、人口健康、食品安全、应用科学、空间科学、创新与政策交流。其中，在能源与可再生能源、人口健康和食品安全领域，双方同意在政府层面上建立紧密的合作关系，探讨具体的合作和支持机制[3]。

4.1.6 创新体系构成：高校、企业与学会和协会

4.1.6.1 高校

大学是英国科学研究的重要基地，包括举世闻名的牛津大学、剑桥大学在内，英国共有高校170多所，其教育和科研水平在世界居于领先地位。1994年，英国的24所

---

[1] 国际科技合作政策与战略研究课题组.2009.国际科技合作政策与战略.北京：科学出版社.
[2] 中华人民共和国驻大不列颠及北爱尔兰联合王国大使馆网站.2008.中英政府间科技合作简况.http://www.chinese-embassy.org.uk/chn/kjjl/t422158.htm［2011-08-12］.
[3] 中华人民共和国科学技术部.2011.中英第六次科技联委会在北京举行.http://www.most.gov.cn/kjbgz/201106/t20110616_87566.htm［2011-08-10］.

一流研究型大学组成了罗素大学集团（Russell Group），这些大学承担了全英国大学65%以上的研发经费，创造了全英国60%以上的一流科研成果。根据上海交通大学2011年世界大学学术排名，前10名中有2所英国大学（剑桥大学第五位，牛津大学第十位，其余均为美国大学），前100名中有10所英国大学[1]；而根据《泰晤士报》2012年世界大学排名，前10名中有3所英国大学，前50名中有7所，前100名中有12所，均仅次于美国[2]。

英国大学的一个显著特点是享有高度的自治，主要体现在三个方面。一是可以自由地通过各种可能的渠道获取经费，但其主要经费仍是由高等教育拨款委员会和英国研究理事会通过双重支持体系提供；二是可根据市场导向，自主设置专业、学位和开设课程；三是可以在内部自主安排使用高等教育拨款委员会下拨的经费。从20世纪80年代开始，英国政府和大学的关系发生了一些变化，大学从完全的自治转变为有条件的自治[3]。

英国各大学均设有研究中心（所）和实验室，除开展大量的自由探索性质的研究工作外，还承担了英国绝大多数的基础性及战略性研究任务，是英国创新体系的重要组成部分。英国大学的研究人员数量占到全国研究人员总数的60%以上，执行的研究经费占到27.24%，仅次于企业。英国大学科研经费的来源多元化，以2010年为例，来自政府的经费约占67.7%，来自非营利机构和国外的经费分别占13.93%和9.54%，来自企业和自身的经费分别占4.59%和4.23%。

政府对大学的经费资助基于双重支持体系：一是教育主管部门通过高等教育拨款委员会基于大学的科研水平拨付经常性经费，主要用于人员工资、基础设施建设及被称为"蓝天研究"（Blue Sky Research）的前瞻性自由探索的科研活动；二是英国研究理事会提供基于项目的竞争性经费。高等教育拨款委员会经费包括四个部分，即教学拨款、科研拨款、专项拨款、指定项目基建拨款，其中教学拨款超过分配总额的60%，其次为科研拨款，大约占20%。分配到大学的各项资金以一个总额下达到学校，学校可以根据各自的任务和目标，自主安排资金的使用[4]。为提高大学研究水平、鼓励竞争，英国高等教育拨款委员会每隔几年就进行一次科研评估（research

---

[1] 上海交通大学世界一流大学研究中心. 2011. 2011世界五百强大学. http://www.shanghairanking.cn/Country2011Main.jsp?param=United Kingdom [2011-08-16].

[2] Times Higher Education World University Rankings 2011-12. http://www.timeshighereducation.co.uk/world-university-rankings/2011-2012/top-400.html [2012-06-17].

[3] 郑文. 2006. 英国大学自治的理论基础和发展现状. 现代大学教育，(4): 69-72；Eeawatch. 2010. Research performers—higher education institutions. http://cordis.europa.eu/erawatch/index.cfm?fuseaction=ri.content&topicID=66&parentID=65&countryCode=GB [2011-08-10]；2005年中国高校领导赴英国培训团. 2006. 英国大学办学理念、资金筹措及国际化战略的特点. 教育财会研究，(4): 3-13.

[4] 湛毅青，李一智，陈军. 2007. 启示与思考：英国大学科研的政府资助体系. 科研管理，(5): 143-149.

assessment exercise，RAE），对英国高校的研究水平分学科进行评价、排名，各学科的研究经费分配与之直接挂钩。截至 2012 年，已经开展了六次 RAE[①]。2011～2012 年，英国高等教育主管部门开始以新的研究卓越框架（research excellence framework，REF）代替 RAE。研究卓越框架同样采用同行评议的方式，但在评价研究成果时更注重对经济社会的影响和研究环境。英国研究理事会以同行评议的方式将经费分配到最有能力承担项目研究的大学，按照项目完全经济成本核算（full economic cost，fEC）的一定比例划拨项目经费。科研项目的完全经济成本由直接发生成本、直接分配成本、间接成本和其他成本组成，包括所有参与该项目的研究人员的人工费，以及按照项目分摊的合适份额的基础设施费用和管理费用等间接成本。自 2005 年 9 月起，对于提交申请的科研项目，英国研究理事会按照完全经济成本核算所得项目成本的 80% 拨付项目经费，并从 2011 年开始将该比例提高到 100%[②]。

除了教育和科研，20 世纪 80 年代以来，英国大学越来越重视其第三使命，即服务于产业界和地区发展，为社会、地方经济建设作贡献。1988 年，撒切尔夫人强调大学应该与社会经济发展和工商业紧密地联系起来。在知识经济时代，大学应当在创造知识、转化知识、应用知识中发挥作用。2003 年，英国《高等教育的未来》报告中更明确和强化了大学的社会功能。为此，英国政府通过设立高校创新基金等方式，支持大学的技术创新活动。高校创新基金由高等教育拨款委员会管理，重点支持高校科研成果的转移工作。英国各大学也以多种形式实现其第三使命，例如，创立公司、与企业合作建立创新开发机构，建立大学科技园等，以此促进科技成果的产业化。2002 年英国大学创立的公司有 158 家。英国大学还建立了一些跨学科、跨单位的联合开发中心，如曼彻斯特大学成立的 40 多个联合研究中心。这些联合研究中心的教授或就某一项目开展合作研究，或在一定时间，在联合中心围绕一个项目联合攻关[③]。在此基础上，大学正在为英国经济的发展做出越来越大的贡献。

4.1.6.2 企业

尽管英国具有很强的科学技术优势，特别是在基础研究领域，但是在第二次世界

---

① 科研评估是由英格兰高等教育拨款委员会（Higher Education Funding Council for England，HEFCE）、苏格兰基金理事会（Scottish Funding Council，SFC）、威尔士高等教育拨款委员会（Higher Education Funding Council for Wales，HEFCW）和北爱尔兰教育与学习部（Department for Employment and Learning，Northern Ireland，DEL）等部门在全英国范围内实施的大学科研评估活动。迄今开展科研评估的年份有 1986 年、1989 年、1992 年、1996 年、2001 年和 2008 年，官方网址：http：//www.rae.ac.uk。

② 湛毅青，李一智，陈军. 2007. 启示与思考：英国大学科研的政府资助体系. 科研管理，(5)：143-149.

③ Erawatch. Research performers—higher education institutions. 2010. http：//cordis.europa.eu/erawatch/index.cfm? fuseaction=ri.content&topicID=66&parentID=65&countryCode=GB [2011-08-10]；2005 年中国高校领导赴英国培训团. 2006. 英国大学办学理念、资金筹措及国际化战略的特点. 教育财会研究，(4)：3-13.

大战后，英国科学技术方面的发展速度开始落后于其主要竞争对手，面临着科学技术不能迅速转化为生产力的难题。近10年来，面对经济全球化的挑战，英国政府更加重视将科技进步与经济发展有机结合，在2003年发布的《创新报告》和2004年发布的《科学与创新投入框架（2004—2014）》文件中，均强调了要加强对企业创新的支持。英国政府通过减免研发税收、提供贷款担保、设立风险基金、资助合作项目和推动校企合作等方式促进企业的研发工作[①]。

目前，企业是英国研发体系的主体，是研发经费的最大投入者和执行者。根据英国国家统计局的数据，2010年英国企业的研发经费为161亿英镑，较上一年增长了3.7%；其中民用研发经费为144亿英镑（较上一年增长了5.8%），国防研发经费为17亿英镑（较上一年增长了11.4%）。

从企业研发支出的领域来看，在民用开支中，制造业占70.1%，服务业产品占28%。国防研究主要是机械工程，其次是航空产品和电子机械。企业研发支出最大的领域是制药，2010年经费为46.34亿英镑，占企业研发总支出的28.8%。英国是世界五大制药业强国之一，位列世界前十的制药公司有葛兰素史克和阿斯利康。研发是制药业的核心，2010年，葛兰素史克和阿斯利康的研发投入分别为61亿美元和42亿美元。许多世界顶级的制药集团（如美国辉瑞、瑞士诺华、美国礼来等）在英国设立了研发中心和生产基地，据英国制药工业协会（ABPI）的报告，全球前一百位处方药的1/5在英国研发。企业研发支出第二大的领域是航空航天（2007年经费为14.7亿英镑，占比9.4%）和计算机及相关服务（14.5亿英镑，占比9.3%）。英国在航空航天领域具有较高的研发和制造水平，是世界上使用航天数据和技术最频繁的国家之一，其全球市场份额仅次于美国[②]。

从研发支出的地区分布来看，企业研发主要集中在英格兰地区，2010年92.6%的研发是在英格兰实施的，其中英格兰东部占26.8%、东南占25.3%、西北占13.8%[③]。

4.1.6.3 学会和协会

在英国，众多的科技领域都拥有大量的学术性、专业性的学会和协会等组织机构，相当一部分学会和协会有自己的教育与培训机构，有些承担一定的研究、推广应用与

---

① 王葆青. 2009. 英国如何激励企业创新. 江苏企业管理，(1)：40-42.
② 商务部. 2007. 英国优势产业调研报告. http://intl.ce.cn/gjzx/oz/yg/scdy/200706/06/t20070606_11620964.shtml [2011-08-16]；Office for National Statistics. 2011. UK business enterprise research and development, 2010. http://www.ons.gov.uk/ons/rel/rdit1/bus-ent-res-and-dev/2010/stb-berd-2010.html [2012-06-17].
③ Office for National Statistics. 2011. UK business enterprise research and development, 2010. http://www.ons.gov.uk/ons/rel/rdit1/bus-ent-res-and-dev/2010/stb-berd-2010.html [2012-06-17].

普及任务，还对出版科技论著、举办科学讲座与会议、开展科技团体间的合作与交流等活动给予资助，并开展与研究开发有关的咨询、培训和信息服务等。这类专业机构中最具代表性的有皇家学会、皇家工程院等。

皇家学会相当于英国的科学院，成立于1660年，全称为伦敦皇家自然知识促进学会（Royal Society of London for Improving Natural Knowledge），它是一个独立的、享有慈善机构特权的组织，拥有1500名会员。其主要任务是就国家的科学技术发展、科研经费和人事任免等工作向政府提供咨询服务，资助科学考察和调查、组织与国外高级科技人员的交往，举办科学会议，授予称号，举办讲座及颁发奖金、奖章等。皇家学会致力于推动科学的发展、科学研究、咨询等，但它没有自己的科研实体，其科学研究、咨询等职能主要通过指定研究项目、资助研究、制订研究计划、会员与产业界联系及开展研讨会等方式来实现[①]。作为英国重要的科学思想库，皇家学会发布了很多引起世界广泛关注的报告，为英国科技决策和世界科技发展提供了重要的支撑。这些报告包括《公众理解科学》（Public understanding of Science）、《21世纪的全球科学合作：知识、网络和国家》（Knowledge, networks and nations: Global scientific collaboration in the 21st century）、《科学：一项开放的事业》（Science as an Open Enterprise）等。皇家学会经费的68.2%来自商业、创新和技能部的议会补助金拨款，2011~2015年英国政府将为皇家学会提供1.89亿英镑的经费[②]。

4.1.7 创新体系构成：国立科研机构

4.1.7.1 类型与分布

英国国立科研机构是指由英联邦政府所有和资助的研究机构。英国作为世界主要科技大国之一，在基础研究领域所取得的成就，与其国立科研机构在承担国家公共研究任务中发挥的重要作用是分不开的。英国的许多政府部门都有一定的科研管理职能，各部门都拥有一些直属的科研机构。20世纪70年代，英国政府开始酝酿对国立科研机构进行改革，这同英国政府职能转移及国家战略目标的选择有直接关系。1988年，政府首席科学顾问约翰·费尔克拉夫提出公共研发支出原则：公共研发经费应该用在远离市场化的研究上，将接近市场的研发留给企业，政府经费应限制投放在市场没有

---

① Royal Society. About us. http://royalsociety.org/about-us [2011-08-12]；维基百科. 2011. 皇家学会. http://zh.wikipedia.org/zh-cn/%E7%9A%87%E5%AE%B6%E5%AD%A6%E4%BC%9A [2011-08-15].

② Royal Society. Parliamentary grant. http://royalsociety.org/about-us/reporting/parliamentary-grant [2011-08-12].

能力使整体效益最大化的领域。由此，90年代隶属于不同政府部门的国立科研机构纷纷进行了机构改革，少数保留在政府机构中成为其下属执行机构。基础性科研机构经过合并重组成为隶属于不同研究理事会的非营利机构或公司，而应用型科研机构被私有化后则成为私营公司。

目前，英国国立科研机构可以分为部属科研机构和非部属科研机构两大类。部属科研机构是联邦政府各部所属的机构；非部属科研机构包括英国七个研究理事会下属的科研机构及独立性的科研机构。这些机构大都专业性特点突出。从数量上来看，部属科研机构和英国研究理事会下属的科研机构占绝大多数，独立性的科研机构为数较少。独立性科研机构尽管不属于任何组织，但是也接受政府部门的资助。表4-1给出了一些代表性的英国国立科研机构。

表4-1 英国部分国立科研机构

类型	所属部门	科研机构
部属国立科研机构	商业、创新和技能部	国家重量和测量实验室（National Weights and Measures Laboratory）（执行机构） 国家物理实验室（National Physics Laboratory，NPL）等
	环境、食品和农村事务部	动物健康（Animal Health）（执行机构） 中心科学实验室（Central Science Laboratory）（执行机构） 环境、渔业和水产科学中心（Centre for Environment, Fisheries and Aquaculture Science）（执行机构） 政府去污服务（Government Decontamination Service）（执行机构） 海洋和渔业局（Marine & Fisheries Agency）（执行机构） 农药安全局（Pesticides Safety Directorate）（执行机构） 兽医实验室（Veterinary Laboratories Agency）（执行机构） 兽药理事会（Veterinary Medicines Directorate）（执行机构）等
	卫生部	药品和健康产品管理局（Medicines and Healthcare Products Regulatory Agency）（执行机构） 健康保护局（Health Protection Agency） 国家健康与临床优化研究所（National Institute for Health and Clinical Excellence）等
英国研究理事会所属国立科研机构	生物技术与生物科学研究理事会	巴布拉汉研究所（Babraham Institute）（支持生物医学研究，生物技术和医药行业） 草原和环境研究所（Institute of Grassland and Environmental Research）（农业和环境研究） 动物健康研究所（Institute for Animal Health）（农场动物健康） 食品研究所（Institute of Food Research）（食品安全、饮食与健康、食品原料和配料等） 约翰英纳斯中心（John Innes Centre）（植物和微生物学研究与培训） 罗斯林研究所（Roslin Institute）（畜牧遗传学、育种、生物科技） 洛桑研究所（Rothamsted Research）（可持续植物基础农业和环境研究）

续表

类型	所属部门	科研机构
英国研究理事会所属国立科研机构	医学研究理事会	国家医学研究所（National Institute for Medical Research，NIMR） 医学研究理事会分子生物学实验室（MRC Laboratory for Molecular Biology，LMB） 医学研究理事会临床科学中心（MRC Clinical Sciences Centre，CSC） 27 个医学研究理事会研究单元（MRC Research Units） 8 个医学研究理事会研究中心（MRC Centres）
	自然环境研究理事会	英国南极调查局（British Antarctic Survey，BAS） 生态与水文中心（Centre for Ecology and Hydrology，CEH） 普劳德曼海洋学实验室（Proudman Oceanographic Laboratory，POL） 地质调查局（BGS）
非部属独立科研机构		皇家植物园（环境、食品和农村事务部等资助） 环境署（Environment Agency）（环境、食品和农村事务部资助） 人类受精和胚胎管理局（Human Fertilisation and Embryology Authority）（卫生部资助） 人体组织管理局（Human Tissue Authority）（卫生部资助）等

资料来源：Erawatch. 2010. Research performers—public research organization. http：//cordis. europa. eu/erawatch/index. cfm？fuseaction＝ri. content＆topicID＝67＆parentID＝65＆countryCode＝GB［2011-08-15］；英国研究理事会. http：//www. rcuk. cn/rcuk/fore/index_cn. php［2009-12-02］

4.1.7.2 管理模式

其一，外部管理。

经过改革，政府对国立科研机构一般不进行直接管理，政府是制定和实施科技政策的主体。政府可以根据社会的需要和科技发展规划对国立科研机构进行引导，但这种引导不能是强制性的，只能通过购买服务或有条件的资助等方式加以引导[①]。商业、创新和技能部的科技大臣具体负责政府的科技管理工作，其下的政府科学办公室负责宏观科技政策的制定与实施及科学预算的分配，以及跨部门科技政策的沟通协调。政府其他部门负责各自所辖领域内的科技管理，接受科学办公室的协调。

政府对国立科研机构的管理主要有三种类型：①研究理事会管理模式。英国依照皇家宪章成立了七个专门的研究理事会，包括医学研究理事会、生物技术与生物科学研究理事会、自然环境研究理事会、工程与自然科学研究理事会、经济与社会研究理事会、艺术与人文科学研究理事会和科学与技术设施理事会。一些理事会拥有自己的科研机构。这些研究理事会作为具有准政府职能的自治性科技管理机构，负责在全国范围内推动高质量的基础性、战略性和应用性研究及其成果的产业化，以及培训高素质的科研人员。政府负责为研究理事会制定宏观发展战略，但不干预研究理事会的日

---

① 叶辅靖，刘颂，马强 . 2007. 美国和英国公益性科研机构运行机制比较研究 . 北京城市学院学报，（5）：65-70.

常工作，通过支持各研究理事会的科研活动来实现对国立科研机构的间接支持。英国研究理事会下属的科研机构总体上分为长期和短期两类，长期存在的科研机构主要开展系统性、周期长的研究工作，短期存在的科研机构根据具体研究部署的调整而调整，通常在5~7年完成特定的研究工作。②国有民营模式，即政府拥有-委托管理模式。政府拥有全部或大部分资产的所有权，而由私营管理组织或大学或者其他组织形式代表政府进行管理。其典型代表是隶属于商业、创新和技能部的国家物理实验室。③各科研机构理事会管理模式，对于部委所属的执行机构和一些非部属的独立机构，一般由其理事会自行管理，但理事会成员由所属部或资助部门任命，如对皇家植物园邱园的管理。

其二，内部管理。

1) 组织结构

英国研究理事会及其下属科研机构、部属执行机构及非部属的独立机构等国立科研机构的内部组织运行模式主要是理事会制度，包括决策机构、执行机构和监督机构。理事会是最高决策机构，对战略、发展目标、主要资源配置等重要事务具有决策权，负责预算的使用和目标的完成。理事会成员一般由所属部或资助部门任命，例如，研究理事会的理事会成员是由商业、创新和技能部任命，皇家植物园邱园的理事会成员主要由环境、食品和农村事务部任命。执行委员会负责决策的执行和机构的日常管理。监督委员会负责监督经费的执行和使用情况，既接受内部监督也接受外部监督。科研机构下属的研究所（实验室）实行所长（主任）负责制，行政管理分三级：所（室）、部门和组，即研究所（实验室）下辖若干部门，每个部门又下辖若干个组。科研机构所有组长（含组长）以上的负责人由理事会任命，理事会也有权解雇包括所长（室主任）在内的任何人。各部门负责人则由所长（室主任）推荐，理事会任命[①]。

在国有民营模式下，政府只对国立科研机构全部或大部分的资产具有所有权，而经营权则交给非政府的组织来管理。这种组织可以是大学、其他科研机构、私营企业、社会团体等，它是政府对其下属国立科研机构在运作模式上的一种有益探索。以实行国有民营模式最成功的英国国家物理实验室为例，它实行的是公司化管理模式。通过招标，Serco公司与AEA技术公司和Loughbrough（拉夫堡）大学组成的集团中标，并于1995年成立国家物理实验室管理有限公司来管理。由Serco公司主席和来自于Serco公司和剑桥大学的五个执行经理和四个非执行经理组成实验室理事会，由包括技术部门主管在内的人员组成松散的管理委员会。Serco公司管理人员出任管理经理、运营经理、财务经理、首席科学顾问、项目经理、人力资源经理、研究与国际合作经理

---

① 刘云，董建龙．2002．英国科学与技术．合肥：中国科学技术大学出版社．

和支持服务经理,负责国家物理实验室的日常运作①。

2）人事管理

英国研究理事会下属的国立科研机构,其工作人员都是英国研究理事会的雇员,对其管理模式按照英国研究理事会的人事薪酬制度执行。英国研究理事会实行岗位等级薪酬制,员工收入与聘用级别挂钩。人员的招聘采取"因需设置,公开公正"的竞争机制,对候选人择优录用,科研机构根据科研经费预算来确定人员编制定额。以生物技术与生物科学研究理事会下的草原和环境研究所为例,其员工按照生物技术与生物科学研究理事会人事管理设定的11级岗位聘用,1级为最高级,其他级依次下降。在草原和环境研究所的300多名雇员中,从事科研的人员约为190人,其中有150人属于4～7级岗位,而其他100余名管理和行政服务人员中,66%以上人员属于8～11级工作岗位。科研机构工作人员的工资待遇根据其工作的时间和表现有所区别。每年年底,各科研机构都要对职工的工作表现进行评价,评价结果影响工资增长的幅度。如评价结果达到1～2级的职工,其工资增加幅度较大;达到3～4级的职工,其工资增加幅度不会太大;而被评为5级的职工,其工资不会增加,同时还需尽快改进工作,否则可能被辞退②。

国有民营模式下的国立科研机构的员工,按照运营方的人事制度进行管理。以国家物理实验室为例,其员工已经转变为公司雇员,依据公司的人事制度进行管理,由公司负责员工的养老金计划③。

3）经费管理

英国研究理事会下属的国立科研机构一般都建立起了"拨款制＋项目制＋对外协作制"的多元经费筹集渠道。其经费主要来自英国研究理事会的直接财政拨款和项目计划经费。而英国研究理事会经费主要来源是政府科学办公室的科学预算,此外还通过其他渠道从政府其他部门（如环境、食品和农村事务部）、慈善机构或国际组织获得经费。英国研究理事会根据其规划向直属科研机构或大学等其他科研机构再分配这笔资金。科研机构获得的直接财政拨款是政府对机构的稳定支持,主要用于支持科研机构的日常运作和开展长期性、基础性和关键性研究。研究项目计划经费是竞争性收入,支持"自上而下"式的英国研究理事会引导性研究和"自下而上"式的科研机构自由申请探索性研究。此外科研机构还能够从企业、慈善组织、社会团体、海外等其他渠

---

① 周寄中,蔡文东,黄宁燕.2003.GOCO模式及其对我国国家科研院所体制改革的启示.中国软科学,(10):95-100；NPL. Executive team. http://www.npl.co.uk/about/people/executive-team [2011-08-12].

② 叶辅靖,刘颂,马强.2007.美国和英国公益性科研机构运行机制比较研究.北京城市学院学报,(5):65-70；刘娅.2008.英国部分公立科研机构经费管理研究.世界科技研究与发展,(2):107-112.

③ 周寄中,蔡文东,黄宁燕.2003.GOCO模式及其对我国国家科研院所体制改革的启示.中国软科学,(10):95-100.

道获得一定的科研经费，对机构的运行起到很好的支持作用。以生物技术与生物科学研究理事会下的洛桑研究所为例，2009年其经费收入为2723.2万英镑，其中从生物技术与生物科学研究理事会获得的核心战略资助为1185.3万英镑、竞争性项目经费为483.0万英镑，故生物技术与生物科学研究理事会为其提供的经费占总收入的61.3%，其稳定性经费与竞争性经费之比约为1∶1①。

在科研经费的使用上，主要是以项目合同为核心的经费管理模式。大部分国立科研机构主要承接政府直接或间接支持的科研项目。政府部门或英国研究理事会等委托方在项目立项阶段就要求科研机构将项目实施过程中所有费用列入预算，并规定了各类经费的用途，英国研究理事会对其资助的项目预算通过完全经济成本核算来进行。一旦项目申请被审查通过，各项预算就成为项目实施中经费支持的依据。在项目执行过程中，项目组长具体负责经费的使用管理。项目研究经费仅能用于该项目的运作而不能挪做他用，项目经费结余上缴科研机构，个人没有提成奖励。同时，英国政府和英国研究理事会建立了严格的科研质量控制体系。研发机构每年必须向委托方汇报该年度项目经费的支出情况，项目结束后三个月内，科研机构必须向政府委托方提交项目经费支出报告②。

在财务管理方面，各国立科研机构明确自己的财务自治和责任，在管理中逐渐趋向精确的、企业化的成本核算和财产增值管理。每年都进行非常认真的预算编制，对科研机构的收入与支出进行严格的规划。允许材料和仪器支出有大幅度的变动，同时人员工资支出保持稳定或是逐渐增加。除了实行整笔补助或者津贴办法的地方外，每年政府补贴的金额必须在当年用完，如果不能用完则次年政府补贴就会减少③。

在国有民营模式下，政府是科研机构的重点服务对象，政府以项目制的形式为科研机构提供研究经费。以国家物理实验室为例，政府委托由Serco公司等组成的国家物理实验室管理有限公司进行管理时，与其签订合同，合同规定政府部门保证在合同期内每年为国家物理实验室提供至少3000万英镑的研究项目经费，使国家物理实验室继续执行政府主管部门的研究计划，这大约占到从政府主管部门得到的总收入的80%，其余约20%通过与其他机构竞争获得。此外，国家物理实验室管理有限公司使用实验室的资产向其他政府部门、欧盟、企业等机构争取经费，只要不与其国家标准实验室的功能相冲突，并保证为政府主管部门工作的能力。如果赢利超过了一定的水

---

① BBSRC. Annual reports. http://www.rothamsted.bbsrc.ac.uk/Research/Centres/Content.php?Section=AboutUs&Page=AnnualReports [2011-08-17].
② 刘娅. 2008. 英国部分公立科研机构经费管理研究. 世界科技研究与发展，(2)：107-112；刘云，董建龙. 2002. 英国科学与技术. 合肥：中国科学技术大学出版社.
③ 叶辅靖，刘颂，马强. 2007. 美国和英国公益性科研机构运行机制比较研究. 北京城市学院学报，(5)：65-70.

平，则由国家物理实验室管理有限公司和政府主管部门共同分享，但双方要将这些共享的赢利再投入国家物理实验室的工作中[①]。在财务管理方面，国家物理实验室则完全实行企业财务管理制度。

4）评估

自 1997 年以来，英国接受政府公共资金的科研机构需要接受政府每三年一次的综合开支审查（comprehensive spending review，CSR），即英国政府对这些科研机构开展绩效评价，以确保公共资金的有效分配，保证政府科技投资的物有所值和管理的高效，满足目前和未来的国家需要。综合开支审查分别从两个方面开展独立评价：一是对目前绩效的评价，数据来源于绩效指标、日常检查、审计等多种渠道；二是对未来改善能力的评价，包括机构自我评估和外部评估两部分。绩效评价结果公布于众，并要求被评价机构及时制订出相应的绩效改善计划[②]。

英国研究理事会所属的科研机构除了接受英国研究理事会的具体项目评估外，还需要接受机构整体评估。英国研究理事会通过考察组及科研和行政管理机构，从产出、优势领域、对用户的影响、管理效果和效率等方面把科研机构作为一个整体进行评估。其中考察组的评估是最重要的，英国研究理事会每四年（或五年）组织一个考察组对科研机构进行整体评估。评估方法为专家评议，成员由国内外著名的科学家及科研机构科研和培训的主要用户组成。考察组一般通过对科研机构进行实地考察、听取各部门负责人工作汇报等方式评估科研机构的科研质量和成果、技术相互作用的效果、提高公众科学意识方面的成绩及其他各方面的成就。考察组在此基础上撰写考察报告并提交理事会讨论。报告及其评价意见和建议将作为科研机构负责人的参考，并体现在未来的计划制订和实际工作中。在两年（或两年半）后进行中期评审，科研机构负责人需要向理事会提交进展报告。英国研究理事会根据考察组的报告和其他评估结果决定对科研机构的下个四年（或五年）的资助水平，并可能对某些缺乏工作竞争力的负责人进行解聘，以及终止一些研究项目[③]。

各科研机构内部每年需要制定绩效目标，并以年度报告的形式体现其目标完成情况。例如，皇家植物园邱园制订三年工作计划，设定其绩效目标，每年对计划进行修订。在其年度报告中对管理、财务、信息和发表的论文等方面进行总结。管理部分占的比重较大，在绩效目标与结果中，选择了反映邱园核心工作的若干关键指标，通过设定年度量化目标（标杆），监测目标的年度完成情况，并设定下一年的目标。

---

① 周寄中，蔡文东，黄宁燕.2003.GOCO 模式及其对我国国家科研院所体制改革的启示.中国软科学，(10)：95-100.

② 孟澂，刘智渊.2009.英国研究理事会绩效管理与评估.中国科学基金，(4)：247-252.

③ 刘云，董建龙.2002.英国科学与技术.合肥：中国科学技术大学出版社.

4.2 生态与水文研究中心

> ▶ 隶属于英国自然环境研究理事会，是英国关于陆地与淡水生态系统及其与大气相互作用的综合研究卓越中心。
> ▶ 2009年，员工数共有440人，其中科学家为330人。2006~2007财年经费为3900万英镑（约合6129万美元），其中自然环境研究理事会的科学预算占65%。
> ▶ 战略目标是为当今世界所面临的最紧迫的环境问题提供解决方案，并成为世界领先的陆地和淡水生态系统综合科学研究中心。
> ▶ 其科学战略通过生物多样性、生物地球化学、水这三个科学项目来实施，并以环境信息数据中心为支撑。
> ▶ 中心主任负责，执行委员会和科学委员会支撑，咨询委员会和项目发展组提供咨询和监督。

英国生态与水文研究中心（Centre for Ecology & Hydrology，CEH）是隶属于自然环境研究理事会的国立科研机构，是英国关于陆地与淡水生态系统及其与大气相互作用的综合研究中心。该中心为英国提供基于创新、独立和跨学科的科学研究和长期环境监测[1]，有助于增进对地球生命支撑系统的理解，其研究重点为气候变化的影响、水问题、自然世界的化学和物理过程、自然资源的可持续利用及人类活动对自然环境的影响等[2]。作为自然环境研究理事会的一个研究中心，生态与水文研究中心从事着支撑自然环境研究理事会战略目标的任务导向型研究，同时与科学界、政府部门及私营部门保持着紧密的合作关系，为人类面临的最复杂的环境挑战提供解决方案。

4.2.1 人力资源与经费状况

2006年3月，自然环境研究理事会宣布了一项大规模重组生态与水文研究中心的

---

[1] The Centre for Ecology & Hydrology. About CEH. http://www.ceh.ac.uk [2011-08-12].
[2] NERC. Centre for Ecology & Hydrology. http://www.nerc.ac.uk/research/sites/research/ceh.asp [2011-08-12].

计划，2006~2010年，生态与水文研究中心研究部门由原来分布在八个地区减少到四个，大部分员工转移到最终保留的四个地区（瓦林福德、兰卡斯特、班戈、爱丁堡），主任办公室和关键基础设施由斯温登搬迁到位于瓦林福特的新总部。根据自然环境研究理事会对生态与水文研究中心的重组计划，2006~2010年，该中心的员工数量由600人减少到450人①。在现有的四个地区中，员工和学生总数约为600人②。

生态与水文研究中心的经费主要来自自然环境研究理事会的科学预算，此外还有来自自然环境研究理事会、英国政府部门、欧盟等机构的竞争性项目经费。2006~2007财年，生态与水文研究中心共获得3900万英镑的经费（约合6129万美元③），其来源分布如图4-10所示④。来自自然环境研究理事会的经费占总经费的70%以上，其中科学预算为2520万英镑（65%），项目经费约250万英镑（6%）。此外，生态与水文研究中心还从环境、食品与农村事务部及其他政府部门、欧洲的一些研究计划等渠道获得约29%的经费。

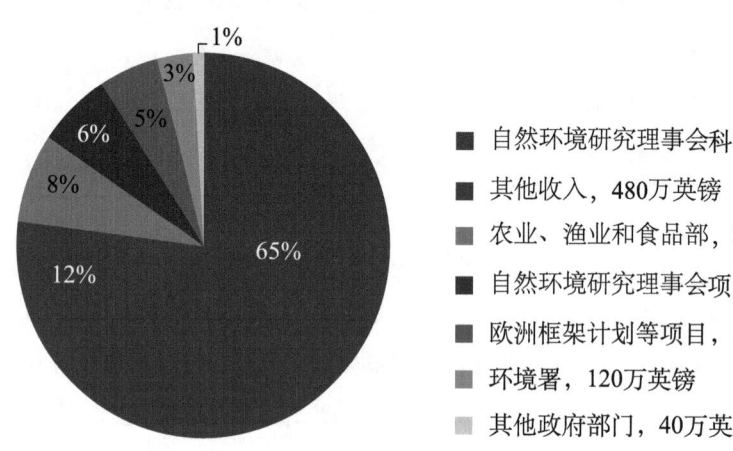

图4-10　2006~2007财年生态与水文研究中心经费来源构成

资料来源：Centre for Ecology & Hydrology. Science review 2006-2007

4.2.2　战略定位和重点领域

生态与水文研究中心于2008年4月发布了《适应我们变化世界的集成科学：

---

① CEH. Restructuring CEH. http：//www.ceh.ac.uk/science/CorporateInformation/index.html［2009-12-12］.

② CEH. Working for CEH. http：//www.ceh.ac.uk/personnel/index.html［2011-08-11］.

③ 根据2012年6月21日汇率换算——美元∶英镑=1∶0.6363。

④ CEH. 2007. Science review 2006-2007. http：//www.ceh.ac.uk/products/publications/documents/WEB%20Lo Res%20Science%20Review%202006-07.pdf［2011-08-11］.

2008—2013年科学战略》。它是在《2002—2007年科学战略——环境的健康和财富》成功实施的基础上提出的。《2002—2007年科学战略——环境的健康和财富》帮助生态与水文研究中心确立了其在欧洲环境研究领域的领先地位。《2008—2013年科学战略》在咨询了生态与水文研究中心、自然环境研究理事会、政府部门和机构的利益相关方、英国国内和国外的科学伙伴、私营部门及广大公众的基础上制定出来，不仅反映了生态与水文研究中心自身的雄心，也体现了利益相关方的意愿。新战略的目标是为当今全球所面临的最紧迫的环境问题提供世界领先的解决方案，并实现成为世界领先的陆地和淡水生态系统综合科学研究中心的愿景。该战略指出了生态与水文研究中心面临的六大科学挑战（表4-2），并制订了生物多样性、水和生物地球化学三方面的科学计划。

表4-2 2008～2013年科学战略中指出的生态与水文研究中心面临的六大科学挑战

序号	面临的科学挑战
1	通过大规模的、长期的监测和试验，提供关于环境变化的早期预警
2	确定环境中的物理和化学变化与生态响应之间的关联过程
3	将生态、水文和生物地球化学过程及其反馈融入气候变化模型中，以提高其预测能力
4	量化环境变化对自然资源的影响
5	测定生态系统和人类长期暴露于生物、水文和化学威胁中的风险
6	制定战略和控制方法，以减轻环境变化对生态系统、生态服务和人类健康的影响

资料来源：Integrated science for our changing world：Science strategy 2008-2013

生态与水文研究中心的任务如下：通过对水、生物多样性和地球生物化学循环进行高质量、跨学科的研究、调查和监测，推动地球生命支持系统管理进程的知识发展；为解决全球变化引发的环境问题和可持续经济的需要提供科学基础；以其高质量的研究和分析为英国和欧盟政府部门就环境问题提供咨询建议；保护和管理环境数据，为学术界、政府、企业和公众提供获取这些数据的渠道；为政府制定解决环境问题的政策提供知识基础；通过知识和技术转移提高英国产业竞争力；积极开展合作，充分发挥生态与水文研究中心在专业知识、数据和设施方面的潜力；利用专业知识和设施加强对英国的科研培训和海外能力建设；通过科研活动交流，促进公众的认识和理解；继续实施人才投资者（investors in people）组织的标准。

为实现其科学战略，生态与水文研究中心通过生物多样性、水及生物地球化学这三个相互依存的科学计划来实施，并通过建立环境信息数据中心（Environmental Information Data Centre，EIDC）来支持。新战略将直接有助于《英国自然环境研究理事会2007—2012年战略：关于行星地球的下一代科学》的战略目标的实现。此外，该战略还与生态与水文研究中心实施的转变与综合计划（transition and integration programme）密切相关，以确保该中心继续有效地提供高质量的科学研究[①]。

4.2.3 组织结构与管理模式

经调整后，生态与水文研究中心分布在英国的四个地区，包括班戈、爱丁堡、兰卡斯特和瓦林福德。该中心的财务、人事和技能、设备管理、计算机支持、知识转移、健康和安全及质量保证业务等均由瓦林福德总部管理。生态与水文研究中心的组织结构如图4-11所示。

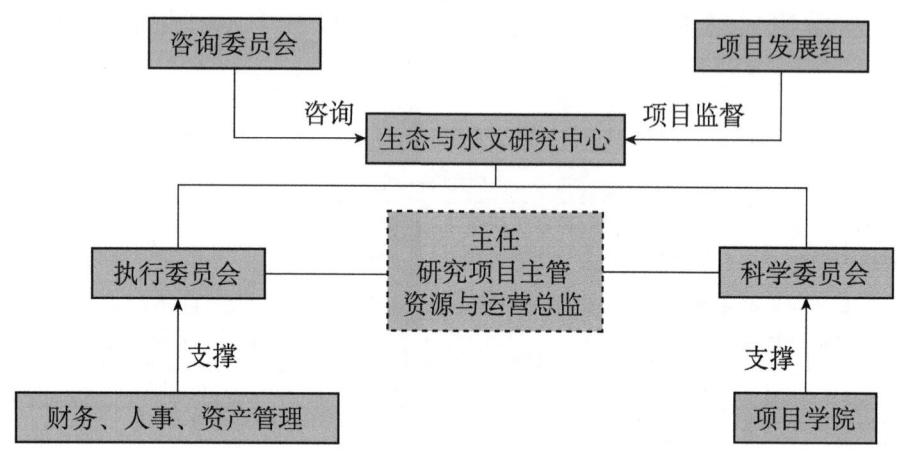

图4-11 生态与水文研究中心的组织结构图

生态与水文研究中心内部实行主任负责制，主任在执行委员会（Executive Board）和科学委员会（Science Board）的支持下领导生态与水文研究中心。执行委员会由主任、研究项目主管、资源与运营总监组成，负责生态与水文研究中心的运行管理，由财务、人事、资产管理等子委员会予以支撑。科学委员会由主任、研究项目主管和资源与运营总监组成，负责生态与水文研究中心的科学战略、综合研究计划的制订。它由高级科研人员组成的项目学院（Programme College）支撑。执行委员会和科学委员会共同领导生态与水文研究中心科学战略的实施。该中心设有统一的环境信息数据中心以提供平台支撑，执行委员会与各科学和基础设施分部的主管构成高级管理小组，负责跨科学计划和基础设施的资源管理。

生态与水文研究中心还接受咨询委员会（Advisory Committee）和项目发展组（Programme Development Group，PDG）的咨询和监督。前者由生态与水文研究中心的主要客户、合作者和一些独立的政策和商业专家组成，向主任和科学委员会就生态

---

① CEH. Integrated science for our changing world：Science strategy 2008-2013. http：//192.171.153.213/science/documents/CEH_SCIENCESTRATEGY_2008-2013_FINAL_A4S. PDF［2011-08-11］.

与水文研究中心未来的发展和需要基于政府政策的研究提供咨询意见；后者由国际知名的科学家组成，一方面就生态与水文研究中心的未来战略提供咨询，另一方面对该中心的科学计划开展定期的科学质量评审，项目发展组与主任和科学主管每年会面两次，以评估每个科学计划的绩效。

生态与水文研究中心每年需向自然环境研究理事会提供中心活动和资源计划（Centre Activity and Resource Plan，CARP）及绩效报告[1]。

4.2.4 国际科技合作

生态与水文研究中心已成为欧洲环境研究领域领先的科研机构之一，面对全球变化引发的环境问题，该中心积极寻求各种合作，以充分发挥其在专业知识、数据和设施方面的潜力，为当今世界面临的严重的环境问题提供解决方案。

生态与水文研究中心与众多的国际组织（如欧洲空间局、拉姆萨尔湿地公约局等）合作，例如，生态与水文研究中心是欧洲环境研究协作组织（PEER）和欧洲淡水研究组织联盟（EurAqua）的成员。此外，其参与了很多欧盟的科学计划，还协调了几个涉及众多合作伙伴的、有重要影响的欧洲项目，如长期生物多样性、生态系统和认知研究网络（ALTER-Net）、氮循环及其对欧洲温室气体平衡的影响（Nitro Europe IP）、水和全球变化（WATCH）等[2]。

机构网址：http://www.ceh.ac.uk
联系地址：Maclean Building, Benson Lane, Crowmarsh Gifford, Wallingford, Oxfordshire, OX10 8BB, UK（Wallingford 总部）
电话：+44 (0) 1491 838800
传真：+44 (0) 1491 692424
E-mail：enquiries@ceh.ac.uk

---

[1] CEH. How we operate. http://www.ceh.ac.uk/science/operate.html [2011-08-11]; CEH. Integrated science for our changing world: Science strategy 2008-2013. http://192.171.153.213/science/documents/CEH_SCIENCESTRATEGY_2008-2013_FINAL_A4S.PDF [2011-08-11].

[2] CEH. Working with others. http://www.ceh.ac.uk/collaboration/index.html [2011-08-11].

4.3 英国皇家植物园邱园

> ▶ 为非部属公共机构,是英国皇家植物园的一个部分。邱园的主要职责是鼓励并推广全球范围内的科学的植物保护,开发与植物和真菌相关的基础及应用信息,为世界植物科学做出贡献。
>
> ▶ 截至2011年3月底,邱园约有员工800人,包括250名科学研究人员和200名园艺人员,此外还有约500名志愿者。
>
> ▶ 2010~2011年度邱园经费收入为4710.7万英镑(约合7441.9万美元),其中环境、食品和农村事务部提供的补助金占52.3%。
>
> ▶ 邱园实行理事会管理,理事会成员一人由女王任命,理事会主席和其他理事由环境、食品和农村事务部任命。主任负责战略制定和执行及日常的管理运营。

英国皇家植物园(Royal Botanic Gardens)为非部属公共机构,皇家植物园包括以邱园和爱丁堡园为主的多个植物园。邱园(Royal Botanic Gardens,Kew)始建于1759年,到现在已有250多年的历史,位于伦敦的泰晤士河南岸。邱园的主要职责是鼓励并推广全球范围内的科学的植物保护,开发与植物和真菌相关的基础及应用信息,为世界植物科学做出贡献。邱园拥有植物和真菌的干燥标本700多万个,图书馆藏超过75万份。2010~2011年度有163万人次游园,网站访问量约409.5万次[①]。

4.3.1 人力资源与经费状况

截至2011年3月,邱园约有员工800人,包括250名科学研究人员和200名园艺人员,此外还有500多名包括相关研究人员在内的志愿者、60多名博士生、45名具有园艺文凭的学生等支撑人员。邱园非常重视吸引和接纳志愿者为其服务,从1992年开始记录志愿者的工作,现在还将员工与志愿者的续签率作为其绩效目标的一个指标,

---

① Royal Botanic Gardens, Kew. History and heritage. http://www.kew.org/heritage [2011-08-10];许霖庆. 2003. 誉满全球的英国皇家植物园-邱园. 中国花卉盆景, (11):8, 9; Royal Botanic Gardens, Kew. 2011. Annual report and accounts 2011. http://www.kew.org/ucm/groups/public/documents/document/kppcont_038136.pdf [2011-08-10].

2010～2011年度该指标达到了89%①。

邱园经费主要来自政府部门的补助金，还可获得一定比例的访问观光收入、项目经费、捐赠等。近年来（2006～2007年度到2010～2011年度）的经费来源如表4-3所示。2010～2011年度邱园经费收入为4710.7万英镑（约合7441.9万美元②），其中环境、食品和农村事务部提供的补助金为2462.0万英镑，占52.3%；项目经费和捐赠有909.1万英镑，占19.3%；此外还有一些商业和公益活动及投资收入，分别为1332.4万英镑（28.3%）和7.2万英镑（0.2%）。2010～2011年度收入相对于2009～2010年度约有3.8%的降幅①。

表4-3 邱园2006～2007年度到2010～2011年度收入来源　（单位：万英镑）

科目	2006～2007年度	2007～2008年度	2008～2009年度	2009～2010年度	2010～2011年度
补助金	2520.0	2520.4	2660.0	2855.0	2462.0
项目经费与捐赠	866.6	1638.9	1456.6	662.9	909.1
活动收入	1242.3	1378.5	1346.3	1371.2	1332.4
投资收入	54.9	58.2	41.5	6.7	7.2
总计	4683.8	5596.0	5504.4	4895.8	4710.7

资料来源：Royal Botanic Gardens, Kew. Annual report and accounts 2011

4.3.2 战略定位与重点领域

邱园作为在植物多样性科学世界领先的机构和世界最重要的植物知识汇聚地，一直致力于解决全球所面临的气候变化、生物灭绝和栖息地破坏等环境问题。邱园在系统学、生物相互作用、经济植物学、保存和园艺等方面进行广泛的科学研究③。邱园的科学研究主要集中在探索、发现植物和真菌王国的奥秘，研究新的植物功能，挽救处于危险的植物生命和栖息地等领域。具体来讲，包括植物的科学分类、植物种子保存、分析植物DNA以发现物种间的新关系等。优先研究的主要物种包括树、棕榈、兰花、真菌、茜草科的咖啡族、唇形科薄荷族、豆科、桃金娘科的桉树、丁香或番石榴、禾本科等④。

---

① Royal Botanic Gardens, Kew. 2011. Annual report and accounts 2011. http://www.kew.org/ucm/groups/public/documents/document/kppcont_038136.pdf [2011-08-10].
② 根据2012年6月21日汇率换算——美元：英镑=1:0.6363。
③ Royal Botanic Gardens, Kew. Our aims and activities. http://www.kew.org/about-kew/mission.html [2011-08-12].
④ Royal Botanic Gardens, Kew. What we do. http://www.kew.org/science-conservation/what-we-do/index.htm [2011-08-12].

在 2008～2009 年度计划中，邱园提出了具有深远意义的会呼吸的星球计划（Breathing Planet Programme，BPP），作为其未来 10 年的战略行动框架的主体。在该计划下，邱园和世界知名的植物园及其研究人员一起以降低气候变化的影响、拯救濒临灭绝的植物物种和栖息地为目标，携手共同合作。会呼吸的星球计划提出了七个关键的战略方向，如表 4-4 所示。

表 4-4　邱园会呼吸的星球计划中的七个关键战略方向

战略方向	意义
（1）通过基础科学、完善的收集计划、分类学、数据捕获、地理信息系统（GIS）科学和新型鉴定工具（如基于网络的植物群、DNA 条码等）来发掘、整理关于植物和真菌种类和分布的基本信息，并促进这些信息在全球范围的可获取性	有助于维持地球上主要的剩余碳汇
（2）利用先进的信息技术和地理信息系统方法来识别即将失去野生多样性的植物、真菌物种及地区，从而使得致力于拯救最脆弱地区的保护计划能优先实施	
（3）协助实施全球性植物和菌类保护计划，例如，通过已有的和新建的物种丰富的国家的联盟、野生植被保存完好的地区的联盟，来创建新的可持续管理的区域	
（4）推广千年种子银行全球合作计划，以确保到 2020 年，能够实现安全保存世界上 25% 的植物	有助于恢复丢失的植物生产力和碳封存
（5）建立一个由科学家和工作者组成的生态恢复方面的全球性网络，以利用种子银行进行紧急修复和重建被破坏的天然植被	
（6）拓展植物和菌类多样性的知识，推广邱园创新科学计划，以在变化的气候制度下，识别并成功种植适应于农村、城区和郊区当地土壤的植物种类	有助于植物成功适应气候变化
（7）利用邱园及其他合作植物园的高公众访问量及其提供的网络和媒体机会，为公众提供愉悦、振奋的参观和访问体验，向所有人传播以植物为主的缓解和适应策略，来应对我们面临的气候变化及其他环境挑战	有助于提高公众意识

4.3.3　组织架构与管理模式

邱园以前是由政府直接管理，在 20 世纪 80 年代初英国进行科技体制改革之后，于 1984 年脱离了原农业、渔业和食品部（现在的环境、食品和农村事务部），成为具有公益性质的非部属公共机构。此后，与英国皇家植物园下属的其他植物园一样，邱园开始实行理事会的管理制度。但是环境、食品和农村事务部仍然扮演着间接管理的角色，主要表现如下：①任命理事会的理事。邱园的理事会是在 1983 年根据《国家遗产法案 1983》成立的。2008～2009 年度，其成员共有 12 人，其中 1 人由女王任命，理事会主席和其他理事均由环境、食品和农村事务部的国务大臣任命。②审议机构的计划和报告。邱园需要制定三年的计划，并且在每一年进行修订。环境、食品和农村事务部为每年的计划制订提供咨询，最终的计划经过理事会审议后，提交至环境、食品和农村事务部。此外，邱园还需每月向环境、食品和农村事务部提交收入和支出状况，其年度报告和报表在呈交议会前需得到环境、食品和农村事务部国务大臣的核准。③与管理部门的经常性沟通。每年环境、食品和农村事务部和邱园的管理人员举行正式的季度性会议，此外还有一些定期的联系。2010 年 10 月，环境、食品和农村事务部向议会提交了对其主管的公共部门的改革法案,该法案旨在授予环境、食品和农村事务部在撤销、合并、调整下属公共部门方面的权力。目前,该法案已经通过了上议院的审议,并根据审议结果进行了一定修改[①]。

在内部运行方面,邱园目前采取理事会管理模式。组织结构如图4-12所示。邱园主任负责制定和实施邱园的战略,并与执行委员会一起管理机构的日常事务。理事会是邱园的最高决策机构,对战略、目标和主要资源配置等重要事宜做出决策,并对预算的使用和目标的完成负责,每年举行五次会议。理事会由主席领导,下设三个委员会:审计委员会(Audit Committee)、经费委员会(Finance Committee)和薪酬委员会(Remuneration Committee)。其中审议委员会由三个理事组成;经费委员会由四个理事组成,每年举行三次会议;薪酬委员会由五个理事组成,每年举行一次会议。理事会任命的审计员和由理事组成的审计委员会是邱园的监督机构,其职责是审查内部运行制度,提供改进工作意见,并通过所涉领域的详细报告和年度报告总结其工作。

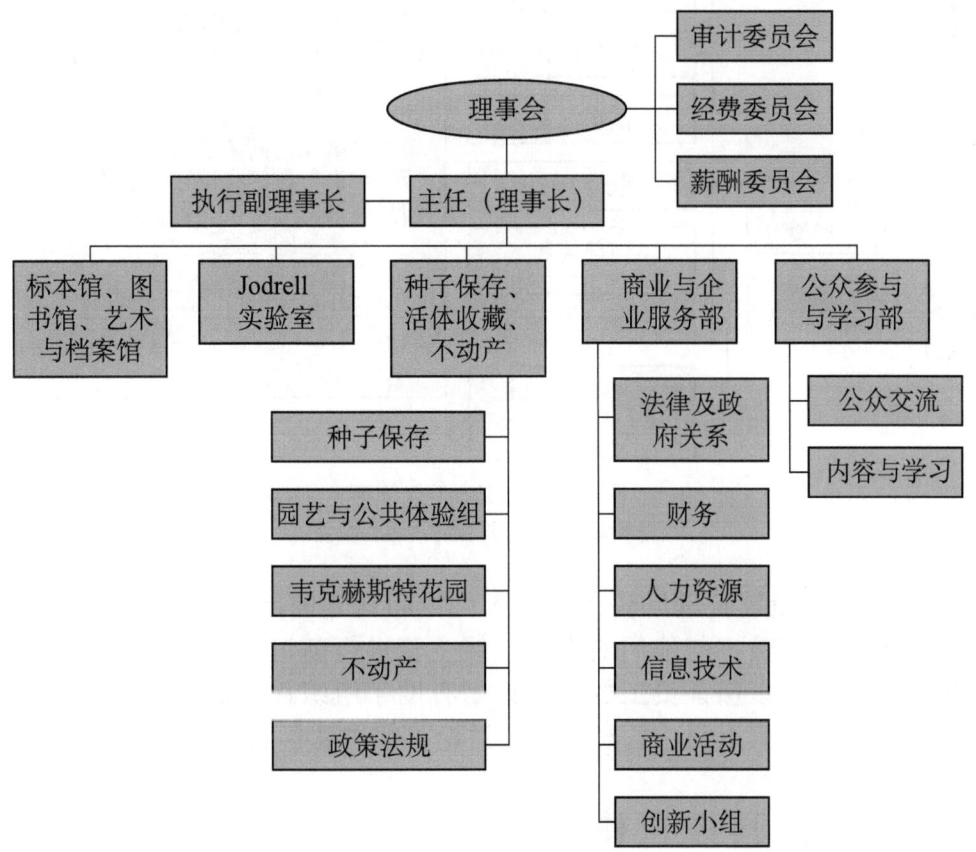

图4-12 邱园组织结构图

资料来源:根据http://www.kew.org/about-kew/who-we-are/organisational-structure/index.htm整理

---

① UK Parliament. 2011. Summary of the bill. http://services.parliament.uk/bills/2010-11/publicbodieshl.html [2012-02-10].

邱园制订周期为三年的计划,每年要进行修订。计划包括目标、关键的绩效指标和实现目标的具体行动。在计划制订过程中,环境、食品和农村事务部也会提供一些咨询建议。计划由理事会审核并提交至环境、食品和农村事务部,得到其认可后,提供给所有的员工,并通过网站对外公布。

邱园的年度报告中对其管理、财务、信息和发表的论文等方面进行总结(图4-13)。管理部分占的比重较大,包括组织使命与目标,绩效目标与结果、活动回顾、理事会职责、内部控制、薪酬等内容。其中,绩效目标与结果选择了反映邱园核心工作的12个指标(包括出版物数量、高影响出版物数量、物种保护和物种可持续性评估、栖息地保护调查、能力建设培训、收藏品访问数量、已进行数字化编目的收藏数量、收藏品的状况、入园参观量、网络访问量、员工与志愿者续聘率、总收入等),通过设定年度量化目标(标杆),监测目标的年度完成情况,并设定下一年的目标。

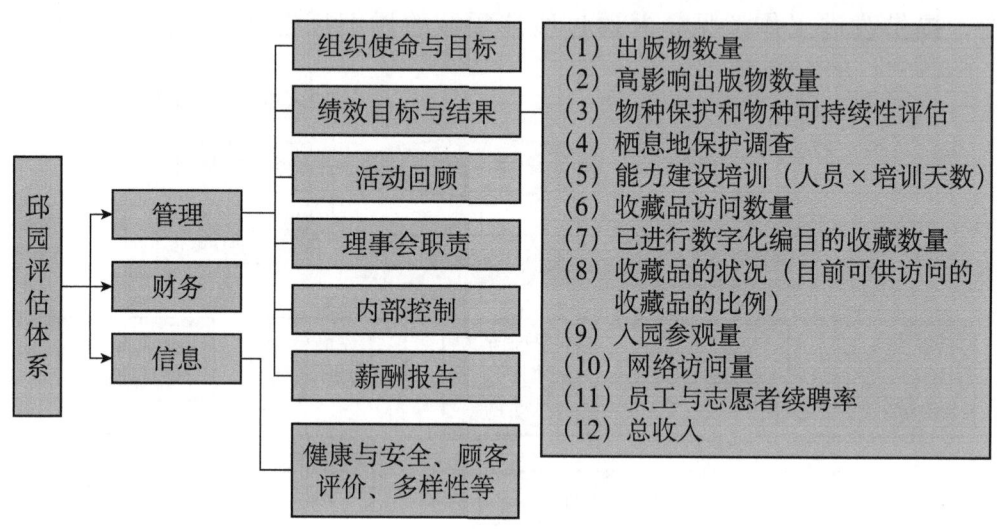

图4-13 邱园评估体系
资料来源:根据邱园年度报告整理

此外,对员工的绩效管理反映在其个人目标和计划的制订和实施方面。每年开始,根据组织的计划,所有员工与他们的直接上级主管进行商讨,根据组织的计划确定其年度工作的内容和目标,以保证员工的工作计划有助于组织目标的最终达成。在一年的工作中,邱园鼓励员工与其上级主管经常接触讨论,年中和年底会进行两次正式的审查[①]。

4.3.4 国际科技合作

为实现其战略目标,邱园积极与国际伙伴合作,共享资源,开展研究,共同努力,

---

① Royal Botanic Gardens, Kew. 2011. Annual report and accounts 2011. http://www.kew.org/ucm/groups/public/documents/document/kppcont_038136.pdf [2011-08-10].

以解决当今世界面临的全球性气候变化、生物灭绝、栖息地破坏等问题。邱园在欧洲的合作伙伴有比利时、丹麦、法国、意大利、荷兰、挪威、葡萄牙、爱尔兰、瑞典等国的大学和科研机构（表4-5）。此外，邱园还与一些国际组织保持紧密的合作关系，如国际植物园保护、国际环境与发展研究所、物种生存委员会和世界保护监测中心[①]。

表4-5　邱园主要的国际合作伙伴

	合作机构
欧洲国家	比利时布鲁塞尔自由大学（Free University of Brussels） 丹麦奥胡斯大学植物研究所（Botanical Institute, University of Aarhus） 法国国立自然历史博物馆（Muséum National d'Histoire Naturelle） 意大利国际植物遗传资源研究所（International Plant Genetic Resources Institute） 荷兰莱顿大学（University of Leiden） 挪威奥斯陆大学（University of Oslo） 葡萄牙里斯本森特拉德植物研究所（Centra de Botanica, Lisboa, Portugal） 葡萄牙科英布拉大学（University of Coimbra） 爱尔兰都柏林三一学院（Trinity College Dublin） 瑞典乌普萨拉大学（Uppsala University）
国际组织	国际植物园保护（Botanic Gardens Conservation International, BGCI） 国际环境与发展研究所（International Institute for Environment and Development, IIED） 世界自然保护联盟（IUCN）物种生存委员会（SSC）（Species Survival Commission of the World Conservation Union） 世界保护监测中心（World Conservation Monitoring Centre, WCMC）
其他国家	57个机构组织等

资料来源：Scientific and horticultural collaborations. http://www.kew.org/about-kew/collab.html

机构网址：http://www.kew.org

联系地址：Royal Botanic Gardens, Kew, Richmond, Surrey, TW9 3AB, United Kingdom

电话：+44（0）20 8332 5000

传真：+44（0）20 8332 5197

E-mail：info@kew.org

---

① Royal Botanic Gardens, Kew. Scientific and horticultural collaborations. http://www.kew.org/about-kew/collab.html［2011-08-12］．

4.4 国家物理实验室

> ▶ 英国的国家测量标准实验室，英国最大的应用物理研究组织，测量和材料科学领域世界级的卓越中心。
>
> ▶ 有600多名员工，其中有400多名是分别具有物理、工程、数学、化学和生物科学硕士/博士学位的科学家。每年的收入约7000万英镑（约合1.1亿美元），其中约5000万英镑是从事公共产品的研究收入，主要来自商业、创新和技能部拨款。此外还有为公共和私营部门、国内外的客户提供的商业服务收入，约占28%。
>
> ▶ 既从事公共产品的研究，也提供商业服务。
>
> ▶ 英国国有民营国立科研机构的代表，属商业、创新和技能部所有，由Serco公司下属的国家物理实验室管理有限公司负责管理运营，实行企业化的管理模式。

英国国家物理实验室（National Physical Laboratory，NPL）是英国的国家测量标准实验室，创建于1900年，位于伦敦特丁顿（Teddington）的布希公园。它是英国最大的应用物理研究组织，测量和材料科学领域的世界级的卓越中心，从事开发和维护国家的主要计量标准的工作，为国家的计量系统提供科学资源。此外，国家物理实验室还为产业计量问题提供商业服务、应用科学技能，管理英国校准信号（MSF）时间信号，代表英国与其他国家的计量机构交往[1]。国家物理实验室创建于1900年，1995年贸工部对其进行改革，与Serco公司签订合同，由其下属的国家物理实验室管理有限公司对国家物理实验室进行管理。这一改革成为英国国有民营国立科研机构的成功范例[2]。

4.4.1 人力资源与经费状况

国家物理实验室有600多名员工，其中有400多名是分别具有物理、工程、数学、化学和生物科学硕士/博士学位的科学家。国家物理实验室的经费来源主要可分为四部

---

[1] Wikipedia. 2011. National Physical Laboratory. http://en.wikipedia.org/wiki/National_Physical_Laboratory_(United_Kingdom) [2011-08-15].

[2] 叶展成. 2000. 英国国家物理实验室的体制改革及效果. 全球科技经济瞭望，(2)：50，51.

分：①国家计量系统（National Measurement System，NMS）的核心经费，来源为与政府的固定成本合同；②政府定价的计量测量服务；③来自技术战略委员会和欧盟委员会等机构的项目资助，这些项目是非营利的，提供的经费不到项目成本的 75%；④公共、私营部门、英国国内外客户的商业服务[1]。近些年，国家物理实验室每年的收入约 7000 万英镑（约合 1.1 亿美元[2]），其中约 5000 万英镑是从事公共产品的研究收入，主要来自商业、创新和技能部拨款。此外还有为公共和私营部门、国内外的客户提供的商业服务收入，约占 28%。

4.4.2 战略定位与重点领域

国家物理实验室致力于基础研究和重要的计量技术开发，以提高生活质量、贸易竞争力和保护环境。100 多年来，其专业知识、原始研究和世界领先的测量实验室的地位为英国的生活质量、创新和竞争力提供了支持。国家物理实验室的任务如下：在科学方面取得卓越的成绩；探求提高其计量科学水平的途径，增强英国竞争力和提高生活质量；保持其国家资产的完整和独立；增强国际地位[3]。为实现其任务，国家物理实验室一方面要开发新的测量方法以支撑新兴技术，提高其科技计量水平，保持和发展英国的计量标准，同时使其工作更接近实际和具有实用价值；另一方面，国家物理实验室利用其科技资源服务社会，为公共和私营部门客户提供商业服务，包括校准、测量和测试服务、研究开发、咨询和培训、知识转移服务、许可证和设备销售等。

国家物理实验室的研究领域集中在声学、先进材料、分析科学、生物技术、电磁学、工程测量、环境测量、电离辐射、数学与科学计算、纳米科学、光辐射和光子学、量子现象、时间及频率等方面[4]。国家物理实验室在诸多领域保持着世界先进水平，例如，测量技术，尤其是准确度较高、难度较大或环境异常的测量技术；计量标准的研制、维护和传递；仪器的设计、开发、应用和评定；工程材料的设计和特性研究，包括失效和退化特性；计量测试装置的设计和研制；目标性测量，以及软件和系统的测试和确认；数学软件，特别是它在测量和仪表中的应用[5]。

---

[1] Graham Torr. 2009. Research costing and funding at the National Physical Laboratory (NPL). http://www.parliament.uk/documents/lords-committees/science-technology/strfnpl.pdf [2011-08-15].
[2] 根据 2012 年 6 月 21 日汇率换算——美元：英镑=1:0.6363。
[3] NPL. Vision and mission. http://www.npl.co.uk/about/vision-and-mission/vision-and-mission [2011-08-15].
[4] NPL. Science+technology. http://www.npl.co.uk/science-technology [2011-08-15].
[5] 高蔚. 1998. 英国国家物理研究所（NPL）. 现代计量测试, (5): 32, 63, 64.

4.4.3 组织架构与管理模式

国家物理实验室目前是国有民营的国立科研机构，即政府拥有资产，但由 Serco 公司所有的国家物理实验室管理有限公司负责运营，实行的是公司化的管理模式。这种体制的形成源于 20 世纪 90 年代的科技体制改革。1990 年，国家物理实验室从政府部门中分离出来，成为贸工部的执行机构，具有独立的法人地位，在人事、财务和组织等方面有了更大的自主权，运行效率得以提升。然而，政府越来越重视科技与经济的结合，拨款形式的科研经费逐渐减少，国家物理实验室面临着新的困难和挑战。1992 年，英国贸易委员会主席、贸工部部长 Michael Heseltine 请毕马威咨询公司对国家物理实验室的经营方式进行评估。毕马威咨询公司向政府推荐了国有民营的方式，原因如下：①贸工部对国家物理实验室拨款预算下降，可能会带来不确定性因素，使该实验室对潜在商业购买者的吸引力大打折扣，但同时国家物理实验室也需要一定数额的稳定资助基金，以确保其必要的研究经费；②国家物理实验室的商业独立性便于其与工业客户合作；③贸工部将始终是国家物理实验室的主要客户，必然要保持对其提出要求的权利；④英国需要有一个国家标准实验室，国有民营既能确保可以根据需要将实验室重新并入政府部门，也可当委托管理者发生资金问题或实验室被不合适的公司接管时，政府部门保有将实验室转归到另一个合适的公司的权力；⑤国家物理实验室的国际合作伙伴可能不太愿意与完全私有化的机构合作；⑥国家物理实验室坐落于一座皇家公园，在产权等变更上也有一些限制，使得直接出售国家物理实验室十分困难。在此基础上，贸工部于 1994 年宣布拟将国家物理实验室对外承包的消息，并发出了邀标书。经过投标，Serco 公司与 AEA 技术公司和 Loughbrough 大学组成的集团中标，与贸工部签订了为期五年的合同，并于 1995 年成立国家物理实验室管理有限公司来管理国家物理实验室[①]。由于 Serco 公司和贸工部的良好合作，以及国家物理实验室的良好运行，目前，Serco 公司管理该实验室的合同将持续到 2014 年[②]。

（1）在国家物理实验室内部运行方面，由 Serco 公司主席、来自 Serco 公司和剑桥大学的五个执行经理和四个非执行经理组成实验室理事会。由包括技术部门主管在内的人员组成松散的管理委员会，Serco 公司管理人员出任管理经理、运营经理、财务经理、首席科学顾问、项目经理、人力资源经理、研究与国际合作经理和支持服务经理，形成主要的管理架构，负责该实验室的日常运作。国家物理实验室的员工均为公司雇

---

① 叶展成.2000.英国国家物理实验室的体制改革及效果.全球科技经济瞭望，(2)：50,51；刘育新，吴英，黄英达.1997.NPL：政府所有委托管理的实验室.中国软科学，(8)：9-12.

② NPL. 2008. Managing NPL. http：//www.npl.co.uk/about/npls-role/managing-npl［2011-08-15］.

员，依据公司的人事制度进行管理，由公司负责员工的养老金计划①。

（2）在项目管理方面，首先由国家物理实验室提出项目申请，然后经过由政府、企业和大学的成员组成的咨询小组的评审，再确定优先项目。在项目实施过程中，每年对项目进展进行审查。项目成本利用全经济成本模型进行定价，其全经济成本＝（劳工成本×管理费比率）＋直接成本。核心经费项目、商业项目和委托项目中的管理费比率不同②。

（3）在经费方面，国家物理实验室经费主要来自商业、创新和技能部的合同项目资助，政府与委托管理方（国家物理实验室管理有限公司）签订委托合同，政府部门在合同期内每年为国家物理实验室提供至少3000万英镑的研究经费，这大约占到从政府主管部门得到的总收入的80%，其余20%通过与其他机构竞争获得。国家物理实验室管理有限公司可以使用实验室的资产去竞争其他商业机会，只要不与其国家标准实验室的功能相冲突，并保持为政府主管部门工作的能力。如果赢利超过一定的水平，则由国家物理实验室管理有限公司和政府主管部门共同分享，但双方要将这些共享的赢利再投入国家物理实验室的工作中③。在财务管理方面，国家物理实验室则完全实行企业财务管理制度。

（4）在评估方面，政府每年要对国家物理实验室的绩效进行审查，内容包括科学、商业服务、公司保证（corporate assurance）、人力资源和财务等。皇家学会和皇家工程院每年对其科学质量进行四次检查。此外国家物理实验室还通过了ISO 9001认证和英国皇家认可委员会认可②。

4.4.4 国际科技合作

作为英国的国家计量机构，国家物理实验室参与了很多国际合作项目，并代表英国参与了在技术层面和计量科学等领域的交流合作。国家物理实验室代表英国参与了一些国际委员会和组织等，主要包括国际计量委员会（CIPM）、国际计量委员会互认协议、欧盟国家计量研究所协会（EURAMET）等。同时国家物理实验室参与了一些国际合作项目计划，如欧洲计量研究项目（EMRP）、先进材料和标准Versailles项目（VAMAS）等。国家物理实验室设有国际办公室，为国际计量问题方面的咨询和信息

---

① 周寄中，蔡文东，黄宁燕．2003．GOCO模式及其对我国国家科研院所体制改革的启示．中国软科学，(10)：95-100；NPL. Executive team. http://www.npl.co.uk/about/people/executive-team [2011-08-15]．

② Graham Torr. 2009. Research costing and funding at the National Physical Laboratory (NPL). http://www.parliament.uk/documents/lords-committees/science-technology/strfnpl.pdf [2011-08-15]．

③ 周寄中，蔡文东，黄宁燕．2003．GOCO模式及其对我国国家科研院所体制改革的启示．中国软科学，(10)：95-100．

提供联络点，与具有类似功能的其他机构保持密切的联系，并提供可使英国的工业获益的服务[1]。

国家物理实验室与中国的一些研究机构也保持着合作关系，主要包括中国计量科学研究院、中国测试技术研究院、四川大学、西安应用光学研究所、中国电子科技集团公司第四十一研究所、杭州应用声学研究所、中国科学院材料研究所、中国科学院武汉物理与数学研究所等。

机构网址：http：//www.npl.co.uk
地址：Hampton Road，Teddington，Middlesex，TW11 0LW
电话：+44 20 8977 3222
传真：+44 20 8614 0446
E-mail：enquiry@npl.co.uk

---

[1] NPL. International. http：//www.npl.co.uk/networks/international［2011-08-12］.

5 德国

- 科技与经济最为发达的国家之一，是与英国、法国齐名的科技强国。研究与知识密集型产品和服务占经济增加值的比重达到39%，几乎比其他任何发达国家都要高。截至2011年，共有68名德国人获得了自然科学领域诺贝尔奖，仅次于美国和英国。
- 2010年研发人员全时当量数量为55.03万人·年，其中研究人员32.75万人·年，占59.5%。企业部门研发人员占61.8%，高等院校占22%，国立科研机构占16.2%。
- 2010年国内研发经费总额为862.1亿美元，占GDP的2.82%，其中，企业是投入和使用主体，占比均接近70%。
- 科研组织结构完整、分工明确。国立科研机构通常从事不适合在大学开展的跨学科领域研究，或依赖大学所不具备的大型科学设施开展科学活动。
- 法律保证科研自治，联邦政府和州政府分权管理。
- 最主要的国立科研机构包括马普学会、弗劳恩霍夫协会、亥姆霍兹联合会、莱布尼茨科学联合会，它们由联邦政府和州政府按一定比例共同资助，在广泛的科学研究领域内开展工作，各科研机构具有不同的定位，在研究内容上各有侧重。

5.1 科技政策与体制概况

5.1.1 科技政策与体制演变

德国科学研究拥有悠久的历史，19世纪中叶到20世纪20年代达到了一个鼎盛时期，不仅取得了骄人的科研成果，而且获得了飞速发展，成为继英国和法国之后又一个科技强国。1809年，德国进行了大学体制改革，倡导自由办学精神，将教育与研究合二为一。此后，德国大学的整个系统都大胆地进行了革新，涌现出一大批将教学与研究结合起来的大学实验室，标志着科学研究工作开始成为一种正式职业。随着德国工业化进程的展开，科学与技术、经济、社会密切地联系起来，科学研究也逐渐在工业界开展。19世纪70年代初，德国的合成染料工业建立了工业实验室，它是人类历史上第一次建立的由企业按自身发展战略、在企业内部组织和管理的研发机构。同时，德国政府开始对科学承担更多的责任，不仅建立了将研究和行政职能相结合的机构，如标准委员会，还建立了一系列大的实验室。20世纪初，一些与科学技术联系密切的工业部门还出资建立了一些非营利科研机构。至此，德国多元分散的科研组织形式初步形成。

第二次世界大战时期，德国大批科学家遭到迫害，德国的科学研究受到严重摧残。第二次世界大战后，德国的科技体制先后经历了恢复重建、振兴调整和巩固发展等过程。德国《基本法》将共和、民主、联邦制、社会福利和法制确定为德国的国家原则，并在此基础上，确定了德国科技发展的"科学自由、科研自治、国家干预为辅、联邦与各州分权管理"的基本原则。1949~1955年，德国高校逐渐步入正轨，一些科研机构的科研基础设施及科研资助机构得以恢复或建立。马普学会、弗劳恩霍夫协会、德国大学校长会议、德国科学基金会（Deutsche Forschungsgemeinschaft，DFG）等机构先后恢复或重组，为后来德国的科研体制奠定了深厚的基础。

1955~1969年是德国科技体制的振兴调整阶段。1955年，联邦德国结束占领军的控制，成为一个主权国家。德国政府加强了对科技活动的宏观调控，并以经济合理化为科技政策的总目标。1955年10月，德国政府成立了原子能部，全面恢复了核研究工作，并开始了宇宙空间技术的研究。1962年，原子能部更名为科学研究部，成为专门负责科技工作的政府职能部门，标志着德国政府开始对科技工作进行管理和引导。为了更好地加强国家对科研工作的管理，一些科研咨询协调机构，如科学委员会、空间研究委员会等相继成立，德国政府还先后建立了多个大型国家研究中心和隶属于各联邦政府职能部门的科研机构，建立了一支受政府直接管理的基础研究骨干队伍。与此同时，政府强调科研工作必须为提高产品的国际竞争能力、促进国民经济结构的合理化服务，并积极支持军工技术在民用生产领域中的推广应用工作，工业企业纷纷建立了自己的技术革新和开发机构。20世纪60年代末，政府对科研工作管理的基本框架和多层次、配套齐全的科研组织结构已基本定型。

70年代后，德国的科技体制进入了巩固发展阶段。德国科技政策的显著变化是大力扶植民生技术及其科研工作。科技政策注重提高经济效益和产品竞争能力、保护资源和自然界的生态平衡、改善劳动和生活条件。

1990年，两德统一后，新联邦州的科技体制迅速向联邦德国的体制转换。从20世纪末开始，面对激烈的国际竞争和知识经济的到来，为了确保科学技术的领先地位和国际竞争力，德国对其科技体制加大了整合力度。其改革的基本方向如下：优化政府的管理职能、引入竞争机制、赋予科研机构更大的自主权，培养青年学者、吸引海外人才，加强科学界与经济界的合作。例如，改组教育研究部和经济技术部，允许马普学会进行科研机构预算管理方式的改革，扩大学会经费使用的自由度和灵活性，对亥姆霍兹联合会实施按项目资助的方式等措施[1]。

5.1.2 科技管理体系

德国政府在科技管理方面特别重视科学自由和科研自治。根据1949年颁布的《基本法》，"艺术、科学、研究和教学自由进行，教学自由不得违反宪法"[2]，德国科学家享有充分的研究自由，特别是在基础研究方面，而应用研究目的比较明确，政府可事先定出目标，由科学家自由决定实现目标的研究途径。

德国的科研活动始终贯彻以"经济界和科技界为主，国家为辅"和"联邦政府与州政府分权管理"的方针，以联邦和州政府财政支持为手段，在保护自由竞争的基础上，充分调动和依靠科学界和经济界自身的力量，利用国家重点干预和市场竞争机制相结合的方式，实现国家重点科技发展战略目标。政府对科研的管理职能原则上仅限于宏观调控范围，调控手段包括制定科技政策、科研规划与发展重点，以及对科研计

---

[1] 夏源.1996.国外科技体制的历史演变.科学学研究，（1）：73-77；黄群.1996.德国科技体制的历史沿革及特点.科学学研究，（3）：70-73；林学俊.1998.从科学中心转移看科研组织形式的演变.科学技术与辩证法，（4）：53-56.

[2] 德国司法部.2002.联邦德国基本法（中文版）.http：//www.bmj.bund.de/media/archive/715.pdf［2011-08-20］.

划、项目和人员进行资助等，政府通过严格、透明、公开的操作引导科研活动朝政府的既定方向与目标前进[1]。现阶段德国的科技体系结构如图 5-1 所示。

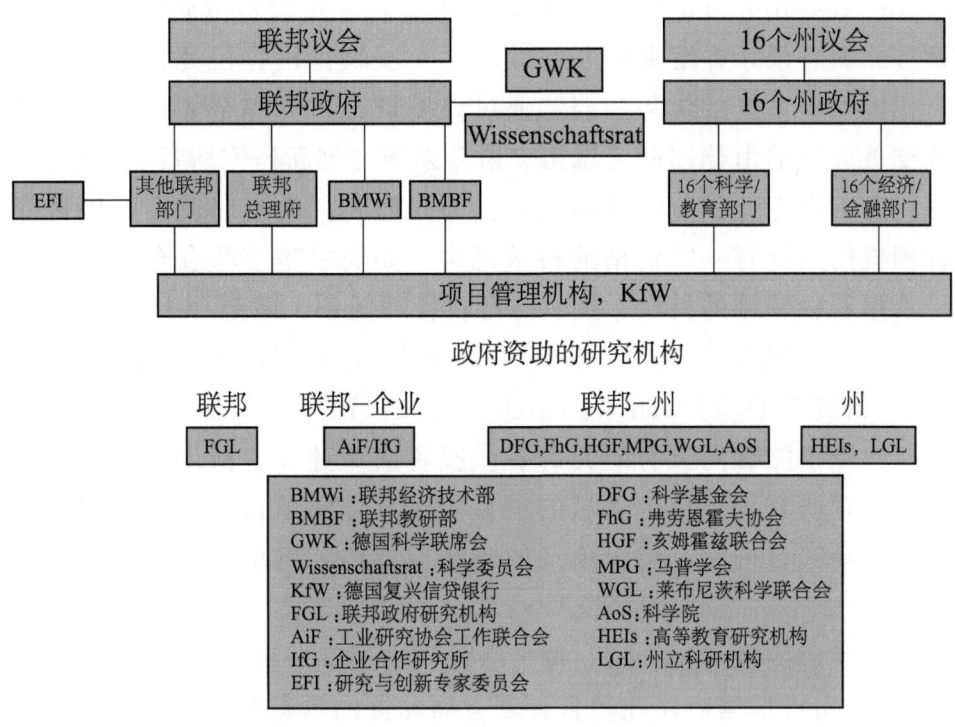

图 5-1　德国科技体系结构

资料来源：根据 http：//erawatch.jrc.ec.europa.eu/erawatch/opencms/information/country_pages/de/country?section=Overview&subsection=StrResearchSystem 整理

联邦教育研究部（Federal Ministry of Education and Research，BMBF）主要负责制定和实施联邦研发政策与各种科研支撑计划，并负责教育领域的立法、政策制定等工作。教育研究部还负责管理大部分联邦政府研究机构，并与各州政府一道，对研究机构予以资助。在所有科教相关领域，其他部门都必须向教育研究部报告工作。在教育研究部的主持下，联邦各部部长或国务秘书（state secretaries）会商协调研究与教育相关的战略政策。联邦经济技术部（Federal Ministry of Economics and Technology，BMWi）主要负责创新政策及产业相关研究。它不仅管理面向中小企业的特别创新计划，同时也负责监督和指导以产业为导向的研究机构。自 1999 年起，联邦经济技术部负责能源和宇航科学研究、面向中小企业的科研资助活动，以及技术型新兴企业的扶持工作。联邦其他有关各部（如国防部，劳动和社会事务部，卫生部，环境、自然和核安全部，消费者保护、食品和农业部等）负责与本部门职能相关的科研工作，并掌

---

[1] 黄群. 2004. 德国科技体制的特点以及给我们的启示. 科技政策与发展战略，（2）：10-16.

管部分政府科研经费[1]。

2008年,联邦政府委任六名专家组成了第一届研究与创新专家委员会(Expert Commission on Research and Innovation,EFI)。该委员会负责向德国联邦政府提供有关科技政策方面的建议,并定期向联邦政府提交反映德国在研究、创新和技术方面的专家意见。德国创新系统的优势和弱势通过该委员会得到综合评估,并进行国际对比和排序。该委员会目前由德国弗劳恩霍夫协会系统与创新研究所负责管理[2]。

联邦部门通常把专业领域的计划及项目的管理委托给专门设立的项目管理机构完成。项目管理机构由具有一定资格的科学机构(如亥姆霍兹联合会等)内部的组织单元所构成,承担着各领域的科学、技术与行政管理任务。截至2011年,德国教育研究部有八个项目管理机构[3],分别设在德国宇航中心(German Aerospace Centre,DLR)、尤里希研究中心(Jülich Research Centre,FZJ)等国家研究中心。这些获得授权的管理机构不仅能够向教育研究部提供投资决策建议、协助规划编制;同时,这些机构也代表教育研究部对特定领域的项目实施具体的项目管理,例如,为项目申请者提供服务、推动项目进展、组织项目的监测与评估、组织技术会议或研讨会、推动国际合作活动等[4]。

德国是由州组成的联邦制国家,每个联邦州均享有一定的独立性。依据《基本法》的规定:"联邦各州可根据协议在教育计划方面和资助具有跨地区意义的科研机构和项目方面进行协作,根据协议分担费用。"[5] 因此,德国各州政府对科研事业有一定的自主管理职能。联邦与州政府在协议基础上共同承担为科学研究提供支持的任务,资助范围包括国立科研机构、高校科研项目和大型科研仪器等[4]。

为了协调联邦政府与州政府之间的关系,各级政府的决策部门往往都设有协调和咨询机构。其中,德国科学联席会(GWK)是联邦和州政府在教育和科学问题上的一

---

[1] Erawatch. 2010. Government policy making and coordination. http://cordis.europa.eu/erawatch/index.cfm?fuseaction=ri.content&topicID=619&countryCode=DE&parentID=44 [2011-08-17];Erawatch. 2010. Brief description of the structure of the research system. http://cordis.europa.eu/erawatch/index.cfm?fuseaction=ri.content&topicID=35&countryCode=DE&parentID=34 [2011-08-17];Erawatch. 2008. Federal Ministry of Education and Research. http://cordis.europa.eu/erawatch/index.cfm?fuseaction=org.document&uuid=7D87CE99-A6E4-26F8-72D666BD4EAEDB0F [2011-08-17].

[2] Fraunhofer ISI. 2012. Office of the Expert Commission on Research and Innovation. http://isi.fraunhofer.de/isi-en/p/projekte/us_efi.php [2012-06-17].

[3] BMBF. 2011. Projektträger des Bundesministeriums für Bildung und Forschung. http://www.bmbf.de/de/381.php [2011-08-17].

[4] BMBF. 2006. Report of the Federal Government on research 2006. http://www.bmbf.de/pub/bufo_2006_eng.pdf [2011-08-17].

[5] 德国司法部. 2002. 联邦德国基本法(中文版). http://www.bmj.bund.de/media/archive/715.pdf [2011-08-20].

个常设性协调机构，其前身为联邦政府与州政府于1970年协议成立的联邦和州教育与研究促进委员会。该机构在以下几方面发挥协调作用：

（1）协调联邦政府与州政府的研究政策计划与决策，制订中长期发展规划；

（2）制定优先措施，为联邦政府与州政府在科学促进事务相关信息的交换方面提出建议；

（3）建议设立或终止联邦政府与州政府联合资助的机构或项目；

（4）针对由各方联合资助的研究服务机构、研究基金组织和研究项目，向联邦政府和州政府提出年度补助金额建议[①]。

科学委员会（Wissenschaftsrat）是联邦政府和州政府之间的另一个重要咨询机构，它由联邦政府与州政府共同组建和出资运行。科学委员会由科学委员组和管理委员组两个组构成，其中科学委员组成员由德国科学基金会、马普学会、德国大学校长会议和亥姆霍兹联合会联合提名的科学家，以及由联邦政府和州政府联合提名的知名人士共同组成；管理委员组由联邦和各州代表组成。科学委员会的主要职责如下：针对科研机构的结构与发展、总体科学系统与科学研究发展方向等，为联邦政府和州政府提供科技政策建议与报告；根据政府的委托，对重大科研项目、大规模的科研投资、科学组织及其科研成果等进行评估、审核，并提交评审报告；为政府职能部门编制国家科研预算提供咨询意见[②]。

德国的科学研究机构包括联邦政府、州政府或两者共同资助的科研机构、大学和企业等。它们形成了分工明确而又相辅相成的研究体系。例如，亥姆霍兹联合会主要从事跨学科、周期长、需要大型科研装备的尖端技术和大科学研究；高校、马普学会等主要从事基础研究；弗劳恩霍夫协会主要从事技术导向型应用研究；而企业主要从事产品导向型应用研究等。德国政府对科研予以支持的渠道很多，具体包括短期的项目资金、中长期的机构资助等。德国的基金会及其他公共资助组织作为科研项目经费的资助渠道发挥了重大作用，其中，较为重要的基金组织包括德国科学基金会、德国联邦工业研究协会工作联合会、德国科学促进者协会、洪堡基金会、德国大众汽车基金会等。其经费来源除政府的财政支持外，还包括私有资金。

---

① BMBF. 2007. Administrative Agreement between the Federal Government and the Länder on the Establishment of a Joint Science Conference（GWK Agreement）. http：//www.gwk-bonn.de/fileadmin/Papers/gwk-agreement-engl.pdf［2011-08-17］.

② BMBF. 2006. Report of the Federal Government on research 2006. http：//www.bmbf.de/pub/bufo_2006_eng.pdf［2011-08-17］；黄群. 2004. 德国科技体制的特点以及给我们的启示. 科技政策与发展战略，（2）：10-16.

5.1.3 科技投入

5.1.3.1 人力资源

截至2010年,德国从事研发活动的人员全时当量总数为55.03万人·年,研究人员全时当量总数为32.75万人·年。20世纪90年代至今,研发活动的人员数量缓慢增长,增幅约为15%。在此期间,研究人员与技术和支撑人员数量基本相当,技术和支撑人员数量呈现稳中有降的趋势,而研究人员数量不断增长,其占比从1995年的50%增长至2010年的59.5%(图5-2)。

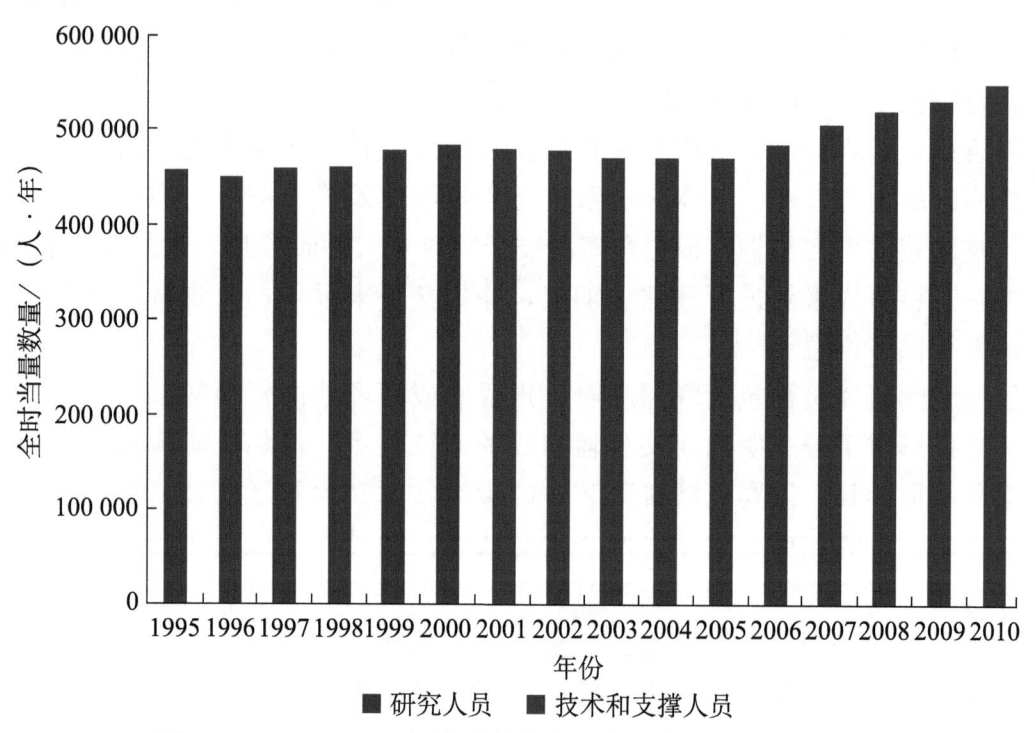

图5-2　1995～2010年德国研发人员全时当量数量变化态势

资料来源:OECD Stat数据库

截至2010年,德国企业部门的研发人员数量共计34万人·年,高校研发人员数量共计12.13万人·年,国立科研机构研发人员数量共计8.9万人·年。各部门的研发人员数量在1995～2010年呈现上升态势。其中,德国高校研发人员增长幅度较大,在此期间达到20.5%;企业部门的研发人员占比最大,增幅居次,为20%;占比最低的国立科研机构研发人员增幅为18.4%(图5-3a)。

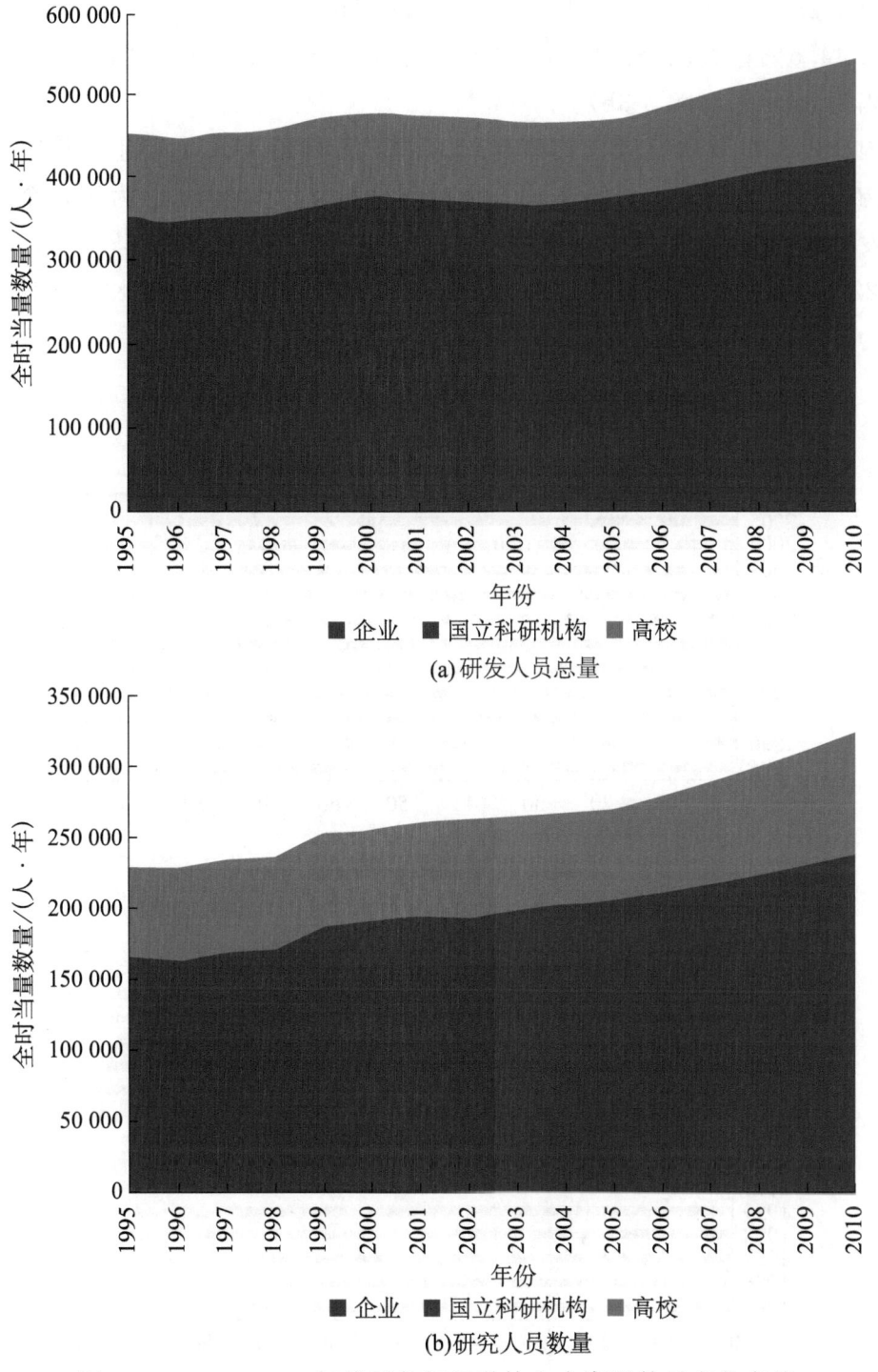

图 5-3 1995~2010 年德国各部门科技人力资源数量变化态势

资料来源：OECD Stat 数据库

截至 2010 年，德国企业部门的研究人员数量共计 18.7 万人·年，国立科研机构的研究人员数量共计 5.1 万人·年，高校研究人员数量共计 8.96 万人·年。各部门的研究人员数量在1995~2010年均有一定程度的增长。其中，企业部门研究人员数量增幅最高，为44.5%；其次是高校研究人员，增幅为39%；最后是国立科研机构的研究人员，增幅为36.4%（图5-3b）。

从德国研发人员及研究人员构成比例来看，占比最高的是企业，其次是高校，国立科研机构人员占比最低，历年来这一比例变化不大。以2010年为例，企业研发人员占全部研发人员比重为61.8%，研究人员占全部研究人员比重为57.1%；高校研发人员比重为22%，研究人员比重为27.4%；国立科研机构研发人员比重为16.2%，研究人员比重为15.5%（图5-4）。

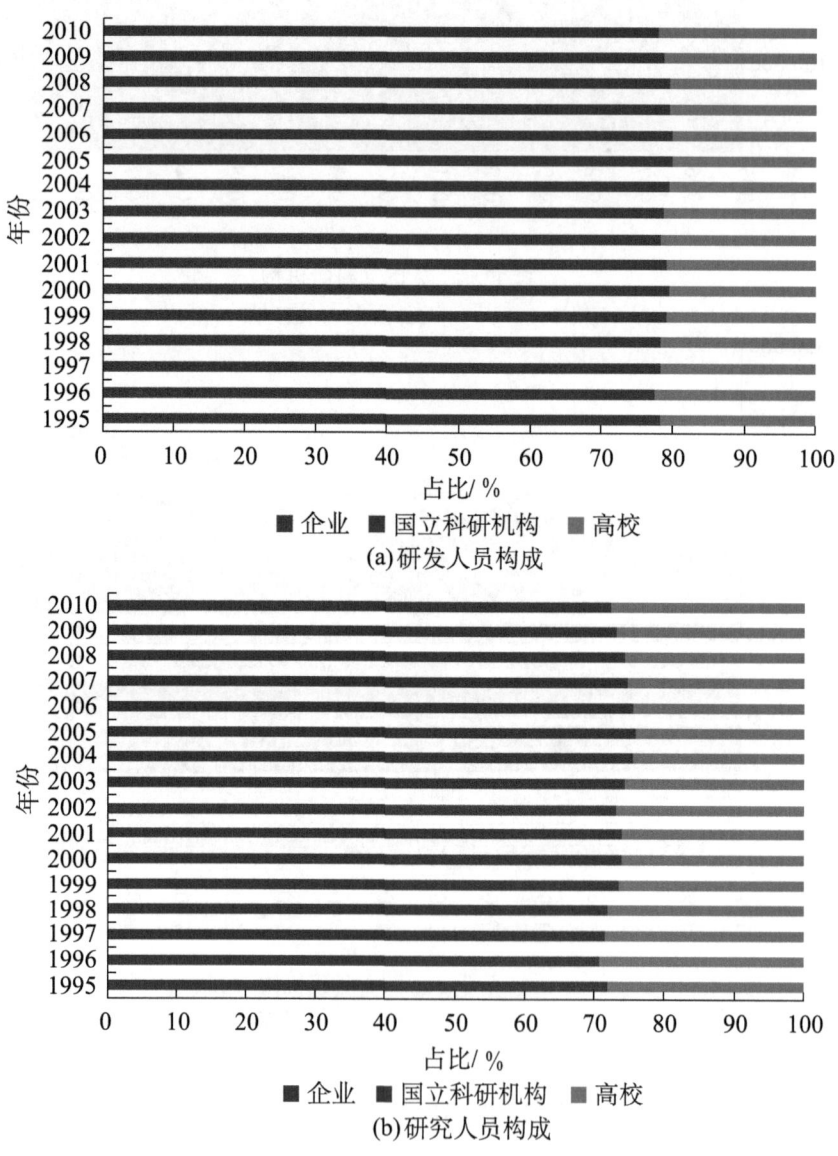

图5-4 1995~2010年德国各部门科技人力资源构成的变化态势

资料来源：OECD Stat数据库

5.1.3.2 科技经费

德国国内研发经费总额和投入强度较高。截至 2010 年,德国研发经费总额为 862.1 亿美元,仅次于美国、日本和中国。研发投入占 GDP 的比重为 2.82%,在主要发达国家里仅次于美国和日本(图 5-5)。

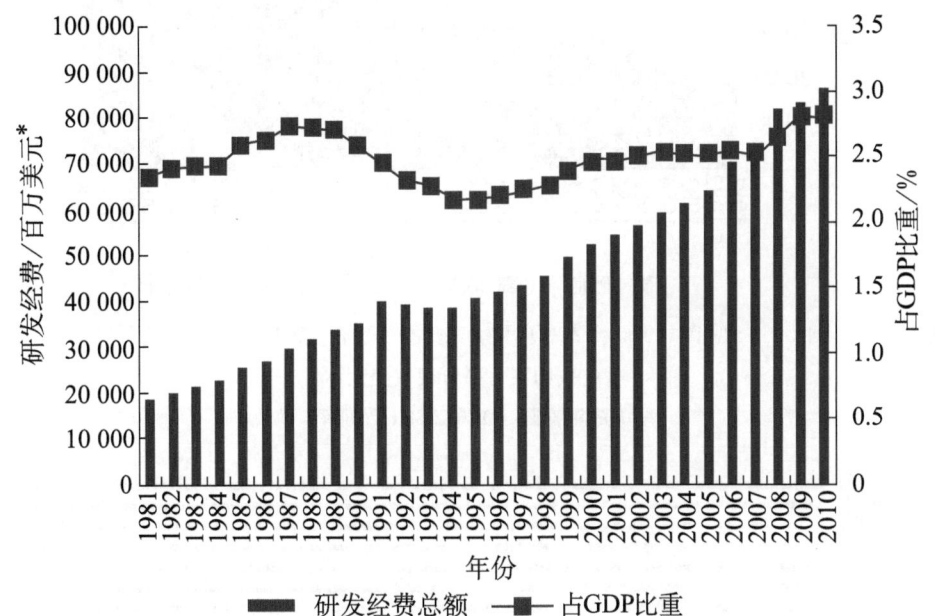

图 5-5　1981～2010 年德国研发经费总额及占 GDP 比重的变化态势

*按购买力平价现值美元计

资料来源:OECD Stat 数据库

德国研发投入的主体是企业,其次是政府,此外还有少部分来源于海外及非营利科研机构。2009 年,企业投入的研发经费为 550.98 亿美元,占德国国内研发总支出的比重为 66.14%;政府投入 247.76 亿美元,占 29.74%;来自国外的经费为 32.05 亿美元,约占 3.85%;此外还有很小的比例来自私营非营利机构,占比不到 1%(图 5-6)。从比例上来看,各主体研发经费投入占比在过去 20 年间波动不是很明显(图 5-7)。

德国研发经费的执行主体也是企业,其次是高校和国立科研机构。2010 年,德国企业使用研发经费 580.2 亿美元,占 67.3%;高校使用 155.6 亿美元,国立科研机构使用 126.3 亿美元,分别占 18% 和 14.7%。近 10 年来,德国各执行部门经费均呈增长态势,但各部门在总经费中所占比重的变化不大,企业执行经费所占比重为 68%～70%,高校所占比重为 16%～18%,国立科研机构所占比重为 13%～15%(图 5-8)。

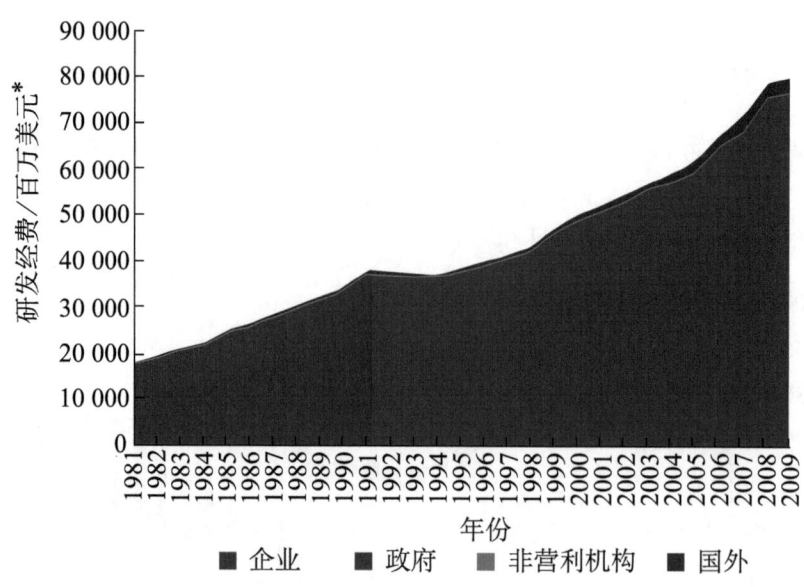

图 5-6　德国 1981～2009 年研发经费按来源部门的变化趋势

* 按购买力平价现值美元计

资料来源：OECD Stat 数据库

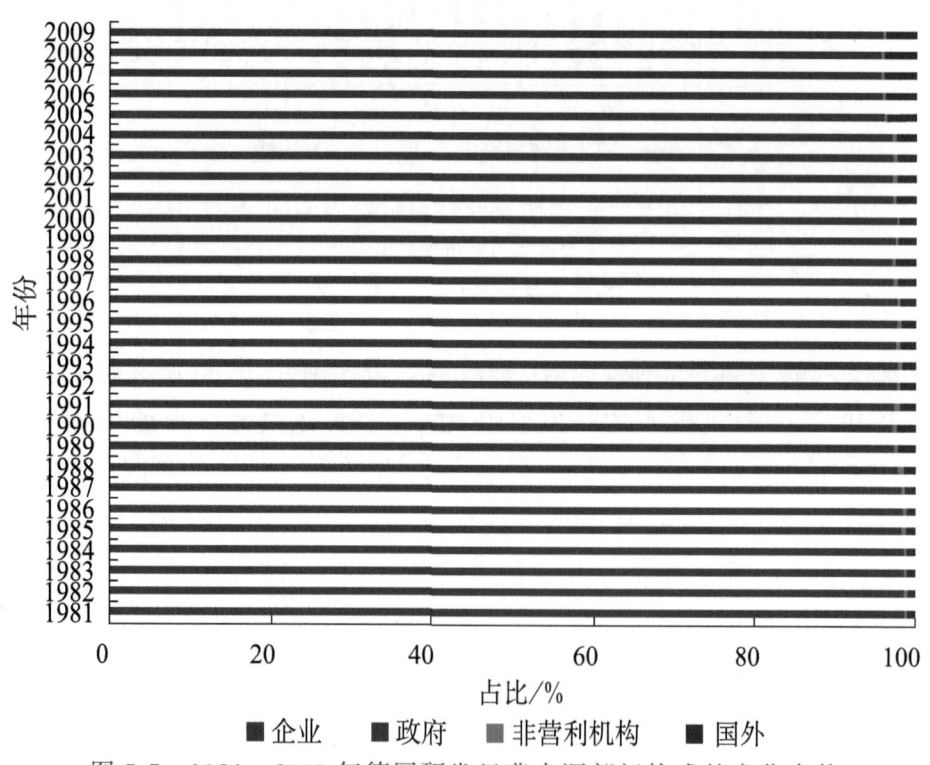

图 5-7　1981～2009 年德国研发经费来源部门构成的变化态势

资料来源：OECD Stat 数据库

2009 年德国全国研发经费的流向情况如图 5-9 所示。企业投入研发经费的 94.0% 用于企业自身研发，余下的少量资金流向国立科研机构和高校；政府提供的大部分研发

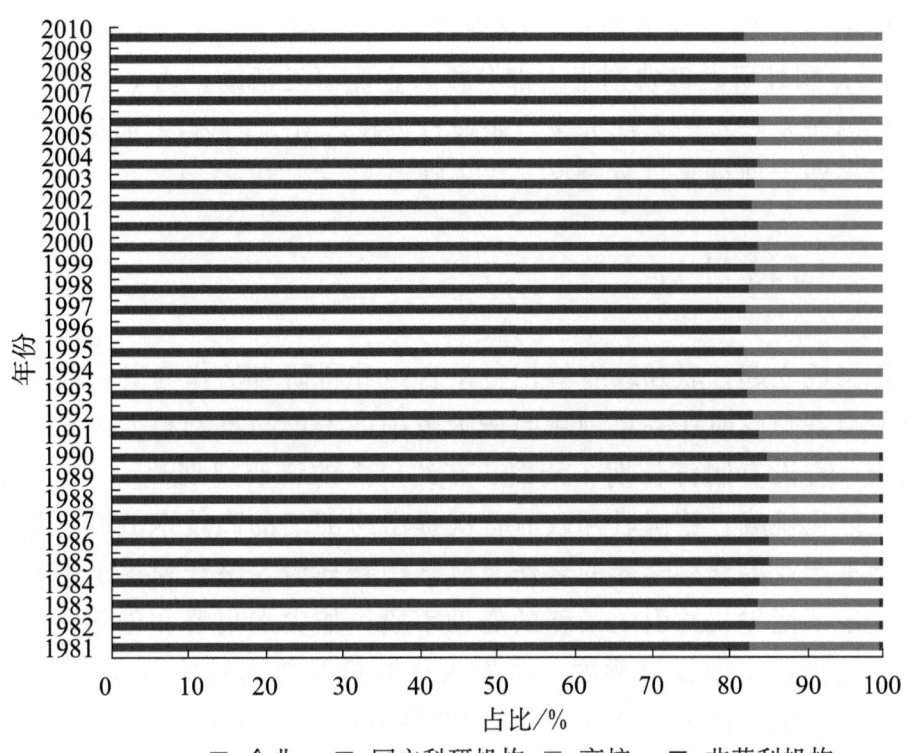

图 5-8　1981～2010 年德国研发经费执行部门构成的变化态势

资料来源：OECD Stat 数据库

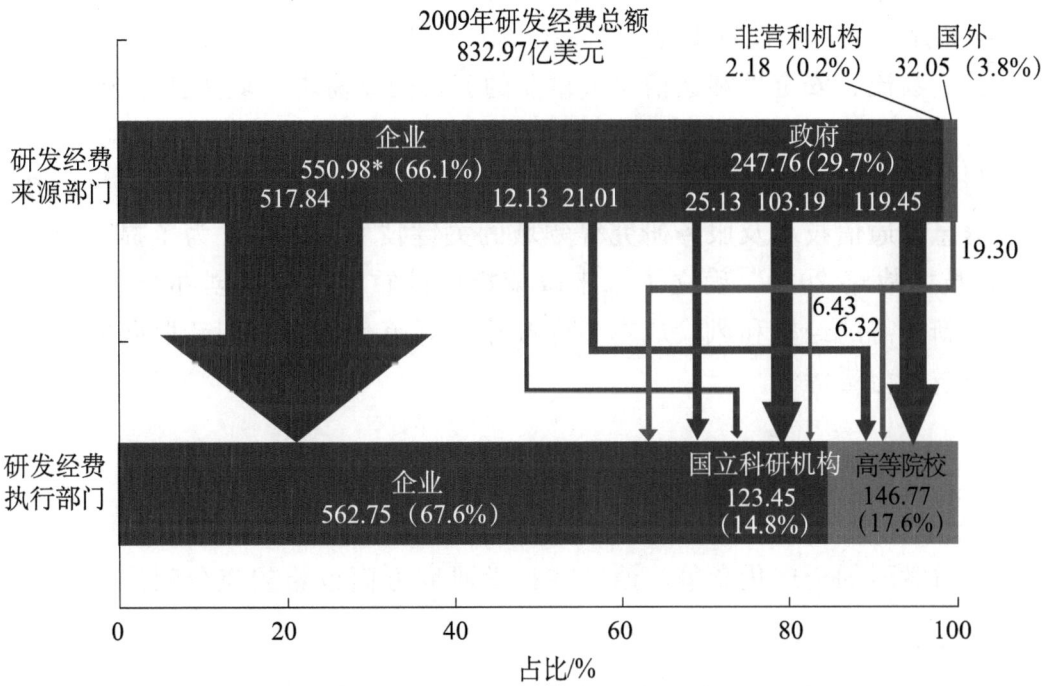

图 5-9　2009 年德国研发经费流向图

* 图中数据单位为亿美元，按购买力平价现值美元计

资料来源：OECD Stat 数据库

经费主要流向高校和国立科研机构,分别占 48.2% 和 41.6%,有少部分资金流向企业,占 10.1%;国外研发经费则很大部分投入企业研发活动,占 60.2%。从执行者来看,企业使用的研发经费绝大部分来自企业自身投入(92.2%);而国立科研机构和高校使用的研发经费大部分来自政府投入,分别为 83.6% 和 81.4%。

5.1.4 科技计划

自联邦德国成立起,联邦政府就把科学自由和科研自治作为其科技管理的基本准则,联邦政府与各州政府在各自领域与职责范围内资助与推动科研发展。在较长时间内,德国政府一直没有制订长期、全面、有约束力的科研规划[①]。2006 年 8 月,面对日益激烈的全球化挑战,德国联邦政府首次提出跨部门的高技术战略计划,旨在开辟主导市场,促进产业界和科学界的合作及改善创新环境。该计划提出了各重大领域的创新目标,确定了优先权并引入了新的资助手段,如尖端集群和创新联盟等。高技术战略的实施,使企业研发投资额度、研发人员数量及德国整体研发强度均有所提升,并且强化了创新氛围。德国工商联合会 2009 年夏季提交的创新报告显示,到 2008 年年底,德国的创新氛围发生了显著变化,约 30% 的企业将其创新活动的活力归因于联邦政府不断改进的研究与创新政策。

2010 年 7 月,德国联邦政府延续高技术战略的成功路线,制定了新的"高技术战略 2020",并提出了新的投资重点。"高技术战略 2020"指出,政府将在气候与能源、健康与营养、物流、安全性和通信等最重要的五大国家需求领域坚持不懈地进行创新,以推动新技术和服务产业的发展,进而推动全社会的变革。"高技术战略 2020"还确立了生物与纳米技术、微纳米电子学、光学技术、微系统技术、材料与生产技术、航天技术、信息和通信技术及服务研究等领域的关键技术。此外,为了提高德国企业创新力,"高技术战略 2020"确立了未来政策措施的重点,包括创办企业的基础条件、中小企业创新所需的经费和风险成本、标准化和规范化要求、创新取向的公共采购及合格的专业技术力量等[②]。

5.1.5 国际科技合作

面对日益激烈的全球化竞争,德国在科学研究方面也希望充分利用世界上的各种

---

① 黄群. 2004. 德国科技体制的特点以及给我们的启示. 科技政策与发展战略,(2):10-16.
② BMBF. High-tech strategy 2020 for Germany. http://www.bmbf.de/en/6618.php [2011-08-17];黄群. 2011. 德国 2020 高科技战略:创意·创新·增长. 科技导报,(29):15-21.

资源来增强其竞争力。为此，德国政府将国际科技合作的目标确定如下：共同使用世界范围人力、物力和财力资源，承担超越国家财力的大型研究项目和特定研究领域（如基因、气候等）的研究；交流科学技术知识，解决需要由国际合作才能解决的全球性问题，如环境保护等；加强与欧洲国家特别是欧盟国家的合作，共同完成大型研究计划；支持中、东欧及独联体国家的政治、经济改革进程，特别是将这些国家纳入欧洲及世界的科技合作之中；通过技术转让和技术援助，加强与新兴工业国家和第三世界国家的合作；支持德国企业面向未来市场，提高德国的科学技术竞争能力[1]。

德国国际科技合作的形式多样、范围广泛，既不断加强与发达国家和科技强国的国际合作，也非常重视与新兴工业化国家的合作，鼓励和支持高校、科研机构及企业参与国际科技合作，在国际合作中赢得话语权。截至2006年6月，德国已经与65个国家签署了268项双边协议，其中双边政府协议54项。此外，德国还是30多个国际科学组织及科研机构的成员。德国联邦政府用于国际合作的经费约占其科学、研究与发展总经费的8%，其中主要用于国际科学组织与机构的会费。

德国在与不同国家科技合作方面采取了不同的合作方式，各有侧重。例如，与欧洲工业国家的合作是共同实施大型多边合作计划；与美国、日本等竞争对手的合作是采取优势对优势，互利互惠；对发展中国家的合作是强调与经济项目挂钩，通过科技合作推动经贸发展、转让技术和占领市场。德国与主要的合作伙伴国家的国际科技合作方式和领域如表5-1所示[2]。

表 5-1 德国与主要合作国家的合作方式及领域

主要的合作国家	合作方式、领域等
美国	合作内容涉及所有的科学技术领域，重点是航天科学技术、环境及气候研究、环保技术、信息技术、能源和医学等
日本	通过高技术与环境保护合作委员会、德日信息技术战略论坛、高校、科研机构进行；重点领域是信息科学、生命科学、高能物理、环境和航天等
加拿大	除农业、林业、医学等传统领域外，在海洋、地球科学、材料研究与物理技术、环保等领域开展合作；促进大学生、技术领域研究人员的流动；参与德国大型科学仪器建设等
以色列	通过密涅瓦（Minerva）基金会、联邦教育研究部与以色列科学文化体育部之间的协议、德以科学研究与开发基金会、《德以项目合作规划》等渠道进行合作，合作范围包括所有重要的研究领域
俄罗斯	涉及所有的科学技术领域，在航空航天科学实验、大科学装置、气候、健康等领域有广泛的合作

---

[1] 李建峰. 2003. 德国的国际科技合作. 全球科技经济瞭望，(11)：31，32.
[2] 国际科技合作政策与战略研究课题组. 2009. 国际科技合作政策与战略. 北京：科学出版社.

续表

主要的合作国家	合作方式、领域等
欧洲国家	参与欧洲科技合作的三大支柱计划：欧盟科技发展框架计划、尤里卡计划、欧洲科技合作计划，共同执行合作项目；还参与欧洲空间局、欧洲核子研究中心等欧洲科学组织及科研机构的多边合作
中国	在华设立多个科研组织的代表处或机构，开展人员交流，吸引优秀人才赴德；重点合作领域包括生物技术、地球科学、信息与通信技术、微系统技术、文物保护、激光与光学技术、材料研究与纳米技术、海洋技术、生产研究、环境技术与生态学等
印度	通过德国学术交流中心、洪堡基金会和德国科学基金会等促进人员的学术交流、研讨会和双学位计划；合作的重点领域包括生物技术、健康研究、信息技术、材料研究、航天等

5.1.6 创新体系构成：高校与企业

5.1.6.1 高校

19世纪初，德国教育部公共教育与文化司长威廉·冯·洪堡提出的"教研合一"的理念缔结了德国科学人才培养和科研工作相结合的传统。德国高校的科研领域相当广泛，以基础研究为主，同时也开展一定的应用研究。截至2012年1月，德国共有415个高等教育机构，其中106个综合型大学，6个教育学院，16个神学院，51个艺术学院，207个应用技术大学和29个公共管理学院。2011～2012年的冬季学期，共有240万学生在大学就读，大约2/3学生分布在综合型大学，大约1/3就读于应用技术大学[1]。

21世纪以来，德国大学入学人数开始出现下滑趋势。为此，2007年6月14日，联邦政府和州政府通过了第一期高等教育协议，要求大学截止到2010年的入学人数相对于2005年应增加91 370名，同时实行一次性拨付政策，支持大学的研究。2009年6月，德国联邦政府和州政府通过了第二期的高等教育协议，2011～2015年，大学应多接收27.5万名新生，吸引更多的外国学生来德学习深造。为此，联邦政府将为第二期项目投入50亿欧元[2]。高等教育协议的实施，遏制了德国高等院校入学人数下滑的趋势，2007～2010年高等教育协议第一期计划结束时，共为德国大学新增加了9.14万名大学生[3]。

德国高校的研发人力资源和科研经费仅次于企业。2010年，高校从事研发活动的

---

[1] BMBF. 2012. Hochschule. http：//www.bmbf.de/de/655.php [2012-06-17].
[2] MPG. 2009. Higher education pact. http：//www.bmbf.de/en/6142.php [2011-08-04].
[3] BMBF. 2011. Hochschulpakt 2020 für Zusätzliche Studienplätze. http：//www.bmbf.de/de/6142.php [2012-06-17].

人数为 121 300 人，其中研究人员为 89 600 人；执行研发经费为 155.6 亿美元，占德国总经费的 18%。高校经费大部分来源于联邦政府和州政府，其次是企业和海外。高校主要通过从政府、基金会或是以合同研究或委托研究方式从第三方获得资金。此外，高校还可以向德国科学基金会申请特别领域研究资助，以便开展跨学科研究，并对科研新生力量给予扶持[①]。

德国高校的研究领域广泛，覆盖了基础研究和应用研究。2008 年，高校的研究经费分布情况如下：大型设备占 28.2%，自然科学占 16.9%，工程科学占 12.9%，医学占 19.7%，社会与人文科学占 19.8%，农学占 2.5%（图 5-10）[②]。自 20 世纪 80～90 年代以来，原本以教学为主的应用技术大学也更多地参与和从事科研工作，重点集中在应用研究领域，与企业建立科研合作关系在应用技术大学科研中占主导地位[③]。

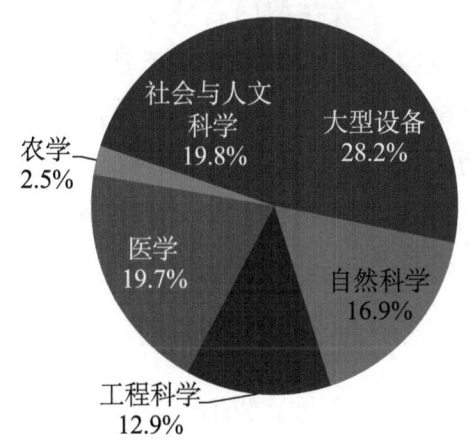

图 5-10　2008 年德国高校研发经费领域分布图

资料来源：BMBF. Bildung und forschung in Zahlen 2011. http：//www.bmbf.de/daten-portal/bildung_und_forschung_in_zahlen_2011.pdf

2006 年起，为了提高德国大学的研发能力，建设具有国际影响力的教研中心，联邦政府实施了卓越计划（Excellence Initiative）。该计划指出，2006～2012 年，政府将提供 19 亿欧元的拨款，其中 75% 由联邦政府提供，25% 由州政府提供。具体而言，该计划包括三个方面的竞争项目。一是青年科学家研究生院，旨在发展现代化的博士生培养方式。已经选出了 39 所大学，这些大学将在五年内获得平均 570 万欧元的经费。

---

① BMBF. 2006. Report of the Federal Government on research 2006. http：//www.bmbf.de/pub/bufo_2006_eng.pdf [2011-08-17].

② BMBF. 2011. Bildung und forschung in Zahlen 2011. http：//www.bmbf.de/daten-portal/bildung_und_forschung_in_zahlen_2011.pdf [2012-06-17].

③ 日本科学技术振兴机构. 2009. 科学技术・イノベーション政策動向. http：//crds.jst.go.jp/kaigai/report/TR/EU/EU20090721.pdf [2009-10-29].

二是卓越集群，旨在大学中建立具有国际影响和竞争力的科研机构，鼓励大学与包括企业在内的其他科研机构合作，开展高质量的跨学科研究。第一期共有37所大学胜出，这些大学将在五年获得约3180万欧元的经费。三是未来发展构想，目标是提升9所大学的水平，使其能成为世界上最知名的大学，这些大学必须独立地获得至少一个青年科学家研究生院和一个卓越集群的项目资助，并且要有可行的整体战略来提升研究实力。卓越计划提供的经费是在大学常规预算之外增加的补充资金。2009年6月，联邦政府和州政府同意继续实施这个计划至2017年，并将经费增加到27亿欧元。这一计划推动了德国大学内部及大学之间、大学与其他机构之间的多学科合作，促进了德国大学的国际化，增强了对国内外学生和科学家的吸引力。目前大约已有4200名科学家参加了这些项目，其中25%来自国外[1]。

为了稳定和吸引杰出的青年学者在德国高校从事科研工作，德国高校于2002年设立了青年教授制度。青年教授席位设立的目的在于让青年学者能够尽早开始独立教学、科研和指导博士生。大学分配给青年教授席位一定的科研经费，提供必需的科研基础设施。青年教授席位的聘期为六年，每三年考评一次，青年教授期满后可申请终身教授。青年教授制度的实施，在一定程度上解决了教授岗位终身制对青年科学家造成的晋升阻力，吸引了国内外大批优秀人才来德开展科研工作[2]。

5.1.6.2 企业

企业是德国研发投入和执行的主体，2010年企业研发人员为34万人，占全国的61.8%，2009年投入的研发经费为550.98亿美元，占德国国内研发经费总额的比重达到66.14%。企业使用的经费为580.16亿美元，占德国国内研发经费总额的比重达到67.3%。

大型企业为保护自身在市场上的竞争地位，其全部研发经费原则上由己承担，除非申请到国家科技规划的重点项目。小企业为了降低科研成本，实现资源共享，特别注重与弗劳恩霍夫协会和德国联邦工业合作研究会（Allianz Industrie Forschung，AiF）的紧密合作。德国联邦工业合作研究会成立于1954年，是企业共同研究和其他政府资助项目的承担者，主要资助中小型企业的研发项目。该研究会通过项目资助、提供咨询等，推动企业界、科学界和政府部门之间的相互联系，以提高德国中小企业的技术创新能力。目前，德国联邦工业合作研究会大约有5万家中小企业会员，拥有

---

[1] BMBF. Initiative for excellence. http://www.bmbf.de/en/1321.php [2011-08-10].
[2] BMBF. 2010. Junior professorship. http://www.bmbf.de/en/820.php [2011-08-10].

100个不同的行业或与技术相关的合作科研机构[①]。

企业科研活动以面向市场为主,有5%的企业还从事基础研究,但从事技术服务的科研机构相对较少。企业研究机构主要集中在工业技术型企业。2004年,企业研发支出的91.5%及全部研发人员的90%来自生产型企业。在德国的全部生产型企业中,至少有40%在进行研发工作,在研发方面比较活跃的行业包括化工、机械制造、医药、测量和调控技术。而在服务型企业中,研发活动则少得多,仅有约10%的服务型企业开展研发工作。同时,研发工作的活跃程度与企业的规模成正比。在生产型企业中,80%的大型企业有研发活动,而在中小企业中这一比重为54%;在服务型企业中,有38%的大型企业开展研发活动,而中小企业的活跃程度则低得多[②]。

5.1.7　创新体系构成:国立科研机构概况

5.1.7.1　类型和分布

德国的国立科研机构主要是指由联邦政府、州政府或二者共同资助的科研机构。著名的科研机构包括德国马普学会、弗劳恩霍夫协会、亥姆霍兹联合会、莱布尼茨科学联合会,它们是按私法成立的注册社团,此外还有联邦政府和州政府部门直属的科研机构,它们是按公法成立的科研机构。

德国国立科研机构的研究活动与大学形成互补。国立科研机构在广泛的科学研究领域内开展工作,由于国立科研机构的经费大部分来源于联邦与州政府,因此研究重点偏向于基础研究或应用导向型基础研究。这些研究通常是不适合在大学开展的跨学科领域研究,或者是需要依赖大学所不具备的大型科学设施开展的科学活动。

在德国国立科研机构中,各科研机构具有不同的定位,在研究内容上各有侧重。马普学会主要从事自然科学、人文科学、社会科学三大领域的基础研究,特别侧重于多学科和跨学科的研究领域,超过80%的经费来自联邦政府和州政府(二者按1∶1的比例承担经费)。亥姆霍兹联合会主要利用大型设备开展跨学科的前瞻性研究,以解决科学、社会与经济发展的紧迫挑战为己任,在能源、地球与环境、医学健康、关键技术、物质结构及交通和航天等六个领域开展研究,总预算的70%左右由联邦政府和各州政府按9∶1的比例提供。莱布尼茨科学联合会研究领域广泛,涵盖了各科学领域的基础研究和应用研究及少量开发研究,总预算的70%左右由联邦政府和各州政府按

---

① 李健民,叶继涛. 2005. 德国科研机构布局体系研究及启示. 科学学与科学技术管理,(11):27-30;AiF. AiF auf einen blick. http://www.aif.de/aif/aif-im-profil/auf-einen-blick.html [2012-06-17].

② BMBF. 2006. Report of the Federal Government on research 2006. http://www.bmbf.de/pub/bufo_2006_eng.pdf [2011-08-17].

1∶1的比例提供。弗劳恩霍夫协会主要面向产业界，从事先进技术应用研究，其经费仅30%左右来自联邦与州政府，两者按9∶1的比例提供经费。联邦政府和州政府下属的科研机构负责承接联邦各政府部门的委托研究任务，或为地方科技发展服务，其经费由联邦与州政府全额负担。

图 5-11 直观显示了德国四大主要国立科研机构从事的研究活动类型与其经费来源的区别。图中圆圈表示机构研发经费支出总量；横坐标表示经费资助来源（靠近原点表示研发经费更多来源于联邦与州政府的公共资金，远离原点表示研发经费更多来源于私人、企业等私有资金）；纵坐标表示机构从事的研究活动类型（靠近原点表示机构更多从事基础研究，远离原点表示机构更多从事应用研究）。

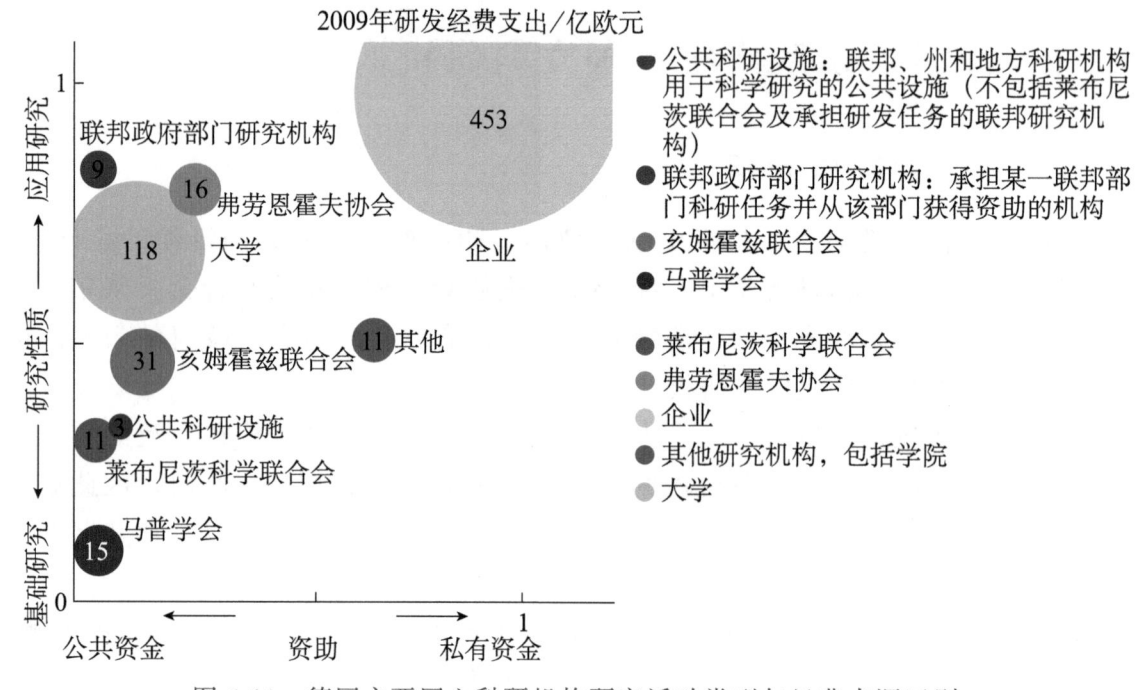

图 5-11　德国主要国立科研机构研究活动类型与经费来源区别

资料来源：www.fpi.lu.se/_media/en/research/germany-power-point-havana-06.pdf

5.1.7.2　组织结构

德国是一个崇尚科学自治的国家。这种科学自治在组织结构上的一个突出反映是德国国立科研机构普遍设立全体会员代表大会和理事会，采用理事会的管理制度。从马普学会、亥姆霍兹联合会和弗劳恩霍夫协会来看，理事会具有以下特点。

（1）全体会员大会由机构内各个研究单元的负责人和主要的学术带头人组成，理事会成员由全体会员大会选举产生，由此保障了各个研究方向在机构决策层面的代表性。

(2) 理事会中有约 1/3 的当然成员,包括机构主席、机构科学委员会的主席和杰出科学家、联邦政府和州政府的官员、其他科研机构的代表等,这些当然成员不经全体会员大会选举,没有任期限制。

(3) 理事会自行选举并任命机构负责人。理事会的主要任务如下:任命、直接/间接选举机构领导人;监督科研机构业务工作的经济性、合法性和目的性;审批年度报告;审批财务预算、基建计划和投资计划;任命、选举执行部门成员;批准执行部门的行动;批准修改机构各种管理条例或章程等。

德国最重要的四个国立科研机构大体都采用这种理事会作为最高决策层的组织结构,同时各科研机构又各有特点。马普学会和弗劳恩霍夫协会权力比较集中,总部统管机构的事务,全体会员大会及其选举产生的理事会为科研机构的最高决策部门。莱布尼茨科学联合会权力则比较分散,总部仅扮演服务及协调角色,各成员机构以会员身份加入,具有高度自治权,其日常独立运作、研究方向及经费运用完全具有自主权,总部对它们并无约束力。

5.1.7.3 人事管理

德国国立科研机构在人事管理方面多采用任用期限制度,可分为长期聘用人员和限期聘用人员[①]。一般来说,各科研机构主席、大部分中层领导、项目组长和部分科研人员是长期聘用人员,其他为限期聘用人员。以马普学会为例,马普研究所的所长和部分科研人员(包括部分课题组长)为长期聘用人员,其职位为 C4、C3 或 C2 教授。在一般研究人员中,长期聘用和限期聘用的人员比例约为 1∶1。

德国对长期聘用人员的管理执行国家公务员标准。法律规定了公务员职位晋升的条件、工资标准及晋升规定。具体而言,公务员的净工资水平(扣除保险、医疗开支后)高于社会同类职位一般水平[②];国家为其支付退休金、本人及家属的医疗保险;公务员终身就业,不能被解雇(犯罪除外);公务员必须服从调动、遵守国家法律,不允许反对政府和罢工等。按照现行法律的规定,教授的身份为公务员,享受 C 级工资待遇(由基础工资和家庭补贴部分组成,分 15 档),最高职位为 C4 教授(其下为 C3 或 C2 教授),一般每位 C4 教授可以拥有 2~4 名长期聘用人员,工资每两年自动上升一档,教授在聘任或延聘期间享受特殊津贴。

而对于限期聘用人员的管理依据是德国雇主协会与工会签订的劳资协议,雇主

---

① 谭宗颖. 2005. 国外科研机构和大学的用人制度与机制. http://www.cbtm.gov.cn/bbs/detail.asp?id=904 [2011-08-09].

② 谭宗颖. 2006. 国外科研机构和大学的用人制度与机制. http://www.sgst.cn/xwdt/shsd/200705/t20070518_105882.html [2012-06-18].

（此处即指科研机构）必须根据劳资协议签订雇佣合同，并按照此合同支付限期聘用人员的劳动报酬。限期聘用人员享受劳资协议规定的工资类别、级别和档次及社会福利，必须遵守雇佣合同规定的职责和义务，但限期聘用人员必须自己缴纳医疗、失业和养老保险。如果限期聘用人员在六年内未获得长期职位，则必须离开教学和科研岗位，转入企业工作[1]；在教学和科研工作中业绩突出、成为课题负责人的限期聘用人员，可聘为长期聘用人员[1]。

5.1.7.4 经费管理

1）政府科研经费管理

德国国立科研机构通常由联邦政府与各州政府在协议的基础上共同资助，政府对研发的资助方式主要包括短期项目资助及中长期的机构资助。2007年，联邦政府研发支出的46%为项目资金，44%为机构资助[2]。此外，国立科研机构的经费还有小部分来自企业及自身研究成果的商业化利润[3]。

机构资助是政府以一般性资金而不是特定项目研究的形式拨付给科研机构的经费。根据《基本法》第91b条，机构资助由联邦政府（主要是联邦教育研究部）提供，或由联邦政府与州政府根据协议联合提供。如前所述，各科研机构获得的联邦政府和州政府的资助比例根据协议及自身性质而不尽相同。这种资金是长期性的，目的在于保持德国研究系统的卓越地位和战略方向。提供给国立科研机构的资助具有严格的使用要求，并受到严格的问责制度的约束。机构资金预算主要取决于研究组织的需求，但同时也受到对机构评估结果的影响，如德国科学委员会开展的评估。这些评估结果会对机构资金占全部资金的比重、研究所的关闭或调整等提出建议，从而对联邦或州政府的相关机构资金预算造成影响[4]。

项目资助主要是来自联邦教育研究部、经济技术部及联邦环境、自然和核安全部（BMU）的项目资金，通常以一般或专门资助计划的形式为科研机构提供限定期限的项目经费。项目资助分为直接资助和非直接资助。直接资助通常提供给那些具体的研究领域，其目的是协助该领域的研究与发展达到国际先进水平。非直接资助则用于支持企业或其他科研机构。大部分项目资金由国家委托设于特定科研机构的专门项目管

---

[1] 胡志坚，冯楚健. 2006. 国外促进科技进步与创新的有关政策. 科技进步与对策，(1): 22-28.

[2] Erawatch. 2010. Main instruments of research policy. http://cordis.europa.eu/erawatch/index.cfm?fuseaction=ri.content&topicID=14&countryCode=DE&parentID=12 [2011-08-09].

[3] BMBF. 2006. Report of the Federal Government on research 2006. http://www.bmbf.de/pub/bufo_2006_eng.pdf [2011-08-17].

[4] Erawatch. 2010. Research funding system overview. http://cordis.europa.eu/erawatch/index.cfm?fuseaction=ri.content&topicID=329&countryCode=DE&parentID=50 [2011-08-17].

理机构来管理，并由这些项目管理机构组织开展对项目资金的评估。

2）国立科研机构内部经费管理

德国国立科研机构内部的经费配置，各有特色。

马普学会实行的是基于人的经费配置模式。在获得机构经费后，机构层面和研究所层面都实施基于人的经费配置方式。即在研究所设立时，总部与所长协商确定研究所年度经费总额；在招聘科学家时，所长会与科学家协商拨给他们的年度科研经费，经费额度根据研究工作的科学质量商定。这种模式需要对所长和科学家有足够的信任，其关键在于寻找到合适的学科带头人或科学家。

亥姆霍兹联合会2003年起实施以项目为基础的经费支持方式，改变了过去直接对各研究中心拨款的方式。以项目为基础的经费预算需要亥姆霍兹联合会根据教育研究部制订的科研计划，围绕其六大领域提出科研项目建议，经项目评估后提交教育研究部。此后，教育研究部向各研究中心发出科研项目资助通知，并将审批后经费总额拨付到联合会总部。总部再按照各科研项目中各个研究中心的参与情况，将总经费分配到各大研究中心。这种经费配置模式可促进科研机构之间的跨学科合作，又可通过课题项目竞争经费，提高资源利用率。

弗劳恩霍夫协会实行与外争经费匹配的经费配置模式，其主要特点是大部分经费要通过横向和纵向的项目形式来竞争获取，同时政府拨款与机构上年获得的竞争性项目收入水平挂钩。弗劳恩霍夫协会获得的政府拨款事业费主要用于开展战略性、前瞻性研究，根据研究所承担研发课题性质与优先级，这部分政府拨款经费按不同比例资助。这种模式具有较强的竞争性，既保证了科研机构基本公益目标和基本运行活动的实现，又有效地提高了政府拨款经费的使用效率，提高了各研究所自主发展能力。

5.1.7.5 科技评价

德国国立科研机构都要按时接受评估，包括国家系统评估和科研机构内部的评估。国家系统评估通常每五年进行一次，由教育研究部委托受政府资助的德国科学委员会具体执行，对国立科研机构的整体科研情况及各专业领域内研究工作的状况进行评估并提出相应的改革建议。德国科学委员会根据研究计划和课题的情况，聘请相关专家组成评估工作小组或评估委员会，开展专门的调查研究与科学评估活动。评估委员会每年要深入科研机构乃至科研课题小组，了解它们的基本情况，对被调查单位的科研方向、科研水平、工作质量、人员编制及其在国际上的地位等做出全方位的评价，并公开发表评估报告和改革建议[1]。

---

[1] 黄群，赵颐枫.2002.德国非营利科研机构及其管理.科技政策与发展战略，(4)：11-31.

在科研机构内部的评估方面，各国立科研机构主要使用同行评议对科学家个人、项目和研究单元进行评估。以对下属研究单元评估为例，各科研机构的基本评估方法是同行专家评议。评议专家首先阅读被评估研究单元提供的状态报告，该报告以定量数据为主。此后，评议专家到研究所实地考察了解情况，并通过集体讨论形成最终的评价报告。

虽然德国国立科研机构都采用同行评议方法作为基本的评价方法，但是在评价标准与相应的专家构成上存在较大差异。马普学会是一个以基础研究为主的科研机构，评价标准最根本的是研究的质量与水平，因而研究论文的数量与水平成为其重要的评价指标；评价专家主要来自高校与科研机构的国际知名科学家，国外专家的比例最高可达60%，该比例为莱布尼茨科学联合会开展同行评议时外部专家比例的两倍。弗劳恩霍夫协会是一个应用开发型科研机构，外争经费的数量与构成、客户的满意度等成为非常重要的指标，出版物则一般不纳入评价指标，评价专家一半来自学术界，一半来自企业。亥姆霍兹联合会属于大科学装置的科研机构，经费投入大，其项目规划与管理显得尤为重要，因而其评价委员会成员除科学家外还包括政府官员与管理专家等[1]。

5.1.7.6 成果管理

由于国立科研机构在研究领域、研究方向及与工业界联系程度上有很大差别，因此，在科研成果专利申请和转化方面做法也不尽相同。下面以马普学会和亥姆霍兹联合会为例。

马普学会的专利管理比较集中，它创建了全资子公司马普创新公司，旨在将马普学会的创新与技术成果进行市场转化，并负责技术许可协议的买卖或终止事宜。在马普学会内部，该公司负责向各个研究所提供关于专利事务的咨询建议，并组织进行专利申请。该公司的运行经费由马普学会承担，赢利全额上缴。申请的专利归马普学会所有，并向发明人支付技术转让收益的30%作为报酬。

亥姆霍兹联合会的科研成果管理则比较分散，是由亥姆霍兹联合会旗下各个中心的专利部及中心以下各研究所的专利专员负责。专利专员一般为研究所的资深科研人员，其职责包括开展专利知识宣传、提高科技人员专利保护意识；随时关注研究所的新发明和新科研成果，与发明人就成果专利申请交换意见后向中心专利部提出建议[2]。专利的申请和保护事宜由中心专利部委托专利律师办理。总体来说亥姆霍兹联合会下

---

[1] 李晓轩. 2004. 德国科研机构的评价实践与启示. 中国科学院院刊，19（4）：274-303.
[2] 王捷. 2007. 德国校外非营利科研机构管理制度. 全球科技经济瞭望，（3）：42-45.

属大研究中心的科研成果转化的主要方式是许可证转让,即为经过筛选的有经济价值的科研成果寻找工业合作伙伴,签订技术转让合同。

除科研机构内设的成果管理机构外,德国还有大量专利市场化中介机构。这些机构负责对发明创造进行评估;起草、归档和管理专利申请;提供技术发明的商业化服务,为商业化合同的签订进行谈判和监督等[①]。

---

① MPG. Max Planck Innovation. http://www.mpg.de/913507/Max-Planck-Innovation [2011-08-16];王捷.2007.德国校外非营利科研机构管理制度.全球科技经济瞭望,(3):42-45.

5.2 马克斯·普朗克科学促进学会

> ▶ 德国主要的国立科研机构之一，主要进行自然科学、生命科学、人文科学和社会科学等领域的基础研究，特别是从事那些在大学尚不成熟或不宜开展的研究工作。以做出国际前沿的高质量研究工作为目标。
> ▶ 截至2012年1月，雇员数为17 019人，其中31.6%是研究人员。2012年度研究预算约为18.93亿欧元（约合23.99亿美元），其中77%来源于联邦政府与州政府。
> ▶ 截至2012年1月，共有80个研究所和研究设施，4个海外研究所和1个海外研究设施。全体会员大会和评议会是最高决策管理机构。
> ▶ 通过提倡和促进人员流动保持合理的人员年龄结构，保证创新活力。
> ▶ 具有严谨的评价机制，分为事前评价、事后评价与国家系统评估三部分。
> ▶ 在中国科学院管理创新与评估研究中心对86个国际国立科研机构的学术影响力排名中，马普学会的计算机科学、经济与商业、空间科学、神经科学与行为学排名第二，化学、物理学、精神病与心理学排名第三，材料科学、数学、分子生物和遗传学、动植物学排名第四。

马克斯·普朗克科学促进学会（Max-Planck Society for the Advancement of Science, MPG, 简称马普学会）成立于1948年，其前身是创建于1911年的德国威廉皇家学会，是世界上历史最悠久的科研机构之一。马普学会的整体科研实力居世界前茅，特别是在生物、化学、物理等基础学科领域。1914~1948年，其前身德国威廉皇家学会共有15名科学家获得诺贝尔奖，自1948年马普学会组建以来，共有17位科学家获此殊荣。马普学会的绝大部分资金来自联邦政府与州政府，其行政总部和主席办公室设在慕尼黑。

5.2.1 人力资源和经费状况

5.2.1.1 人力资源

近年来，马普学会员工的人数持续稳定增长。截至2012年1月1日，马普学会共有17 019名雇员，相比2004年的14 659人增长了16.1%（图5-12）。其中研究人员有5378名，占雇员总数的31.6%；非研究人员总数为8074名，占比47.4%。在所有雇员中，84.6%的员工由研究所资助，剩余的15.4%员工由项目资助（表5-2）。

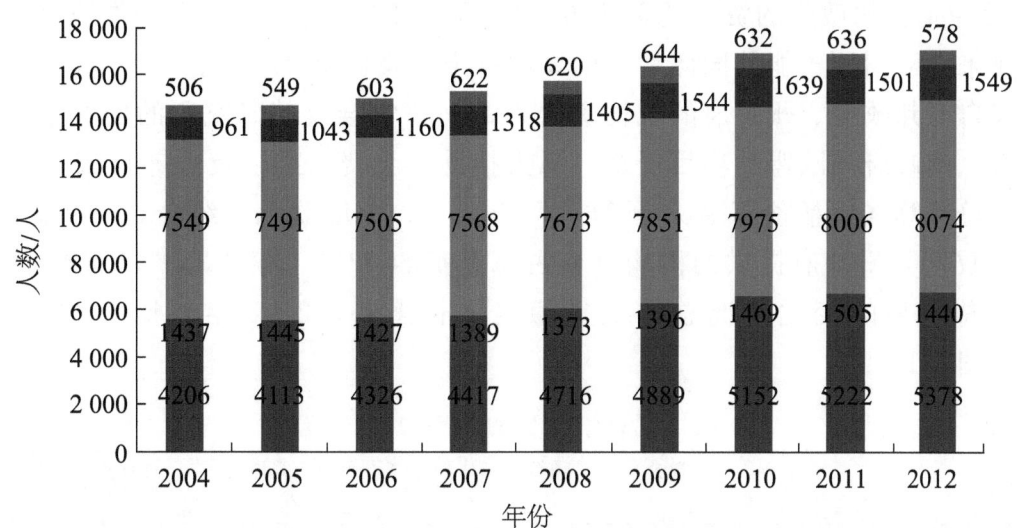

图5-12　2004～2012年马普学会人力资源变化情况

资料来源：MPG. 2012. Annual report 2011. http://www.mpg.de/5823659/Annual_Report_2011.pdf

表5-2　2012年1月马普学会人力资源构成　　（单位：人）

马普学会雇员	总数	研究所资助	项目资助
主管与科学会员	277	277	0
独立青年研究小组带头人	121	111	10
资深研究人员	233	222	11
学术人员	4 747	3 160	1 587
全部研究人员	5 378	3 770	1 608
技术与IT员工	3 813	3 548	265
管理工作者	4 261	4 195	66
全部非研究人员	8 074	7 743	331
培训生	555	555	0
实习生	23	22	1
签署学费津贴协议博士生	1 440	989	451
学生助理	1 549	1 323	226
雇员总数	17 019	14 402	2 617

资料来源：MPG. 2012. Annual report 2011. http://www.mpg.de/5823659/Annual_Report_2011.pdf

5.2.1.2　经费状况

马普学会经费的绝大部分由联邦政府和各州政府提供，其中州政府所需提供的财政资金根据联邦政府和州政府协商制定的分配方案决定，该方案每年进行修订。自

2000 年起，联邦政府及各州政府为马普学会多数研究所提供经费的比例一直维持在 1∶1（预算 A[①]），联邦政府和州政府还可在该分配方案之外对马普学会提供额外资助。该比例的例外是马普等离子物理研究所。该研究所受联邦政府与巴伐利亚州和梅克伦堡-西波美拉尼亚州政府的资助比例为 9∶1（预算 B）。此外，根据合作协议，该研究所还接受来自欧洲原子能共同体的资助，用以推动联合研究项目。

除来自联邦政府、州政府的机构资金外，马普学会及其研究所的经费来源还包括联邦政府、州政府与欧盟的项目资金、私人捐助、会费、捐款及服务报酬。2012 年马普学会的总预算（包括预算 A 和预算 B）约为 18.93 亿欧元（约合 23.99 亿美元[②]），其中联邦政府与州政府提供的机构资金占总经费的 77%（表 5-3）[③]。2004~2012 年，马普学会总预算的变化情况总体上呈稳定增长态势，2012 年相比 2004 年增长了 42.9%（图 5-13）。

表 5-3 马普学会 2011 年和 2012 年预算　　　　（单位：亿欧元）

项目	预算 A（马普学会）		预算 B（马普等离子物理研究所）		总预算（马普学会）	
	2011 年	2012 年	2011 年	2012 年	2011 年	2012 年
收入						
政府资金	12.90	13.54	1.01	1.03	13.91	14.57
外争经费	0.97	1.01	0.41	0.36	1.38	1.37
项目资金	2.57	2.83	0	0	2.57	2.83
其他资金	0.25	0.16	0	0	0.25	0.16
总收入	16.69	17.54	1.42	1.39	18.11	18.93
支出						
运营支出	11.37	11.77	1.06	1.05	12.42	12.82
人员支出	5.34	5.54	0.61	0.61	5.95	6.15
其他运营支出	4.61	4.72	0.42	0.41	5.03	5.13
拨款	1.41	1.51	0.03	0.03	1.44	1.54
投资支出	2.50	2.78	0.37	0.34	2.87	3.12
建设支出	1.37	1.36	0	0	1.37	1.36
其他资金支出	1.13	1.42	0.37	0.34	1.50	1.76
项目资金	2.57	2.83	0	0	2.57	2.83
特别资金	0.25	0.16	0	0	0.25	0.16
总支出	16.69	17.54	1.42	1.39	18.11	18.93

数据来源：MPG Annual report 2010；Annual report 2011

[①] 编者注：马普学会的预算分 A、B 两部分，其中马普等离子体物理研究所的预算独立于其他研究所，其他研究所的总预算为预算 A，马普等离子体物理研究所的预算为预算 B。

[②] 根据 2012 年 6 月 21 日汇率换算——美元∶欧元＝1∶0.7891。

[③] MPG. 2012. Annual report 2011. http：//www.mpg.de/5823659/Annual_Report_2011.pdf [2012-06-17].

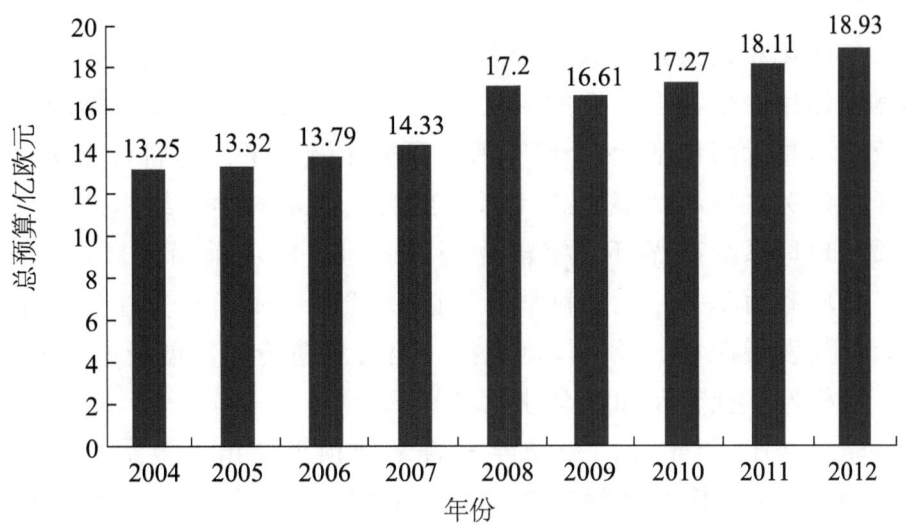

图 5-13　2004~2012 年马普学会总预算变化情况

资料来源：MPG. Annual report 2003；Annual report 2004；Annual report 2005；Annual report 2006；Annual report 2007；Annual report 2008；Annual report 2009；Annual report 2010；Annual report 2011

5.2.2　战略定位和重点领域

马普学会主要进行自然科学、生命科学、人文科学和社会科学等领域的基础研究，特别是从事那些在大学不宜开展的研究工作。这些研究工作往往是跨学科领域的，不适合在以院系为基本架构的大学中展开，或者有些研究需要的研发经费或仪器超出大学的承受范围。同时，马普学会的部分研究所还为大学开展的研究工作提供必要的技术和平台服务，为马普学会以外的大量科学家提供仪器设备、特殊实验室和文献资源等[1]。

马普学会的研究领域非常广泛，包括生物与医学领域、化学物理与技术领域、人文科学领域和社会科学领域。下面从研究布局和科学产出（论文和专利）两大方面分析马普学会的优势学科分布[2]。

近些年，马普学会根据世界科学发展趋势、本国战略需求及国际评价建议等进行了学科布局调整，重组、新建、合并和撤销了若干研究所。目前，马普学会的学科布局明显向生物医学前沿与交叉学科研究领域倾斜。2010 年，生物医学部包含 27 个研

---

[1]　MPG. MPG mission. http://www.mpg.de/english/aboutTheSociety/aboutUs/mission/index.html ［2008-09-19］．

[2]　谭宗颖，黄群，阳宁晖等．2007．马普学会的学科布局与学科优势分析．科学观察，2（4）：11-23．

究所，研究主题如下：现代精神病学，生态基因组学，视觉蛋白质组学，自组织生物学，老龄化和老龄化相关疾病，大分子复合物，知觉、学习和记忆，蛋白质折叠，植物与环境的相互作用，生物多样性的模式和维护，光遗传学，灵长类动物比较基因组学等。化学物理与技术部包括 32 个研究所，研究主题如下：材料科学多尺度建模，综合系统，量子多体关联控制，多模态计算和交互，纳米科学和纳米技术，生物材料科学，轻量物质，地球系统碳循环，宇宙物理实验室，能源前沿问题，疾病计算模型，时间、空间、物质和力学等。人文科学部包括 19 个研究所，研究主题如下：全球化世界法律秩序，行为发展探索，经济体制调控，语言和遗传学，创新和创业，文化领域，人脑可塑性，多样性、社交及知识全球化等[①]。

根据马普学会 2011 年年报，2012 年马普学会预算支出资金量最高的是生命科学领域，为 6.71 亿欧元，其次是物理学领域（4.36 亿欧元）和化学领域（1.64 亿欧元），其余学科领域依次为历史与社会科学、数学、计算机科学、技术科学与工程、天文和天体物理学、大气科学与地质科学、医学、法学及经济学[②]。

马普学会研发经费的领域分布与论文和专利产出的学科分布呈正相关。目前，马普学会科学论文的总体篇均引文率高于同期世界引文基准，特别是在化学、物理学、生物学、医学、材料科学等领域的篇均引文率均位于世界前列。从专利来看，马普学会在专利方面的技术优势集中在生物学、生物技术、有机化学、医药、材料测试与分析及半导体器件等领域。

5.2.3 组织架构和管理模式

5.2.3.1 组织架构

马普学会的组织结构如图 5-14 所示。其主要决策管理部门包括主席（president）、执行委员会（Executive Committee）、秘书长（secretary general）、行政总部（Administrative Headquarters）、评议会（Senate）和全体会员大会（General Meeting）。以下从总部的组织架构和研究所的组织架构两个层面分别介绍。

1）学会总部的组织架构

（1）马普学会召开的全体会员大会是学会的最高决策机构。全体会员大会有权决定学会章程的变更，选举评议会成员，接受年度报告，审查与批准年度财政报告，批

---

① MPG. Research perspectives 2010 + of the Max Planck Society. http://www.mpg.de/perspectives?filter_order=L [2011-08-19].

② MPG. 2012. Annual report 2011. http://www.mpg.de/5823659/Annual_Report_2011.pdf [2012-06-17].

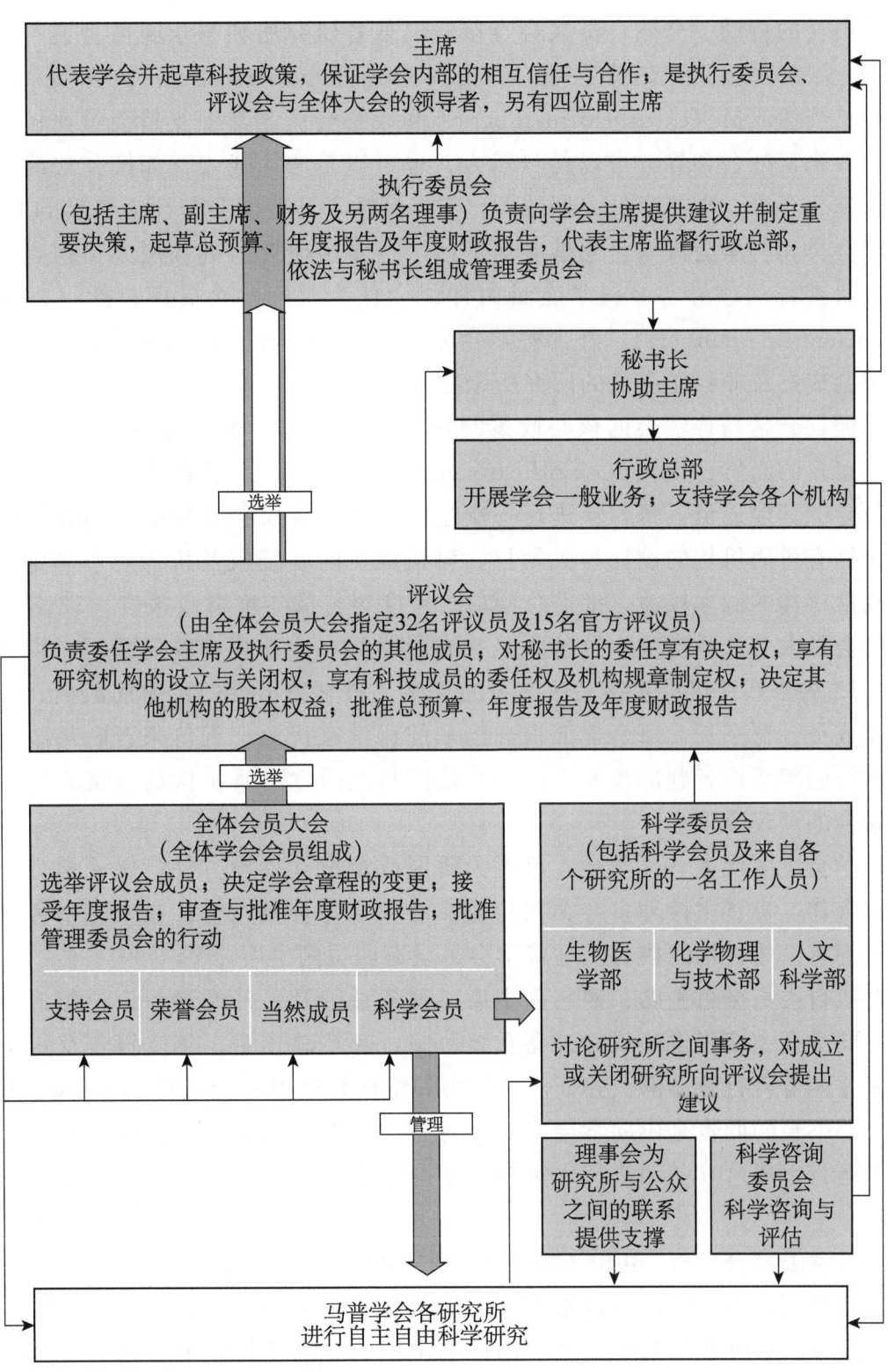

图 5-14　马普学会组织结构图

资料来源：MPG Annual Report 2006

准管理委员会的行动。全体会员大会直接对马普各研究所和科学委员会进行管理。全体会员大会成员包括支持会员（supporting members）、科学会员（scientific member）、当然成员（ex-officio members）和荣誉会员。其中支持会员比例最高，这些会员主要来自社会各界，可以是自然人，也可以是法人代表，如按公法或私法注册的社团、基金会等。支持会员占据较大比例，反映了马普学会与社会各界的紧密联系。学会支持会员和科学会员来自马普各研究所，通常由研究所的高层人员担当，如研究所所长或研究部门领导等，科学会员由评议会任命。科学会员还包括退役科学会员（retired scientific members）、外部科学会员（external scientific members）。当然成员包括评议会成员及非科学会员的研究所领导。

（2）评议会是马普学会的核心政策制定与管理机构。评议会由32名评议员及15名享有投票权的当然评议员（ex-officio senators）组成。评议会负责选举学会主席及执行委员会的其他成员，每六年进行一次主席选举。评议会对秘书长的委任拥有决定权，同时拥有科研机构的设立与关闭权、科技成员的委任权及机构规章制定权。评议会决定其他机构的股本权益，批准总预算、年度报告及年度财政报告。32名一般评议员由全体会员大会选举产生，这些人员来自科学界、企业界、政府部门、媒体或者其他机构。15名当然评议员包括马普学会的主席、科学委员会的主席团成员、三个学部的主席团成员、秘书长、每个学部推选出来的科学家代表、五位来自联邦政府和州政府相关部门的部长或者副部长等。此外，德国其他国立科研机构的负责人也被邀请参加马普学会的评议会议[1]。

（3）学会主席代表马普学会，负责为研究政策设立指导方针，保证学会内部的相互信任与合作，负责主持理事会、执行委员会及全体会员大会。在紧急事务中，学会主席临时拥有上述机构的权力。马普学会另设有四位副主席。

（4）执行委员会由主席、四名副主席、财务总管及另外两名评议员组成，执行委员会负责向学会主席提供建议并准备重要决策，起草总预算、年度报告及年度财政报告，代表主席监督行政总部，并依法与秘书长组成管理委员会（Management Board）。

（5）秘书长的职责是协助学会主席并对行政总部进行管理。行政总部负责马普学会的日常运行，通过准备和执行决策并为学会各个机构提供支撑，保证各研究所的可持续发展。

（6）科学委员会（Scientific Council）是马普学会的咨询机构。该委员会按照学部分为生物医学部、化学物理与技术部、人文科学部。科学委员会由各研究所的科学会员和所长组成，另外还包括由三个学部推选出的研究所的科学家。科学委员会每年召

---

[1] MPG. Senate. http：//www.mpg.de/288798/Governing_Bodies［2011-01-07］.

开一次会议（必要时两次），负责讨论各部共同关心的问题，特别是那些对马普学会的发展具有重要影响的问题，如成立或关闭研究所等，科学委员会有权将这些问题提交评议会并提出建议。

（7）科学咨询委员会（Scientific Advisory Board）是对马普研究所进行外部评估的主要机构，评估结果将直接影响到马普学会对研究所的资金投入。科学咨询委员会具有以下特点：①展开外部评估，超过97％的科学咨询委员会会员来自马普学会之外的大学和科研机构，超过75％的成员来自国外；②根据研究所的提议，科学咨询委员会的成员由马普学会主席指定，主席亦可指定提议之外的其他成员；③科学咨询委员会每两年进行一次评估，在特殊情况下，马普学会主席也可在两次评估之间召集科学咨询委员会。

2）研究所的组织架构

马普学会的科学研究工作由其下属的众多研究所负责开展，截至2012年1月，马普学会共有80个研究所和研究设施，4个海外研究所和1个海外研究设施[1]。

马普学会下属的多数研究所都设有各自的理事会（Boards of Trustees），其主要作用是在研究所与公众之间建立可信任的联系。理事会审议和研究该研究所的科技政策、组织结构、研究经费配置等问题，此外，理事会还负责研究所的对外联络。截至2007年，共有55个马普研究所建立了理事会[2]。

马普学会各研究所的组织结构基本类似。以马普生物化学研究所为例，该所的管理部门包括研究所所长（managing director）、所长委员会（Board of Managing Directors）和行政主管（head of administration）等。研究所的具体科研活动按不同研究方向由下设的研究部门或研究组展开。

为了适应不断变化的学科发展的需要，马普研究所及其部门在组织上具有很大的灵活性，可以通过任命杰出科学家、改变实验室和研究所的研究方向及成立新的研究所等方法来进行学科布局调整。在某些情况下，马普学会会撤销个别的研究所或实验室，其原因可能包括研究所或实验室已经完成了预期科研目标；与大学已开展的研究课题与项目重复；找不到合适的科研人才接替原有的研究所或科研领域的领导；经费削减等[3]。

---

[1] MPG. Facts and figures. http://www.mpg.de/186435/Facts_Figures [2012-06-17].

[2] MPG. Governing bodies. http://www.mpg.de/288798/Governing_Bodies [2011-08-18]; MPG. The Scientific Advisory Boards and Boards of Trustees. http://www.mpg.de/english/aboutTheSociety/aboutUs/organization/advisoryBoardsTrustees/index.html [2008-09-21].

[3] 林豆豆，田大山. 2006. MPG科研管理模式对创新我国基础研究机构的启示. 自然辩证法通讯，（4）：53-60；房强. 2000. 德国马克斯普朗克学会及其研究所. 科学对社会的影响，（3）：12-14.

5.2.3.2 人事管理

在马普学会从事研究工作的人员分为长期聘用人员和限期聘用人员。长期聘用人员享受公务员待遇,工资标准由国家统一制定,按规定享受正常晋升工资的待遇,并且终身就业、不能被解雇。而限期聘用人员的待遇标准则由雇员与学会签订的雇佣合同予以规定,雇员自己缴纳医疗、失业和养老保险。马普学会长期和限期聘用的研究人员及与职位对应的关系如表 5-4 所示。一般来说,长期聘用人员和限期聘用人员的比例约为 1∶1[①]。

表 5-4 马普学会长期和限期聘用的研究人员及与职位对应的关系

研究人员	长期聘用	限期聘用	职位
所长和科学会员	长期聘用		C4 教授
课题组长	一般为长期聘用		C3 教授或 C2 教授
一般研究人员	50%	50%	

哈纳克原则(harnack prinzip)是马普学会继承自威廉皇家学会时期的优良传统,即"让最优秀的人来领导研究所"。每个研究所有 3~4 名所长,这些人员都是该研究所的学术带头人。这些人员全部通过面向全世界的公开招聘竞争而来,目前,几乎所有的学术带头人都从马普学会外部招聘而来,且多数来自国外。马普学会新研究所的成立或者研究所内新研究方向的确立,都是围绕这些杰出的学术带头人来实施的。马普学会高度信任这些研究所所长,为其提供稳定、不受时间限制的研究经费,并允许所长管理本研究所的预算,也可接受来自第三方的资助。马普学会对于科研工作没有硬性的成果要求,但每两年一次通过科学咨询委员会对马普学会研究所研究工作的质量进行评估,并要求科学家将研究成果公开并对所有人开放[②]。这种科学自由的环境对于发挥研究人员的开创精神具有很大鼓励作用,使他们能够在相对较小的压力下开展创造性研究。因此,马普学会吸引了世界各地的顶级科学家到马普学会研究所工作[③]。

在人员流动机制方面,提倡民主自由、促进人员流动是马普学会的主要特点。马普学会所属研究所与大学之间的人才双向流动关系密切,马普学会鼓励研究人员去大学担任兼职教授,超过 80% 的所长和室主任都在所在地大学任兼职教授。大学的教授也可应聘马普学会所属研究所的研究员(所长)职位。近年来,学会的流动率基本保持在 11% 以上,这一数字还不包括国内外访问学者和做博士学位课题的人员。截至

---

① 谭宗颖. 2005. 国外科研机构与大学科技人员优化更新机制浅析. http://www.cas.ac.cn/10020/10128/2005/127164.htm [2008-12-06].

② MPG. Max Planck Institutes. http://www.mpg.de/english/institutesProjectsFacilities/institute Choice/aboutInstitutes/index.html [2008-09-21].

③ 朱崇开. 2010. 德国基础科学研究的中坚力量——马普学会. 学会,(3):56-62.

2011年1月，马普学会的外籍雇员占马普学会总雇员数的比重为28%，外籍研究人员占全部研究人员的比重为33.1%，马普学会的博士后队伍中外籍人员占比达到90.6%，访问学者中外籍人员占53.5%[1]。但是，能够在马普学会长期从事科研工作的科学家人数始终控制在50%左右。通过不断引进人才、促进人员流动的系列措施，马普学会的科研人员和管理人员的年龄构成比较合理，并始终保持着创新的活力[2]。

加强青年科技人才的培养是马普学会人事管理的中心任务之一。马普研究所在教育和培养德国的青年科学家和研究者方面发挥着重要作用。截至2012年1月，马普研究所学生助理为1549名，签署学费津贴协议的博士生约为1440名，一般博士研究生为2264名[3]。目前，马普学会科研员工中，约有六成年龄在40岁以下[4]。马普学会培育青年科技人才的具体形式包括吸纳学生参与各研究所的研究计划、为博士生提供支持、为青年科学家和研究者提供博士后奖学金或限期工作合同、设立特别的机构等。马普学会专门设立了支持青年科技人才的特别机构，如马普研究组（Max Planck Research Group）、马普国际研究院（International Max Planck Research Schools，IMPRS）、奥托哈恩研究组（Otto Hahn Group）及密涅瓦计划（Minerva Programme）等。

马普学会从1969年开始通过马普研究组的形式为特别有才能的青年科学家和研究者提供支持。马普学会为他们提供具有一定限期（五年期）的研究计划和独立的经费，以此来提拔杰出的青年科技人才，帮助他们为将来的职业发展道路打下基础。自2001年起，马普学会将马普研究组国际化，主动与国际组织展开合作，在国际范围内挑选青年科学带头人，不仅德国科学家可以担任国外研究组的领导者，国外科学家亦可担任马普学会中研究组的领导者[5]。截至2012年1月，各马普研究所共设有约120个马普研究组[6]。

2000年，马普学会与德国众多大学发起了一项旨在支持青年科学家和研究者的计

---

① MPG. 2011. International facts & figures. http://www.mpg.de/272172/Facts_Figures [2011-08-18].
② 林豆豆，田大山. 2006. MPG科研管理模式对创新我国基础研究机构的启示. 自然辩证法通讯，（4）：53-60；谭宗颖. 2005. 国外科研机构和大学的用人制度与机制. http://www.cbtm.gov.cn/bbs/detail.asp?id=904 [2011-08-09].
③ MPG. 2012. Annual report 2011. http://www.mpg.de/5823659/Annual_Report_2011.pdf [2012-06-17].
④ MPG. Career programs for junior scientists. http://www.mpg.de/279169/Career_programs_for_junior_scientists [2011-08-19].
⑤ MPG. Max Planck Research Groups. http://www.mpg.de/english/institutesProjectsFacilities/juniorResearchGroups/aboutJrg/index.html [2009-04-06].
⑥ MPG. 2011. Max Planck Research Groups. http://www.mpg.de/279341/Max_Planck_Research_Groups [2012-06-17]；MPG. Information for junior scientists and researchers. http://www.mpg.de/english/careerOpportunities/infoJuniorScientists [2009-04-06].

划——马普国际研究院,该研究院为特别有才能的德国及外国青年学生提供优良的研究条件,帮助他们获得博士学位。每个国际研究院由一个或更多马普研究所与大学或其他科研机构通过密切的合作而设立,有的甚至设在国外。该研究院为学生提供一流的教学条件和研究机会,包括各种跨学科研究项目或需要特殊设备和材料的科研项目等。该研究院特别关注国际合作,并努力吸引外国学生到德国攻读博士学位。截至2012年1月,马普学会共设有66个国际研究院,其中45%属于化学物理与技术部,30%属于生物和医学部,25%属人文科学部[1]。

5.2.3.3 经费管理

马普学会具有受到法律保障的自治地位和独立法人资格,因此,学会的财产不属于任何人,也不属于政府,而是属于全社会。马普学会的章程明确规定学会的资源控制权由管理委员会和评议会执掌,这些机构在制定决策时要与相关学科领域的科学家进行充分的商议,这种机制保证了马普学会科研活动的自主性和灵活性[2]。

1997年,德国联邦和州政府就如何调整马普学会的预算编制来更好地保证研究质量等问题做出了一项重要决议。决议规定,从1999年起,给予马普学会在资金管理和使用方面更多的自主权,允许马普研究所根据学科发展的需要来灵活地配置资源。具体而言,该项决议的核心是"转变马普学会预算编制的主导方针",即扩大支出授权的可转让性,放宽预算的年度结算原则,允许自由使用额外收入,鼓励研究所开辟其他经费渠道,并逐步放松学会定员编制的束缚。

以放宽预算的年度结算方式为例。1999年之前,马普学会按研究所核定编制的方法确定人员工资、运行费用、仪器设备费用和基建费,然后将所需经费划拨给研究所。但在具体实施过程中,部分科研工作无法完全按年前的计划进行,本年度剩余经费不仅需要上缴,而且还会影响次年经费,因此每年年底就可能出现草率评审项目和突击花钱的现象。从1999年起,马普学会对经费分配实行改革,采取经费包干制度,研究所可将不超过经费预算总额10%的结余转入下一年度继续使用,也可以在本年度提前使用不超过次年预算总额10%的经费。

马普学会获得的机构经费按照研究所和科学家两级继续往下分配。研究所设立时,总部即与所长协商确定研究所年度经费总额,研究所分解给各科学家的年度科研经费,也是在聘任时由所长与科学家协商确定下来的,研究所的公共支出则由几个所长协商解决。可见,马普学会内部的机构配置是一种基于人的模式,焦点在于寻找合适的学

---

[1] MPG. 2011. International Max Planck Research Schools. http://www.mpg.de/en/imprs [2012-06-17].
[2] 黄群. 2004. 马普学会评估体系的改革. http://www.cpletter.dicp.ac.cn/PDF/No50.pdf [2011-08-19];林豆豆,田大山. 2006. MPG科研管理模式对创新我国基础研究机构的启示. 自然辩证法通讯,(4):53-60.

科带头人或者科学家，根据研究工作的科学质量协商经费额度。马普研究所内部也通过所内项目资助的方式来实现资金的分解与专款专用，这些所内优先资助项目采用自下而上讨论的方法来确定。同时，马普研究所还设立责任人基金来提高科研经费使用的灵活性和自主性，在出现不能完全按照计划执行预算等情况时，这种机制也可保证科研工作顺利进行。

5.2.3.4 评价机制

马普学会形成了系统的评估机制，除了自己组织开展的事前评价和事后评价，也接受国家层面的系统评估。事前评价包括新所成立、所长任命、研究项目评价等；事后评价包括每两年一次的研究所评价及每六年一次的同领域研究所评价；国家系统评估是国家每五年一次对马普学会整体的评价[①]。评价的结果与研究所的年度经费调整及研究所的建立与撤销相联系。

1）事前评价

马普研究所所长的任命需要进行系统的调查，过程相当复杂。马普学会科学委员会下设的三个学部的委任委员会由所长和外部专家组成。该委任委员会成员对研究领域的长期前景、研究课题的可行性等进行调查，收集国际知名科学专家的报告，对可能的候选人做出评估，而后向各分部及评议会提交建议。

新所成立将经过两阶段评估。第一阶段是先由候选者成立一个项目组，马普学会的科学会员及外部专家组成专家组，对项目组提出的研究计划和项目组的人员结构等方面进行评估。在第二阶段，专家从国际知名科学家处收集额外的相关报告。在允许项目组经过五年的试运行后，马普学会科学会员及外部专家组成一个新的评估委员会，对项目可行性、项目组的工作进展及项目领导人表现出来的领导能力做出评估。只有成功通过该阶段的评估，才会向马普学会提出以该项目组为基础成立研究所。

除所长委任及新所成立评估外，马普学会在大学成立的临时研究组、国际马普研究学院等项目都必须先予以事前评估。一般而言，马普学会在主席任命的委员会认可了项目组科学工作的质量和原创性之后，才会对其前瞻性研究项目予以支持。此外，评估过程还可能包括收集国外专家的书面报告或举行专题讨论会。

2）事后评价

研究所每两年一次的经常性评价已经开展了30余年，研究所评价主要在于确保研究所高水平的科学研究质量，探讨研究所的发展战略与研究领域，改进管理工作，合

---

① 李晓轩.2004. 德国科研机构的评价实践与启示. 中国科学院院刊，19（4）：274-303；MPG. 2010. Evaluation. http：//www.mpg.de/199400/evaluation2010.pdf［2011-08-16］.

理分配资源。评价结果还用来调整研究所研究方向甚至关闭研究所。另外，评价结果还影响对研究所的资源分配，评价结果不好的研究所将减少25%的资源分配。

这种经常性的评价由外聘的科学咨询委员会以同行评议的方式开展。马普学会的科学咨询委员会成员主要为来自高校和科研机构的高层科学家，其中超过97%来自马普学会外部，超过75%来自国外。专家先由研究所推荐，马普学会主席聘任，任期一般为六年，可以续聘。一个研究所的专家约八人，每个学科方向两人。专家通过阅读研究所的状态报告并到研究所听取汇报和考察后给出评价意见。

状态报告由研究活动、研究所管理与对外关系三方面构成。其中，研究活动的内容包括研究理念与战略重点、研究领域布局、出版物、青年学者与访问学者及和国内外科研机构的联系等；管理方面包括预算、第三方经费、人员结构、设备与工作环境的安排等；对外关系包括在高校的教学活动，任职、获奖与学术头衔，与产业界、政界及社会的联系，特别的事件及科普等。状态报告为英文，长度为100～600页。

评价报告由科学咨询委员会主席与其他专家协商后撰写，该报告对研究所在国内外的地位、研究成果与研究绩效、经费（包括第三方经费）安排的合理性及与研究所内外部的合作等若干方面做出评价，提出将来努力与发展的方向，并说明哪些研究室应该继续支持或关闭，研究所应该如何改变或重组等。该评估报告将由科学咨询委员会提交给马普学会主席。

3）领域评价

作为对每两年一次经常性评估的拓展，马普学会于1998年3月开始进行每六年一次的领域评价。马普学会的领域评价通过相近学科领域的研究所之间的相互比较来对研究所进行评价，每六年进行一次，即在第三次两年度经常性评价时开展相同领域研究所的横向比较。领域评价直接由总部组织，评价委员会的构成包括马普学会的一名副主席、科学咨询委员会之外另聘请的两名国际专家、各被评研究所咨询委员会的主席及该学科领域的负责人。马普学会的副主席担当领域评价主席，在科学咨询委员会之外聘请的两名国际专家负责起草评价报告，这两名国际专家全程参加各被评研究所的评价会议。

领域评估全面评价各研究所的发展状况和资源利用情况，特别关注领域内各研究所之间的相互比较。领域评价一般在三个月内完成工作并形成报告，报告直接送交马普学会主席，评估结果用于各领域经费的调整，评估结果较差的研究领域经费将可能被削减（最多可达25%），如多次未获通过，该领域的研究经费最多可被削减50%。

5.2.3.5 成果管理

马普学会于1970年创建了具有独立法人地位的全资子公司马普创新公司（1993

年前称 Garching Instruments GmbH，1993～2006 年称 Garching Innovation GmbH），具体负责学会的创新与技术成果市场转化，并负责技术许可协议的买卖或终止事宜。在马普学会内部，该公司负责向各个研究所提供关于专利事务的咨询建议，并组织进行专利申请。此外，该公司的员工还负责向马普学会的科学家提供创业相关的专业咨询意见。该公司的运行经费由马普学会承担，赢利全额上缴[1]。

马普创新公司的员工多数具有科技背景，接受过系统的专利知识培训，并具有长期从事技术转让工作的经验。除通过各研究所主动申报外，该公司还通过许多途径（如定期访问研究所、参加科技展览及研讨会、与科技人员及工业界保持联系等）来获取马普研究所的最新科研成果或创新信息。对于有经济价值的创新成果，该公司在征询做出该项创新成果的科学家的意见后，以马普学会的名义与专利律师签订委托合同，由专利律师负责专利的申请和保护工作。专利权归马普学会所有，该公司负责推进该项技术的转化工作。

5.2.4　国际科技合作

国际合作已成为马普学会各研究所保持其科技优势和竞争力的不可或缺的前提保证。马普学会的研究所与西欧、以色列、美国、日本和中国的顶级研究组织和高校展开合作，同时也与国际合作伙伴们共享世界上最先进的研究设施。近年来，为帮助推动欧盟欧洲研究区（european research area）的发展，马普学会正在加强与中欧和东欧地区的研究合作战略[2]。

5.2.4.1　与欧洲的合作[3]

截至 2008 年，在马普学会遍布全世界的 6500 多个研究合作机构中，有约 4300 个位于欧盟国家，占 66.5%。除机构和人员层面的合作之外，马普学会还与欧洲的研究伙伴共享大型研究设施，例如，与法国国家科研中心和毫米波天文学研究所（IRAM）共用设在格勒诺布尔的高磁场实验室，以及马普天文研究所运行的德国-西班牙联合天文中心等。

来自欧盟的研究资金进一步推动了马普学会与其他欧洲研究伙伴的联系与合作。从第四框架计划（1995～1998 年）到第七框架计划（2007～2012 年），马普研究所获

---

[1]　MPG. Max Planck Innovation. http：//www.mpg.de/913507/Max-Planck-Innovation [2011-08-16].
[2]　MPG. 2006. Annual report 2006. http：//www.mpg.de/pdf/annualReport2006/annualReport2006_07_18.pdf [2008-09-21].
[3]　MPG. 2011. Europe. http：//www.mpg.de/272729/Europe [2011-08-19].

得的欧盟研究资金从 0.54 亿欧元上升到 2.215 亿欧元，受资助项目从 357 个上升到 430 个。此外，马普学会获得的第三方资助有 15％来自欧盟。马普学会申请欧盟资助的审批率为 33％，高于欧盟平均的 24％。欧盟的项目资金推动了马普研究所的科学研究发展，同时也促使研究所建立和发展合作伙伴关系，参与欧洲研究项目。

5.2.4.2 国际性的研究项目和网络

马普研究所参与了众多大型的国际计划，研究所中的许多科学家还承担其中的管理与协调任务。这些国际计划包括全球气候研究计划（World Climate Research Program，WCRP）、国际地圈-生物圈计划（International Geosphere-Biosphere Program，IGBP）、拟南芥基因计划（Arabidopsis Genome Initiative，AGI）等。

5.2.4.3 大型国际科研设施

马普学会参与或独自运行许多国际大型设备，与世界上最大、最重要的高能物理实验室、天文实验室及国际空间飞行任务有合作关系。马普学会参与的部分组织和项目如表 5-5 所示。

表 5-5 马普学会参与的部分组织和项目

参与的马普研究所	参与的组织或项目
射电天文研究所	法国格勒诺布尔毫米波天文学研究所
大气研究所、地外物理研究所	瑞典基律纳欧洲非相干散射雷达
大气研究所	美国宇航局火星探路者计划
量子光学研究所汉诺威分部	激光干涉引力波观测站（LIGO）；美国引力波实验
等离子体物理研究所	国际热核聚变试验堆计划（ITER）
大气研究所、地外物理研究所	欧洲空间局的太空任务
物理研究所、核物理研究所、量子光学研究所	欧洲核子研究中心（CERN）
地外物理研究所、天体物理研究所	欧洲南方天文台（ESO）
射电天文研究所	阿塔卡玛大型毫米波天线阵（ALMA）
物理研究所	大型强子对撞机（LHC）ATLAS
天体物理研究所	Virgo 小组
化学研究所	印度洋实验（INDOEX）
地外物理研究所	XMM 牛顿 X 射线望远镜、Chandra X 射线望远镜

资料来源：http://www.mpg.de/english/aboutTheSociety/scientificCooperation/cooperationAbroad/involvement-LargeEquipment/index.html

5.2.4.4 双边合作

马普学会根据每个科学家的科研目标，由研究所自行决定国际合作事宜。为了对这种由科学家发起的国际合作工作提供资金支持，马普学会与许多国家的研究组织签署了双边合作协议。这些国际研究组织包括中国科学院、法国国家科研中心、西班牙科学研究委员会、巴西国家科技理事会、日本理化学研究所、日本学术振兴会、波兰科学院和俄罗斯科学院等。

马普学会还注重与以色列、印度、中国等科技快速发展的国家之间的双边合作。马普学会与以色列有超过40年的合作历史,两者之间的合作主要是通过马普学会下设的密涅瓦基金会(Minerva Foundation)进行协调,该基金的核心任务就是促进双方青年学者的交流[1]。从与印度的双边合作来看,2004年10月,马普学会与印度工业技术部签署了谅解备忘录,保证继续扩大和加强马普学会与印度的伙伴机构之间的合作。自2007年以来,马普学会共有10个伙伴小组在印度成立,这些伙伴小组的带头人都是曾经结束了在德国的访学后回到印度的学者。在伙伴小组中,他们继续与原德国方面保持研究联系,以促进双方的互惠互利。2010年2月,德国联邦总统Horst Köhler与印度研究部部长Prithviraj Chavan宣布在印度理工学院设立印度-德国马克斯·普朗克计算科学中心(Indo-German Max Planck Center for Computer Science,IMPECS)[2]。

马普学会是中国科学院在欧洲的主要合作伙伴,两者之间的合作始于1974年。30余年来,共有2000多名中国科学家在马普学会进行了长时间的科研活动。马普学会工作的外籍青年学者和访问学者有10%来自中国。除人员交流外,双方还开展了大量合作项目,涵盖了天文学、材料科学、数学、生物科学、生态系统及心理学等科学领域。30余年来,中国科学院与马普学会的合作经历了以下几个重要阶段[3]。

(1) 1984年,从德国归来的一些中国科学院科研人员受制于国内科研条件,无法继续从事其在德国开展的科研工作,因此,中国科学院与马普学会于1985年在上海细胞与生物学研究所内建立了中德细胞生物学客座实验室,利用德国先进的实验设备,使从德国归来的中国科学院科研人员能够继续从事其在德国进行的科研工作。

(2) 20世纪90年代,中国科学院引进了马普学会青年学者小组模式,以期加快科研体制改革和青年学术带头人的培养。双方按国际惯例在《自然》和《科学》等国际著名科学刊物上刊登广告,从世界范围内招聘优秀青年学者,经多国专家评审,择优聘用,最长聘期五年。

(3) 1998年,中国科学院开始实施知识创新工程试点工作,随着中国科学院与马普学会在众多领域内科研合作的日益密切,双方决定在部分研究所内成立中国科学院与马普学会伙伴小组。伙伴小组进一步加强了两者的合作,并培养了一大批青年学术人才。

(4) 2002年,中国科学院与马普学会合作在上海建立了交叉学科中心。中心成立

---

[1] MPG. 2011. Israel. http://www.mpg.de/272762/Israel [2011-08-19].
[2] MPG. 2011. India. http://www.mpg.de/272751/India [2011-08-19].
[3] MPG. 2011. China. http://www.mpg.de/272740/China [2011-08-19].

后促进了院内外和国内外多学科的联合与协作,并培养了青年学者的创新思维和创新能力。

(5) 2003年"非典"疫情肆虐期间,在两国政府的支持下,中国科学院与马普学会就"非典"病毒的检测与防治进行了研究,为及时攻克"非典"提供了科技支撑[①]。

(6) 2004年11月8日,中国科学院院长路甬祥与德国马普学会主席Peter Gruss在德国柏林签署了共建中国科学院-马普学会计算生物学研究所(Partner Institute for Computational Biology,PICB)的协议,这标志着中国科学院与马普学会的合作进入了一个新阶段,该研究所于2005年正式启动[②]。

机构网址:http://www.mpg.de(德语);http://www.mpg.de/en(英语)

联系地址:Hofgartenstr. 8 80539 München, Germany;P. O. Box 10 10 62 80084 München, Germany

电话:+49 (89) 2108-0

传真:+49 (89) 2108-1111

E-mail:post@gv.mpg.de

[①] 新浪科技. 2004. 中科院与德国马克斯-普朗克学会合作30年回顾. http://tech.sina.com.cn/other/2004-05-20/1539364726.shtml [2011-08-20].

[②] 中国科学院上海生命科学研究院计算生物学研究所. 经典回顾. http://www.picb.ac.cn/picb-chinese/retrospective.jsp [2011-08-15].

5.3　亥姆霍兹国家研究中心联合会

> ▶ 德国最大的科研机构，主要开展大科学研究。研究覆盖能源、地球与环境、生命科学、关键技术、物质结构、航空航天与交通六大领域。
>
> ▶ 2010年实际员工数为30 995名，包括10 458名研究人员。2010年经费预算为28.92亿欧元（约合36.65亿美元），70%来源于政府（联邦政府和州政府按9∶1提供），30%来源于横向经费。
>
> ▶ 前身是20世纪70年代初成立的大科学中心联合会，2001年由过去相对松散的组织结构改组为由各具独立法人资格的成员中心组成的注册协会。下属18个具有独立法人资格的研究中心。
>
> ▶ 核心决策机构是全体会员大会和评议会。管理模式上的显著特点是实行基于项目的经费支持方式。
>
> ▶ 在中国科学院管理创新与评估研究中心对86个国际国立科研机构的学术影响力排名中，亥姆霍兹联合会的临床医学排名第四，分子生物与遗传学和物理学排名第六，地球科学排名第七，环境与生态排名第八，工程学排名第九。

德国亥姆霍兹国家研究中心联合会（Helmholtz Association of German Research Center，HFG，简称亥姆霍兹联合会）的历史可追溯至1958年由造船与航海导航核能管理学会（Society for Nuclear Energy Management in Shipbuilding and Shipping Navigation）和众多大学的核研究所组建的德国反应堆操控台运行与管理事务工作委员会。该委员会在20世纪60年代开始陆续吸纳更多研究领域的研究中心加入其中，并于70年代初成立了大科学中心联合会（AGF）。经过20世纪70~80年代的发展，大科学中心联合会在90年代初接纳并重组了原东德地区的部分科研机构。1995年，为纪念赫尔曼·冯·亥姆霍兹（Hermann von Helmholtz）逝世一百周年，大科学中心联合会改为现在的名称，并于2001年由过去相对松散的组织结构正式改组为注册协会[①]。

亥姆霍兹联合会共有六大战略性重点研究方向，分别是能源、地球与环境、生命

---

① HFG. History of the Helmholtz Association. http://www.helmholtz.de/en/about_us/history_of_the_helmholtz_association/history [2011-08-11].

科学、关键技术、物质结构、航空航天与交通。亥姆霍兹联合会下设18个国家级的、具有独立法人资格的研究中心。这些研究中心一方面从事相关领域顶尖水平的科学研究，从而为解决社会各界、学术界和工业界面临的重大挑战做出自己的贡献；另一方面，注重与国内外合作伙伴的紧密协作，积极加入国际大科学研究网络，开展复杂的社会、科学和技术问题的共同研究[①]。

5.3.1 人力资源和经费状况

5.3.1.1 人力资源

2010年，亥姆霍兹联合会的实际员工数为30 995名（2009年为29 556名），其中10 458名为研究人员（2009年为9718名），5320名为博士生（2009年为4797名），1627名为实习生（2009年为1618名），还有13 590名雇员工作在技术和管理领域（2009年为13 423名）[②]。2010年该联合会各研究中心人员分布如表5-6所示[③]。

表5-6　2010年亥姆霍兹人员统计表（全时当量）　　　　（单位：人·年）

研究中心	能源	地球与环境	健康	关键技术	物质结构	交通与航天	合计
阿尔弗雷德·魏格讷极地与海洋研究院（AWI）	—	875	—	—	—	—	875
德国电子同步辐射装置研究所（DESY）	—	—	—	—	1 653	—	1 653
德国癌症研究中心（DKFZ）	—	—	1 913	—	—	—	1 913
德国航空航天中心（DLR）	368	—	—	—	—	4 108	4 476
于利希研究中心（FZJ）	860	422	278	938	365	—	2 863
卡尔斯鲁厄理工学院（KIT）*	1 325	251	—	1 280	415	—	3 271
亥姆霍兹波茨坦中心-德国地学研究中心（GFZ）	52	652	—	—	—	—	704
亥姆霍兹吉斯塔赫中心（HZG）**	—	243	145	260	109	—	757

---

① 亥姆霍兹联合会. 我们雄心勃勃. http：//www.helmholtz.cn/about_us/mission [2011-08-15].
② HFG. 2011. Helmholtz annual report 2011. http：//www.helmholtz.de/fileadmin/user_upload/microsites/gb_2011/11_Helmholtz_Geschaeftsbericht_epaper_en.pdf [2012-06-17].
③ 统计数据不包括分别于2011年和2012年新加入的亥姆霍兹德累斯顿罗森多夫研究中心（HZDR）和亥姆霍兹基尔海洋研究中心（GEOMAR），下同。

续表

研究中心	能源	地球与环境	健康	关键技术	物质结构	交通与航天	合计
亥姆霍兹重离子研究中心（GSI）	—	—	85	—	1 125	—	1 210
亥姆霍兹感染研究中心（HZI）	—	—	605	—	—	—	605
亥姆霍兹柏林材料与能源中心（HZB）	258	—	—	—	680	—	938
马普等离子体物理研究所（IPP）	1 094	—	—	—	—	—	1 094
马克斯·德尔布吕克分子医学中心（MDC）	—	—	836	—	—	—	836
亥姆霍兹环境研究中心（UFZ）	42	705	50	—	—	—	797
亥姆霍兹慕尼黑中心-德国健康与环境中心（HMGU）	—	242	1 279	—	—	—	1 521
神经退行性疾病研究中心（DZNE）	—	—	176	—	—	—	176
非项目绑定研究	—	—	—	—	—	—	839
特殊任务	—	—	—	—	—	—	1 924
总计	3 999	3 390	5 367	2 478	4 347	4 108	26 452

* 卡尔斯鲁厄理工学院由亥姆霍兹联合会的成员单位卡尔斯鲁厄研究中心与卡尔斯鲁厄大学于 2009 年 10 月 1 日合并而成。统计数据均为该学院大规模研究领域部分，下同

** 亥姆霍兹吉斯塔赫中心在 2010 年 10 月 31 日之前名为吉斯塔赫研究中心（GKSS）

资料来源：Helmholtz annual report 2011

5.3.1.2 经费状况

亥姆霍兹联合会近年来每年经费支出接近 30 亿欧元。其经费由核心经费（core-financed costs）与第三方经费（third-party funds）构成，其中，核心经费占总预算的 70% 左右，由联邦政府和各州政府按 9∶1 的比例提供；第三方经费约占 30%，由各研究中心通过横向经费（包括来自外部的公共或私营机构的合同经费等）方式获得[①]。2010 年亥姆霍兹联合会的经费支出为 28.92 亿欧元（约合 36.65 亿美元[②]）。表 5-7 给出了 2010 年该联合会各研究中心获得的经费情况，表 5-8 给出了各领域研发经费分布的情况[③]。

---

① 亥姆霍兹联合会. 2010. 主要数据. http：//www.helmholtz.cn/about_us/facts_and_figures [2012-06-17].
② 根据 2012 年 6 月 21 日汇率换算——美元：欧元＝1∶0.7891。
③ HFG. 2011. Helmholtz annual report 2011. http：//www.helmholtz.de/fileadmin/user_upload/microsites/gb_2011/11_Helmholtz_Geschaeftsbericht_epaper_en.pdf [2012-06-17].

表 5-7 2010 年亥姆霍兹联合会经费分布 （单位：千欧元）

研究中心	核心经费	第三方经费	合计
AWI	89 757	18 501	108 258
DESY	177 432	76 611	254 043
DKFZ	106 375	43 150	149 525
DLR	298 040	275 599	573 639
DZNE	42 543	230	42 773
FZJ	237 740	78 248	315 988
GSI	91 947	11 059	103 006
HZB	93 256	12 193	105 449
HZI	38 845	17037	55 882
UFZ	51 022	27 039	78 061
HZG	58 095	16 759	74 854
HMGU	102 597	33 623	136 220
GFZ	50 632	44 766	95 398
KIT	215 908	79 352	295260
MDC	54 222	20 821	75 043
IPP	92 928	42 999	135 927
非项目绑定研究	42 553	227 953	270 506
特殊任务	17 571	4 848	22 419
总计	1 861 463	1 030 788	2 892 251

资料来源：Helmholtz annual report 2011

表 5-8 2010 年亥姆霍兹联合会各研究领域经费分布 （单位：千欧元）

研究中心	能源	地球与环境	健康	关键技术	物质结构	交通与航天
AWI	—	108 258	—	—	—	—
DESY	—	—	—	—	254 043	—
FZJ	91 918	42 099	26 718	108 865	46 388	—
DLR	53 829	—	—	—	—	519 810
DKFZ	—	—	149 525	—	—	—
DZNE	—	—	42 773	—	—	—
GSI	—	—	5 361	—	97 645	—
UFZ	4 037	69 252	4 772	—	—	—
HZI	—	—	55 882	—	—	—
GFZ	8 060	87 338	—	—	—	—
HMGU	—	22 779	113 441	—	—	—
HZB	23 101	—	—	—	82 348	—
HZG	—	20 912	15 980	25 878	12 084	—
KIT	119 986	21 108	—	106 865	47 301	—
MDC	—	—	75 043	—	—	—

续表

研究中心	能源	地球与环境	健康	关键技术	物质结构	交通与航天
IPP	135 927	—	—	—	—	—
总计	436 858	371 746	489 495	241 608	539 809	519 810

资料来源：Helmholtz annual report 2011

从 2003 年开始，亥姆霍兹联合会的经费和人力资源情况逐渐透明化。其研究中心的经费使用有如下三种方式：①项目支出，这是主要的经费用途。2003 年以来亥姆霍兹联合会的经费预算采取基于项目的预算方式，各研究中心要根据其战略提出自己的研究项目，某些研究项目也可由多个中心合作提出。亥姆霍兹联合会内部通过同行评议的方式遴选出若干项目作为其预算的基础，体现了各中心之间的竞争关系。②非项目绑定研究支出，与项目支出相对，这些支出与项目申请无关，一般占研究中心经费的 1/5，主要用于准备重要的战略工程等。③特殊任务支出，特指与研究中心研究角色和目标无关的工作，如对青年人员的职业训练、特殊科技和管理项目等。

5.3.2 战略定位和重点领域

亥姆霍兹联合会是德国最大的科研机构，所从事的研究主要是对人类生存环境有决定性影响的复杂系统，协助科学界、产业界及社会各界解决各自发展过程中所遇到的巨大挑战，为使德国成为具有强大竞争力的经济体提供技术支持[①]。

亥姆霍兹联合会的战略定位如下：为基础科学问题做出巨大的贡献，通过深厚的科研潜力使得六个研究领域都在国际上获得领先的地位；使用系统方法对复杂的科学、社会和经济问题进行研究，并提出合适的解决方案；对各种解决方案进行评价，并以此为基础努力对它们进行应用研究；开发适当的方法、技术和服务，为政策制定者和社会各界提出建议；为提高德国科研体系整体的效率和吸引力做出自己的贡献[②]。

亥姆霍兹联合会的使命包括三个方面。一是通过开展顶级的科学战略研究，为协助科学界、产业界及社会各界应对各自发展过程中所遇到的重大挑战做出贡献；二是通过与德国国内及国际合作伙伴的紧密协作，利用自身的大型设备和科学仪器对复杂系统进行研究；三是通过将科技进步、创新应用和社会发展远景规划相结合，为未来社会的发展做出贡献[③]。

---

① 亥姆霍兹联合会. 概况. http：//www.helmholtz.cn/about_us/profile [2011-08-09].
② 亥姆霍兹联合会. 亥姆霍兹联合会的战略. http：//www.helmholtz.cn/about_us/strategy [2011-08-15].
③ 亥姆霍兹联合会. 任务. http：//www.helmholtz.cn/about_us/mission [2011-08-09].

亥姆霍兹联合会的18个国家级研究中心主要涵盖了六大研究领域，包括能源、地球与环境、生命科学、关键技术、物质结构及航空航天与交通，这些领域重点解决复杂系统的关键问题。这六大研究领域的研究方向和研究目的如表5-9所示。

表5-9 亥姆霍兹联合会研究领域

研究领域	研究方向	研究目的
能源	可再生能源、能源的有效转化、核聚变、核安全研究	通过开发新的技术、研究国家能源战略、促进具有经济竞争力的创新、降低废物排放的危害，满足当前和我们后代对于能源的需求
地球与环境	地理系统：变化中的地球，海洋、海岸和极地系统，大气与气候；陆相环境：可持续应对气候和地球变化的战略（陆相系统）	尽可能准确地描述地球和环境的复杂变化，为政界和社会各界的决策者提供有充分科学道理的建议，以指导实施具体的行动
生命科学	癌症研究、心血管疾病和代谢疾病研究、神经系统功能和功能紊乱研究、感染与免疫、环境健康研究、多因素疾病的系统分析	在从事卓越的基础研究的基础上，发现普遍在经济上互相关联的疾病的发生原因和致病机理，开发临床治疗的新方案
关键技术	科学计算、纳米电子系统信息技术、纳米与微系统技术、先进工程材料	开发具有良好创新前景的新技术
物质结构	基本粒子物理学、天体粒子物理学、强子与核子物理学、凝聚态物理、用于光子、中子和离子研究的大型设备	从微观和宏观的角度认识世界，并对物质的复杂性进行研究
航空航天与交通	交通、航空、航天	首先提出未来研究课题，然后为产业界和社会各界提供具体的解决方案

资料来源：http://www.helmholtz.cn/research

5.3.3 组织架构和管理模式

5.3.3.1 组织架构

亥姆霍兹联合会是由18个独立法人机构组成的注册协会，除18个研究中心外，亥姆霍兹联合会在组织架构上还包括主席（president）、副主席（vice president）、执行委员会（Executive Committee）、总办公室（Head Office）、全体会员大会（Assembly of Members）、评议会（Senate）等。亥姆霍兹联合会的组织结构如图5-15所示。

亥姆霍兹联合会的核心决策机构是全体会员大会和评议会，它们负责制定发展战略和项目发展框架。全体会员大会的成员为来自亥姆霍兹联合会各中心的科技与行政主管，全体会员大会对其所有任务负责，为跨中心的战略和项目制定发展框架。

评议会的成员是联邦政府、州政府、科学界、商界、工业界和其他研究组织的代

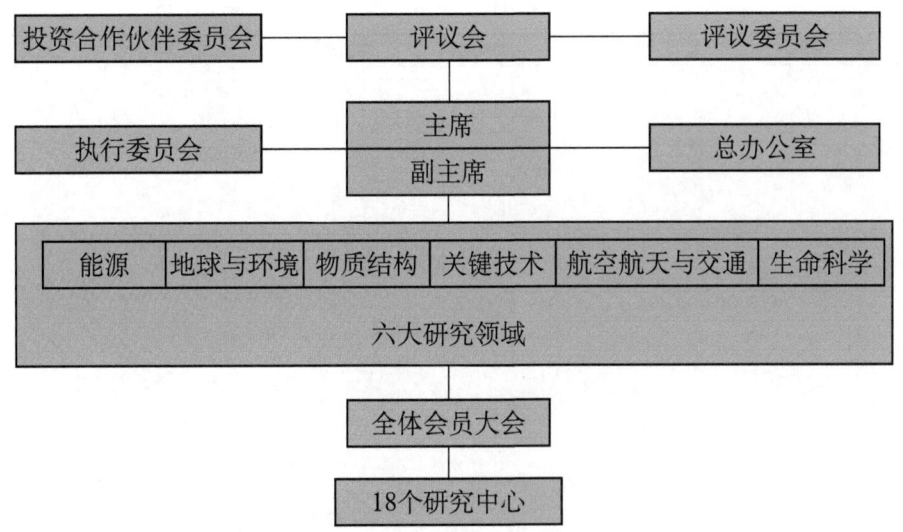

图 5-15 亥姆霍兹联合会组织结构图

资料来源：Helmholtz annual report 2011

表。评议会对所有重大决策进行商议，并选举出主席与副主席。评议会成立有评议委员会（Senate Commission），该委员会由长期的当然成员（联邦和州政府代表）组成，此外还包括六个研究领域的专家等。评议委员会听取独立的、国际权威的专家对项目的评议结果，并依据亥姆霍兹联合会的战略确立项目的优先顺序，进而确定各项目的资金分配情况。

主席是亥姆霍兹联合会的最高领导人。主席负责执行评议会关于项目资金分配的建议，并负责对各研究领域的项目、跨中心控制系统及其的总体战略进行协调。副主席共八名，其中六名是来自六大研究领域的代表，另外两名副主席来自亥姆霍兹联合会的管理机构。副主席帮助、建议并代表主席履行职责，包括执行以项目为基础的资金分配和管理、协调跨研究领域的项目、制定协会的整体战略等。主席与副主席组成执行委员会。总办公室协助主席履行职责，确保策略的执行。主席办公室设在柏林，另在波恩、布鲁塞尔、北京和莫斯科设有代表处[①]。

亥姆霍兹联合会的研究执行部门是 18 个研究中心，这 18 个研究中心在能源、地球与环境、物质结构、关键技术、航空航天与交通及生命科学六大研究领域开展研究工作，每个研究领域由一名副主席代表，负责该领域的协调工作。18 个研究中心的研究领域彼此交叉，其中 17 个研究中心在六大研究领域内的分布情况（未包括亥姆霍兹基尔海洋研究中心）如表 5-10 所示。

---

① HFG. Governance. http：//www.helmholtz.de/en/about_us/organisation/governance［2011-08-08］.

表 5-10　17 个研究中心在六大研究领域中的分布

研究中心	能源	地球与环境	生命科学	关键技术	物质结构	航空航天与交通
AWI	√		√	√	√	√
DESY	√	√	√	√		√
FZJ						√
DLR		√	√	√	√	
DKFZ	√	√	√	√		√
DZNE	√	√				
GSI	√	√				
UFZ						
HZI	√	√				
GFZ			√	√	√	√
HMGU	√					
HZB			√	√		
HZG	√					
KIT				√		
MDC	√	√				
IPP	√	√	√	√	√	√
HZDR		√	√	√		√

注："√"表明该中心开展了该领域的研究工作
资料来源：Helmholtz annual report 2011

亥姆霍兹联合会下属的 18 个研究中心是独立的法人机构，因此除研究部门外，各研究中心都拥有各自的管理执行部门、监督决策部门、咨询评估部门及其他职能部门等。管理执行部门包括执行委员会（Executive Board）、董事会（Board of Directors、Directorate）或管理委员会（Management Board）等，通常由各中心科技与行政主管组成，负责中心的日常运作事务，监督和协调研究工作，有权任命、提升或解雇工作人员，也代表各中心参加亥姆霍兹联合会的全体会员大会。监督决策部门包括监事会（Supervisory Board）或理事会（Board of Trustees），通常由来自政府和社会各界的外部成员组成，其职责是对中心管理过程的合法性、合理性及经济效益进行监督，针对中心重要的研究相关和经济相关问题做出决策。咨询评估部门包括咨询委员会（Advisory Board）、科技委员会（Scientific-Technical Council）或科学委员会（Scientific Council）等，负责向中心的管理执行部门和监督决策部门提供建议，建议涉及的内容涵盖了从机构的发展战略到具有普遍意义的科技问题等众多事务[①]。

亥姆霍兹联合会下属的 18 个研究中心的规模大小不同，下属的科研团队设置也有较大差异。较大的研究中心如尤里希研究中心，下设有 9 个研究院，各研究院下设若干研究所。而较小的研究中心如德国癌症研究中心和亥姆霍兹感染研究中心，则仅设

[①] FZJ. Company bodies. http：//www.fz-juelich.de/portal/EN/AboutUs/CompanyBodies/_node.html［2011-08-08］；IPP. 2011. Institute organisation. http：//www.ipp.mpg.de/ippcms/eng/pr/institut/organigramm/index.html［2011-08-08］；DKFZ. 2011. Organization. http：//www.dkfz.de/en/dkfz/struktur/index.html［2011-08-08］.

有若干研究组。各研究中心内部的组织架构和研究方向的基本情况如表 5-11 所示。

表 5-11 亥姆霍兹联合会各研究中心所属院所及重要科研团队和研究方向

研究中心	下属院所及重要科研团队	研究方向
AWI	3 个学部，下设 19 个实验室	主要从事极地、海洋与气候方面的研究。揭示由于自然原因和人类活动所引起的地球环境系统的变化
DESY	3 个研究所	利用大型粒子加速器对物质结构进行研究，并通过这些研究为物理学的基本问题寻找答案
DKFZ	7 个研究组	致力于对癌症产生的原因及其治疗方法的改进
DLR	28 个研究所，1 个数据中心	在航空航天和交通运输领域进行研究与技术研发
FZJ	8 个研究院，下设 34 个研究所	物质结构、能源、信息、生命和环境等
KIT*	140 多个研究所，1 个计算中心	自然科学和工程技术领域的教学和研究，包括环境、能源、卫生及其他一些重要研究领域，如微系统技术、纳米技术及科学计算研究等
GSI	4 个学部，1 个研究所	利用现代加速器装置开展物理学基础研究，同时，也从事生物物理和辐射医学的研究
HZG	3 个研究所	主要从事海岸方面的研究及先进工程材料的开发，同时也开展医学工程与技术和物质结构方面的科研工作
HZB**	4 个研究方向，下设 14 个研究所	主要关注材料的技术特性与其微观结构之间的关系。核心研究领域之一是太阳能研究，特别是太阳电池材料的研究
HZI	6 个研究组	对传染病及其预防与治疗进行研究
HMGU	4 个方向，下设 26 个研究所（学部）	主要从环境因素与遗传倾向性的交互作用的角度对复杂生命系统进行研究
UFZ	7 个学部	主要研究对象是人口密集、环境受到破坏的地区的人类与自然环境之间的相互关系
HZDR	5 个学部	研究内容包括强场环境和超微尺度下物质的运动规律、恶性肿瘤的早期发现和有效治疗、技术进步为人类和环境带来的负面风险研究
GFZ	5 个研究部	测地学、地球物理学、地质学、矿物学及地球化学
MDC	49 个研究组	将微生物学方面的基础研究与临床研究相结合，以此开发诊断和治疗严重疾病的新方法
IPP***	9 个学部	主要专注于核聚变方面的研究，其研究目标是在地球上模拟并力争实现太阳释放能量的方式
DZNE	以柏林为中心，还有 6 个合作伙伴	主要研究神经退行疾病，如帕金森症和阿尔茨海默病的新预防措施和治疗方案
GEOMAR	4 个学部	研究内容包括从海底地质学到海洋气候学的所有现代海洋科学有关方向的跨学科研究

* 根据卡尔斯鲁厄理工学院网页整理，http：//www.research.kit.edu

** 根据亥姆霍兹柏林材料与能源中心网页整理，http：//www.helmholtz-berlin.de/zentrum/organigramm_de.html

*** 根据马普等离子体物理研究所网页整理，http：//www.ipp.mpg.de/ippcms/eng/for/bereiche/index.html

资料来源：http：//www.helmholtz.cn/research_centres

5.3.3.2 管理模式

亥姆霍兹联合会在管理模式上的显著特点是实行基于项目的经费支持方式。2001年，该联合会正式从过去相对松散的组织结构改组为由各具法律独立性的成员中心组成的注册协会。这次改革的目的是更有效地利用亥姆霍兹联合会的巨大科学潜力。改革的核心是贯彻实施以项目为基础的经费支持方式，科研经费不再单独分配给各个研究中心，而是按领域和项目进行划拨。改革后资助的原则如下：①促进各研究中心之间跨学科的合作；②各研究中心通过项目竞争获得科研资金。由于这项改革在很大程度上打破了各研究中心之间的界限，为最大限度地发挥亥姆霍兹联合会的整体优势奠定了基础[1]。

具体而言，联邦与州政府一次性设定亥姆霍兹联合会未来五年的总经费，并按经费把研究活动框定在六个科研领域之中，要求亥姆霍兹联合会提出这些领域下的具体项目设置。为此，该联合会要组织各研究中心围绕六大领域提出科研项目建议，包括专业项目和科学基础设施项目两类。在科研项目中明确战略目标，预测成功的可能性及对研究领域长期发展的作用、经费预算、现有资源、能力及管理结构情况。此后，亥姆霍兹联合会组织国际专家对项目进行评估，由评议会审议评估报告，对各项目进行权衡并提出最终的项目建议，提交给联邦教育研究部。联邦教育研究部审批后向各研究中心发出科研项目资助通知，并将经费总额拨付到亥姆霍兹联合会总部，其获得经费后，按照各科研项目中各个研究中心的参与情况，将总经费分配到各个研究中心，并且允许各研究中心保留20%的机动经费。

在项目的确定和评估方面，研究项目首先由各中心科学家自由提出，由亥姆霍兹联合会评议会集中对各研究中心的项目组织国际专家评估。评估的主要标准如下：是否符合其重点科技发展战略；项目的科学意义及最后能取得的科技成果的水平；项目的可操作性及经费管理的透明度等。在评估程序上，该联合会评议会首先委派项目专家组主席并指定一个评议委员会负责执行评估工作。然后，专家组主席委派8~10位具备国际影响和广泛专业背景的专家参与项目鉴定。亥姆霍兹联合会主席负责挑选专家并管理整个评估过程。项目评估以评估专家与参与项目的科学家进行对话的形式进行。最后，各评估专家向评议委员会提交的书面意见和专家组主席的书面报告将决定项目的资助额度及联邦与州政府对项目的资助比例[2]。

---

[1] HFG. Research programmes for greater focus. http://www.helmholtz.de/en/about_us/programme_oriented_funding [2011-08-09].

[2] 黄群. 2004. 德国政府对大学外研究的战略性控制. 科技政策与发展战略, (11): 12-20.

5.3.4 国际科技合作

亥姆霍兹联合会的主要特征是围绕大型科研设备展开国际一流的大科学研究，为此不论是在德国境内还是国际科技界都拥有很多的合作伙伴，并且仍然在扩大与加强这种合作。亥姆霍兹联合会目前与加拿大、欧洲、印度等国建立了发展战略伙伴关系。

2007年，亥姆霍兹联合会与加拿大国家研究委员会签署了合作协议，以推动德国与加拿大的研究合作。协议规定，在此后的三年中，两个机构每年将各提供50万欧元用于资助德国与加拿大的合作科研项目。2007年，亥姆霍兹联合会与法国原子能委员会共同签署协议，在能源研究领域展开合作。该协议希望通过双方的合作，加快新能源技术的开发，如可再生能源、燃料电池、氢能源和储能技术等。此外，双方还计划在能源安全、环境与气候等领域进一步展开合作。在该协议框架下，双方可以通过交流计划使科学家共享大型科学仪器，并通过其他形式相互支持，从而加快研究发展。此外，该联合会长期以来一直重视与印度科研机构之间的合作。亥姆霍兹联合会与印度安娜大学（Anna University）、国立海洋学研究所（National Institute of Oceanography）、尼赫鲁大学（Jawaharlal Nehru University）及印度医学研究理事会（Indian Council of Medical Research）签署了合作协议，以巩固和扩大与印度在医疗、环境和能源领域的研究合作[1]。

亥姆霍兹联合会设在比利时布鲁塞尔代表处的职责是帮助各研究中心与欧盟展开研究交流。该联合会积极参与了欧盟第六框架计划（FP6）和第七框架计划（FP7）。欧洲研究基础设施战略论坛（European Strategy Forum on Research Infrastructures, ESFRI）确定了35个对未来欧洲基础研究设施具有重要意义的大型研究项目，其中亥姆霍兹联合会参与的项目有将近一半。在欧洲未来路线图确定的主要科研项目中，欧洲硬X射线自由电子激光（XFEL）、粒子加速器反质子与离子研究设施（FAIR）及研究船"北极光"号就是由其主持规划的。

除布鲁塞尔代表处外，亥姆霍兹联合会还在北京和莫斯科设立了代表处，负责与中国和俄罗斯的交流合作事宜。其中，北京代表处是第一家亥姆霍兹联合会设在欧洲之外的代表处。其目的是增进信息交流与沟通，进一步协调并加强与中方科研机构的联络，与更多的单位建成并保持长期稳定的战略伙伴关系，在资源优势互补、双边受益的原则下，促进双边科研院所之间的合作，共同推进优秀人才培养、联合实验室建

---

[1] HFG. The Helmholtz Association as a research partner. http://www.helmholtz.de/en/research/cooperations/international_projects/helmholtz_as_a_research_partner [2011-08-18].

设，实现共同节省时间与经费，达到双赢目的。合作方式包括交流优秀科学家、培养博士、博士后、联合组织学术研讨会、联合申请经费、合建青年科学家小组、合建实验室和研究所等[①]。

机构网址：http：//www.helmholtz.de（德语）；http：//www.helmholtz.de/en（英语）

联系地址：Helmholtz Association Berlin Office，Anna-Louisa-Karsch-Straβe 2，10178 Berlin-Germany

电话：＋49 30 206329-0

传真：＋49 30 206329-65

E-mail：org@helmholtz.de

[①] 亥姆霍兹联合会.2009. 对华合作. http：//www.helmholtz.cn/helmholtz_in_china [2011-08-18].

5.4 弗劳恩霍夫应用研究促进协会

> ▶ 欧洲最大的著名应用科学研究机构，德国科技发展的重要力量。面向市场和企业提供广泛的研发服务，既满足市场的现实需求，也对未来需求做出响应。
>
> ▶ 拥有大约80个研究单元（含60个研究所）。2010年有18 130名研发人员，科研预算为16.57亿欧元（约合21亿美元）。
>
> ▶ 基于研究所研究领域的关联，协会将下属研究所分为七大研究组，借以提升相关学科的合作水平，并为客户提供独到的服务；基于研究所合同研究项目的关联，协会下属研究所合作结成技术联盟，共同参与研发市场的竞争，为客户提供更广泛、更全面的服务。与区域研究机构和企业组成区域创新集群，推动地方创新。
>
> ▶ 实行弗劳恩霍夫经费配置模式，由联邦政府与州政府按9：1的比例拨付占总经费1/3的机构基本资金，其余大部分经费来自与企业、政府和欧盟的合同项目收入。政府拨款与科研绩效挂钩。
>
> ▶ 在中国科学院管理创新与评估研究中心对86个国际国立科研机构的学术影响力排名中，弗劳恩霍夫协会的工程学排名第四，计算机科学排名第十六，物理学排名第十七。

弗劳恩霍夫应用研究促进协会（Fraunhofer-Gesellschaft zur Förderung der Angewandten Forschung E. V.，FhG，简称弗劳恩霍夫协会）成立于1949年3月26日，是德国也是欧洲最大的应用科学研究机构，以德国历史上著名的科学家、发明家和企业家约瑟夫·冯·弗劳恩霍夫（Joseph von Fraunhofer，1787~1826年）的名字命名。该协会有80多个研究单元（包括60个研究所），每年为3000多位客户完成约10 000项科研开发项目，其中2/3是来自企业和公共资助科研的委托项目，另外1/3来自联邦政府和各州政府。该协会承担的企业项目主要是为企业（特别是中小企业）开发新技术、新产品、新工艺，协助企业解决自身创新发展中的组织、管理问题；承担的政府委托项目主要是在对社会发展具有重大意义的环保、能源、健康等领域进行一系列战略性研究①。此外，该协会积极参与欧盟的科技发展项目。

5.4.1 人力资源和经费状况

截至 2010 年，弗劳恩霍夫协会的人员总数为 18 130 人，相比 2003 年增长幅度达到 42.2%。2003～2007 年，人员总数总体变化不大，维持在 12 400～12 700 人。自 2008 年开始，弗劳恩霍夫协会雇员数量幅增显著。

2010 年，弗劳恩霍夫协会的年度预算为 16.57 亿欧元（约合 21 亿美元②），相对于 2003 年增长了 58.1%。其中，国防研究为 9300 万欧元（由德国国防部资助），基础设施建设经费为 1.62 亿欧元（由德国联邦政府和各州政府资助，两者的投入比例大致相当），合同研究为 14.02 亿欧元。在合同研究中，又分基本机构资金和项目收入，其中基本机构资金 3.72 亿欧元（即核心资助，90% 由联邦教育研究部提供，10% 由研究所所在地的州政府提供），占总经费的 22.45%；项目收入 10.30 亿欧元，占全部经费的 62.16%，其中来自企业的项目收入为 4.63 亿欧元，来自联邦政府与州政府及欧盟等公共部门的项目收入为 4.06 亿欧元，如表 5-12 所示③。

表 5-12　2003～2010 年度弗劳恩霍夫协会经费和人员情况

经费	2003 年	2004 年	2005 年	2006 年	2007 年	2008 年	2009 年	2010 年
合同研究/亿欧元	9.25	9.19	10.68	10.32	11.64	12.91	13.40	14.02
项目收入/亿欧元	5.63	5.75	7.00	7.02	7.76	8.59	9.16	10.30
企业项目/亿欧元	2.87	3.17	4.30	3.99	4.22	4.52	4.07	4.63
联邦与州政府项目/亿欧元	1.89	1.58	1.68	1.67	2.19	2.48	3.17	4.06
欧盟项目/亿欧元	0.32	0.38	0.42	0.51	0.55	0.61	0.65	0.65
研究基金组织/亿欧元	0.09	0.09	0.07	0.08	0.09			
其他/亿欧元	0.46	0.53	0.53	0.77	0.71	0.98	1.27	0.96
基本机构资金/亿欧元	3.62	3.44	3.68	3.30	3.88	4.32	4.24	3.72
国防研究/亿欧元	0.39	0.41	0.42	0.39	0.39	0.38	0.87	0.93
主要基础设施建设经费/亿欧元	0.84	1.09	1.43	1.15	1.17	0.72	1.90	1.62
总经费/亿欧元	10.48	10.69	12.53	11.86	13.20	14.01	16.17	16.57
较上年变化率/%	-2	2	17	-5	11	5.7	13.4	2.4
雇员数*/人	12 750	12 450	12 400	12 775	13 630	15 090	17 150	18 130

* 每年 12 月 31 日的雇员数量，包括兼职工作人员

资料来源：Fraunhofer-Gesellschaft. Fraunhofer annual report 2007；Fraunhofer annual report 2010

---

① 弗劳恩霍夫应用研究促进协会北京代表处网站. 协会简介. http://www.fraunhofer.cn/cn/aboutus.asp?MenuId=1&ID=25 [2011-08-19].

② 根据 2012 年 6 月 21 日汇率换算——美元：欧元=1:0.7891。

③ Fraunhofer-Gesellschaft. 2010. Fraunhofer annual report 2010. http://www.fraunhofer.de/en/Images/Annual Report_2010_tcm63-88718.pdf [2011-08-19].

弗劳恩霍夫协会的研究工作面向具体应用和成果，因此项目收入占总经费的大部分。但由于项目收入并不足以抵偿弗劳恩霍夫协会为该项目投入的前期基础研究经费，因此还需要公共资助的支持，政府的基本机构资金和政府委托的科研项目经费使得弗劳恩霍夫协会有能力部署前瞻性的、战略性的研究工作。

5.4.2 战略定位和重点领域

弗劳恩霍夫协会是公共资助的公益性科研机构，致力于将科学转化为实际应用。目前，该协会的战略目标如下：在国际范围内促进与开展应用研究，服务于企业与社会；通过开发创新技术及独特的系统解决方案，帮助客户提高其在德国乃至欧洲区域内的市场竞争力；通过研究活动推动德国工业社会经济在兼顾社会福利和环境和谐的前提下向前发展；帮助科研人员培养必要的专业和个人技能，使其能够在研究所、产业界乃至其他科学领域承担应有责任[1]。

基于这样的目标，弗劳恩霍夫协会面向市场和企业提供广泛的研发服务，一方面根据市场的现实需求不断调整自身的学科布局，另一方面通过对关键新技术的前瞻研究，提高对未来技术需求的响应能力。

目前，弗劳恩霍夫协会的研究工作涉及大量的技术领域，主要包括自适应结构技术，建筑技术，能源技术，信息通信技术，医药工程、环境和健康研究，微电子技术，纳米技术，表面和光电子技术，生产技术，交通和运输技术，材料和组件技术，国防与安全技术及其他的技术前沿主题等[2]。通过合同研究项目，该协会的研究结果以专利、许可、培训课程等形式服务于产业界。

5.4.3 组织架构和管理模式

5.4.3.1 组织架构

从组织架构上看，弗劳恩霍夫协会设有执行委员会（Executive Board）、主席委员会（Presidential Council）、全体会员大会（General Assembly）、评议会（Senate）、管理委员会（Governing Boards）和科学与技术委员会（Scientific and Technical Council）

---

[1] Fraunhofer-Gesellschaft. 2011. Mission statement and guiding principles. http：//www.fraunhofer.de/en/about-fraunhofer/mission [2011-08-19].

[2] Fraunhofer-Gesellschaft. 2011. Research topics. http：//www.fraunhofer.de/en/research-topics/adaptronics [2011-08-18].

及七大研究组。其组织架构如图5-16所示。

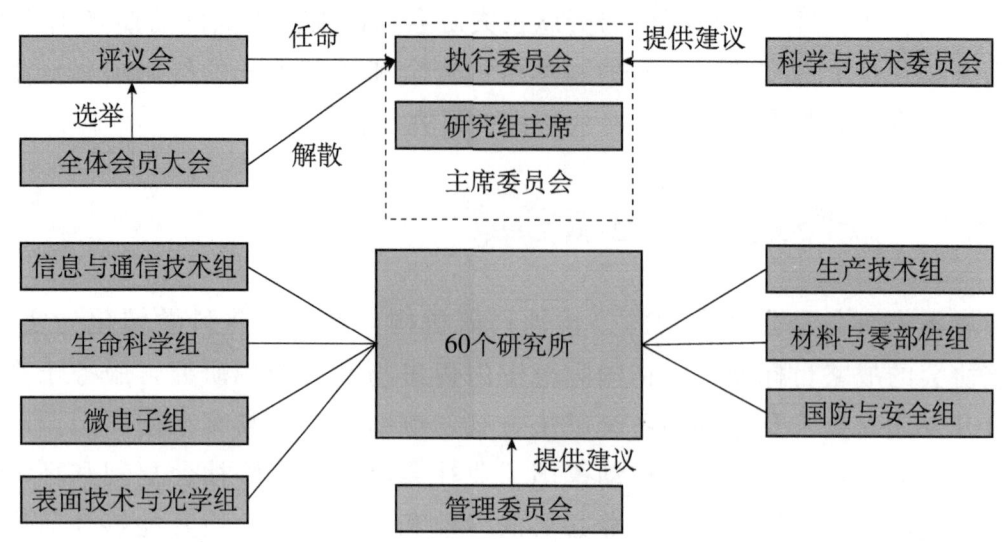

图 5-16　弗劳恩霍夫协会组织架构图

资料来源：Fraunhofer-Gesellschaft. Structure and Organization of Fraunhofer-Gesellschaft

执行委员会成员包括主席和另外三名副主席。该委员会负责管理弗劳恩霍夫协会的运作，并对内、对外代表弗劳恩霍夫协会。具体而言，执行委员会负责指定研究所负责人，负责对弗劳恩霍夫协会科技政策的基本前提进行解释，负责制订机构发展和财政计划，负责与外部商谈争取机构资金，并决定资金在各研究所的分配。

主席委员会不仅包括执行委员会的成员，还包括七个研究组的六位主席（国防与安全研究组仅设发言人，不设主席），每季度举行一次例会。它参与执行委员会的决策程序，并有权提出建议。

全体会员大会的官方成员包括评议会成员、执行委员会成员、研究所所长等高级管理层人士，普通成员则包括有意支持弗劳恩霍夫协会工作的自然人或法人，荣誉会员则从对弗劳恩霍夫协会有重要贡献的研究人员或资助者当中选举产生。全体会员大会是弗劳恩霍夫协会的最高权力机构，负责选举评议会成员，并有权解散执行委员会。

评议会由科学界、工商业界、公共领域内的知名人士组成，此外还包括国家和地方政府代表及科学技术委员会成员，总数约30人。评议会负责制定有关基础科学和研究的政策，还有权决定弗劳恩霍夫协会研究实体的建立、合并、解散等。评议会还负责任命执行委员会的成员。评议会一年召开两次会议。

科学与技术委员会是弗劳恩霍夫协会的咨询机构，其成员包括各研究所的所长和高级管理人员及所内科研人员的代表。科学技术委员会负责向执行委员会和其他选举团体提供关于基础性重大问题的建议，包括研究方向、人力资源政策、研究所成立或裁撤等。

管理委员会是对应各研究所的外部咨询机构，它由科学界、工商界及公共领域代表组成。每个研究所的管理委员会约有 12 名成员，他们由执行委员会任命并获所长批准。管理委员会在有关研究所的研究方向和结构变化方面向所长和执行委员会提供咨询建议[①]。

弗劳恩霍夫协会拥有约 80 个研究单元，包括遍布德国 40 多个地区的 60 个研究所，如表 5-13[②]所示。

表 5-13 弗劳恩霍夫协会研究单元名单

研究所名称	缩写	研究所名称	缩写
应用与集成安全研究所	AISEC	集成电路研究所	IIS
纳米电子技术中心	CNT	系统集成和元器件技术研究所	IISB
海洋生物技术研究所	EMB	陶瓷技术和系统研究所	IKTS
固态模块技术研究所	EMFT	激光技术研究所	ILT
瞬时动态研究所	EMI	分子生物学和应用生态学研究所	IME
电子纳米系统研究所	ENAS	物流和后勤研究所	IML
通信技术系统研究所	ESK	微电子电路和系统研究所	IMS
电子射线和等离子技术研究所	FEP	自然科学技术发展趋势分析研究所	INT
高频物理和雷达技术研究所	FHR	应用光学和精密机械研究所	IOF
计算机构造和软件技术研究所	FIRST	光电子、系统技术与成像开发研究所	IOSB
应用信息技术研究所	FIT	制造技术和自动化研究所	IPA
通信、信息处理和人机工程学研究所	FKIE	生产设备和结构技术研究所	IPK
开放通信系统研究所	FOKUS	物理测量技术研究所	IPM
通信技术研究所	HHI	光电微系统研究所	IPMS
应用固体物理研究所	IAF	制造工艺研究所	IPT
智能分析和信息系统研究所	IAIS	房屋建筑信息中心	IRB
劳动经济和组织研究所	IAO	硅酸盐研究所	ISC
应用聚合物研究所	IAP	太阳能系统研究所	ISE
生物医学技术研究所	IBMT	系统和创新研究所	ISI
建筑物理研究所	IBP	硅技术研究所	ISIT
化工技术研究所	ICT	软件和系统技术研究所	ISST
数字媒体技术研究所	IDMT	涂层和表面技术研究所	IST
实验软件工程研究所	IE3E	毒物学和实验医学研究所	ITEM
生产技术和应用材料研究所键合技术及表面技术研究所	IFAM	技术经济数学研究所	ITWM
工厂运行和自动化研究所	IFF	交通和基础设施系统研究所	IVI
界面技术与生物工程研究所	IGB	加工技术和包装研究所	IVV
图像数据处理研究所	IGD	风能和能源系统技术研究所	IWES

---

① Fraunhofer-Gesellschaft. 2011. Structure and organization of Fraunhofer-Gesellschaft. http://www.fraunhofer.de/en/about-fraunhofer/structure-organization [2011-08-21].

② Fraunhofer-Gesellschaft. 2011. Fraunhofer Institutes and research establishments. http://www.fraunhofer.de/en/institutes-research-establishments [2011-08-21].

续表

研究所名称	缩写	研究所名称	缩写
材料力学研究所	IWM	医学图像计算研究所	MEVIS
材料和射线研究所	IWS	中东欧研究中心	MOEZ
模具和成型技术研究所	IWU	聚合材料合成研究所	PYCO
Brilinghoven 中心	IZB	算法和科学计算研究所	SCAI
无损检测技术研究所 Dresden 分部	IZFP	安全信息技术研究所	SIT
细胞治疗和免疫学研究所	IZI	环境安全和能源技术研究所	UMSICHT
可靠性和微集成研究所	IZM	木材研究所	WKI
工作可靠性研究所	LBF		

基于研究所研究领域的关联，弗劳恩霍夫协会将下属 60 个研究所分为七大研究组（表 5-14），每一研究组专注于特定的技术领域，借此提升组内各研究所的合作水平，实现科研资源的共享与高效利用，并为客户提供独到的服务。同时研究组还作为学科的代表，参与协会重大事项的协调与决策。这七大研究组分别为：信息与通信技术组、生命科学组、材料与零部件组、微电子组、生产技术组、表面技术与光学组、国防与安全组。

表 5-14 弗劳恩霍夫协会七大研究组

研究组	成员名单（缩写）	2010年经费/亿欧元	研究领域
信息与通信技术组	SCAI、FIT、MEVIS、IDMT、IESE、IGD、IOSB、IAIS、FOKUS、FIRST、SIT、ISST、ITWM 非正式成员：IIS、ESK、HHI	2.05	医学与生命科学、交通与运输、文化娱乐、电子商务、电子政务、生产、数字媒体、软件、安全、通信系统与跨学科应用
生命科学组	IBMT、IZI、IGB、IME、IVV、ITEM	1.16	加速药物研发，再生医学，食品与动物饲料生产与安全，物质的生物技术生产、评价与测试等
材料与零部件组	IAP、IBP、IKTS、ICT、EMI、IFAM、ISC、ISE、LBF、ISI、IWM、IZFP、WKI 非正式成员：ITWM、IGB	3.38	交通工程、机械工程与工厂建造，能源，建筑与居家环境，健康，信息与通信技术等
微电子组	IAF、ESK、ENAS、IIS、IISB、IMS、EMFT、CNT、IPMS、IZM、ISIT、HHI 非正式成员：FOKUS、IDM、IZFP	3.08	智能系统集成、通信与娱乐、网络辅助、微系统与医学、光学、安全、自动化技术等
生产技术组	IFF、IML、IPK、IPA、IPT、UMSICHT、IWU	1.73	自适应式生产、数字化生产、集成与网络化生产、基于知识的生产及高性能生产
表面技术与光学组	IOF、FEP、ILT、IWS、IPM、IST	1.14	薄膜系统与涂覆过程开发、表面功能化、激光源和微光学及精确工程系统开发、材料过程与光学计量等

续表

研究组	成员名单（缩写）	2010年经费/亿欧元	研究领域
国防与安全组	IAF、ICT、FKIE、FHR、EMI、IOSB、INT 非正式成员：IIS	1.62	安全研究、侦察和监视、通信、图像处理等

资料来源：Fraunhofer-Gesellschaft. Fraunhofer annual report 2010；Fraunhofer-Gesellschaft. Groups and alliances. http://www.fraunhofer.de/en/institutes-research-establishments/groups-alliances

基于研究所合同研究项目的关联，弗劳恩霍夫协会下属研究所合作结成23个技术联盟，共同参与研发市场的竞争，为客户提供更广泛、更全面的服务（表5-15）。

表5-15 弗劳恩霍夫协会技术联盟

技术联盟	成员
自适应结构	IKTS、EMI、IIS、ITWM、IWU、IAIS、IFAM、ISC、IST、IWM、IZFP、LBF
添加制造	IKTS、UMSICHT、IFF、ILT、IWU、IPA、IFAM、IWM、IPK、IPT、IZM
辅助生活环境	FIT、FIRST、IGD、IDMT、IESE、IAO、IIS、IPA、IMS、IPMS、IZM、ISST、HHI
汽车生产	IAO、ICT、IFM、IFF、IOSB、IKTS、IML、IPA、IPK、IPT、ITWM、IWM、IWS、IWU、IZFP、LBF、UMSICHT
建筑创新	IBP、ICT、UMSICHT、EMI、IAO、IRB、IGB、IFAM、IWM、IMS、ISC、ISE、LBF、IVV、WKI
电池	SCAI、IKTS、ICT、UMSICHT、EMI、ITWM、IIS、IISB、ILT、IPA、IFAM、IWS、IWM、ISC、ISIT、ISE、LBF、ISI、IVI
清洁技术	FEP、IGB、ILT、IPA、IFAM、IWS、IPK、IST
云计算	SCAI、FIRST、IAO、IIS、ITWM、ISST
数字影院技术	IDMT、IIS、HHI、IPM、FIRST
数字化政府中心	FIT、IAO、IESE、IOSB、IAIS、IML、FOKUS、ISST、SIT
嵌入式系统	FIT、FKIE、ESK、FIRST、IGD、IESE、IIS、IZFP、IOSB、SIT、HHI
能源	IBP、ICT、IFF、IGB、IIS、IISB、AST、IKTS、IPA、ISC、ISIT、ISE、ISI、UMSICHT、IWES
食物链管理	IIS、ILT、IML、IMS、IME、IPMS、IPM、ISIT、IVV、IZM
高性能陶瓷	LBF、IKTS、IPK、IPT、ISC、IWM、IZFP
轻型建筑	EMI、ICT、IFAM、IIS、ILT、ISC、ITWM、IVI、IWM、IWS、IWU、IZFP、LBF、UMSICHT
纳米技术	IAP、IKTS、ICT、ENAS、IFF、IAO、IISB、IGB、LBF、IFAM、IPA、IWS、IWM、IZFP、IVV、ILT、ISC、ISE、ISI、ITEM
产品、工艺数字模拟	SCAI、IKTS、FIRST、IGD、UMSICHT、EMI、ITWM、IIS-EAS、ILT、IPA、IWU、IFAM、IWS、IWM、IZFP、IPK、IPT、ISC、LBF、IST
光学表面	IPM、ISC、ISE、IWM

续表

技术联盟	成员
光催化剂	ICT、FEP、IGB、IFAM、IWS、IME、ISC、ISE、IST
聚合物表面	IAP、FEP、IGB、IPA、IFAM、IVV、ISC
交通与运输	SCAI、IAO、IBP、LBF、ICT、IESE、IFF、IOSB、SCS、IAIS、IML、IPM、IPK、IPA、FIRST、ISI、ITWM、IVI、IWM、IZFP
图像处理	IOF、IAF、IFF、FHR、ITWM、IIS、IAIS、IWU、IOSB、IPA、IPM、IPT、IZFP、WKI
水系统	IGB、AST、ISI、IST、UMSICHT、IKTS、ISE、IPK

资料来源：Fraunhofer-Gesellschaft. Groups and alliances. http：//www.fraunhofer.de/en/institutes-research-establishments/groups-alliances

除七大研究组及 23 个技术联盟外，弗劳恩霍夫协会还与地方企业与研究机构展开合作，设立了 19 个区域性创新集群，以促进创新和帮助新企业成立（表 5-16）。

表 5-16 弗劳恩霍夫协会创新集群

创新集群	研究主题
自适应技术系统集群（达姆施塔特）	振动与噪声控制部件开发；监测概念开发；设计与模拟技术；系统整合概念；系统评估；传感器和组件
Saar 汽车质量集群（萨尔布吕肯）	非破坏性测试与测量；工艺和生产相关质量控制与错误测试；品质保证和非破坏性材料与组件测试
生物能源集群（奥伯豪森）	湿生物质处理；分散式生物处理；半分散式生物处理
物流业云计算集群（多特蒙德）	物流；信息技术
数字商用车技术集群（凯泽斯劳滕）	软件测试运行负载；整车模拟；实时算法；功能软件安全性和可靠性；软件生产线；软件测试
数字化生产集群（斯图加特）	智能产品；数字化产品制造；质量与性能优化自适应技术；进化型企业网络；合作开发与生产相关智能化商业网络；信息技术；数字化产品运营管理技术
能源可持续利用相关电子器件集群（纽伦堡）	家用与工作场所能效技术；智能电网；电动性
未来城市安全集群（弗赖堡）	重要交通基础设施防护；爆炸物检测与鉴别；安全与社会；接受度及其原因研究；系统集成
能源和交通维护集群（柏林、勃兰登堡）	—
机电一体化机械系统集群（开姆尼茨）	机电产品系统与技术开发；机械制造；汽车工程与医药；工程；机电与自适应系统部件开发；机电产品工艺开发模拟工具
多功能材料和技术集群（不来梅）	传感系统应用与集成；微型传感器；长期稳定的功能表面；纤维复合结构
纳米生产集群（德累斯顿）	纳米膜；纳米粒子（碳纳米管）；表面纳米结构
绿色光电集群（耶拿）	高精度流水线大规模生产；低成本复制技术-微纳米结构工程；混合光学系统微型化制造技术；组装与互联技术开发；衍射与折射结合型光学技术；光学与光电子融合技术

续表

创新集群	研究主题
个人健康集群（纽伦堡、菲尔特、埃尔兰根地区）	心血管疾病患者监测系统；睡眠呼吸障碍门诊病人监测与治疗；超重儿童的预防治疗和护理；高效医疗保健解决方案；计算机辅助诊疗系统
聚合物技术集群（哈雷、莱比锡）	聚合物/纳米粒子混合物；新型橡胶；生物高分子材料与天然纤维复合物
安全身份集群（柏林、勃兰登堡）	未来身份证系统；未来基于身份系统的社区研究
混合轻型制造技术集群（卡尔斯鲁厄）	应用于功能集成型轻型制造设计方案的复合材料与生产技术开发；这些解决方案在汽车与机械工具制造领域进行工业生产的经济可行性
汽轮机生产技术集群（亚琛）	—
虚拟开发、工程和培训集群（马格德堡）	虚拟工程；虚拟现实；本地制造企业基础职业培训；虚拟工程、虚拟原型产品开发；数字化工厂与工艺配置；虚拟技术培训与资格认证

资料来源：Fraunhofer-Gesellschaft. Innovation clusters. http://www.fraunhofer.de/en/institutes-research-establishments/innovation-clusters.html

5.4.3.2 管理模式

弗劳恩霍夫协会的成功发展得益于20世纪70年代开始实施的基于绩效的经费配置模式，即所谓弗劳恩霍夫模式（fraunhofer model）。这是弗劳恩霍夫协会在管理模式上的最大特色。

弗劳恩霍夫模式的核心是将国家每年拨付的机构基本资金与协会上年竞争获得的合同收入挂钩，同时，针对研究工作性质的不同，研究所的具体做法不一。具体而言，从事民用应用技术开发的研究所，其经费的30%根据上一年合同经费情况由联邦政府和州政府按9∶1的比例以机构预算方式提供，其余大部分由合同收入解决；从事国防和军工项目研发的研究所，其经费由联邦国防部全额负担；从事科技推广与咨询服务的机构，其经费的25%来自服务收费，其余部分由联邦和州政府按9∶1的比例分担。换句话说，弗劳恩霍夫协会的经费主要源于第三方，所能获得的机构拨款与上一年的绩效密切相关，特别是与其上一年从企业和私营部门获得的项目情况密切相关。

弗劳恩霍夫模式的实施一方面促进了协会战略目标（引领应用研究）的实现，保证了协会的运行秩序；另一方面也鼓励协会下属各研究所在优先研究领域采取灵活的、自主的和企业化的方法，提升了从企业界争取资源并获得自主发展的能力。这种模式的实施，在协会内部形成了优胜劣汰的竞争机制（通过内部竞争获取初期研究资源，通过外部竞争获得企业任务和资金），其明确的经济导向极大地促进了协会各研究所面向市场、面向企业、面向社会、面向需求及面向未来展开应用研究的主动性和积极性，在一定程度上也增强了各研究所的灵活性、自主性，保证了它们在不同经济条件下的适应性。

在这一模式下，按照协会的总章程，各研究所每年必须向总部提交一份年度报告，内容包括事业计划与研发项目的执行情况、研究成果的取得与应用情况、机构与人员变动情况、研究设施更新情况、经费收支情况、与产业界和大学的合作情况、国际学术交流与人才培养情况等。执行委员会委托有关专家对研究所提交的年度报告进行审查，并根据审查结果提出关于研究所年度工作的评价意见。在评估专家构成上，来自学术界与产业界的专家各占一半，专家人数约10人，50%的专家来自国外。弗劳恩霍夫协会对研究所的评价主要考察研究所的科技竞争力及完成战略计划的情况，特别关注的评价指标如下：研究所获得的年度总经费中外争经费是否达到70%、在外争经费中从企业获得项目经费的数量及从欧盟获得经费的数量、专利数量、客户满意度、提供的技术与成果情况及人员状况等[①]。

在弗劳恩霍夫模式下，弗劳恩霍夫协会的财务、人事管理也有一定特点。在财务方面，弗劳恩霍夫协会将各研究所的合同收入和政府拨款纳入统一预算，集中管理，协会总部通过财务信息管理网络系统，对各研究所的合同签订情况和预算收支计划的执行进度进行同步监控。这种做法既保证了科研机构基本公益目标和基本运行秩序的实现，又有效地提高了政府划拨的基本资金的使用效率，提高了各研究所开拓客户资源和自主发展的能力。在人事管理方面，弗劳恩霍夫协会研究所的大多数技术和专业人员都是合同制人员，协会为每位职员提供一份为期3~5年的定期合同。一般来说，只有在研究所连续工作10年以上的骨干科研人员才能获得固定职位。固定人员和短期聘用人员享受不同的薪酬待遇，前者执行国家公务员工资标准，后者则按照合同的规定付酬[②]。

5.4.4 国际科技合作

弗劳恩霍夫协会非常重视在欧洲及世界范围开展合作。弗劳恩霍夫协会开展国际活动的目的如下：①通过吸纳和利用分支机构所在地的科技资源，进一步推动科学与工程技术水平，开发具有竞争力的卓越中心的创新能力；②帮助弗劳恩霍夫协会的研究服务及德国弗劳恩霍夫研究所及其工业伙伴们打开新的市场；③通过提高国际化程度，为员工的发展提供更广阔的空间，这里的国际化不仅包括科学知识，还包括他国

---

① 李晓轩.2004.德国科研机构的评价实践与启示.中国科学院院刊，19（4）：274-303.
② 周晓旭，朱光明.2007.德国非营利科研机构模式及其对中国的启示——以弗琅霍夫协会为例的考察.东岳论丛，28（2）：45-50.

的管理风格和企业文化、语言和社会技能等；④通过更多的基于他国市场与客户要求的项目，不断提高弗劳恩霍夫协会解决问题的能力，从而更好地为德国企业服务。

目前，该协会与欧盟、美国、日本、俄罗斯、中国等多个国家和组织建立了合作关系，在全球主要经济区域建立了分支机构。在与欧盟的合作方面，该协会积极参与欧盟项目，与欧洲公司和欧洲科研机构开展了大量合同研究。除欧洲外，弗劳恩霍夫协会在美国设有六个研究中心，在日本、中国、印度尼西亚、韩国、俄罗斯及阿拉伯设有代表处，并计划设立更多国际分支机构。

在与中国的合作方面，弗劳恩霍夫协会从1979年开始与中国展开合作，由众多弗劳恩霍夫研究所参与实施的研发项目已经成为中德两国科技合作的重要组成部分[①]。弗劳恩霍夫协会与中国科技、教育、企业界开展了多项合作，例如，与中国林业科学院合作引进、推广石膏刨花板生产技术；同第二汽车厂共同设计改造了我国东风汽车生产线；共同开展湿地温室气体排放研究等。这些合作成果显著，已经成为中德两国科技合作的重要组成部分。为了加强这方面的工作，协会于1999年在北京设立了弗劳恩霍夫协会北京代表处。

机构网址：http：//www.fraunhofer.de（德语）；http：//www.fraunhofer.de/en（英语）

联系地址：Fraunhofer-Gesellschaft zur Förderung der angewandten Forschung e. V. Hansastraße 27c，80686 München，Germany

电话：＋49 89 1205-0

传真：＋49 89 1205-7531

---

① 弗劳恩霍夫应用研究促进协会北京代表处网站.2006.协会简介.http：//www.fraunhofer.cn/cn/aboutus.asp?MenuId＝1＆ID＝25［2009-03-21］.

5.5 莱布尼茨科学联合会

> ▶ 德国著名的国立科研机构之一，莱布尼茨科学联合会各研究所奉行以质量求资助的方针，进行具有国际水平、面向实际应用的基础研究，同时积极提供具有国家重要性的服务，努力为重大的社会挑战提供科学的解决方案。
>
> ▶ 2011年雇员总数为16 494人，其中研究人员为7714人，占46.8%。2011年度经费为14.2亿欧元（约合18亿美元），约60%来自联邦政府和地方政府，每年第三方经费超过3亿欧元。
>
> ▶ 法律组织形式为注册协会，由80多个法律和经济独立的研究机构和服务设施构成。各成员机构以会员身份加入，具有高度自治权，总部对他们并无约束力。各成员机构日常独立运作，研究方向及经费运用完全具有自主权，总部扮演服务及协调角色。
>
> ▶ 研究领域包括人文科学和教育研究，经济学、社会学和区域基础设施研究，生命科学，数学、自然科学和工程学，环境研究。

早在1977年德国就产生了一批由联邦和州政府共同资助的研究机构，并因被列于蓝色名单之中而被称为蓝名单机构。1990年，81个蓝名单机构创建了蓝名单工作联合会（AG-BL）。在德国统一之后，该联合会成为德国东部地区经济重建中的举足轻重的特殊角色。1993年成立了蓝名单科学联合会（WBL）；1995年正式更名为戈特弗里德·威廉·莱布尼茨科学联合会（莱布尼茨，1646.07.01～1716.11.14，是近代史上最博学的全才数学家及哲学家之一），简称莱布尼茨科学联合会（Wissenschaftsgemeinschaft Gottfried Wilhelm Leibniz，WGL）。莱布尼茨科学联合会是具有独立法人资格的全国性科学社团，它于1997年被列入德国非营利科学机构名录之中。2010年上任的主席迈尔（Karl Ulrich Mayer）是具有极高国际知名度的社会科学家和科技管理者，也是德国有史以来担任该职务的第一位社会科学家。

目前，莱布尼茨科学联合会是德国四大国立科研机构之一，总共包括87个法律上和经济上独立的科研机构和服务设施，定位于应用基础研究，同时积极提供具有国家战略意义的技术服务，积极促进与国内外大学、产业界及其他科研机构的合作，努力为重大的社会挑战提供科学的解决方案①。

5.5.1 人力资源和经费状况

5.5.1.1 人力资源

2011年,莱布尼茨科学联合会雇员总数为16 494人,其中研究人员为7714人,占46.8%,研究人员中具有博士学位的人员为3829人(表5-17)②。表5-18给出了莱布尼茨科学联合会1995~2005年的人员概况,可以看出,研究人员占全部雇员的50%~54%,研发人员(包括研究人员和技术人员)所占比重为83%~87%(表5-18)。

表5-17　2011年莱布尼茨科学联合会人员组成　　　　　　　　　　(单位:人)

人员	学部A	学部B	学部C	学部D	学部E	总计
雇员数	2 341	2 651	5 480	4 041	1 981	16 494
研究人员	942	1 223	2 364	2 095	1 090	7 714
具有博士学位的研究人员	192	408	2 364	567	298	3 829

注:学部对应关系如下。A为人文科学和教育研究学部,B为经济学、社会学和区域基础设施研究学部,C为生命科学学部,D为数学、自然科学和工程学学部,E为环境研究学部

资料来源:The sections in the Leibniz Association, section profile. http://www.wgl.de/? nid = sek&nidap = &print=0

表5-18　1995~2005年莱布尼茨科学联合会人员概况

年份	总人数/人	研究人员 人数/人	研究人员 所占比重/%	技术和其他人员 人数/人	技术和其他人员 所占比重/%	研发人员 人数/人	研发人员 所占比重/%
1995	11 273	5 798	51.4	5 476	48.6	9 751	86.5
1997	11 098	5 876	52.9	5 223	47.1	9 572	86.2
1999	10 673	5 743	53.8	4 930	46.2	9 152	85.7
2001	10 328	5 538	53.6	4 790	46.4	8 902	86.2
2003	9 839	4 920	50.0	4 919	50.0	8 210	83.4
2004	9 715	4 990	51.4	4 726	48.6	8 365	86.1
2005	10 128	5 076	50.1	5 053	49.9	8 787	86.8

资料来源:Research and innovation in Germany 2007. http://www.bmbf.de/pub/research _ and _ innovation _ 2007.pdf

---

① 李晓轩.2004.德国科研机构的评价实践与启示.中国科学院院刊,19(4):274-277;Leibniz. Profile. http://www.wgl.de/? nid = pro&nidap = &print = 0 [2011-08-15];BMBF. 2008. German research institutions at a glance. http://www.research-in-germany.de/coremedia/generator/dachportal/en/09 _ Downloads/Download _ 20Files/German _ 20Research _ 20Institutions _ 20at _ 20a _ 20Glance.pdf [2008-12-15].

② Leibniz. 2011. The sections in the Leibniz Association. http://www.wgl.de/? nid=sek&nidap=&print=0 [2012-06-20].

5.5.1.2 经费状况

2011年度莱布尼茨科学联合会总经费为14.2亿欧元（约合18亿美元[1]），其中政府机构经费为8.74亿欧元，占61.5%；通过与外部公共和私营部门的合同研究取得的外部经费为3.3亿欧元，占23.2%（表5-19）[2]。通常，各成员机构的机构经费由联邦政府和该机构所在地的州政府各承担50%。在联邦政府和地方政府联合资助的所有经费中，莱布尼茨科学联合会约占14%[3]。表5-20给出了1997～2011年，联邦政府和地方政府对莱布尼茨科学联合会的联合资助情况，联邦政府和地方政府联合资助的总经费稳定增长，2011年相对于1997年增长了39.8%。

表5-19 莱布尼茨科学联合会2011年经费概况 （单位：百万欧元）

经费类别	学部A	学部B	学部C	学部D	学部E	总计
总预算	208.34	199.52	478.64	374.78	158.90	1420.18
机构经费（联邦+地方）	122.27	132.68	301.71	225.91	91.65	874.22
外部经费	31.11	47.36	110.2	90.94	51.66	331.27

注：学部对应关系如下。A为人文科学和教育研究学部，B为经济学、社会学和区域基础设施研究学部，C为生命科学学部，D为数学、自然科学和工程学学部，E为环境研究学部

资料来源：Leibniz-Gemeinschaft. The sections in the Leibniz Association, section profile. http://www.wgl.de/?nid=sek&nidap=&print=0

表5-20 联邦和地方政府对莱布尼茨科学联合会的联合资助

（单位：亿欧元）

经费来源	1997年	1999年	2001年	2003年	2005年	2006年	2007年	2008年	2009年	2010年	2011年
联邦政府	317	326	335	356	373	384	392	411	431	447	
地方政府	308	317	328	348	364	373	382	401	422	463	
总计	625	643	663	704	737	757	774	812	853	910	874

资料来源：Research and innovation in Germany 2007. http://www.bmbf.de/pub/research_and_innovation_2007.pdf；Leibniz-Gemeinschaft. Facts and figures. http://www.wgl.de/?nid=zuf&nidap=&print=0；Leibniz-Gemeinschaft. The sections in the Leibniz Association, section profile. http://www.wgl.de/?nid=sek&nidap=&print=0

莱布尼茨科学联合会的成员机构也通过与外部公共和私营部门的合同研究取得经费，每年第三方资助经费超过3亿欧元。2010年，莱布尼茨科学联合会分别从欧盟和德国研究联合会（DFG）争取到4230万欧元和5573万欧元的经费，另外通过与产业合作获得5095万欧元的经费[4]。

---

[1] 根据2012年6月21日汇率换算——美元：欧元=1:0.7891。

[2] Leibniz. 2011. The sections in the Leibniz Association. http://www.wgl.de/?nid=sek&nidap=&print=0 [2012-06-20].

[3] BMBF. 2008. Research and innovation in Germany 2007. http://www.bmbf.de/pub/research_and_innovation_2007.pdf [2008-12-15].

[4] Leibniz. 2011. Budget 2010. http://www.wgl.de/?nid=zuf&nidap=&print=00 [2011-08-21].

2010年10月26日,德国联邦科学联席会议根据"研究与创新公约Ⅱ"达成协议,决定2011~2015年,联邦和州政府对莱布尼茨科学联合会的资助每年将增加5%,同时还将延长该联合会内部项目竞争程序的期限。此外,2011年该联合会也将接纳两个新研究所为正式会员。2011年,莱布尼茨科学联合会的87个研究所的机构式资助经费总额将达到9.3亿欧元,其中6400万欧元用于重大建设项目(包括扩建或新建研究单元和购置大型仪器等),800万欧元用于资助不伦瑞克乔治-埃卡特国际教科书研究所和杜塞尔多夫环境医学研究所这两个新会员。

依据新协议,莱布尼茨科学联合会得以完全独立地担负起鼓励内部竞争的责任,通过严格独立的外部专家评定,将项目经费直接分配给项目成员。目前,内部项目资助的人头费约为1200万欧元。项目资助期限通常为三年,从2011年开始,项目资助中人头费的总额将增加到3200万欧元。此外,来自"研究与创新公约Ⅱ"的一部分竞争经费将被作为激励基金保留(200万欧元),用做每年开展内部竞争的费用。莱布尼茨科学联合会主席团希望借由项目经费来支持一些战略性研究计划[①]。

5.5.2 战略定位和重点领域

莱布尼茨科学联合会是一个较松散的协会组织,其职责是促进各成员机构的科学与研究工作,同时尊重各成员机构的科学、法律与经济独立地位。莱布尼茨科学联合会各研究所奉行以质量求资助的方针,进行具有国际水平、面向实际应用的基础研究,同时积极提供具有国家战略意义的技术服务,努力为重大的社会挑战提供科学的解决方案(例如,就经济和社会可持续发展、气候变化、教育等问题向政府提出独立、科学的政策建议等)[②]。

莱布尼茨科学联合会的研究领域涵盖人文科学、区域研究、经济学、社会科学、自然科学、生命科学、工程科学和环境研究等,具体分为以下五大方向:①人文科学和教育研究;②经济学、社会学和区域基础设施研究;③生命科学;④数学、自然科学和工程学;⑤环境研究[③]。跨学科研究是莱布尼茨科学联合会的一个重要特点。莱布尼茨科学联合会的重点研究领域包括数学、光学技术、材料研究、医学、气候与环境

---

① 中国科学院规划战略局,国家科学图书馆.2011.德国联邦与州政府加强莱布尼茨科学联合会内部竞争.国际重要科技信息专报,(1):4,5.

② Leibniz. 2009. Über uns-Struktur. http://www.wgl.de/?nid=str&nidap=&print=0 [2011-08-15].

③ Leibniz. The sections in the Leibniz Association. http://www.wgl.de/?nid=sek&nidap=&print=0 [2011-08-15].

研究、生物与纳米技术及人文科学、经济学和社会科学等[①]。

5.5.3 组织架构和管理模式

5.5.3.1 组织架构

莱布尼茨科学联合会的法律组织形式为注册协会,由86个具有法人资格、经济独立的非大学科研机构和服务设施组成[②]。莱布尼茨科学联合会的内设机构包括成员大会、评议会、评估评议委员会、竞争评议委员会、主席团、主席、董事会、秘书长、学部、管理委员会、跨学科基础设施机构联合集团等,如图5-17所示。

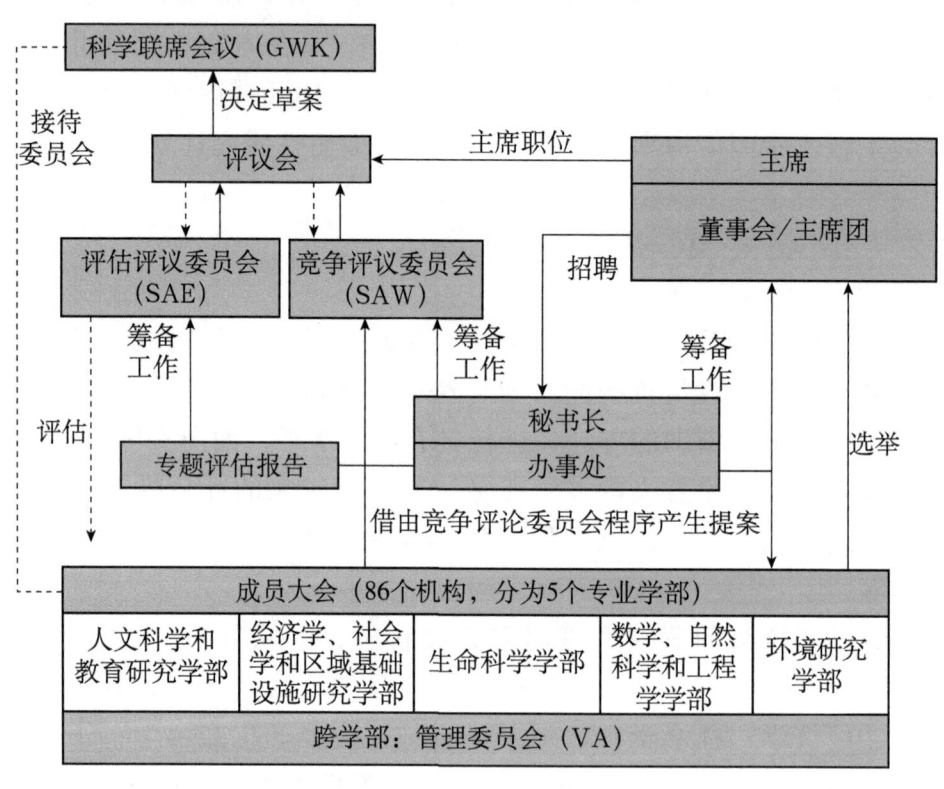

图 5-17 德国莱布尼茨科学联合会组织结构示意图(2011年)

资料来源:http://www.wgl.de/?nid=str&nidap=&print=0

---

① BMBF. 2007. Research at a glance—the german research and scape. http://www.bmbf.de/pub/research_at_a_glance.pdf [2011-08-15].

② Leibniz. About us profile. http://www.wgl.de/?nid=pro&nidap=&print=0 [2011-08-15].

其中，成员大会由成员机构组成，是莱布尼茨科学联合会的最高权力机构，负责决定联合会的重大事务并选举联合会的科学领导人或行政管理人；评议会是莱布尼茨科学联合会科学决策与咨询机构，主要负责审议各学部所属各研究机构相互间的合作、联合会与高等院校、其他研究机构及与经济界的合作等重大事务；评估评议委员会的任务是定期对莱布尼茨科学联合会研究机构进行鉴定，并负责评议会所有与评估有关的咨询工作；负责筹备评议会的决议和声明；为联邦和州政府提供是否应该资助某莱布尼茨科学联合会研究机构的建议；竞争评议委员会负责草拟评议会的资助决定；主席团负责协调莱布尼茨科学联合会的所有事务，草拟主要的决议和咨询报告，决定批准项目竞争经费或"推动基金"资助方面中的资助措施；董事会负责审查和批准所有专业委员会的决定和文件，包括特别议程、程序及经董事会同意后方能生效的选举条例或标准；学部主要负责促进科学经验交流和合作、培养青年科学家及参与评估标准的制定和评价程序的执行；管理委员会是莱布尼茨科学联合会具体行政事务的执行机构，并负责组织成员机构的经验交流、为主席团草拟相关的意见或建议；跨学科基础设施机构联合集团负责组织相应的经验交流与合作，并为主席团提供决策咨询服务等。

莱布尼茨科学联合会各成员机构以会员身份加入，具有高度自治权，总部对它们并无约束力。各成员机构日常独立运作，研究方向及经费运用具有完全自主权，总部仅扮演服务及协调角色[①]。

根据主要研究方向，莱布尼茨科学联合会学部的成员机构分成以下五个学部：①人文科学和教育研究学部；②经济学、社会学和区域基础设施研究学部；③生命科学学部；④数学、自然科学和工程学学部；⑤环境研究学部。学部的每个成员机构都可以使用整个学部的资源。莱布尼茨科学联合会成员机构具体学部分布情况如表5-21所示。

表5-21 莱布尼茨科学联合会成员机构

学部	成员机构
人文科学和教育研究学部	德国矿业博物馆（DBM，波鸿） 德国成人教育研究所（DIE，波恩） 德国国际教育研究所（DIPF，法兰克福） 德意志博物馆（DM，慕尼黑） 德国航运博物馆（DSM，不来梅港） 格奥尔格-埃克特国际教科书研究所（GEI，布伦瑞克） 日耳曼国家博物馆（GNM，纽伦堡） 赫德尔东中欧研究所（HI，马尔堡） 德国语言研究所（IDS，曼海姆） 莱布尼茨欧洲史研究所（IEG，美茵茨） 当代史研究所（IfZ，慕尼黑-柏林）

---

① 吴建国. 2011. 国立科研机构经费使用效益比较研究. 科研管理, 32 (5): 163-168.

续表

学部	成员机构
人文科学和教育研究学部	莱布尼茨自然科学和数学教学法研究所（IPN，基尔）
	莱布尼茨知识媒体研究所（IWM，蒂宾根）
	罗马-日耳曼中央博物馆（RGZM，美茵茨）
	莱布尼茨心理学信息与文献中心（ZPID，特里尔）
	当代史研究中心（ZZF，波茨坦）
经济学、社会学和区域基础设施研究学部	德国经济研究所（DIW，柏林）
	德国施派尔公共管理研究所（FÖV，施派尔）
	德国社会科学研究所（GESIS，曼海姆）
	德语全球与区域研究所（GIGA，汉堡）
	黑森和平与冲突研究基金会（HSFK，法兰克福）
	莱布尼茨中东欧农业发展研究所（IAMO，哈勒）
	莱布尼茨地理学研究所（IfL，莱比锡）
	慕尼黑大学的莱布尼茨经济研究所（IFO，慕尼黑）
	基尔大学莱布尼茨世界经济研究所（IfW，基尔）
	德国城乡发展研究所（ILS，多特蒙德）
	莱布尼茨生态区域发展研究所（IÖR，德累斯顿）
	莱布尼茨区域发展与结构规划研究所（IRS，埃尔克纳）
	经济研究所（IWH，哈勒）
	莱茵-威斯特法伦经济研究所（RWI，埃森）
	柏林社会研究科学中心（WZB，柏林）
	德国经济学中央图书馆——莱布尼茨经济信息中心（ZBW，基尔）
	欧洲经济研究中心（ZEW，曼海姆）
生命科学学部	流行病学预防研究所（BIPS，布莱梅）
	Bernhard Nocht 热带医学研究所（BNI，汉堡）
	德国糖尿病中心-杜塞尔多夫大学莱布尼茨糖尿病研究中心（DDZ，杜塞尔多夫）
	德国食品化学研究所（DFA，弗赖津）
	德国营养研究所（DIfE，波茨坦-雷布吕克）
	德国灵长目动物中心-莱布尼茨灵长目动物研究所（DPZ，哥廷根）
	德国柏林风湿病研究中心（DRFZ，柏林）
	莱布尼茨 DSMZ 研究所——德国微生物菌种保藏中心（DSMZ，布伦瑞克）
	德国（食用）动物生物学研究所（FBN，杜美尔斯托夫）
	莱布尼茨衰老研究所-弗里茨利普曼研究所（FLI，耶拿）
	莱布尼茨分子药理学研究所（FMP，柏林）
	波斯特尔研究中心-莱布尼兹医学和生物科学中心（FZB，波斯特尔）
	莱布尼茨天然材料和传染生物学研究所-Hans-Knöll 研究所（HKI，耶拿）
	Heinrich-Pette-研究所——莱布尼茨实验病毒学（HPI，汉堡）
	多特蒙德大学莱布尼茨劳动研究所（IfADo，多特蒙德）
	莱布尼茨植物生物化学研究所（IPB，哈勒）
	莱布尼茨植物遗传和作物植物研究所（IPK，盖特斯雷本）
	杜塞尔多夫大学莱布尼茨环境医学研究所（IUF，杜塞尔多夫）
	莱布尼茨动物园与野生动物研究所（IZW，柏林）
	莱布尼茨神经生物学研究所（LIN，马格德堡）
	生物学博物馆-莱布尼茨进化与生物多样性研究所（MfN，柏林）
	德国医学中央图书馆（ZB MED，科隆）
	波恩亚历山大·柯尼希动物学研究博物馆——莱布尼茨动物生物多样性研究所（ZFMK，波恩）

续表

学部	成员机构
数学、自然科学和工程学学部	莱布尼茨天体物理研究所（AIP，波茨坦） 费迪南布劳恩研究所——莱布尼茨超高频技术研究所（FBH，柏林） 化学专业信息中心（FCH，柏林） 卡尔斯鲁厄 FIZ——莱布尼茨信息基础设施研究所（FIZKA，卡尔斯鲁厄） 罗斯托克大学莱布尼茨大气物理研究所（IAP，屈隆斯伯恩） 莱布尼茨固体和材料研究所（IFW，德累斯顿） 高性能微电子创新——莱布尼茨高性能微电子创新技术研究所（IHP，法兰克福） 莱布尼茨晶体生长研究所（IKZ，柏林） 莱布尼茨新材料研究所（INM，萨尔布吕肯） 莱布尼茨等离子体研究与技术所（INP，格赖夫斯瓦尔德） 莱布尼茨表面修改研究所（IOM，莱比锡） 莱布尼茨聚合物研究所（IPF，德累斯顿） 莱布尼茨分析科学研究所（ISAS，多特蒙德和柏林） 基彭霍伊尔太阳物理学研究所（KIS，弗赖堡） 罗斯托克大学莱布尼茨催化研究所（LIKAT，罗斯托克） Schloss Dagstuhl 莱布尼茨信息学中心（LZI，柏林） 马克斯·玻恩非线性光学和快速光谱学研究所（MBI，柏林） 上沃尔法赫数学研究所（MFO，奥博沃尔法赫） Paul Drude 固态电子研究所（PDI，柏林） 技术信息图书馆（TIB，汉诺威） 维尔斯特拉斯应用分析和随机学研究所——柏林研究联合会的莱布尼茨研究所（WIAS，柏林）
环境研究学部	莱布尼茨农业工程研究所（ATB，波茨坦） 莱布尼茨对流层研究所（IfT，莱比锡） 莱布尼茨淡水生态和内陆渔业研究所（IGB，柏林） 莱布尼茨蔬菜与观赏植物种植研究所（IGZ，格罗斯北伦） 罗斯托克大学莱布尼茨波罗的海研究所（IOW，瓦尔讷明德） 莱布尼茨应用地球物理研究所（LIAG，汉诺威） 波茨坦气候影响研究所（PIK，波茨坦） 莱布尼茨农业景观研究中心（ZALF，勃兰登堡州） 莱布尼茨海洋热带生态中心（ZMT，不莱梅）

资料来源：根据 http://www.leibniz-gemeinschaft.de/institute-museen/alle-einrichtungen 整理

莱布尼茨科学联合会通过定期交流经验和信息及在共同利益方面开展合作等措施，促进各成员机构之间的紧密合作。莱布尼茨科学联合会的另一个显著特点是其与大学之间的紧密合作。莱布尼茨科学联合会设有专门的工作组，其成员是来自莱布尼茨科学联合会的高水平科学家，他们被联合任命为教授，到临近大学教学。2000年该工作组的成员数量为121人，2005年上升到216人[①]。

---

① BMBF. 2006. Report of the Federal Government on research 2006. http://www.bmbf.de/pub/bufo_2006_eng_abridged_version.pdf [2008-12-10].

5.5.3.2 管理模式

莱布尼茨科学联合会拥有一套独特的质量管理体系。自2003年起，莱布尼茨科学联合会的所有研究所至少每七年接受一次由外部专家进行的评价，评估专家由总部任命，约1/3的专家来自国外，研究所可以要求回避某些专家。与马普学会一样，莱布尼茨科学联合会的评价方法也是采用外部专家到所评价的方法。评价工作由总部评估处直接组织评估专家到所考察两天，评估处人员撰写评价纪要，并可以提醒专家讨论了哪些问题，哪些问题还没有讨论等。同时，评估处人员还要尽量保证评价标准在各研究所的一致性[1]。评价结果分三类：优秀、合格与不合格。评价结果为优秀的研究所七年后再接受评价；评价结果为合格的研究所继续保留三年的经费支持，三年后再评价；评价结果为不合格的研究所关闭。评价报告呈交评议会，评议会根据评价报告向联邦和州政府提出关于该研究所的建议报告。联邦和州政府将通过科学联席会议对评议会的建议进行审查，以判定某一研究所是否已经或者仍然具备继续给予共同资助的先决条件。

2012年1月6日，评议会通过了新的评估准则。莱布尼茨科学联合会机构的定期评估程序分为两个阶段：第一个阶段，由评价小组对莱布尼茨科学联合会机构进行评价；第二个阶段，由评议会根据评估结果发表科学政策意见，包括向联邦和州就是否继续共同资助问题提出的建议。莱布尼茨科学联合会评价小组和专门委员会的咨询建议是机密的。评议会发表的意见及其依据则要公开发表（评议会发表的意见还应包括附件A：莱布尼茨科学联合会机构的描述；附件B：评价报告；附件C：莱布尼茨科学联合会机构对评价报告的发表意见）[2]。

5.5.4 国际科技合作

2007年，莱布尼茨科学联合会与国内外大学、产业界及其他科研机构开展了2200项重要的国内合作和1300项国际科学合作。目前，每年访问莱布尼茨科学联合会的外国科学家多达5000人，其中约有2300名外国科学家是到莱布尼茨科学联合会进行短期研究工作的，其数量在不断增加。莱布尼茨科学联合会已经与法国、日本、韩国、加拿大和中国等国家的著名科研机构签署或正在筹备签署框架协议。此外，为加强与

---

[1] 李晓轩. 2004. 德国科研机构的评价实践与启示. 中国科学院院刊，19（4）：274-277.

[2] Leibniz-Association. 2012. The Leibniz Association senate evaluation procedure basic prihciples. http://www.leibniz-gemeinschaft.de/fileadmin/user_upload/downloads/Evaluierung/Leibniz_Senate_Evaluation_Procedure_-_Basic_principles_with_attachments.pdf [2012-08-06].

欧盟国家的合作，莱布尼茨科学联合会在欧盟总部成立了联络办公室[1]。

机构网址：http：//www.wgl.de；http：//www.leibniz-gemeinschaft.de

联系地址：Leibniz-Gemeinschaft Geschäftsstelle Berlin，Schützenstraße 6a D-10117 Berlin

电话：030/20 60 49-0

传真：030/20 60 49-55

E-mail：mannheim@leibniz-gemeinschaft.de

---

[1] Leibniz-Institut für Neue Materialien gGmbH. 2008. Leibniz Association. http：//www.inm-gmbh.de/technologietransfer/netzwerke/leibniz_gemeinschaft/? lang=eng [2009-03-31]；Leibniz. 2006. Leibniz Association_flyer englisch NEU. http：//www.science-circle.org/upload/pdf/Flyer_englisch_2006.pdf [2008-12-15]；德国台北代表处科技组. 2008. 德国莱布尼茨研究协会国合负责人访问驻德科技组. http：//stn.nsc.gov.tw/view_detail.asp? doc_uid=0970805004 [2008-12-19].

6 法国

- 传统科技强国之一。在民用核能、航空航天、交通运输、农业等领域优势明显，值得称道的有高速铁路、阿丽亚娜火箭、空中客车飞机等。截至2011年，共有31人次获得自然科学领域诺贝尔奖。

- 2009年，研发人员全时当量总数约为39.41万人·年，其中研究人员为23.42万人·年。企业研发人员为22.61万人·年，其中研究人员约为13.35万人·年。

- 2010年，法国国内研发经费总额为499.91亿美元，占GDP的比重为2.26%，企业部门是研发经费的主要资助者和执行者，资助和使用的研发经费分别占经费总额的50.97%和61.16%。

- 政府在科研管理工作中实行目标合同制。政府与各个国立科研机构和高校签订为期四年的目标合同，明确了双方在科研投入和科研教学任务方面的义务和职责，并由科研与高等教育评估署进行独立评估。

- 国立科研机构主要分为科技型研究机构（如法国国家科研中心）和工贸型研究机构（如法国原子能委员会）两种，前者主要从事基础研究工作，而后者主要开展应用研究和试验开发。

- 国立科研机构在法国科研体系中占据着显著的地位，它们拥有大型的科研设备和雄厚的资金，把满足国家需求、解决重大科技难题作为首要使命，开展基础性、公益性、战略性研究，承担高校或企业无力开展或不愿承担的国家高投资、高风险的大中型科研计划。

6.1 科技政策与体制概况

6.1.1 科技政策与体制演变

法国具有悠久的科学历史。特别是在18~19世纪，法国科学家在天文学、地理学、生物学、数学、物理学、化学等各个领域均取得了重大的科研成就，成为继英国之后的第二个世界科学中心。第二次世界大战后，法国政府注重发挥国家统筹作用。在科技领域，政府围绕经济发展的需要出资组建若干大型国立科研机构，由此逐步建立起一套完整的国家科学技术创新体系。国家将有限的资金和科技资源集中在航空航天、民用核能、汽车工业等几个核心领域，实施工业创新计划，使得这些领域的世界领先优势保持至今。这种"全国一盘棋"的统筹思想造就了法国第二次世界大战后的辉煌，使法国迅速恢复了世界科技强国的地位，但是，也对科技发展产生了不良的影响，如管理体系臃肿、对科研工作限制过多、产业研发集中并依赖少量的大型企业等[1]。另外，大多数国立科研机构人力资源管理过于刚性刻板，由此导致科技职业的吸引力不够、研究人员流动困难和不利于外国科技人才的引进[2]。

20世纪80年代，法国左派社会党政府对科技政策进行了重大调整。1982年颁布的《科研与技术发展规划与导向法》(*Loi n°82-610 du 15 juillet 1982 d'Orientation et de Programmation pour la Recherche et le Développement Technologique de la France*，简称《科研指导法》) 是法国政府制定的首部科技法律，强调自由发展、适度统筹的科技管理。由此，除了在核能、航天航空等战略性领域继续实行国家主导外，政府对其他科学研究领域主要实施强调自由发展的松散式管理。这部法律在决定成立诸如科研与技术部来管理与协调国家科学技术发展、确定科学研究与技术发展为国家优先发展领域、明确研发投入占GDP比重的阶段性目标等方面具有积极的作用。但是，其中的部分条款也为后来法国的科技发展埋下了危机的种子，例如，政府不惜增加财政负担，通过法律确立了国立科研机构和高校的研究人员及技术支撑管理人员的公务

---

[1] European Commission Joint Research Centre-Institute for Prospective Technological Studies. 2009. Erawatch analytical country report 2009: France. http://cordis.europa.eu/erawatch/index.cfm?fuseaction=home.downloadFile&fileID=1057 [2011-08-06].

[2] Ministére de l'Enseignement Supérieur et de la Recherche. 2009. Stratégie nationale de recherche et d'innovation 2009. http://media.enseignementsup-recherche.gouv.fr/file/SNRI/69/8/Rapport_general_de_la_SNRI_-_version_finale_65698.pdf [2011-08-06].

员身份，并据此调整了公共科研经费的预算方法，将原有以按项目计划预算为主的方式更改为按人头预算的方式。政府原本希望遵循科学的发展规律，为科研人员创造稳定的工作环境，以保持他们自由探索的空间，但在实施过程中却滋生了诸多弊端，例如，科研体制缺乏竞争，科研机构人员冗多、效率低下，论资排辈现象严重，产学研脱节等[①]。

1999 年颁布的《创新与科研法》(*Loi n° 99-587 du 12 juillet 1999 sur l'Innovation et la Recherche*)[②]旨在通过国立科研机构与企业进行合作，促进科技成果尽快转化，促进科研成果直接面向市场，建立起科技与经济相结合的技术创新体系。该法实施的一些切实可行的措施包括鼓励和支持科研人员在企业和科研机构之间自由流动；通过建立孵化器和启动基金为创立技术创新型企业提供便利；建立全国研究与技术创新网络，以项目合作的方式把企业和公共研发机构结合起来；建立科研税收信贷政策，加强对技术创新型企业的税收优惠等[③]。

2006 年，法国重新制定了《科研指导法》(*Loi de Programme n° 2006-450 du 18 avril 2006 pour la Recherche*)[④]，明确提出了构建战略思路清晰、机能运转高效的国家创新体系，通过增强原始创新能力来提高法国国际竞争力的战略思路[⑤]，内容如下：①协调基于科技发展自身需求的基础研究和基于经济社会发展需求的应用科学研究，确保科研总体均衡发展；②加强科研机构、高校及企业间的合作，形成充满活力的研发体系；③着眼全球并从长远战略考虑，集中中央和地方力量，提高整体竞争能力。该法还就未来科研发展提出了主要目标与具体措施。主要目标包括加强战略性原始创新能力建设，对优先领域加强前瞻布局；建立严格、透明的科研评估体系；营造富有吸引力和良性发展机制的科研环境；提高创新活力，构建国立科研机构与企业更加紧密的合作关系；加强法国科研体系与欧洲研究区的集成，最大限度地利用外部科技资源。确定采取的重大措施包括：成立总统主持的国家科学与技术高等理事会（Haut Conseil de la Science et de la Technologie，HCST）和独立的科研与高等教育评估署（Agence d'Évaluation de la Recherche et de l'Enseignement Supérieur，AERES），大幅增加科研投入和科研岗位等[⑥]。

---

① 黄宁燕，孙玉明. 2009. 法国创新历史对我国创新型国家创建的启示. 科技与管理，(3)：89-99.

② Legifrance. 1999. Loi n° 99-587 du 12 juillet 1999 sur l'innovation et la recherche. http://www.droit.org/jo/19990713/MENX9800171L.html [2011-08-06].

③ 中华人民共和国科学技术部. 2006. 主要创新型国家科技创新发展的历程及经验. 北京：中国科学技术出版社：99-102.

④ Legifrance. 2009. Loi n°2006-450 du 18 avril 2006 de programme pour la recherche (Version consolidée au 14 mai 2009). http://www.legifrance.gouv.fr/affichTexte.do;jsessionid = D2E6C6D 9219554C1DA2FAE697948BDA1.tpdjo07v_1?cidTexte=LEGITEXT000006053580&dateTexte=20091110 [2011-08-06].

⑤ 邱举良. 2008. 法国近年来的科技发展战略//中国科学院. 2008. 科学发展报告. 北京：科学出版社：213-218.

⑥ 周晓芳，冯瑞华，姜山. 2007. 法国国家科研中心与国家创新. 全球科技经济瞭望，(3)：37-39.

2009年7月，法国发布了《国家研究与创新战略 2009》，确定了未来四年的科研发展方向与思路。明确了法国研究应遵循的基本原则，包括基础研究对所有知识社会是必不可少的，所有机构特别是大型研究机构应重视基础研究；研究应面向社会和经济发展；积极应对各种危机和安全需求；人文社会科学是研究与创新的重要方法；多学科研究是现代研究的重要因素①。提出三个优先发展方向：医疗卫生、福利、食品和生物技术；环境突发事件与环保技术；信息、通信和纳米技术②。

6.1.2 科技管理体系

按照不同的角色定位，法国的科技体系由咨询评议机构、决策与管理机构、公共资助机构和研究与创新活动执行者四个部分构成，如图 6-1 所示。

（1）咨询评议机构。它包括总统亲自主持的国家科学与技术高等理事会、法国议会科学技术选择评估局（Office Parlementaire d'Évaluation des Choix Scientifiques et Technologiques，OPECST）等，作为决策咨询与评估机构，积极为法国的科技战略制定、科技计划出台及科技资源分配等出谋划策、提供建设性意见。其中，2006 年成立的国家科学与技术高等理事会的核心任务是作好国家科技管理的顶层设计，把握科学技术的发展方向。法国议会科学技术选择评估局负责对政府拟采取的重大科技政策与科技战略进行评估，为政府科技决策提供支撑。2007 年，正式成立了独立、权威的管理机构——科研与高等教育评估署，取代了原来的法国国家评估委员会、科技与教育委员会和法国科研评估委员会，负责全面评估法国的科研和高等教育，包括高校及其下属的科研和教学机构及所有的研究机构、科学合作基金会和法国研究委员会的职能和活动，并负责每年撰写一份《法国研究状况年度报告》③。

（2）决策与管理机构。法国科技决策分为总统、议会、部际决策协调层与科技管理层四个部分。其中，总统亲自主持国家科学与技术高等理事会。议会负责审议议员有关科技发展的法律议案，审议政府提交的重大科技政策和科技计划，并对国家科技预算具有审议权、决定权和监督权。部际决策协调层——科学与技术研究部际委员会（Comité Interministériel de la Recherche Scientifique et Technologique，CIRST），由法国高等教育与研究部及其他相关部门的部长或部长级代表组成，每年至少召开一次会议，由总理主持。其主要任务是确定科技发展的重大方针、政策，遴选科技优先发展

---

① 周晓芳译. 2009. 法国国家研究与创新战略. 科技政策与发展战略，11：6-19.
② 周晓芳译. 2010. 法国国家研究与创新战略要点. 新材料产业，11：62-64.
③ AERES. Profile of the agency. http://www.aeres-evaluation.com/Agency/Presentation/Profile-of-the-Agency [2011-08-06]；江小平. 2009. 法国研究与高等教育评估机构简介. 国外社会科学，（3）：121-123.

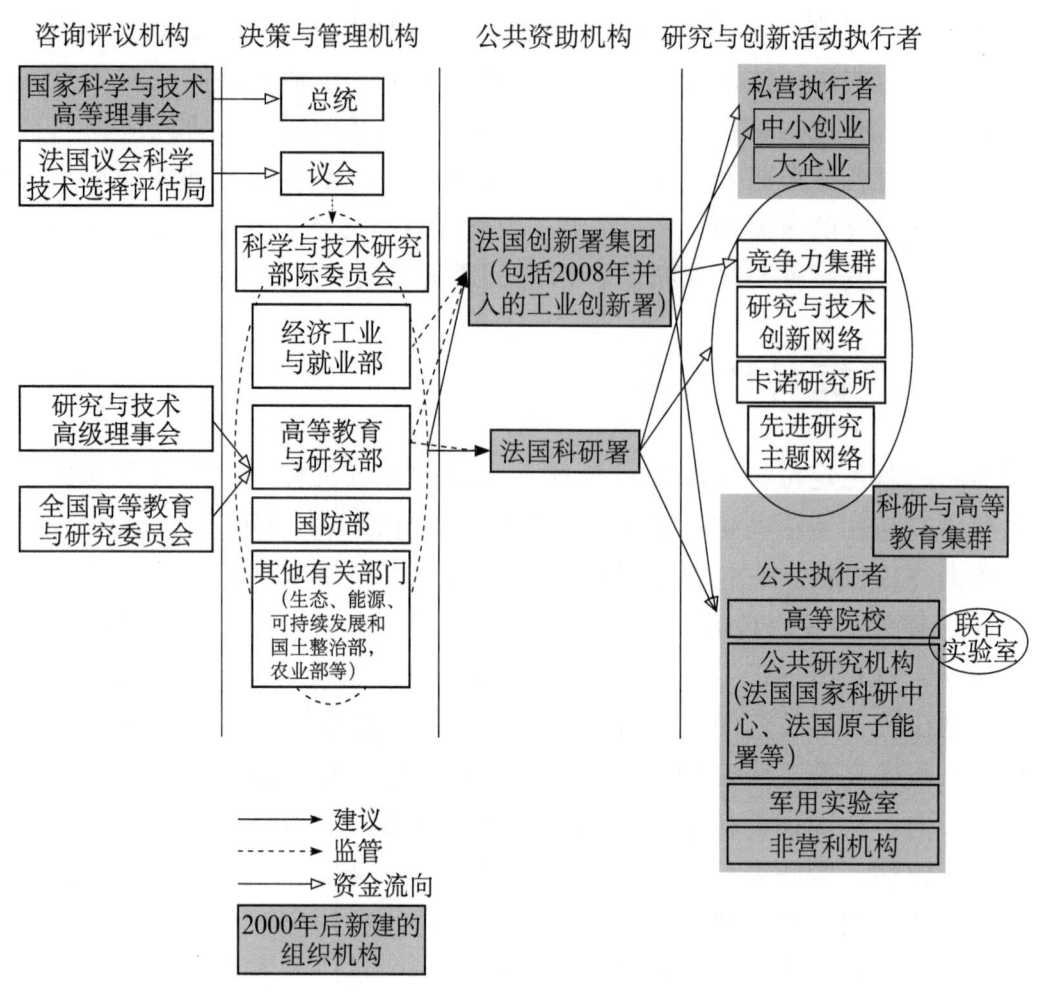

图 6-1 法国科技体系结构

资料来源：http://cordis.europa.eu/erawatch/index.cfm?fuseaction=ri.content&topicID=35&countryCode=FR&parentID=34

领域，并在有关科技立法的审议和重大专项计划和行动的制订及经费预算与分配等方面参与决策。在科技管理层中，高等教育与研究部是法国科技发展的主管部门，负责协调科研与高等教育两方面的工作；法国政府的其他部门，或直接参与所辖领域科研机构的管理，或与高等教育与研究部共同协调和管理相关领域的科学研究。

（3）公共资助机构。它主要包括国家科研署（Agence Nationale de la Recherche，ANR）和法国创新署集团（OSEO）。2005年，法国成立了国家科研署、工业创新署（Agence Industrielle de la Innovation，AII），重组了创新署等国家级科研资助机构。其中，国家科研署以大型科研项目为导向，主要任务是加强对重点科研项目的投入，支持与开展创新活动，促进公共与私营科技部门之间的合作，促进公共科研成果技术转化和走向市场。成立国家科研署是法国在科研体制中引入竞争机制的尝试，突破了科研经费主体按人头投入的传统模式，局部采取以项目引导的方式，以支持基础研究、应用研究等创新活动。工业创新署的主要任务是实施重大工业创新计划，主要依托大型企业集团。法国创新署集团隶属于法国经济、工业和就业部及高等教育与科研部，于2005年在法国中小企业投资担保公司（SOFARIS）和法国技术创新署（ANVAR）的基础上重组而成。法国创新署是法国扶持中小企业的专业融资机构，其主要任务是培植科技创新型中小企业、促进企业创新[①]。

(4) 研究与创新活动执行者。它包括公共执行者、私营执行者及一些产学研联合体。典型的产学研联合体有科研与高等教育集群（Pôle de Recherche et Enseignement Supérieur，PRES）、卡诺研究所（Instituts CARNOT）、竞争力集群（Poles de compétitivité，又译为竞争力极点）等。

6.1.3 科技投入

6.1.3.1 人力资源

2009年，法国研发人员全时当量总数约为39.41万人·年，其中研究人员为23.42万人·年，占59.43%；技术人员及支撑人员为15.99万人·年，占40.57%。在20世纪90年代以前的较长一段时间内，研究人员数量要少于技术人员及支撑人员数量；1997年以后，后者数量维持在15万人·年左右，而研究人员数量增长明显，2009年较1997年增加了50%以上，如图6-2所示。

自20世纪80年代以来，法国企业部门的研发人员全时当量数量超过其他部门，并保持稳步增长。2009年为22.61万人·年，比2000年增加了27.22%，占研发人员总量的57.35%。国立科研机构研发人员数量居次，占总量的比重自2000年后基本维持在23%左右，2009年为9.02万人·年，比2000年增加了16.44%。高校研发人员全时当量数量排第三，占比维持在19%左右，2009年为7.18万人·年，比2000年增加了17.06%。非营利机构研发人员全时当量数量最少，所占比重缓慢下降，2009年为6127人·年，占比由2000年的2.07%降至2009年的1.55%。

从研究人员全时当量的数量（图6-3）和部门分布（图6-4）来看，企业部门仍是最多，且增长幅度最大，占研究人员总数的比重不断提高，2009年为13.35万人·年，比2000年增加了64.83%，占到研究人员总量的57.02%。高校研究人员全时当量数量位居第二，2009年达到5万人·年。国立科研机构研究人员数量位居第三，2009年为4.74万人·年。非营利机构研究人员数量仍是最少，2009年为3267人·年。

[①] OSEO. Our mission, our area of activity, our range of solutions. http：//www.oseo.fr/oseo_in_english [2011-08-06].

世界主要国立科研机构概况

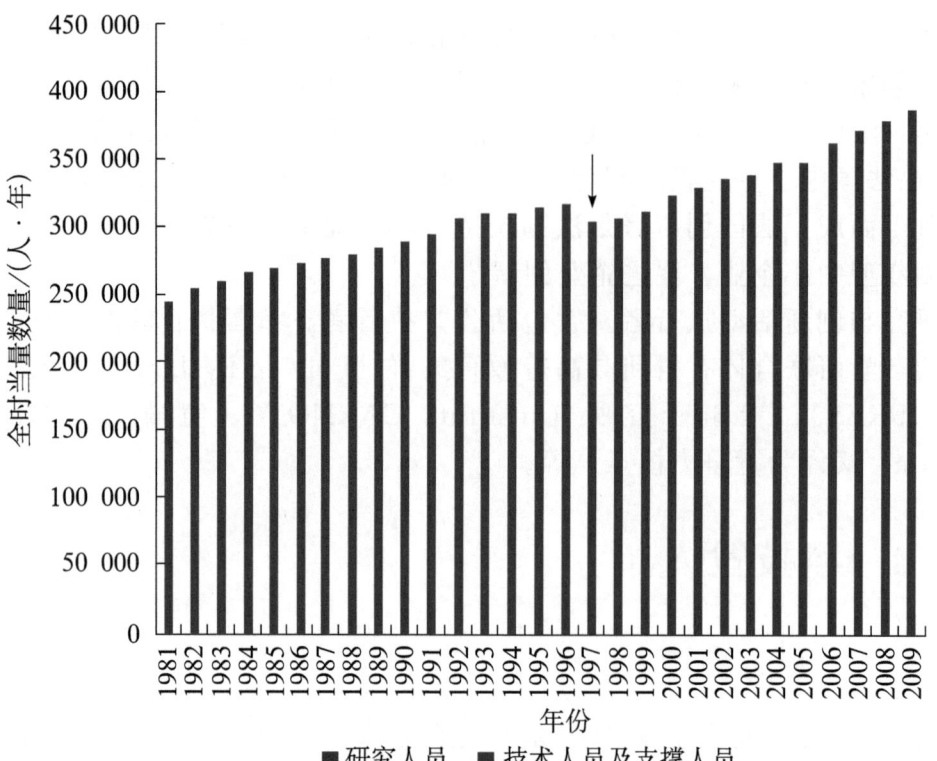

图 6-2　1981～2009 年法国研发人员全时当量数量变化态势
注：从 1997 年起统计不计入从事国防研发活动人员数量
资料来源：OECD Stat 数据库；法国高等教育与研究部

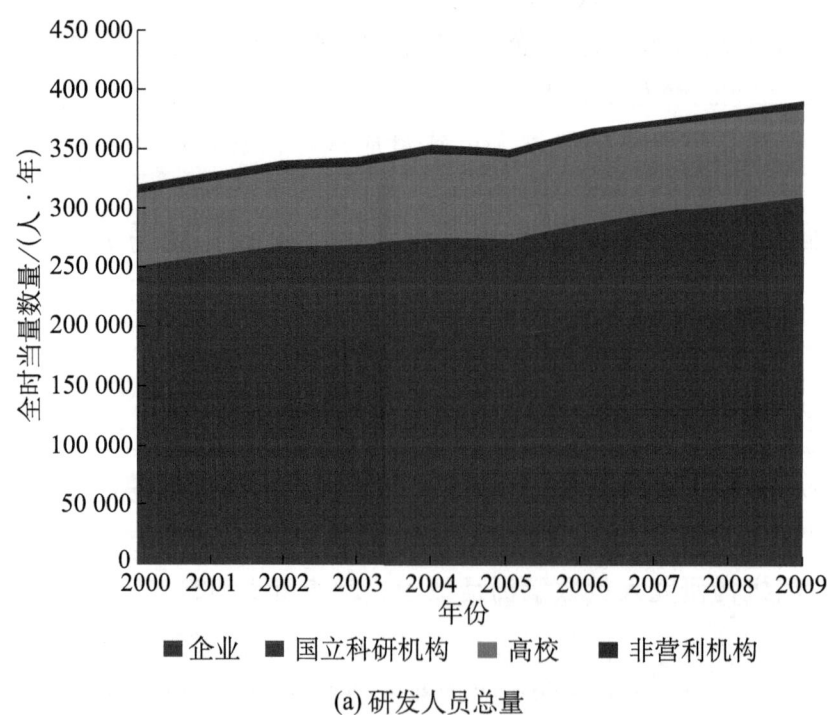

(a) 研发人员总量

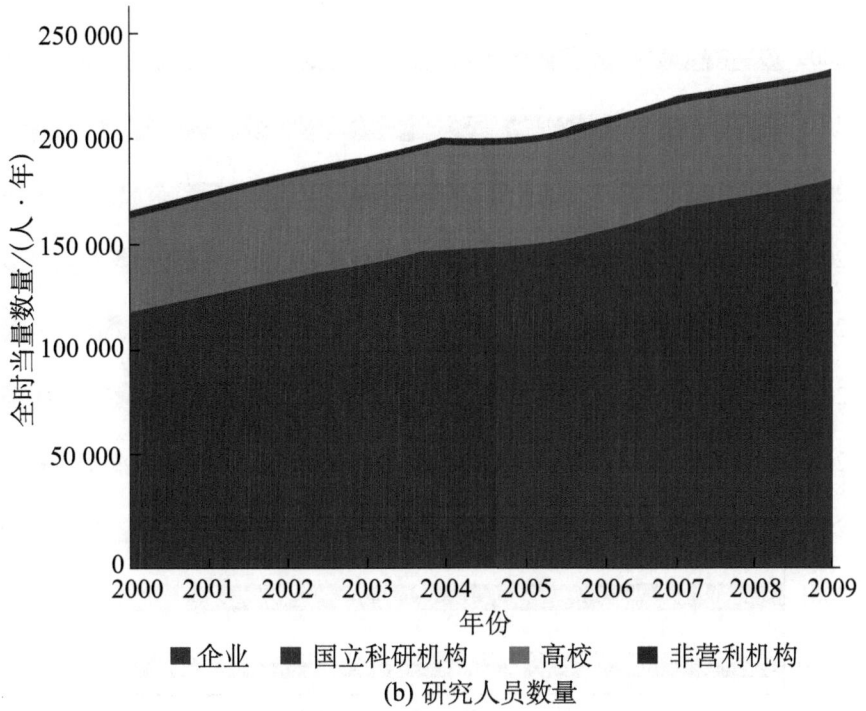

(b) 研究人员数量

图 6-3　2000～2009 年法国各部门科技人力资源数量的变化态势

资料来源：法国高等教育与研究部

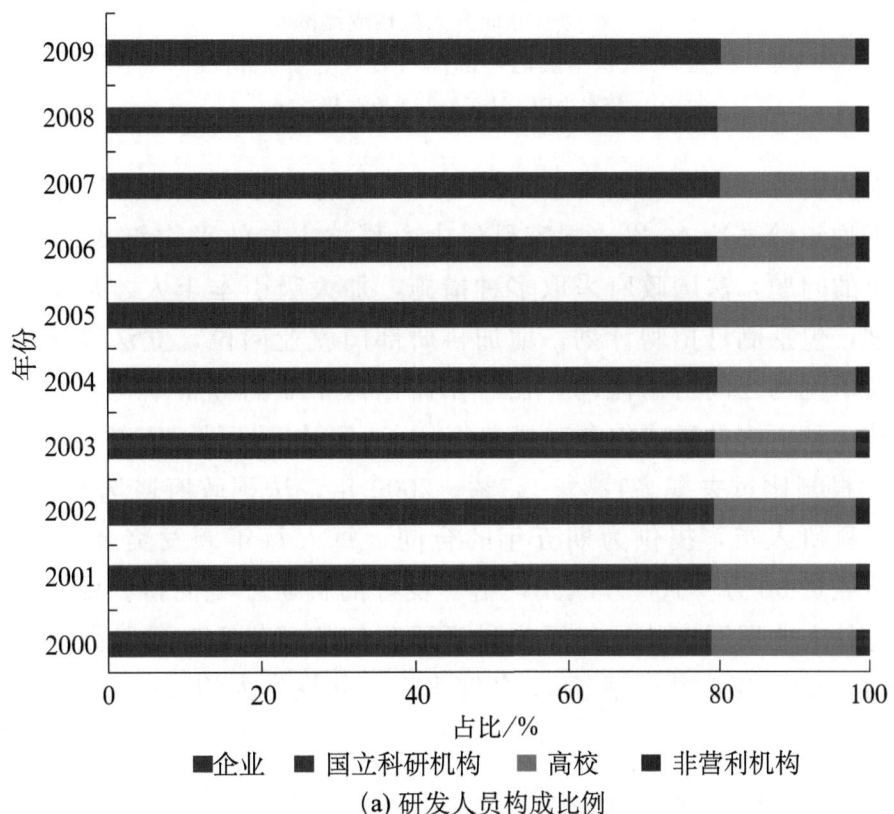

(a) 研发人员构成比例

世界主要国立科研机构概况

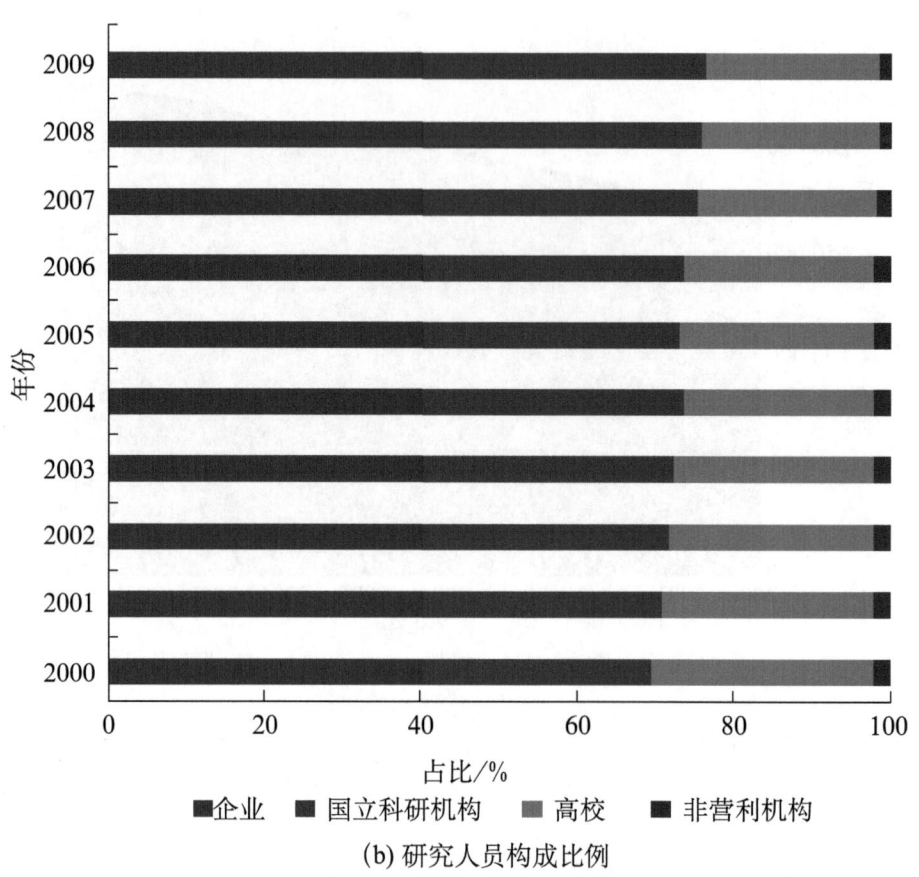

(b) 研究人员构成比例

图 6-4　2000~2009 年法国各部门科技人力资源构成的变化态势

资料来源：法国高等教育与研究部

法国在人力资源开发上面临的主要问题是人员老龄化、缺乏活力及人才外流严重。科技人员的平均年龄高达 46 岁，国家科研中心科技人员的平均年龄高达 47 岁。针对人才外流严重的问题，法国政府采取多种措施，加大吸引本土人才从事高等教育和科研工作的力度，包括制订招聘计划，增加科研部门就业岗位，立法鼓励和支持科研人员在企业和科研机构之间自由流动，在孵化器创建企业招标中支持年轻人创业，给予优秀青年科技人员更多的科研权利和经费等[1]。法国政府还鼓励有博士学位的年轻人从事教育工作，报酬比过去提高 12%~25%。2009 年，法国政府遴选出最具潜力的 130 名年轻教师和科研人员，提供为期五年的合同，每人每年颁发奖金 6000~15 000 欧元，配套科研经费 50 万~100 万欧元，给予良好的科研环境支持。此外，法国采取配套措施吸引海外人才回国工作，如国家科研署制订的"优秀客座教授"计划和"招聘博士后"计划。2009 年，共聘请了 15 名博士后，并提供人均 60 万~70 万欧元的为期

---

[1] 陈伟. 2008. 法国科技人才发展状况探析. 中国科技论坛, (8): 126-130.

三年的科研经费，资助他们组建自己的科研团队开展工作。此外，法国政府为了吸引优秀的外来人才，于 2009 年年初提出新移民政策，希望在未来 2~3 年，将法国外来移民中的专业人才比重从 7％增加至 50％。申请成功者可一次性获得三年的留法居留证，之后还可续延一次，其间根据一定条件可以获得长期居留的"绿卡"[①]。

6.1.3.2 科技经费

自 20 世纪 80 年代以来，法国的研发经费投入基本上保持稳步增加的趋势，如图 6-5 所示。2010 年，法国国内研发经费总额为 499.91 亿美元，占 GDP 比重为 2.24％。

法国研发经费投入经历了由政府主导型向企业主导型的转变。1991 年以来，企业的研发投入逐渐超过政府，并在 1997 年超过国内研发经费投入总额的 50％（图 6-6，图 6-7），成为法国最大的研发经费投入主体。2010 年，企业投入经费 254.82 亿美元，占总经费的 50.97％，其次是政府和国外投入，分别占 39.72％（198.57 亿美元）和 7.32％（36.61 亿美元）。

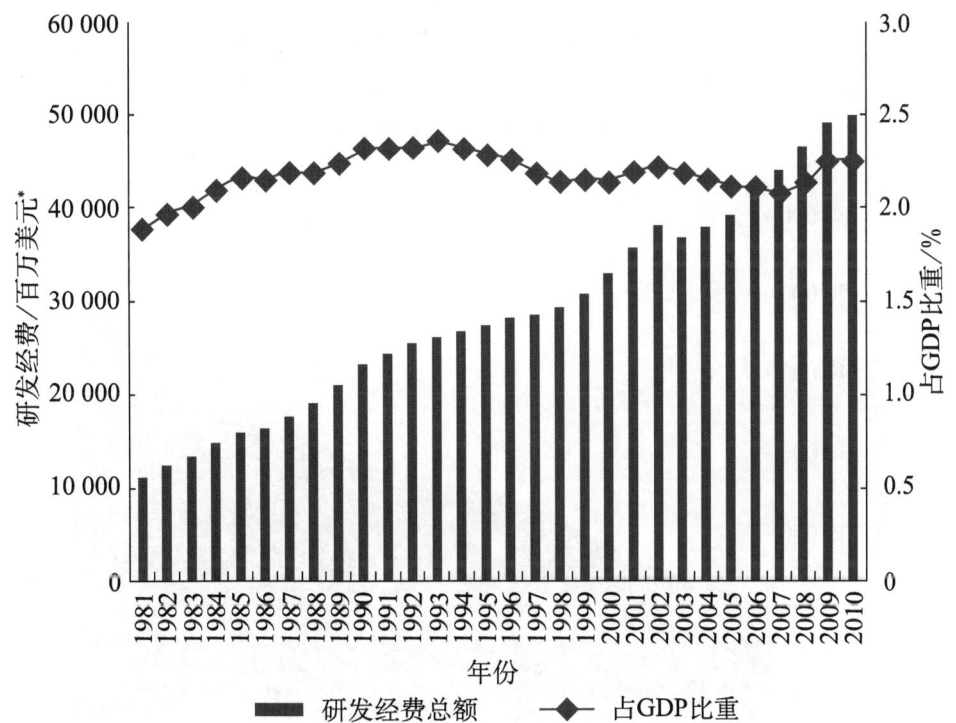

图 6-5　1981~2010 年法国研发经费总额及占 GDP 比重的变化态势
* 按购买力平价现值美元计
资料来源：OECD Stat 数据库

---

① 中华人民共和国科学技术部. 2010. 国际科学技术发展报告 2010. 北京：科学出版社：166.

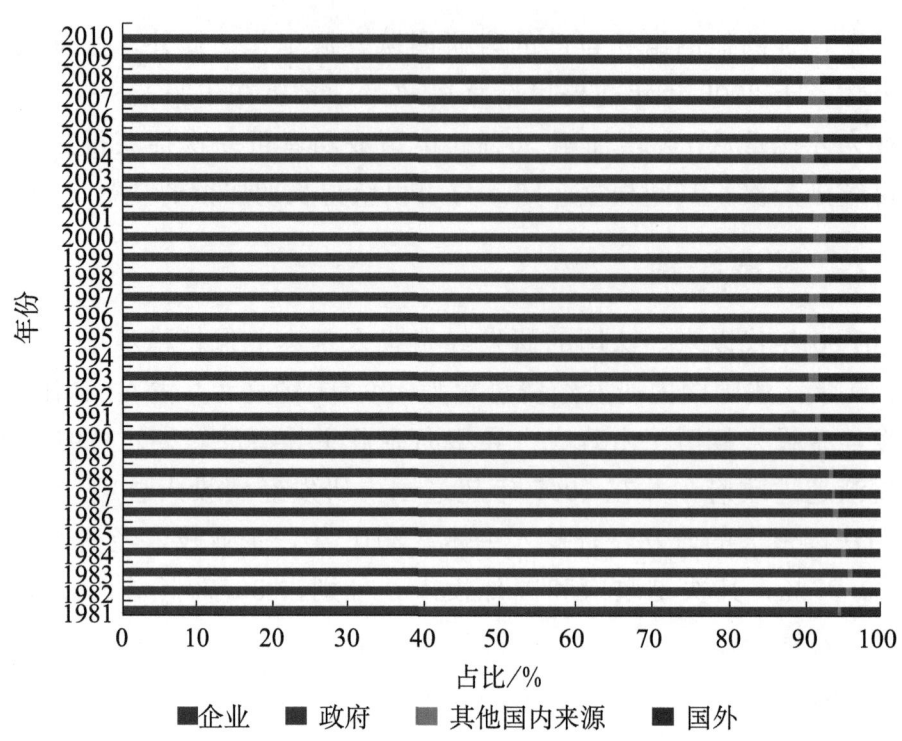

图 6-6 1981~2010 年法国研发经费来源部门构成的变化态势

资料来源：OECD Stat 数据库

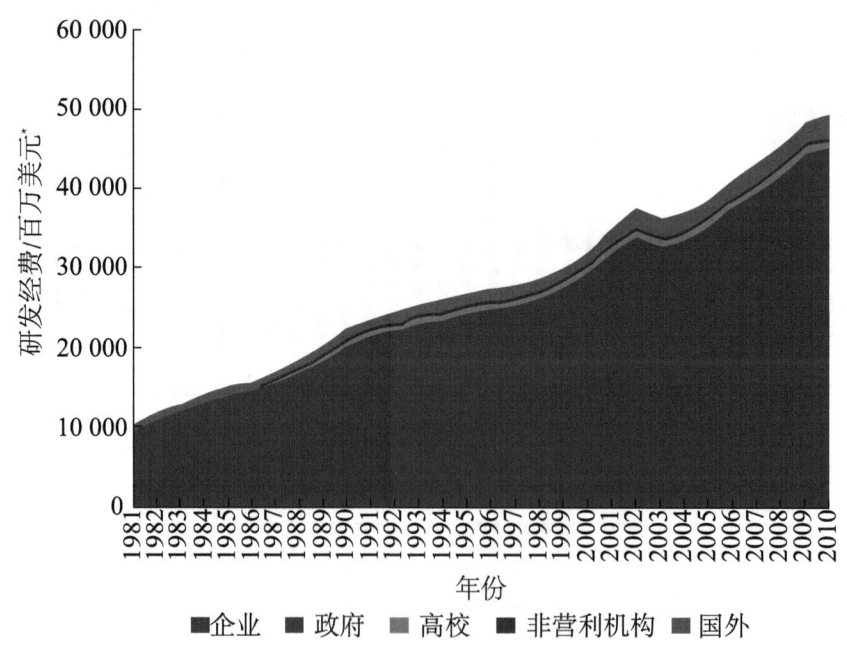

图 6-7 1981~2010 年法国研发经费按来源部门的变化态势

＊按购买力平价现值美元计

资料来源：OECD Stat 数据库

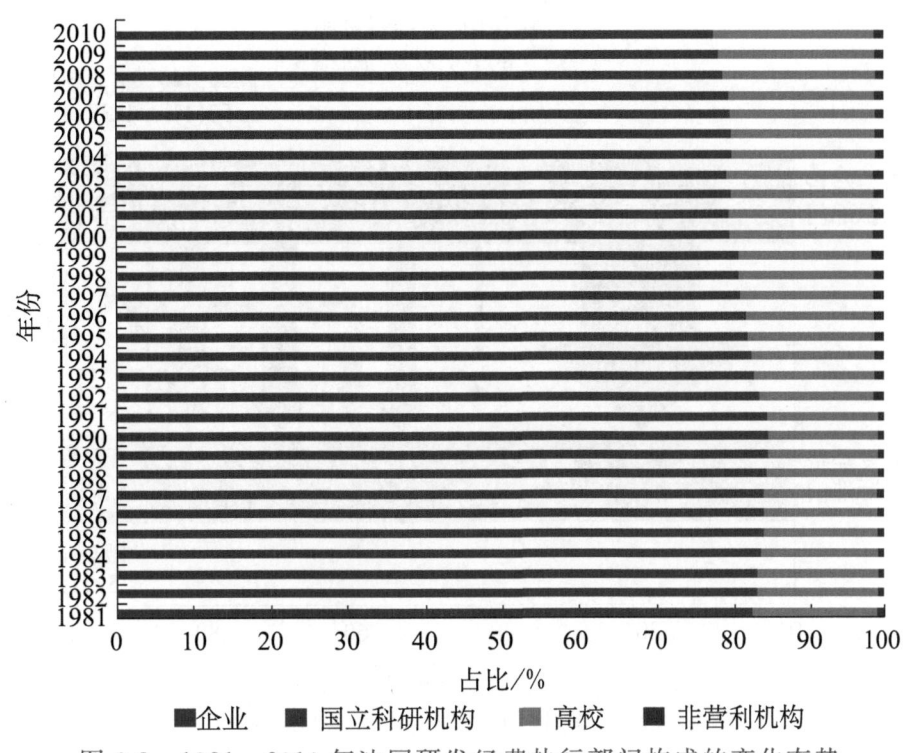

图6-8 1981~2010年法国研发经费执行部门构成的变化态势

资料来源：OECD Stat 数据库

企业是法国最大的研发经费执行部门，2010年使用研发经费305.72亿美元，占法国研发经费的61.16%。其次是高校，2010年使用研发经费106.50亿美元，占21.30%。第三是国立科研机构，2010年使用81.78亿美元，占16.36%[1]。非营利机构使用的研发经费最少，2010年为5.91亿美元，占比仅为1.18%，如图6-8所示。

2010年，法国全国研发经费的流向情况如图6-9所示。企业投入研发经费的绝大部分（96.57%）供自身开展研发活动，极少量流向国立科研机构和高校。政府提供的大部分研发经费流向高校和国立科研机构，分别占其投入的48.67%和35.69%，只有15.19%流向企业。国外提供的研发经费的79.81%投入企业研发活动。

自2006年起，法国的科研经费按照新的《财政法组织法》（*La loi Organique Relative aux Lois de Finances*，LOLF）编制，执行以结果和绩效为导向的政府绩效预算。预算结构的第一层是实现国家目标的若干项任务，每项任务分解为若干个以其为导向的计划，每个计划继续再细分为若干个行动方案。每个政府部门分别负责其中的几项任务或以其为导向的计划。其中，与科研相关的是"研究与高等教育任务"

---

[1] 编者注：经济合作与发展组织统计数据中将法国国立科研机构国家科研中心归于高等教育部门。实际上，考虑到国家科研中心的经费体量（年度预算占到法国公共民用研发经费的1/4），法国国立科研机构使用的研发经费要超过高等教育部门。

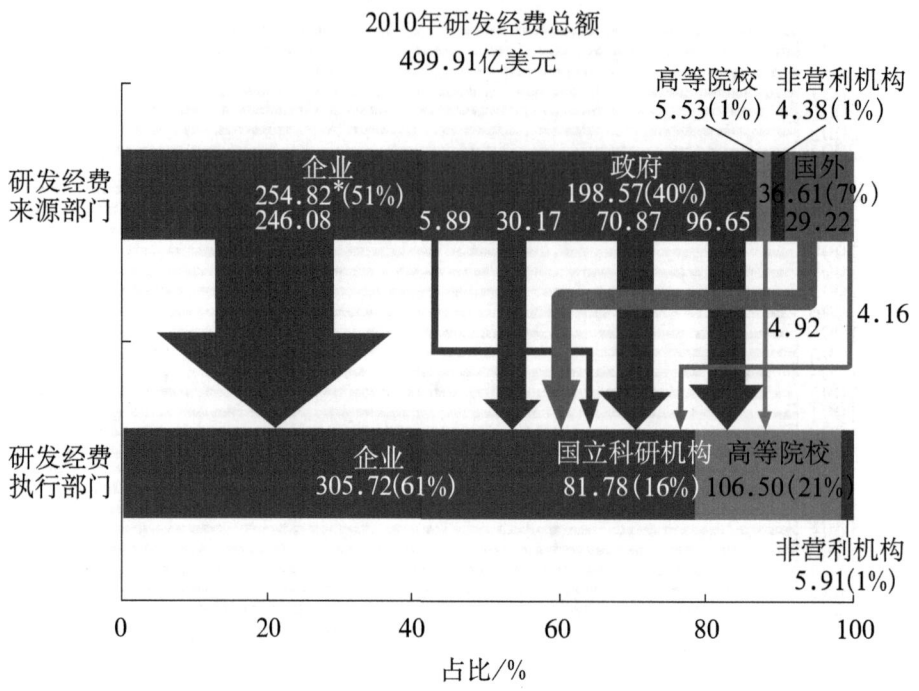

图 6-9　2010 年法国研发经费流向图

* 图中数据单位为亿美元，按购买力平价现值美元计

资料来源：OECD Stat 数据库

(Mission of Research and Higher Education，MIRES)。2009 年，"研究与高等教育任务"共分为 12 个计划，高等教育与研究部负责主导其中的 5 个计划，其他 7 个计划由其他部门主导，进行跨部门合作，如表 6-1 所示。

表 6-1　2009～2011 财年法国政府"研究与高等教育任务"预算经费

（单位：亿欧元）

主导部门	计划		2009 年预算	2010 年预算	2011 年预算
高等教育与研究部	大学的高等教育与科研	AE	118.61	124.60	129.12
		CP*	117.05	122.18	126.32
	学生学业生涯	AE	20.69	21.02	21.46
		CP	20.58	21.00	21.46
	跨学科科技研究	AE	50.88	52.11	79.93
		CP	50.56	51.82	79.66
	科研资源管理	AE	12.22	12.45	—
		CP	—	—	—
	太空研究	AE	12.85	13.02	
		CP	—	—	
经济工业就业部	经济和工业方面的研究与高等教育	AE	10.05	10.42	11.49
		CP	8.74	9.43	10.80
国防部	军民两用研究	AE	2.00	2.00	2.00
		CP			

续表

主导部门	计划		2009年预算	2010年预算	2011年预算
文化和通信部	文化研究与科学文化	AE	1.61	1.67	1.66
		CP	1.59	1.65	1.68
农业和渔业部	农业方面的研究与高等教育	AE	2.94	3.00	3.04
		CP	2.98	3.03	3.07
生态、能源、可持续发展和城乡规划部	风险与污染研究	AE	2.98	2.98	2.95
		CP	—	—	—
	能源领域研究	AE	6.68	6.81	6.94
		CP	—	—	—
	交通运输、设备与住房方面的研究	AE	4.10	4.41	4.07
		CP	3.32	3.25	3.77
"研究与高等教育任务"总预算		AE	245.61	254.49	262.67
		CP	241.55	249.64	258.67

* AE 代表授权预算拨款上限 (plafond autorisations d'engagement), CP 代表支付上限 (plafond crédits de paiement)

资料来源: Ministère du Budget, des Comptes Publics, de la Fonction Publique et de la Réforme de l'État. 2009. Mission: Recherche et enseignement supérieur PAP. http://www.performance-publique.gouv.fr/farandole/2009/pap/pdf/PLF2009_BG_RECHERCHE.pdf

2008年爆发的全球金融危机使大部分发达国家陷入经济衰退，法国政府将科技创新作为引领法国经济走出困境的重要手段。萨科齐总统于2009年年底公布"投资未来"的大型国债计划，拟向高等教育、科研、中小企业及工业、可持续发展、数码产业五大重点领域投资350亿欧元，此举旨在确保法国未来发展的战略性投资，以增强法国在世界上的竞争力。其中，高等教育与科研作为第一优先领域，投入总计约219亿欧元，具体分配情况如图6-10所示。

6.1.4 科技计划

法国政府认为科技创新对经济发展具有重要影响力，为能够迎头赶上美国、日本等领先国家及应对中国、印度等后来者的挑战，法国政府在全面评估经济、科技能力与实力的基础上，确立了由政府规划若干优先研究领域的战略思想。

2005年，法国政府发起的"竞争点"计划希望通过整合优势、突出重点、以点带面的方式促进法国企业的技术创新，提升法国工业具有国际领先水平的高新技术含量，进而推动法国经济的发展[1]。这一计划实际是根据各区域发展积累的优势与资源特征，加强创新资源的集聚，把科研机构、高校和企业连成有效的创新网络，同时激活地方

---

[1] 毛文波. 2006. 从"竞争点"出发竞争未来: 法国科技创新的新举措. http://www.most.gov.cn/gnwkjdt/200601/t20060105_27582.htm [2011-08-06].

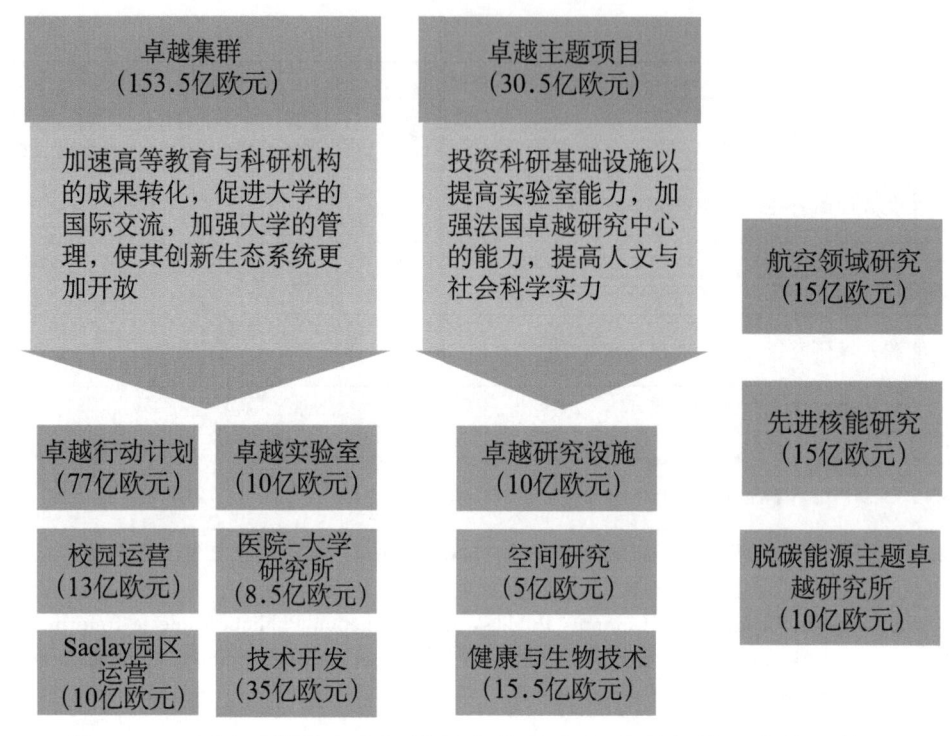

图 6-10　法国"投资未来"计划高等教育与科研领域经费分配情况

资料来源：http://media.enseignementsup-recherche.gouv.fr/file/Investissements_d_avenir/21/4/diagramme_160214.pdf

创新潜力，加快技术转移，增强吸引力，遏制企业外迁趋势。2005～2008 年，分布于法国全境的竞争点已有 71 个，所属企业启动了 455 个项目，集聚了上万名科研人员和 28 亿欧元研发经费[①]。2010 年 5 月，法国政府宣布了完善该计划的实施方案：取消 6 个评估不合格的竞争点资格，重新认可整改后的 7 个竞争点，通过 4 次项目招标，新批准 6 个竞争点，使总数仍保持为 71 个，促进"竞争点计划"与"投资未来"大型国债计划的协调，并宣布"竞争点"计划实施期限延长至 2012 年。2005～2012 年，法国政府对该计划的总体投入达到 30 亿欧元[②]。

2006 年，法国政府实施的"重大工业创新计划"参照了 20 世纪 60～80 年代执行的超音速协和飞机、阿丽亚娜火箭、民用核能、大规模集成电路、高速铁路等重大工业研发计划。该计划的核心目标是在未来 10～15 年集中在清洁汽车、氢能与燃料电池、新型农业生物技术、无污染工厂等 10 多个领域取得突破性创新，获得在这些领域

---

① 法国驻华使馆. 2008. 法国的创新：决定性的王牌. http://www.ambafrance-cn.org/spip.php?article4782&lang=zh&secteur_virtuel=280 [2011-08-06].

② 中华人民共和国科学技术部. 2011. 国际科学技术发展报告 2011. 北京：科学技术文献出版社：182.

的绝对技术优势和市场优势①。

2009年7月，法国高等教育与研究部正式发布了《法国国家研究与创新战略2009》②，这是法国第一份在国家层面上对未来科学展望（2009～2012年）的战略研究文件，旨在确定法国2009～2012年的科研发展方向与思路，明确在研究与创新领域中面临的挑战，设立科研优先领域，协调参与者的行动，更好地分配公共资金，加强法国的竞争力和吸引力。600多名来自科研界、企业及相关领域的研究人员分成10个工作组，经过六个多月的酝酿和协调，就应对当今社会和经济挑战确定了五项原则和三个优先研究领域，如表6-2所示。

表6-2 《法国国家研究与创新战略2009》确立的五项原则和三个优先研究领域

五项原则	（1）基础研究对知识经济社会至关重要，国家要继续加大投入； （2）面向社会和经济的开放式研究是经济增长和就业岗位增加的关键，国立科研机构要与企业界加强中长期合作，促进科研成果转移化； （3）把风险管理和增强安全性作为一项社会需求纳入所有研究计划之中； （4）人文和社会科学不能被边缘化，相反应纳入优先领域各个层次的研究活动； （5）跨学科性是现代研究创新的基础
三个优先研究领域	（1）健康、福祉、食品和生物技术相关领域； （2）环境、自然资源、气候生态、能源、交通运输相关领域； （3）信息通信、互联网、计算机软硬件、纳米技术相关领域

法国政府落实国家创新战略的重要举措之一是组建研发联盟，旨在消除研究机构、高校和企业等创新主体之间的隔阂，加强伙伴合作关系，协调相关领域内的主要研究和创新机构。研发联盟在高等教育与研究部和国家科研署的指导下，简化管理体制，整合资源，加强协调，编制相关领域的科技路线图，并负责领域科技计划的制订和实施。各领域研发联盟还代表国家参与欧洲联合计划，并作为欧洲研究计划政策的协调工具。截至2010年6月，国家创新战略确定的优先领域均已成立了研发联盟，标志着法国创新战略的实施已完成布局并进入实质性推进阶段。这五个研发联盟分别是国家生命科学与健康研究联盟（Aviesan）、国家能源研究协调联盟（Ancre）、数字科学与技术研发联盟（Allistene）、环境研究联盟（AllEnvi）及国家人文与社会科学研究联盟（Athena）③，如表6-3所示。

---

① 黄宁燕，孙玉明. 2009. 从法国战后科技发展的经验与教训看政府统筹科技发展. 中国科技论坛，（8）：126-128，139.

② Ministére de l'Enseignement Supérieur et de la Recherche. 2009. Stratégie nationale de recherche et d'innovation 2009. http://media.enseignementsup-recherche.gouv.fr/file/SNRI/69/8/Rapport_general_de_la_SNRI_-_version_finale_65698.pdf [2011-08-06].

③ Ministére de l'Enseignement Supérieur et de la Recherche. 2011. Les alliances. http://enseignementsup-recherche.gouv.fr/cid56287/les-alliances.html [2011-08-22].

表 6-3 法国五大研发联盟

联盟名称	相关领域	创建时间	成员机构
国家生命科学与健康研究联盟	健康和生命科学	2009年4月8日	国家健康与医学研究院，国家科研中心，原子能委员会，国家农业科学研究院，国家信息与自动化研究所，发展研究所，巴斯德研究所，法国大学校长联合会，法国大学医院院长联合会
国家能源研究协调联盟	能源	2009年7月17日	原子能委员会，法国工程师学院院长联合会，法国大学校长联合会，国家科研中心，法国石油研究院
数字科学与技术研发联盟	信息通信	2009年12月17日	国家科研中心，国家信息与自动化研究所，原子能委员会
环境研究联盟	环境	2010年2月9日	地质和矿产研究局，原子能委员会，国家农业与环境工程研究中心，农业研究国际合作中心，国家科研中心，法国大学校长联合会，国家海洋研究所，国家农业科学研究院，发展研究所，公共建设工程研究实验室，国家天气预报中心，国家自然历史博物馆
国家人文与社会科学研究联盟	人文与社会科学	2010年6月22日	国家科研中心，法国高等专科学校联合会，法国大学校长联合会，国家人口统计研究所

资料来源：ERAWATCH country report 2010：France. http：//erawatch. jrc. ec. europa. eu/erawatch/export/sites/default/galleries/generic_files/X04-CR2010-FR-v2. pdf

6.1.5 国际科技合作

国际科技合作是法国科技发展的重要组成部分。法国国际科技合作主要基于四个目标：①促进法国优秀科研人才对外交流，以加强本国科研与高等教育；②促进国际联合，以推动世界科技发展和技术创新；③为应对人类必须面对的全球问题贡献力量；④参与发展援助[1]。法国主要通过三种形式开展或参与国际科技合作。首先，以国内顶级科研机构为平台，吸引全世界科研人才，合作开展研究，科研经费主要来自法国政府预算或国内其他渠道。其次，利用外国科研资源，与其他国家合作，共同建立实验室或研究机构，法国通过提供经费支持来获取另一方的优势研究资源。科研人员以两国研究人员为主，两国共享研究成果。最后，集中多国力量，建立国际研究中心，如欧洲同步辐射加速器中心、国际热核聚变实验反应堆等，进而推动某一领域的研究，完成单个国家难以实施的研究工作[2]。

当前，法国开展的国际科技合作主要集中在基础科学、交通、航空航天、生态环境、能源等领域，参与的大型国际科技合作计划有欧盟框架计划、尤里卡计划、国际空间站计划、国际热核聚变实验反应堆计划等。法国重点的科技合作对象是经济实力

---

[1] 孙玉明. 2008. 2007年法国科技发展综述. 全球科技经济瞭望，23（5）：44-54.
[2] 国际科技合作政策与战略研究课题组. 2009. 国际科技合作政策与战略. 北京：科学出版社：251，252.

很强和科技水平较高的国家,尤其是美国及近邻的欧盟成员国家。从国际科技合著论文来看,2001~2008年在全学科领域与法国合著论文最多的五个国家依次为美国、英国、德国、意大利和西班牙[①]。

欧盟框架计划作为欧盟开展科技工作的最主要工具,通过整合欧洲科技、经济和社会资源,有力地加快了欧盟一体化建设的进程。法国为保证更为有效的参与,充分利用欧盟框架计划,对提高本国科研与创新能力进行了系统规划。基本政策是在全方位参与欧盟第七框架计划的基础上,突出重点,紧紧围绕本国确定的优先领域和自身在农业、航空航天、健康、纳米、环境、能源、核科学及人文与社会科学等领域的优势,争取参与的有利地位。法国国家科研署将取代原设的法国欧盟科技框架计划办公室,进行牵头组织,负责研究、推广宣传、引导参与和协助项目投标等。法国政府还积极鼓励把国家科研署管理的科研竞争性项目、国家科研创新信贷支持、针对中小创新型企业的法国创新署创新支持及国家工业创新署管理的重大工业创新计划等与欧盟框架计划有机结合起来,使欧盟框架计划在服务欧洲研究区建设的同时,也为法国的科研与工业创新提供支持。

6.1.6 创新体系构成

6.1.6.1 高校

高校是法国公共研发的重要力量。法国的大中型科学计划一般由国立科研机构承担,高校凭借其灵活多样的科研体制,在较小型的科技计划方面发挥着重要的作用,并与科研机构开展密切的联合研究。为提高法国高等教育的吸引力和竞争力,萨科齐上台后,立即开始全面推行高等教育制度改革,旨在赋予综合大学独立的法律地位和最大自主权,使之真正成为能够自主决策、自负其责的主体。国家在放权的同时,通过"多年度合同制"和"总经费预算"等控制手段,对高等教育实施宏观管理和监督。法国政府希望通过给予综合大学最大的自主权来换取在人才培养和基础研究方面的高效产出[②]。

在法国高校的研发工作中,基础研究项目占绝对主导地位,其研发经费占总研发经费的比重一直在80%以上。同时,法国高校也逐渐开始重视将基础研究与实际应用相结合,其应用研究和试验开发经费所占比重已逐步提高到接近20%,如图6-11所示。

---

① 中国科学院国际科技比较研究组.2009.中国与美日德法英五国科技的比较研究.北京:科学出版社.
② 胡佳,严同辉.2008.2007年在法国综合大学改革述评.高等教育研究,29(3):94-99.

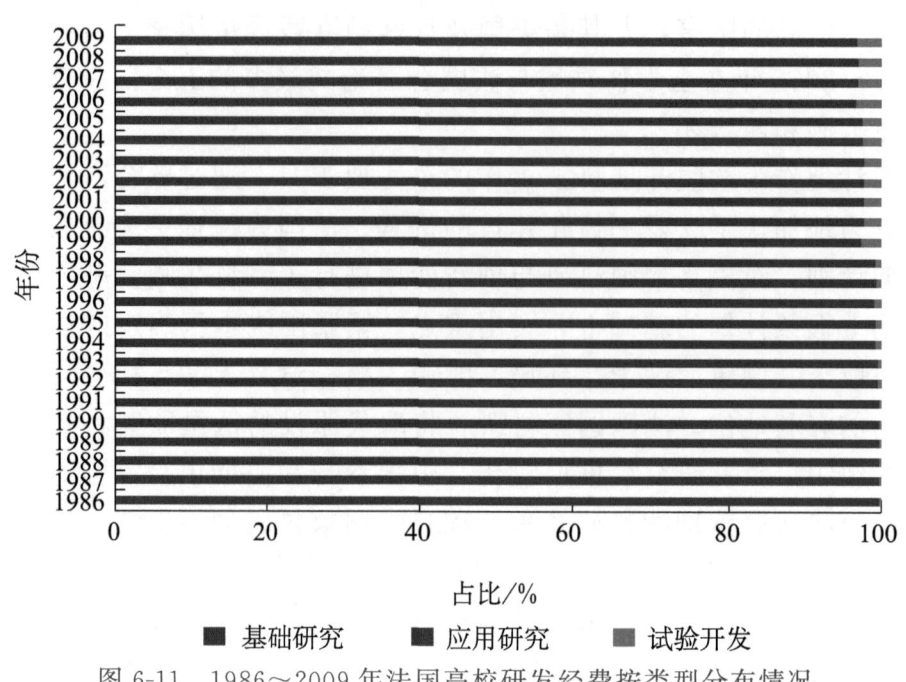

图 6-11　1986~2009 年法国高校研发经费按类型分布情况

资料来源：OECD Stat 数据库

6.1.6.2　企业

企业是法国研发活动的主体。2009 年，企业研发人员超过 22 万人，占全国研发人员总数的一半以上；2010 年，企业部门资助的研发经费占全国的 50.97%，使用研发经费占全国的 61.16%。与其他经济合作与发展组织国家相比，法国企业部门的研发投入占全国研发总经费的比重相对较低。

法国企业开展的研发活动具有以下两个特点[①]。

（1）研究开发力量高度集中于少数大型企业集团。占企业总数 18% 的大型企业的研发经费占全国企业研发总经费的 84%，同时获得了 87% 的公共资助经费[②]。虽然近年来中小企业积极参与研发活动，但并没有从根本上改变这种高度集中的状态。

（2）研发工作主要集中在汽车、医药、航空航天三大行业。2009 年，这三大行业的国内研发经费为 102.07 亿欧元，所占比重接近 40%，如表 6-4 所示。

---

① 霍利浦，邱举良. 2002. 法国科技概况. 北京：科学出版社：446-449.

② Dani S. 2008. Research funding system. http://cordis.europa.eu/erawatch/index.cfm?fuseaction=ri.content&topicID=60&countryCode=FR&parentID=50 [2011-08-06].

表 6-4　2009 年企业研发经费按行业分布状况

部门	2009 年研发支出/百万欧元	比重/%
工业部门	22 158	84.1
汽车	4 269	16.2
医药	3 392	12.9
航空航天	2 546	9.7
化工	1 446	5.5
测量测试及导航仪器设备	1 431	5.4
计算机相关设备	1 414	5.4
通信设备	984	3.7
机械设备	917	3.5
其他工业	5 759	21.9
服务业部门	4 184	15.9
信息服务	1 446	5.5
电信业	796	3.0
其他服务业	1 942	7.4
企业国内研发总经费	26 342	100

注：根据《法国高等教育与研究部报告》L'état de l'Enseignement Supérieur et de la Recherché en France 整理

在法国企业的研发工作中，试验开发和应用研究占主导地位，基础研究所占比重很小。2000 年以后，应用研究经费所占比重不断提高，到 2009 年几乎与试验开发持平，反映了企业越来越重视基础研究与商业化应用之间的衔接，避免出现创新过程中的"死亡之谷"[①]，如图 6-12 所示。

6.1.6.3　国立科研机构

法国科研体制的一个显著特点是根据国民经济建设需要，在政府的直接干预下，建立和完善涵盖基础研究与应用开发等领域的各类国立科研机构，进而逐步建立起一套完整的国家科学技术创新体系。因此，国立科研机构在法国科研体系中占据着显著地位，它们拥有大型的科研设备和雄厚的资金，把满足国家重大需求、解决重大科技难题作为首要使命，开展基础性、公益性、战略性研究，承担高校或企业无力开展或不愿承担的国家高投资、高风险的大中型科研计划。这些国立科研机构在推动法国的科技进步、社会发展等方面起到了不可替代的作用。

此外，法国国立科研机构与高校的合作非常密切，几乎各国立科研机构都与高校建有联合实验室。以法国国家科研中心与高校的合作为例，自 1966 年国家科研中心实行与外界联合建立实验室的制度以来，已经与法国 100 多所高校建立了合作关系，约有 90% 的实验室建立在高校校园中。这些实验室冠以国家科研中心实验室的名称，由双方

---

① 编者注：1998 年，时任美国众议院科学委员会副委员长的 Vernon Ehlers 指出，在联邦政府重点资助的基础研究与产业界重点推进的产品开发之间存在着一条沟壑，他将该沟壑形象地比喻为"死亡之谷"（valley of death）。之后，"死亡之谷"被西方科技政策与创新管理学界用来形象地描述大量科技成果无法实现商业化、产业化的现象。

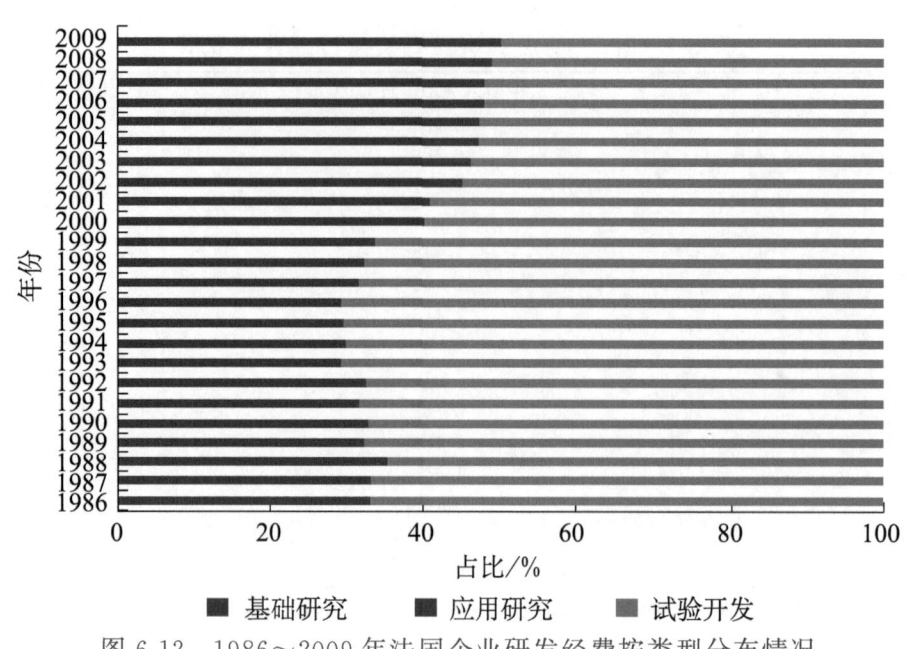

图 6-12 1986～2009 年法国企业研发经费按类型分布情况

资料来源：OECD Stat 数据库

共同提供人员、经费等支持，共同行使学术和管理权。这种合作模式使国立科研机构和高校能够将各自拥有的人力、物力、资金等资源更加合理地配置和利用，以发挥更大的效益；使合作双方能够共同承担科研风险，把风险降到最低；通过优势互补，提高合作双方的研究效率和科研活力。国立科研机构与高校的合作不仅促进了仪器设备、文献资料等资源共享，而且促进了教育和科研的结合，为高校学生提供了更多的参与大型科研项目的机会，而科研机构的研究人员也承担部分教学任务，促进了人才的教育培养。

1) 类型与分布

法国的国立科研机构主要分为科技型（etablissements publics à caractère scientifique et technologique，EPST）和工贸型（etablissements publics à caractère industriel et commercial，EPIC）。科技型国立科研机构（如国家科研中心）主要从事基础研究和应用基础研究，基础研究经费占其总经费的比重超过 70%，应用研究经费约占 20%。工贸型国立科研机构主要从事应用研究和技术开发，应用研究和试验开发经费占总经费的比重超过 80%。科技型和工贸型国立科研机构都由政府部门管辖，除国家科研中心等少数直属高等教育与研究部管辖外，其他则由高等教育与研究部会同政府其他相关部门进行双重或多重领导。对政府支出的公共科研经费，除有关科研机构的正常预算支出由财政直接下拨外，其他部分主要由高等教育与研究部配置[①]。

---

① 刘义之. 2004. 法国政府科技管理系统. 全球科技经济瞭望，(10)：24，25.

图 6-13 列出了法国主要的科技型和工贸型国立科研机构。2001～2006 年法国国立科研机构的研发经费分布情况如表 6-5 所示。

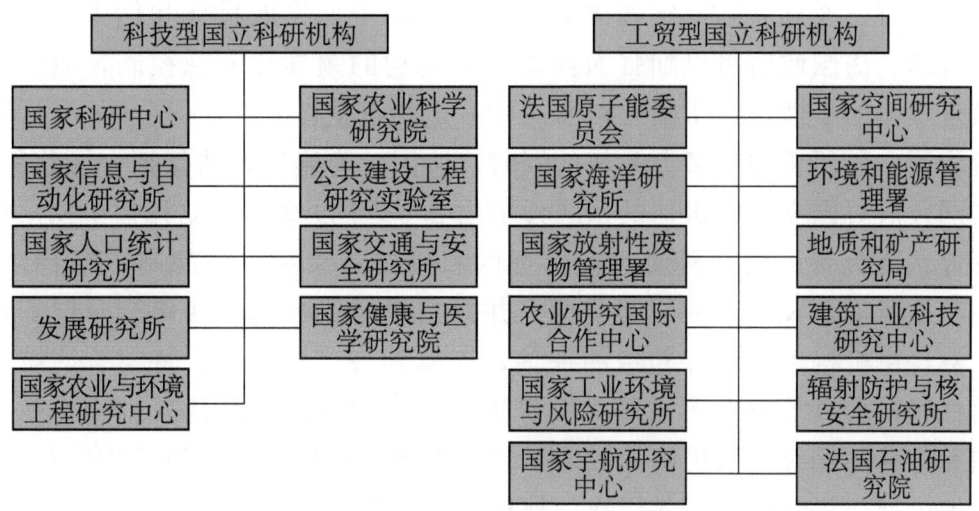

图 6-13　法国主要的科技型和工贸型国立科研机构

表 6-5　2001～2006 年法国国立科研机构研发经费按研发活动类型分布情况

（单位：百万欧元）

研发活动类型	2001 年	2002 年	2003 年	2004 年	2005 年	2006 年
科技型国立科研机构	3263	3498	3501	3569	3829	4343
基础研究	2406	2579	2557	2629	2738	3073
应用研究	659	707	728	723	861	979
试验开发	197	213	216	217	232	290
工贸型国立科研机构	3060	3217	3156	3315	3492	3443
基础研究	571	560	531	601	613	647
应用研究	1189	1260	1310	1463	2006	2012
试验开发	1300	1398	1315	1250	873	784
其他	258	254	253	257	254	272
基础研究	51	44	42	41	48	55
应用研究	182	165	155	156	150	165
试验开发	21	46	55	59	56	52
国防研究	848	874	993	1075	1175	885
国立科研机构研发总经费	5432	5709	5767	6060	6437	6254

资料来源：法国高等教育与研究部统计与信息中心. http://cisad.adc.education.fr/reperes/telechar/stat/statc3/adm/adm1.xls

2) 基于目标合同制的宏观管理

从 1995 年开始，法国政府对国立科研机构的宏观管理实行目标合同制，由高等教育与研究部及其他主管部门与各国立科研机构签订目标明确、具有法律约束的四年期合同。四年期合同规定科研机构与政府双方应承担的责任如下：科研机构的责任包括产出出色的科学知识，通过科研成果转移转化为提高国家经济竞争力的服务，积极参与欧洲研究区的建设等；政府的责任在于为这些机构提供所需的经费和技术手段支持，以及通过严格评估保证目标的实施。此外，根据各国立科研机构的优势和社会、经济发展需求，政府还通过合同规定各国立科研机构的中期发展目标和优先领域。利用目标合同制管理，法国政府可以加强对国立科研机构的领导和宏观控制，减少对国立科研机构微观工作的干涉，给予国立科研机构一定的自主性。

在给予国立科研机构更多自主权的同时，法国政府通过评估保证合同目标的实现。目前，法国政府对国立科研机构的系统评估由2006年设立的独立评估机构——科研与高等教育评估署负责。国立科研机构根据国家科技政策和科技战略，结合自身使命，制定阶段性战略规划及明确的战略目标，并根据战略目标起草四年期合同。科研机构的战略目标经由机构内部对课题组的评估，落实到每个课题组。每期合同结束后，主管部门委托科研与高等教育评估署对科研机构上一期合同执行情况进行评估。通过目标合同制和评估的结合，法国国家战略需求自上而下地传递到科研机构的每个课题组，而自下而上的层层评估确保了各层次的战略规划和战略目标得以落实[①]。

3）国立科研机构的内部管理

科技型和工贸型国立科研机构在具体的管理体制、研究任务、人事、经费等内部管理方面存在着较大的差异，如表6-6[②]所示。

表6-6　法国科技型与工贸型国立科研机构比较

主要方面	科技型国立科研机构	工贸型国立科研机构
管理体制	实行与政府部门相同的行政管理模式，严格遵守政府的各项财务规章制度，决策过程拥有完整的评价与咨询体系，采取同行评议制度。管理上不能向科研人员硬性指派任务	实施与企业相同的管理制度，具有完全的自主决策权，不需要外界参与评价。管理上可采取行政命令，以落实和执行领导意图
研究任务	是法国"非定向研究"（或自由探索）的核心力量，任务是推动整个知识领域的发展与进步、传播科学知识等	是法国"定向性研究"，又称"目的性研究"的重要力量，负责工业应用和开发工作，有些机构还承担政府委托的行政管理职能
人事管理	工作人员享受政府公务员待遇，没有被解雇的危险；在科研机构之间调动时，其工资级别与待遇都可不受影响。各机构的人员编制需由政府主管部门审定，而且各个类别和级别的人数都有明确的限定，增编名额（通常是现有人员的4%）随年度经费预算一起公布，不能随意突破。人员的录用有严格的招聘程序，受聘人员的级别根据其文凭和专业予以确定，工资与级别直接挂钩，并严格按工龄逐级提升	工作人员像企业里的雇员，其招聘、定级、晋升和解雇完全按企业的做法进行，由机构领导决定人员招聘并与受聘人员签订合同以确定工资待遇（其额度通常比政府公务员高出10%~15%）。机构的编制没有严格限制，有较大的灵活性。人员招聘也比较灵活。从理论上讲，工贸型国立科研机构的雇员没有职业保证，但实际被辞退的情况很少，主要靠机构内部的相互调动来解决

---

① 杨国梁，孟溦，李晓轩.2008.法国INRIA管理与评估实践分析.科学学与科学技术管理，(12)：172-177.
② 夏源.2004.法国国立研究机构的职能及其与政府的关系.科技政策与发展战略，(10)：6-18.

续表

主要方面	科技型国立科研机构	工贸型国立科研机构
经费管理	主要依靠政府拨款，用做研究项目经费和人员工资。近年来，科技型国立科研机构也在不断扩大自创经费来源。在经费使用方面，科技型国立科研机构必须按预算计划专款专用，不得随意改变用途，每项开支（无论金额大小）都需事先批准和审核	除政府拨款外，可以在一定范围内通过从事商业活动获取设计费、鉴定费和实验费等，用于支付部分人员的工资或提高全体人员的工资待遇。政府根据每个工贸型国立科研机构的工业开发和商业活动状况来决定其拨款比例。在经费使用上，工贸型国立科研机构采用私人财务结算方式，实行事后财务检查，不需要事先批准和审查
科技成果推广应用	两类科研机构都有义务推广科技成果，并可采取专利转让、创办公司和参与企业股份运作等多种形式。相比而言，科技型国立科研机构推广应用形式多在成果转让和技术咨询等阶段	工贸型国立科研机构则比较容易进行科技成果推广，它可以与工业主管部门和相关企业签订研究开发合同、鼓励科研人员创办公司

6.2 国家科研中心

> ▶ 成立于1939年，是法国规模最大的，覆盖自然科学、社会科学和工程技术相关研究领域的科技型国立科研机构，由法国高等教育与研究部直接领导。
>
> ▶ 截至2011年年底，共有雇员33 679人，其中终身雇员约有25 505人，包括研究人员11 415人，工程师、技术人员及行政支撑人员14 090人；还有博士后、临时研究人员等非终身雇员约8174人。
>
> ▶ 2012年度经费为33.21亿欧元（约合42.08亿美元），其中76%来自政府预算拨款，24%为研究合同收入、服务收入和产品开发收入等外争经费。
>
> ▶ 法国高等教育与研究部和国家科研中心签订四年目标合同，以目标合同制进行管理。国家科研中心内部实行"理事会决策，中心主任负责科研和日常管理"的领导体制。理事会设主席一名，人选由高等教育与研究部部长提名，法国总统任命。中心主任包括负责科研事务的科学主任和负责行政与财政事务的资源主任。
>
> ▶ 有10个研究院，其中3个是国家级研究院，下设分布于法国各地的1200余个研究与支撑服务单元。设立了19个地区代表处，直接管理并负责协调各单元与地方或对口合作者的关系。
>
> ▶ 具体从事科研工作的是1053个研究实验室（截至2010年年底），分为与高校、科研单位或工业界共建的联合实验室，以及科研中心独自创建、全权管理的直属实验室等，前者约占到总数的95%。
>
> ▶ 在中国科学院管理创新与评估研究中心对86个国际国立科研机构的学术影响力排名中，法国国家科研中心的计算机科学、经济与商业、环境与生态学、地球科学和数学领域排名第一。

法国国家科研中心（Le Centre National de la Recherche Scientifique，CNRS）成立于1939年，是国际知名、欧洲最大的从事基础科学研究的机构之一，是法国高等教育与研究部直属的科技型国立科研机构，在法国科研体系中占据着重要地位。国家科研中心年度预算占法国公共民用研发经费的1/4，在材料和生命科学（医药研究除外）

领域的科学产出（出版物）占法国总产出的 70%[①]。国家科研中心自成立以来，在基础研究方面取得了丰硕的成果，在数学、物理学、化学、医学等领域一直处于世界领先地位。截至 2011 年，共有 17 位研究人员获得过诺贝尔奖，其中包括 7 次物理学奖、4 次化学奖、5 次生理学或医学奖和 1 次经济学奖。还有 11 人获得过菲尔兹奖（数学）[②]。国家科研中心非常注重科技成果的转移转化。近 10 年来，其建立并发展了与工业界的密切合作关系。截至 2011 年年底，国家科研中心拥有 4477 项同族专利，891 项授权许可专利。此外，1999~2011 年，国家科研中心共创建了 670 家创新公司。

6.2.1 人力资源和经费状况

6.2.1.1 人力资源

截至 2011 年年底，国家科研中心共有雇员 33 679 人。其中终身雇员约有 25 505 人，包括研究人员 11 415 人，工程师、技术人员及行政支撑人员 14 090 人；另还有约 8174 名非终身雇员，包括博士生、博士后和临时研究人员等[①]。国家科研中心的科研人员可分为四大类：终身研究人员、终身工程师、临时研究人员和临时工程师及博士后。其中终身研究人员和终身工程师属于国家公务员，必须经过竞争性考核程序进行招录[③]。

（1）终身研究人员。终身研究人员从事那些推动科学发展并服务于社会进步的研究工作，通过其研究成果为人类创造福祉，如将技术转化为工业应用。除一般学术研究外，其职责还包括与公众分享科技信息、培养与指导博士研究生、参与行政与项目管理等。终身研究人员分为初级研究员（chargé de recherche，CR）和高级研究员（directeur de recherche，DR）两种，按资历从低到高又分为二等初级研究员（CR2）、一等初级研究员（CR1）、二等高级研究员（DR2）、一等高级研究员（DR1）和特级研究员（DRCE）五档。

（2）终身工程师。终身工程师的主要职责包括参与项目研究和技术转移、确定重大科学实验的技术参数、执行实验从概念到实施的过程、检查所需的实验仪器、制造原型和原始设备、开发新方法和新技术。终身工程师可分为工程师和研究工程师（ingénieur de recherché，IR）两种，后者特指具有博士学位且是某研究试验领域技术专家的人员。需要指出的是，国家科研中心鼓励研究人员或工程师将研究成果转化为生

---

① CNRS. 2012. Les chiffres-clés. http://www.cnrs.fr/fr/organisme/chiffrescles.htm [2012-06-16].
② CNRS. 2012. Présentation. http://www.cnrs.fr/fr/organisme/presentation.htm [2012-06-16].
③ 张军，孙晓梅. 2007. 法国科研中心的人才管理机制. 科学新闻，（2）：16.

产力。如果得到工业和商业应用，研究人员最高可获得经济收益的50%。国家科研中心同时还提倡研究人员开办公司、开发自己的研究成果或凭借自身技能为其他公司服务。

（3）临时研究人员和临时工程师。临时性研究职位是国家科研中心人才结构体系中流动性最强的一部分，由国家科研中心各研究机构和实验室根据自己的任务需要而确定，申请人不限于法国人，申请成功后可签订半年至三年的合同，并可续签。

（4）博士后。博士后职位主要提供给完成博士学位的年轻研究人员，优先考虑取得国外博士学位的人员。合同期限为1～2年，不可再续。

6.2.1.2 经费状况

2012年，国家科研中心的年度经费为33.21亿欧元（约合42.08亿美元[①]），其中76%由政府预算拨款，外争经费达到7.84亿欧元，占其总经费的24%。近年来，国家科研中心也在不断扩大外争经费来源。外争经费的主要来源是研究合同收入，其次为各种服务收入和产品开发收入等。2002～2012年国家科研中心年度经费变化情况如图6-14所示。2002～2012年国家科研中心外争经费变化情况如图6-15所示。

2012年，国家科研中心下属10个研究院的研究活动经费总计达26.68亿欧元，分配情况如图6-16所示。可以看出，生命科学是国家科研中心研究经费投入最多的领域，其次是化学、宇宙科学、人文与社会科学、工程与系统科学及物理，前六个研究院的经费之和超过了国家科研中心研究活动经费总额的80%。

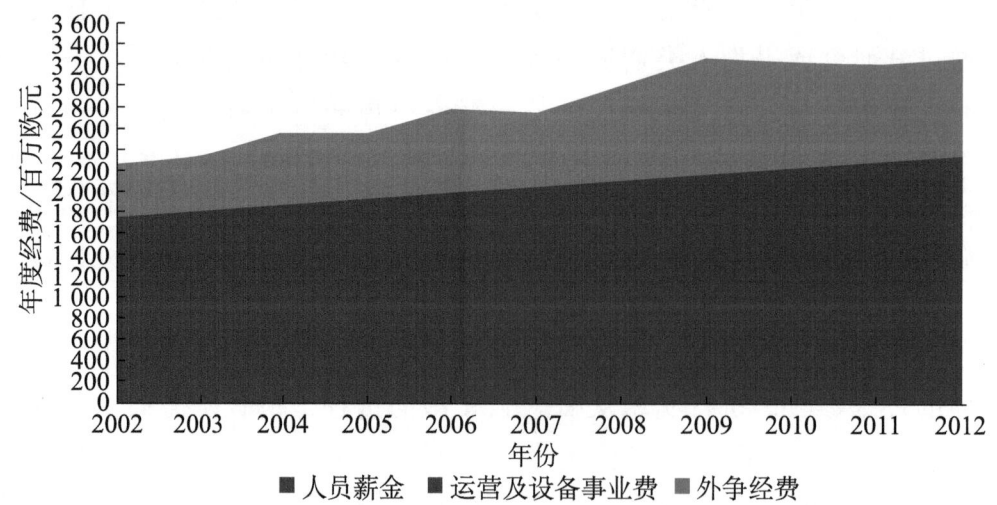

图6-14　2002～2012年国家科研中心年度经费变化情况

资料来源：http://www.dgdr.cnrs.fr/dsfim/chiffres/2012/CNRS%20en%20chiffres.pdf

---

① 根据2012年6月21日汇率换算——美元：欧元=1∶0.7891。

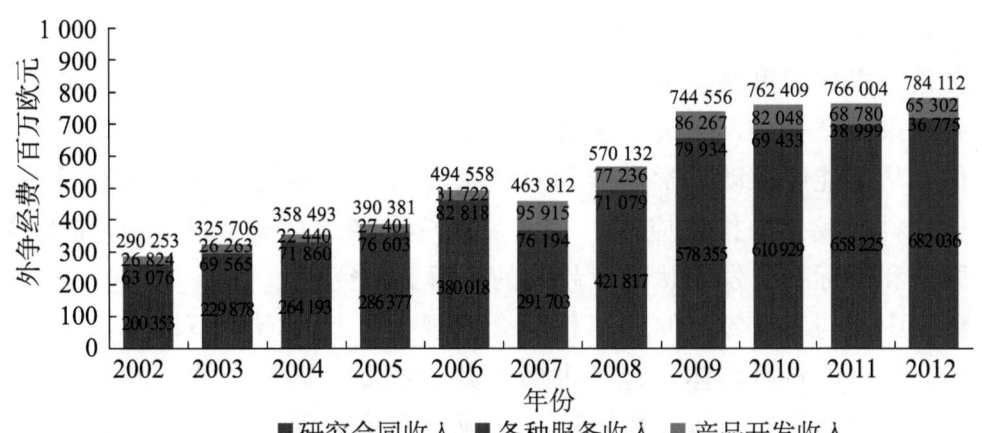

图 6-15　2002～2012 年国家科研中心外争经费变化情况

资料来源：http://www.dgdr.cnrs.fr/dsfim/chiffres/2012/CNRS%20en%20chiffres.pdf

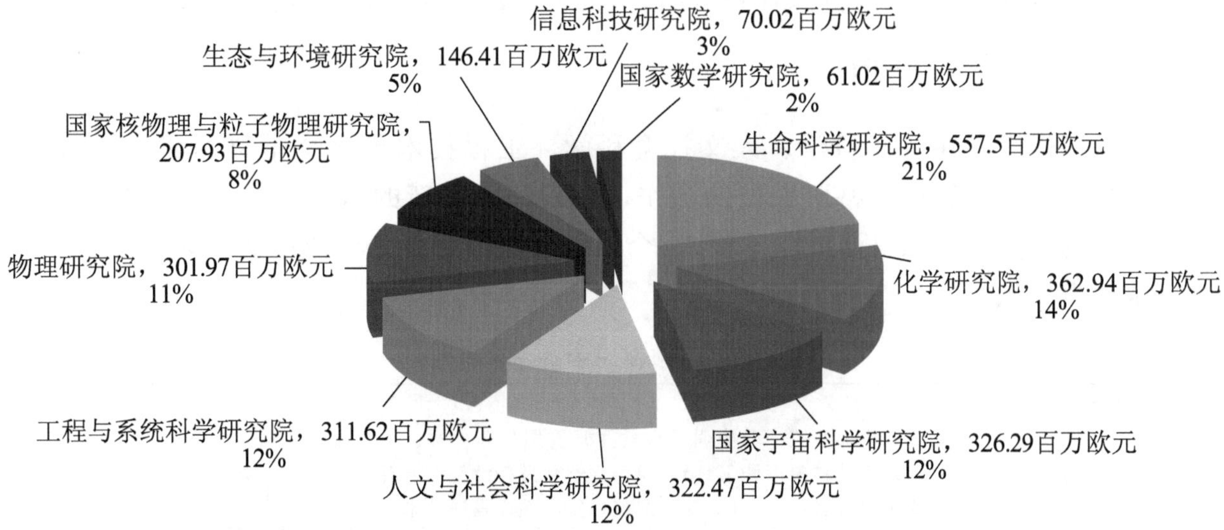

图 6-16　2012 年国家科研中心各研究院研究经费分配情况

资料来源：http://www.dgdr.cnrs.fr/dsfim/chiffres/2012/CNRS%20en%20chiffres.pdf

6.2.2　战略定位和重点领域

6.2.2.1　战略定位

国家科研中心成立之初正值第二次世界大战，其最初的定位是为国家军事利益服务并进行大量应用研究，在法国被占领时期，致力于解决贫困所导致的国家生计困难等问题。第二次世界大战后，特别是戴高乐上台后，国家科研中心得到了国家全方位的支持，其主要研究方向转为基础研究，研究领域有了极大扩展。目前，作为法国规模最大的国立科研机构,国家科研中心承担着提升法国科技实力、提高法国在全球科技地位的责任。根据国家科研中心与政府签订的目标合同,其使命是推动科学知识发展并将研究成果回馈社会,促进经济社会发展。为达成这一使命,国家科研中心致力于:①评估并从事能够推动科学进步和对国家经济、社会与文化发展有益的各项科学研究;②促进科研成果的推广应用;③开展科学交流;④通过开展研究来培养人才;⑤参与对国家和国际科技发展状况及趋势的分析和研究[①]。

国家科研中心与政府签订的四年目标合同规定了其具有如下职责:①建立或审核与其合作的高校中的科研实体,包括隶属于其他部委、国有企业、私营企业或研究中心的科研实体,并向这些实体提供资助;②成立和维护国家科研中心的科研实体或临时性科研实体,如协会及临时性课题组等;③在经费允许的范围内招聘人员、设置岗位;④参与国际科技协议的制订和实施工作;⑤与国家政府机构、地方政府机构或其他国内外机构共同参与科研规划的制订和实施工作;⑥成立分支机构并领导其工作[②]。

6.2.2.2 重点领域

国家科研中心在自然科学、人文社会科学、工程技术等多个学科领域开展研究,非常重视不同学科领域间科研人员的合作,探索和发展新的研究领域,以满足经济和社会发展的需要。国家科研中心下设10个根据学科领域划分而成的研究院,其具体学科领域如表6-7所示。

表6-7 国家科研中心学科领域

学科领域	研究内容
化学	化学及其在生命系统中的应用(探索并开发用于药理学、生物技术、医学、美容学、农用工业和植物检疫工业的模型和工具),绿色化学和可持续发展(开发更高效、更具选择性和更安全的化学反应),功能性材料(开发和调控物质特性,发展纳米化学)
生态与环境	生态学与生态科学,生物多样性,全球变化的影响,健康与环境,自然资源,生态化学与环境化学
物理	基本物理规则,光学与激光学,凝聚态物理,纳米科学
核物理与粒子物理	粒子物理,核物理与强子物理,天体粒子物理与中微子,核电后端循环研究,加速器的研发
生命科学	结构生物学,生物信息学,药学,神经系统科学,认知科学,免疫学,遗传学,细胞生物学,微生物学,生理学,植物生物学,系统生物学,生物多样性
人文与社会科学	历史中的文化与社会,人类、社会及环境,行为、认知与交流,现代社会
数学	数学及其与其他科学领域的交互作用,数学与工业和社会的相互作用
信息科学	信息科学技术,计算科学,自动化控制,信号处理,通信与机器人学
工程与系统科学	工程技术、系统分析方法
地球科学与天文学	海洋学,地质学,地球物理学,气候学,水文学,自然灾害,环境,行星学,天文学,天体物理学

资料来源:Les instituts du CNRS. http://www.cnrs.fr/fr/recherche/instituts.htm

---

① CNRS. 2011. Presentation. http://www.cnrs.fr/en/aboutCNRS/overview.htm[2011-08-11].
② CNRS. 2009. Contrat d'objectifs 2009—2013 du CNRS avec l'Etat. http://www.cnrs.fr/fr/une/docs/Contrat-CNRS-Etat-2009-2013.pdf[2011-08-13].

此外，国家科研中心还特别重视跨学科研究，认为知识进步、科学新突破和新创新领域的产生通常是在多个学科交叉领域内取得的。国家科研中心未来的跨学科研究重点将集中在六大的联合主题上，包括能源，地球系统，星球与生命起源，人类认知、社会行为及脑科学，信息、成像与通信，纳米科学与纳米技术[①]。

6.2.3 组织架构和管理模式

6.2.3.1 组织架构

国家科研中心实行"理事会决策，中心主任负责科研和日常管理"的领导体制。其最高决策机构是理事会（Conseil d'Administration），设主席一名，主席人选由高等教育与研究部部长提名，法国总统任命。理事会成员还包括政府部门、科技界、教育界、工商界代表及选举出的员工代表等。

理事会主席负责确定中心发展战略，组织拟定总政策，维持国家科研中心在国内外与科研活动有关机构的关系等。理事会的职责包括在战略决策方面协助主席工作，审议预算经费分配方案，审议年度工作报告和财政决策报告，对重大问题进行讨论决策等。

国家科研中心设有中心主任两名，分别是负责科研事务的科学主任（directeur général délégué à la science）和负责行政与财政事务的资源主任（directeur général délégué aux ressources），具体负责科研中心的日常运行，对理事会负责。中心主任人选由国家科研中心理事会主席任命并受其管辖。

国家科研中心的组织架构如图 6-17 所示。

1) 研究部门

国家科研中心在取得卓著成就的同时，也存在着机构臃肿、政出多门、人浮于事等种种弊病。为此，自 2000 年起，国家科研中心进行了多次研究部门调整，如图 6-18 所示。到 2010 年，改革之后的国家科研中心拥有 10 个研究院，包括化学研究院、生态与环境研究院、物理研究院、国家核物理与粒子物理研究院、生命科学研究院、人文与社会科学研究院、国家数学研究院、信息科技研究院、工程与系统科学研究院和国家宇宙科学研究院。其中，国家数学研究院、国家核物理和粒子物理研究院及国家宇宙科学研究院三个机构具有国家级身份。

各研究院主要发挥科技管理和经费资助的作用。国家科研中心具体进行科研工作

---

① CNRS. 2008. "Horizon 2020"—plan strategique du cnrs. http://www.cnrs.fr/fr/organisme/docs/Plan_Strategique_CNRS_CA_080701.pdf [2011-08-11].

世界主要国立科研机构概况

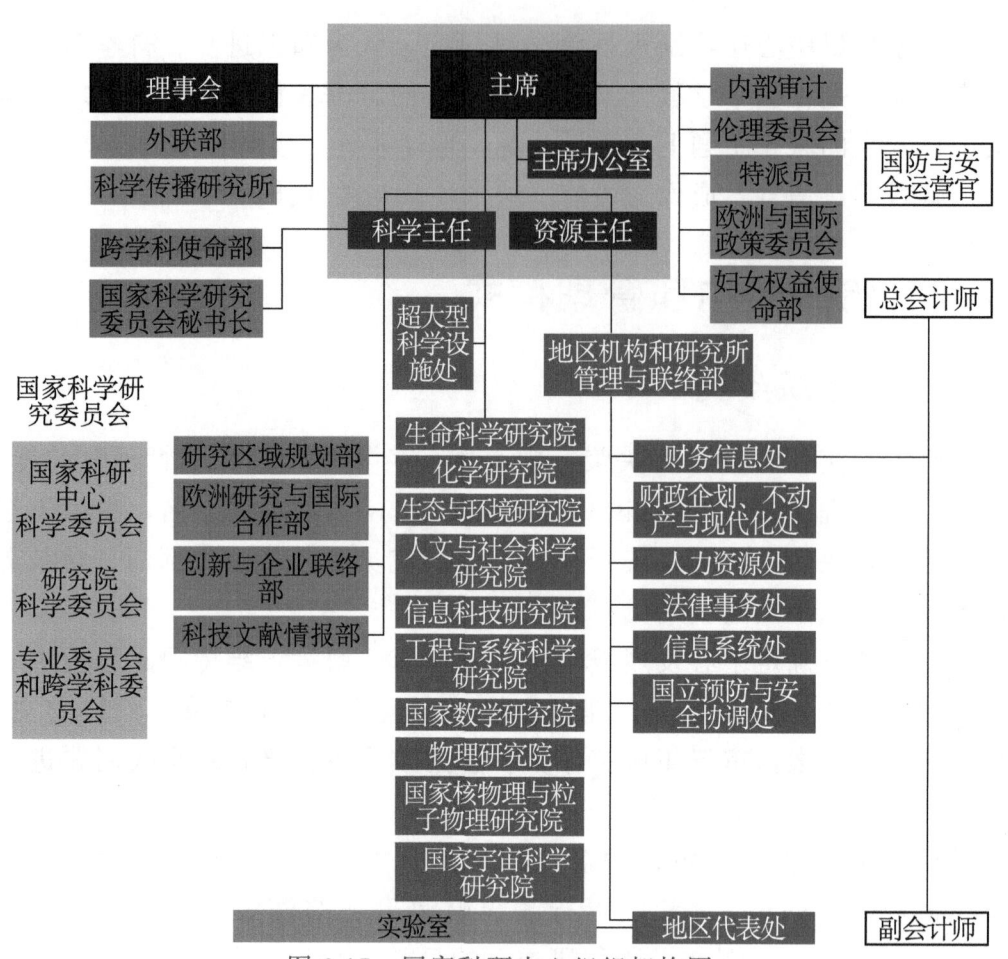

图 6-17 国家科研中心组织架构图

资料来源：CNRS organizational chart. http://www.cnrs.fr/en/aboutCNRS/docs/CNRSorganizationalChart.pdf

的是研究院下设的 1053 个实验室（截至 2010 年年底），可分为联合实验室（unités mixtes de recherche，UMR）、协作实验室（unités de recherche associées，URA）、直属实验室（unités propres de recherche，UPR）和其他类型实验室，其数量如表 6-8 所示。其中，联合实验室和协作实验室由国家科研中心与其他机构共建，两者之间的具体区别如表 6-9 所示[①]。直属实验室由国家科研中心独自创建，全权负责学术、财政和行政管理。其他类型实验室主要是为研究工作提供支撑和服务的若干单元。

表 6-8 国家科研中心主要研究实验室数量 （单位：个）

研究单元类别	数量
联合实验室	845
协作实验室	18
直属实验室	57

---

① 张菊. 2003. 法国高校与政府研究机构的合作及对中国的启示. 科技进步与对策，20 (4)：130-132.

续表

研究单元类别	数量
其他类型实验室	133
总计	1053

资料来源：CNRS. 2010. Une année avec le CNRS—données chiffrées et indicateurs. http://www.cnrs.fr/fr/organisme/docs/espacedoc/cnrs_2010_chiffres.pdf

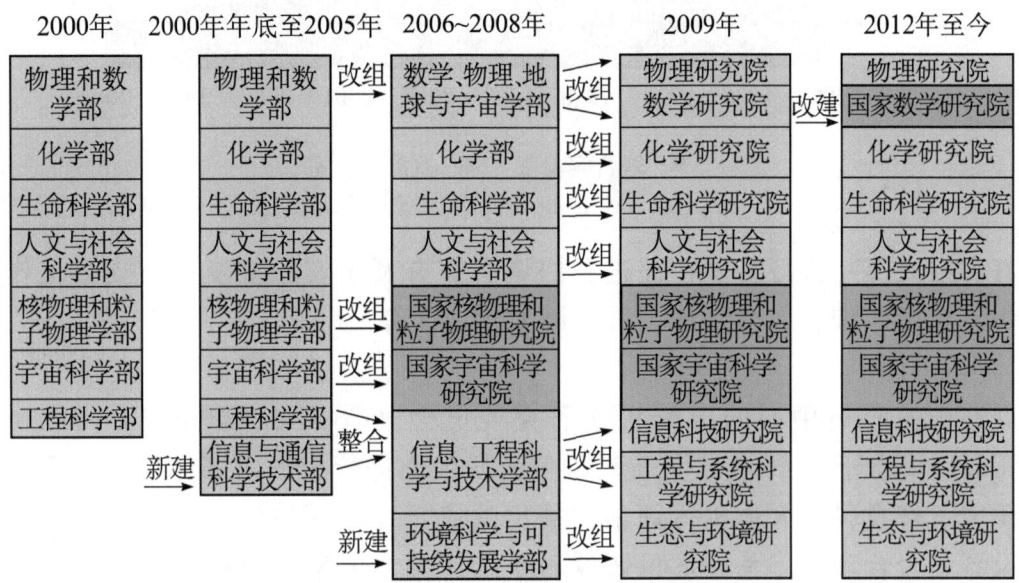

图 6-18　2000 年以来国家科研中心研究部门组织结构变化

表 6-9　联合实验室和协作实验室的区别

联合实验室	协作实验室
双方合作比较紧密，共同提供经费、人员和后勤等方面的支持，并对联合实验室共同行使学术和管理权。联合实验室整个研究工作都纳入国家科研中心的发展政策轨道，研究工作有明确的目标、任务和考核指标	协作实验室是高校下属的研究单位，其中部分课题与国家科研中心的研究工作有关。国家科研中心不参与协作实验室的学术领导，只是根据研究目标来决定其参与程度，通过协作方式向协作实验室提供人力和物力

国家科研中心非常重视与高校及其他科研机构的合作，自 1966 年实行与外界联合建立实验室的制度以来，已经与法国的 100 多所高校建立了合作关系，与企业的关系也日益密切。目前，约有 90% 的实验室是与高校联合建立的。随着联合实验室不断成长壮大，直属实验室逐年减少，如图 6-19 所示。

2）职能管理部门

职能管理部门包括财务信息处、人力资源处、法律事务处、信息系统处和地区代表处等。国家科研中心在全法国共设有 19 个地区代表处，作为其在当地的代表，建立、推动和协调与地方政府、其他科研机构和高校的合作关系。此外，地区代表处对国家科研中心在当地的实验室负有管理与支撑双重职能：对实验室的行政事务（如人

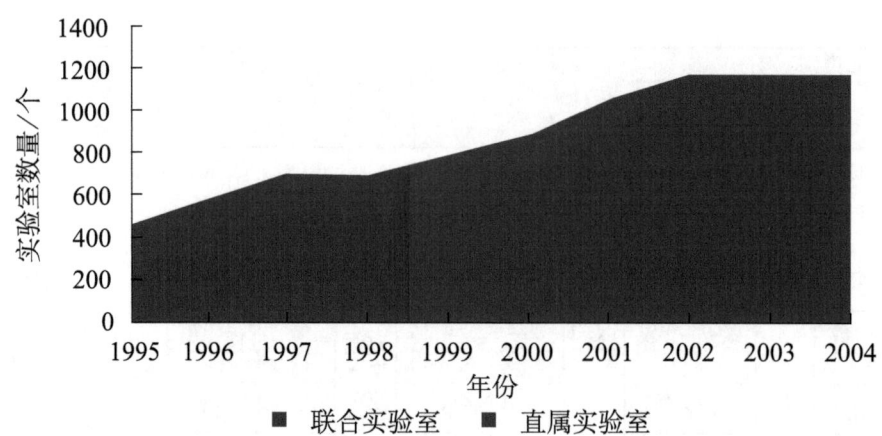

图 6-19　1995～2004 年国家科研中心联合实验室和直属实验室的数量变化情况

事、预算和财政等）进行管理，促进和协调所有有利于实验室发展的支撑工作，包括研究合作、管理咨询、人事服务、科技情报和培训等[①]。

3）评估部门

设立在国家科研中心的国家科学研究委员会（Comité National de la Recherche Scientifique）成立于 1945 年，负责对国家科研中心进行机构内部评估。该委员会对实验室的研究工作及科研人员进行评估并提出建议：一是评估发展方向；二是评估机构的内部设置是否合理；三是评估科研课题是否适当、国家科研投入是否合理；四是评估研究人员是否称职。此外，该委员会还根据对科技发展的分析和展望，参与机构的科学战略制定工作。内部机构主要有 1 个国家科研中心科学委员会、10 个研究院科学委员会、40 个专业委员会和 5 个跨学科委员会，包括 1000 多名海内外专家成员[②]。

6.2.3.2　管理模式

1）人事管理

根据法国政府《科研机构人员条例》的规定，国家科研中心终身雇员享受政府公务员待遇，没有被解雇的危险，既可从事研究与开发工作，也可从事管理工作；在各个研究单位之间调动时，其工资级别与待遇都可不受影响。然而，机构的人员编制需由政府主管部门在制订年度预算时审定，而且各个类别和级别的人数都有明确的限定，增编名额（通常是现有人员的 4%）随年度经费预算一起公布，不能随意突破。

国家科研中心的人员录用有严格的招聘程序，在有编制名额的情况下采取公开招

---

① CNRS Délégation de Paris A. Missions de la delegation. http：//www.dr1.cnrs.fr/presentation/deleg.htm [2011-08-13].

② Comité National de la Recherche Scientifique. Composition. http：//www.cnrs.fr/comitenational/cn/composition.htm [2012-06-16].

聘考核的方式，经同行评议和反复讨论后做出招聘决定。受聘人员的级别根据其文凭和专业予以确定，工资与级别直接挂钩，并按工龄逐级提升。

人员考核方面，国家科研中心的研究人员每年需提交一份年度工作报告，每两年提交一份工作进展报告。报告统一由国家科学研究委员会内设的40个各领域专业委员会审议，基于研究人员的工作报告及相关学术成果形成评估报告。考核涉及研究人员工作的诸多方面，包括学术成果、活跃性、与工业界的联系、教学活动和科学文化的传播等。专业委员会同时还为研究人员的晋升和调动提供意见建议[①]。

职级晋升方面，同一级别内研究人员一般任职满四年后可以按照资历晋升到高一等级，例如，从二等初级研究员到一等初级研究员，从二等高级研究员到一等高级研究员，一等高级研究员任职满18个月后具有晋升为特级研究员的资格。但跨级别晋升需要通过竞争性程序选拔。那些做出了重大科研贡献的初级研究员可以随时申请晋升为高级研究员，但需要经过国家科研中心科学委员会的批准。

2）经费管理

国家科研中心的经费主要来自政府拨款，用做人员工资和研究项目经费。在经费使用上，由于主要是政府拨款，需要执行政府公共财务的审批制度，必须按预算计划专款专用，不得随意改变用途，每项开支（无论金额大小）都需事先批准和审核，由财会人员进行财务监督。总会计师由高等教育与研究部部长和财政部部长联合签署政令任命，在征求总会计师的意见并经财政部部长同意后，国家科研中心资源主任可指定副会计师。

3）实验室管理

国家科研中心直属实验室的学术、行政和财政事务均由实验室自行管理。联合实验室由国家科研中心负责在大学、其他科研机构甚至企业中组建，共建双方签署协议规定各自派遣的研究人员数量和分摊经费，以及科研战略、结构调整和公共设备管理等方面的事项，由国家科学研究委员会定期检查实验室的运行情况、研究人员的工作。协作实验室主要由大学或其他科研机构负责，国家科研中心一般不参与其中的学术领导，只是根据实验室的研究目标和学术关联性而决定参与的形式与程度。下面重点介绍国家科研中心直属实验室和联合实验室的管理模式。

实验室设有主任一名，拥有人事权和经费使用权，负责制订实验室的科研计划并组织实施，是实验室的全权代表；另外还设有管理委员会和学术委员会，协助主任工作。实验室主任由国家科研中心主任在征求国家科学研究委员会、上级研究院院长和

---

① Comité National de la Recherche Scientifique. L'évaluation de l'activité des chercheurs. http：//www.cnrs.fr/comitenational/evaluation/eval_acc.htm［2012-06-16］.

实验室管理委员会的意见后任命，联合实验室主任还需要与合作单位共同商议确定。

实验室管理委员会作为咨询机构，负责就实验室的科研政策、人员招聘、负责人的挑选、研究合同、成果推广、信息交流和人员培训等方面的事务提供参考意见。实验室学术委员会则负责就实验室的科研方向提出建议，并监督实施。管理委员会和学术委员会的人员组成包括法定成员、上级研究院任命和实验室全体人员选举产生的代表。如果是联合实验室，还要考虑到成员单位的代表性。

在实验室的创建上，直属实验室由研究院院长征求有关研究单位的意见后提出建议，并将计划书送请国家科学研究委员会的有关专业委员会提出意见，再征求研究院科学委员会的意见，然后送交国家科研中心科学委员会审议，最后由国家科研中心理事会主席征求国家科学研究委员会的意见后决定。联合实验室的创建则需要由国家科研中心与一个或多个有关的机构签署议定书予以确立，议定书由地区代表处与研究院协商后起草和签署，联合实验室的延续通常也需要签署附加协议加以确认[1]。

在科研成果的归属方面，直属实验室明确为自己所有，而联合实验室的科研成果归参与方共有，署名方式为作者、所在单位、实验室名称、各合作单位，以避免合作过程中带来的成果归属的纠纷问题[2]。

4）评估

国家科研中心的评估分为国家系统评估和机构内部评估两部分。

国家科研中心的国家系统评估工作现由科研与高等教育评估署负责，其在完全独立于科研机构主管部门和评审对象的前提下开展同行评议，以科研机构与主管部门签订的四年合同为基础。在四年期合同中，包含国家科研中心当期战略规划中的战略目标、为实现这些战略目标拟采取的举措及根据举措设定的定量定性监测指标。此外，合同中还包括为了实现战略目标，主管部门应提供的政策支持和经费支持。科研与高等教育评估署每两年开展一次外部专家评估，外部专家评估参考国家科研中心定量定性的年度报告并进行现场考察。合同中期为诊断性评估，主要目的是对科研机构的中期发展情况进行总结并为未来两年的发展提供诊断性意见；合同期满时进行验收评估，对本期合同执行和落实情况进行验收性评估，并公开提交评估报告，评估报告包括目标实现度、因果分析和进一步发展方向。根据科研与高等教育评估署的评估结果，主管部门与科研机构签订下一期合同。

国家科研中心的内部评估由国家科学研究委员会负责，每两年对国家科研中心直属或联合实验室和科研人员进行一次评估，内容包括从实验室的创建、重组和撤销，

---

[1] 张梁之.1999.法国科研中心实验室的管理体制和特点.全球科技经济瞭望,(11):30,31.
[2] 孙承晟.2008.法国国家科研中心及其合作制度.科学文化评论,5(5):46-59.

研究单位的经费和人力资源需求，科研人员的招聘、晋升和科研成效等方面提出建议。内部评估工作通常采取同行评议方式，征求国内外同行专家的意见。评估过程通常是评估专家组首先审阅研究人员或研究单元提交的研究活动报告，然后进行实地考察和座谈，随后专家组进行封闭讨论，形成评估报告并提交。评估标准由国家科学研究委员会中的40个专业委员会根据所处学科领域及研究的性质和条件制定、完善并公开。针对不同类型实验室和不同级别研究人员的评估标准各有不同，一般而言，主要从期刊论文、出版物、国际会议论文、与工业界及国外的合作等方面评价研究人员、实验室在国内和国际的知名度及重要性[①]。

6.2.4 国际科技合作

国家科研中心十分重视国际合作，下属实验室每年接待约5000名外国科研人员。根据2012年5月数据，国家科研中心共实施了331项国际科技合作计划，与其他国家共建了127个协作实验室、112个研究小组和30个国际联合实验室，并在11个国家建立了代表处，包括中国、比利时、越南、马耳他、俄罗斯、印度、南非、巴西、智利、日本和美国[②]。

国家科研中心的国际合作战略如下：首先重视发展与欧洲国家及美国、日本等工业化国家的科技合作，致力于建立欧洲研究区；其次发展同主要新兴经济体的国际合作关系，如"金砖四国"（巴西、俄罗斯、印度和中国）。国家科研中心与国外科研团体进行的国际合作由欧洲研究与国际合作部负责，下设六大地区处：西欧处、东欧处、俄罗斯-独联体国家处、美洲处、亚洲-太平洋地区处、非洲-中东处，各自负责与相应地区国家的国际合作事宜[③]。

为加强科学家之间的国际合作与交流，国家科研中心创造了各种国际合作条件和环境，建立了国际合作交流平台。例如，开展国际科学合作计划、建立欧洲协作实验室（LEA）或国际协作实验室（LIA）、成立欧洲研究小组（GDRE）或国际研究小组（GDRI）、建立国际联合实验室（UMI）等。这些合作方式的特点如表6-10所示。

---

① Comité National de la Recherche Scientifique. Evaluation criteria. http：//www.cnrs.fr/comitena-tional/english/evaluation/criteria.htm［2011-08-10］.
② CNRS. 2012. Les chiffres-clés. http：//www.cnrs.fr/fr/organisme/chiffrescles.htm［2012-06-16］.
③ Direction de l'Europe de la Recherche et de la Coopération internationale. Présentation. https：//dri-dae.cnrs-dir.fr/spip.php? article2325［2011-08-15］；Direction de l'Europe de la Recherche et de la Coopération Internationale. Organigramme. https：//dri-dae.cnrs-dir.fr/spip.php? article14［2011-08-15］.

表 6-10 国家科研中心国际合作方式及特点

合作方式	特点
国际科学合作计划	为期三年，不可更新。在得到国家科研中心相关研究院的批准后，研究人员必须共同对一年一次的招标计划提出申请。在得到国家科研中心和外国科研组织资助团体联合评估的肯定后，国际科学合作计划开始执行。国际科学合作计划经费包括研究人员的差旅费、会议组织费用，有时也包括一些小型设备的购买和运转维护费用
欧洲协作实验室或国际协作实验室	欧洲协作实验室或国际协作实验室是一个"没有围墙的实验室"，并不是实体。它最多可以联合三个来自国家科研中心或其他欧洲国家的实验室。这些实验室为共同的联合项目提供人力及物力资源。实验室协议为期四年，中间可以更新两次。 组成欧洲协作实验室或国际协作实验室的各个实验室保持各自的独立性，机构主管及机构驻地也各自独立。如有必要，欧洲协作实验室或国际协作实验室的总负责人可以按轮流规则指定。 这种合作不包括参与该项目的研究人员的长期研究访问；欧洲协作实验室或国际协作实验室接受来自国家科研中心和合作机构的特定用途的经费，用于支付仪器运作、科学研究和联合研究等费用
欧洲研究小组或国际研究小组	欧洲研究小组或国际研究小组是一种连接公共和私人实验室的研究网络，它没有法人地位。欧洲研究小组或国际研究小组一般持续四年，中间可以更新两次。 一个欧洲研究小组或国际研究小组可以联合来自两个或更多国家的几个实验室，针对特定主题开展合作研究。欧洲研究小组或国际研究小组项目经费主要用于人员流动、信息交换、研讨会和讨论会等方面。 欧洲研究小组或国际研究小组由一个科学管理委员会监督，该委员会由一个或多个协调沟通人负责，他们由各个合作实验室的代表组成，并且定时向筹划指导委员会报告活动开展情况。筹划指导委员会由每个实验室的高层代表组成
国际联合实验室	国际联合实验室是一种新的科研机构运作模式，最早出现于 2002 年。它有着和国家科研中心联合实验室相似的地位，它把来自国家科研中心和参与这种交流的其他国家实验室的研究人员、工程师和技术人员组织起来。国际联合实验室为期四年，中间可以更新两次。 国际联合实验室由国家科研中心和外国合作机构联合指定的一个主管负责。该主管负责国际联合实验室所有可用资源的管理。国际联合实验室可以设在法国，也可以设在其他国家

机构网址：http：//www.cnrs.fr（法语）；http：//www.cnrs.fr/index.php（英语）

联系地址：3 rue Michel-Ange 75794 Paris cedex 16 France

电话：＋33 1 44 96 40 00

传真：＋33 1 44 96 53 90

E-mail：WebDERCI@cnrs-dir.fr

6.3 国家信息与自动化研究所

▶ 法国在信息通信及自动化相关研究活动中最重要的研究机构,属科技型国立科研机构。由法国高等教育与研究部和法国经济工业就业部实行四年目标合同制管理。

▶ 截至2010年年底,员工总数为4290人,其中科研人员为3429人。

▶ 2010年,经费约为2.52亿欧元(约合3.19亿美元),26%为研发合同和产品开发收入等外争经费。

▶ 实行董事会领导下的所长负责制,下设八家分布于法国各地的研究中心,实行分布式管理,有一个中央机构作为统筹运作的中心。

▶ 基本研究单元是研究组,其中大部分是项目研究组,还有若干与合作机构组建的联合研究组。研究组并非长期稳定的组织,而是根据项目需求不断有新建、撤销的情况发生。

▶ 在中国科学院管理创新与评估研究中心对86个国际国立科研机构的学术影响力排名中,法国国家信息与自动化研究所的计算机科学排名第五,数学排名第八。

法国国家信息与自动化研究所(Institut National de Recherche en Informatique et en Automatique,INRIA)创建于1967年,属于科技型国立科研机构,由法国高等教育与研究部和法国经济工业就业部共同管理。国家信息与自动化研究所致力于信息通信科技的基础与应用研究,并通过研究培训、国际合作、科技信息传播、技术开发及专业指导等方式在科技成果转移转化中发挥着巨大的作用。该所的历史沿革如表6-11所示。

表6-11 国家信息与自动化研究所的历史沿革

时间	事件
1964~1965年	在法国科学技术研究部(Direction Générale de la Recherche Scientifique et Technique,DGRST)的推动下,组成一个独立评估小组,负责主导法国新兴信息科技的发展方向
1967年8月25日	通过67-722号法案,信息与自动化研究所(Institut de Recherche d'Informatique et d'Automatique,IRIA)正式成立

续表

时间	事件
1979年	信息与自动化研究所正式转型成为国立科研机构国家信息与自动化研究所，隶属于工业部。进入20世纪80年代后，国家信息与自动化研究所进入快速扩张阶段，成立了多个研究中心
1985年	国家信息与自动化研究所成为科技型国立科研机构，由高等教育与研究部和经济工业就业部共同管理
1995年	国家信息与自动化研究所成为第一个和法国高等教育与研究部签订目标合同的科研机构

资料来源：http://www.inria.fr/en/institute/inria-in-brief/history-of-inria

国家信息与自动化研究所与工业界合作较为密切。2010年已与7家企业签署了合作框架协议，还将与11家企业签署合作协议[1]。该所注重技术的转移转化，拥有271项有效专利，并成立了基金会形式的技术转移公司——INRIA-Transfert，专门负责指导、评估和资助刚起步的创新型高科技IT企业。截至2010年年底，国家信息与自动化研究所已成立了105家信息通信科技企业[2]。

6.3.1 人力资源和经费状况

截至2010年年底，国家信息与自动化研究所拥有员工4290人，其中科研人员3429人，包括研究员1375人、博士生1273人、博士后262人、合同人员519人；支撑人员有861人，包括来自该所的合作机构如国家科研中心及各大学与学院的人员。国家信息与自动化研究所雇员在八个研究中心的分布情况如表6-12所示。

表6-12　国家信息与自动化研究所下设八个研究中心的人员组成

研究中心	研究组数量/个	人员数量/人
Bordeaux-Sud-Ouest 研究中心	20	319
Grenoble-Rhône-Alpes 研究中心	32	678
Lille-Nord Europe 研究中心	13	301
Nancy-Grand Est 研究中心	21	527
Paris-Rocquencourt 研究中心	38	584
Rennes-Bretagne Atlantique 研究中心	33	640
Saclay-Île-de-France 研究中心	26	464
Sophia Antipolis-Méditerranée 研究中心	35	535

2010年，国家信息与自动化研究所经费约为2.52亿欧元（约合3.19亿美元[3]），其中26%为研发合同和产品开发收入等外争经费。

---

[1] INRIA. 2011. Annual report 2010. http://www.inria.fr/en/content/view/full/10778 [2011-08-15].
[2] INRIA. 2011. INRIA's key figures. http://www.inria.fr/en/institute/inria-in-brief/key-figures [2011-08-11].
[3] 根据2012年6月21日汇率换算——美元：欧元＝1：0.7891。

6.3.2 战略定位和重点领域

作为法国在信息通信及自动化相关领域中最重要的国立科研机构，国家信息与自动化研究所致力于成为世界上最卓越的信息通信科技研究所之一。在《2008—2012年战略计划》[①]中，国家信息与自动化研究所清楚地描绘出了信息通信科技领域未来的发展趋势及研究所在其间立足、生存的战略，内容如下：①延续以往一贯的战略，即发展卓越的学术成就，实现成功的技术转移，并集中精力挑战七大优先目标；②持续参与欧盟及世界各国的合作计划、科技交流、研究教学和技术移转等活动；③强调与高校或其他研究单位的合作，以国际标准来确保国家信息与自动化研究所在法国学术界的中心地位；④开发人力资源及团队管理政策。

国家信息与自动化研究所在战略计划中提出了2008～2012年的优先研究领域，包括复杂动态系统的建模、仿真和优化，计算系统的安全可靠性，信息、通信和普适计算，真实世界与虚拟世界的互动，计算工程学，计算科学，计算医学等。其中，前四个领域关注开发编程、通信和互动方面的独创概念及创新的方法与高效的建模工具；后三个领域主要与信息通信技术如何集成到计算工程学、计算科学和计算医学领域有关。在战略计划中，国家信息与自动化研究所还设定了各个优先研究领域中需要实现科技突破的重要课题，如表6-13所示。

表6-13 国家信息与自动化研究所各优先研究领域的重大课题

优先研究领域	重要课题
建模：复杂动态系统的建模、仿真和优化	(1) 环境仿真和科学可视化（scientific visualization） (2) 国际热核聚变试验堆计划的聚变等离子体模拟
程序设计：计算系统的安全可靠性	(1) 密码学和网络环境安全 (2) 脆弱性，攻击与防御 (3) 安全可靠性的联合验证 (4) 工业用软件构件的认证开发
通信：信息、通信和普适计算	(1) 新型互联网体系结构的设计和评估 (2) 试验性网格 (3) 服务与使用
互动：真实世界与虚拟世界的互动	(1) 实时语义分类 (2) 多媒体数据的多模态咨询 (3) 老年人和残疾人的独立性 (4) 用于人类环境中的协助和服务型机器人技术

---

① INRIA. 2008. Strategic plan 2008—2012 summary version. http://www.inria.fr/inria/strategie/planstrat08-12/planstrat08-12-resume.en.pdf [2008-10-28].

续表

优先研究领域	重要课题
计算工程学	(1) 虚拟原型平台 (2) 利用模型和构件的综合途径
计算科学	(1) 蛋白质对接（protein docking） (2) 细胞动态学 (3) 农业生物学植物模型
计算医学	(1) 数字心脏的建模、可视化和交互操作 (2) 大脑的计算机功能映射 (3) 神经系统与人造系统间的界面 (4) 计算机外科环境 (5) 医药仿真模型和软件整合平台

资料来源：http://www.inria.fr/en/institute/strategy/strategic-plan

6.3.3 组织架构和管理模式

6.3.3.1 组织架构

国家信息与自动化研究所在全法国各地设立的八个研究中心采用分布式管理，以执行管理团队作为统筹运作的中心。分散于法国各地、各自独立的研究中心有利于地区合作，使得该所有机会与法国各地的研究中心、高校及工业界合作，共同发展信息通信科技。国家信息与自动化研究所的组织结构图如图6-20所示。八个区域研究中心的研究领域、合作伙伴等情况如表6-14所示。

国家信息与自动化研究所内部实行董事会领导下的所长负责制。科学委员会每四年在评估委员会的协助下起草战略规划，制订战略规划时参照国家的科技战略、科技政策及国家信息与自动化研究所的使命，并在所内广泛征求各课题组的意见，最终经过董事会决策。在战略规划的基础上，该所负责起草与主管部门的合同草案。评估委员会由政府部门指定的代表、国家信息与自动化研究所委任的代表及研究所内部选举出来的代表组成，负责组织对该所的研究组及研究人员进行评估，并与科学委员会一起确定研究所未来的发展方向。

国家信息与自动化研究所执行管理团队包括所长、常务主管（deputy managing director）、首席科技总监和首席管理总监。所长主要负责研究所的整体组织工作；常务主管协助所长工作，并在所有涉外联系工作中代表国家信息与自动化研究所行使职责；首席科技总监主要负责研究、技术开发、技术转让等方面的监管工作；首席管理总监主要负责全所的资源配置和研发支撑工作。

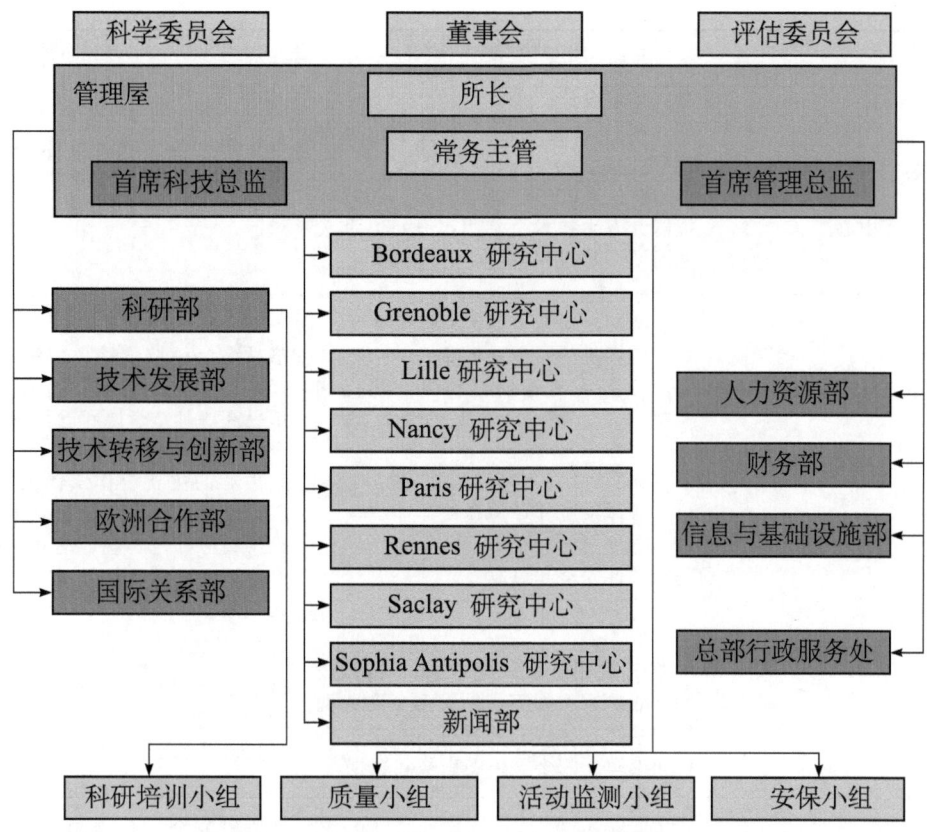

图 6-20　国家信息与自动化研究所组织结构图

资料来源：http://www.inria.fr/en/content/download/6069/101212/version/22/file/organigramme-inria050711.en.pdf

表 6-14　国家信息与自动化研究所各研究中心概况

中心名称	成立时间	研究领域	合作伙伴
Bordeaux-Sud-Ouest 研究中心	2008年1月1日，前身是Futurs 研究中心①	(1) 建模和复杂系统的建模计算；(2) 多维度模拟/可视化；(3) 能够理解自然语言语义和编程语言及其 proof 环境的系统	该中心与波尔多大学、国家科研中心、波城大学等单位密切合作，共建了波尔多数学研究所、保罗应用数学实验室、保罗地球科学建模和成像实验室等研究单元
Grenoble-Rhône-Alpes 研究中心	1992年	主要侧重于可靠嵌入式软件的设计、环境建模、生物医药及同实时虚拟环境的互动	该中心的国内主要合作伙伴包括国家科研中心、里昂高等师范学院、国立格勒诺伯综合科技学院、国立应用科学研究院里昂分院、里昂第一大学、里昂第二大学和格勒诺布尔第二大学等

---

① 2008 年 1 月 1 日，Futurs 研究中心拆分为 Saclay-Île-de-France 研究中心、Lille-Nord Europe 研究中心和 Bordeaux-Sud-Ouest 研究中心。

续表

中心名称	成立时间	研究领域	合作伙伴
Lille-Nord Europe 研究中心	2008年1月1日，前身是Futurs研究中心	(1) 环境设计； (2) 泛在智能软件基础框架设计和接口； (3) 活体系统的建模与分析（医疗模拟器、卫生技术、基因组分析）和大型问题、学习和控制的处理和优化	主要研究伙伴包括里尔中央理工学院、里尔科技大学、国家科研中心和里尔第三大学
Nancy-Grand Est 研究中心	1986年	(1) 认知、知觉、语言和知识处理； (2) 计算机的安全和保障； (3) 复杂系统的模拟仿真、优化和控制	主要合作伙伴包括国家科研中心、国立洛林综合科技学院、南锡第一大学、南锡第二大学、洛林国立高等理工学院、里昂高等师范学院和巴黎第六大学
Paris-Rocquencourt 研究中心	1967年	(1) 活体系统和环境建模； (2) 电信网络和系统； (3) 软件安全和可靠性	该中心的主要合作伙伴包括国家科研中心、巴黎矿业学院、国立道路桥梁学院、巴黎高等师范学院、国立高等科技学院、巴黎第七大学、马恩-拉瓦雷大学和巴黎第六大学
Rennes-Bretagne Atlantique 研究中心	1980年	主要侧重于计算、电信和多媒体技术。战略重点如下：①大型分布式网络和系统；②嵌入式软件的设计、分析和编写；③多重模态影像和数据	该中心与国家科研中心、雷恩第一大学和国立应用科学学院雷恩分院同为信息与随机系统研究所的成员
Saclay-Île-de-France 研究中心	2008年1月1日，前身是Futurs研究中心	(1) 软件安全/可靠性和密码学； (2) 下一代互联网和高性能计算； (3) 各领域复杂系统的建模与仿真	主要研究合作伙伴包括国家科研中心、巴黎综合理工学院、加尚高等师范学校、巴黎第十一大学和巴黎中央理工学院。另外，该中心还同微软合作，创建了联合研究实验室
Sophia Antipolis-Méditerranée 研究中心	1983年	生命科学建模、气候（农业应用）、生物工程、医学影像学、神经科学和助残机器人等	中心合作伙伴包括信息系统技术教育与研究中心，数学、信息、科学运算教育与研究中心，应用数学中心，巴黎高等师范学院和国家农业科学研究院等

资料来源：INRIA. 2008. 2007 annual report. http://www.inria.fr/inria/rapportannuel/pdf/rapportannuel2007.en.pdf [2008-10-23]；INRIA Bordeaux-Sud Ouest. 2009. Key figures. http://www.inria.fr/bordeaux/CRI-en/key-figures [2009-04-09]；INRIA Saclay-Île-de-France. 2008. Key figures. http://www.inria.fr/saclay/CRI-en/key-figures [2008-10-28]；INRIA Nancy-Grand Est. 2009. Chiffres clés. http://www.inria.fr/nancy/CRI/presentation/chiffres-cles [2009-04-09]；INRIA Grenoble-Rhône-Alpes. 2009. Key figures. http://www.inrialpes.fr/58882452/1/fiche_pagelibre/&RH=11438 10810877&RF=1147791906312 [2009-04-09]；INRIA Rocquencourt. 2008. Key figures. http://www-c.inria.fr/Internet/inria-rocquencourt/key-figures [2008-10-28]；INRIA Sophia Antipolis-Méditerranée Research Centre. 2008. Some statistics. http://www-sop.inria.fr/presentation/chiffres_en.shtml [2008-10-23]

国家信息与自动化研究所的基本研究单元是研究组，其中大部分是项目研究组，研究目标相对集中，研究组规模有限。项目负责人负责整个研究组的领导和协调工作。研究组并非长期稳定的组织，而是根据项目需求不断有新建、撤销的情况发生。国家信息与自动化研究所各研究中心还设有若干与合作机构组建的联合研究组。研究组的分类可划入以下五个研究主题：①应用数学、计算与模拟；②算法、编程、软件与架构；③网络、系统与服务、分布式计算；④感知、认知与交互作用；⑤应用于生物、医药和环境领域的计算科学[①]。

6.3.3.2 管理模式

法国政府对国家信息与自动化研究所实行目标合同制管理模式。法国高等教育与研究部和经济工业就业部每四年与该所签订一次合同，并委托科研与高等教育评估署以签署的合同为基础对该所进行评估。四年合同期中，包含了该所当期战略规划中的战略目标、为实现这些战略目标拟采取的举措及根据举措设定的定量定性监测指标。此外，合同中还包括为了实现战略目标，主管部门应提供的政策和经费支持。签订新合同时，需要通过科研与高等教育评估署对国家信息与自动化研究所在上一个合同期内的工作状况组织专家进行专家评议，对上一合同执行和落实情况进行总结，阐述目标实现情况及影响，并据此给出今后的发展方向。经过评估后，主管部门签署合同，并落实资源配置。

科研与高等教育评估署对国家信息与自动化研究所的评估包括两个部分，一是年度定量定性的监测，包括关键指标、年度目标完成情况监测，二是两年一次的外部专家评估。其中，该所的年度定量定性监测包括定量监测集和基于定性指标的年度报告两个方面，定量监测集中部分关键指标确定了年度目标完成情况的标准。这些指标根据国家信息与自动化研究所的战略目标及其相应举措确定。其中，定量监测指标包括发表论文数量、论文引用率及专利转化情况等。以2006~2009年度国家信息与自动化研究所四年合同为例，包括实现世界级的重大科技创新突破、加强与科研机构和高等教育机构的合作、提高研究所在国际层面上的竞争力及提升管理能力四个方面的战略目标。四个战略目标共涉及37个一级指标，其中17个指标完全是定量指标，20个为定性指标；二级定量指标56个，其中，16个设置了具体的目标标杆，如国际论文发表数据、专利申请和软件著作权数量等。

外部专家评估两年一次，约30%的专家来自企业，约70%来自学术界。外部专家评估又分为合同中期评估和合同期满评估。合同中期的评估以诊断性为主，主要目的是为国家信息与自动化研究所的中期发展情况进行总结并对未来两年的发展提供诊断性意见；合同期满的评估以验收性为主，对本期合同执行和落实情况进行验收性评估并提交公开的评估报告。评估报告包括目标实现度、问题分析和下一步发展方向等。

国家信息与自动化研究所内部研究组按研究领域实施分类评估。首先，由该所管

---

① INRIA. Find a team. http://www.inria.fr/en/research/research-teams/find-a-team [2011-08-15].

理层与评估委员会聘请由学术界和工业界专家组成的外部评估专家组（国际专家占很大比重），召开评估研讨会。在研讨会期间，评估专家与该所管理层会晤，确定每个课题组的评估目标和评估对象。随后，各研究组带头人对团队整体的科研活动及采取的举措进行汇报，至少由三人组成的评估专家组对研究组的科研活动进行严格的审查，形成评估报告。评估报告内容既包括宏观层面的意见，也包括对每个研究组的详细意见和建议。评估报告反馈给被评研究组和国家信息与自动化研究所管理层。最终由国家信息与自动化研究所管理层做出综合决策，并与评估委员会沟通后，宣布每个研究组合同到期后延长、停止或责令其整改的决定[①]。

6.3.4 国际科技合作

1985年通过的国家信息与自动化研究所定位法案明文规定，该所的任务之一就是要开展国际科学交流，以交换、培训的方式促进国际合作。因此，该所的国际合作活动相当频繁，每年与世界主要科研机构开展的合作活动近2500项，合作主题丰富、参与人数众多。

国家信息与自动化研究所的欧洲合作部和国际关系部负责与国外研究单位沟通合作细节、举办交流互访、监督合作进度和接待来访学者，扮演着鼓励和促进该所国际科技合作的重要角色。国家信息与自动化研究所国际科技合作的形式主要包括合作研究、建立虚拟网络实验室、与合作伙伴设立联合实验室及组成科学研究联盟等。

机构网址：http://www.inria.fr（法语）；http://www.inria.fr/en（英语）

联系地址：Domaine de Volaceau Rocquencourt-BP 105，78153 Le Chesnay Cedex France

电话：+33（0）1 39 63 55 11

传真：+33（0）1 39 63 53 30

E-mail：webmaster@inria.fr

---

① 杨国梁，孟溦，李晓轩.2008. 法国INRIA管理与评估实践分析. 科学学与科学技术管理，(12)：172-177.

6.4 国家农业科学研究院

> ▶ 欧洲最大的农学研究机构，其在农学方面的研究强有力地支撑了法国农业的健康有序发展，属科技型国立科研机构。
>
> ▶ 截至 2010 年年底，有 8488 名员工，其中包括 1837 名科学家、2590 名工程师、4061 名技术人员和管理人员。
>
> ▶ 2010 年经费为 8.22 亿欧元（约合 10.42 亿美元），其中 79% 来自法国高等教育与研究部和法国农业与渔业部的政府拨款，其余来自研究合同、产品开发和服务收入等外争经费。
>
> ▶ 实行董事会领导下的院长负责制。下设 14 个研究部和 19 个地区研究中心，共有 213 个实验室和 49 个试验站。
>
> ▶ 在中国科学院管理创新与评估研究中心对 86 个国际国立科研机构的学术影响力排名中，法国国家农业科学研究院的农业排名第二，经济与商业排名第四，动植物学排名第五，微生物排名第七。

法国国家农业科学研究院（Institut National de la Recherche Agronomique, INRA）是欧洲最大的农学研究机构，其在农学方面的研究有力地支撑了法国农业的现代化和可持续发展。该院成立于 1946 年，1984 年划归法国高等教育与研究部和法国农业与渔业部共同管辖，是从事农业科学和技术研究的科技型国立科研机构。

国家农业科学研究院与法国高校、国立或私营科研机构保持着很好的协作关系，由学部、地区研究中心、实验室和试验站共同构成的遍布全国的农业研究网络体系完整、设备先进。国家农业科学研究院既从事全国性重大课题研究，也承担地区性科研任务；既从事基础研究，也进行应用开发研究，并把高层次人才培养、科研和技术开发、试验推广紧密结合在一起[①]。

---

① 王东阳. 2004. 法国的农业科学研究. http://www.iae.org.cn/html/179/2012/20120312151529860345440/20120312151529860345440_1.html [2011-08-15].

6.4.1 人力资源和经费状况

截至 2010 年年底，国家农业科学研究院共有 8488 名员工，其中包括 1837 名科学家、2590 名工程师、4061 名技术人员和管理人员，另有 2103 名在读博士生[①]。2010 年，约有 1839 名国外访问学者[②]。2007～2010 年国家农业科学研究院人员变化情况如图 6-21 所示。

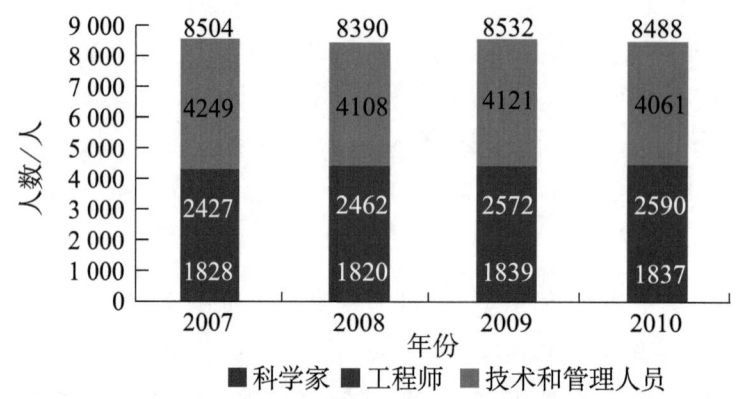

图 6-21　2007～2010 年国家农业科学研究院人员变化情况

资料来源：INRA's annual report for 2010. http：//www.international.inra.fr/the_institute/a_brief_overview/annual_reports/2010_annual_report

2010 年，国家农业科学研究院经费为 8.22 亿欧元（约合 10.42 亿美元[③]），其中 79% 来自法国高等教育与研究部和法国农业与渔业部的政府拨款，其余来自国家农业科学研究院的研究合同、产品开发和服务收入等外争经费。2007～2010 年该院经费变化情况如图 6-22 所示。

6.4.2 战略定位和重点领域

国家农业科学研究院致力于开展任务导向的科学研究，其使命是解决人类生存相关的重大问题，改善人类饮食，维护人类健康，有效整治和管理人类的生存空间，以

---

①　INRA. 2011. Annual report for 2010. http：//www.international.inra.fr/the_institute/a_brief_overview/annual_reports/2010_annual_report ［2011-08-15］.

②　INRA. 2012. Les chiffres-clés. http：//www.inra.fr/l_institut/l_inra_en_bref/les_chiffres_cles ［2012-06-16］.

③　根据 2012 年 6 月 21 日汇率换算——美元：欧元＝1：0.7891。

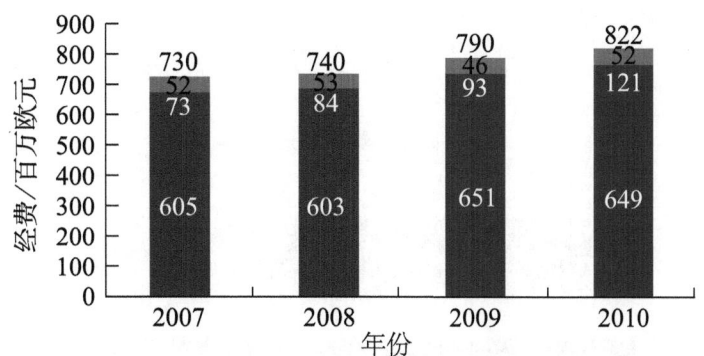

图 6-22 2007~2010 年国家农业科学研究院经费变化情况

资料来源：INRA's annual report for 2010. http：//www. international. inra. fr/the_institute/a_brief_overview/annual_reports/2010_annual_report

谨慎负责的态度在生命科学技术前沿不断创新，了解和掌握生物、社会及经济系统的复杂性，并予以积极引导。主要职能包括组织并执行涉及农业与工业相关的科学研究；在其专业领域内参与国家研究政策的制定；通过研究工作培养人才；提升其研究与技术方法的利用价值；执行其专业领域内的科学鉴定工作；出版宣传其工作成果，促进科学信息发展与科学知识的宣传，同时促进法语的使用[①]。

随着法国农业的发展，国家农业科学研究院的研究重点也随之变化。20 世纪 50 年代，该院重点是推广从国外引进的优良品种；60~70 年代，该院重点是培育法国自己的高产优良品种，推广农艺；80 年代，该院主要研究农业生产多样化、提高产品质量、合理利用休耕地及改善食品结构等；90 年代，该院侧重于保护环境和土地整治方面的研究；2005 年以来，该院的研究重点是农业可持续发展、食品安全和环境保护及交叉学科的研究，如生命科学、材料科学和社会科学[②]。

国家农业科学研究院 2010~2020 年的重点研究领域如图 6-23 所示。

6.4.3 组织架构和管理模式

国家农业科学研究院实行董事会领导下的院长负责制。董事会负责该院的战略决策和审议工作，包括对研究战略、政策、管理、财政和项目等进行审议。董事会由通

---

① INRA. 2005. Missions and strategies. http：//www. international. inra. fr/the_institute/missions_and_strategies [2011-08-15].

② INRA. 2008. A brief overview. http：//www. international. inra. fr/the_institute/a_brief_overview [2008-12-24].

图 6-23 国家农业科学研究院 2010～2020 年重点研究领域

资料来源：INRA's scientific priorities for 2010-2020. http：//www. international. inra. fr/the _ institute/missions _ and _ strategies/orientations/new _ scientific _ priorities _ for _ 2010 _ 2020

过选举产生的 25 名成员组成，包括政府、专业农业组织、农业食品工业界、消费者和农业从业者的代表、国家农业科学研究院院长、科学咨询委员会主席及员工代表。科学咨询委员会主要就科技和评估政策向主席提供参考意见。日常管理工作由管理团队负责，该团队由院长、负责科研与评估的一名常务主任、负责研究支撑服务的一名常务主任及三位科学主任组成。其中，院长由董事会指派，或由董事会主席兼任，科学主任由科学咨询委员会指派。国家农业科学研究院管理结构图如图 6-24 所示。

国家农业科学研究院下设 14 个研究部（表 6-15）和 19 个地区研究中心（表 6-16），共有 213 个实验室和 49 个试验站[①]。

表 6-15 国家农业科学研究院研究部

研究部	研究部
营养、化学食品安全和消费者行为	植物生物学
农产品科学和加工工程	森林、草场和淡水生态
环境和农学	动物遗传学
植物种植和遗传	应用数学和信息学
微生物学和食物链	动物生理学和牲畜系统
动物卫生	植物健康和环境
人类活动和可持续发展	社会科学、农业和食品、农村发展和环境

---

① INRA. 2012. Les chiffres-clés. http：//www. inra. fr/l _ institut/l _ inra _ en _ bref/les _ chiffres _ cles［2012-06-16］.

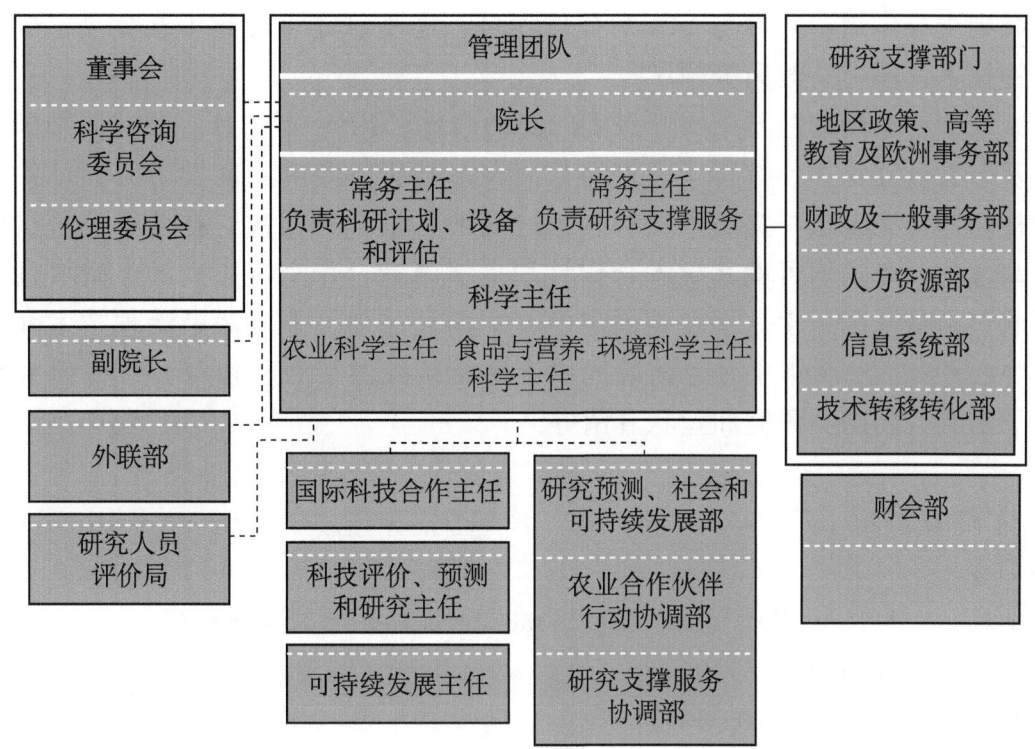

图 6-24 国家农业科学研究院管理结构图

资料来源：INRA's annual report for 2010. http://www.international.inra.fr/the_institute/a_brief_overview/annual_reports/2010_annual_report

表 6-16 国家农业科学研究院地区研究中心

中心名称	中心名称
Angers-Nantes 研究中心	Antilles-Guyane 研究中心
Provence-Alpes-Côte-d'Azur 研究中心	Bordeaux-Aquitaine 研究中心
Clermont-Ferrand-Theix-Lyon 研究中心	Colmar 研究中心
Corse 研究中心	Dijon 研究中心
Jouy-en-Josas 研究中心	Lille 研究中心
Montpellier 研究中心	Nancy 研究中心
Orleans 研究中心	Paris 研究中心
Poitou-Charentes 研究中心	Rennes 研究中心
Toulouse 研究中心	Tours 研究中心
Versailles-Grignon 研究中心	

6.4.4 国际科技合作

国家农业科学研究院在欧盟内的合作主要在第七框架计划下展开，该院有 174 个研究项目得到欧盟第七框架计划的资助；此外，该院还在第七框架计划 46 个欧洲合作项目中起到主导作用,并参与113个合作项目。这些研究主要集中在食品、农业、渔业与生物技术、环境、健康等领域[①]。

国家农业科学研究院与中国开展了广泛的合作。1998年9月,该院同中国国家自然科学基金委员会正式签订科学合作协议,在基础研究和应用基础研究领域扩大对华农业科技合作交流渠道,提高中法科学家之间的科学合作层次。在此协议范围内,中法科学基金项目专家均可就其学术合作计划申请国际合作交流方面的经费资助。主要合作领域包括猪基因组学、小麦基因组学、中国乳品加工业、污染治理技术和中法真菌资源中心等[②]。2007年4月,该院同中国科学院续签了合作协议,合作研究领域包括动物干细胞、肠菌类研究和丝状真菌等[③]。

机构网址:http://www.inra.fr(法语);http://www.international.inra.fr(英语)

联系地址:147 rue de l'université 75338 Paris Cedex 07 France

电话:+33(0)1 42 75 90 00

传真:+33(0)1 47 05 99 66

[①] INRA. 2012. Participation in european programmes. http://www.international.inra.fr/partnerships/the_european_research_area/participation_in_european_programmes [2012-06-16].

[②] INRA. 2008. Partnerships China. http://www.international.inra.fr/partnerships/international_relations/countries_and_partners/asia_and_the_pacific/china [2011-08-11].

[③] INRA. 2007. Agreement renewed between INRA and the Chinese Academy of Sciences. http://www.international.inra.fr/press/agreement_between_inra_and_cas [2011-08-11].

6.5 原子能委员会

> ▶ 法国最主要的从事核领域科学和技术研究的工贸型国立科研机构。
> ▶ 截至 2010 年年底，有员工 16 037 人，其中民用研究部门有 11 307 人、国防研究部门有 4730 人。
> ▶ 2010 年，研发经费总额为 42.1 亿欧元（约合 53.35 亿美元），63% 来自政府拨款。其中，民口经费为 25.21 亿欧元，44% 来自政府拨款。
> ▶ 法国高等教育与研究部、法国经济工业就业部和法国国防部与原子能委员会签订目标明确、具有法律约束的四年期合同进行宏观管理。法国科研与高等教育评估署定期对原子能委员会所有研究活动开展评估。
> ▶ 实行执行委员会领导下的主席负责制。
> ▶ 截至 2010 年，拥有 10 个研究中心，25 个卓越设施、16 个卓越实验室和 45 个联合实验室，研究主要涉及国防与安全、能源、健康与信息技术、服务各项技术的基础研究等四个领域。
> ▶ 在中国科学院管理创新与评估研究中心对 86 个国际国立科研机构的学术影响力排名中，法国原子能委员会的空间科学排名第六、工程学和物理学排名第七。

法国原子能委员会（Commissariat à l'Énergie Atomique et aux énergies alternatives，CEA）由法国高等教育与研究部、经济工业就业部和国防部共同管理，是法国最主要的从事核领域科学技术研究的工贸型国立科研机构。原子能委员会是在第二次世界大战后，根据戴高乐的建议于 1945 年成立的。原子能委员会在国防与安全、能源、健康技术、信息技术等领域发挥着重要的作用，成为欧洲相关研究领域的先驱，其国际影响力不断提高，在核领域国际组织中代表法国行使权力。2010 年，原子能委员会申请了 613 件优先权专利，与大学和科研机构签署了 55 项合作框架协议[①]。自 1984 年以来，原子能委员会共创建了约 150 家高科技企业[②]。

---

① CEA. 2011. Annual report 2010. http://www.cea.fr/content/download/62655/1175213/file/annual_report_2010_cea.pdf [2012-06-16].

② CEA. 2012. Le CEA, acteur clef de la recherche technologique. http://www.cea.fr/le_cea/presentation_generale [2012-06-16].

6.5.1 人力资源和经费状况

截至2010年年底，原子能委员会有员工16 037人，其中民用研究部门有11 307人、国防研究部门有4730人，此外还有博士研究生和博士后1298人。

2010年，原子能委员会经费总额为42.1亿欧元（约合53.35亿美元[①]），其中民口经费达25.21亿欧元，这主要得益于国家拨款的增加，以及专项基金资助的核处置项目的增多（民用核处置专项基金比2009年增长25%）；军口经费达到16.89亿欧元。政府拨款是原子能委员会经费的主要来源，占总经费的63%，其中民口和军口分别占到44%和90%，如表6-17所示。

表6-17 2009～2010年原子能委员会经费来源

经费来源	2009年		2010年		2009～2010年变化/%
	百万欧元	百分比	百万欧元	百分比	
民口经费					
政府拨款	1083	45	1118	44	3
自争经费	821	34	830	33	1
民用核处置专项基金	236	10	294	12	25
军用核处置专项基金	266	11	254	10	−5
年度结余	2	0	25	1	—
小计	2408	100	2521	100	5
军口经费					
政府拨款	1458	91	1520	90	4
自争经费	32	2	27	2	−16
军用核处置专项基金	81	5	131	8	62
年度结余	28	2	11	1	—
小计	1599	100	1689	100	6
总计	4007	100	4210	100	5
其中国家拨款	2541	63	2638	63	4
自争经费	853	21	857	20	0
民用核处置专项基金	236	6	294	7	25
军用核处置专项基金	347	9	385	9	11
年度结余	30	1	36	1	20

资料来源：CEA financial report 2010. http://www.cea.fr/content/download/71903/1356564/file/financial_report_2010_cea.pdf

---

[①] 根据2012年6月21日汇率换算——美元：欧元＝1：0.7891。

6.5.2 战略定位和研究领域

原子能委员会成立之初的主要任务是使法国尽快拥有独立于美国、苏联的核威慑力量。现在，原子能委员会已成为法国技术研究和开发创新方面的主力军，旨在依靠其优秀的基础研究力量，在国防与安全、能源、信息和健康技术等领域发挥重大作用。原子能委员会主要涉及四个研究领域：国防与安全、能源、健康与信息技术和服务各项技术的基础研究。

6.5.2.1 国防与安全领域[①]

原子能委员会在该领域的主要任务是保证可持续的核威慑力量和安全，包括以下四个方面。

（1）为军队提供核弹头。负责设计、制造、维护法国的核威慑力量及核弹头的拆毁工作。

（2）通过模拟计划保持核威慑能力。在军事计划的框架下，原子能委员会制订了一系列研究计划以保证法国核威慑力量的可持续性。核试验全面禁止后，原子能委员会着手制订计算机模拟核试验计划，开发新的物理模型，装备超级计算机和验证实验手段，如 X 射线照相机 Airix、兆焦耳激光器和 Tera 超级计算机等，以保证法国核武器的可靠性和安全性。

（3）设计、维护舰艇推进用核反应堆。负责核动力反应堆的设计、制造和维护，这些反应堆用于装备法国海军的核动力潜艇和航空母舰。

（4）监督条约执行，反对核武器扩散和恐怖主义。积极参与国际事务，为监督遵守全面禁止核试验的国际条约做出贡献。原子能委员会参与反对核武器扩散和恐怖主义的斗争，主持一项多部门研究计划，内容涉及核武器、放射和生化等领域，由国防部办公厅总负责。

6.5.2.2 能源领域[②]

原子能委员会在能源领域的战略目标是通过能源研究与开发，拥有多种具有竞争力、可靠、清洁、特别是不排放温室气体的能源，研究内容包括以下两个方面。

---

① CEA. Défense et sécurité. http://www.cea.fr/defense [2011-08-16]；周晓芳. 2008. 欧洲原子能研究的先驱. http://news.sciencenet.cn/html/showxwnews1.aspx?id=212548 [2012-06-18].

② CEA. Énergie. http://www.cea.fr/energie [2011-08-16].

(1) 核废料研究、核工业优化和未来先进核能系统。原子能委员会通过研究优化核电厂、燃料循环和放射性废料管理的技术方案来保证法国核工业做大、做强。原子能委员会参与了国际第四代先进核能系统论坛研究计划，将保证在更安全、更少核废料的情况下长期生产核能。在此计划下，原子能委员会负责第四代核反应堆样机的设计与制造，负责核反应堆污水排放与处理技术及其拆除。原子能委员会还领导多项核能对健康和环境影响的研究计划。

(2) 新能源技术。原子能委员会作为新能源技术方面的中坚力量，开展了氢能、燃料电池、太阳能光伏发电和太阳能热利用的研究。此外，原子能委员会还同法国石油研究院一起开展生物燃料研究。

6.5.2.3 健康与信息技术领域[1]

原子能委员会在该领域的战略目标是依靠技术研究促进工业增值，为工业创新服务，研究内容涉及以下三个方面。

(1) 微纳米技术。在微纳米技术、电信、通信器材等方面拥有一支高水平的技术研究队伍。工业应用研究主要涉及电信和通信器材。原子能委员会开发的微系统，如传感器、电容器、转换器等，丰富了日常用品的新功能。

(2) 软件技术。在软件技术领域，原子能委员会在嵌入式系统和人机交互、传感器和信号处理等方面具有很强的竞争力，应用范围涉及核工业、汽车、航空工程、国防与健康。在人机交互系统领域，原子能委员会开发了基于三维视觉、机器人学、信号处理、机械学的人机界面，可直接用于核医学领域。

(3) 生物技术和健康核技术。原子能委员会自成立以来，一直致力于将核技术的进步应用于健康部门。原子能委员会为开创新的诊断治疗途径提供了大量的设计和创新型工具，为进一步深化对生命复杂性的理解发挥作用。

6.5.2.4 服务各项技术的基础研究[2]

原子能委员会凭借物理学、生命科学的基础研究，大力发展技术开发。基础研究占机构研究工作的 1/3，并为其所有的技术研究提供支撑。

(1) 核聚变。原子能委员会将核聚变视为能源研究的中心，为此主导参与国际热核聚变试验堆计划，该试验堆将建造在法国卡达拉什原子能委员会核研究中心。

---

[1] CEA. Technologies pour l'information et la santé. http://www.cea.fr/technologies [2011-08-16].

[2] CEA. Recherche fondamentale. http://www.cea.fr/recherche_fondamentale [2011-08-16].

(2) 气候与环境科学、自然科学。原子能委员会主持气候与环境科学、自然科学（从粒子物理到天体物理、从化学到辐射相互作用/材料）等领域的多项不同研究计划。

(3) 生命科学。原子能委员会主要从事放射生物学、放射病理学、核毒理学、神经科学、辐射与健康风险的基础研究。

6.5.3 组织架构和管理模式

法国高等教育与研究部、经济工业就业部和国防部与原子能委员会签订目标明确、具有法律约束的四年期合同进行宏观管理。法国科研与高等教育评估署定期对原子能委员会所有研究活动开展评估。评估内容包括对研究水平的评价与建议，以及机构在国内外的作用和定位。

原子能委员会内部实行执行委员会（Executive Board）领导下的主席负责制。执行委员会是原子能委员会最高决策机构，从战略、经济、财政及技术等角度考虑该委员会的各项活动，特别是与国家签订的长期协议。该委员会还要审议批准年度预算、机构账目、年度报告、核设施拆解及乏燃料和放射性废物管理等报告，对原子能委员会研究项目和资金分配也具有审批权。原子能委员会的日常工作管理层有一名主席和一名副主席，另设一名原子能高级专员作为主席的科学顾问。原子能委员会设有科学理事会（Scientific Council）协助原子能高级专员评估原子能委员会的研究活动，并对科学研究方向提出建议。此外，原子能委员会还设有审计委员会、国际顾问委员会（Visiting Committee）、民用与军用核设施处置基金监管委员会、军队-原子能委员会联合委员会等[1]。原子能委员会的组织架构如图6-25所示。

截至2010年，原子能委员会拥有10个研究中心、25个卓越设施（équipements d'excellence）、16个卓越实验室（laboratoires d'excellence）和45个联合实验室[2]。10个研究中心情况如表6-18所示。原子能委员会通过位于法国各地的研究中心融入地方经济建设，并与其他科研机构建立了牢固的合作伙伴关系。此外，国立核科学技术学院（National Institute for Nuclear Science and Technology，INSTN）是一所隶属于原子能委员会并受法国高等教育与研究部和经济工业就业部监管的高等教育机构，成立于1956年，每年为核研究部门输送大量人才。

---

[1] CEA. 2011. Annual report 2010. http：//www.cea.fr/content/download/62655/1175213/file/annual_report_2010_cea.pdf [2012-06-16].

[2] CEA. 2012. Le CEA, acteur clef de la recherche technologique. http：//www.cea.fr/le_cea/presentation_generale [2012-06-16].

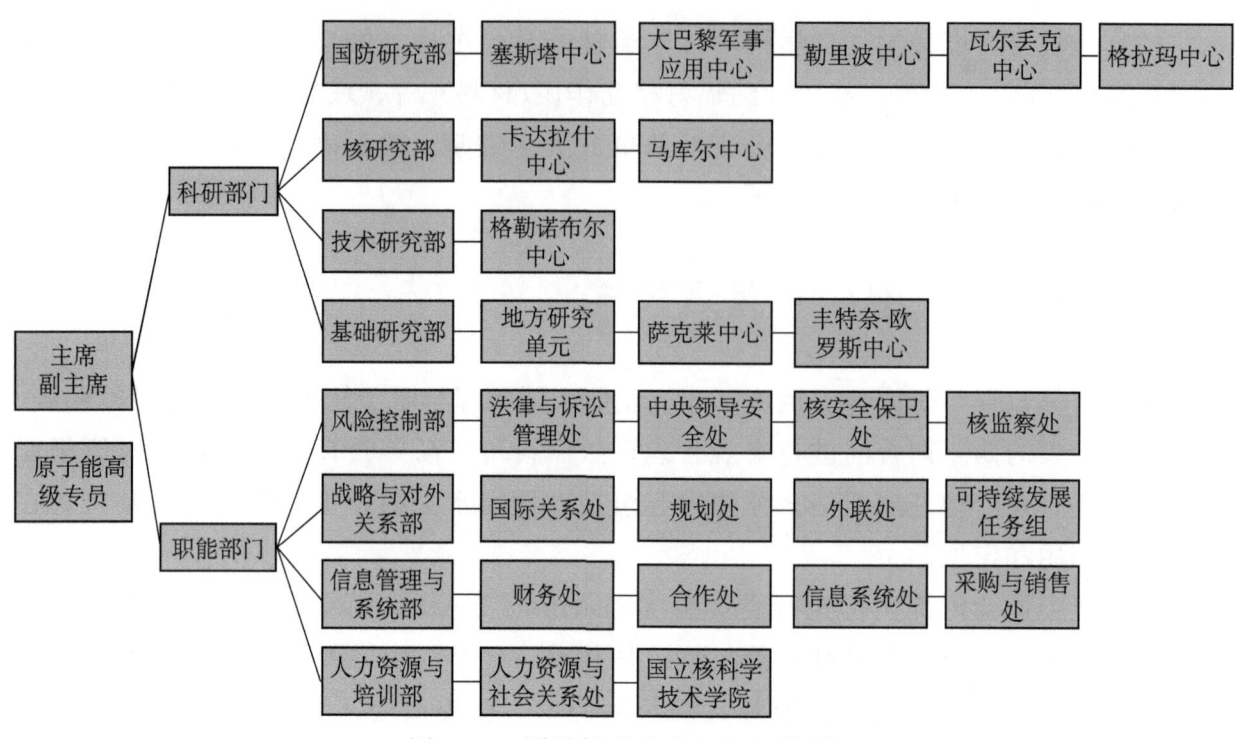

图 6-25 原子能委员会组织架构图

资料来源：Organigramme du CEA. http://www.cea.fr/layout/set/popup/layout/set/popup/content/view/popvide/56749

表 6-18 原子能委员会下属 10 个研究中心情况

	中心名称	中心简介
军用研究部门	塞斯塔中心（Centre CEA Cesta）	成立于1965年，首要任务为确保核军工业的发展
	大巴黎军事应用中心（Centre CEA DAM Ile-de-France）	其任务是以计算机模拟试验保证法国核武器的安全，通过国际公约制裁和反对核武器扩散和恐怖主义
	勒里波中心（Centre CEA Le Ripault）	专门研究新型设备，包括计算机模拟及其应用
	瓦尔杜克中心（Centre CEA Valduc）	成立于1957年，其任务为确保法国核威慑能力
	格拉玛中心（Centre CEA Gramat）	成立于2010年1月，其任务是评估核武器和常规武器的易受攻击性，与大巴黎军事应用中心形成互补，力争在爆炸和电磁研究方面形成卓越能力
民用研究部门	卡达拉什中心（Centre CEA Cadarache）	主要研究与核能有关的核燃料、核技术、第四代核反应堆和受控热核聚变等，同时还开展植物生物学、微生物学和新能源科技（如生物质能、氢能、太阳能）等研究
	马库尔中心（Centre CEA Marcoule）	开展未来核能研究，包括铀燃料制造技术、废弃核燃料处理、清除拆卸核装置和高放射性废物管理等
	格勒诺布尔中心（Centre CEA Grenoble）	从事能源、健康、信息、通信等领域的创新研发，包括燃料电池、新材料、生物芯片、纳米器件等
	萨克莱中心（Centre CEA Saclay）	主要从事核电厂运作、功能与安全，特别是核废料处理
	丰特奈-欧罗斯中心（Centre CEA Fontenay-aux-Roses）	从事辐射生物学、环境毒物学、神经毒物学和病原性蛋白颗粒疾病等生命科学研究

6.5.4 国际科技合作

原子能委员会负责为法国政府提供有关核政策的信息，在国际组织中代表法国政府与其他国家相关组织发展合作关系。原子能委员会参与核不扩散、禁止核试验的工作，从事核科学技术、安全、法规、废料管理、核经济、辐射预防等问题的国际合作研究，参加处理倾倒废料造成的海洋污染、保证并维护民用核设施安全、确保核材料的运送安全及其实物保护工作和研究，受法国政府委托与俄罗斯合作，减少生物、化学及核领域威胁的扩散。

原子能委员会参与了欧盟历次研发框架计划。自2007年以来，原子能委员会在第七框架计划中参与了530多个研究项目[1]。此外，原子能委员会还是欧洲人力资源与培训中心成员，大力支持研究人员、大学生的教育和培训工作。原子能委员会还加强与欧盟、欧洲议会等组织的对话，为制定欧盟发展思路和决议提供专家咨询。

机构网址：http://www.cea.fr（法语）；http://www.cea.fr/english _ portal（英语）

联系地址：91191 Gif-sur-yvette cedex France（总部）

电话：(33) 1 64 50 10 00

E-mail：webmaster@cea.fr

---

[1] CEA. 2012. Le CEA, acteur clef de la recherche technologique. http://www.cea.fr/le _ cea/presentation _ generale [2012-06-16].

7 俄罗斯

- ◆ 科技力量强。截至 2010 年，已有 17 人先后获得诺贝尔奖，其中自然科学领域的有 13 人。
- ◆ 继承了苏联大部分的科技实力，基础研究、军工和宇航技术居于世界前列，自苏联解体后，科技体制改革基本上没有间断，实现了科研组织和研发投入的多元化。
- ◆ 2010 年，全时当量研发人员总数为 84 万人·年，其中研究人员为 44.21 万人·年。
- ◆ 2010 年，国内研发经费总额为 328.38 亿美元，政府研发投入占总经费的 70% 以上。企业部门使用的研发经费占 60% 以上，其次是国立科研机构，占 30%。
- ◆ 科研创新主体主要由联邦政府和地方政府所属科研机构、高校和企业（主体为大型国有企业及国家科学中心）组成。国立科研机构包括科学院系统、联邦航空署及部委所属的科研机构。
- ◆ 俄罗斯科学院是俄罗斯联邦的最高学术机构、最大的科研实体，是主导全国自然科学和社会科学基础研究的中心，也是全国的科研协调中心。

7.1 科技政策与体制概况

7.1.1 科技政策与体制演变

从18世纪到20世纪中后期，俄罗斯的科学技术经历了学习和赶超西方的历程，形成了较为完备的体系[①]。苏联时期的科技体制在组织上是由国家计划控制的大而全的科研管理系统；经费、资源和人力全部由国家统一配置。苏联解体后，俄罗斯不断探索改革其科技体制，实现了科研组织和研发投入的多元化[②]。俄罗斯科技体制的优势在于能集中国家力量发展最具前景的关键科技领域，并能较快居于这些领域的世界前列。俄罗斯的基础研究、军工和宇航技术在世界上的领先地位正体现了这种体制的优势[③]。

1991年年底，俄罗斯接管了苏联绝大多数的科研机构和人员，承袭了苏联传统的科技体制。然而，完全由政府配置资源的方式不能适应新时期社会转型的要求。为了摆脱科学危机状态、保护国家科学潜力，俄罗斯政府发布了《俄罗斯联邦保护和发展科技潜力紧急措施》、《对俄罗斯学者的物质支持措施》、《关于国家支持科学发展和科技开发的决定》等科技领域的相关法规。但是这些法规并没有从根本上改变俄罗斯科技水平下滑的趋势[④]。

1996~1999年，俄罗斯政府相继发布了《俄罗斯科学发展理念》、《科学和国家科技政策法》和《1998—2000年俄罗斯科学改革观构想》等一系列总统令和政府法规。其中，《俄罗斯科学发展理念》提出了科学是俄罗斯复兴所需要的最重要的资源之一，支持科学发展应成为俄罗斯的首要任务。《科学和国家科技政策法》是俄罗斯第一部有关科技政策的联邦法律，也是国家科技政策的总纲领。这些纲领性文件，为俄罗斯科技体制改革起到了导航作用，为引导本时期俄罗斯科技发展方向、阻止科技水平下滑起到了一定的作用。但是由于当时经济体制改革任务的严重性和迫切性，科技体制改革的措施执行并不到位[④]。

2000年，普京上任以后，实行"富国强民，恢复俄罗斯世界大国地位"的政策，

[①] 潘德礼. 2007. 俄罗斯的科学技术. http://www.china-russia.org/news_4491.html [2009-10-21].
[②] 张寅生，鲍鸥. 2006. 俄罗斯科技体制改革纵横谈. 民主与科学，(2)：31-34.
[③] 中国国际科技合作网. 2007. 俄罗斯联邦国家科技概况. http://www.cistc.gov.cn/World_ST/World_S&T_T_4_Country.asp?countryId=120&continentId= [2011-08-13].
[④] 鲍鸥. 2009. 俄罗斯科技政策动态分析. 燕山大学学报，10(2)：23-27.

把振兴俄罗斯科技作为发展经济的手段,在科技体制改革方面取得了一定进展。科技体制改革的任务集中在下放权力和扩大科研经费来源、减少国家资助力度等方面。2002年3月,俄罗斯发布了《俄罗斯联邦至2010年及未来国家科技发展政策原则》,明确提出"建立国家创新系统是最重要的国家任务,是国家经济政策不可分割的部分"及建设国家创新体系的具体措施[①]。2011年8月,俄罗斯总统科学、技术和教育委员会公布了《俄罗斯联邦2020年前后科学技术发展政策原则》草案,提出了未来10年国家科技发展政策的战略目标和主要任务及实施的具体步骤,这将成为指导俄罗斯科技发展的新理念[②]。

7.1.2 科技管理体系

目前,俄罗斯科技体系按职能可分为四级,如图7-1所示。

第一级包括总统(总统办公厅)和联邦议会,它们决定科技领域的重大方针政策,是俄罗斯国家科技管理体系的领导核心。科学、技术与教育委员会直接向总统负责,就科技问题提供咨询和建议。联邦议会上院(联邦委员会)下设教育与科学委员会,下院(国家杜马)下设科学与高技术委员会,两者均参与提议和审核有关科技政策的立法。

第二级为联邦政府的科技政策制定和科技管理部门。联邦教育与科技部是最主要的科技管理部门,负责俄罗斯科技政策和战略的制定及执行监督。其他一些部门,如信息技术与通信部、经济发展部、工业与贸易部、国防部、工业和能源部等,负责管理相关领域的研发和预算。政府高技术与创新委员会负责协调联邦政府部门层面上的科技政策。

第三级是竞争性经费管理与资助机构。俄罗斯的研发经费主要通过国家预算由第二级的政府科技管理部门直接分配至研发机构或通过专门的资助机构间接分配。竞争性研发经费的分配主要由俄罗斯联邦基础研究基金会(RFFI)、俄罗斯人文科学基金会(RGNF)、促进科技型小企业发展基金会(FASIE)、俄罗斯纳米技术集团(Rusnano,国有企业)和俄罗斯技术发展基金会(RFTD)等机构负责。

第四级为具体从事科学研究的机构,包括科学院系统、部委研究机构、高校和企业科研机构等。绝大部分研发工作由公共部门开展,特别是科学院系统和部委研究机构及部分或全部归国有的公司。高等教育部门主要以教育为主,较少开展研究工作。近年来,受到政府科技政策的激励和推动,高等教育部门也日益重视科研工作。俄罗斯私营企业和私营非营利机构的研发活动相对有限。

---

① 鲍鸥. 2009. 俄罗斯科技政策动态分析. 燕山大学学报, 10(2): 23-27.
② 中华人民共和国科学技术部. 2011. 俄罗斯制定2020年前后科学技术发展政策原则. http://www.most.gov.cn/gnwkjdt/201108/t20110810_88968.htm [2011-08-16].

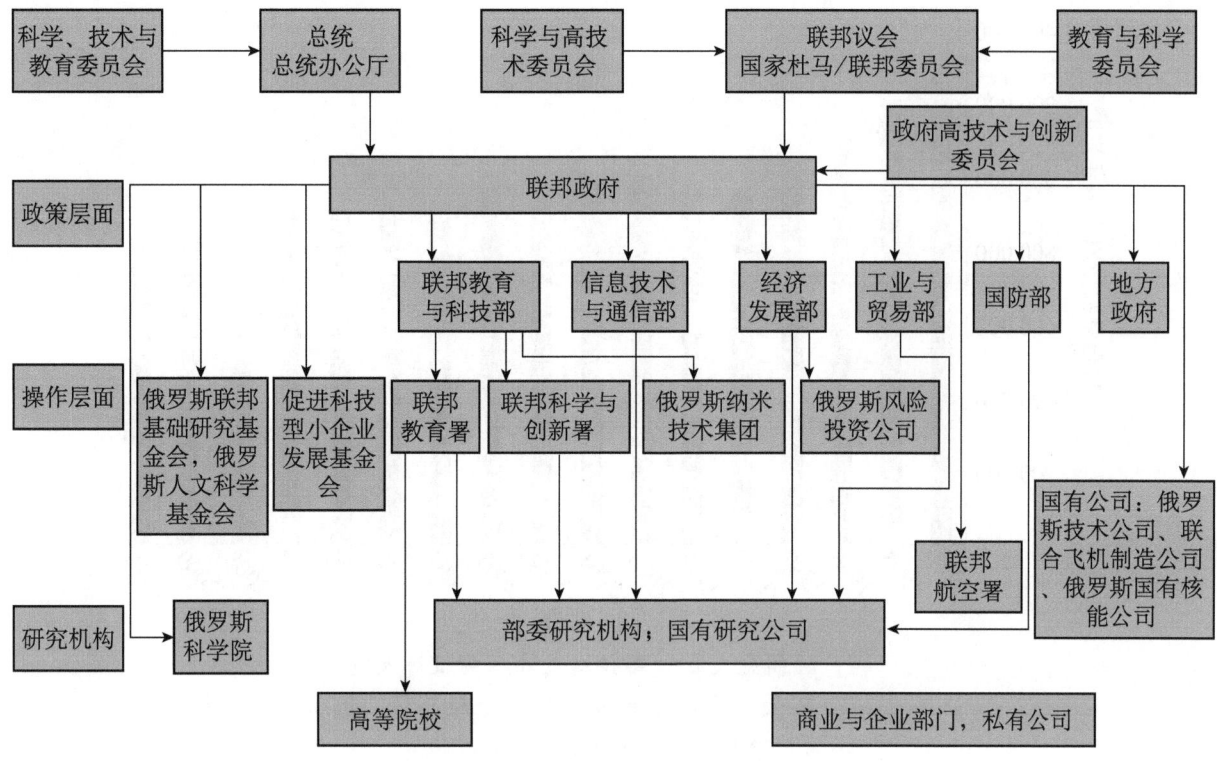

图 7-1 俄罗斯科技体系结构

资料来源：http://cordis.europa.eu/erawatch/index.cfm?fuseaction=ri.content&topicID=35&parentID=34&countryCode=RU

7.1.3 科技投入

7.1.3.1 人力资源

俄罗斯是科技人力资源大国，2010 年，研发人员全时当量总数约为 84 万人·年，其中研究人员为 44.21 万人·年，占 52.63%；技术人员及支撑人员为 39.79 万人·年，占 47.37%（图 7-2）。企业部门研发人员数量最多，为 44.41 万人·年，国立科研机构研发人员为 28.05 万人·年，高校研发人员为 11.34 万人·年，非营利机构研发人员为 2022 人·年。

由于苏联解体，以及国家经济状况严重滑坡、对科学事业的拨款大幅缩减、科研人员工资低及科研条件差等因素，俄罗斯在较长一段时间存在着科研人才大量流失的不利情况[1]。1994～2010 年，俄罗斯从事研发活动的人员总数减少了 42 万余人·年，

---

[1] 宋兆杰，王续琨. 2006. 俄罗斯科学人才流失及其警示意义. 科学学与科学技术管理，(6)：154-158.

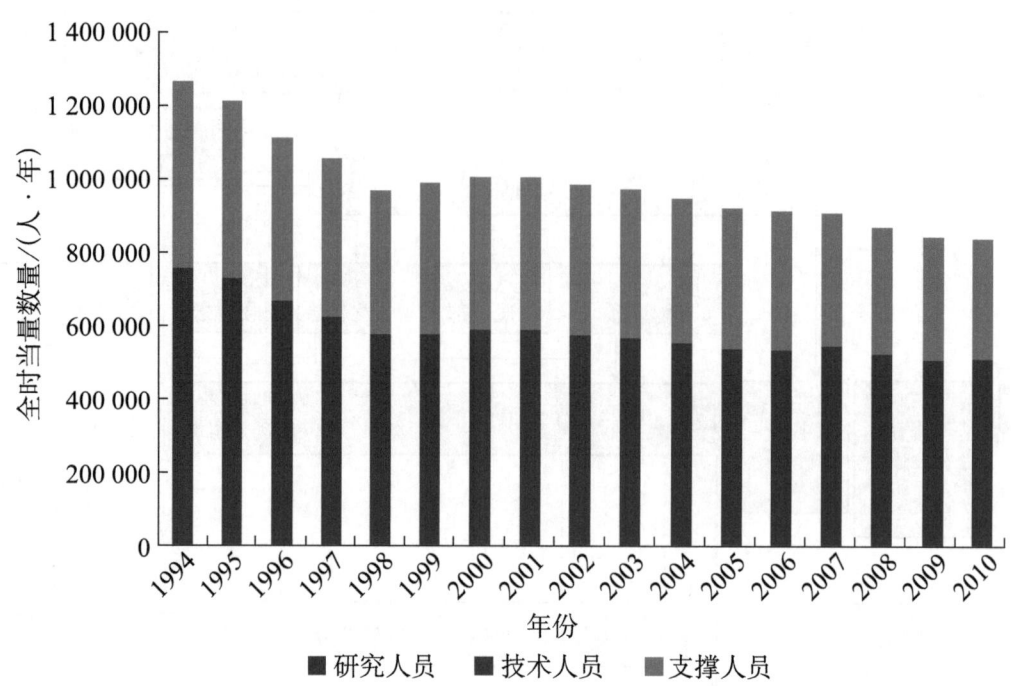

图7-2 1994~2010年俄罗斯从事研发活动的全时当量人员数量变化趋势
资料来源：OECD Stat 数据库

其中研究人员数量减少了17.97万人·年。企业部门流失情况最严重，2010年比1994年减少了37.12万人·年，占比由1994年的64.5%降至2010年的52.87%。国立科研机构研发人员数量比1994年减少了3.49万人·年，占比由1994年的24.95%升至2010年的33.4%。高校研发人员数量比1994年减少了1.98万人·年。研究人员数量变化和构成情况与研发人员类似（图7-3，图7-4）。近年来，由于俄罗斯国力的逐渐复苏及对科技的重视，人才流失情况有所缓解。

大量人才的流失，特别是青年人才的流失，导致俄罗斯科技人才队伍出现老龄化趋势。俄罗斯联邦教育与科技部2004年的统计显示，1994~2002年，俄罗斯30~39岁年龄段的科研人员数量占科研人员总数的比重从24%降至13.6%；40~49岁年龄段的科研人员占比从31.7%降至23.9%；而60岁以上年龄段的科研人员占比从9%增至21.8%。2004年，俄罗斯科研人员的平均年龄为49岁，其中，科学副博士的平均年龄为53岁，科学博士为61岁。另外，俄罗斯科学院各研究所中的人才老龄化形势也十分严峻，科研人员的平均年龄已经超过全国科研人员平均年龄五岁[1]。

---

[1] И. 杰日娜. 2007. 俄罗斯的科研人才结构变化与国家政策. 国外社会科学，（3）：102，103；高子平. 2005. 人力资本视角下的俄罗斯人才流失. 俄罗斯研究，（4）：47-51.

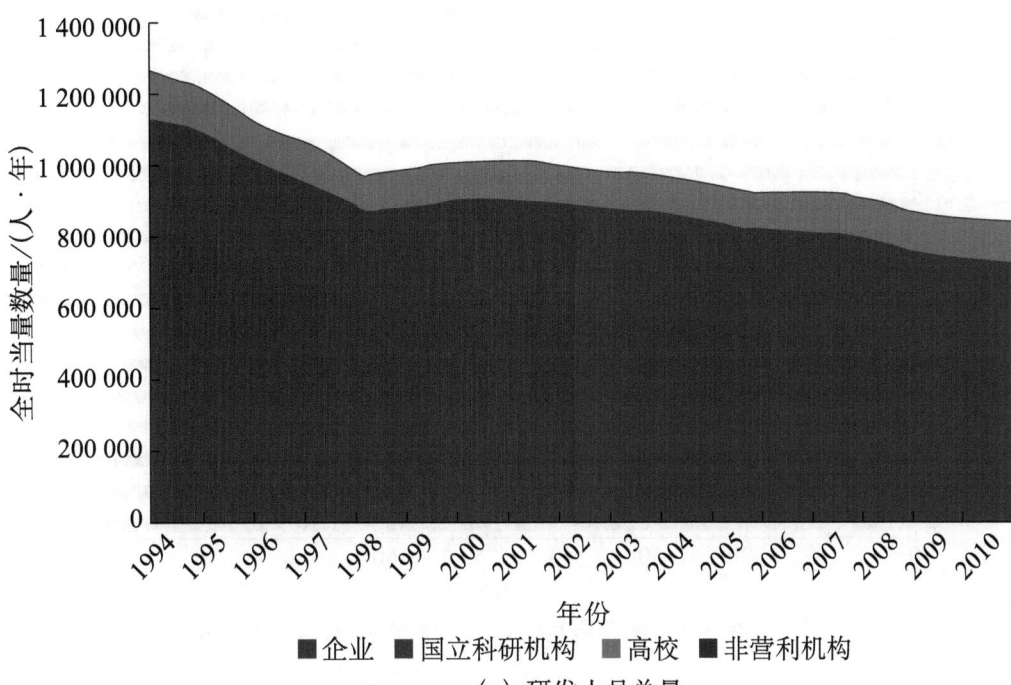

(a) 研发人员总量

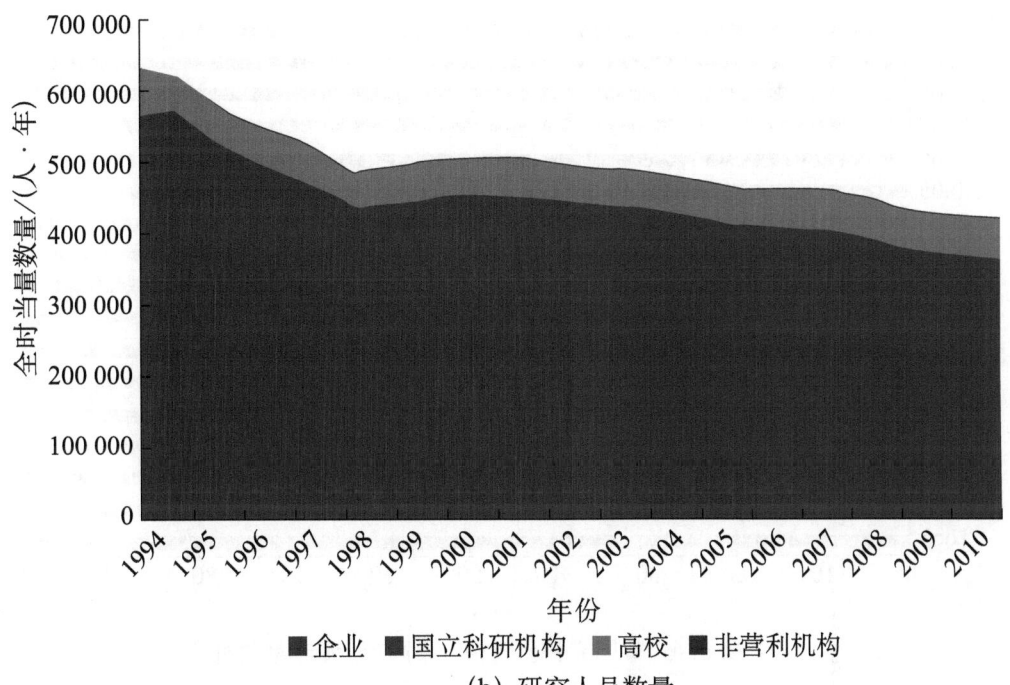

(b) 研究人员数量

图 7-3　1994～2010 年俄罗斯各部门科技人力资源数量的变化趋势

资料来源：OECD Stat 数据库

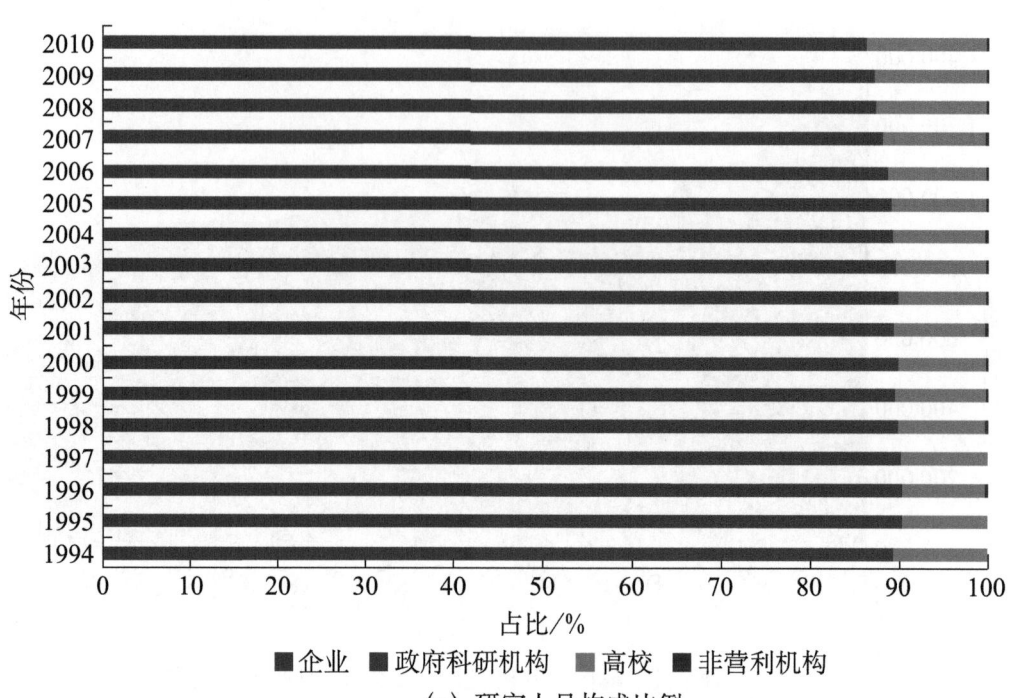

(a) 研究人员构成比例

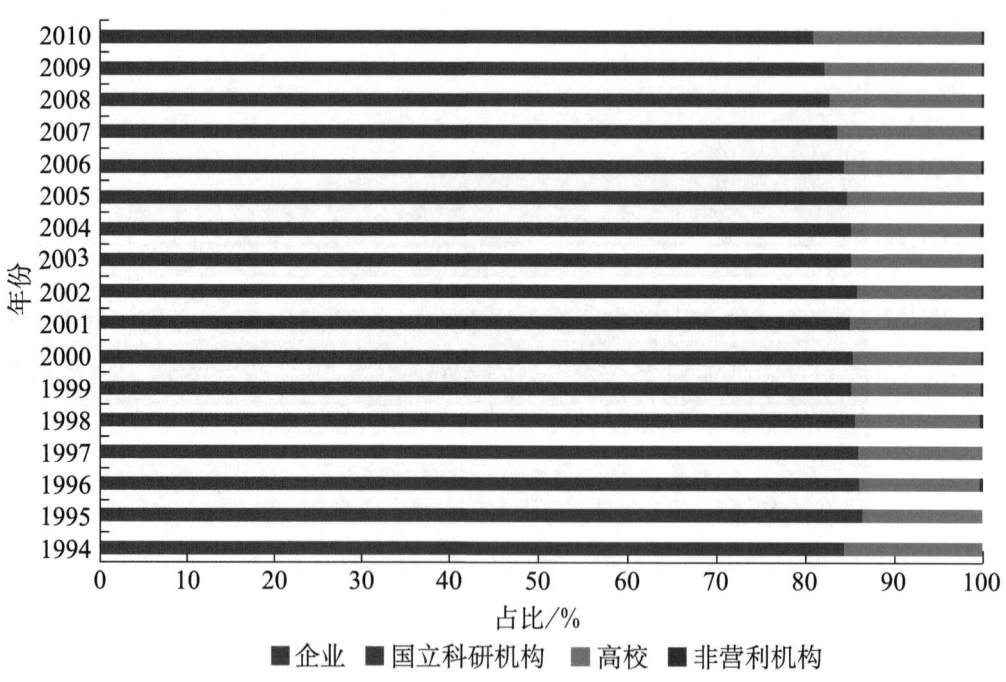

(b) 研究人员构成比例

图 7-4　1994～2010 年俄罗斯各部门科技人力资源构成的变化态势

资料来源：OECD Stat 数据库

7.1.3.2 科技经费

2010年，俄罗斯研发经费投入达到328.38亿美元，占GDP的比重偏低，仅为1.16%。其中，政府投入最多，为231.01亿美元，占总经费的70.35%；其次是企业，投入83.76亿美元，占比25.51%；国外资助是俄罗斯研发经费的第三大来源，为11.65亿美元。

20世纪90年代，由于国内的经济和社会问题，俄罗斯的研发投入受到很大影响。在经历了苏联解体初期的急剧下降和1998年金融危机之后，俄罗斯的研发经费总体呈现出稳步上升的趋势（图7-5）。2010年，政府投入比1994年增加了4.17倍，企业研发投入比1994年增加了2.31倍，国外资助增加了7.26倍（图7-6，图7-7）。

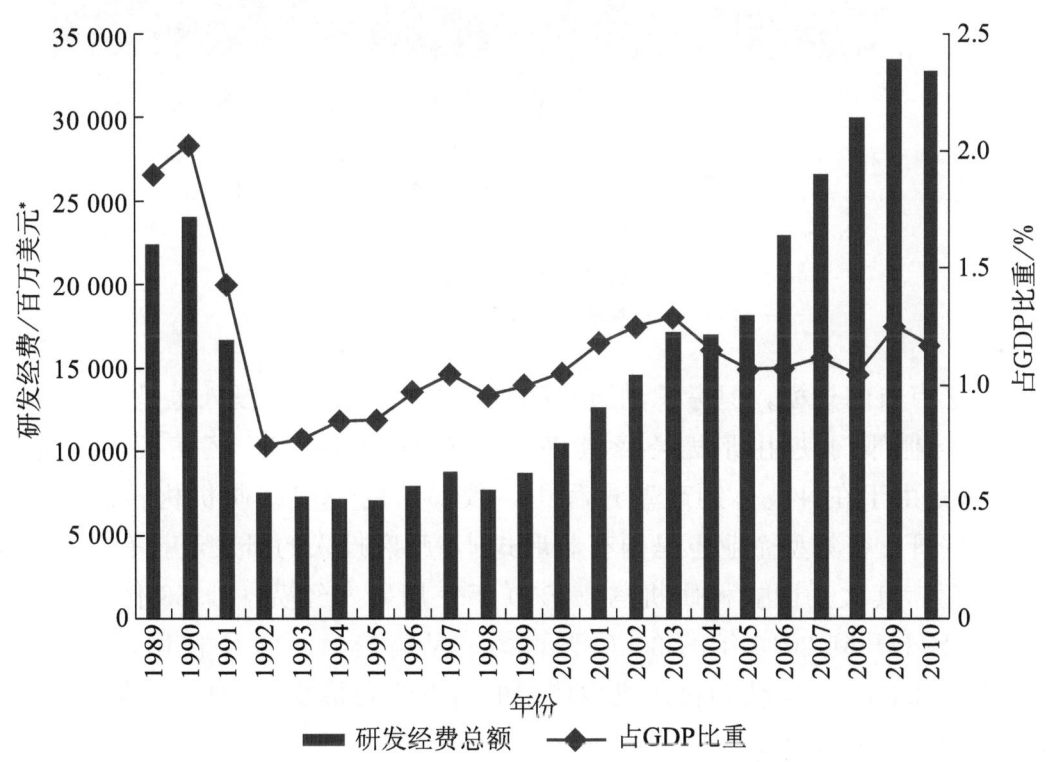

图7-5　1989～2010年俄罗斯研发经费及占GDP比重的变化趋势

* 按购买力平价现值美元计

资料来源：OECD Stat 数据库

2011年8月，俄罗斯财政部公布了2012～2014年联邦政府预算政策的主要方向。未来三年，俄罗斯中央财政对民用科学的拨款规模将逐年递减，由2012年的2547亿卢布降至2014年的1990亿卢布。俄罗斯的三个预算内科学基金（俄罗斯基础研究基金、俄罗斯人文科学基金、促进科技型小企业发展基金）对科研的投入虽然将维持每

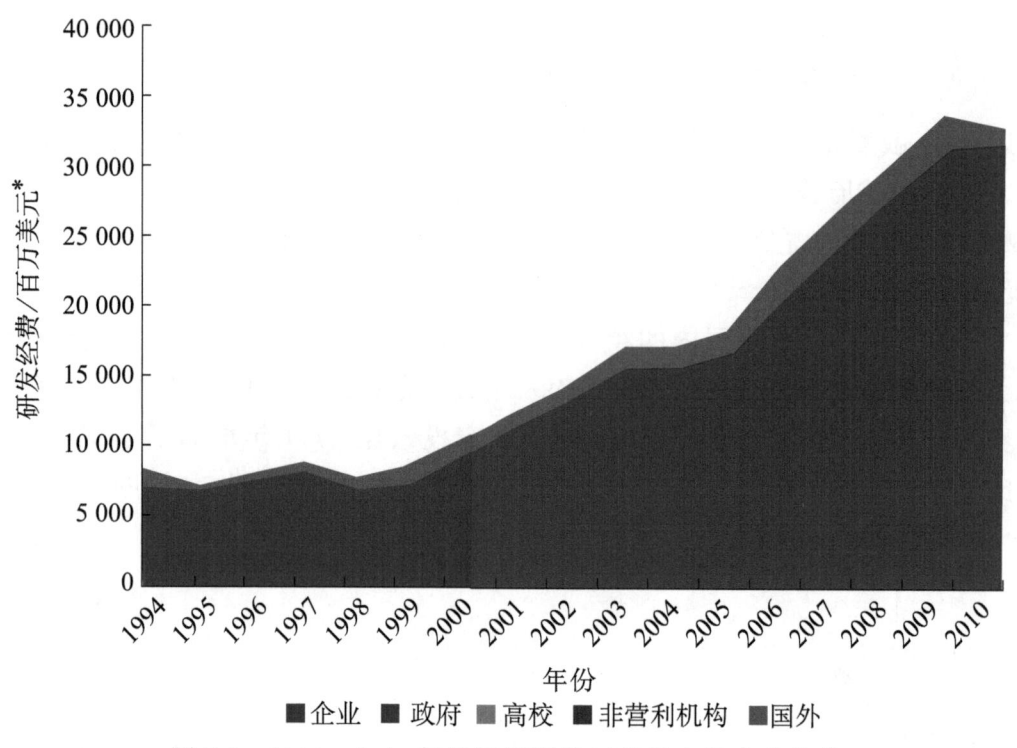

图 7-6　1994～2010 年俄罗斯研发经费投入的变化趋势

＊按购买力平价现值美元计

资料来源：OECD Stat 数据库

年大约 110 亿卢布的规模，但考虑到通货膨胀等因素，其实际投入也呈下降趋势[①]。

俄罗斯企业部门使用研发经费最多，2010 年为 198.70 亿美元，占总经费的 60.51%。这是由于在科技体制改革过程中，俄罗斯的一些科研机构转制为国有制企业，同时一些研发密集型企业也是国有制形式[②]，政府投入的研发经费有很大一部分流入了企业部门。其次是国立科研机构，2010 年使用研发经费 101.63 亿美元，占比从 1989 年的 15% 上升到 2010 年的 30.95%。第三是高校，2010 年使用研发经费 27.42 亿美元，占比 8.35%。非营利科研机构使用的研发经费最少，2010 年为 0.62 亿美元，占比仅为 0.19%（图 7-8）。

2010 年，俄罗斯全国研发经费的流向情况如图 7-9 所示。政府投入研发经费的 55.21% 流向企业部门，36.47% 流向国立科研机构，8.15% 流向高校。企业投入研发经费的 76.23% 供企业开展研发活动，少量流向国立科研机构和高校。国外研发经费

[①] 中华人民共和国科学技术部. 2011. 俄政府确定未来三年科学与创新领域预算投入. http://www.most.gov.cn/gnwkjdt/201108/t20110804_88809.htm [2011-08-16].

[②] Erawatch. 2009. Funding flow diagram. http://cordis.europa.eu/erawatch/index.cfm?fuseaction=ri.content&topicID=51&parentID=50&countryCode=RU [2011-08-21].

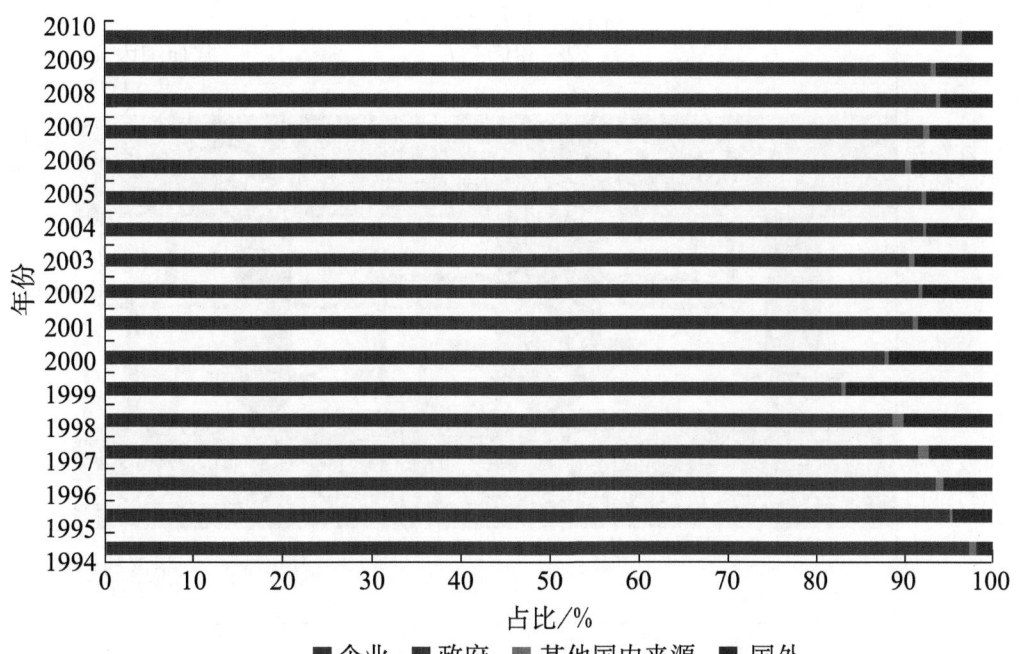

图 7-7　1994～2010 年俄罗斯研发经费来源部门构成的变化态势

资料来源：OECD Stat 数据库

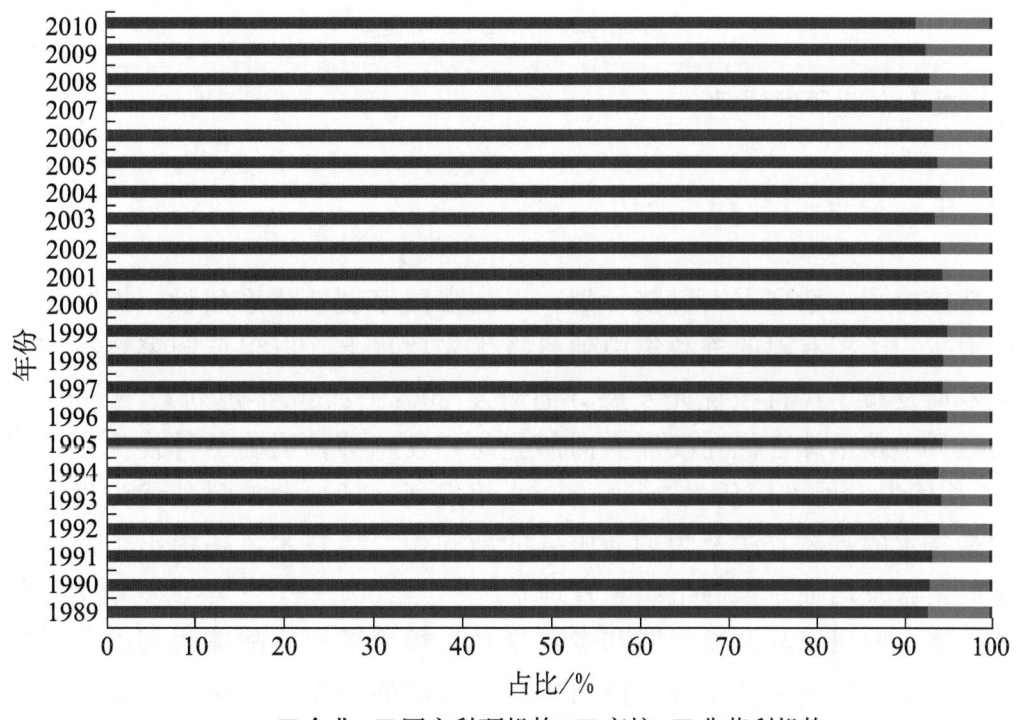

图 7-8　1989～2010 年俄罗斯研发经费执行部门构成的变化态势

资料来源：OECD Stat 数据库

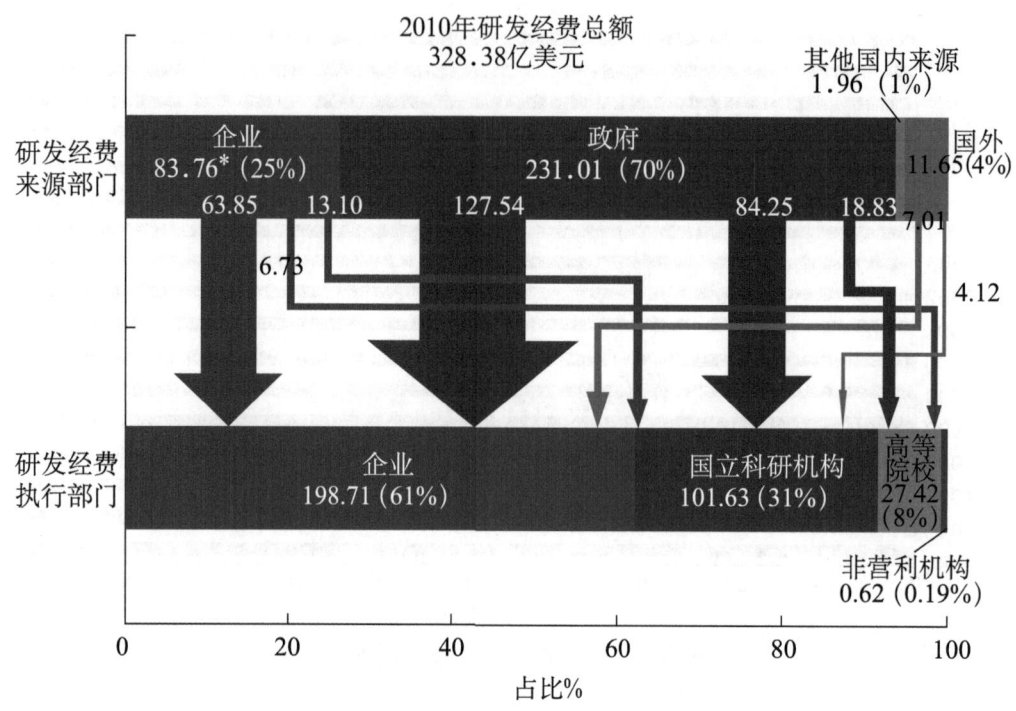

图 7-9　2010 年俄罗斯研发经费流向图
＊图中数据单位为亿美元，按购买力平价现值美元计
资料来源：OECD Stat 数据库

的 60.17% 投入企业研发活动。

7.1.4　科技计划

俄罗斯推出了一系列重大科技计划，以加强国家创新体系建设，提高俄罗斯的科技创新能力。为了把有限的资源集中到科技优先项目上，以保证国家科技实力的稳定增长，俄罗斯发布了《科技优先发展方向研发 2002—2006 年规划》、《2007—2012 年俄罗斯按照科学技术综合优先发展方向研究与开发》等，明确了科技优先发展方向和目标。《科技优先发展方向研发 2002—2006 年规划》指出要按科技优先发展方向，研究获取尖端技术的具体方法及为创新服务的新知识、新技术，还提出了发展创新活动基础设施的措施及培训专家的组织和管理系统[①]。《2007—2012 年俄罗斯按照科学技术综合优先发展方向研究与开发》联邦专项规划，继承了原有战略规划的科学性，针对其中存在的不足与弊端及新形势下国内外经济发展的新要求，制订了新的五年科技发展规划，调整了主要目标和优先发展方向，目的在于发展俄罗斯科学技术潜力，以形

---

① 张明龙，章亮 . 2009. 俄罗斯运用政策促进创新活动 . 政治研究，28：18，19．

成俄罗斯科学、工艺与技术发展的优先方向。该规划于2007～2012年计划投入1948.9亿卢布，包括联邦预算资金1338.3亿卢布，其中用于科学研究和试验为1283.9亿卢布，用于投资为54.4亿卢布，用于预算外资金为610.6亿卢布[1]。

2006年年初，俄罗斯通过了《俄罗斯联邦至2015年发展科技和创新战略》，总结了俄罗斯科技面临的系统性问题并提出了解决问题的手段，同时确定了实施的基本原则和要完成的主要任务[2]。

2011年7月，梅德韦杰夫签署总统令，确定了未来几年俄罗斯科技优先发展的八大领域及27项关键技术清单。被列入科技优先发展方向的包括安全与打击恐怖主义、纳米技术产业、信息通信技术、生活科学、远景武器、军事与特种设备种类、自然资源合理利用、交通运输与航天系统、能源效率与节能及核能技术[3]。

2011年12月，俄罗斯政府批准了《俄罗斯联邦到2020年创新发展战略》。该战略指出，只有构建强大的创新型经济，才能够实现国家长期发展的宏伟目标——保证人民享受高水平福利，加强国家作为全球大国之一在地缘政治中的作用。《俄罗斯联邦到2020年创新发展战略》确定了俄罗斯创新的目标、重点方向和国家政策杠杆，明确了创新活动主体的长期发展定位：基础研究和应用研究拨款定位及科研成果商业化定位[4]。战略中确定的基本科技目标如表7-1所示。

表7-1 2020年实现的主要目标

主要指标	到2020年的目标
创新型企业数量	提高4～5倍，占企业数量的比重上升至40%～50%
高科技产品与服务在国际市场上的份额	至少应有5～7个领域的产品与服务达到或超过5%～10%
高技术产品在国家GDP中的份额	增加到GDP的17%～20%（2009年为11.8%）
创新型产品在工业产值中比重	提高5～6倍
研发经费投入	提高到GDP的2.5%～3%（2009年为1.24%），其中超过一半来自私营企业
国际学术期刊的发文数量	增加到全球论文总量的5%（2008年为2.48%）
学术论文的篇均被引次数	增加至5次（2009年为2.4次）
高等教育	至少5所俄罗斯大学跻身世界大学前200名（2009年尚无一所）
高校科研经费在国家科研总经费中的比重	增加到30%
专利数量	自然人和法人单位在欧盟、美国、日本等国家和组织的专利部门每年注册的专利数量达到2500～3000项（2008年为63项）

资料来源：中华人民共和国科学技术部. 2012. 俄颁布创新发展战略. http://www.most.gov.cn/gnwkjdt/201201/t20120110_91834.htm [2012-02-08]；Минэкономразвития России. 2010. Проект Стратегии инновационного развития Российской Федерации на период до 2020

---

[1] 翟翠霞，郑文范. 2008. 当前俄罗斯科技发展战略特点及分析. 科技与管理，3：46，47.
[2] 米桂雄. 2007. 2006年俄罗斯科技发展综述. 全球科技经济瞭望，(3)：4-10.
[3] 中国科技网. 2012. 2011年世界科技发展回顾. http://www.stdaily.com/kjrb/content/2012-01/01/content_409377.htm [2012-06-10].
[4] 中华人民共和国科学技术部. 2012. 俄颁布创新发展战略. http://www.most.gov.cn/gnwkjdt/201201/t20120110_91834.htm [2012-02-08].

此外，在基础研究、技术、工业和农业等各个领域，俄罗斯也制订了一系列联邦专项计划。如《2007—2011年国家技术基础》、《2008—2012年基础科学研究计划》、《2009—2016年发展民用船舶制造业》联邦专项计划等，成为引导各个行业发展的具体指导方针[①]。《2008—2012年基础科学研究计划》是俄罗斯历史上第一个单独的基础科学研究五年计划，俄罗斯科学院是该计划的发起者和主要执行者。该计划确定了2008~2012年基础研究的优先发展方向为纳米技术、核能、光电子、生物信息技术、生物工程技术及其他技术。俄罗斯政府将投入2500亿卢布用于该计划，并对俄罗斯科学院提出了精简不必要的附属机构、提高资金使用效率的要求，以保障国家投资的合理利用和有效产出[①]。

7.1.5 国际科技合作

俄罗斯将开展国际科技合作视为国家科技政策的一个重要内容，力图通过国际科技合作，发展和变革其科技体制。在发展过程中，根据国家经济、科技发展的实际情况，俄罗斯积极加强国际科技合作的政策安排，推进对外科技合作事业。20世纪90年代初，由于当时政治、经济、社会的剧烈动荡，科研经费不足、人才外流严重，俄罗斯主要利用国际科技合作获得外国经费支持，保存俄罗斯的科学技术潜力，维持俄罗斯的科学研究。在1999年前的转型过程中，国际科技合作政策的重点是努力使俄罗斯的对外科技合作与市场经济相结合发展。2000年以后，随着俄罗斯经济的好转及全球化竞争的压力，俄罗斯更加重视国家创新体系的建设，国际科技合作的重点是加强国际合作在国家创新体系中的作用，实现国际技术创新合作中的技术产业化。

俄罗斯在2002年通过的《俄罗斯联邦至2010年及未来国家科技发展政策原则》中，将发展国际科技合作作为七个最重要导向之一，并使之成为实施国家科技和创新政策、促进国家经济增长战略的重要组成部分。俄罗斯还确定了国际科技合作的战略目标，即促进俄罗斯转向创新发展的道路，建立世界多极化的俄罗斯技术创新体系；在科学、技术和生产领域中参与全球化进程；提高本国科学技术水平，让俄罗斯的知识性产品、科技产品和服务走向国际市场；发展新型国际合作，加强国际科技合作中技术创新的作用；让俄罗斯国际科技合作的组织机构面向世界；保障俄罗斯国家科学技术的安全。

俄罗斯国际科技合作政策的基本发展方向如下：一方面在基础研究和应用科学方面制订国际合作计划，稳固俄罗斯在国际一体化、科学劳动分工与协作方面的地位，

---

① 米桂雄.2008.2007年俄罗斯科技发展综述.全球科技经济瞭望，(3)：48-56.

注重在重点发展的科技领域同国际和各个国家重点科学中心的合作；另一方面，在国际技术创新合作中，提高高科技创新活动的比重，发展适应国际需要的科技合作市场机制和基础设施，将推进本国创新科技产品走向国际市场与创造良好环境来提高国外机构在俄罗斯的创新积极性合理结合起来[①]。

俄罗斯国际科技合作的对象、合作领域和范围不断扩大。合作的对象主要包括国际组织、发达国家、第三世界发展中国家和独联体国家。在各类国际组织的合作中，俄罗斯的主要合作对象是欧盟科技组织、北约科学委员会、经济合作与发展组织、联合国职能部门及区域经济联合系统的各种机构等。俄罗斯与美国在科技合作方面注重开展关于材料科学的基础研究，其合作还涉及海洋气候的声学测温、电信工程、高速计算机、地震学、传染病和生物芯片等领域。俄罗斯与德国近年来在海洋和极地研究、激光技术和环境保护等领域开展深入合作，并且鼓励两国青年学者参与生物工程及其他技术创新领域的合作研究，立项解决先进信息和通信技术的若干重大问题。在发展中国家中，俄罗斯与印度的科技合作最为引人注目。俄印科技合作主要集中在计算机和海洋科学领域，还涉及流体学、气象学及固体物理学等。俄罗斯与独联体及东欧国家一直存在着密切的经济科技联系，在科技方面的目标是建立起独联体国家共同的科技空间。

俄罗斯国际科技合作的形式主要有合作研究，建立合资企业、科技园区和商业风险投资公司等。①合资企业是利用国家和私营公司的资金，建立由外国科研机构、科技成果推广中心、新技术开发投资公司参股的企业，俄罗斯一些大的科研院所普遍建立了下属有外资参与的股份公司。通过这种合作方式，可使俄罗斯科研机构减少进入国际市场的现实压力和商业风险。②俄罗斯科技园区一般以一个大科研院所为基地，如莫斯科技物理所和位于普希诺市的生物技术中心的科技园区等，是俄罗斯扩大参与国际分工的重要形式之一。科技园区一般还设有科技成果转化中心、商业风险投资中心、情报和远程通信中心等，为科学家创业提供了各种保障。③为了鼓励与推进对外科技合作，俄罗斯建立与运作了商业风险投资公司这一保障机制。例如，俄罗斯和芬兰在圣彼得堡市建立了俄芬商业风险投资公司，以帮助芬兰小企业与俄罗斯科研院所建立联系，开发、生产并向其国内和国际市场推出俄罗斯产品，还为俄罗斯和外国企业提供转让技术、商业研究、签订分包合同、组建合营企业、产品推广和人员培训方面的服务。这种商业性风险投资公司的建立大大降低了双边科技合作的投资风险[②]。

[①] 宋福利，谷力. 2008. 俄罗斯科技合作. 活力，(4)：64；国际科技合作政策与战略研究课题组. 2009. 国际科技合作政策与战略. 北京：科学出版社.

[②] 李靖宇，李晓岩. 2004. 俄罗斯科技对外合作态势及对我国的启示. 宁波职业技术学院学报，(1)：13-17.

7.1.6 创新体系构成：高校与企业

7.1.6.1 高校

俄罗斯共有1000多所高校，其中600多所为国立高校。2004~2005年，入学新生为165.91万人，毕业107.66万人。2004年，授予博士和副博士学位30 841人[①]。

苏联时期，高校主要作为教育部门，除莫斯科国立大学外，不得从事科学研究。苏联解体后，高校才恢复从事科学研究。在俄罗斯，高校普遍设立各类教学科研机构，或者是与企业组建产学研联合体。高校从事研发活动的人员数量约占总研发人数的1/10，2010年约为11.34万人，其中具有博士和副博士学位的比重达50%左右[②]。高校研究经费主要来自政府，2010年，使用研发经费27.42亿美元，占全国研发总经费的8.35%，远低于欧盟27国的24.4%和经济合作与发展组织国家的18.1%[③]。在俄罗斯"创新2020"中，提出了到2020年高校科研经费在国家科研总经费中的比重达到30%的目标。俄罗斯高校2007~2010年研发经费情况如表7-2所示。

表7-2 俄罗斯高校研发经费情况

经费情况	2007年	2008年	2009年	2010年
研发经费/百万美元	1685.53	2012.98	2392.95	2741.98
占GDP份额/%	0.07	0.07	0.09	0.10
占总经费的份额/%	6.32	6.70	7.13	8.35

资料来源：OECD Stat数据库

俄罗斯大多数国立高校都受联邦教育与科技部的领导，也有一些受其他部委的领导。非国立高校需要按照俄罗斯联邦非营利机构法律的规定建立，大多数学科领域集中在不需要昂贵的设备及较大资本投入的人文学、经济学和法律等学科。非国立高校只有在获得政府的认可后方可有权取得预算资金[④]。

俄罗斯高等教育体系正在进行大幅改革。2006年，俄罗斯将罗斯托夫区域、克拉斯诺亚尔斯克区域及海参崴三个区域作为高校合并的试点。2008年5月，俄罗斯总统梅德韦杰夫签署了"组建联邦大学"的命令。通过地方院系合并，新组建西伯利亚联

---

① 中华人民共和国驻俄罗斯大使馆教育处．俄罗斯教育简介．http：//www.eduru.org/publish/portal23/tab1053/info7326.htm [2011-08-22]；陈曦．2007．俄罗斯高校的创新型人才培养．全球科技经济瞭望，(9)：40-42.

② 中国社会科学院俄罗斯东欧中亚研究所．2006．俄罗斯的科学技术．http：//euroasia.cass.cn/2006Russia/Education/education002.htm [2008-05-09].

③ OECD. 2012. Main Science and Technology Indicators. Volume. 2011/2. OECD Publishing：41.

④ 俄罗斯联邦教育与科技部．高等教育经费．http：//cn.russia.edu.ru/edu/description/sysobr/907/ [2011-08-22].

邦大学和南联邦大学。11月，俄罗斯再次提出组建国家级研究型大学的计划[①]。2008年，为了提高俄罗斯高等教育的竞争力，俄罗斯联邦教育与科技部准备整合俄罗斯现有高等教育资源，计划在未来五年内把俄罗斯的1000所高校整合成150所，包括50所大学和100所学院[②]。

7.1.6.2 企业

俄罗斯从事研发活动的企业主要是大型国有企业和国家科学中心。2006年，绝大部分国家科学中心转制成为联邦级国有单一制企业，成为以企业为主体的国家创新体系的国家队。下面分别介绍大型国有企业和国家科学中心。

1) 大型国有企业

俄罗斯企业中从事研发活动的主体是大型国有集团公司。从2007年4月至2008年5月，俄罗斯集中建立了联合航空制造集团公司（UAC）、俄罗斯国家技术集团公司（Rostechnologii）、俄罗斯纳米技术集团公司（Rusnano）、俄罗斯核能集团公司（Rosatom）等规模庞大的国家集团公司，这些集团公司合并了大量相关领域的科研机构和企业。通过专门的联邦立法，每个集团公司都明确其章程和任务，同时，这些集团公司还被赋予实施重大建设工程、振兴俄罗斯国家经济及发展高新技术产业的重任。再加上已有的国有企业，俄罗斯通过对国家集团公司的集中投资，使国有经济成分在全国经济中的比重迅速提高，国家所控制的行业领域得到大幅拓展。国家集团公司也成为俄罗斯控制战略型经济领域的重要组织形式。根据2008年欧盟产业研发投入记分牌数据，有三家俄罗斯企业位列非欧盟国家研发密集型企业前1000名，包括全球最大的天然气开采企业俄罗斯天然气工业股份公司、俄罗斯最大的汽车制造商AvtoVAZ公司及俄罗斯电信和消费电子设备提供商JSC Sitronics[③]。

俄罗斯希望通过组建集团公司恢复俄罗斯在国际高科技市场的地位，改变俄罗斯在高科技领域落后于欧美发达国家的局面。国家集团公司的控股范围不仅包括传统的军事工业、国防科研和高新技术等战略性行业，还涉及汽车制造、冶金、航空、电子、船舶制造等传统工业及微电子、信息通信、纳米技术等新兴产业。国家集团公司是实现俄罗斯一些庞大的建设规划和发展战略的主力军。国家集团公司在实现国家重大发展战略上拥有一系列便利。例如，对最高权力直接负责，减轻了官僚体制对重大产业

---

① 新华网. 俄罗斯联邦概况（俄罗斯概况）. http://news.xinhuanet.com/ziliao/2002-06/01/content_418805_11.htm [2011-08-22].

② 孙萍. 2008. 俄罗斯拟将1000所高校合并为150所. http://news.xinhuanet.com/world/2008-08/21/content_9585350.htm [2011-08-22].

③ Erawatch. 2009. Private research performers. http://cordis.europa.eu/erawatch/index.cfm?fuseaction=ri.content&topicID=69&parentID=65&countryCode=RU [2011-08-22].

发展项目的干扰；可在独立的法人主体内进行并购，快速重组国有资产，摆脱了体制内大量纷繁复杂的法律程序羁绊，提高了国有资产使用的灵活性；每一个集团公司都是巨额预算拨款主体，在一定程度上有利于提高联邦预算拨款的使用效率[①]。

2）国家科学中心

从1993年开始实行的国家科学中心体制是俄罗斯科技体制改革的产物，即俄罗斯政府为了集中有限的力量保存国家科技实力的精华，授予某些国家级重点科技企业、科研机构等国家科学中心的地位。当时政府规定：获得国家科学中心地位的机构，并不改变原有的组织形式和所有权性质，而是意味着它们将从此成为国家科技投入给予特别支持并对其活动提供优先保障的单位。经过评选，获得国家科学中心地位的58个机构中包括49个国有科研企业、7个国立科研组织和2个股份制机构[②]。

随着近年来俄罗斯经济形势的变化，国家科学中心这一特定历史条件下的产物已引起俄罗斯政府的反思：国家科学中心对国家优惠政策的依赖性阻碍了创新的发展，同时，优惠政策对新出现的科技型中小创新企业构成不公平的竞争；此外，随着政府部门的多次调整，有些国家科学中心的上级主管部门发生变动，甚至撤销。为加强管理，并将国家科学中心真正推向市场，俄罗斯联邦教育与科技部于2005年开始对国家科学中心进行企业化转制，绝大部分转制成为联邦级国有单一制企业，这项工作已在2006年年初完成[③]。2006年12月底，俄罗斯跨部门的科技创新政策协调委员会又通过了一项决议，以对原来58个国家科学中心进行的业绩评价结果为根据，将58个国家科学中心缩减为52个[④]。

俄罗斯国家科学中心的定位明确，紧紧围绕事关俄罗斯社会经济发展、国家安全及国家科技优先发展的领域，以应用基础研究、应用研究和试验生产为主。涉及的主要领域包括核物理与原子能、化学与新材料、生物技术与病毒学、生物医学、光学与光电子、机械制造与汽车制造、造船业、电子技术与能源、信息学与仪器制造和机器人技术、冶金、植物育种、建筑、海洋与气象和水文水利等。

除了上述国有企业，俄罗斯政府也非常重视中小企业的发展，于1994年成立了促进科技型小企业发展基金会，基金会的资金主要用于支持研发项目。从2004年起，基金会启动了一个新的支持科技型小企业的"起点计划"，用于支持那些尚处于起步阶段的小型创新企业，并开始逐步涉足科技型小企业的内部管理。然而，俄罗斯小企业中

[①] 王伟.2009.俄罗斯的国家集团公司：建立与运行.http://euroasia.cass.cn/Chinese/Production/Yellowbook2009/022.htm［2011-08-22］.
[②] 顾海兵，周智高.2004.俄罗斯国立研究机构改革及其借鉴.科学中国人，(3)：32，33.
[③] 龚惠平.2006.俄罗斯国家创新体系的新发展.全球科技经济瞭望，(12)：28-32.
[④] 米桂雄.2008.2007年俄罗斯科技发展综述.全球科技经济瞭望，(3)：48-56.

创新公司所占的比重和对经济的贡献率均较低。为进一步支持企业的发展,俄罗斯政府还设立了国家风险投资基金,其主要投资领域是非政府风险投资基金所不愿涉足的高技术项目和中小企业创新[①]。

7.1.7 创新体系构成:国立科研机构

俄罗斯的国立科研机构主要包括科学院系统、联邦航天署及部委所属研究机构等。值得一提的是,近年来,俄罗斯一些重要的国立科研机构已经转变、合并成国有企业,并通常划归企业研究部分,如俄罗斯国家技术集团公司、联合航空制造集团公司、俄罗斯核能集团公司等。

科学院系统由俄罗斯科学院及俄罗斯医学科学院、俄罗斯农业科学院等专业科学院组成,一直是俄罗斯国家科技体系中最重要的组成部分。其中,俄罗斯科学院是俄罗斯联邦的最高学术机构、最大的科研实体,是主导全国自然科学和社会科学基础研究的中心,也是全国的科研协调中心,对俄罗斯国民经济具有重大影响。专业科学院的规模显著小于俄罗斯科学院,由相关部委领导。科学院系统吸纳了约1/3的民用研发经费,每年超过500亿卢布。雇用的研发人员超过14万人,约占俄罗斯全部研发人员的18%,是整个高等教育部门研发人员的三倍以上(2007年数据)。

俄罗斯联邦航天署是俄罗斯国立科研机构中第二大研发力量,负责俄罗斯航天领域的研发工作。研发工作范围非常广泛,从空间相关研发、发射装置的构建、火箭和航天器发射、载人航天飞行、航天器发射场的管理,到建立俄罗斯的全球导航卫星系统(Glonass)。俄罗斯联邦航天署还负责管理联邦航天计划(2006~2015年),拥有65个航天领域的研究所和生产企业,年度经费预算约为14.5亿美元[①]。

各部委下属的科研院所也是俄罗斯国立科研机构中重要的研发力量。例如,联邦科学与创新署拥有34个科研机构,包括著名的核能与纳米研究所、库尔恰托夫研究所(Kurchatov Institute)等。

---

① Erawatch. Russia research performers—public research organisations. http://cordis.europa.eu/erawatch/index.cfm?fuseaction=ri.content&topicID=67&parentID=65&countryCode=RU [2011-08-22].

7.2 俄罗斯科学院

> ▶ 俄罗斯的最高学术机构,主导全国自然科学和社会科学基础研究的中心,全国的科研协调中心。截至2010年,已有17位学者先后获得诺贝尔奖,其中自然科学领域的有13位。
>
> ▶ 2007年年底,人员总数约为10万人,科研人员超过55 000人,其中包括522名院士、822名通讯院士(截至2008年7月)。
>
> ▶ 2006年,科研经费为463.4亿卢布(约合14.06亿美元),68%来自政府,24%来自企业的研究合同收入。
>
> ▶ 三级管理体制:①全体大会、主席团;②11个专业学部、3个地方分院、15个地区科学中心;③下属的科研院所、科学中心。
>
> ▶ 在中国科学院管理创新与评估研究中心对86个国际国立科研机构的学术影响力排名中,俄罗斯科学院的生物和生物化学、地球科学、数学排名第三,社会科学排名第四,化学排名第六,空间科学排名第七,材料科学排名第九。

俄罗斯科学院(Russian Academy of Sciences,RAS)于1724年在圣彼得堡成立,其历史悠久、规模庞大、研究实力雄厚,是俄罗斯联邦的最高学术机构、最大的科研实体,是主导全国自然科学和社会科学基础研究的中心,也是全国的科研协调中心。长期以来,俄罗斯科学院在自然科学、技术科学、社会科学和人文科学的基础研究中取得了众多世界一流的成果。截至2010年,俄罗斯科学院已有17位学者先后获得诺贝尔奖,其中属于自然科学领域的有13位[1]。

俄罗斯科学院不仅是基础研究的中心,同时还参与制定国家的大政方针。俄罗斯科学院与俄罗斯原子能部、国家安全部队、总检察院、外交部、海关总署、保健部合作,为其制定严密的行使权力的法律条文。除此以外,俄罗斯科学院还参与1993年的《宪法》、《税务法》、《专利法》、《银行及银行活动法》的编撰工作,俄罗斯科学院中很多有影响的科学家都在议会或总统下属的各种理事会工作[2]。

---

[1] RAS. Нобелевская премия. http://www.ras.ru/about/awards/nobelprize.aspx [2011-08-22].
[2] 周立斌,宋兆杰. 2010. 俄罗斯科学院今昔. 科技管理研究,(16):247-251.

7.2.1 人力资源和经费状况

2007年,俄罗斯科学院共有员工104 236人[1],其中科研人员超过55 000人(2008年7月数据),包括522名院士、822名通讯院士,65%有博士和副博士学位[2]。

2006年,俄罗斯科学院的总经费为463.4亿卢布(约合14.06亿美元[2]),68%来自政府,其中政府财政预算拨款为309亿卢布,其他来自俄罗斯基础研究基金会和俄罗斯人文科学研究基金会的竞争性经费及承担国家和地方的科技计划和项目收入等。来自非政府的经费占32%,包括与国内外企业及科研机构的各类研究合同收入、私人基金资助及租金收入等,其中与企业的研究合同收入占总经费的24%[1]。俄罗斯科学院的经费构成如图7-10所示。

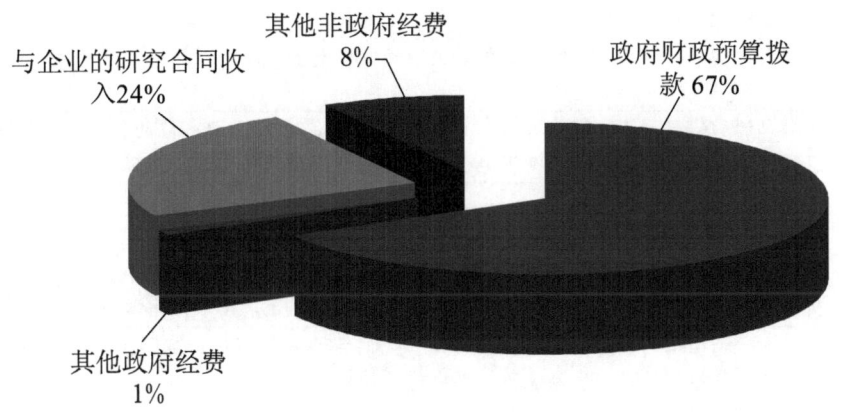

图7-10 俄罗斯科学院2006年经费来源构成

7.2.2 战略定位和重点领域

俄罗斯科学院的主要目标是组织和从事基础研究,促进自然、社会和人文科学的发展,从而推进俄罗斯科技、经济、社会和文化的发展。俄罗斯科学院的主要活动如下:①从事基础和应用科学研究,解决自然、技术、社会和人文科学研究中的主要问题;②参与协调基础科学研究联邦预算的分配;③根据俄罗斯的利益,研究和分析国际科研成果的应用;④基于世界经济技术发展的预测,预测俄罗斯在高科技产品市场的地位和作用;⑤参与制定联邦科学研究政策,参与主要研究项目的评估工作,制定

---

[1] Erawatch. 2009. Russia organisations. http://cordis.europa.eu/erawatch/index.cfm?fuseaction=org.document&uuid=E460683E-C34F-8C70-F3726C00A4318FE7 [2011-08-21].

[2] 根据2012年6月21日汇率换算——美元:卢布=1:32.9576。

和实施环境保护政策；⑥培养一流的科学家；⑦支持有才能的科学家，促进年轻科学家创造力的提高；⑧促进教育和科研的融合，参与培养高等教育专家；⑨加强与特定行业科学院及其他组织在基础和应用科学方面的合作和互动；⑩扩展科学和工业之间的互动，参与创新活动，应用科技发展成果，协助俄罗斯经济在高技术市场的发展；⑪社会基础保障；⑫开展国际科技、经济合作；⑬参与和促进科技成果的宣传工作[①]。

俄罗斯科学院致力于自然科学和社会科学的基础研究，主要研究领域包括数学，物理，纳米技术和信息技术，系统动力工程、力学与控制，化学与材料，生物科学，地球科学，社会科学，历史及语言学。各领域的主要研究方向如表7-3所示。

表7-3 俄罗斯科学院基础研究的主要领域方向

主要领域	研究方向
数学	代数，数论，数理逻辑；几何与拓扑；数学分析；微分方程和数学物理；概率论与数理统计；计算数学；数学建模；理论计算机科学；并行和分布式计算；离散数学；系统编程；信息系统；力学与太空探索数学问题等
物理	凝聚态物理；光学和激光物理；无线电物理学、电子、声学；等离子体物理；天文学和空间探索；核物理等
纳米技术和信息技术	信息理论，信息系统和网络原理；人工智能系统，模式识别；自动化系统，CALS技术；神经信息学和生物信息学微电子，纳米电子学和量子计算元件基地；微系统技术；光学和微波通信等
系统动力工程、力学与控制	能量学；力学；机械学；管理流程
化学与材料	化学反应动力学和机理，立体化学，晶体理论；新材料合成，纳米材料研究；化工能源；化学分析；超分子和纳米尺度的自组织系统；化学和放射性元素技术；化学环境等
生物科学	生物大分子结构与功能；设计和合成具有生物活性的新药物；基因组学，蛋白质组学；遗传信息的表达及其控制转录；生物能源；生物化学和植物生理学；干细胞，细胞工程，细胞疗法；微生物和真菌生物技术的使用；临床生理学；分子生态学；自然生态系统；生物保护；系统学和生物分类学；生物信息学；生物安全问题等
地球科学	地球动力学；成岩成矿作用与沉积；地震活动和地震预测；地球的地质历史；沉积盆地的大陆架和大陆坡；地球的生物圈及其演变；地质过程和自然系统的热力学实验研究；生物地层学；环境和气候变化研究等
社会科学	哲学；社会学；心理学和法学；经济学；世界发展和国际关系等
历史及语言学	人类社会和人类历史文明的演进；历史和文化的发展；俄罗斯文学和世界文学；民俗学研究；俄罗斯语言等

7.2.3 组织架构和管理模式

7.2.3.1 组织架构

俄罗斯科学院实行三级管理：①全体大会、主席团；②11个专业学部、3个地方

---

① RAS. Структура Российской академии наук. http://www.ras.ru/sciencestructure.aspx [2011-08-24].

分院、15个地区科学中心；③下属的科研院所、科学中心，其组织结构如图 7-11 所示。

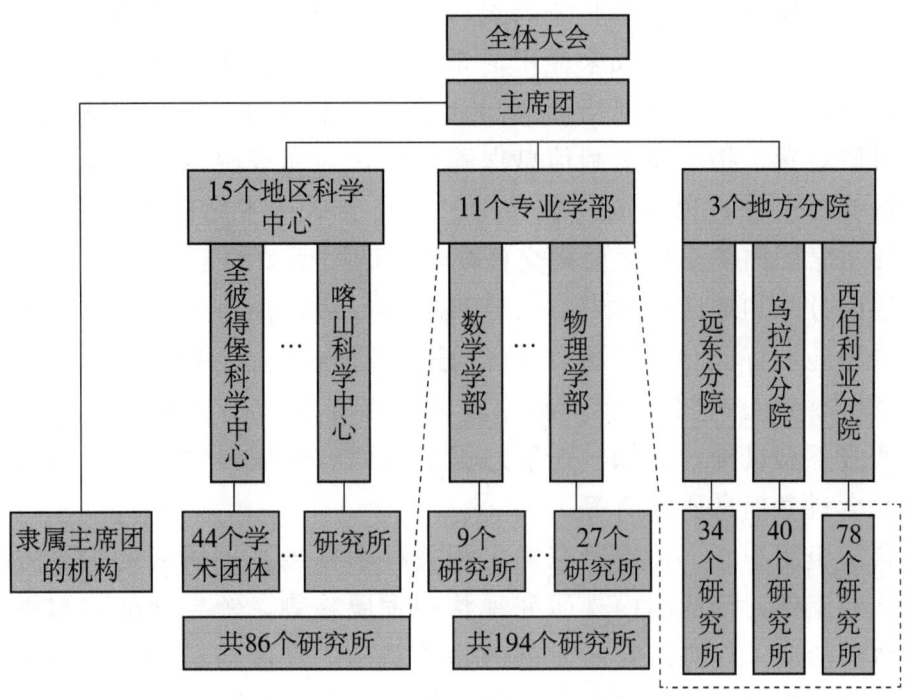

图 7-11　俄罗斯科学院管理体系图

资料来源：根据俄罗斯科学院网站 http：//www.ras.ru/sciencestructure.aspx?_Language=en；M. V. Ugrumov 和 Russian Academy of Sciences：Competitiveness and cooperation with the European Union. http：//www.era2009.cz/miranda2/export/sitesavcr/data.avcr.cz/projekty/era2009/program/UGRUMOV.pdf 整理

俄罗斯科学院的最高权力机构是由俄罗斯科学院院士、通讯院士及下属科研机构的科研人员代表组成的全体大会。全体大会的主要任务包括讨论国家科学发展问题，审议俄罗斯科学院主席团所做的工作总结报告和完成预算拨款计划的工作报告，确定工作计划方向和优先发展重点，解决科研组织管理上的问题，选举俄罗斯科学院主席团成员，选举俄罗斯科学院院士和通讯院士及外籍院士。全体大会各种人事问题的决议都是以无记名投票方式产生。全体大会例会按需要举行，但每年必须至少举行一次[①]。

俄罗斯科学院主席团成员包括主席、副主席、主席团秘书长、学部秘书（secretary

---

① 中国社会科学院国际合作局. 2000. 俄罗斯科学院人文社科系统的重建及组织管理. http：//bic.cass.cn/info/Arcitle_Show_Humanities_Show.asp?ID=106&Title=%B6%ED%C2%DE%CB%B9%BF%C6%D1%A7%D4%BA%C8%CB%CE%C4%C9%E7%BF%C6%CF%B5%CD%B3%B5%C4%D6%D8%BD%A8%BC%B0%D7%E9%D6%AF%B9%DC%C0%ED&strNavigation=%C4%FA%B5%C4%CE%BB%D6%C3%CA%C7%A3%BA%CA%D7%D2%B3-%3E%C8%CB%CE%C4%C9%E7%BF%C6-%3E%B6%ED%C2%DE%CB%B9 [2011-08-22].

academician)、地方分院的主席、圣彼得堡科学中心主席及其他成员。其主要任务和职责是听取有关重大学术问题研究情况的报告，批准基础研究规划和有关自然科学与社会科学重点科研工作计划，提出有关国家科技政策的科学法规及建议，通过有关国家经济、社会和文化发展的科研成果应用而采取措施，授予优秀作品、科学发现金质奖章和杰出学者奖，领导科研干部培训及国际学术交流活动，领导俄罗斯科学院的出版工作，解决科研经费、物质技术和信息保障问题，为完成院内任务成立必要的科研和科学辅助性机构与企业，以及成立各级学术委员会等。主席团成员每五年选举一次。换届时，前任主席团向院全体大会提交任期内主席团活动的工作报告。

学部、地区分院和地区科学中心是管理的第二级。由于历史原因，俄罗斯科学院依据学科布局和地域特征对其下属科研机构进行划分，包括 11 个学部、3 个地方分院和 15 个地区科学中心。它们均有下属的具体研究所/中心。此外，还有一些直属主席团的研究所和服务型机构，例如，在信息保障方面有全俄科学与技术信息研究所和俄罗斯科学院社会科学信息研究所等。

学部是科学组织中心，负责研究确定相关科学领域基础研究的主要方向，协调学部各科研机构的工作，分析国内外研究现状和发展趋势，领导学部下属机构学术委员会、学术团体的活动，促进研究所发展的物质基础，发展与科研机构、部委和高校科学家之间的联系，发展国际科技合作。俄罗斯科学院将原有的 18 个专业学部精简为 11 个，如表 7-4 所示。撤销了 45 个研究单位的法人地位，整合了研究方向相近的研究院所，组建了新的研究所。学部的最高机构是学部全体大会，由俄罗斯科学院院士和学部科研机构的科技人员代表组成。全体大会休会期间，由学部秘书领导，以及一些研究所所长组成的学部局主持学部的工作。学部的学部秘书是学部全体大会从俄罗斯科学院院士中选举产生，并被任命为俄罗斯科学院全体大会主席团成员。

表 7-4 俄罗斯科学院专业学部的调整情况

原有的 18 个专业学部	现有的 11 个专业学部	现有专业学部下属分部
数学学部，信息学、计算技术与自动化学部的部分	数学学部	①数学分部；②应用数学与信息学分部
普通物理与天文学部，核物理学部	物理学部	①普通物理与天文学分部；②核物理分部
信息学、计算技术与自动化学部	纳米技术和信息技术学部	①信息技术与自动化分部；②计算系统、定位系统、远程通信系统与基站分部；③纳米技术分部
动力学物理技术问题学部，机械制造、机械与控制过程学部	动力、机械制造、机械与控制过程学部	①动力学分部；②力学分部；③机械制造与控制过程问题分部
普通与技术化学学部，物理化学与无机材料工艺学部	化学与材料科学学部	①化学分部；②材料学分部
生物物理化学学部，普通生物学学部	生物学学部	①生物物理化学分部；②普通生物学分部

续表

原有的18个专业学部	现有的11个专业学部	现有专业学部下属分部
生理学部	生理学与基础医学部	①生理学分部；②基础医学分部
地质、地质物理、地质化学与矿山科学学部，海洋学、大气物理与地理学部	地球科学学部	①地质物理学分部；②矿物与地质化学分部；③世界海洋科学分部；④地理学与大气和陆水科学分部
经济学部，哲学、社会学与法学学部	社会科学学部	①经济学分部；②国际关系分部；③哲学、社会学、心理学与法学分部
历史学部，语言文学学部	历史与哲学科学学部	①历史学分部；②语言文学分部
国际关系学部	全球问题与国际关系学部	①全球问题分部；②国际关系分部

资料来源：谭宗颖，阳宁晖.2006.《国际科研机构发展态势分析》（内部报告）；任真.2008.俄罗斯科学院2006~2008年预算.《科学研究动态监测快报（科技战略与政策专辑）》；RAS. Organizational structure of Russian Academy of Sciences. http://www.ras.ru/win/db/browse_adm.asp?P=.ln-en

俄罗斯科学院地方分院有远东分院、西伯利亚分院和乌拉尔分院，其中最大的是西伯利亚分院。西伯利亚分院于1957年成立，截至2007年1月，有员工2.2万余人，包括科研人员8725人。乌拉尔分院和远东分院于1987年在原来的科学中心的基础上成立。俄罗斯科学院地方分院具有独立的法人资格，除能够独立进行科研工作以外，还可以自主对外签署协议，自行决定其他一些重大事务。分院设有主席团和学部，不仅能从科学院总部获得部分预算经费，还能从地方获得经费支持。分院下设研究所、科研机构和科研辅助机构，以及地区性科学中心。

俄罗斯科学院有15个直属的地区科学中心，它们主要分布在俄罗斯的一些共和国和欧洲部分地区，其地位与地方分院大致相当。其中，圣彼得堡科学中心是最大的一个，下辖44个学术团体，包括32个独立的研究机构、9个其他城市的研究院所分支机构、2个教研室和1个地震观测站。圣彼得堡科学中心设有主席团和若干学部[1]。

7.2.3.2 管理模式

俄罗斯科学院受俄罗斯联邦法律保护，由联邦政府直接领导。在内部管理和运行机制方面遵循俄罗斯科学院章程，俄罗斯科学院新章程于2007年11月19日获得俄联邦政府第785号决议批准。

各研究所和科学中心是科研活动的具体执行者。以学部下设的专业研究所为例，研究所的内部分为基础研究部门和科研辅助部门两个部分。研究所领导一般包括所长一人、副所长数人、学术秘书一人及学术委员会。所长全面负责所内工作，由上级机构任命，通常由知名学者担任。副所长经所长推荐由上级机构任命，负责领导所内某

---

[1] 中华人民共和国驻圣彼得堡总领事馆. 俄罗斯科学院圣彼得堡科学中心. http://saint-petersburg.china-consulate.org/chn/hzxx/kj/kj/jg/eky/t310945.htm [2011-08-22].

部门的科研或科研管理工作，具体分工由所长决定，并对所长和上级机构负责。学术秘书领导所内科研辅助部门的工作，经所长推荐由上级机构任命，所一级领导任期均为五年。学术委员会为所内的咨询机构，但在考核科研干部等问题上有决定权[1]。

在人事薪酬方面，为稳定和吸引更多的科研人才，俄罗斯科学院从2006年5月起开始实行"完善科学院系统研究机构人员工资待遇的试点计划"，科研人员的工资将逐步提高。例如，2006年（5月1日以后）、2007年和2008年，最低一级的科研人员的工资分别上调到3600卢布、6200卢布和1万卢布；主要科研人员的工资分别上调到7200卢布、1.25万卢布和2.01万卢布；院/所长的工资分别上调到9500卢布、1.65万卢布和2.65万卢布。在俄罗斯科学院，科研人员每个月还可以领到两份附加工资，包括按学术水平确定的职务工资和激励津贴。算上附加工资后，2008年，科研人员的月均薪酬达到3万卢布[2]。

在经费管理方面，根据俄罗斯科学院新章程的规定：俄罗斯科学院现改为国家直接拨款。相对于以往通过俄罗斯联邦教育与科技部分配经费，俄罗斯科学院在获得国家拨款问题上消除了中间环节，获得了财政自主权。因而，俄罗斯科学院在经费配置方面，与其他各部委一样成为国家预算拨款单位，也能够直接参与制定国家科学预算工作。科学院获得国家拨款后，可以自主分配给研究所，对拨款使用情况的监督由包括国家相关部门代表组成的协调委员会执行[3]。

俄罗斯科学院下属各研究所按照其所需经费于前一年向所在学部提出第二年经费预算申请报告，该报告包括研究所人员总数及工资总额、科研经费数额、科研仪器经费及研究所日常开支费用等。科学院主席团根据政府拨款总经费核定各学部的经费申请，并通过科学院的财经局按比例分块下拨到各研究所[4]。

7.2.4 国际科技合作

俄罗斯科学院与欧洲、美洲和亚洲几乎所有的主要国家保持和发展合作关系。

---

[1] 中国社会科学院国际合作局. 2000. 俄罗斯科学院人文社科系统的重建及组织管理. http://bic.cass.cn/info/Arcitle_Show_Humanities_Show.asp?ID=106&Title=%B6%ED%C2%DE%CB%B9%BF%C6%D1%A7%D4%BA%C8%CB%CE%C4%C9%E7%BF%C6%CF%B5%CD%B3%B5%C4%D6%D8%BD%A8%BC%B0%D7%E9%D6%AF%B9%DC%C0%ED&strNavigation=%C4%FA%B5%C4%CE%BB%D6%C3%CA%C7%A3%BA%CA%D7%D2%B3-%3E%C8%CB%CE%C4%C9%E7%BF%C6-%3E%B6%ED%C2%DE%CB%B9 [2011-08-22].

[2] 杨建梅译. 2006. 俄逐步提高科研人员的工资水平. 中亚信息, (6): 34; 米桂雄. 2008. 2007年俄罗斯科技发展综述. 全球科技经济瞭望, (3): 48-56.

[3] 米桂雄. 2008. 2007年俄罗斯科技发展综述. 全球科技经济瞭望, (3): 48-56.

[4] 王银凤. 2007. 俄罗斯科学院. 科学中国人, (12): 30-33.

2008年，俄罗斯科学院与60个国家就100项协议进行联合研究工作；参与九国政府间协定；参与120多个国际合作组织及600多项国际组织合作项目。另外，俄罗斯科学院已与国外合作伙伴签署了400多项合作协议。

俄罗斯科学院的国际合作涵盖范围广泛的基础科学问题，重点是全人类所关注的全球性问题。其中，最主要的是环境保护，具体包括地球的卫星监测、世界海洋及其资源研究、外层空间现象认知、全球气候变化及生态问题、全球自然灾害、流行病和绝症研究、热核聚变研究、超导研究、超高温和超低温等领域[①]。

机构网址：http://www.ras.ru（俄语）
联系地址：119991 Moscow, Leninskii avenue, 14
电话：(495) 938 0309
传真：(495) 954 3320

---

① RAS. Международное сотрудничество. http://www.ras.ru/about/cooperation/internationalcooperation.aspx [2011-08-22].

8 澳大利亚

◆ 澳大利亚的创新能力稍低于欧盟平均水平，在全球处于中上等水平。在医学和生物医药、农牧业、地球与环境科学、采矿及矿产品加工技术、纳米技术等领域的研究处于世界领先水平。截至2011年，澳大利亚共诞生了14位诺贝尔奖得主，其中自然科学领域有13位。

◆ 研发人员数量持续上升，2008年达到13.71万人，其中研究人员占到2/3以上；企业研发人员占全国研发人员的比重快速提升，2008年度上升到39.37%。

◆ 2008年，研发经费为190.29亿美元，占GDP的比重达到2.24%，接近经济合作与发展组织国家平均水平。目前，企业部门是澳大利亚最主要的研发经费来源体和执行体，而且近年来所占比重呈现快速上升趋势。2008年，企业部门投入和使用的研发经费分别占到全国的62%和61.34%。

◆ 国立科研机构通常依据各自的机构法设立或组建，依据《联邦机构和公司法1997》等法案进行管理。

◆ 国立科研机构隶属于联邦部门，国立科研机构最多的部门是创新、工业和科研部。

8.1 科技政策与体制概况

8.1.1 科技政策与体制演变

澳大利亚是一个幅员辽阔、资源丰富的国家，在历史上也是一个具有创新传统的国家。从1770年"库克船长"的科学考察活动，到发明航空记录仪（黑匣子）、仿生耳等重大科技成果，澳大利亚人用创新的精神为人类社会做出了重大的贡献。在20世纪80年代以前，澳大利亚对科学研究秉持一种自由放任的态度，联邦政府没有统一的科研预算。20世纪80年代，联邦政府的科技政策理念发生了根本性的变化，认为创新对国家的繁荣至关重要，强调科技应为国际经济社会发展做出贡献[1]。到20世纪末，澳大利亚意识到其具有世界竞争力的产业仍然是传统的农业和矿产资源等初级产业，与美国、芬兰等科技发达国家相比，知识经济在GDP中所占的比重低且缺乏竞争力、企业研发投入不足、科技成果产业化水平不高，等等[2]。面对21世纪知识经济的挑战，澳大利亚政府于2000年2月召开了"国家创新峰会"，期望采取措施扭转澳大利亚在科技创新和知识经济领域的颓势。2001年，推出了澳大利亚能力支撑（Backing Australia's Ability，BAA）计划。

近年来，为了适应全球经济的发展趋势，增强国家的竞争力，为国民经济和国家创新系统的发展提供动力，澳大利亚联邦政府实施了一系列科学技术创新政策和措施，并在科技管理部门推行绩效管理等方面的改革。这些政策和措施着眼于加强国家整体创新能力，建立坚实的科学技术和工程基础，强调研究成果的商业化开发，将政府对产业界的研究与开发的支持及工业、大学和政府之间的相互合作列入科技政策范围。具体政策和措施如下：①通过建立合作研究中心将相关领域内的大学、国立科研机构和企业紧密结合起来，发挥资源和人才优势，在相关领域进行长期的、战略性的研究工作，促进新兴产业发展，加快研究成果的商业化进程；②以政府投资与风险资本相结合促进研究商业化，将研究领域投资的计划和有关商业化、风险资本投资与知识产权保护的计划紧密结合，加强研究和成果转化之间的联系；③对企业的研发项目给予资助，对企业聘用研究生与研究机构进行的研发项目给予特别资助，对增加研发投入

---

[1] 龚旭. 2004. 澳大利亚科技政策研究与战略制定的范例分析. 研究与发展管理，16（2）：26-32.
[2] 李颖. 2007. 访澳归来话创新. http://www.npc.gov.cn/npc/xinwen/rdlt/sd/2007-11/08/content_374559.htm [2011-08-22].

的企业实行税收减免政策；④鼓励本国科学家参与国际科技合作；⑤努力建立世界水平的研究基础设施和科研仪器；⑥延长科研项目的周期，以留住外国科学家；⑦针对国家科技成果产业化长期薄弱的问题，澳大利亚政府从 2010 年 1 月开始实施总投资 1.96 亿澳元的国家科技商业化计划，对澳大利亚的企业家精神、知识型产业和新兴产业发展提供强有力的支持①。

与此同时，随着形势的变化，澳大利亚政府一直不断进行机构改革。2007 年年底，陆克文就任澳大利亚总理后，整合了原来的工业、旅游和资源部中负责工业的相关部门与原来的教育、科学和培训部中负责科学和研究的相关部门，成立了创新、工业和科研部（Department of Innovation, Industry, Science and Research, DIISR），全面负责全国的科研工作。经过政府机构调整，澳大利亚进一步加强了对科学研究的管理和支持，国家创新体系得到进一步发展和完善。

8.1.2 科技管理体系

在澳大利亚现行科技管理体系中，联邦政府起主导作用，州政府在某些领域的科技管理中也发挥着重要作用。政府通过投资和政策引导等方式，在推动科学发展的同时，促进技术创新和经济繁荣②。具体来说，联邦政府负责制定国家科技政策和重大科技发展计划，资助国立科研机构、大学、合作研究中心和国家重大工业科技计划等；州政府的科技管理侧重于公共领域，主要负责管理和资助本州的农业、卫生、环境和能源领域的科技工作③。澳大利亚科技管理体系如图 8-1 所示。

澳大利亚的科技咨询机构与协调机构主要有总理科学、工程和创新理事会（Prime Minister's Science, Engineering and Innovation Council, PMSEIC）及创新协调委员会（Coordination Committee on Innovation, CCI），这两个机构都是跨部门的非常设机构。总理科学、工程和创新理事会是澳大利亚政府科学、工程和创新及教育、培训等相关事务的最高独立咨询机构，成立于 1997 年，由联邦总理任主席，理事会委员分为三类：一是与科技创新和教育有关的内阁部长，包括创新、工业和科研部部长，教育、就业和劳动关系部（Department of Education, Employment and Workplace Relations, DEEWR）部长，卫生和老龄服务部部长，农业、渔业和林业部部长等；二是主要的科研机构及科学和工业界的代表；三是因能力出众而被挑选的个人。理事会每年举行

---

① 驻澳大利亚使馆科技处. 澳大利亚科技简报. 2010 年第 4 期.
② 龚旭. 2004. 澳大利亚科技政策研究与战略制定的范例分析. 研究与发展管理, 16 (2): 26-32.
③ 中国科学技术信息研究所. 2005. 国外宏观科技管理体系比较研究（二）. http://library.gdut.edu.cn/html/tecinfo/tecinfo6/27.htm [2011-08-22].

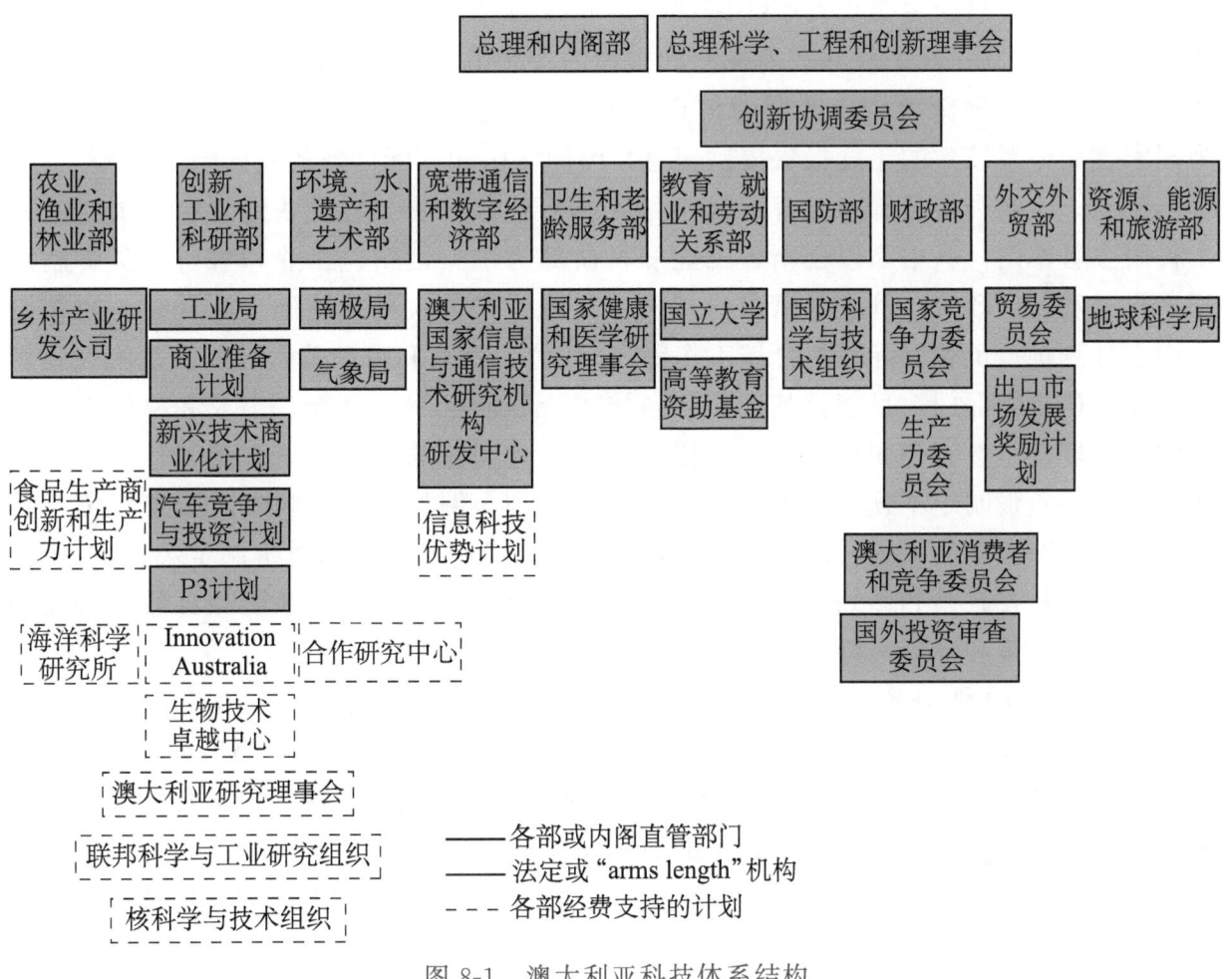

图 8-1 澳大利亚科技体系结构

资料来源：Shaping Australia's future through innovation. http://www.innovation.gov.au/innovationreview/Documents/PMSEICTC2.ppt

两次全体会议，就科学、工程和技术方面的议题及科技对澳大利亚的经济和社会发展的贡献进行讨论。同时，理事会设立了由非部长级成员组成的常务委员会，负责对相关的研究提供支持并进行监管，以提升公众就科学、工程和创新对澳大利亚经济和社会发展重要性的理解。主要职责如下：①就科技方面的重要事宜，包括对澳大利亚经济、公共商品、教育、未来产业和就业、安全及可持续发展等提供咨询；②发挥科技前瞻作用，预测并报告可能的或新兴的需要、威胁和机遇；③协助政府部署科研和创新优先领域；④就澳大利亚科技创新资源和基础设施的适宜性和有效性提供建议；⑤提高公众对科技对澳大利亚经济和社会发展的重要性的认识[1]。

---

[1] DIISR. 2011. The Prime Minister's Science, Engineering and Innovation Council. http://www.innovation.gov.au/Science/PMSEIC/Pages/default.aspx [2012-01-16].

创新协调委员会主要负责解决跨部门之间在科技创新政策、计划和项目方面的协调与配合问题，由30个联邦政府部门和机构的代表组成。其主要职能包括收集和监测澳大利亚科学和创新项目、计划的信息，报告国家创新和研究重点相关的机构活动，为国家创新体系绩效的年度报告提供信息，监测本国和国际创新的发展趋势等[1]。

创新、工业和科研部与教育、就业和劳动关系部是澳大利亚联邦政府最主要的两个科研主管部门，其中又以创新、工业和科研部为主。创新、工业和科研部负责制定国家科技和创新政策，管理国家科研机构；实施国家重大科技基础设施计划、合作研究中心计划等；负责国际科技合作工作等[2]。教育、就业和劳动关系部以前是澳大利亚的主要科研主管部门，目前，其大部分科研主管职能已纳入创新、工业和科研部，其新的主要职能是教育和职业培训，但依然参与澳大利亚的部分科研管理工作。其他专业部门分别负责制定本领域的科技政策和科技计划，例如，卫生和老龄服务部负责制定公共卫生和医学领域的科技政策和计划，农业、渔业和林业部负责制定农、牧、渔、林业领域的科技政策和计划，环境、水、遗产和艺术部负责制定环境和自然遗产保护领域的科技政策和计划，等等。

澳大利亚的科研资助机构主要有澳大利亚研究理事会（Australian Research Council，ARC）与国家健康和医学研究理事会（National Health and Medical Research Council，NHMRC），它们主要资助大学的科研活动。澳大利亚研究理事会是澳大利亚最大的资助机构，支持除了医学以外的所有学科领域内具有高度竞争性的科学研究和培训[3]，现为创新、工业和科研部下属的一个法人机构。澳大利亚研究理事会负责管理国家竞争性资助计划（NCGP），就该计划的经费分配和研究问题，向创新、工业和科研部提供建议，并推动开展最高水平的、有益于澳大利亚全社会的科学研究与培训。国家健康和医学研究理事会成立于1936年，现归卫生和老龄服务部管理，是澳大利亚主要的健康与医学研究资助机构，就一系列直接影响澳大利亚人民福祉的相关问题，向澳大利亚政府、健康专业人员及社会团体提供意见和建议[4]。

为了征询更为广泛的意见，以制定更为科学的科技政策和计划，澳大利亚还设立了首席科学家职位，并于2008年将该职位从兼职提升为全职。首席科学家通常由科技主管部长任命，任期一般为三年。首席科学家的主要职责包括就科学、技术和创新问

---

[1] DIISR. 2011. Coordination committee on innovation. http://www.innovation.gov.au/INNOVATION/COUNCILSANDFORUMS/Pages/CoordinationCommitteeonInnovation.aspx [2011-08-22].

[2] DIISR. 2011. Our organisation. http://www.innovation.gov.au/AboutUs/OurOrganisation/Pages/default.aspx [2011-08-22].

[3] ARC. 2011. About ARC. http://www.arc.gov.au/about_arc/default.htm [2011-08-22].

[4] NHMRC. 2011. About National Health and Medical Research Council. http://www.nhmrc.gov.au/about [2011-08-22].

题向总理和部长提出建议，在政府和科学、工程、创新及企业集团间建立起联系等。

澳大利亚的科研力量主要由联邦科学与工业研究组织（CSIRO）、海洋科学研究所（AIMS）、国防科学与技术组织（DSTO）、澳大利亚核科学与技术组织（ANSTO）等机构及大学科研机构构成，其中联邦科学与工业研究组织是澳大利亚最大的国立科研机构。

8.1.3 科技投入

8.1.3.1 人力资源

过去30多年来，澳大利亚的研发人员数量持续增加。2008年，澳大利亚研发人员全时当量总数为13.71万人·年，比1981年的4.45万人·年增长了2倍多。其中，研究人员为9.24万人·年，占67.36%；技术人员及支撑人员为4.48万人·年，占32.64%（图8-2）。研究人员在澳大利亚全部研发人员中所占比重有较大幅度的提升，由1981年的54.36%上升到2004年的69.88%，但近年来稍有降低。

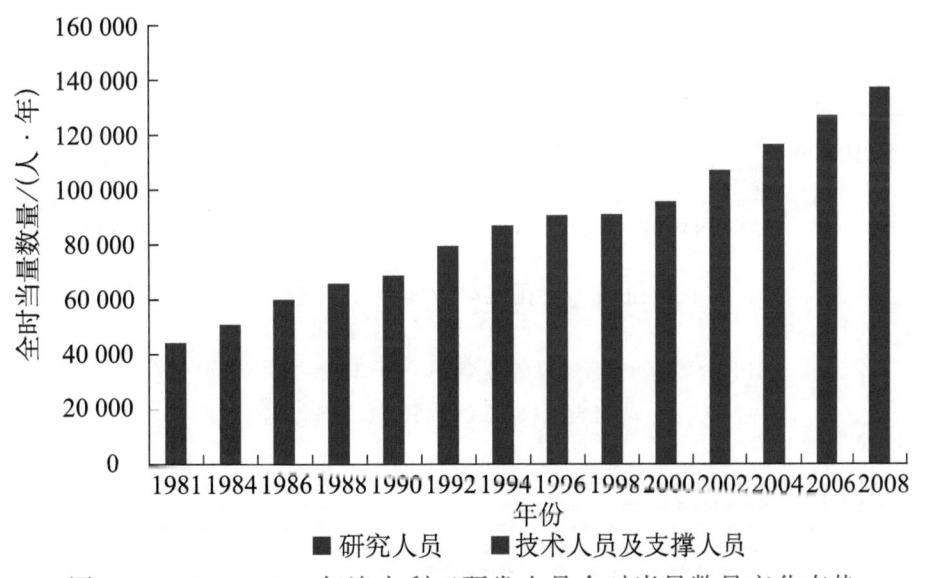

图8-2 1981～2008年澳大利亚研发人员全时当量数量变化态势
资料来源：OECD Stat数据库

自20世纪80年代以来，高校的研发人员全时当量数量一直多于其他部门，并保持稳步增长，所占比重也持续提升，2008年为6.13万人·年，比1998年增加了34.74%。企业部门的研发人员全时当量数量于20世纪80年代中期超过国立科研机构，并保持了较快的增长速度，2008年为5.40万人·年，比1998年增加了115.05%，占比上升到39.37%。国立科研机构研发人员数量在过去10年中逐年减少，

2008年为1.70万人·年，占比下降到12.43%。非营利机构研发人员全时当量数量最少，2008年不足5000人·年，但其所占比重增长较快，由1981年的1.54%上升到2008年的3.49%（图8-3，图8-4）。

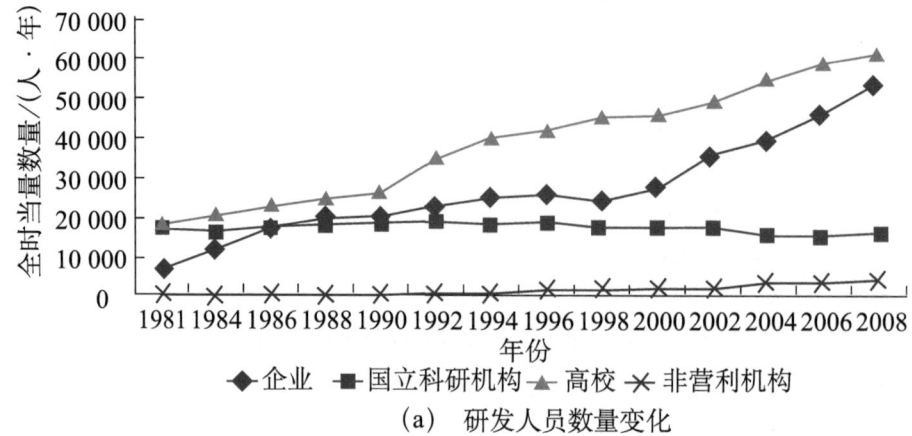
(a) 研发人员数量变化

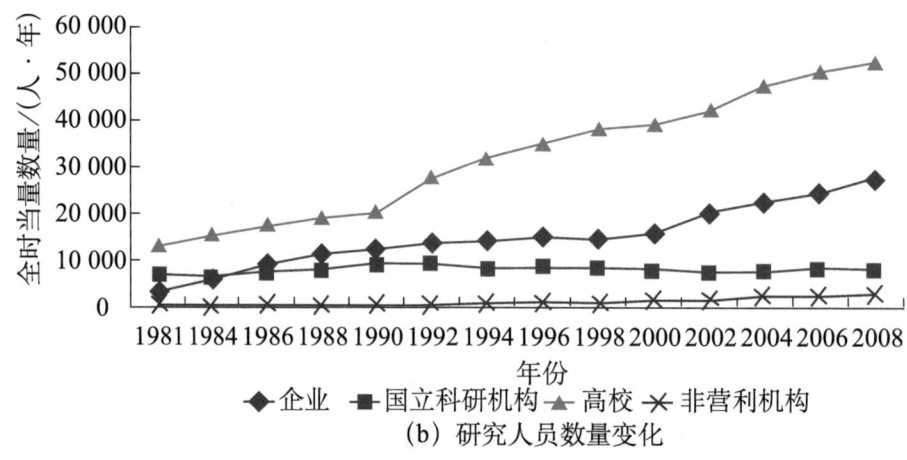
(b) 研究人员数量变化

图8-3 1981~2008年澳大利亚各部门科技人力资源数量变化态势

资料来源：OECD Stat 数据库

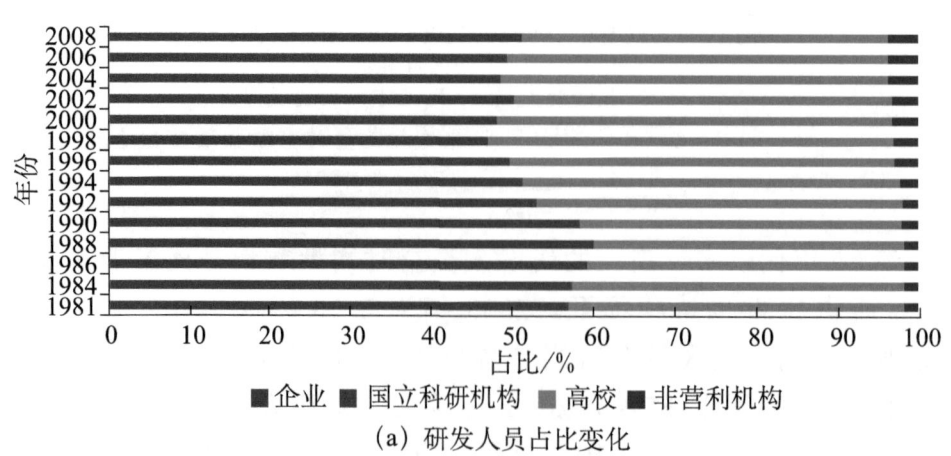
(a) 研发人员占比变化

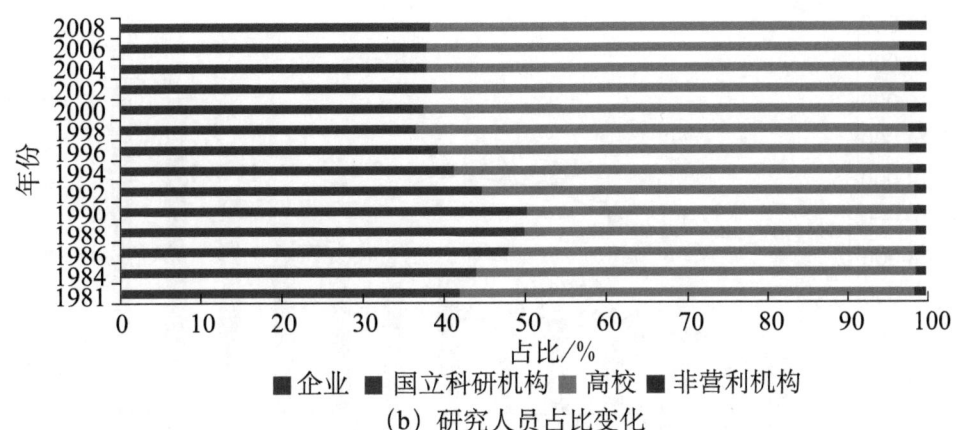

(b) 研究人员占比变化

图 8-4　1981~2008 年澳大利亚各部门科技人力资源占比变化态势

资料来源：OECD Stat 数据库

8.1.3.2　科技经费

20 世纪 80 年代以来，澳大利亚的研发经费投入保持了持续快速增长的趋势。2008 年，澳大利亚研发经费投入达到 190.29 亿美元，是 1998 年的 2.78 倍，是 1981 年的 12.18 倍，1998~2008 年的年均增幅达到 17.77%。与此同时，澳大利亚的研发经费投入占 GDP 的比重也基本保持了稳步上升的趋势，特别是在 2000 年后，上升速度较快。2008 年，澳大利亚的研发经费投入占 GDP 的比重达到 2.24%，接近经济合作与发展组织国家的平均水平（2009 年为 2.4%[①]）（图 8-5）。

澳大利亚研发经费投入主要来源于企业部门和政府，经历了由政府主导型向企业主导型的明显转变过程（图 8-6，图 8-7）。20 世纪 80 年代初，政府部门提供了澳大利亚绝大部分的研发经费，1981 年，政府研发投入所占比重高达 72.82%。随后政府投入仍保持了持续增长的态势，但企业部门研发投入增长更快。20 世纪 90 年代中后期，企业的研发投入逐渐超过了政府部门，特别是在 2000 年后，相对政府部门而言，其增长速度更加明显。2008 年，企业部门投入 117.98 亿美元，是 1998 年的 3.62 倍，是 1981 年的 37.47 倍，占澳大利亚总研发经费的 62%。2008 年，政府部门投入 65.57 亿美元，占总经费的 34.46%，该比重在经济合作与发展组织国家中仍处于较高水平。来自高校、非营利机构和国外的经费很少，总计占比不足 4%。

从研发经费执行部门构成来看（图 8-8），澳大利亚企业部门使用的研发经费比重基本保持了逐步上升的趋势，2008 年使用研发经费 116.72 亿美元，占全部研发经费

---

① OECD. 2012. Main Science and Technology Indicators. Volume. 2011/2. OECD Publishing：25.

世界主要国立科研机构概况

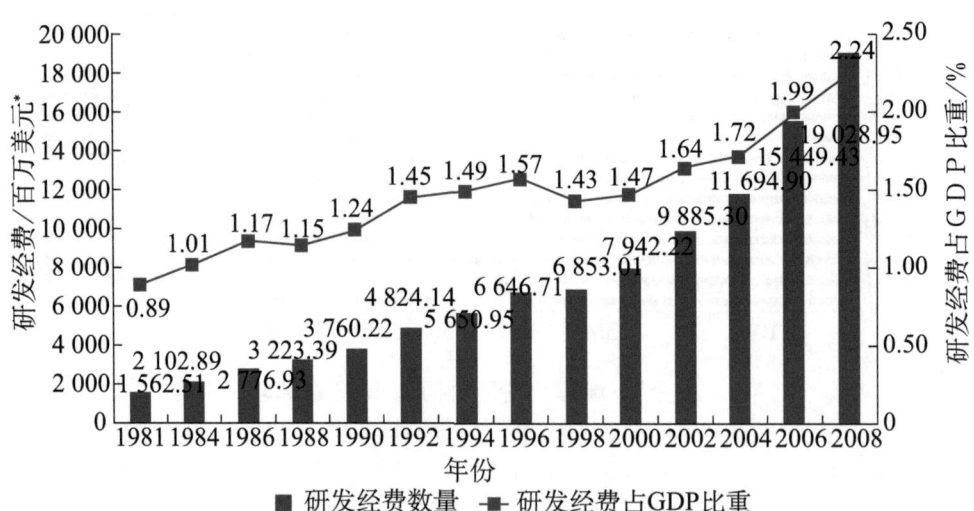

图 8-5　1981～2008 年澳大利亚研发经费总额及占 GDP 比重的变化态势

* 按购买力平价现值美元计

资料来源：OECD Stat 数据库

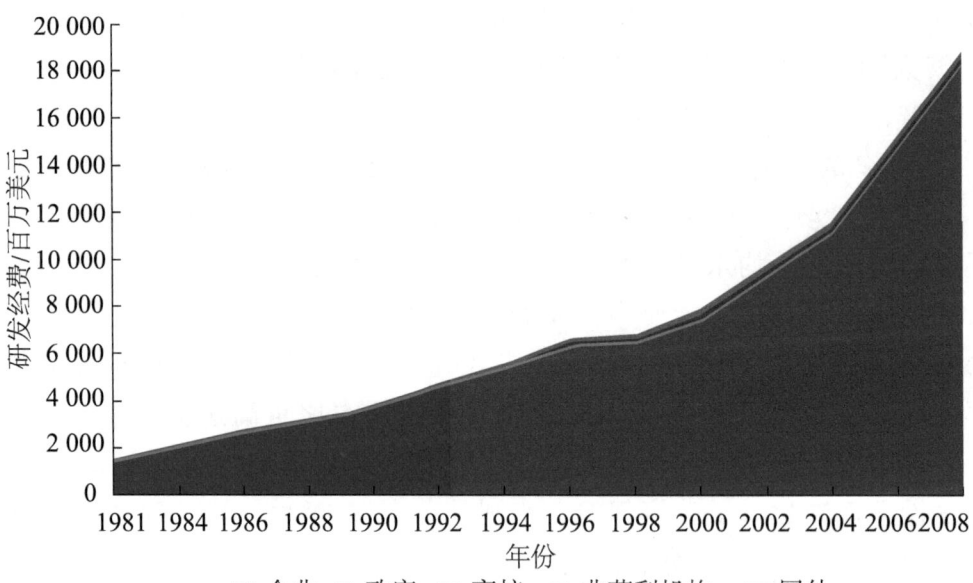

图 8-6　1981～2008 年澳大利亚研发经费按来源部门的变化态势

资料来源：OECD Stat 数据库

的 61.34%，而 1998 年仅为 45.91%。企业的研发经费主要投向制造业、采矿与能源等领域[①]。高校使用的研发经费比重在过去 30 年中基本维持在 25% 上下，2008 年使用

---

① Rowbotham J. 2011. Research and development investment up, now for government to come to the party. http://www.theaustralian.com.au/higher-education/research-and-development-investment-up-now-for-government-to-come-to-the-party/story-e6frgcjx-1226083714973 [2011-08-08].

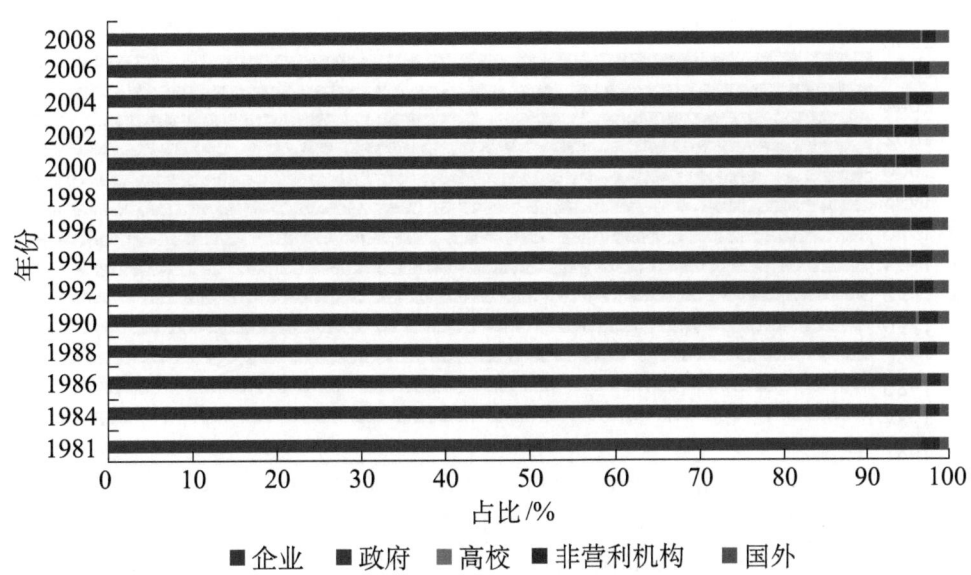

图 8-7 1981～2008 年澳大利亚研发经费来源部门构成的变化态势
资料来源：OECD Stat 数据库

研发经费 45.41 亿美元，占 23.87%。高校的研发经费主要用于医学与公共卫生、工程与技术、生物科学等领域[①]。国立科研机构使用的研发经费比重呈现出逐渐下降的趋势，从 1981 年的 45.11% 下降到 2008 年的 12.15%，2008 年使用研发经费 23.13 亿美元。国立科研机构的研发经费主要投向农业、兽医、环境及工程与技术等领域。非营利机构使用的研发经费最少，2008 年为 5.03 亿美元，占 2.64%。

2008 年，澳大利亚全国研发经费的主要流向情况如图 8-9 所示。企业投入研发经费的 95.64% 用于企业研发活动，仅有 2.26% 流向高校，1.95% 流向国立科研机构。政府研发经费的 62.36% 流向高校，29.94% 流向国立科研机构，仅有少量经费投向企业（3.89%）和非营利机构（3.81%）。非营利机构提供的研发经费中有 53.07% 用于自身研发活动，其余主要流向高校（27.30%）和国立科研机构（18.25%）。国外提供的研发经费约有 39.31% 流向企业，29.86% 流向高校，16.66% 流向非营利机构，14.17% 流向国立科研机构。

8.1.4 科技计划

澳大利亚联邦政府积极制订并大力推进一系列科技计划，来推动澳大利亚科学研究的发展，为国民经济和国家创新体系的发展提供动力。为了支持全国的科学与创新

---

① 中国驻澳大利亚使馆. 2008. 从统计数据看澳大利亚的研发活动. http://www.escience.gov.cn/WSTDS/Search.do?method=ViewArticle&result_id=445 [2011-08-09].

世界主要国立科研机构概况

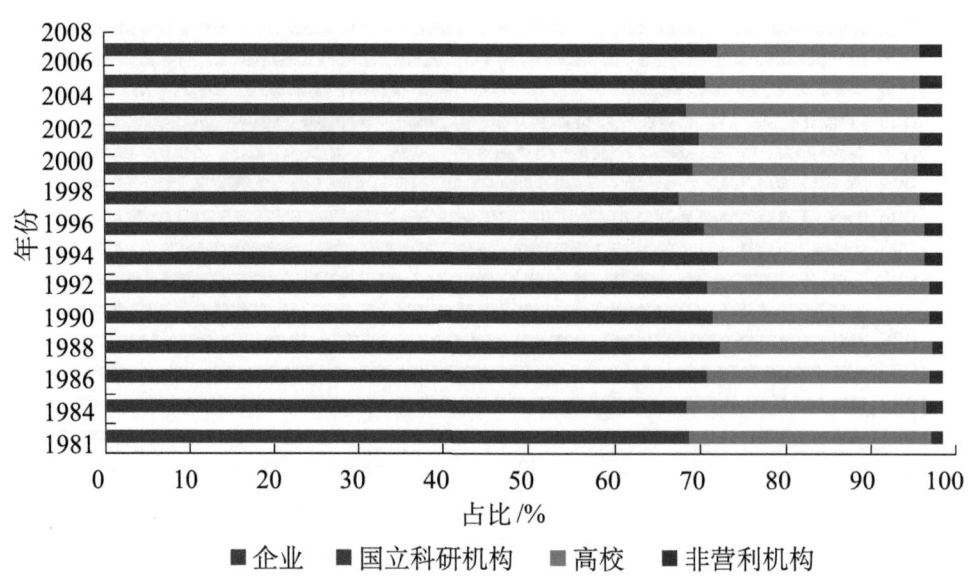

图 8-8　1981～2008 年澳大利亚研发经费执行部门构成的变化态势

资料来源：OECD Stat 数据库

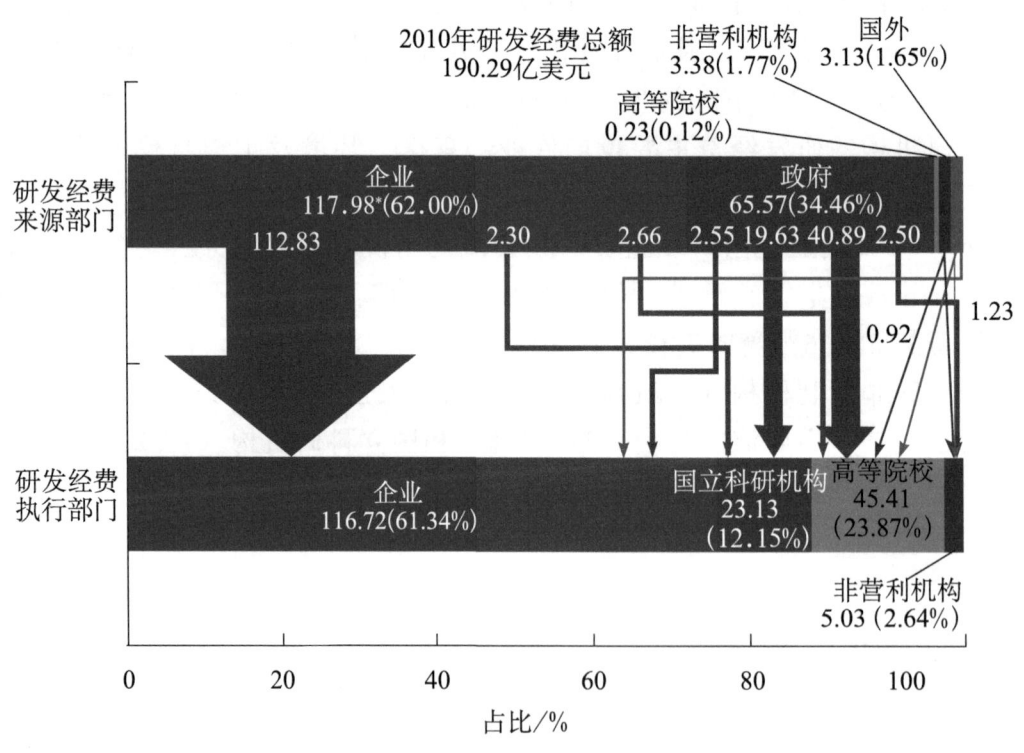

图 8-9　2008 年澳大利亚研发经费流向图

* 图中数据单位为亿美元，按购买力平价现值美元计

资料来源：OECD Stat 数据库

活动，全面提升澳大利亚的科研力量，澳大利亚政府于 2001 年开始实施为期五年、总投资 30 亿澳元的"澳大利亚能力支撑"计划。2004 年 5 月，澳大利亚政府公布的 2004～2005 财政年度预算强化了该计划，并正式定名为"澳大利亚能力支撑——通过科学与创新构建未来"计划，在原投入 30 亿澳元的基础上，再增加 53 亿澳元，总计为 83 亿澳元，执行期限也由原来的 5 年延长为 10 年（2001～2010 年）。这是澳大利亚首次制订并实施的中长期科学与创新计划。该计划内容十分广泛，几乎涵盖了澳大利亚所有的现有科研计划，如国家竞争性资助计划、国家合作研究基础设施战略、新兴技术商业化计划、合作研究中心计划、联邦科学与工业研究组织的国家研究旗舰项目、商业准备计划和研发税收减免计划等。该计划的主要研究内容分为以下三个方面：①增强澳大利亚产生新思想、进行基础研究的能力；②加快新思想的商业应用；③发展和获取技能[①]。该计划紧紧围绕国家研究优先领域（national research priorities）展开。该计划实施之后，澳大利亚研发活动的力度明显增强，研究领域、研究活动更加广泛深入。目前，澳大利亚生物医药技术发展态势强劲，在癌症治疗、疫苗研制、纳米与医学新材料等领域已取得一系列成果。

2002 年 10 月，澳大利亚时任总理霍华德制定、宣布了澳大利亚国家研究优先领域，要求有关科研机构、大学和企业以关系国计民生的领域为中心，紧紧围绕国家经济发展和国家安全，积极开展研究与开发活动，国家科技项目的确立和科技计划的实施要把国家研究优先领域放在首要位置。澳大利亚国家研究优先领域具体包括以下四方面：① 环境友好、可持续发展的澳大利亚（an environmentally sustainable Australia），通过对人类及环境系统的更好理解及新技术的使用，改变对土地、水、矿物和能源系统的使用方式；② 促进和保持国民良好的健康水平（promoting and maintaining good health），提高全民的健康水平和福祉；③ 促进澳大利亚工业建设和转型的前沿技术（frontier technologies for building and transforming Australian industries），通过对交叉学科的研究和创新技术的应用，促进工业进步达到世界一流水平；④ 保卫澳大利亚（safeguarding Australia），使澳大利亚免受恐怖主义、犯罪、疾病和有害物种的侵害，增强在地区和世界上的地位，保障基础设施尤其是数据系统的安全，再造澳大利亚的国防科技[②]。

---

① Commonwealth of Australia. 2007. Backing Australia's ability: The Australian government's innovation report 2006-07. http://www.trra.ca/en/reports/resources/Australia_-_Innovation_Report_-_2006.pdf [2011-08-22].

② 李颖. 2007. 访澳归来话创新. http://www.npc.gov.cn/npc/xinwen/rdlt/sd/2007-11/08/content_374559.htm [2011-08-22].

8.1.5 国际科技合作

澳大利亚政府提升国家创新能力和竞争能力的一个重要举措就是加强国际间的科技交流与合作,鼓励本国科学家积极参与国际科技合作,使用全球科研设施,使全人类的文明成果能为澳大利亚所用。

澳大利亚国际科技合作覆盖范围很广。澳大利亚政府通过签订一系列的国际协定与协议,支持开展区域、双边及多边国际合作,鼓励澳大利亚的科研界和产业界更多地参与具有战略意义的国际前沿科技领域的科技合作,鼓励它们与国际同行建立战略联盟,提升澳大利亚吸收前沿科技的能力,为实现澳大利亚的研发与经济增长目标做出贡献。澳大利亚与约30个国家和组织签有双边科技合作协定或谅解备忘录,包括中国、欧盟、美国、日本、德国、英国、法国、印度、墨西哥、韩国等。澳大利亚与这些国家(组织)的合作领域包括先进制造技术、生物技术、医学科学、食品加工、资讯技术与通信、卫星技术、可持续发展、矿物加工和能源研究等。多边科技合作主要在亚太经济合作组织和经济合作与发展组织两大框架内开展,澳大利亚在两者的合作中都起着重要的作用。

澳大利亚政府支持的国际科学联系计划(International Science Linkage Program, ISL)是澳大利亚最主要的国际科技合作计划。国际科学联系计划的核心是支持澳大利亚的战略优先领域和支持强强联合的国际合作研究。国际科学联系计划通过资助国际学者互换、支持学术思想交流和建立合作关系的奖学金、召开研讨会、资助与海外科学家合作的竞争性资金及帮助澳大利亚科学家积极参与国际大科学装置的活动等各种形式,支持澳大利亚科学家融入国际科学体系和参与国际科学活动。该计划实施以来平均每年投资1000万澳元,有力地推动了澳大利亚与美国、欧盟、中国、印度等国家和组织的科技合作[1]。

澳大利亚与中国的科技合作始于1980年签订的《中澳政府科技合作协定》,该协定为两国后续签订的一系列协定奠定了基础。1991年,中国-澳大利亚科技合作联委会成立。自此,每三年召开一次联委会会议,共同确定科技合作与交流项目。第八届中澳科技合作联委会会议于2011年8月在上海召开。中国科学技术部和澳大利亚创新、工业和科研部共同签署了《中澳科学与研究基金管理谅解备忘录》。这一基金是由两国科技部门在2011年4月26日澳大利亚总理吉拉德访华期间宣布成立的,双方承

---

[1] 中华人民共和国科学技术部.2011.澳大利亚公布国际科技合作计划评估报告.http://www.most.gov.cn/gnwkjdt/201104/t20110429_86337.htm[2011-08-08].

诺在未来三年内共同出资1800万澳元，资助双边科技合作。基金的目的是继续支持战略性科技合作，建立更多机构间的长期伙伴关系。基金将主要用于在优先领域开展合作研究项目和建设联合研究中心，优先领域包括农业与生物科学、新能源、环保、新材料、信息通信技术、采矿和天文学等。基金还将用于推动产学研合作、促进科技成果产业化及加强双方科技人员的交流[①]。

8.1.6 创新体系构成：高校与企业

8.1.6.1 高校

澳大利亚的高等教育机构分为三类：大学、国立高等教育学院及私立高等教育学院。目前，澳大利亚全国共有41所大学，其中包括一所国立大学（澳大利亚国立大学）、两所私立大学（邦德大学和澳洲圣母大学），其余为公立（州立）大学。此外，美国卡内基梅隆大学（Carnegie Mellon）已在阿德莱德、南澳设立分校。澳大利亚的一些大学也在马来西亚、新加坡、南非及越南设有海外校园。澳大利亚的大学大多融合了美国式的开放校风，并延续了英国式的传统精英培育方式，已成为全球最重要的教育枢纽之一[②]。

澳大利亚实行的是以六个州和两个地区为主体、联邦政府进行宏观调控的教育行政管理体制。澳大利亚的大学和高等教育学院的经费由联邦政府负责，技术和继续教育的教育经费则主要是由各州或地区负责，由联邦政府提供补充。依据有关法律的规定，澳大利亚的大学和高等教育学院是独立和自治的机构。联邦政府主要掌握高等教育的教育方针、财政和教育质量，而高校的办学自主权很大，在处理各项内部事务中具有较大的灵活性和独立性[③]。

澳大利亚高校的经费大部分来自政府。其中政府高等教育经费主要用于人员工资、仪器设备的购置及基础设施建设等。高校的科研经费则主要来自澳大利亚政府的两大科研资助机构：澳大利亚研究理事会与国家健康和医学研究理事会，一般通过竞争的

---

① 中华人民共和国科学技术部. 2011. 第八届中澳科技合作联委会在上海召开. http://www.most.gov.cn/tpxw/201108/t20110811_88992.htm [2011-08-22].

② 维基百科. 2011. 澳大利亚教育. http://zh.wikipedia.org/wiki/%E6%BE%B3%E5%A4%A7%E5%88%A9%E4%BA%9A%E6%95%99%E8%82%B2 [2011-08-22]；维基百科. 2011. 澳大利亚大学列表. http://zh.wikipedia.org/wiki/%E6%BE%B3%E5%A4%A7%E5%88%A9%E4%BA%9A%E5%A4%A7%E5%AD%A6%E5%88%97%E8%A1%A8 [2011-08-22].

③ Department of Foreign Affairs and Trade. 2007. 卓越的教育质素. http://www.dfat.gov.au/aib/cn/education.html [2011-08-22]；澳洲教育中心. 2009. 澳大利亚高等教育. http://www.aec.org.tw/Page.aspx?id=33 [2011-08-22].

方式获取。此外，学校科研管理部门和科技人员也通过与产业界的广泛交流和信息收集，开展与企业的科技合作和成果转化，从产业界获得项目经费或科技咨询经费。项目均以合同方式开展，学校科研管理职能部门负责管理、监督项目的开展和完成质量及知识产权的管理[①]。

澳大利亚的主要大学根据各自的特点形成了"八校联盟"、"澳大利亚科技大学联盟"、"澳大利亚创新研究大学联盟"三个校际联盟，旨在促进各联盟成员实现其共同的奋斗目标，它们构成了澳大利亚高等教育体系的主体，如表8-1所示。

表8-1 澳大利亚高校联盟

联盟	简介	成员
八校联盟	又称"澳大利亚八大名校"。自1994年开始以非正式的校长组织的方式运作。1999年9月，为保持澳大利亚世界一流的教学水准，八校联盟正式成立。这八所大学都属于澳大利亚历史悠久、享誉国际的顶尖研究型大学，学术地位相当于美国的常春藤盟校，在南半球与环太平洋地区始终位居领导地位，更享有澳大利亚政府将近七成的教育和研究预算	阿德莱德大学（University of Adelaide） 澳大利亚国立大学（Australian National University） 墨尔本大学（University of Melbourne） 莫纳什大学（Monash University） 新南威尔士大学（University of New South Wales） 昆士兰大学（University of Queensland） 悉尼大学（University of Sydney） 西澳大学（University of Western Australia）
澳大利亚科技大学联盟	也称"澳大利亚科研体大学"，是由五所重视将本科阶段所学习和研究的内容转化为实际应用成果的澳大利亚大学组成。这五所院校要求毕业生及他们所进行的科研项目与产业界及社会发展的趋势相吻合；共同特点是将所争取来的研究经费运用于商学、资讯学、建筑学、环保学、工程学及护理学方面，使其教学与研究品质在全国占有难以取代的学术优势	科廷理工大学（Curtin University of Technology） 南澳大学（University of South Australia） 悉尼科技大学（University of Technology Sydney） 昆士兰科技大学（Queensland University of Technology） 皇家墨尔本理工大学（RMIT University）
澳大利亚创新研究大学联盟	由成立于20世纪六七十年代的六所研究型大学组成，办学方针与澳大利亚科技大学联盟相近。它们的运作模式相近，都在主要城市与卫星城镇内拥有多个校区，目标是建立起共享的科研应用中心	格里菲斯大学（Griffith University） 麦考瑞大学（Macquarie University） 纽卡斯尔大学（University of Newcastle） 拉筹伯大学（La Trobe University） 福林得斯大学（Flinders University） 莫道克大学（Murdoch University）

资料来源：维基百科. 2011. 澳大利亚教育. http://zh.wikipedia.org/wiki/%E6%BE%B3%E5%A4%A7%E5%88%A9%E4%BA%9A%E6%95%99%E8%82%B2

8.1.6.2 企业

澳大利亚政府制定了一系列鼓励企业投资研发的政策，包括研发退税政策、成立行业生产力中心及对风险投资的改革等。目前，企业已成为澳大利亚最主要的研发经

---

① 杜鹏. 2006. 澳大利亚高校科研管理体制考察报告. 中国高校科技与产业化，(3): 24-27.

费来源体和执行体。2008年，澳大利亚的企业研发投入达到117.98亿美元，占澳大利亚总研发经费的62%。澳大利亚的科研型企业广泛分布在国民经济的各个部门，其中比较大的行业是制造业、采矿业和能源行业。

澳大利亚的许多大型企业集团都比较重视通过技术研发提高企业的竞争力，如GM Holden公司、CSL公司、福特汽车澳大利亚子公司、FMG集团、伍德塞德能源有限公司、乡村产业研发公司（RIRDC）、澳大利亚国家信息通信技术有限责任公司（NICTA）等。企业研发对于澳大利亚优势科技领域及相关产业的发展也起了很大的推动作用。例如，在医学和生物医药领域，澳大利亚有400多家以生物制品的研发为核心业务的科技公司。受益于政府公平的管理法规和对生物科技行业的强大支持，它们坚实的科研力量为澳大利亚打造出一条从探索先进的治疗方法到研发医药新产品的健康通道。在纳米技术领域，澳大利亚有50多家纳米技术公司，政府和私营机构每年都会投入大约1亿澳元推动纳米技术的研究及其商业化应用。在资源产业领域，澳大利亚煤炭企业的技术创新保证了其世界洁净煤技术开发的领先地位，为投资澳大利亚能源市场提供了前所未有的机遇[①]。

8.1.7 创新体系构成：国立科研机构

8.1.7.1 类型和分布

澳大利亚的国立科研机构主要是指隶属于联邦政府的科研机构。根据它们成立和管理所依据的法案，大致可以分为四种类型：①联邦机构（commonwealth authorities under the CAC Act），如联邦科学与工业研究组织等。这些机构通常依据各自的机构法设立或组建，依据《联邦机构和公司法1997》（*Commonwealth Authorities and Companies Act* 1997，CAC Act）进行管理。②联邦政府部门机构（departmental bodies），如澳大利亚南极局等。这些机构通常依据澳大利亚宪法设立或组建，它们负责管理并开展相关领域的科学研究，有些机构还有相关的行政管理职能。③指定机构（prescribed agencies under the FMA Act）是指依据澳大利亚《财政管理和问责法1997》（*Financial Management and Accountability Act* 1997，FMA Act）指定和进行管理的机构，如澳大利亚地球科学局等。④法定机构（statutory authority），如国家测量研究所。这些机构依据相关法案设立或组建，但它们既不是政府部门，也不属于依

---

① 澳大利亚驻广州总领事馆. 2008. 百年科学——澳大利亚重大创新成果亮点. http://www.guangzhou.china.embassy.gov.au/gzhochinese/Dest14.html [2011-08-22]；湖南省商务厅合作处. 2007. 投资澳大利亚概况. http://hzc.hunancom.gov.cn/hzzn/1697.htm [2011-08-22].

据《财政管理和问责法1997》或《联邦机构和公司法1997》管理的机构①。上述四种类型中,联邦机构是澳大利亚国立科研机构的主体部分。

澳大利亚国立科研机构主要隶属于创新、工业和科研部。此外,国防部,环境、水、遗产和艺术部及资源、能源和旅游部等部门也下设一些国立科研机构,如表8-2所示。

表8-2 澳大利亚主要国立科研机构

机构名称	类型	主管部门
联邦科学与工业研究组织	联邦机构	创新、工业和科研部
澳大利亚海洋科学研究所	联邦机构	创新、工业和科研部
澳大利亚核科学与技术组织	联邦机构	创新、工业和科研部
澳大利亚原住民和托雷斯海峡岛民研究院	联邦机构	创新、工业和科研部
国家测量研究所	法定机构	创新、工业和科研部
国防科学与技术组织	联邦政府部门机构	国防部
澳大利亚南极局	联邦政府部门机构	环境、水、遗产和艺术部
澳大利亚气象局	指定机构	环境、水、遗产和艺术部
澳大利亚地球科学局	法定机构	资源、能源和旅游部

下面对澳大利亚的一些主要国立科研机构进行简要介绍。

澳大利亚联邦科学与工业研究组织是澳大利亚最大的国家级科研机构,是澳大利亚国家科研的主体力量,前身是成立于1916年的澳大利亚科学与工业顾问委员会,现归创新、工业和科研部管理。联邦科学与工业研究组织设有食品、健康与生命科学产业组,能源组,环境组,制造、材料与矿物组,信息科学组五个科学研究组及机构运作与服务部门,研究方向与国家研究优先领域一致,相关经费占其全部支出的88%。2010～2011财年,总经费为12.206亿澳元,共有6514名员工。联邦科学与工业研究组织实行主管部长领导下的董事会管理制,研究活动实行矩阵式管理,研究所、研究中心等部门主要负责人员管理、基本建设等任务,具体的研究工作主要通过旗舰项目组织②。

澳大利亚海洋科学研究所于1972年依据《澳大利亚海洋科学研究所法案》成立,致力于通过对海洋科学理论和应用技术的研究和创新,实现海洋资源的可持续利用及海洋环境的管理和保护,为政府决策和相关用户提供信息服务与技术支持。该所是一个领先的热带海洋科学研究机构,在海洋生物多样性及应用、气候变化的影响与适应、

---

① Department of Finance and Deregulation. 2009. List of Australian government bodies and governance relationships as at 1 october 2009. http://www.finance.gov.au/financial-framework/governance/list-of-australian-government-bodies.html [2011-08-22].

② CSIRO. 2010. CSIRO annual report 2009-10. http://www.csiro.au/Portals/About-CSIRO/How-we-work/Budget-performance/Annual-Report/Annual-Report-2009-10.aspx [2011-08-15].

水质和生态系统的健康等领域拥有很强的研究能力，并与国内外同行建立了广泛的合作。2007~2008年度的经费预算为2663万澳元，有162名员工，其中近60%直接从事科研活动。该研究所也通过对本科和研究生的教育来培养未来的研究力量[①]。

澳大利亚核科学与技术组织于1987年依据《澳大利亚核科学与技术组织法1987》正式成立，是澳大利亚的国家核研究与开发机构，是澳大利亚的核科学技术中心，运行着澳大利亚唯一的核反应堆——"澳宝"（Opal）。该组织一直致力于成为国际性的核科学与技术卓越中心，造福澳大利亚人民。其具体职责包括：供应澳大利亚用于核医疗科学的大多数放射性药品；提供医疗、环境和工业研究中所需的放射性同位素和中子束；向澳大利亚政府机构、研究机构、产业界等提供专业的、具有战略性的建议与服务等[②]。

澳大利亚地球科学局是由原来的澳大利亚地质调查局与澳大利亚国家测绘局于2001年合并组成的，现归澳大利亚资源、能源和旅游部管理。澳大利亚地球科学局的主要使命是协助政府与社会各界就资源的发现与开发、环境管理、基础设施安全及澳大利亚人民福祉等方面做出明智的决策[③]。目前，澳大利亚地球科学局设有陆上能源与矿产部、石油与海洋部、地理空间与地球监测部等研究部门及企业处和信息服务处，并设有首席科学家岗位。2009~2010财年，员工总数为706人，实际经费为1.78亿澳元，其中政府拨款占78.13%[④]。

澳大利亚国防科学与技术组织于1974年正式组建，是澳大利亚国防部的一部分，也是澳大利亚政府中负责应用科学与技术保护和防卫澳大利亚及国家利益的领导机构。该组织积极研究国防用途的外来技术，尽力确保澳大利亚成为国防设备的明智买家，发展新的防卫能力，并通过提升运行效率、改进安全性、最大化有效性、降低拥有成本等方式增强现有能力，以此支撑澳大利亚的国防。该组织的主席为澳大利亚首席国防科学家，年度经费约为4亿澳元，共有约2300名雇员[⑤]。

8.1.7.2 管理特点

澳大利亚国立科研机构的主要组织形式为联邦机构，这些科研机构通常依据各自的机构法设立或组建，依据《联邦机构和公司法1997》进行管理。例如，联邦科学与工业研究组织的运作和职能主要是基于《科学与工业研究法案1949》和《联邦机构和

---

① AIMS. 2008. About AIMS. http://www.aims.gov.au/docs/about/about.html [2011-08-22].
② ANSTO. 2009. Discovering ANSTO. http://www.ansto.gov.au/discovering_ansto [2011-08-22].
③ Geoscience Australia. 2011. Our role. http://www.ga.gov.au/about-us/our-role.html [2011-08-09].
④ RET. 2011. Resources, Energy and Tourism Portfolio budget statements 2010-11. http://www.ret.gov.au/Department/Documents/Budget%202010-2011/PBS_10-11_full_version1.pdf [2011-08-09].
⑤ DSTO. 2009. About DSTO. http://www.dsto.defence.gov.au/page/76 [2011-08-22].

公司法 1997》。该组织的主要职能及人员招聘等日常运作主要依据前者，而其运行所涉及的报告、责任和其他原则主要基于后者。

联邦机构需要依据相关要求向政府提交报告，说明对《联邦机构和公司法 1997》的遵从情况及其财务方面的可持续发展能力。机构领导每财年必须在指定日期前，按照联邦机构年度报告的有关要求准备好年度报告，提交给主管部长，由主管部长呈送议会。年度报告的主要内容如下：①机构领导依据财务部长的要求，编制关于机构运行的报告；②财务决算；③总审计师关于财务决算的报告[①]。

在人事管理方面，澳大利亚的国立科研机构大都采用协议绩效作为人力资源绩效管理的基本模式。以联邦科学与工业研究组织为例，其具体做法是每年年初，由研究所负责人与部门负责人、部门负责人与每一名职工签订绩效协议。协议内容经当事双方协商，与机构目标、部门预算、工作安排等协调一致。科研机构协议绩效管理中的最大难题是协议中工作结果的不确定性。澳大利亚的国立科研机构的做法是以在经过充分论证基础上制订的工作计划的完成情况来衡量科研绩效。这种绩效管理模式，较好地解决了工作性质多样化带来的定量考核的弊端[②]。

澳大利亚国立科研机构的经费来源主要有以下途径：①政府直接预算拨款，主要用于资助包括人才在内的澳大利亚的基础科学与技术设施，通常是国立科研机构的主要经费来源。澳大利亚政府主要是依据《联邦机构和公司法 1997》对联邦机构的政府预算拨款进行管理和考核；②预算外政府资助经费，如联邦资助计划或合同；③来自产业界或其他非政府机构的合同或科技服务经费；④产品销售收入；⑤现有知识产权授权或孵化公司的收入；⑥其他经营管理活动带来的收入，如资产出售、房屋出租、利息等。总体来看，澳大利亚国立科研机构的经费主要都是来自各种形式的政府拨款。例如，联邦科学与工业研究组织 2009～2010 财年的研发经费为 11.64 亿澳元，其中约 60% 来自政府拨款；澳大利亚地球科学局 2009～2010 财年的经费为 1.78 亿澳元，其中政府拨款占 78.13%。

---

① Department of Finance and Deregulation. 2009. List of Australian government bodies and governance Relationships. http://www.finance.gov.au/financial-framework/governance/list-of-australian-government-bodies.html [2011-08-22].

② 杨卫平. 2005-01-20. 科研管理应实行绩效协议模式. 科学时报，第 4 版.

8.2 联邦科学与工业研究组织

▶ 澳大利亚规模最大的、使命导向的多学科科学与技术研究机构，研究活动与国家研究优先领域具有高度的一致性，定位于应用研究，聚焦于国家所面临的巨大挑战与机遇。

▶ 2010～2011财年，员工总数为6514人（全时当量人数为5780人·年），其中科学家为1865人，约占28.6%。

▶ 2010～2011财年，总经费为12.21亿澳元（约合12.41亿美元），其中政府拨款约占60%，其余来自联合投资、咨询、服务、知识产权授权、版税等外部经费。

▶ 实行主管部长领导下的董事会管理制，研究活动实行矩阵式管理，研究所、研究中心等部门主要负责人员管理、基本建设等任务，具体的研究工作主要通过旗舰项目组织进行。

▶ 在中国科学院管理创新与评估研究中心对86个国际国立科研机构的学术影响力排名中，澳大利亚联邦科学与工业研究组织环境与生态排名第四，农业排名第七，动植物学第十，地球科学和空间科学第十二。

澳大利亚联邦科学与工业研究组织（Commonwealth Scientific and Industrial Research Organisation，CSIRO）是澳大利亚最大的国立科研机构。1926年，由澳大利亚国会特别立法成立，最初名为澳大利亚科学与工业研究理事会（Council of Science and Industry Research）。成立之初，联邦科学与工业研究组织的主要研究领域为农业，20世纪30年代扩充了工业研究领域。1949年，政府依据《科学与工业研究法案》对其进行了改组，改为现名。随后，联邦科学与工业研究组织的研究领域不断扩大，几乎涉及了第一、第二和第三产业的各个领域[1]。

联邦科学与工业研究组织以应用技术研究为主，约占其研究活动的90%[2]。该组织是澳大利亚领先的专利申请机构，拥有3300多件授权有效专利和未决专利，PCT

---

[1] CSIRO. 2011. CSIRO annual report 2010-11. http://www.csiro.au/~/Media/CSIROau/Corporate%20Units/CSIROau_Annual_Report/1011/CSIRO_Annual_Report_2011.pdf [2012-06-11].
[2] 陈欢欢. 2007-12-07. 访澳科工组织首席执行官：我们的工作目标是确保科学有用武之地. 科学时报，第1版.

专利申请101件（截至2011年6月30日）①。在联邦科学与工业研究组织22个学科中，有14个学科位列全球前1‰的科研机构②。该组织曾取得了许多世界范围内著名的研究成果，典型代表如下：①1952年，发明了原子吸收分光光度计，这种能够快速分析金属元素化学成分的仪器被誉为20世纪"化学分析领域最重大的进步"；②开发了世界上第一种塑料钞票，现已有20多个国家使用；③1987年，开发了基因切变技术，这种防止有害基因的表达特性的技术，在医学和农业领域应用广泛；④取得了用于无线局域网（Wi-Fi）标准的底层技术专利，现已广泛使用在几乎所有品牌的笔记本电脑上③。

8.2.1 人力资源和经费状况

2010～2011财年，联邦科学与工业研究组织员工总数为6514人（全时当量人数为5780人·年），其中科学家为1865人，约占28.6%。60%以上的员工拥有大学本科学历，博士约为2000人，硕士为500人。该组织约有40%的员工分布在或者非常靠近大学校园，这有利于联邦科学与工业研究组织和大学之间共享基础设施，不断加强合作。该组织每年约培养（包括与大学联合培养等）700名研究生④。表8-3给出了联邦科学与工业研究组织近年的人员概况。

表8-3 联邦科学与工业研究组织人员概况　　　　（单位：人）

人员类型	2006～2007年	2007～2008年	2008～2009年	2009～2010年	2010～2011年
科学家	1688	1727	1837	1907	1865
研究管理人员	188	194	176	161	2166
研究咨询人员	28	29	26	34	12
研究项目人员	2199	2246	2215	2241	165
高级专家	25	13	13	15	40
技术服务人员	581	542	545	630	643

---

① DIISR. 2011. The innovation portfolio factsheets. http：//www.innovation.gov.au/AboutUs/KeyPublications/Documents/InnovationPortfolioFactSheets.pdf ［2011-08-15］.

② 数据来源：ESI数据库，2012年5月1日更新。

③ 澳大利亚驻广州总领事馆.2008.澳大利亚百年科学探索与创新. http：//www.guangzhou.china.embassy.gov.au/gzhochinese/Dest13.html ［2011-08-15］；Department of Foreign Affairs and Trade. 2008. 富有创新精神的澳洲. http：//www.dfat.gov.au/aib/cn/innovative_australia.html ［2011-08-15］.

④ CSIRO. 2009. CSIRO annual report 2008-09. http：//www.csiro.au/~/Media/CSIROau/Corporate%20Units/CSIROau_Annual_Report/08-09AnnualReportFullDownload_Comms_PubGen%20Standard.pdf ［2011-08-15］；CSIRO. 2010. CSIRO annual report 2009-10. http：//www.csiro.au/~/Media/CSIROau/Corporate%20Units/CSIROau_Annual_Report/2009-10AnnualReportFull_Corp_PDF%20Standard.pdf ［2011-08-15］；CSIRO. 2011. CSIRO annual report 2010-11. http：//www.csiro.au/~/Media/CSIROau/Corporate%20Units/CSIROau_Annual_Report/1011/CSIRO_Annual_Report_2011.pdf ［2012-06-11］.

续表

人员类型	2006~2007年	2007~2008年	2008~2009年	2009~2010年	2010~2011年
通信与信息服务人员	384	402	407	429	375
一般服务人员	75	66	51	48	56
管理支撑人员	1046	1082	1112	1075	1048
一般管理人员	117	122	128	140	144
总计（人数）	6331	6423	6510	6680	6514
总计（全时当量人数）/（人·年）	5695	5768	5866	5956	5780

资料来源：CSIRO annual report 2010-11

2010~2011财年，联邦科学与工业研究组织的总经费约为12.21亿澳元（约合12.41亿美元[①]），其中政府拨款为7.2亿澳元，占59.0%。其他经费来自外部经费，包括以下三方面：①联合投资、咨询与服务收入为4.18亿澳元，占总经费的34.23%；②知识产权授权、版税等收入为0.29亿澳元，占总经费的2.4%；③其他外部收入为0.53亿澳元，占总经费的4.3%。表8-4给出了联邦科学与工业研究组织近年的经费概况[②]。

自2007~2008财年起，澳大利亚政府根据新制定的四年期基准资助协议（Quadrennium Funding Agreement 2007~2008 to 2010~2011，此前为三年期资助协议）对联邦科学与工业研究组织进行资助，以提升该组织政府拨款的安全性。2007~2008财年至2010~2011财年，联邦科学与工业研究组织的政府拨款达到28亿澳元，与过去四年相比增加了2.44亿澳元，增幅达9.5%，为联邦科学与工业研究组织的历史最高增幅[③]。

表8-4 联邦科学与工业研究组织经费概况　　（单位：亿澳元）

经费来源	2006~2007年	2007~2008年	2008~2009年	2009~2010年	2010~2011年
外争经费	3.636	4.286	6.348	4.592	5.002
联合投资、咨询与服务收入	2.857	2.900	3.479	3.804	4.181
知识产权授权、版税等收入	0.306	0.817	2.296	0.407	0.292
其他外部收入	0.473	0.569	0.573	0.321	0.529
政府拨款	6.101	6.632	6.681	7.049	7.204
总经费	9.737	10.918	13.029	11.641	12.206

资料来源：CSIRO annual report 2010-11

---

① 根据2012年6月21日汇率换算——美元：澳元＝1：0.9835。
② CSIRO. 2009. CSIRO annual report 2008-09. http://www.csiro.au/~/Media/CSIROau/Corporate%20Units/CSIROau_Annual_Report/08-09AnnualReportFullDownload_Comms_PubGen%20Standard.pdf [2011-08-15].
③ CSIRO. 2008. CSIRO annual report 2007-08. http://www.csiro.au/~/Media/CSIROau/Corporate%20Units/CSIROau_Annual_Report/AnnualReport0708Main_Corp_pdf%20Standard.pdf [2011-08-15].

8.2.2 战略定位和重点领域

作为澳大利亚规模最大的、使命导向的多学科科学与技术研究机构，联邦科学与工业研究组织一直在促进澳大利亚的科技、工业发展和社会进步方面发挥着重要作用。该组织致力于通过世界级的科学研究为澳大利亚的工业、社会和环境提供创新的解决方案。联邦科学与工业研究组织聚焦于国家所面临的巨大挑战与机遇，致力于发挥积极作用，产生重要的影响[①]。

联邦科学与工业研究组织主要开展能源、制造业、环境、材料、农业与食品、矿业与采矿、卫生与健康、交通与基础设施、信息通信技术、天文学与空间技术等领域的科学研究。该组织的研究活动为国家面临的主要挑战提供综合性解决方案，为澳大利亚工业的转型、竞争力的提升及新市场的创造提供创新技术，为特殊的社会需求提供咨询、信息和研究，并为政府和产业部门提供知识型服务[②]。

联邦科学与工业研究组织积极通过其科学研究活动及产出推动国家研究优先领域目标的实现，在国家创新体系中发挥着重要作用。该组织的研究活动与国家研究优先领域具有高度的一致性，环境可持续领域、促进和保持国民健康领域、工业前沿技术领域及国防安全领域四个国家研究优先领域相关的研究活动分别占联邦科学与工业研究组织的全部研究活动的44%、31%、8%、6%，非国家研究优先领域相关的研究活动仅占11%。

在全球创新步伐不断加快、竞争不断增强的大背景下，联邦科学与工业研究组织在澳大利亚国家创新体系中发挥着越来越重要的作用。依据相对重要性，这些作用可以概括为六个方面：①促成对国家重大挑战的科学响应；②创建新的或重要转型的产业；③推进尖端科学/管理国家设施；④向现有产业传递渐进式科技创新；⑤为社会提供科学的解决方案；⑥科技普及和教育/科学出版与建议，如图8-10所示[③]。

---

① CSIRO. 2011. Overview of our strategy (Overview). http://www.csiro.au/org/Our-Strategy-Overview.html [2011-08-19].

② CSIRO. 2009. CSIRO annual report 2008-09. http://www.csiro.au/~/Media/CSIROau/Corporate%20Units/CSIROau_Annual_Report/08-09AnnualReportFullDownload_Comms_PubGen%20Standard.pdf [2011-08-15].

③ CSIRO. 2009. CSIRO annual report 2008-09. http://www.csiro.au/~/Media/CSIROau/Corporate%20Units/CSIROau_Annual_Report/08-09AnnualReportFullDownload_Comms_PubGen%20Standard.pdf [2011-08-15].

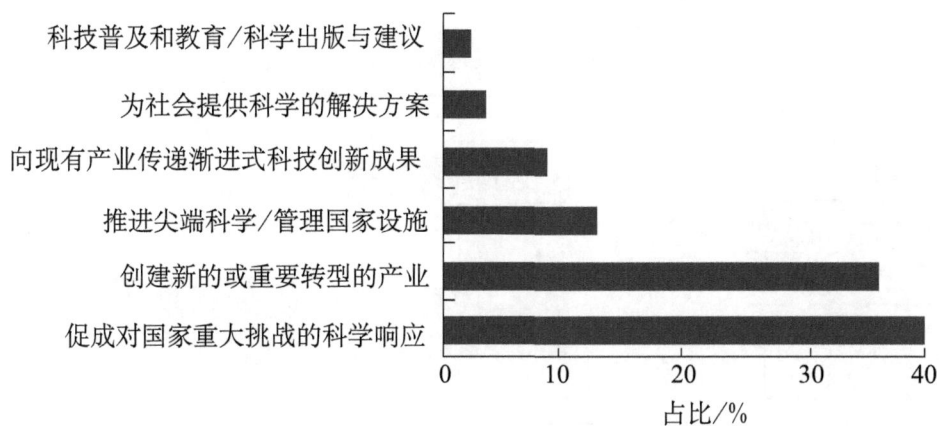

图 8-10　联邦科学与工业研究组织在国家创新体系中的作用

资料来源：CSIRO annual report 2008-09

8.2.3　组织架构和管理模式

联邦科学与工业研究组织归澳大利亚创新、工业和科研部管理，其运作和职能主要基于《科学与工业研究法案1949》和《联邦机构和公司法1997》两部法案。其中，前者规定了该组织的主要职能是开展科学研究，造福澳大利亚工业和社会，为实现国家目标做出贡献。而该组织运行所涉及的报告、责任和其他原则主要基于后者①。

联邦科学与工业研究组织的组织架构如图 8-11 所示。创新、工业和科研部部长是该组织的主管部长，依据《科学与工业研究法案1949》和《联邦机构和公司法1997》对该组织进行战略管理和指导，例如，可以增加联邦科学与工业研究组织开展科学研究的目的，可以向联邦科学与工业研究组织董事会就履行职能、行使权利等提供方向和指导方针。

董事会是联邦科学与工业研究组织的管理决策机构，负责该组织总体战略的制定、业务管理和绩效评估，通过主管部长向政府负责。董事会成员包括一位全职总裁（首席执行官）和九位兼职非执行董事（董事会主席）。九位非执行董事均由澳大利亚总督任命，而总裁则由董事会与主管部长协商任命。董事会的部分具体职责通过其下设的四个常设委员会实现。①监察委员会，协助董事会处理风险管理、内部运作及实施等关键管理领域的事项；②商务委员会，协助董事会实现其与该组织商业开发和商业化

---

① CSIRO. 2010. CSIRO annual report 2009-10. http：//www.csiro.au/~/Media/CSIROau/Corporate%20Units/CSIROau_Annual_Report/2009-10AnnualReportFull_Corp_PDF%20Standard.pdf [2011-08-15].

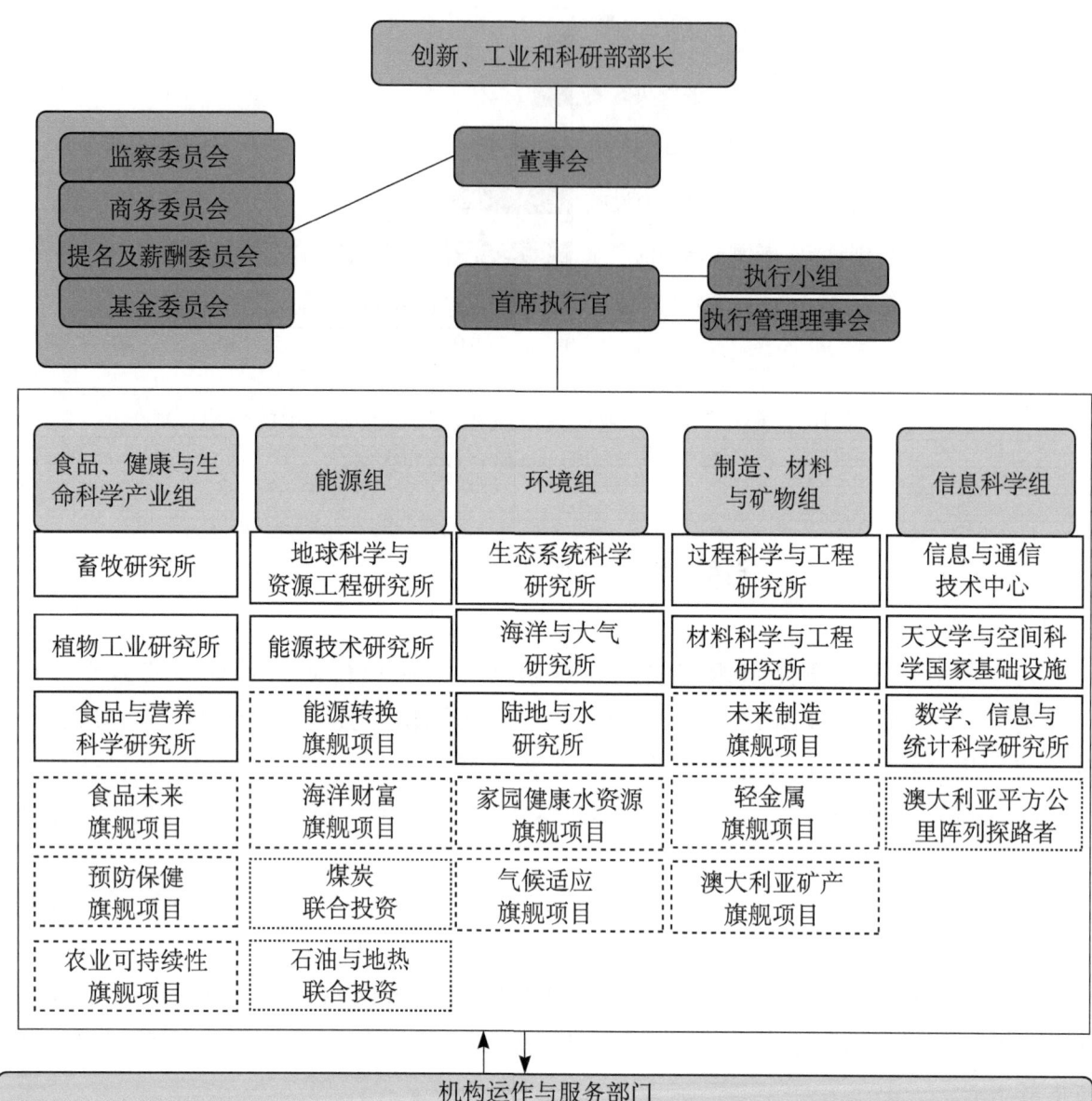

图 8-11 联邦科学与工业研究组织的组织架构图
资料来源：CSIRO annual report 2008-09；CSIRO annual report 2009-10

活动等相关的管理责任；③提名及薪酬委员会，协助董事会处理董事会成员的提名遴选、就职与连任安排，董事会构成及总裁的薪酬安排等相关事务，保证该组织的薪酬结构恰当并具有竞争性；④基金委员会，协助董事会处理该组织的科学与工业基金相关事务①。

总裁依照董事会通过的战略、计划和政策，具体负责联邦科学与工业研究组织的各项事务。执行小组（Executive Team）和执行管理理事会辅助总裁完成相关管理工作。执行小组具体负责该组织战略的制定与执行，成员包括总裁、两位副总裁（业务副总裁，科学、战略与人事副总裁）、五位科学研究组主管和两位机构运作部门执行主任（首席财务官、开发处执行主任）。执行管理理事会则是共享和讨论联邦科学与工业研究组织的管理与未来战略等相关事项的平台②。

联邦科学与工业研究组织下设五个科学研究组（Science Group）：食品、健康与生命科学产业组（以前称为"农业业务组"），能源组，环境组，制造、材料与矿物组，信息科学组（以前称为"信息、通信科学与技术组"）。五个研究组分别由一位研究组主管（group executive）领导，分为研究所、研究中心、国家设施及联合投资研究单元等，如图 8-12 所示，这些部门为行政责任单位，过去也是研究的实体单位，直接承担研究任务。2007 年，联邦科学与工业研究组织开始改革，部门主要承担相关的人员管理、基本建设等任务。一个部门可能是由分布在全国不同地点的多个单元构成，平时许多工作安排、讨论通常是通过视频电话等方式进行。此外，联邦科学与工业研究组织设有运作与服务部门，负责机构的通信、法律、知识产权、合同管理与备案、人力资源、科学战略与投资、绩效评估、财务和商业开发等③。

联邦科学与工业研究组织具体的研究任务主要是通过国家研究旗舰项目（National Research Flagships）来组织和实现的。旗舰项目是该组织自 2003 年发起的大规模、长期性的多学科合作研究计划，目的是使该组织的研究活动与国家目标一致，解决澳大利亚面临的最重要的科学挑战，抓住机遇，实现长期的（今后 10 年）发展目标。旗舰项目不形成实体，一般一个旗舰项目下会有几个主题（themes，类似于我国"863"计划的主题或专题），所有的研究人员可以针对主题的要求参与到主题的研究中去，其研究的部分一旦确定下来，由主题的负责人对其研究工作进行

---

① CSIRO. 2010. CSIRO annual report 2009-10. http://www.csiro.au/~/Media/CSIROau/Corporate%20Units/CSIROau_Annual_Report/2009-10AnnualReportFull_Corp_PDF%20Standard.pdf [2011-08-15]；CSIRO. 2011. CSIRO board charter (Overview). http://www.csiro.au/org/CSIRO-Board-Charter--ci_pageNo-3.html [2011-08-19].

② CSIRO. 2011. Executive team. http://www.csiro.au/org/ExecutiveTeam.html [2011-08-19].

③ CSIRO. 2010. CSIRO annual report 2009-10. http://www.csiro.au/Portals/About-CSIRO/How-we.work/Budget-Performance/Annual-Report/Annual-Report-2009-10.aspx [2011-08-15]；中澳青年科学家交流 2008 年行程记录. http://blog.51xuewen.com/yaoqiang/article_4846.htm [2011-08-22]；吴建国. 2011. 国立科研机构经费使用效益比较研究. 科研管理，32（5）：163-168；组织架构相关术语的翻译得到了澳大利亚联邦科学与工业研究组织任永林（YongLin Ren）博士、梁达仁（Ta-Yan Leong）博士等专家的帮助。

考核。旗舰项目也对外开放，同时对外招聘博士后等临时研究人员。联邦科学与工业研究组织现有10个旗舰项目，分布在食品、健康与生命科学产业组、能源组、环境组及制造、材料与矿物组等四个研究组中。国家研究旗舰项目计划是澳大利亚目前正在开展的最大的科学研究计划之一，到2010～2011年度，总投资有望达到20亿澳元[1]。

联邦科学与工业研究组织旗舰项目非常关键的一条原则就是与其产业伙伴和研究合作伙伴开展密切合作，矿产与金属业、农产食品业、卫生与医疗业、能源产业、制造业、国防与公共基础设施管理业等产业领域均有联邦科学与工业研究组织旗舰项目的合作伙伴，这有利于其研究成果为经济、环境及社会带来实质性效益。

每个旗舰项目都制定了自己的路线图，包括短期目标（1～3年）、中期目标（4～9年）和长期目标（10年以上）。联邦科学与工业研究组织除了针对各旗舰项目的计划目标、科学产出与技术移转等方面进行绩效评估之外，也委托经济分析公司ACIL Tasman对各旗舰项目所带来的影响进行评估。一个外部评价小组认为，联邦科学与工业研究组织旗舰项目的合作、集中的管理方式为国家大型研究项目的开展提供了"最有前途的机制"[2]。

在绩效评估方面，联邦科学与工业研究组织每年需要向政府提交报告，说明其对两部法案的遵从情况、取得研究进展及其财务方面的可持续发展能力等。联邦科学与工业研究组织还有内部审计法，以严格监控资金的使用，规避资金管理的风险。为了保证实现机构的既定目标，该组织从研究成果的影响，高质量的科学，与用户、合作伙伴、员工及其他利益相关者的关系，资源有效利用四个方面进行评估，并制定了绩效测量框架（performance measurement framework，PMF）[3]。利用该框架，该组织的管理部门和董事会定期了解工作进展，主要包括战略实施情况、项目绩效、机构的健康状况、成果等四个方面。这些方面综合到一起即涵盖了近期、长期与绩效相关的战略与运作考量。此外，它们还结合了包含历史和前瞻视角的观察，因而也能够为分析和管理行为提供坚实的信息基础[4]。

---

[1] 中澳青年科学家交流2008年行程记录. http://blog.51xuewen.com/yaoqiang/article_4846.htm [2011-08-22]；CSIRO. 2009. CSIRO annual report 2008-09. http://www.csiro.au/~/Media/CSIROau/Corporate%20Units/CSIROau_Annual_Report/08-09AnnualReportFullDownload_Comms_PubGen%20Standard.pdf [2011-08-15].

[2] 陈欢欢. 2007-12-07. 访澳科工组织首席执行官：我们的工作目标是确保科学有用武之地. 科学时报，第1版.

[3] CSIRO. Strategic plan for 2007～2011. http://www.csiro.au/files/files/pfet.pdf [2011-08-15].

[4] CSIRO. 2008. CSIRO annual report 2007-08. http://www.csiro.au/~/Media/CSIROau/Corporate%20Units/CSIROau_Annual_Report/AnnualReport0708Main_Corp_pdf%20Standard.pdf [2011-08-15].

8.2.4 国际科技合作

联邦科学与工业研究组织注重与世界各国机构的合作，合作方式包括协作研究、合同研究、商业性专利权的使用、咨询及技术性服务等。该组织已经与80多个国家的科研机构开展了合作，正在开展或刚刚完成的国际合作研究活动达740多项。与发展中国家，特别是亚太地区发展中国家的合作是该组织国际合作的重点内容之一。它与60多个发展中国家开展了250多项发展项目，合作对象涉及40多个科研机构、基金会和援助机构。此外，联邦科学与工业研究组织还加入了八个领先的国际科技组织，形成全球研究联盟。

联邦科学与工业研究组织与中国的合作始于1975年，第一个中国科技合作伙伴是中国科学院，1985年，双方正式签署了科技合作和交流谅解备忘录。其他合作伙伴包括中国林业科学院、中国农业科学院、中国教育部和山东省科学院等。在过去30多年中，该组织与中国的许多科研机构进行了合作，开展了140多个研究项目，投入了2400多万澳元。联邦科学与工业研究组织与中国的合作涉及环境与自然资源、射电天文学、制造与建筑、矿产、能源、采矿与勘探、信息与通信技术、健康与食品科学等领域[①]。

机构网址：http://www.csiro.au
联系地址：Locked Bag 10, Clayton South VIC 3169, Australia
电话：+61 3 9545 2176
传真：+61 3 9545 2175
E-mail：Enquiries@csiro.au

---

① CSIRO. 2009. CSIRO snapshot 2008. http://www.csiro.au/resources/Snapshot.html [2011-08-15]；CSIRO. 2008. CSIRO annual report 2007-08. http://www.csiro.au/~/Media/CSIROau/Corporate%20Units/CSIROau_Annual_Report/AnnualReport0708Main_Corp_pdf%20Standard.pdf [2011-08-15]；CSIRO. 2005. CSIRO与中国合作三十年. http://www.csiro.au/files/files/pffz.pdf [2011-08-15].

8.3 澳大利亚地球科学局

> ▶ 澳大利亚的国家地球科学研究机构和地理空间信息服务机构，世界领先的地球科学信息与知识提供者之一。
> ▶ 2009~2010 财年，共有约 700 名员工，经费为 1.78 亿澳元（约合 1.81 亿美元），政府拨款占 78.08%。
> ▶ 主要研究领域包括陆上能源与矿产、石油与海洋、地理空间与地球监测等。
> ▶ 实行董事会管理制，设有首席科学家，参与机构的管理。

澳大利亚地球科学局（Geoscience Australia）是澳大利亚的国家地球科学研究机构和地理空间信息服务机构，是世界领先的地球科学信息与知识提供者之一[①]。澳大利亚地球科学局的前身是成立于 1946 年的澳大利亚矿产资源地质地球物理局（Bureau of Mineral Resources, Geology and Geophysics, BMR），目前归资源、能源和旅游部管理。

澳大利亚地球科学局的主要使命是通过一流的科学研究和信息服务，在矿产与能源资源发现与开发、环境管理、基础设施保护等方面，协助政府与社会各界制定基于可靠信息支撑的决策，为澳大利亚的国民福祉、经济与社会发展及环境保护等做出贡献[②]。

8.3.1 人力资源和经费状况

近年来，澳大利亚地球科学局员工数量变动较大，人员流动率较高。2004~2005 财年共有 626 人，2008~2009 财年增加到 752 人，2009~2010 财年又降至 706 人，年均人员流动率维持在 10% 以上。此外，因工作性质特殊，男性雇员在数量上占有一定

---

① RET. 2010. Department of Resources, Energy and Tourism's annual report 2009-10. http://www.ret.gov.au/Department/Documents/ret-annual-report-09-10.pdf [2011-08-09].
② Geoscience Australia. 2011. Our role. http://www.ga.gov.au/about-us/our-role.html [2011-08-09].

优势，占到70%以上①。

澳大利亚地球科学局的员工为国家公务员，分为高级行政人员和普通公务员两类。其普通公务员又按照支撑战略方向、实现工作目标、建立团队合作关系、积极主动参与工作、沟通能力、奉献精神等六方面共24项技能要求，分为三档八个职级。澳大利亚地球科学局员工的工资和津贴由国家预算保证，没有额外的绩效工资②。

澳大利亚地球科学局的经费主要来自政府拨款。2009～2010财年，经费总量为1.78亿澳元（约合1.81亿美元③），其中政府拨款为1.39亿澳元，占78.08%，其余来自商品和服务等外部收入。表8-5给出了澳大利亚地球科学局近年来的经费状况。

表8-5　澳大利亚地球科学局经费概况　　　　（单位：亿澳元）

经费来源	2005～2006年	2006～2007年	2007～2008年	2008～2009年	2009～2010年	2010～2011年	2011～2012年
政府拨款	1.07	1.26	1.45	1.29	1.39	1.11	1.12
商品和服务等收入	0.21	0.31	0.32	0.35	0.39	0.40	0.41
总经费	1.28	1.567	1.77	1.64	1.78	1.51	1.57

资料来源：Industry Tourism and Resources Portfolio budget statements 2005-06；Industry Tourism and Resources Portfolio budget statements 2006-07；Industry Tourism and Resources Portfolio budget statements 2007-08；Resources，Energy And Tourism Portfolio budget statements 2008-09；Resources，Energy And Tourism Portfolio budget statements 2009-10；Resources，Energy And Tourism Portfolio budget statements 2010-11

8.3.2　战略定位和重点领域

澳大利亚地球科学局致力于为澳大利亚的资源产业和地球科学研究提供基础性、公益性和战略性的地学数据、信息和知识，并且负责国家空间数据的生产、管理与应用服务。澳大利亚地球科学局的战略定位是致力于澳大利亚的陆上和近海勘探，促进澳大利亚的地理信息资料管理与环境保护，在保证澳大利亚能源可持续供应方面发挥

---

① Commonwealth of Australia. 2006. 2005-06 Portfolio budget statements—Geoscience Australia. http：//www.innovation.gov.au/AboutUs/FinancialInformationandLegislation/BudgetInformation/Documents/PortfolioBudgetStatementsFull2005-06.rtf［2011-08-09］；Commonwealth of Australia. 2007. 2006-07 Portfolio budget statements—Geoscience Australia. http：//www.innovation.gov.au/AboutUs/FinancialInformationandLegislation/BudgetInformation/Documents/PortfolioBudgetStatementsFull2006-07.pdf［2011-08-09］；DITR. 2007. DITR annual report 2006-07. http：//www.innovation.gov.au/AboutUs/KeyPublications/AnnualReports/Documents/0607AnnualReport/DITR_annual_report_2006-07_20071031115655.pdf［2011-08-09］；RET. 2011. Resources, Energy and Tourism Portfolio budget statements 2010-11. http：//www.ret.gov.au/Department/Documents/Budget%202010-2011/PBS_10-11_full_version1.pdf［2011-08-09］．

② Department of Resourse. Energy and Tourinsm. 2011. Annual report 2010-11. http：//www.ret.gov.au/Department/Documents/RET_AR2010-11.pdf.

③ 根据2012年6月21日汇率换算——美元：澳元＝1∶0.9835。

重要作用，通过一流的研究与信息的应用为澳大利亚人民带来潜在的经济、社会与环境效益，成为高质量的地球科学研究与地理空间信息服务方面的世界领先研究机构[①]。

澳大利亚地球科学局的使命与职能及其承担的工作任务与澳大利亚的国家研究优先领域一致，其长期支持的研究项目大多属于对国家未来发展和社会效益具有战略意义、服务于国家和公众目标的领域，这有助于提升国家科技与经济的竞争力。据估算，澳大利亚地球科学局大约有80%的预算用于国家研究优先领域目标研究工作[②]。

澳大利亚地球科学局的研究活动如下：①陆上研究活动，重点是通过制作地球科学地图、数据库和信息系统，有针对性地开展区域地质和矿产系统研究，加强对矿产勘探和环境/土地使用的规划，促进社区与关键基础设施的安全及国家重力、地磁与地震基本网的维护。②近海研究活动，重点提供相关竞争前（pre-competitive）数据与信息，帮助在澳大利亚海域辖区内确定潜在的石油勘探盆地及进行二氧化碳的地质封存。此外，还包括制作澳大利亚海洋边界的地图及相关文档，以及利用海床地图技术研究海洋环境、确定河口的水质和健康等。③空间信息研究活动，重点是提供关键的空间信息，应对进攻威胁，满足应急管理、自然风险评估及海岸带综合管理的要求。其他相关活动还包括协助政府执行关于空间数据接入与定价方面的政策[③]。

2010～2012年，澳大利亚地球科学局的战略优先研究领域具体包括以下八个方面。①为矿产、石油和能源部门提供数据支撑，提升国家的财富和能源安全；②开展地下水资源勘探研究，满足环境、经济和社会需求；③为政府的政策制定和决策提供咨询和建议；④支撑构建澳大利亚稳定、权威的空间框架，满足社会的地理空间需求；⑤开展自然灾害和风险研究，提升国家社区安全与抗灾能力；⑥提供澳大利亚陆地和海洋辖区数据，满足环境、经济和社会需求；⑦促进社会对地球科学及其贡献的认知；⑧维护和管理国家的地理、地质资料和知识[④]。

8.3.3 组织架构和管理模式

随着澳大利亚政府机构的改革，澳大利亚地球科学局的组织结构发生了多次变化。

[①] Geoscience Australia. 2010. Strategic plan—Geoscience Australia. http：//www.ga.gov.au/image_cache/GA17646.pdf [2011-08-09].

[②] Geoscience Australia. 2003. National research priorities implementation plan：Geoscience Australia. http：//www.dest.gov.au/NR/exeres/C4D9AB13-18D1-47DD-98CE-B52987DC0B45.htm [2011-08-09]；吴其斌，刘瑞林．2004．澳大利亚地学机构在国家研究优先发展领域中的作用．国土资源情报，(3)：1-6.

[③] RET. 2011. Resources，Energy And Tourism Portfolio budget statements 2010-11. http：//www.ret.gov.au/Department/Documents/Budget%202010-2011/PBS_10-11_full_version1.pdf [2011-08-09].

[④] Geoscience Australia. 2010. Geoscience Australia 2010—2012. http：//www.ga.gov.au/image_cache/GA17646.pdf [2011-08-09].

目前，澳大利亚地球科学局隶属于资源、能源和旅游部。但澳大利亚地球科学局的财政管理相对独立，联邦政府依据《财政管理和问责法1997》对其进行管理[①]。

澳大利亚地球科学局的最高管理机构是执行董事会，其成员包括首席执行官、各部门负责人及首席科学家。首席执行官负责机构的整体运作管理。澳大利亚地球科学局下设陆上能源与矿产部、石油与海洋部、地理空间与地球监测部等研究部门及企业处和信息服务处。此外，空间数据管理办公室（OSDM）也设在澳大利亚地球科学局，它主要负责协助政府执行关于空间数据接入与定价的政策。澳大利亚地球科学局为空间数据管理办公室提供行政和技术支持，包括住处、人事服务及信息技术支持等[②]。澳大利亚地球科学局的组织结构如图8-12所示。

图 8-12　澳大利亚地球科学局的组织结构

资料来源：http://www.ga.gov.au/about-us/organisational-structure.html［2011-08-09］

澳大利亚地球科学局首席执行官负责决定和执行本部门战略，以确保各项目标任务的完成，而且风险能够得到有效控制，资源能够得以有效利用。为更有效地协助首

---

① RET. 2011. Resources, Energy And Tourism Portfolio budget statements 2010-11. http://www.ret.gov.au/Department/Documents/Budget%202010-2011/PBS_10-11_full_version1.pdf［2011-08-09］.

② Geoscience Australia. 2011. Organisational structure—Geoscience Australia. http://www.ga.gov.au/about-us/organisational-structure.html［2011-08-09］.

席执行官开展工作，执行董事会章程的重要内容之一就是对澳大利亚地球科学局战略问题和绩效指标的关注。除此以外，澳大利亚地球科学局还有如审计和风险防范委员会等许多常设委员会。

澳大利亚地球科学局的规划与计划管理框架包括两个层面：战略规划和年度项目计划。战略规划由资源、能源和旅游部部长与预算部门共同制订，概括出澳大利亚地球科学局的愿景与战略方向，并在年度预算中分别表述为机构的职责和本年度重点工作。年度项目计划则是其所属陆上能源与矿产部、石油与海洋部、地理空间与地球监测部三个执行部门本年度在地理科学领域提供的产品与服务的综合。例如，在2010～2011年度项目计划中，地理空间与地球监测部的五个研究团队列出了26个计划项目；石油与海洋部计划执行22个研究项目；陆上能源与矿产部的两个研究团队列出了13个研究项目[1]。

在年度项目计划中，每个研究项目都包括六个方面的内容：①项目概述，简要说明项目实施的目的和意义；②项目产出，可以是数据、模型、更好的服务或者研究报告等；③项目与机构中期产出之间的关联；④项目与澳大利亚国家优先研究计划之间的关联；⑤关键绩效指标；⑥项目产出，包括成果简介、成果类型、衡量成果的关键指标、成果验收或移交的时间等。

8.3.4 国际科技合作

澳大利亚地球科学局积极参与相关国际合作项目和计划，与相关机构在地球科学研究、地理空间信息服务及相关标准与政策的制定等方面开展国际合作。例如，澳大利亚地球科学局与美国地质协会（AGI）合作建立了致力于提供澳大利亚地球科学文献的AusGeoRef，并纳入美国地质协会出版的GeoRef数据库。澳大利亚地球科学局参与的主要国际组织包括澳大利亚-新西兰土地信息委员会（ANZLIC）、国际地图贸易协会（IMTA）、亚太地理信息系统基础设施常设委员会（PCGIAP）、国际水文地质学家协会（IAH）等[2]。

在海啸预警方面，澳大利亚地球科学局与美国太平洋海啸预警中心及印度洋沿岸国家的相关机构开展了合作，积极参与太平洋、印度洋等国际海啸预警系统的构建。

---

[1] Australian National Audit Office. 2010. Audit report No. 22 2009-10 performance audit. http：//www.anao.gov.au/~/media/Uploads/Audit%20Reports/2009%2010/201011_ANAO_Audit_Report_22.pdf [2011-08-09].

[2] Geoscience Australia. 2011. Our partners—Geoscience Australia. http：//www.ga.gov.au/about-us/our-partners.html [2011-08-09].

澳大利亚地球科学局及其前身澳大利亚地质调查局与中国地质调查局在矿产开发与土地规划、绿色能源勘察开发等方面开展了很好的合作[①]。

机构网址：http://www.ga.gov.au

联系地址：Cnr Jerrabomberra Ave and Hindmarsh Drive，Symonston ACT 2609，Australia

电话：+61 2 6249 9111

传真：+61 2 6249 9999

E-mail：feedback@ga.gov.au

[①] 中国地质调查局．2007．澳大利亚政府地质科学代表团访问我局．http://www.cgs.gov.cn/JRgengxin/9_1759.htm [2011-08-09]．

9 日本

- ◆ 世界科技强国之一，在生物技术、医疗及诊断仪器设备、高性能计算机、半导体、高密度数据储存、新材料、超导、数字图像技术和光电子技术等领域具有较强的优势。
- ◆ 截至2011年，先后有19人获得诺贝尔奖（含日裔获奖者），其中自然科学领域有16人，包括物理学奖获得者7位，化学奖获得者8位，生理学或医学奖获得者1位，特别是2008~2010年共有6位日本科学家获得诺贝尔奖。
- ◆ 2009年，研发人员全时当量总数约为87.84万人·年，其中研究人员为65.55万人·年，占74.62%。
- ◆ 2009年，国内研发经费总额为1373.14亿美元，占GDP的比重为3.36%，在主要发达国家中位列第一。
- ◆ 综合科学技术会议以抓宏观科技政策为工作重点，研究和决策科技发展的大政方针，确定国家重大研究领域，制定战略性综合科技政策，根据首相的咨询意见，调查和审议科技基本政策、预算及人才分配方针，并对各相关省厅进行全面协调。
- ◆ 科研主管部门是文部科学省，它根据内阁确定的科技综合战略和方针，制定科技政策，制订和推进、调整研究开发计划。
- ◆ 科技创新主体主要由国立科研机构、高校、企业和非营利机构组成。自2001年起，一些国立科研机构和国立大学逐步转为独立行政法人机构。
- ◆ 国立科研机构隶属于各省厅，依法设立，包括独立行政法人研究机构和非独立行政法人的国立研究机构，其职能与运营方式由法律、政令规范确定。其中，文部科学省集中了理化研究所等较多的国立科研机构。

9.1 科技政策与体制概况

9.1.1 科技政策与体制演变

日本经济在第二次世界大战后快速起飞,并在20世纪70年代中期开始稳居世界第二的位置,这与其科技发展战略和科技体制密切相关。科技为日本经济的发展做出了巨大的贡献。20世纪40~50年代,日本政府采取贸易立国战略,实行以生存为目的、恢复经济和自主的科技政策,主要从科技先进国家引进技术,消化、改良为日本的技术,逐步改变了日本的产业结构,综合国力显著增强。20世纪60年代,日本确立了以缩小与欧美的科技差距、推动经济增长、扩大社会经济基础为目的的科技政策;70年代,实施重点加强自主技术开发,优先发展产业技术的科技政策,使日本经济连续七年保持了10%左右的增长速度,成为经济大国;80年代,随着科技水平的提高,日本开始重视基础研究,大力发展高技术及其产业化,根据国际形势的变化,提出了技术立国战略,明确了"技术立国是日本的奋斗目标,有效地利用技术资源进行创造性的技术开发、提高竞争力和经济实力是日本的必由之路"[①]。

为了应对人口老龄化、产业空洞化、经济发展缺乏后劲等社会、经济问题,1995年,日本政府提出了"科学技术创新立国"战略,强调日本要告别"模仿与改良的时代",把科技政策的重点放在"开发有独创性的科学技术"方向,力争从一个技术追赶型国家变为科技领先型国家。科学技术创新立国战略是日本贸易立国战略和技术立国战略的发展与延伸,是具有划时代意义的举措,标志着日本科技政策进入重视基础研究和强调创新的新阶段[②]。

科学技术创新立国战略提出之后,日本政府于1995年11月颁布了《科学技术基本法》[③],以立法的形式规定了日本的科技发展战略,明确了科技发展战略的具体目的,即综合地、有计划地推动振兴科学技术的有关措施,从而提高日本的科学技术水平,为日本经济社会的发展和国民福祉的提升、世界科学技术进步及人类社会的可持续发展做出贡献。《科学技术基本法》强调了科学技术创新立国战略,提出在政府的支持和

---

① 胡智慧. 2003. 21世纪日本科技政策. 铁路创新技术, (3): 38-40.
② 节艳丽, 杨舰. 2003. 新时期日本科技政策的转型. 科学学研究, 21 (6): 611-614.
③ 日本科学技术振兴机构. 1995. 科学技术基本法. http://crds.jst.go.jp/CRC/chinese/law/basic.html [2011-08-15].

引导下加强科技发展的规划，确保研发经费的投入，并从人才、信息、基础设施等方面营造良好的环境，为新战略的实施提供法律和政治保障，意味着由过去的追赶、赶超、模仿向创新、领先转变。

2001年，日本进行了政府机构改革，设立了法律地位高于各政府部门的内阁办公室及相应的智囊机构（称为"会议"）。负责科学技术的是综合科学技术会议（Council for Science and Technology Policy，CSTP），内阁办公室设有科学技术政策担当大臣。此外，将文部省与科技厅合并为文部科学省，将国立大学和部分国立科研机构改制为独立行政法人，这些措施使得日本的科技体制发生了重大变革，对日本科技界，乃至日本经济、社会、教育等领域产生了深刻的影响[①]。

9.1.2 科技管理体系

在日本的科技管理体系中，设置于内阁的综合科学技术会议发挥着核心作用，它是强化首相和内阁科技管理职能的重要一环。综合科学技术会议由首相领导，其他成员包括六名与科技相关的内阁大臣，八名不同领域的专家（表9-1）。综合科学技术会议以抓宏观科技政策为工作重点，研究和决策科技发展的大政方针，确定国家重大研究领域，制定战略性综合科技政策，根据首相的咨询意见，调查和审议科技基本政策、预算及人才分配方针，并对各相关省厅进行全面协调。原则上，综合科学技术会议每月召开一次，评价国家重点研发项目的实施情况等。根据工作需要，综合科学技术会议先后成立了多个专门调查会，其中，科技界和相关产业界人士起主导作用，针对某重要问题向首相提供决策咨询。截至2011年，正在工作的专门调查会包括促进科技创新政策专门调查会、知识产权战略专门调查会、评价专门调查会和生物伦理专门调查会[②]。

表9-1 综合科学技术会议成员名单（截至2012年3月6日）

成员属性	姓名	职务
内阁成员	野田佳彦	内阁总理大臣
	藤村修	内阁官房长官
	古川元久	科学技术政策担当大臣
	川端达夫	总务大臣
	安住淳	财务大臣
	平野博文	文部科学大臣
	枝野幸男	经济产业大臣

---

① 龚旭. 2003. 构建经济强国的科技创新体制. 中国科技论坛，6：32-36.
② 综合科学技术会议. 专门调查会 2011. http://www8.cao.go.jp/cstp/giji.html［2012-01-15］.

续表

成员属性	姓名	职务
相关领域专家	相泽益男（常勤议员）	原东京工业大学校长（工学）
	奥村直树（常勤议员）	原新日本制铁技术开发部部长（产业界）
	今荣东洋子（非常勤议员）	名古屋大学名誉教授（化学）
	白石隆（非常勤议员）	政策研究大学教授、副校长（政治学）
	青木玲子（非常勤议员）	一桥大学经济研究所教授（经济学）
	中钵良治（非常勤议员）	索尼公司副首席执行官（产业界）
	平野俊夫（非常勤议员）	大阪大学校长（医学）
	大西隆（非常勤议员）	日本学术会议会长（相关机构）

资料来源：http://www8.cao.go.jp/cstp/yushikisyahoka.html［2012-06-18］

文部科学省是日本最主要的科技管理部门，统管全国的教育、学术、文化及科学发展等事务，协调其他相关省的科研工作，其管理的经费占政府研发支出的67%（2011年预算数据）。通过拨款和资助研究项目，文部科学省支持了日本教育、研究和开发体系，主要科研资助机构及国立大学的经费都主要来自文部科学省。经济产业省是制定和执行产业政策的主要部门，其经费占政府研发支出的16%（2011年预算数据），对日本创新能力的提高也起到了重要的作用。其他各省主要是相关领域研究的管理部门。

日本主要有三家科研资助机构：科学技术振兴机构（Japan Science and Technology Agency，JST）、日本学术振兴会（Japan Society for the Promotion of Science，JSPS）和新能源与产业技术开发机构（New Energy and Industrial Technology Development Organisation，NEDO）。绝大多数资助面向高校和研究机构的科学家，但部分项目也会面向博士后和企业研究人员。

图9-1给出了日本的科技体系结构。

9.1.3 科技投入

9.1.3.1 人力资源

2009年，日本研发人员全时当量总数约为87.84万人·年，其中，研究人员全时当量总数为65.55万人·年，占研发人员总量的74.62%；技术人员为7.48万人·年，占8.52%；支撑人员为14.81万人·年，占16.86%（图9-2）。

日本企业部门的研发人员全时当量数量最多，2009年为61.70万人·年，比1989年增长了16.77%，比1999年增长了1.97%，占总研发人员的比重为70.24%。其次为高校，研发人员全时当量数量为18.49万人·年，比1989年增长了21.09%，比1999年下降了19.20%，占比为21.05%。国立科研机构的研发人员全时当量数量为6.30万人·年，比1989年增长了15.90%，比1999年增长了5.34%，占比为7.18%。

世界主要国立科研机构概况

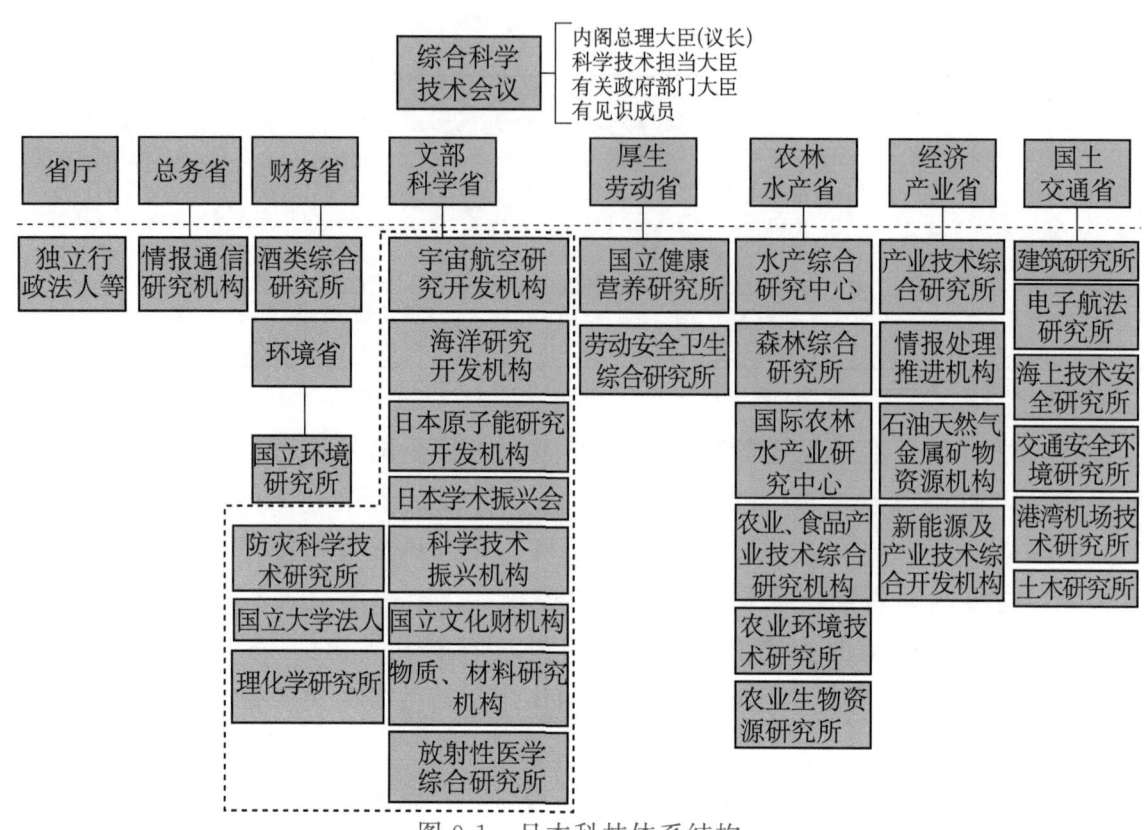

图 9-1 日本科技体系结构

资料来源：日本科学技术纵览．http://sciencelinks.jp/ch/content/view/717/282

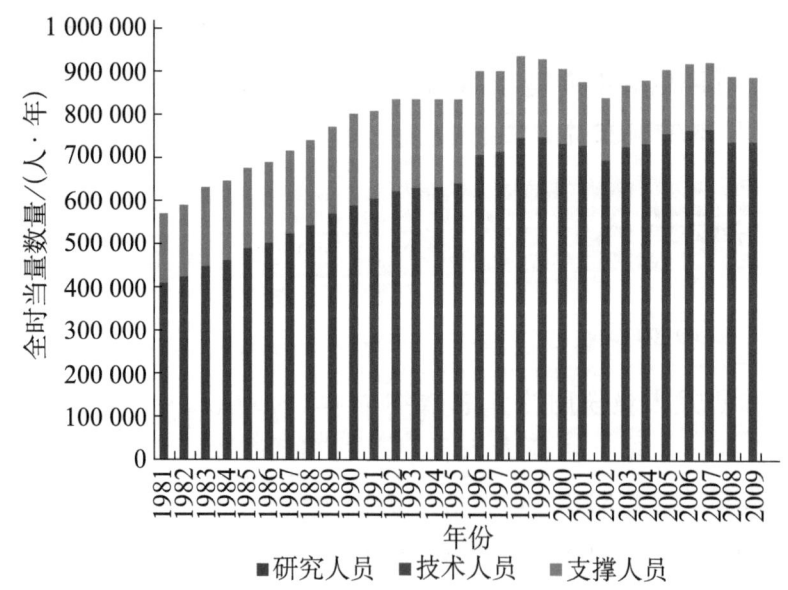

图 9-2 1981～2009 年日本研发人员全时当量数量变化态势

注：1981～1995 年，高校研发人员全时当量数量被高估，故采用经济合作与发展组织调整后的数据；2002 年，博士生全时当量计算和教师采用了相同系数，导致高校的研发人员全时当量数量下降；自 2001 年以来，非营利机构的服务企业转移到企业机构中

资料来源：OECD Stat 数据库

非营利机构研发人员全时当量数量最少，2009年为1.35万人·年，占比降至1.54%（图9-3，图9-4）。

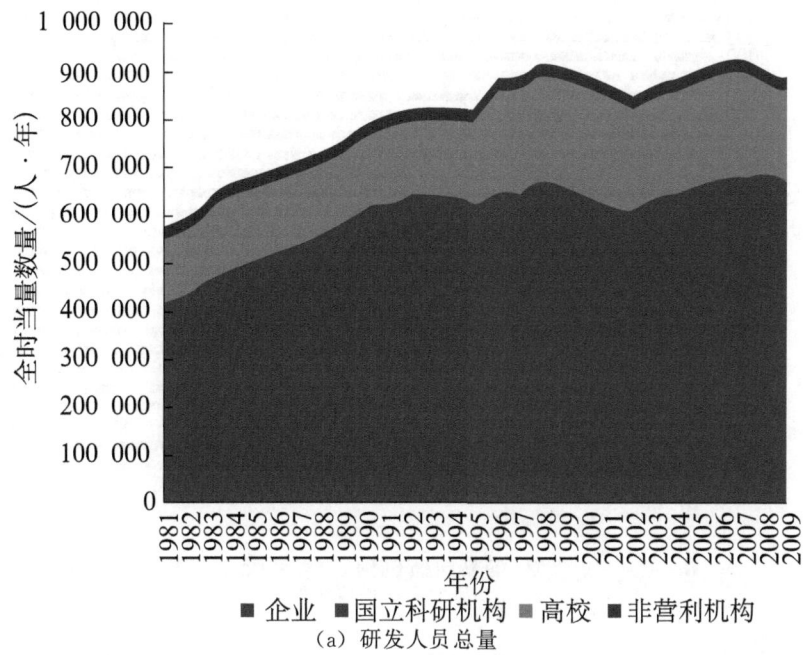
(a) 研发人员总量

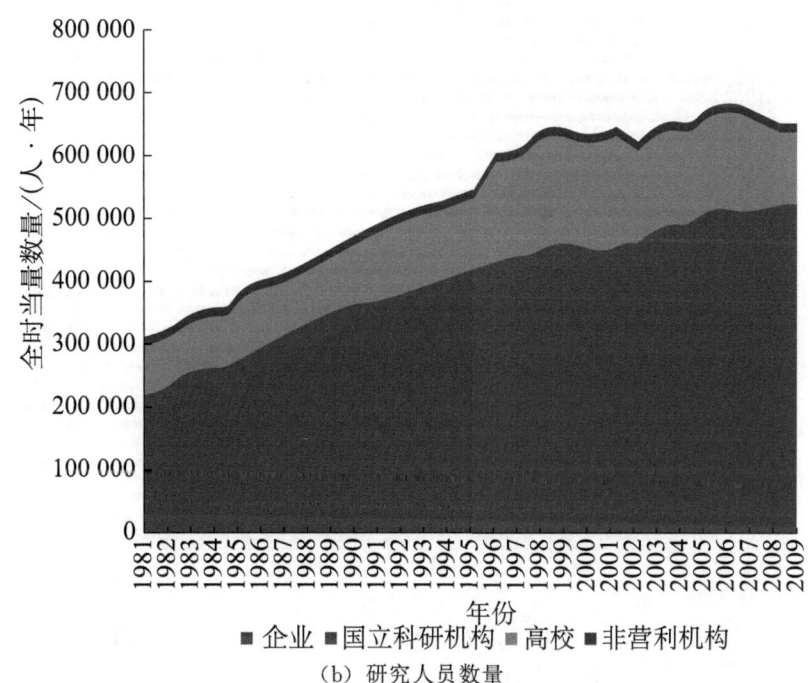
(b) 研究人员数量

图9-3　1981～2009年日本各部门科技人力资源数量变化态势

注：1981～1995年，高校研发人员全时当量数量被高估，故采用经济合作与发展组织调整后的数据；2002年，博士生全时当量计算和教师采用了相同系数，导致高校的研发人员全时当量数量下降；自2001年以来，非营利机构的服务企业转移到企业机构中

资料来源：OECD Stat 数据库

世界主要国立科研机构概况

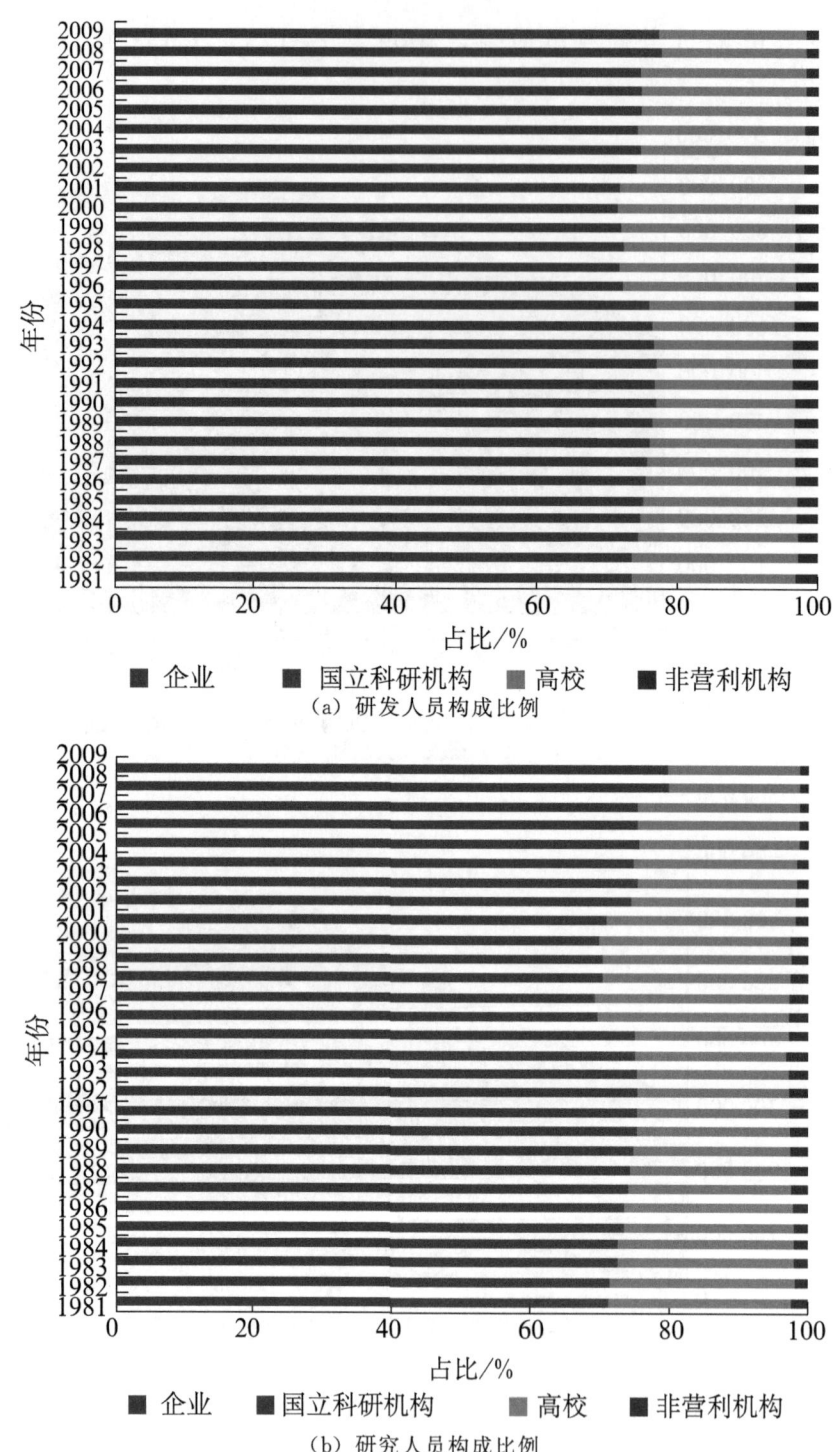

图9-4 1981~2009年日本各部门科技人力资源构成的变化态势

注：1981~1995年，高校研发人员全时当量数量被高估，故采用经济合作与发展组织调整后的数据。2002年，博士生全时当量计算和教师采用了相同系数，导致高校的研发人员全时当量数量下降；自2001年以来，非营利机构的服务企业转移到企业机构中

资料来源：OECD Stat 数据库

日本非常重视科技人才的培养。进入21世纪以来，日本在人才培养方面出台了一系列计划，包括"240万科技人才开发综合推进计划"、"21世纪卓越研究中心计划"和"科学技术人才培养综合计划"等[①]。其中，"240万科技人才开发综合推进计划"的目标是到2006年培养精通IT、环境、生物、纳米材料等尖端科技人才240万，确保企业需求的具有实战能力的技术人才，从根本上改变大学现有的教育体制。"21世纪卓越研究中心计划"是从2002年开始，由日本文部科学省每年选择50所大学的100多项重点科研项目进行资助，以利于多出人才、快出人才、出优秀人才。"科学技术人才培养综合计划"的目标是培养世界顶尖级富有创造性的研究人员，培养社会产业所需人才，创造吸引各种人才、可使他们充分发挥才能的环境，建设有利于科技人才培养的社会。

日本还注重吸引国外优秀人才和富有潜力的外国留学生来日进行研究工作。据2008年度的《科学技术白皮书》显示，2007年，日本接收的留学生数量为12.4万人，低于美国（58.3万人）、英国（37.6万人）、法国（26.3万人）、德国（24.6万人）和中国（16.3万人）。日本前首相福田康夫曾提出，到2020年，日本将努力接收30万外国留学生到日本留学深造。2009年年初，日本政府陆续出台了与"吸收30万规模的外国留学生"相关的事实概要及详细预算[②]。

9.1.3.2 科技经费

2009年，日本研发经费总额为1373.14亿美元，占GDP的3.36%（图9-5），远高于经济合作与发展组织国家平均水平（2.4%[③]），在主要发达国家中位列第一。

企业部门投入研发经费最多，2009年为1033.53亿美元，占总经费的比重为75.27%。其次是政府，2009年投入242.75亿美元，占比17.68%。第三是高校，2009年投入80.94亿美元，占比5.89%。

各部门的研发投入保持了稳步增长的态势。2009年，企业研发投入比1999年增加了54.35%，政府研发投入增加了33.21%，高校研发投入增加了23.45%（图9-6，图9-7）。

---

① 任海军.2008.科技随笔：从诺贝尔奖谈日本的科技立国政策.http://news.xinhuanet.com/world/2008-10/09/content_10170603.htm［2011-08-05］.
② 印凯.2009-04-08.如何看待日本新推30万留学生计划.中国教育报，第7版.
③ OECD. 2012. Main Science and Technology Indicators. Volume. 2011/2，OECD Publishing：25.

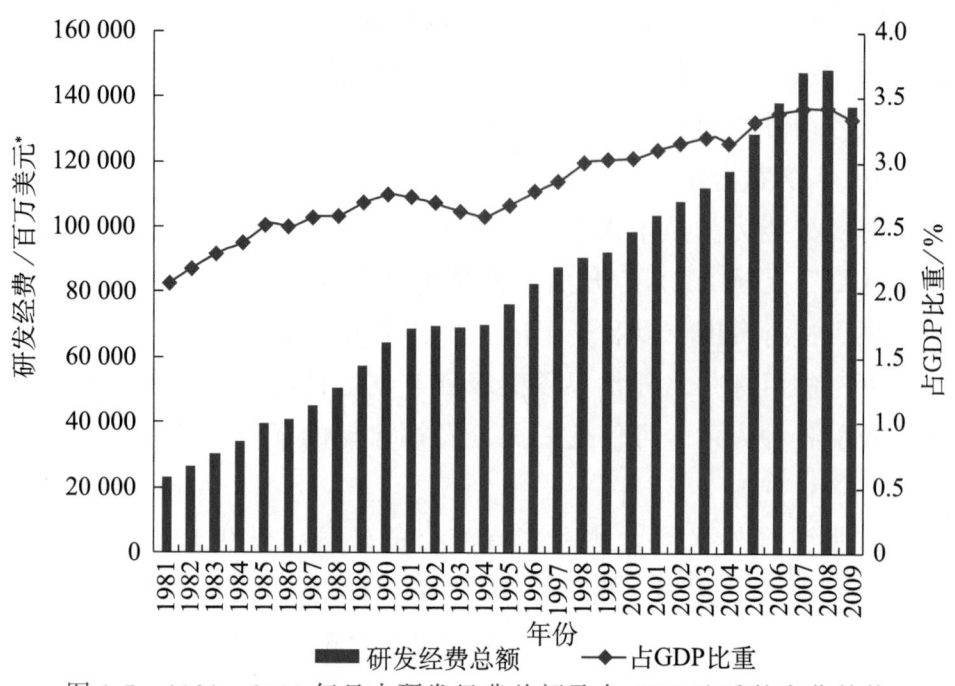

图 9-5 1981~2009 年日本研发经费总额及占 GDP 比重的变化趋势

* 按购买力平价现值美元计；1981~1995 年数据采用调整后的数据

资料来源：OECD Stat 数据库

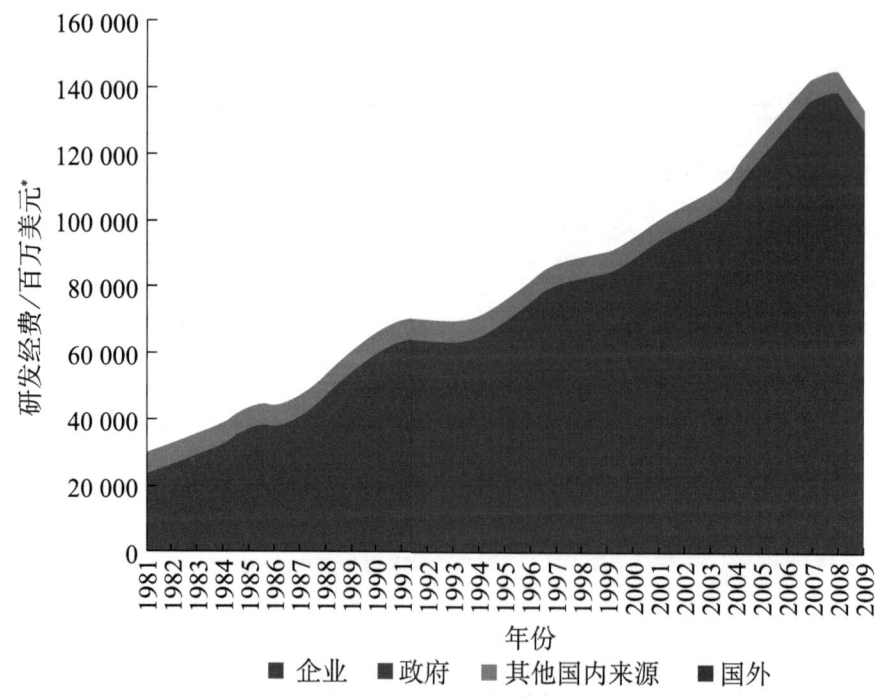

图 9-6 1991~2009 年日本研发经费按来源部门的变化趋势

* 按购买力平价现值美元计；1981~1995 年数据采用调整后的数据

资料来源：OECD Stat 数据库

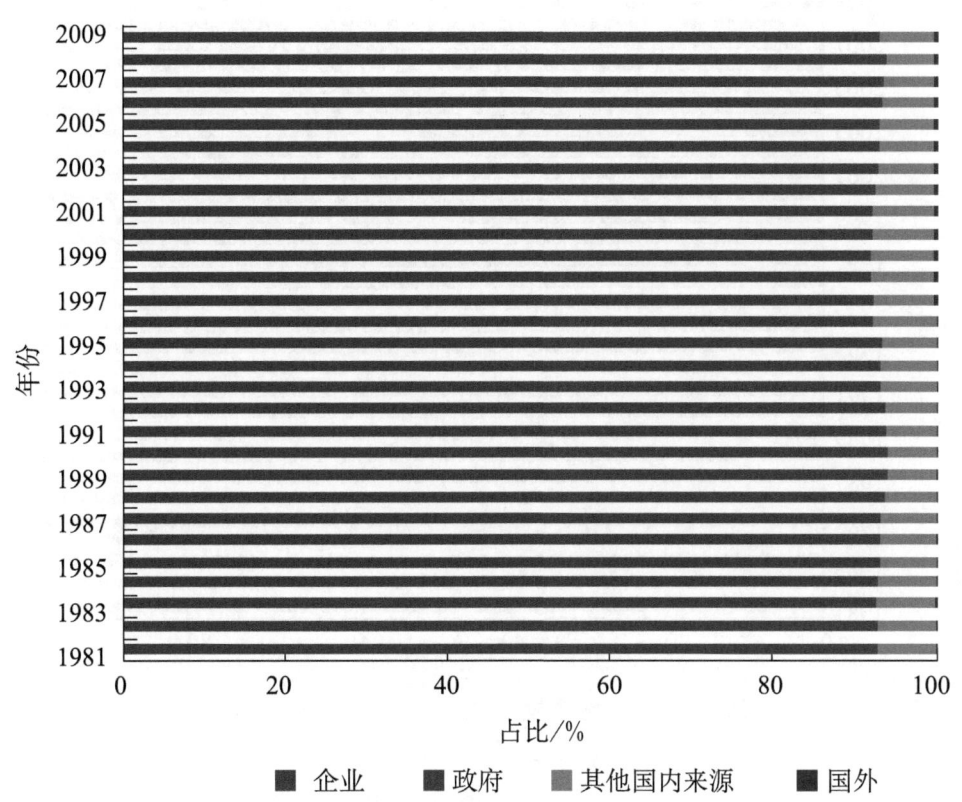

图 9-7　1981~2009 年日本研发经费来源部门构成的变化态势

注：1981~1995 年数据采用调整后的数据

资料来源：OECD Stat 数据库

日本的研发经费主要是由企业部门使用，2009 年，企业使用研发经费 1040.32 亿美元，占 75.76%。其次为高校，2009 年使用研发经费 184.14 亿美元，占 13.41%。第三是国立科研机构，2009 年使用研发经费 126.52 亿美元，占 9.21%；非营利科研机构使用的研发经费最少，2009 年为 22.15 亿美元，占比仅为 1.61%（图 9-8）。

2009 年，日本全国研发经费的流向情况如图 9-9 所示。企业研发经费的 98.86% 供企业开展研发活动，极少量流向高校和非营利机构。政府提供的大部分研发经费主要流向国立科研机构和高校，分别占政府研发经费总量的 51.42% 和 39.08%，仅有 5.03% 和 4.47% 分别流向企业和非营利机构。高校提供的研发经费几乎全部用于高校开展研究。非营利机构提供的经费也主要用于非营利机构研发。

世界主要国立科研机构概况

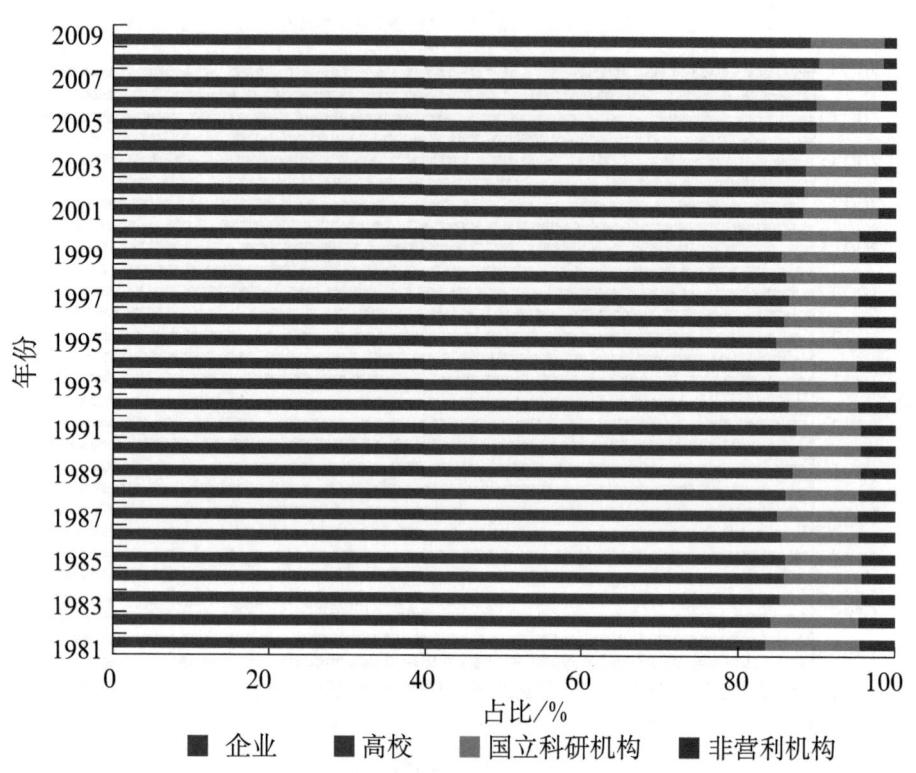

图 9-8　1981～2009 年日本研发经费执行部门构成的变化态势

注：1981～1995 年数据采用调整后的数据

资料来源：OECD Stat 数据库

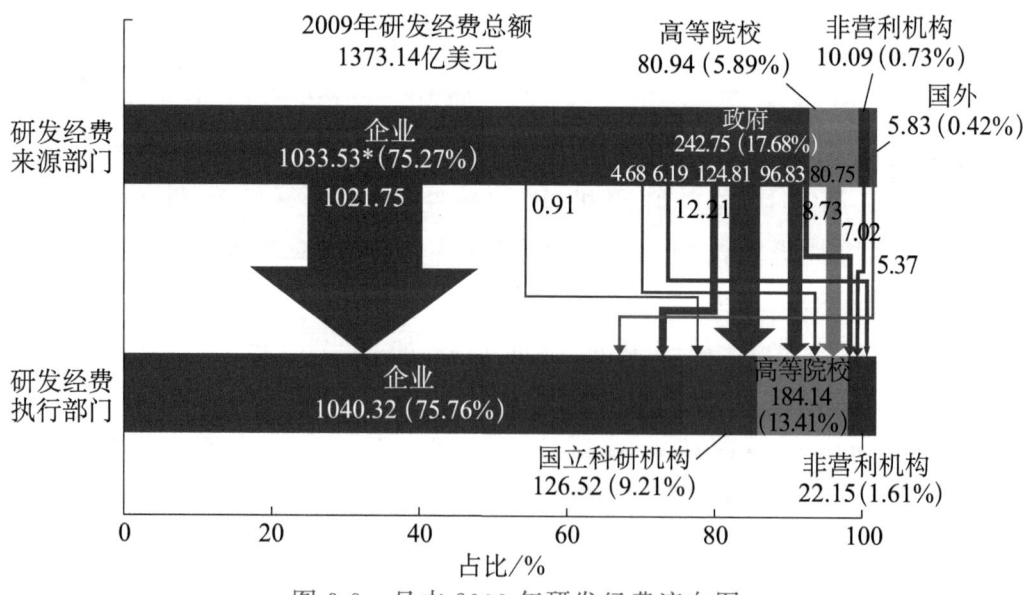

图 9-9　日本 2009 年研发经费流向图

* 图中数据单位为亿美元，按购买力平价现值美元计

资料来源：OECD Stat 数据库

2011年，日本政府科学技术预算为3.65万亿日元，其中文部科学省科技经费预算为2.45万亿日元，占67.1%（图9-10）。日本政府主要通过两种方式向高校和国立科研机构提供研究经费。一是运营费补助金，相当于事业费，主要用于支付研究人员和辅助人员的工资、最低限度研究经费、研究基础运营费等，这类经费是高校和国立科研机构的主要经费来源，总体上大约占政府投入经费的90%；二是竞争性研究资金，即所谓的竞争申请的课题费，主要基于对研究人员自由探索的研究的资助，约占10%。竞争性研究资金主要由内阁府、总务省、文部科学省、厚生劳动省、农林水产省、经济产业省、国土交通省及环境省八个部门来分配，包括科学研究费补助金、科学技术振兴调整费、战略性创造研究推进计划等，其中科学研究费补助金（又称"科研费"）的资金规模最大，约占整个竞争性研究资金的50%[①]。自2011年起，一部分科学研究费补助金基金化，成为学术研究助成基金，2011年预算额为853亿日元，而科学研究补助金预算额为1780亿日元[②]。

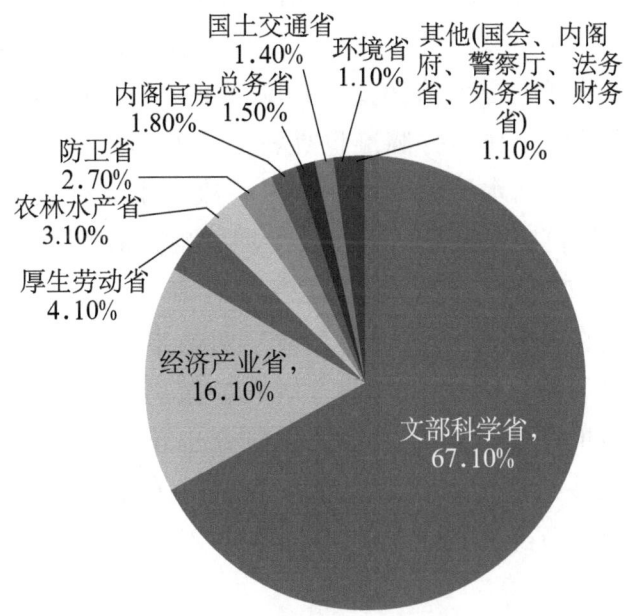

图9-10　日本政府2011年科技相关预算按政府部门分布情况

资料来源：内閣府政策統括官. 平成23年度科学技術関係予算案の概要について. http://www8.cao.go.jp/cstp/budget/h23yosan.pdf

---

① 総合科学技術会議. 2009. 競争的資金制度一覧. http://www.mext.go.jp/component/a_menu/_icsFiles/afieldfile/2009/06/15/1215952_001.pdf [2011-08-15].

② 独立行政法人日本学術振興会，文教科学委員会調査室. 2011. 科学研究費補助金の一部基金化. http://www.sangiin.go.jp/japanese/annai/chousa/rippou_chousa/backnumber/2011pdf/20110308037.pdf [2011-08-05].

9.1.4 科技计划

1995年,日本政府颁布了《科学技术基本法》,明确提出政府应当制订有关科学技术振兴的基本计划,即科学技术基本计划。科学技术基本计划旨在建立一个以科技创造力为基础的日本,为科学技术的发展创立全面、系统的政策。科学技术基本计划规定了下列事项:①关于推动研究开发的综合方针;②政府应该综合地、有计划地采取措施,完善研究设施和研究设备、促进研究开发的信息化及完善推动研究开发所需要的其他环境;③振兴科学技术所必需的其他事项[①]。

1996年,日本开始实施第一期科学技术基本计划(1996~2000年),增加了曾被减少的研究开发预算,五年实施期的预算为17万亿日元。第一期计划在为青年研究人员提供竞争资金等方面进展比较顺利,但在科研机构的设备预算方面不太充足。

2001年,日本开始实施第二期科学技术基本计划(2001~2005年),其重要的变革是诞生了综合科学技术会议。综合科学技术会议在科学技术基本计划中起着核心的作用,对第一期科学技术基本计划进行评估调整,并制订了第二期计划。第二期计划任务为继续完成第一期计划遗留下的工作,并瞄准世界科学技术的发展方向,建立更高水准的技术体制。第二期计划提倡对高水平论文给予奖励,决定重点推进发展生命科学、信息通信、环境、纳米技术与材料四个领域。五年实施期的预算增加到24万亿日元。

2006年,日本开始实施第三期科学技术基本计划(2006~2010年),其重点放在培养人才方面,特别是在基础研究领域中。第三期基本计划致力于为研究人员营造适于自由开发研究的科研环境,促进和鼓励科研人员做出创新性贡献。除重点推进发展的四个领域以外,其他推进发展的四个领域的研究也正式启动,努力发展能为国民带来利益的科学技术。此外,该计划还致力于作为国家关键技术的下一代超级计算机及宇宙运输系统的开发等。五年实施期的政府预算为25万亿日元。表9-2给出了第三期科学技术基本计划概要。

表9-2 第三期科学技术基本计划(2006~2010年)概要

基本概念	受到社会、国民的支持,把成果反馈给社会的科学技术 重视培养人才和竞争性环境	
科学技术的战略性重点	推进基础研究	自由创新的研究 根据政策,旨在未来应用的基础研究
	重点放置于对应政策课题形式的研究开发	重点推进发展生命科学、信息通信、环境和纳米技术与材料四大领域 其他推进发展的四个领域包括能源、制造技术、社会基础和未开拓领域

---

① 日本科学技术振兴机构.1995.科学技术基本法.http://crds.jst.go.jp/CRC/chinese/law/basic.html [2011-08-15].

续表

科学技术系统改革	推进人才的培养、确保和活用
	发展科学并不断创新
	为振兴科学技术强化基础
	战略性推进国际活动

资料来源：日本文部省《科学技术白皮书》（2006年版）

日本第四期科学技术基本计划（2011～2015年）在前三次计划的基础上，将围绕2009年12月制定的《新成长战略》所提出的建设环境、能源大国和健康大国的目标，以绿色技术创新和生命科学技术创新为两大重点，战略性、综合性强化科技创新政策，建立促进创新的新体制。第四期科学技术基本计划是日本政府着眼于今后10年发展而制定的科学技术政策，其中提出：今后五年的政府研究开发投资占GDP的比重将由2008年度的0.67%提高到1%，总金额约为25万亿日元；10年后日本的论文被引用数要进入世界前三名等。这一计划还列举了未来的经济发展支柱，包括环保、能源，医疗、护理、健康及灾后恢复与重建三个领域，并强调预计未来可能发生严重电荒、可再生能源的开发等将不可或缺[①]。

9.1.5 国际科技合作

第二次世界大战后，日本在对国外先进技术的引进、消化和吸收过程中，其国际科技合作也得到了加强。1986年，日本制定了《研究交流促进法》，其中包括了吸收外国学者参与重要研究和促进国际合作研究计划的条款。该法进一步打开了日本国际科技合作的大门，逐步接纳外国科研人员进入日本的研究机构工作，通过国际科技合作弥补日本资源、人才及技术基础的不足，服务日本科技、经济的发展。

日本第三期科学技术基本计划提出要从战略高度来推进科学技术活动的国际化，必须在对国际动向进行充分调查和分析的基础上，分别采取竞争与协调、合作、援助等不同方式，以利用日本的科学技术解决国际性课题、满足他国的科技需求，提高国际社会对日本的信赖度；在制定与科学技术相关的国际标准和规则方面发挥作用；在培养具有国际水平的研究人才的同时，吸引优秀的国外科研人员，实现研究的多样化，提高科研水平，强化日本的科学技术能力[②]。

---

① 人民网日本频道.2010.2020年日本政府研发投资占GDP比重将达1%.http://japan.people.com.cn/35465/6898581.html [2011-08-15]；于青.2010.日本科技基本计划出炉 核能研发大幅倒退.http://world.people.com.cn/GB/1029/42354/15464544.html [2011-08-25]．

② 吴松.2007.2006年日本科技发展综述（上）.全球科技经济瞭望，(5)：23；华强.2003.日本的国际科技合作.全球科技经济瞭望，(10)：41.

日本的国际科技合作可归纳为六种类型。一是对等互利型，如与欧美国家进行的知识产权与技术合作等；二是技术引进型，如与欧洲的大型火箭及新型客机合作；三是资源引进型，如生物领域主要从国外获取遗传信息资源；四是人才引进型，如从海外招收博士后等；五是信息引进型，如主办国际研讨会或招聘高级学者等；六是以企业海外研发活动为主的市场开拓型[①]。

日本的国际科技合作主要由文部科学省负责，日本科学技术振兴机构具体实施。通过战略性国际科学技术合作促进计划，日本与美国、中国、印度、英国、瑞典、法国、德国、南非、韩国、丹麦、瑞士、芬兰、欧盟、西班牙、以色列等国家和组织在达成共识的领域中开展科技合作。2007年，日本出台了《强化科学技术外交》报告，对外科技交流与合作被赋予科学技术外交新视点的内涵，上升到国家外交的战略层次，并纳入日本长期国家战略。主要特点是强调对外技术输出，推广日本模式；对象是以发展中国家为中心；手段是全方位加强对外触点，强化人脉和情报网络；以环境等热点问题为重点，通过项目合作、人才培训，树立良好对外形象[①]。

构建亚洲新型科技合作关系是日本对外科技合作的一个重点，即以2003年《中日韩推进三方合作联合宣言》为基础，加强三国科技合作。2006年年初，日本制定、实施了推进亚洲科学技术合作工作方针，明确了地区合作研究共同课题。一是针对亚洲需急切解决的课题，如地震、海啸等防灾科技及非典、禽流感等感染症对策等；二是针对亚洲国家共同的中长期科技课题，如支持可持续发展的环境、能源科技及信息通信技术等[①]。

9.1.6 创新体系构成：高校与企业

9.1.6.1 高校

高校的科学研究在日本科研活动中发挥了非常重要的作用。有学者认为，日本基础研究能够取得今天的成就，日本高校的科研体制无疑在其中发挥了某种决定性的作用[②]。截至2011年3月31日，日本高校科研机构共计3604家，与研发相关从业人员总数为37.52万人，其中研究人员为31.21万人，占日本研究人员总数的37.03%，辅助人员为1.33万人，技术人员为1.29万人，涉及人文社会科学、自然科学的诸多领域。2010年度日本高校的研发经费约为3.43万亿日元，其中一半来自政府；内部使

---

① 王挺. 2008. 2007年日本科技发展综述——主要科技战略与政策新动向. 全球科技经济瞭望, 23 (6): 43.
② 节艳丽. 2004. 大学科研体制对于日本基础研究发展的影响. 科学对社会的影响, (2): 14-17.

用研究经费为 2.05 万亿日元，其中基础研究经费为 1.07 万亿日元，应用研究经费为 0.79 万亿日元，开发经费为 0.19 万亿日元①。

自 20 世纪 90 年代以来，日本政府面对世界政治、经济、科技格局的调整，强调要重视以基础研究为中心的高校的作用，产业界也强烈要求加强高校科研。日本高校进行了科研组织的改革，实行大部门制和研究人员任期制，设置流动性科研组织，加强共用科研机构的建设，加强国际合作，使日本高校的科研机制进一步朝开放性和流动性转变，为科研活动营造了良好的学术氛围②。特别是 1999 年开始对国立大学进行的独立行政法人化改革，改变了国立大学的计划、预算、经营、人事均由政府机构管理，学校没有自主权的僵化的管理体制，赋予高校更多的自主权，政府继续给予投资而学校行使独立法人的权力③。

日本高校科研体制的显著特点是实行学术自治，追求学术自由。学术自治为日本高校的学术自由提供了制度保障，日本高校所形成的自由的学术风气影响到整个日本社会。日本高校科研体制的另一个重要特征是讲座制。所谓讲座制就是日本高校的各学科通常分为几个讲座，一个讲座通常由一位教授、一位副教授、一两位助手及几位教学秘书和科研辅助人员组成，形成某一领域的专题研究小组。讲座教授通常是终身制，直到退休后，教授的职位才会归其他人。每一讲座除负责开设与这一领域有关的课程外，还接纳一定数量的大学四年级学生、硕士生和博士生④。日本高校讲座的运行方式形成了一层带一层的金字塔式的梯队制度。教授和副教授的主要任务是教学和把握科研方向，加强横向联系。

9.1.6.2 企业

企业是日本科研体制的重要组成部分，对日本经济的发展发挥了重大作用。日本企业无论是资金投入还是人员投入都很大。截至 2011 年 3 月 31 日，日本企业的研发机构总计为 14 666 家，投入的科研经费达到 12.01 万亿日元，占日本投入总经费的 70.19%，与研发相关的各类人员总数为 61.48 万人，其中研究人员为 49.05 万人，占日本研究人员总数的 58.19%。

企业研发投入的重点是试验开发和应用研究，基础研究所占比重很小。2010 年，

---

① 日本总务省统计局统计调查部. 2011. 科学技术研究调查报告 2011. http://www.e-stat.go.jp/SG1/estat/GL08020103.do?_toGL08020103_&tclassID=000001035775&cycleCode=0&requestSender=search [2012-06-15].
② 杨红霞. 2003. 20 世纪 80、90 年代加强独创性的日本大学科研. 咸宁学院学报, 23 (2): 73-75.
③ 徐盛林. 2003-05-25. 日本国立大学的行政法人化改革. 中国教育报, 第 6 版.
④ 施若谷, 梅进禄. 2003. 国内外高校科技工作的成功经验及启示. 集美大学学报 (哲学社会科学版), (2): 47-55.

企业研发中基础研究经费仅占 6.9%，应用研究占 19.3%，试验开发占 73.8%[①]。从研发的布局来看，企业投入主要集中在制造业。制造业企业研发机构的数量为 11 931 家，占日本企业研发机构的 81.38%；研究人员数为 46.51 万，占企业研究人员总数的 86.56%；投入的经费为 10.17 万亿日元，占企业投入研发经费的 87.37%[①]。

大型企业是企业研发活动的主要参与者和组织者。2004 年，在日本企业研发经费中，资本金额在 100 亿日元以上的大型企业提供的研发经费占到了 71.3%。《日本经济新闻》进行的 2004 年企业研发活动调查表明，研发费用投入前十位的企业经费总额占当年日本研发总投入的近 1/4[②]。

在经济全球化和知识经济化背景下，日本企业积极与国内外各创新主体在竞争中寻求合作，集聚各类创新资源。日本企业与大学、国立科研机构、政府等创新主体之间通过共同研究、委托研究、奖学金制度、互派研究人员等方式，构建了研发网络，减少了企业自身的研发风险。合作领域主要集中在生命科学、信息通信、纳米材料、制造技术等基础研究和尖端技术行业。日本的跨国公司也加快了研发国际化的步伐。2002 年，日本企业在海外设立研发机构 626 处，主要集中在电机电子、机械和化学医疗三大行业[②]。

9.1.7 创新体系构成：国立科研机构

9.1.7.1 类型和分布

日本的国立科研机构主要隶属于内阁府、各省厅，其经费主要来自政府预算，按照国家经济和社会的总体发展需求来确定研发工作。自 2001 年 4 月起，日本大力改革国立科研机构，将它们陆续改组为独立行政法人，使之具有较大的自主权，以提高研究开发效率、促进科研成果向生产力的转化。目前，除科学技术政策研究所（NISTEP）等少数国立研究所外，大部分国立科研机构已相继转变为独立行政法人研究机构。因此，日本的国立科研机构主要包括独立行政法人研究机构（不包括高校独立行政法人）和非独立行政法人的国立研究所两部分，其中又以独立行政法人研究机构为主。日本部分重要国立科研机构情况如表 9-3 所示。

---

① 日本总务省统计局统计调查部. 2011. 科学技术研究调查报告 2011. http://www.e-stat.go.jp/SG1/estat/GL08020103.do?_toGL08020103_&tclassID=000001035775&cycleCode=0&requestSender=search [2012-06-15].

② 智瑞芝，杜德斌，郝莹莹. 2006. 日本企业研发的特点及发展趋势. 日本学刊，5：87-94.

表 9-3 日本重要国立科研机构经费与人员情况

省	机构	经费/亿日元（统计年）	人员/人（统计年）
总务省	国家信息通信技术研究机构	351.3（2010）	443（2010）
文部科学省	日本原子能研究开发机构	2302.93（2011）	3955（2010）
	放射线医学综合研究所	140（2011）	798（2011）
	防灾科学研究所	90.93（2011）	187（2010）
	物质·材料研究机构	256（2012）	1460（2012）
	理化学研究所	1145.27（2010）	3328（2010）
	海洋研究开发机构	421（2011）	324（2011）
	宇宙航空研究开发机构	2099.58（2011）	2136（2010）
经济产业省	日本产业技术综合研究所	812.84（2011）	3020（2011）
财务省	酒类综合研究所	10.95（2011）	48（2011）
环境省	国立环境研究所	160.39（2012）	255（2012）
厚生劳动省	国立健康营养研究所	10.47（2010）	37（2010）
	劳动安全卫生综合研究所	22.03（2012）	103（2010）
农林水产省	农业·食品产业技术综合研究机构	536.32（2011）	2833（2011）
	农业环境技术研究所	39.42（2011）	171（2010）
	国际农林水产业研究中心	46.63（2010）	179（2011）
	森林综合研究所	115.84（2011）	1220（2010）
	水产综合研究中心	269.39（2012）	978（2010）
国土交通省	土木研究所	94.17（2012）	471（2010）
	建筑研究所	20.43（2010）	89（2010）
	交通安全环境研究所	27.10（2010）	102（2010）
	港湾机场技术研究所	24.98（2011）	101（2011）
	电子航法研究所	18.51（2011）	64（2011）

资料来源：2011 年 8 月 10 日依据各机构网站整理

下面简要介绍主要省厅下属的一些国立科研机构。

日本原子能研究开发机构成立于 2005 年，由日本原子能研究所和日本核燃料循环开发机构合并而成，是日本唯一一家专门从事核能领域综合研发的机构。该机构的主要任务包括研究与开发快中子增殖反应堆技术；参与国际热核聚变试验反应堆研究的高能质子加速器项目（J-PARC）；开发核燃料回收技术和高放射性废弃物处理技术等。原子能研究开发机构的核聚变研究在国际上享有盛誉，其研究小组已经完成商用核聚变反应堆的概念设计。

海洋研究开发机构（JAMSTEC）成立于 2004 年，前身为日本海洋科技中心，其任务是研究气象预测相关技术，解释全球环境和气候变化。

宇宙航空研究开发机构（JAXA）成立于 2003 年，由日本宇宙开发事业团（NASDA）、日本空间科学研究所（ISAS）和日本国家航空航天实验室（NAL）三家宇宙研究机构合并组成。经整合后，该机构在 X 射线望远镜等天体物理学研究领域的优势得到加强，同时有效弥补了火箭、探测器等研究领域的不足[①]。

物质·材料研究机构（NIMS，也称国立材料科学研究所）前身是始建于1956年的国家金属材料技术研究所（NRIM）和始建于1966年的国家无机材料研究所（NIRIM）。2001年4月，两机构合并组建成现在的物质·材料研究机构。该机构是日本材料科学研究的领先机构。随着纳米技术被列为日本第三期国家科学技术基本计划四项重点推进研究领域之一，物质·材料研究机构开展了纳米高新材料研究和以社会需求为导向的高新材料研究两项重点科研计划。

理化学研究所创立于1917年，是日本唯一一家自然科学综合研究所，2003年10月成为独立行政法人机构。该研究所已成为日本最具代表性的国立科研机构，下属五个研究所、九个研究中心，拥有重离子加速器、超级计算机、世界上最大的同步辐射加速器（SPring-8）、理化学研究所生物资源中心等世界级研究设施。

科学技术政策研究所成立于1988年，该机构的设立是为了通过长期、广泛的科学技术政策研究，引导政府科学技术政策的制定，向社会和给予支持的企业及相关组织提供研究成果，阐明研发和创新管理战略。其主要从事理论与政策研究，提供政府政策分析及咨询建议，研究领域涵盖广泛，从科技政策系统、科技策略到先进科技趋势研究、科技预测调查、日本科技趋势统计的量化分析等。研究课题多为综合科学技术会议所交付的议题。

日本产业技术综合研究所成立于2001年，前身是工业技术院，是目前日本规模最大的产业科研机构。科研重点主要集中在生命科学与技术，信息技术与电子，纳米技术、材料与制造，环境与能源，地质勘探与应用地球科学及计量与测量技术六个领域。

日本国家信息通信技术研究机构（NICT）于2004年由通信研究实验室和电信科学促进会组建而成，是日本唯一一家专门研究信息与通信技术的国立科研机构。该机构以自主研发为核心，同时为私营企业提供项目资助。

日本国家环境研究机构（NIES）于1974年成立，始终代表着日本环境研究的前沿水平。其研究主题包括大气环境研究、全球环境状况研究、气候变化研究、生态系统研究、水源和土壤研究、废弃物管理研究及生物多样性研究。该机构还十分注重与中国、韩国等亚洲国家就沙尘暴、酸雨等环境问题开展联合研究。

9.1.7.2 管理特点

日本国立科研机构的管理和运营有着鲜明的特点，主要表现在以下几个方面。

[①] 北京市科学技术研究院.2008.日本科研机构结构纵览.http://www.bjast.ac.cn/Html/Article/20081121/3988.html [2011-08-15].

1）国立科研机构依法设立，其职能与运营方式由法律、政令规范确定

日本国立科研机构的成立，都要制定相应的特别法加以保障，如《日本理化学研究所法》、《海洋科技中心法》、《筑波科学城建设法》等。此外，日本还有一批以政府政令形式公布的各类科研院所组织规则，如《航空宇宙技术研究所组织规则》等[①]。针对国立科研机构的法规、政令主要包括以下内容：科研机构的设置、名称与所在地，领导与职员的权限、职责、义务、任免与任期，业务的范围与开展，资金的来源与使用，人事、业务、财务的管理章程与制度，内部机构与所长咨询委员会的设置，监督与惩罚办法等。这些规定具体而详尽，使国立科研机构的一切事务都有法可依，有章可循。

2）独立行政法人制度是日本国立科研机构管理与运作的重要制度

国立科研机构的独立行政法人制度是日本科技体制改革的重要内容之一。为提高日本科学技术的国际竞争能力，解决国立科研机构体制上的一些弊病，日本自2001年4月起对国立科研机构进行了重大改革，56个国立科研机构逐步实行独立行政法人制度，并于2004年4月全面完成这一改革。独立行政法人制度的核心内容是科研机构在业务经营、资金运用和人事管理等方面拥有充分的自主权，政府部门不再干预其具体日常业务活动，但科研机构要定期制订研究计划并接受文部科学省的评价和考核。独立行政法人研究机构的管理机构是参照公司法人的模式而设置的，由理事会、监事会来管理整个机构。独立行政法人研究机构需接受《独立行政法人通则法》和《机构法》两部法律的直接约束。其中，《独立行政法人通则法》规定了独立行政法人的设置及撤销、负责人的任命及管理、运营及考核、财务及审计制度、政府预算拨款、人事和薪酬制度等。《机构法》由国会为每一个研究机构制定，规定其名称、业务范围、经费管理等事项。

根据《独立行政法人通则法》，独立行政法人的监事及法人负责人（所长、院长、馆长等）人选都是由主管大臣提名和任命；独立行政法人在开展业务时，需先制定业务方法书，接受主管大臣的认可；主管大臣规定并公布独立行政法人3～5年应完成的中期目标，行政法人以中期目标为基础，根据主管省厅的规定，制订达成中期目标的中期计划和年度计划，并须经主管大臣批准，变更时亦如此；在主管省厅设置独立行政法人评价委员会负责对科研机构的评估。

3）实行国家公务员制和非国家公务员制两种类型并存的人事管理体制[②]

对于那些职能与国民生活和社会经济稳定直接相关的机构，其职员继续保持国家

---

① 朱效民.2004.中国科学院新院章制定的法律背景研究.科研管理，25（6）：126-132.
② 朱光明.2004.日本的独立行政法人化改革评析.日本学刊，(1)：43-56；刘杰译.2008.日本《独立行政法人通则法》.http://www.law863.com/n259171c24.aspx［2011-08-15］.

公务员身份；而那些职能对国民生活和社会经济稳定无直接影响的机构，其职员则不再继续保留国家公务员身份。国家公务员制职员的权利、义务和待遇，适用于《国家公务员法》的规定；非国家公务员制职员的权利、义务和待遇，则适用于一般劳动法的规定。但是，无论独立行政法人机构的职员身份采用何种形式，都将实行统一的经营管理制度和绩效评价制度。独立行政法人职员的录用程序、任用标准、考核方式、奖惩措施等，由各法人负责人根据有关法规和本机构具体情况自行决定。职员的工资和福利标准，在参照国家公务员工资水平和民间企业工资水平的基础上制定，工资标准确定后，须在各省评价委员会备案。

4）独立行政法人机构经费主要来自政府，可跨年度使用[①]

独立行政法人机构的研究经费来源较为广泛，包括政府、高校、企业、其他科研机构、非营利机构和国外等。其中，政府是独立行政法人机构最主要的经费来源，主要通过运营费补助金方式拨付经费。但政府拨付运营费补助金不是通过简单的行政手段，而是加入了中期目标管理和绩效评估机制，评估意见作为科研机构未来运营费补助金增减的一个重要依据。主管部门根据评估意见，在财政预算中列支独立行政法人的事业运营所需资金；已列入中期计划的固定资产建设项目所需资金，也将由国家提供。但这两类资金必须单独立项，不得混用。各法人的业务经营所需流动资金，可通过向金融机构申请短期贷款的方式解决，由政府提供担保。

独立行政法人在经费管理方面有一定的自主性，例如，与政府部门预算相比，独立行政法人运营费预算不特别规定资金的明细用途；在中期目标期间未使用完的年度经费可留到下一年度使用，但中期计划完成后，剩余资金的处置方式则由主管部门决定。每事业年度结束后三个月内，独立行政法人必须编制财务报表送主管部门首长，会计财务除接受监事监督外，主管部门首长还要选任会计审计师对上报的财务报表、事业报告和决算报告进行审计。

5）政府对独立行政法人机构的管理主要依据评价组织的绩效评价结果[②]

为了维护独立行政法人的自律性和自主性，主管机关对其干预限于最小限度，而

[①] 中华人民共和国财政部. 2008. 2008 年法规信息反映第五期——日本特殊法人认可法人和独立行政法人制度. http://gjzx.mof.gov.cn/tfs/zhengwuxinxi/faguixinxifanying/200806/t20080603_44491.html [2011-08-10]；刘杰译. 2008. 日本《独立行政法人通则法》. http://www.law863.com/n259171c24.aspx [2011-08-15].

[②] 朱光明. 2004. 日本的独立行政法人化改革评析. 日本学刊，(1)：43-56；刘杰译. 2008. 日本《独立行政法人通则法》. http://www.law863.com/n259171c24.aspx [2011-08-15]；独立行政法人通则法. 2011. http://law.e-gov.go.jp/cgi-bin/idxselect.cgi?IDX_OPT=1&H_NAME=%93%c6%97%a7%8d%73%90%ad%96%40%90%6c%92%ca%91%a5%96%40&H_NAME_YOMI=%82%a0&H_NO_GENGO=H&H_NO_YEAR=&H_NO_TYPE=2&H_NO_NO=&H_FILE_NAME=H11HO103&H_RYAKU=1&H_CTG=1&H_YOMI_GUN=1&H_CTG_GUN=1 [2011-08-15].

且尽量控制事前介入和管制的程度，注重事后监督。事后监督措施除行政调查、违法行为的纠正及处罚等行政手段外，最重要的是绩效评价制度。实施独立行政法人绩效评价的组织包括设置于总务省的独立行政法人评价委员会和设置于各主管省厅的独立行政法人运营评价委员会。这两级评价组织的成员，均由行政法人之外的有关专家和熟悉绩效评估业务的民间人士担任。

主管省厅独立行政法人运营评价委员会的基本职能是对各法人机构的业务范围、中期目标和年度计划进行评价，评价分为事业年度内业务绩效评价和中期目标所涉及业务绩效评价。前者针对独立行政法人事业年度内的调查，分析中期目标的实施情况，对调查结果进行分析考核，综合评价该法人事业年度内的业务绩效；后者是针对中期目标期限内的业务绩效，调查分析中期目标的达成状况，考核调查分析的结果，综合评价该法人中期目标期限内的业务绩效；制定关于法人机构的业务评价标准，并依此进行绩效评估；向主管机构提出关于改善法人机构经营管理的建议；对主管部门向法人机构提出的中期目标进行审议；向主管部门提出对行政法人长官和职员进行奖惩的建议。

总务省独立行政法人评价委员会是政府的综合评估机构，其基本职能是对独立行政法人机构的设立和主要业务变更进行审查；对各省独立行政法人运营评价委员会的评价结果进行审核；加强对独立行政法人的外部监督，提高公共服务部门业务活动的透明度，每年以《独立行政法人白皮书》的形式公布各独立法人机构的业务概况、各种财务报表、决算报告、中期目标、各省厅运营评价委员会的评价结果、监事的财务审查报告、机构的业务变动和人事更动等有关资料。

评价组织对独立行政法人的绩效评价结果是政府对独立行政法人机构进行管理的主要依据，它将直接决定机构的存废、业务目标和经营计划的调整及人事变动和职员的工资待遇等。

9.2 理化学研究所

> ▶ 日本唯一一家自然科学综合研究所，2003年10月成为独立行政法人机构。
>
> ▶ 2011年，共有员工3328人，其中研究人员为2704人。2010年，有访问研究人员2718人。注重吸引外籍科研人员，2010年，约有外籍科研人员568人，占研究人员总数的21%。
>
> ▶ 2010年，经费为1145.27亿日元（约合14.55亿美元），包括预算经费和预算外经费两部分。政府拨付经费是主体，占总经费的80.22%。
>
> ▶ 主要集中在物理、化学、生物科学、生物医学、材料科学与交叉前沿科学领域。"野依动议"奠定了理化学研究所的发展战略基础。
>
> ▶ 拥有重离子加速器、超级计算机、世界上最大的同步辐射加速器、理化学研究所生物资源中心等世界级研究设施。
>
> ▶ 实行理事会管理制度，理事长是最高领导，由首相亲自任命，负责理化学研究所的整体运行管理。理事和监事由理事长任命，理事负责协助理事长开展工作，监事负责监察研究所的业务。设立了"研究优先会议"，召集所内外的专家学者对未来的研究方向及研究的优先级进行讨论。
>
> ▶ 建立了多种制度吸引和培养优秀人才，如主任研究员制度、连携大学院制度等。
>
> ▶ 在中国科学院管理创新与评估研究中心对86个国际国立科研机构的学术影响力排名中，理化学研究所的生物和生物化学、免疫学、动植物学等排名前十。

日本理化学研究所（Rikagaku Kenkyujo，RIKEN）创立于1917年，是日本唯一一家自然科学综合研究所，隶属于文部科学省。该研究所的发展经历了财团法人理化学研究所（1917～1948年）、株式会社科学研究所（1948～1958年）、特殊法人理化学研究所（1958～2003年）和独立行政法人理化学研究所（2003年至今）等四个主要阶段，拥有重离子加速器、超级计算机、世界上最大的同步辐射加速器、理化学研究所生物资源中心等世界级研究设施。

9.2.1 人力资源和经费状况

9.2.1.1 人力资源

截至 2011 年 4 月 1 日,理化学研究所共有员工 3328 人。其中,研究人员为 2704 人(表 9-4),基础科学特别研究员为 106 人,国际特别研究员为 46 人,管理人员为 464 人。2010 年,有访问研究人员 2718 人,有研究生等 915 人。理化学研究所在基础研究、脑科学、加速器、植物科学、基因组、医学等领域拥有较强的研发力量,近年来,在定量生物学、生物质工程、创新(集群)研究等方面也积极部署人力资源。

表 9-4 理化学研究所各机构研究人员情况 (单位:人)

机构名称	人员数量	机构名称	人员数量
基础研究所	624	植物科学研究中心	103
仁科加速器研究中心	153	发生与再生科学研究中心	263
脑科学综合研究中心	462	基因组医学研究中心	86
下一代计算科学研究开发机构	48	生物资源研究中心	124
下一代超级计算机开发实施部	19	免疫与过敏科学综合研究中心	187
放射光科学综合研究中心	117	传染病研究网络支援中心	5
组学科学中心	86	分子成像中心	84
系统和结构生物学中心	141	生物信息学和系统工程中心	17
信息技术中心	24	定量生物学中心	63
计算生命科学 HPCI 项目	2	创新集群研究	4
药物输运和技术平台项目	5	创新中心	38
生物质工程	22	计算科学研究中心	27

资料来源:RIKEN. 2011. 人员・予算. http://www.riken.jp/r-world/riken/personnel/index.html#personnel

理化学研究所通过建立统一对外联系窗口、简化外国研究者来理化学研究所手续等方式吸引外籍科研人员。2010 年,理化学研究所有 568 名外籍科研人员,约占研究人员总数的 21%,其中 135 人来自中国。该所准备将外籍科研人员的比重增至 30%。

为了培养年轻科学家,理化学研究所设立了 IPA(International Program for Associate)国际合作制度。理化学研究所与国内外大学合作,提供生活费、住宿和科研经费,接收来自国内外大学的外国学生在该所从事科学研究。参加此计划的研究生可以在研究所工作 1~3 年。理化学研究所与中国内地签订合作协议的有北京大学和西安交通大学[①]。

---

① RIKEN. 理研活动概要. http://china.riken.jp/riken_campaign.htm [2011-08-15].

9.2.1.2 经费状况

理化学研究所大部分经费来自政府，研究所自主决定经费的使用和分配，但政府要监督和审查经费支出情况。理化学研究所的经费包括预算经费和预算外经费两部分，2010年为1145.27亿日元（约合14.55亿美元[①]），其中预算经费为956.89亿日元，占比为83.55%。

图9-11为2008～2010财年理化学研究所预算经费变化情况，从预算收入情况来看，政府财政拨付经费是主体，2010年政府提供经费918.68亿日元，分别占预算经费和总经费的96.01%和80.22%，其中包括运营费补助金、设施维护补助金、大科学装置运营维护补助金等；自营收入[②]有38.22亿日元，占3.99%，其中包括受托研究收入、事业收入（专利权收入、赠款等）与非事业收入（租金、利息收入等）及大科学装置使用收入等。从支出情况来看，大科学装置的建设运营维护费支出最多，达到317.69亿日元，占总经费的33.2%。

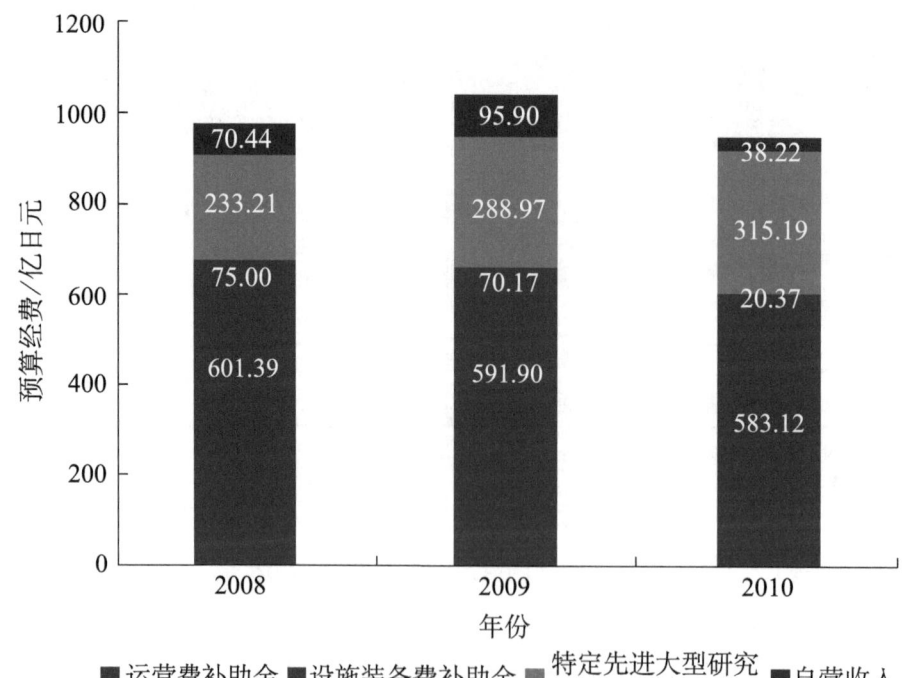

图9-11　2008～2010财年理化学研究所预算经费变化情况

资料来源：RIKEN. 2011. Annual report 2010-2011. http：//www.riken.jp/r-world/info/release/pamphlet/annu_repo/pdf/2010-11.pdf

---

① 根据2012年6月21日汇率换算——美元：日元＝1：78.72。
② 自营收入是指利用运营费补助金开展事业产生的收益。

理化学研究所不断争取其他的经费来源，包括文部科学省和其他省厅的竞争性研究资金、政府委托研究经费、公共和私营机构提供的助成金及捐赠等。2010财年，该所预算外经费有188.38亿日元，其中竞争性经费有112.49亿日元。2008~2010财年，理化学研究所的预算外经费来源详情如表9-5所示。

表9-5　2008~2010财年理化学研究所预算外经费来源情况　　（单位：亿日元）

经费类别		2008财年	2009财年	2010财年
竞争性经费	科学研究费补助金（来自文部科学省）	37.28	37.90	40.15
	科学研究费补助金（来自厚生劳动省与环境省）	0.82	2.29	1.09
	科学技术振兴调整费	0.37	0.64	2.10
	科技资助机构资助的项目费	17.11	25.35	23.25
	推进关键技术的研究开发费（来自文部科学省）	29.25	61.93	22.57
	其他省厅资助的项目费	3.93	4.84	5.56
	前沿研究和发展有关的援助方案	—	5.65	17.77
	小计	88.76	138.61	112.49
非竞争性经费	政府委托研究费	36.82	26.85	21.78
	与政府有关的委托研究费	2.38	2.46	2.54
	与政府有关的助成金	0.19	0.29	0.60
	共同研究负担金	1.67	1.52	0.65
	政府补助金事业	—	5.09	36.54
	小计	41.06	36.22	62.11
海外助成金		3.75	2.73	3.30
民间委托基金		11.78	9.68	10.47
合计		145.34	187.25	188.38

资料来源：RIKEN. 2011. Annual report 2010-2011. http：//www.riken.jp/r-world/info/release/pamphlet/annu_repo/pdf/2010-11.pdf

9.2.2　战略定位和重点领域

2003年，诺贝尔奖得主、有机化学家野依良治作为理化学研究所的理事长，提出"野依动议"（The Noyori Initiative），这是理化学研究所战略目标的重要基础，涉及社会认知、社会影响、人才战略等内容，如表9-6所示。

表9-6　"野依动议"的主要内容

主要内容	具体内涵
看得见的理化学研究所	提高社会对理化学研究所的认知度，强调研究人员面向社会宣传科学技术的重要性
在科学技术史上继续辉煌的理化学研究所	理化学研究所研究精神的继承和发展，重视研究质量，创造和发扬"RIKEN品牌"，强化知识产权，为社会和产业做出贡献
充分调动科研人员积极性的理化学研究所	自由想法和创意，独自的问题设定，培养有为的人才
对世界和社会发挥作用的理化学研究所	与产业和社会的融合合作，支持文明社会的科学技术
对人类文明和文化做出贡献的理化学研究所	提高理化学研究所自身的文化度，向人文、科学进行情报信息传递

资料来源：RIKEN. "野依动议". http：//china.riken.jp/intro/meeting.htm

野依良治认为，理化学研究所应该提升自身在社会、国民当中的位置。"在标榜日本是靠科学技术创造立国时，对于目标的实现光靠科学家的努力是不够的，一般社会的理解和信赖及充足的政策支援也是不可欠缺的"，他认为"国家整体科学素质的提高是非常必要的，理化学研究所面对多元化社会必须以各种最恰当的形式进行信息传递"，"作为独立行政法人，理化学研究所必须通过有自主性、自律性的高效率经营，创造新时代的理研精神"[①]。

依据"野依动议"，理化学研究所的战略目标包括开展最前沿的自然科学研究，并通过不同学科的战略性综合开发新的前沿研究领域；给科学界建立最好的基础研究设施，并提供充分使用这些设施的机会；设立新的科学技术研究系统和培养年轻的研究人员；把研究成果回报社会。

理化学研究所主要根据国家发展目标和任务、国际科技发展趋势来调整组织结构和研究方向，在不同发展阶段确立了不同的发展重点和目标。建立之初，该所以物理和化学为主要研究方向。20 世纪 90 年代以来，日本政府出台了与生命科学相关的计划和战略。为此，理化学研究所逐渐向生命科学、生物医学与新材料方向扩展，非常关注生命科学及其交叉领域的研究，新建了基因组科学中心与脑科学研究所等几个与生命科学相关的研究所和中心[②]。目前，该所研究方向主要集中在物理、化学、生命科学、生物医学、材料科学与交叉前沿科学领域。

理化学研究所正在开展的日本国家级大型重点研究开发项目包括世界最快速超级计算机的开发、X 射线自由电子激光光源、分子结构可视化研究、万亿赫兹光频研究、蛋白质解析基础技术开发等。理化学研究所还开展了如下众多大型科学工程项目：国际人类基因组工程 5% 基因分析；在承担"蛋白质 3000"国家项目中 2500 种蛋白质的结构与功能分析；日本生物银行中 30 万人的 DNA 和血清的 SNP 解析；跟国立医院合作，开展花粉病、风湿性关节炎等疾病的疫苗开发和治疗研究；跟多所大学合作，开展人体细胞核转基因操作后植入人体干细胞的再生医疗研究[③]。理化学研究所的研究活动还包括物质创新技能研究、超导材料研究、生物材料研究开发、加速器、计算科学、新兴感染症研究、创新药物研究、发生和再发生科学研究等[④]。

---

① RIKEN. 理事长序. http：//china. riken. jp/intro/prelude. htm [2011-08-15].
② 谭宗颖，阳宁晖等. 2006. 国际科研机构发展态势分析（内部资料）.
③ RIKEN. 理研活动概要. http：//china. riken. jp/riken_campaign. htm [2011-08-15].
④ RIKEN. 2011. Annual report 2010-2011. http：//www. riken. jp/r-world/info/release/pamphlet/annu_repo/pdf/2010-11. pdf [2011-08-15].

9.2.3 组织架构和管理模式

9.2.3.1 组织架构

理化学研究所实行理事会管理制度，理事长是该所的最高领导，由首相任命，负责理化学研究所的整体运行管理。理事和监事由理事长任命，理事负责协助理事长开展工作，监事负责监察研究所的业务。理化学研究所还设有由学术界和工商界著名人士组成的咨询机构和顾问机构，就研究项目的管理和评价等向理事会提供咨询和建议。

目前，理化学研究所下设和光总部，和光研究所、筑波研究所、播磨研究所、横滨研究所和神户研究所五个研究所，以及创新集群研究单元和先进计算科学研究所。和光总部下设若干个行政管理部门，每个研究所下设若干个研究部门和研究推进部门。理化学研究所的组织架构如图 9-12 所示。

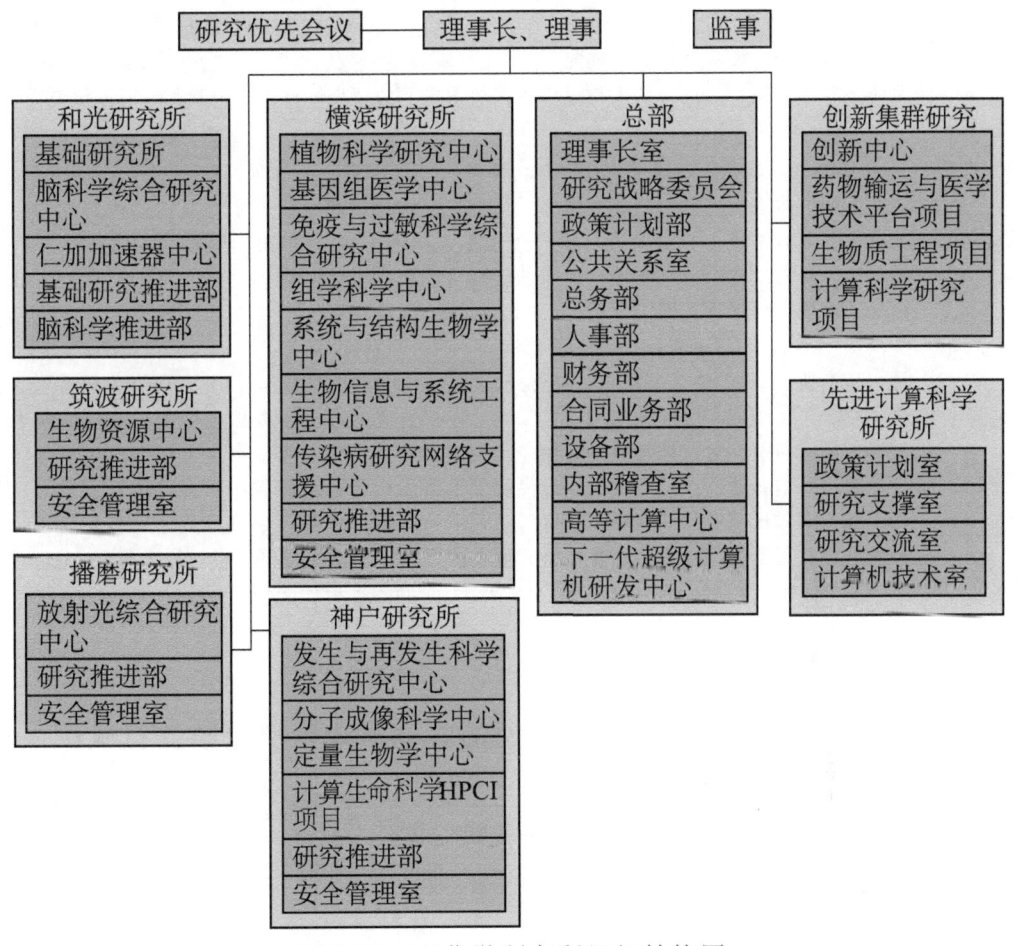

图 9-12　理化学研究所组织结构图

资料来源：RIKEN. 组織図. http：//www.riken.jp/r-world/riken/form/index.html

理化学研究所下设主要研究单元如表 9-7[①] 所示。

表 9-7 理化学研究所下属主要研究单元简介

研究单元	简介
和光研究所	主要包括具有自主性的众多研究室组成的中央研究所、推进先端基础研究的前沿研究系统、推进脑科学研究的脑科学综合研究中心及推进加速器科学研究的仁科加速器研究中心,从而推进尖端研究
筑波研究所	1984 年,设立了生命科学筑波研究中心,开始进行基因相关的先端研究开发。2000 年 4 月改名为筑波研究所。2002 年 1 月,在筑波研究所设立了生物资源研究中心,进行生物遗传资源的收集、保存、提供、新技术开发等事业。生物资源中心与国内外的相关机构相互协作,从国内外收集大量资源并保存,进行严格质量管理。向国内外的研究者提供生物资源及相关信息,同时建立新资源并开发管理解析技术。在 2002 年开始实施的日本文部科学省国家资源项目中,理化学研究所生物资源中心被选定作为实验动物(鼠)、实验植物、人及动物细胞材料和基因材料的核心机构
播磨研究所	为了对用大型放射光设施得到的放射光进行研究,同时推进运用放射光的研究,于 1997 年 10 月设立了播磨研究所。2005 年 10 月,设立了放射光科学综合研究中心。放射光科学综合研究中心利用 SPring-8 的放射光对解明蛋白质等巨大生物体高分子的复杂构造进行构造生物学研究,并用于开拓新领域的物质科学研究。同时,为了能够提供更好的放射光,进行了 SPring-8 的光源和光学系统的技术开发,并展开研发建设下一代放射光源的"X 线自由电子激光"国家研究项目
横滨研究所	2000 年 4 月,设立了以研究生命科学为课题的横滨研究所。该所主要由基因组科学研究中心、植物科学研究中心、基因多型研究中心、免疫与过敏科学综合研究中心及传染病研究网络支援中心构成。基因组科学中心主要进行从分子水平上,系统地、组合地研究生命的基本结构——基因、基因组、蛋白质的结构和功能。该所的研究目标还涉及诸如智力特殊方面的研究内容,并力图为疾病的防治、环保等方面的发展提供一个强有力的平台
神户研究所	神户研究所于 2002 年 4 月建立,主要开展发生生物学领域的基础研究。研究领域有三个方面:发生领域、再生领域和医疗的应用研究领域。神户研究所在进行以发生生物学的新发现为目标的基础研究的同时,大力推进具有基础性、代表性的细胞治疗、组织再生等医学应用。伴随着近年来干细胞研究的急速发展,处在世界最尖端的生物发生与再生领域的研究正取得重大的进展。以运用于细胞非排斥反应的细胞移植技术等为代表,生物发生和再生领域的研究对于移植、再生医疗的发展存在着巨大的潜力。理化学研究所在内部设立了发生与再生科学综合研究中心

9.2.3.2 管理模式

作为独立行政法人机构,理化学研究所的管理模式依照《独立行政法人通则法》的要求形成,并有着自己的特点。

1) 宏观管理

理化学研究所将日本政府要求的 3～5 年的业务运营目标作为中期目标,并为此制

[①] RIKEN. 机构简介. http://china.riken.jp/riken_intro.htm [2011-08-15].

订相应的中期计划,得到主管部门文部科学大臣的认可。按照《独立行政法人通则法》的规定,理化学研究所还在每个事业年度向主管大臣提出事业年度计划。年度业务绩效由日本政府设置的评估委员会进行评价,中期目标结束后还要评估目标的完成度,根据评估结果对该所做出包括废除等的决定①。

2) 战略、计划的研究和制定

理化学研究所基于管理的需求,设置了研究优先会议,召集所内外的专家学者对未来的研究方向及研究的优先度进行讨论。会议每月举行一次,讨论特定议题。为了开展研究所及研究中心之间、各学科之间的协同发展等战略研究,理化学研究所推进战略研究扩大事业,每年两次募集选题,在研究优先会议上经严格的学术评价遴选课题,课题的研究周期为两年。理化学研究所还设置了科学家会议制度,在需要用长远的眼光、开阔的视野来进行研究的领域中,由中心负责人、主任研究员、课题组组长等30名委员进行激烈的讨论,以确保选题的方向正确、内容可靠。

3) 人事管理

理化学研究所是非公务员制独立行政法人机构。其研究领域覆盖基础研究和应用研究,因此理化学研究所采用了与之相适应的一系列研究人员培养与管理制度和计划②。

(1) 主任研究员制度。理化学研究所在其主要开展基础研究的研究所中采用主任研究员制,这是该所最早采用的研究制度。各研究室的负责人被称为主任研究员,定位类似于日本国立大学的教授,实行终身雇佣制。

(2) 四种青年科学家培养制度。理化学研究所拨出专款用于青年科学家培养,采用任期制,向社会公开招聘。①基础科学特别研究员制度。设立于1989年,支持未满35岁、拥有博士学位、有潜力和创见的年轻学者,在自由的研究环境下,自主进行有关课题研究。②青年研究伙伴制度。设立于1996年,择优支持不满30岁的在读后期博士研究生,在理化学研究所主任研究员的指导下从事兼职的课题研究。③独立主干研究员制度。设立于2001年,以开拓新的研究领域为目的,择优支持不满40岁、取得博士学位并有三年以上研究经历的优秀学者,为其配备相应的研究组,进行具有独创性的研究工作。④国际主干研究员制度。设立于2008年,以提升相关领域研究水平为目标,积极推动研究环境国际化,为外籍优秀青年科研人员提供在理化学研究所进行独立研究的机会。

(3) 四种客座研究员制度。理化学研究所很重视外部引智工作,并为此制定了一

---

① RIKEN. 独立行政法人化. http://china.riken.jp/intro/faren.htm [2011-08-15].
② RIKEN. 理研活动概要. http://china.riken.jp/riken_campaign.htm [2011-08-15]; RIKEN. 机构简介. http://china.riken.jp/intro/others.htm [2011-08-15]; 中国科学院人力资源管理研究组. 2007. 关于我院创新三期人力资源管理的若干思考. 中国科学院院刊, 22 (5): 355-373; 中国科学院国际合作局. 2006. 日本理化学研究所科研人事管理概要. 国际科技动态, (6): 8-13; RIKEN. 2009. 招聘2009年度国际主干研究员相关事项 (中文翻译草本). http://china.riken.jp/news/news200909.htm [2011-08-15].

系列面向日本国内外研究人员的招聘制度，也被统称为定员外研究者接受制度。①客座主干研究员，负责理化学研究所某个基础研究课题的一部分研究工作，要求具备与理化学研究所主任研究员同等的研究水平和管理水平。②客座研究员，参加理化学研究所与其原单位的合作研究课题及其他有关课题的研究，要求具有与理化学研究所资深研究人员同等以上的研究水平，以及对研究工作提出建议、发现研究工作中存在的问题、指导其他研究人员工作的能力。③共同研究员，仅要求具有较高研究水平，对自己的具体研究工作负责。以上三类人员聘用时间一般为2～12个月，所需各种费用由研究室课题费支出。④访问研究员，支持已获得有关公立机构科研资金资助、需使用理化学研究所科研设备和实验室的研究人员，该所不支付其薪金，并收取设备及实验室使用费，所获研究成果由理化学研究所和有关资助机构共有。

（4）名誉研究员项目。面向海外杰出科学家，包括SES（Super Eminent Scientist），主要是诺贝尔奖得主或同等水平的科学家；ES（Eminent Scientist），主要是世界知名的、能为理化学研究所提供切实帮助或建议的科学家；VP（Visiting Professor），主要是比较知名、开展合作研究的科学家。聘用时间一般为1～6个月，可在三年内分段使用。

（5）连携大学院制度。在研究生培养方面，理化学研究所没有自己独立的研究生院，而是与国内外大学进行联合培养，即连携大学院制度。该所每年从大学招收研究生到理化学研究所做研究，但不负责授予他们硕士学位或博士学位。

4）评价

除了需接受国家层面独立行政法人的评估，理化学研究所内部也形成了多层次的评估体系。首先，各研究所内部的实验室和课题组接受由外部专家构成的研究评议委员会的评估，评估结果提交给研究所的顾问委员会（Advisory Council）。理化学研究所所属的各研究所和研究中心均建立了由国际同行专家构成的顾问委员会。其次，各研究所和研究中心的顾问委员会评估整个机构的发展情况，评估结果报告给理化学研究所顾问委员会（RIKEN Advisory Council，RAC）。各研究所的顾问委员会主席均为理化学研究所顾问委员会的成员。最后，理化学研究所顾问委员会对该研究所的研究和管理活动进行综合评价，为理事长提供咨询建议①。

5）成果管理

理化学研究所非常重视知识产权管理工作。通过举办专利研讨会来提高专利意识，并通过完善补助金制度、聘用专利联络员等方式积极发掘有用的发明创造。为了把理

---

① RIKEN. 2005. Annual report RIKEN 2004. http://www.riken.jp/engn/r-world/info/release/pamphlet/annu_repo/pdf/2004-05.pdf［2011-08-15］.

化学研究所的研究成果广泛推向社会,该所积极把以专利权为代表的知识产权向产业界进行技术转移。例如,为了提高申请专利的效率特别设置了专利联络员及与企业间联系的协调员,支持参加发明的研究者自己参与创建企业,把专利信息公开在网页上,召开技术转移交流会等[①]。

9.2.4 国际科技合作

理化学研究所认为国际合作对提高研究水平极为重要,通过共同研究、委托研究等形式积极开展与国内外大学、研究机构和企业的合作研究。理化学研究所与33个国家的150多个研究机构开展了研究合作。该所的国际合作战略包括:①理化学研究所应该是世界上科研人员向往的核心科研机构。过去,理化学研究所是日本物理学研究者的圣地,将来要成为世界上优秀科研人员向往聚集的屈指可数的科研机构之一;该所将提供世界上最有魅力的研究环境,包括研究水平、学术环境、人力资源、设备仪器和技术支持等。②理化学研究所要确保面向世界的开放性和流动性。统一对外联系窗口,做到不依赖个人关系也很容易与理化学研究所进行接触和合作;简化外国研究者来该所工作的手续;建立研究者离开理化学研究所后的国际性支持系统。③构筑国际科研机构间的战略伙伴关系,保持国际合作事业的互惠双赢。不追求理化学研究所的独自获利,提倡合作者全体的互惠多赢;构筑国际科研机构间的战略伙伴关系,为解决全球性的社会问题做出贡献[②]。

表 9-8 为理化学研究所的主要国际合作情况,表 9-9 为理化学研究所与中国科研机构、大学的共同研究情况。

表 9-8 理化学研究所的国际合作

外国机构	国家	合作领域
中国科学院	中国	友好协议
巴斯德研究所	法国	生物技术
马普学会	德国	友好协议
韩国科学技术研究院	韩国	友好协议
卢瑟福-阿普尔顿实验室	英国	μ介子科学
韩国化学研究院	韩国	友好协议
布鲁克海文国家实验室	美国	自旋物理
魏兹曼科学院	以色列	友好协议
路易·巴斯德大学	法国	友好协议

---

① RIKEN. 确保知识产权. http://china.riken.jp/intro/zhishi.htm [2011-08-15].
② RIKEN. RIKEN 的国际合作战略与方针. http://china.riken.jp/riken-china/18.htm [2011-08-15].

续表

外国机构	国家	合作领域
国家研究理事会	加拿大	友好协议
越南原子能委员会	越南	核科学
麻省理工学院	美国	脑科学
国立卫生研究院	美国	基因组科学
Daresbury 实验室	英国	分子生物学等
核研究联合研究院	俄罗斯	核物理学
国家科研中心	法国	友好协议
Karolinska 研究所	瑞典	友好协议
科学技术研究厅	新加坡	友好协议

资料来源：RIKEN. 理研活动概要. http：//china.riken.jp/riken_campaign.htm

表9-9 理化学研究所与中国科研机构、大学的共同研究情况

中国科研机构、大学	共同研究领域
中国科学院高能物理研究所	太阳中子的共同观测（西藏羊八井）
中国科学院近代物理研究所（兰州）	加速器科学（理化学研究所加速器共同实验）
中国科学院上海生物化学与细胞生物学研究所	基因材料开发-抗癌基因物质的抗癌机理探索、局部化学设计-纳米构造表面
中国科学技术大学	脑科学-Machado Joseph病的分子病态研究
中国科学院上海植物生理与生态研究所	植物荷尔蒙
中国科学院薄钢板成型技术研究会	素型材工程学
北京大学	加速器科学（理化学研究所加速器共同实验）、RI光束接收、重离子核物理（接受北京大学研究生）、有机金属化学（接受北京大学研究生）
清华大学	X线干涉光学
上海交通大学	生物体分子工程学
复旦大学	原子物理
复旦大学神经生物学研究所	免疫多样性
中国医科大学	基因材料开发-抗癌基因物质的抗癌机理探索
南京林业大学	杨树分子育种研究
南京大学医学院	变形性关节炎的致病基因研究
中国核物理学会	核物理
兰州生物制品研究所	实验小鼠管理技术的进修

资料来源：RIKEN. 理研活动概要. http：//china.riken.jp/riken_campaign.htm

机构网址：http：//www.riken.go.jp/index_j.html（日语）；http：//www.riken.go.jp/engn（英语）

联系地址：2-1 Hirosawa, Wako, Saitama 351-0198, Japan（总部）

电话：+81-（0）48-462-1111

传真：+81-（0）48-462-1554

E-mail：koho@riken.jp

9.3　产业技术综合研究所

> ▶ 独立行政法人机构，在日本产业技术发展中扮演着重要的角色。主要任务和目标是为社会可持续发展、工业竞争力的提高、地方工业发展和工业技术决策做出贡献。
>
> ▶ 截至2011年4月1日，共有员工3020人，其中研究人员为2337人，占77.38%。此外，大量引进博士后及企业研究员，共有访问研究人员约5000人。
>
> ▶ 2011财年，经费为812.84亿日元（约合10.32亿美元），约80%来自政府直接拨款和间接补贴。通过与产业界的合作研究或委托研究，并通过技术转移机构进行技术授权，获得企业的资金支持。
>
> ▶ 研究单元独立自主，自治管理。具有灵活开放的组织结构，研究组织结构根据管理政策进行改变，根据需要对研究单元进行重组或取消。截至2011年4月，产业技术综合研究所主要有21个研究中心、20个研究部门、2个研究实验室及10个研究基地。
>
> ▶ 在中国科学院管理创新与评估研究中心对86个国际国立科研机构的学术影响力的排名中，产业技术综合研究所的材料科学、化学、工程学、计算机科学排名较靠前，分别为第五、第十一、第十三和第十四名。

日本产业技术综合研究所（National Institute of Advanced Industrial Science and Technology，AIST）成立于2001年，前身是工业技术院（工业技术院的历史最早可以追溯到1882年成立的地质调查所），隶属于经济产业省。2001年1月，经济产业省对工业技术院进行了重组，将该院下设的15个研究所重组为产业技术综合研究所。2001年4月，产业技术综合研究所成为独立行政法人[①]。

产业技术综合研究所总部设在东京和筑波，拥有北海道、东北、筑波、东京临海、中部、关西、中国[②]、四国和九州九个研究基地，50多个涉及不同研究领域的研究单元。产业技术综合研究所是日本最大的产业研究机构，在日本产业技

---

① AIST. 2011. 沿革. http：//www.aist.go.jp/aist_j/information/history/history.html [2011-08-15].
② 编者注：日本一个地名，位于日本本州西部。

术发展中扮演着重要的角色,对开创新兴产业、提升产业技术能力有着不可替代的作用。

9.3.1 人力资源和经费状况

9.3.1.1 人力资源

截至 2011 年 4 月 1 日,产业技术综合研究所共有员工 3020 人,其中研究人员为 2337 人,占 77.38%,包括终身研究人员 (tenure researchers) 2099 人,定期研究人员 (fixed-term researchers) 238 人,行政管理人员 683 人。此外,产业技术综合研究所共有访问研究人员约 5000 人,来自企业、高校、大公司和海外的访问研究人员分别约为 1300 人、2000 人、1000 人、550 人。

产业技术综合研究所各研究领域人员分布相对比较均衡,如图 9-13 所示。环境与能源,生命科学与技术,信息技术与电子,计量与测量技术,纳米技术、材料与制造及地质勘探与应用地球科学六个领域研究人员所占比重分别为 24%、18%、17%、16%、15% 和 10%[1]。

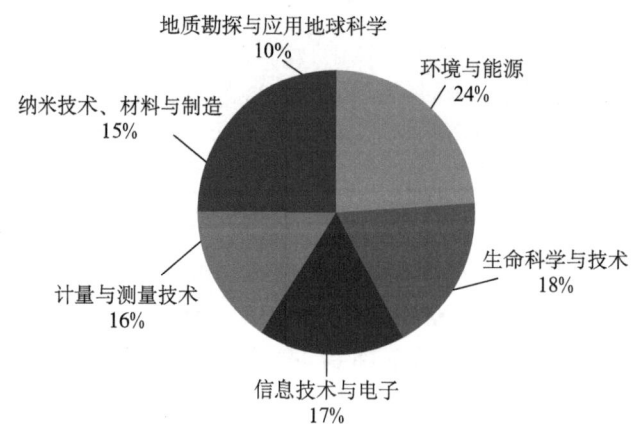

图 9-13 产业技术综合研究所各研究领域研究人员分布情况

资料来源:AIST. 2011. 人员设施概要. http://www.aist.go.jp/aist_e/about_aist/facts_figures/fact_figures.html

9.3.1.2 经费状况

产业技术综合研究所经费主要来自政府直接拨款和间接补贴。此外,该所通过产

---

[1] AIST. 2011. 人员设施概要. http://www.aist.go.jp/aist_j/outline/affairs/index.html [2011-08-15].

业界的合作研究或委托研究,并通过技术转移机构进行技术授权,获得企业的资金支持。2011 财年经费为 812.84 亿日元(约合 10.32 亿美元①),政府直接拨款和间接补贴占 76.26%,其中运营费交付金收入为 603.9 亿日元、设施装备补助金为 16 亿日元。产业技术综合研究所 2011 年受委托收入为 129.17 亿日元,占其总收入的 15.89%,其他收入为 63.77 亿日元。产业技术综合研究所 2011 财年研究预算经费支出为 375.72 亿日元,占 46.22%,人员费支出为 336.76 亿日元,占 41.43%②。产业技术综合研究所 2011 财年收入与支出经费预算如表 9-10 所示。

表 9-10 产业技术综合研究所 2011 财年收入与支出经费预算 (单位:亿日元)

收入		支出	
明细	金额	明细	金额
运营费交付金	603.9	研究预算	375.72
设施装备补助金	16	研究基础预算	72.85
受委托收入	129.17	管理部门预算	41.51
其他收入	63.77	设施装备费	16
总计	812.84	人员费	336.76
		总计	812.84

资料来源:AIST.2011.平成 23 年度预算.http://www.aist.go.jp/aist_j/outline/affairs/index.html[2011-08-15]

图 9-14 为产业技术综合研究所 2001~2011 财年预算的变化情况,2001 财年和 2004 财年预算与其他财年相比较高,分别达到了 1640 亿日元和 1737 亿日元。这一方面与 2001 财年产业技术综合研究所的新建有密切关系,为更多更好地建设产业技术综合研究所的基础设施和资源,该所无息贷款了约 800 亿日元用做设施装备费;另一方面,2004 财年是贷款偿还年,政府补助金约为 800 亿日元。因此,除去这个大额设施装备费,产业技术综合研究所的基本经费预算在 2001~2006 财年稳步上升,维持在 800~1000 亿日元。2007 年稍有下降,主要与产业技术综合研究所的受委托收入减少有关。2010 年和 2011 年预算的减少主要与政府的财政支持下降有关。

9.3.2 战略定位和重点领域

产业技术综合研究所的基本理念是发展先进工业技术为社会作贡献,其主要

---

① 根据 2012 年 6 月 21 日汇率换算——美元:日元=1:78.72。
② AIST.2011.平成 23 年度预算.http://www.aist.go.jp/aist_j/outline/affairs/index.html[2011-08-15].

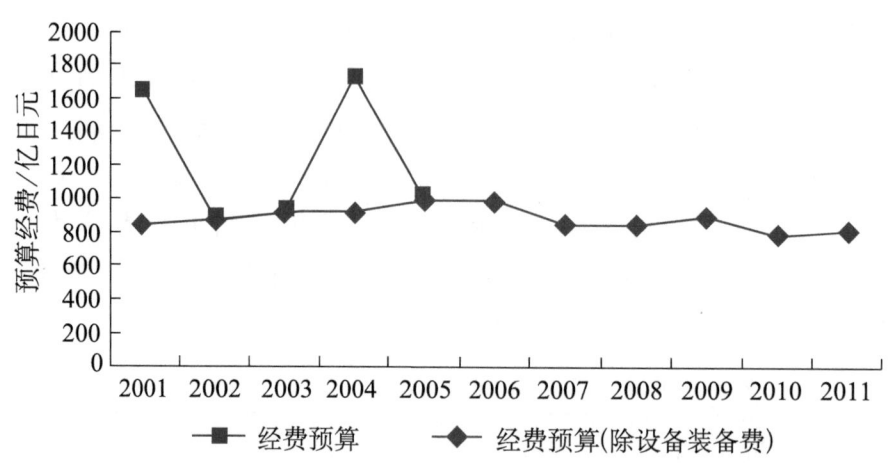

图 9-14 产业技术综合研究所 2001~2011 财年预算经费情况

资料来源：AIST. 2011. 年度计划. http://www.aist.go.jp/aist_j/outline/outline.html

任务和目标包括四个方面。一是为社会可持续发展作贡献，从事能够提供高质量、安全和健康的生活相关的研究开发，使人与自然和谐共存；二是为提升产业竞争力作贡献，增强产业技术综合研究所创新中心的作用，通过产业技术方面的创新转变日本的产业结构和增强产业竞争力；三是为地方产业的发展作贡献，利用地方的技术资源从事国际水平的研究开发工作，通过加强与地方产业、学术界和政府的合作促进当地工业技术发展；四是为产业技术政策作贡献，通过了解和分析工业技术环境，确立要研究和发展的问题，提交给日本政府，并提出中长期产业技术战略政策。

为了实现其战略目标和任务，产业技术综合研究所将其研究集中在三个方面。一是工业尖端研究，以创造具有国际竞争力的新兴产业为目标，通过广泛的探索和领域融合推进技术创新；二是推进长期政策的研究，为推进适应政府需求或国家未来有必要发展的长期产业技术政策的制定和实施而进行的研究，三是基础科学研究，为了提高自身的技术含量，按照自身承担的责任而进行的基础研究。产业技术综合研究所形成了独特的研究方法研究全周期（full research），包括从基础研究到实现产品的全过程。这种方法是一个三阶段推进模式（图 9-15）。第一阶段是所谓幻想期（ideal/dream period），开展旨在发现和探明新知识的基础研究；第二阶段是所谓噩梦期（nightmare period），在不同的领域进行广泛选择、融合和适用的研究；第三阶段就是实现期，即产品实现及工业化。

产业技术综合研究所的研究领域主要有生命科学与技术，信息技术与电子，纳米技术、材料与制造，环境与能源，地质勘探与应用地球科学及计量与测量技术六个领域，相应的重点研究方向如表 9-11 所示。其中，产业技术综合研究所的计量与测量技

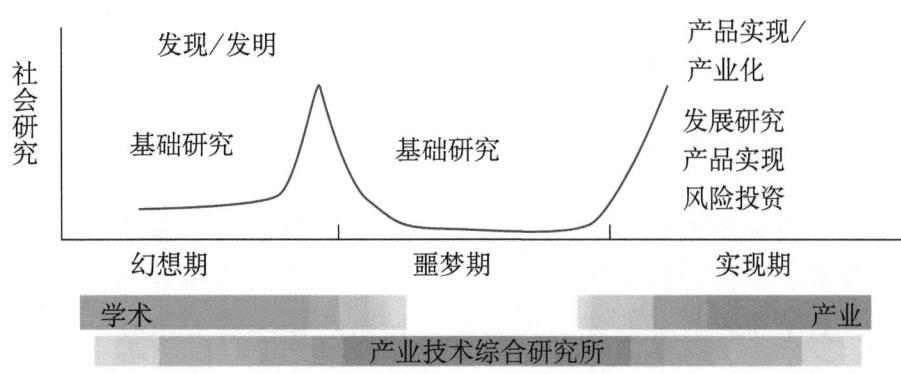

图 9-15 产业技术综合研究所新型研究方法

资料来源：AIST. 2007. AIST management policy and research strategy. http://www.aist.go.jp/aist_e/about_aist/strategy/200704strategy.pdf

术研究领域实际上具有和美国国家标准与技术研究院相类似的职能，主要从事国家测试测量和标准化技术研究。

表 9-11 产业技术综合研究所主要研究领域和重点研究方向

主要研究领域	优先研究方向
生命科学与技术	早期预防、医疗诊断技术开发，精密诊断及再生医疗开发，人类机能评价、机能恢复技术开发及健康寿命延长实现，生物机能产品开发及高功能产品开发，医学装备和设施开发等
信息技术与电子	高速大容量信息技术、安全与可靠性、智能技术、网络技术、先进信息技术应用等
纳米技术、材料与制造	纳米材料、纳米度量学、结构纳米技术、高品质高速的节能工艺技术、节能材料/制造技术、数字智能制造技术等
环境与能源	环保技术：开发新的有害物质分解/解毒反应工艺、在线分离/浓缩工艺和环境友好型替代物质； 能源技术：发展分布式能源（包括可再生能源）、洁净煤技术和生物质燃料等及相关应用技术； 系统评价技术：建立资源/能源利用率和有害物质的风险评估方法，为全球气候变暖对策制定评价方法
地质勘探与应用地球科学	国土安全与基础地质情报、地球环境变化和保护机制、资源能源稳定供给等
计量与测量技术	国家计量标准、先进计测评价技术研究开发与标准化等

资料来源：根据产业技术综合研究所网站信息综合整理

9.3.3 组织架构和管理模式

9.3.3.1 组织架构

产业技术综合研究所组织结构如图 9-16[①] 所示。最高层是理事长、监事，同时设有副理事长、理事、顾问和参与等。理事长是产业技术综合研究所法人代表，总体管理研究所业务，监事负责业务监察，理事长及监事都由主管大臣任命。顾问负责参与策划研究所事务中的重要政策措施，并负责对特定事项的处理，一般是非全职人员。

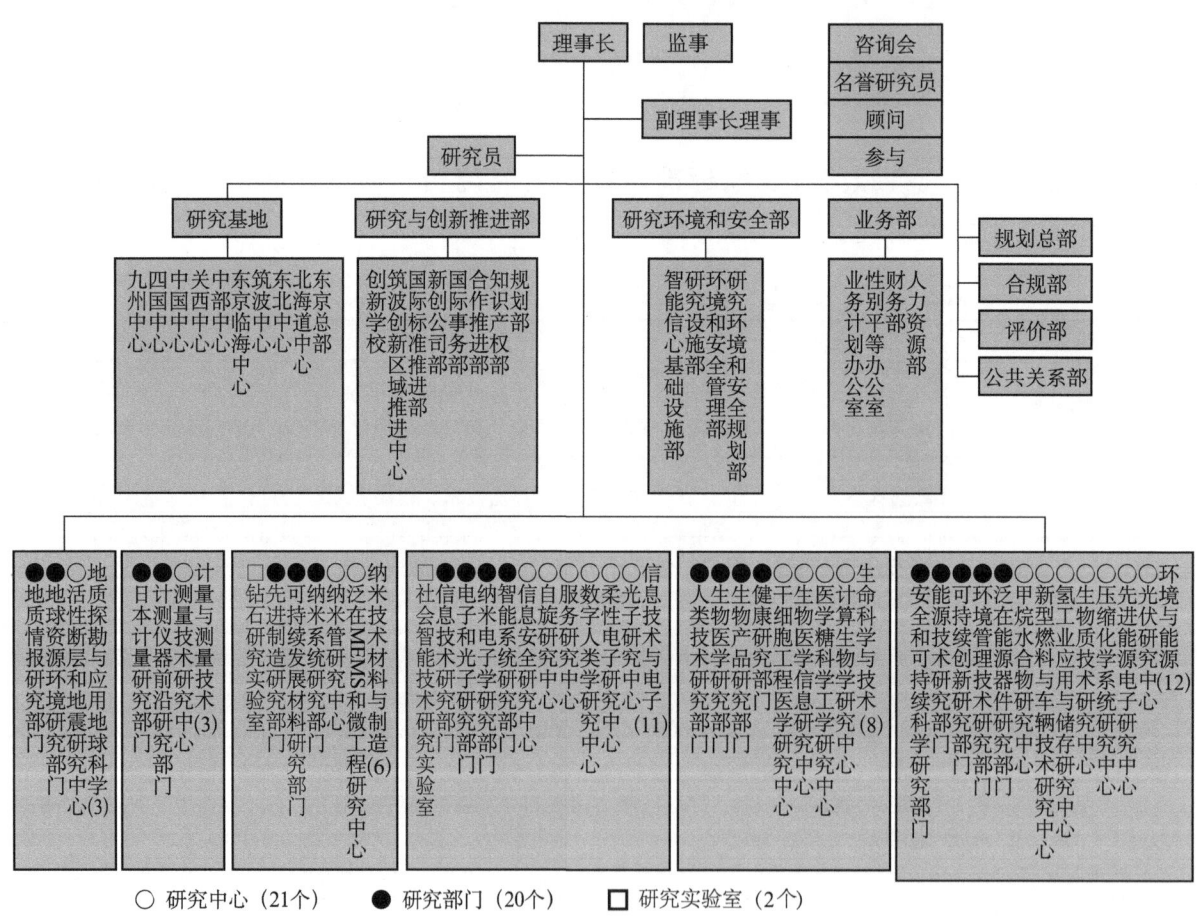

图 9-16 产业技术综合研究所组织结构图

资料来源：AIST. 2011. 组织. http://www.aist.go.jp/aist_e/about_aist/organization/pamph_e_organization.pdf [2011-08-15]

---

① AIST. 2011. 组织. http://www.aist.go.jp/aist_e/about_aist/organization/pamph_e_organization.pdf [2011-08-15].

职能管理部门包括研究与创新推进部、研究环境与安全部、研究基地、业务部、规划总部、合规部、评估部等。其中,研究与创新推进部主要负责开展科研创新工作的推进,其他部门主要负责科研机构的管理与运作。

研究实施主体包括分属于六大研究领域的研究中心、研究部门、研究实验室等,这些不同类型研究单元的设置体现了产业技术综合研究所组织结构灵活开放、针对性强的特点。截至2011年4月,产业技术综合研究所主要有21个研究中心、20个研究部门和2个研究实验室。其中,研究中心是具有明确战略目标和一定时限(通常是3～7年)的组织,主要开展能对学术界、产业界和社会产生很大影响、任务明确的战略性课题。对产业技术综合研究所的资源如经费预算、人力资源等具有优先使用权,中心主任全权负责中心运营。研究部门重点开展探索性研发,开拓因领域融合而产生的新技术领域,推进与外部需求相适应的研究。研究实验室的规模比研究部门小,开展试验性研究,目的是推进具体的研究计划,特别是多学科交叉领域,并为建立新研究中心或研究部门等作准备。还有一些研究实验室的目的是满足行政急需的课题研究。

9.3.3.2 管理模式

产业技术综合研究所具有灵活开放的组织结构,研究单元独立自主,实行自治管理。主要体现在以下几方面:①理事长与各研究单元负责人直接对话和交流,各研究单元负责人每年要向理事长提交管理政策报告,经双方直接讨论后才能确定接收;②各研究单元负责人有很大的管理自治权,他们的业绩由外部专家和内部高级管理人员进行评估;③研究单位研究员同主管直接交流,制定研究目标和计划,每年终期递交个人评估报告以备参考;④研究组织结构可根据管理政策进行改变,根据需要对研究单元进行重组或取消[①]。产业技术综合研究所的自主化管理模式如图9-17所示。

1) 计划和目标制定

主管大臣每四年确定产业技术综合研究所的中期目标,该所在接受主管大臣关于中期目标的指示后,制订相应的中期计划及年度计划,并向相关主管部门提交事业报告书。中期目标一般包括为完成使命需加以实施的研究方向及成果的普及、提高业务效率、改善财务等。中期计划除包括完成中期目标各项任务相对应的措施外,还包括预算、收支计划及资金计划等方面。产业技术综合研究所在每个事业年度开始时,根据上述中期计划制订与该事业年度业务相关的年度计划,包括为完成任务具体开展的

---

① 李顺才,李伟,王苏丹. 2008. 日本产业技术综合研究所(AIST)研发组织机制分析. 科技管理研究,(3):76-78.

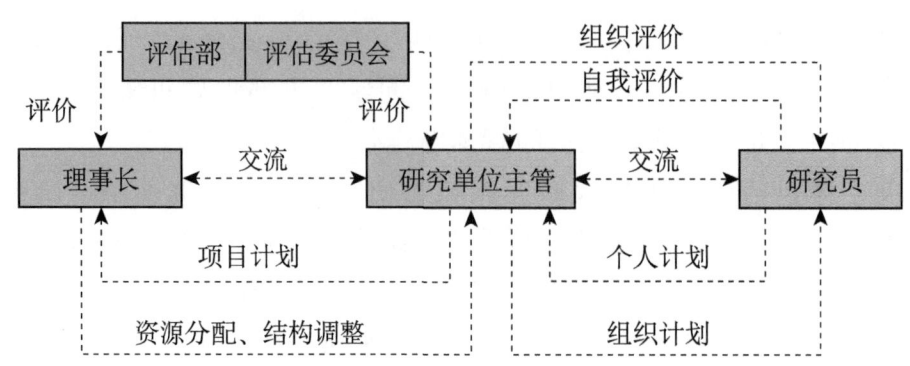

图 9-17　产业技术综合研究所自主化管理模式

资料来源：李顺才，李伟，王苏丹. 2008. 日本产业技术综合研究所（AIST）研发组织机制分析. 科技管理研究，(3)：76-78

研究项目，在将其送交主管大臣的同时予以公布。

产业技术综合研究所研发项目的选择注重技术优势和产业经济潜力。首先该所预测分析政府、产业和社会的需求，初步形成研究主题，其战略目标和研究主题由产业界和经济产业省高层讨论，由上而下确定，目标研究主题通过产业技术综合研究所管理者和研究人员之间的讨论最终达成共识[①]。

2）人事管理

产业技术综合研究所的理事长由主管大臣任命，研究管理人员及职员由理事长任命。产业技术综合研究所的研究人员属政府公务员系列，但没有固定人员额的编制限制，可根据战略领域的研究开发进行自主灵活调整。研究人员由本国研究人员和外国研究人员构成，实行人员聘任制、能力薪金制度、外界专家评估制、加强同外部的交流与合作等一系列机制。产业技术综合研究所非常重视开放性的人员合作研究，积极推进具有不同技术背景和文化背景的研究者的协调合作，大量引进博士后及企业的研究人员，对促进研究交流、技术创新及年轻高级研究人才的培养都有着积极作用[①]。

3）科技评估[②]

产业技术综合研究所的科研活动覆盖从基础研究到产品开发的全过程，各研究单元在全过程的特定环节开展科研活动，产业技术综合研究所层面及研究所/中心层面设立专门的协调机制，主要以研究领域为单位，综合该领域不同类型的科研活动，并刻画该领域从基础研究到对产业形成影响的路线图。基于研究全周期的管理理念，产业

---

① 李顺才，李伟，王苏丹. 2008. 日本产业技术综合研究所（AIST）研发组织机制分析. 科技管理研究，(3)：76-78.

② Hiroyuki Suda, et al. 2009. Performance evaluation of research units at AIST. International Conference on Performance Management and Research Methods. August 15-16. Xi'an, China.

技术综合研究所特别重视科研工作的规划和管理牵引，特别强调科学研究对产业和社会产生影响。产业技术综合研究所的下属研究所评估就是支撑该所路线图管理的一个重要手段。产业技术综合研究所的下属研究所评估每2~3年开展一次，主要包含路线图评估、主要产出评估、内部管理评估三大方面。路线图评估和产出评估相互结合，是对科研活动的评估，占70%，管理评估占30%。产业技术综合研究所的研究所评估专家由外部专家、利益相关者和内部管理专家组成。每个研究所的外部专家通常有5~7名，主要由学术界和产业界的同行组成，其中来自产业界的专家约占1/3，来自大学和科研机构的专家约占2/3，还有少量来自政府部门的官员。外部专家负责路线图评估，并基于基础监测数据开展产出评估。每个研究所的内部管理评估小组由三人组成，来自产业技术综合研究所的管理部门，负责依据研究所政策报告和对研究所的日常管理，评估研究所内的管理情况。研究所评估结果为资源配置和研究中心的调整提供支撑。产业技术综合研究所向经济产业省提交最终的研究所评估报告，并向社会公布，接受监督。

路线图评估主要对研究所路线图要实现的社会经济影响、具体推进的计划、重点研究的核心技术、国内外的标杆机构四项内容进行考察，并对研究所基于这样的路线图在未来产生影响的可行性进行判断。产出评估基于基础监测数据，考察研究所在按照路线图向前推进的过程中，取得了哪些阶段性的进展。产出评估的基础数据来自每年开展的研究所产出指标监测，包括论文、专利、标准、奖励、产品原型、学术交流活动、媒体宣传等方面。

管理评估由内部管理评估小组在评阅研究所提交的政策报告的基础上，对研究所能否保障路线图顺利实施进行评估，并对研究所可能存在的管理风险进行揭示。研究所提交的政策报告包括领导模式、预算管理、人力资源、研究项目、知识产权、技术转移转化、内外部合作、孵化企业等方面的相关政策和基本情况。产业技术综合研究所对管理部门的评价强调改善服务、提高效率、积极工作。

4）成果管理

产业技术综合研究所研发成果的知识产权申请、维护由产业技术综合研究所内的知识产权部负责。技术专利权统一归该所所有，以便统筹运用，研究人员可获国家奖励。产业技术综合研究所通过隶属于日本产业技术振兴协会（JITA）的产业技术综合研究所创新中心实现技术转移和推广。产业技术综合研究所创新中心是日本政府认可的技术转移机构，专门负责产业技术综合研究所的技术成果推广。产业技术综合研究所授予创新中心"独占实施权"，然后再由创新中心以技术转让合同、专利实施许可合同、共同研发、委托研发等方式将其转为"普通实施权"，授予企业进一步商业应用或进一步发展。此外，产业技术综合研究所还特别设置衍生企业辅助机构，为其衍生企业提供服务。产业技术综合研究所衍生公司使用其设施、设备、技术时都可以得到价格优惠,并且可以在技术咨询、经营管理、法律事务咨询等方面得到协助[①]。

9.3.4 国际科技合作

产业技术综合研究所已经与12个国家和地区的17个主要组织建立了广泛的合作关系,并且与30个国家/地区/国际组织进行了122项特定领域的合作。主要合作的机构有法国国家科研中心、中国科学院、中国地质调查局、韩国产业科学技术研究会、美国国家标准与技术研究院、美国地质调查局、加州大学圣地亚哥分校、洛斯阿拉莫斯国家实验室等(表9-12)。

表9-12 产业技术综合研究所主要国际合作机构

机构	国家/地区	合作方式	机构	国家/地区	合作方式
法国国家科研中心	法国	全面合作	意大利圣安那大学	意大利	领域合作
路易·巴斯德大学	法国	领域合作	土耳其地质调查局	土耳其	领域合作
中国科学院	中国	全面合作	印度科学与工业研究理事会	印度	全面合作
中国地质调查局	中国	领域合作	科学部生物技术部	印度	全面合作
韩国产业科学技术研究会	韩国	全面合作	尼赫鲁先进科学研究中心	印度	领域合作
韩国标准与科学研究所	韩国	领域合作	国家科学和技术发展机构	泰国	全面合作
国家标准与技术研究院	美国	领域合作	泰国科学和技术研究院	泰国	全面合作
美国地质调查局	美国	领域合作	国家计量研究院	泰国	领域合作
加州大学圣地亚哥分校	美国	领域合作	科学技术研究厅	新加坡	全面合作
洛斯阿拉莫斯国家实验室	美国	领域合作	蒙古科技大学	蒙古	领域合作
加拿大国家研究委员会国家纳米技术研究所	加拿大	领域合作	越南科学技术院	越南	全面合作
俄罗斯科学院地质研究所	俄罗斯	领域合作	台湾工业技术研究所	中国台湾	全面合作
挪威科技大学	挪威	全面合作	澳大利亚技术科学工程院	澳大利亚	全面合作
科学和工业研究基金会	挪威	全面合作	联邦科学与工业研究组织	澳大利亚	全面合作
能源技术研究所	挪威	全面合作	新西兰工业研究公司	新西兰	全面合作
芬兰技术研究中心	芬兰	全面合作	国家技术评价与应用署	印度尼西亚	领域合作
德国物理技术研究院	德国	领域合作	墨西哥国家计量中心	墨西哥	领域合作
马普学会聚合物研究所	德国	领域合作	国家水资源研究所	阿根廷	领域合作
剑桥大学	英国	领域合作			

资料来源:AIST. Active international partnerships. http://unit.aist.go.jp/internat/english/kyouryoku.html

产业技术综合研究所与40多个国家的近400个研发机构建立了研究人员交换关系。自2005年起,成立了奖学金项目计划,派送和接受研究人员。到国外进行研究、出席国际会议、开展调查等活动的产业技术综合研究所研究人员每年都在不断增加,

---

① 李顺才,李伟,王苏丹. 2008. 日本产业技术综合研究所(AIST)研发组织机制分析. 科技管理研究,(3):76-78.

2006年有3800多名研究人员出国。越来越多的产业技术综合研究所研究人员被邀请到国外科研院所进行研究交流。产业技术综合研究所鼓励并接受来自世界各地最优秀的研究人员，2007年，共有850名外国研究人员通过博士后研究制度、日本学术振兴会和新能源与产业技术开发机构项目以访问学者、技术培训等身份到产业技术综合研究所进行研究工作。

机构网址：http：//www.aist.go.jp（日语）；http：//www.aist.go.jp/index_en.html（英语）

联系地址：1-3-1 Kasumigaseki，Chiyoda-ku，Tokyo 100-8921 Japan（东京总部）；1-1-1 Umezono，Tsukuba，Ibaraki 305-8568 Japan（筑波总部）

电话：＋81-3-5501-0900（东京总部）；＋81-29-861-2000（筑波总部）

E-mail：kokusai-soukatsu@m.aist.go.jp

9.4 原子能研究开发机构

> ▶ 日本唯一一家专门从事核领域综合研发的机构,日本政府指定的国际热核聚变试验堆协议的国内执行机构,核聚变研究在国际上享有盛誉。
> ▶ 截至2010年3月,共有员工3955人,其中700多人拥有博士学位。
> ▶ 2011年,预算为2302.93亿日元(约合29.25亿美元),政府提供的经费占98.69%。
> ▶ 独立行政法人机构,采取基于独立行政法人制度的自由、灵活的管理机制。

日本原子能研究开发机构(Japan Atomic Energy Agency,JAEA)是日本政府于2005年10月将日本原子能研究所与核燃料循环开发机构合并而成的,是日本唯一专门从事核能领域综合研发的机构,其性质为独立行政法人单位,隶属于文部科学省和经济产业省。原子能研究开发机构围绕核能开展基础和应用研究,其研究领域覆盖和平、安全利用核能的科学和技术的所有方面,拥有几百亿美元的尖端设备,被日本政府指定为国际热核聚变试验堆协议的国内执行机构,为日本核能相关创新技术的发明和改进做出了贡献[①]。

9.4.1 人力资源和经费状况

截至2010年3月底,原子能研究开发机构共有员工3955人,比2009年的4078人减少了123人,其中700多人拥有博士学位[②]。该机构经费大部分来自政府拨款,2011年预算为2302.93亿日元(约合29.25亿美元[③]),其中政府提供经费2272.74亿日元,占总经费的98.69%,包括运营费补助金、设施装备补助金、国际热核聚变试验堆研究开发补助金、特定先端大型研究设施装备费和运营费补

---

① Toshio Okazaki. 2010. Message from the President. http://jolisfukyu.tokai-sc.jaea.go.jp/fukyu/mirai-en/2010/index_set.html [2011-08-15].
② JAEA. 2010. 独立行政法人日本原子力研究開発機構平成21年度業務実績報告書. http://www.jaea.go.jp/01/pdf/result-21.pdf [2011-08-15].
③ 根据2012年6月21日汇率换算——美元:日元=1:78.72。

助金、废弃物处理负担金等；自营收入约为 30.19 亿日元。从支出情况来看，事业费支出最多，达 1517.50 亿日元，占 65.89%。2011 年度该机构预算的详细收支情况如表 9-13[①] 所示。

表 9-13　原子能研究开发机构 2011 年度预算收支情况　　　（单位：亿日元）

收入	数额	支出	数额
运营费补助金	1604.11	一般管理费	156.87
设施装备补助金	87.91	事业费	1517.50
国际热核聚变试验堆研究开发费补助金	47.77	设施装备补助金	88.22
特定先端大型研究设施装备费补助金	5.20	国际热核聚变试验堆研究开发费补助金	47.77
特定先端大型研究设施运营费补助金	57.70	特定先端大型研究设施装备补助金	5.20
核安全强化推进事业费补助金	12.25	特定先端大型研究设施运营费补助金	57.70
委托收入	11.28	核安全强化推进事业费补助金	12.25
其他收入	18.91	委托经费	11.28
废弃物处理负担金	281.90	废弃物处理负担金结转	236.66
废弃物处理分业务	175.90	废弃物处理分业务	169.48
合计	2302.93	合计	2302.93

资料来源：独立行政法人日本原子力研究開発機構．2011．平成 23 年度の業務運営に関する計画．http：//www.jaea.go.jp/01/year/year_h23.pdf

9.4.2　战略定位和重点领域

原子能研究开发机构的宗旨是通过在核能领域的创新改善人类的生活质量。其使命（图 9-18）包括建立长期能源安全环保措施；建立具有竞争优势的先进科学与技术；进行有关确保安全的活动；确立科学和技术的通用基础；核设施退役、低放射性废物的处理与处置；与学术界和工业界进行合作、国际合作、人力资源开发、共享核能信息等。

依据《独立行政法人日本原子能研究开发机构法》，其主要业务范围包括核能基础研究；核能应用研究；开发核燃料循环技术，包括快中子增殖反应堆研发、快中子增殖反应堆核燃料研发、核燃料后处理研发、高放射性废物处理处置研发；促进上述领域研发成果的应用；核聚变研发；装备设施的利用共享；核能领域的人力资源开发；收集、整理和传播核信息；政府要求的研究和分析，包括安全条例、核灾难预防、国际核不扩散等。

[①]　独立行政法人日本原子力研究開発機構．2011．平成 23 年度の業務運営に関する計．http：//www.jaea.go.jp/01/year/year_h23.pdf [2011-08-15]．

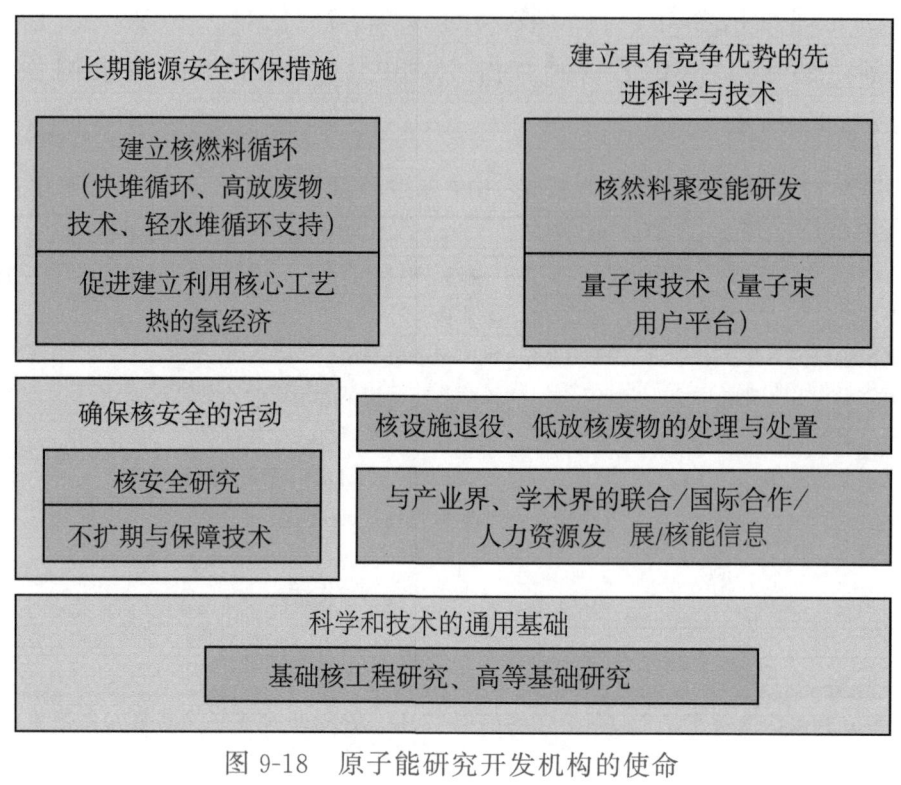

图 9-18 原子能研究开发机构的使命
资料来源：JAEA. 2005. http：//www.jaea.go.jp/english/about/index.shtml

近年来，原子能研究开发机构先后开展了快中子增殖试验堆"常阳"（JOYO）和原型堆"文殊"（Monju）项目，并促进面向商业化的快中子增殖堆核燃料循环技术的研发。该机构还在建设两个地下实验室，开展高放射性核废物处置技术的研发。在量子束利用的研发方面，原子能研究开发机构主要着眼于2008财年启动的世界上最先进的高能质子加速器项目。在核聚变能领域，作为日本政府指定的国际热核聚变试验堆协议的国内执行机构，原子能研究开发机构大力促进国际热核聚变试验堆项目和日欧围绕国际热核聚变试验堆项目的双边合作计划"Droader Approach"。日本进行核聚变研究是从20世纪70年代开始的，在国际上享有盛誉，其研究小组已经完成商用核聚变反应堆的概念设计，下设的那珂核聚变研究所专门从事聚变能的研究。

9.4.3 组织架构和管理模式

9.4.3.1 组织架构

原子能研究开发机构属于独立行政法人机构，除了依据《独立行政法人通则法》

管理外，还依据专门的《独立行政法人日本原子能研究开发机构法》，来制定发展目标，指导各项业务的开展、人员的管理等事项。

原子能研究开发机构的最高管理机构是理事会。当前理事会由9人组成，其中正副理事长各1人，理事7人。另有监事2人，负责业务的监督和审计（表9-14）。在理事会之下，依据业务的构成设置了管理部门、研究开发部门、事业推进部门等，如图9-19所示。该机构的主要研究开发部门包括核安全研究中心、先进科学研究中心、核科学与工程部门、量子束科学部门、燃料研究开发部门、先进核系统研究开发部门、核燃料循环技术开发部门、地质隔离研究开发部门、核燃料循环后端部门等9个研究开发机构，以及敦贺本部、东海研发中心、J-PARC中心、大洗研发中心、那珂核聚变研究所、高崎量子应用研究所、关西光科学研究所、幌延深地层研究中心、东浓地学中心、人形峠环境技术中心和青森研发中心等11个研究开发基地。

表9-14 理事会成员列表（2012年4月1日）

职务	姓名	分管工作
理事长	铃木笃之	总管机构各项业务
副理事长	辻仓米藏	敦贺本部部长，并分管部分机事物
理事	伊藤洋一	负责经营企划、财务、契约、福岛技术部（企划调整、消除地域污染）、推进产学联合
理事	上塚宽	福岛技术部（特别团队、反应堆废止等）、安全研究、原子能基础工学研究、人形峠环境技术中心
理事	片山正一郎	总体事物、监督检查、法律、安全、对外联络、建设、原子能紧急支援研修、青森研究开发中心
理事	南波秀樹	高崎量子应用研究所、关西光科学研究所
理事	野村茂雄	大洗研发中心、幌延深地层研究中心、东浓地学中心
理事	広井博	人事、原子能人才培养、次世代原子能系统研究开发代理敦贺本部部长
理事	横溝英明	系统计算科学、核融合研究开发，以及东海研发中心、J-PARC中心、那珂核聚变研究所
监事	高山丈二	监督机构整体业务
监事	山根芳文	监督机构整体业务

资料来源：JAEA. 2012. 日本原子力研究開発機構役員. http://www.jaea.go.jp/01/1_2.shtml

9.4.3.2 管理模式

原子能研究开发机构的经营理念体系可以概括为一个四层的金字塔。金字塔从顶端到底端依次是使命、口号、基本方针及行动基准（图9-20）。

（1）使命。原子能研究开发机构将"开拓原子能未来，贡献人类社会福祉"作为自身使命。即在确保安全的前提下，以保障本国能源稳定、解决地球环境问题、开创新科学技术产业为目标，进行原子能研究开发工作，为提高人类社会福祉、国民生活

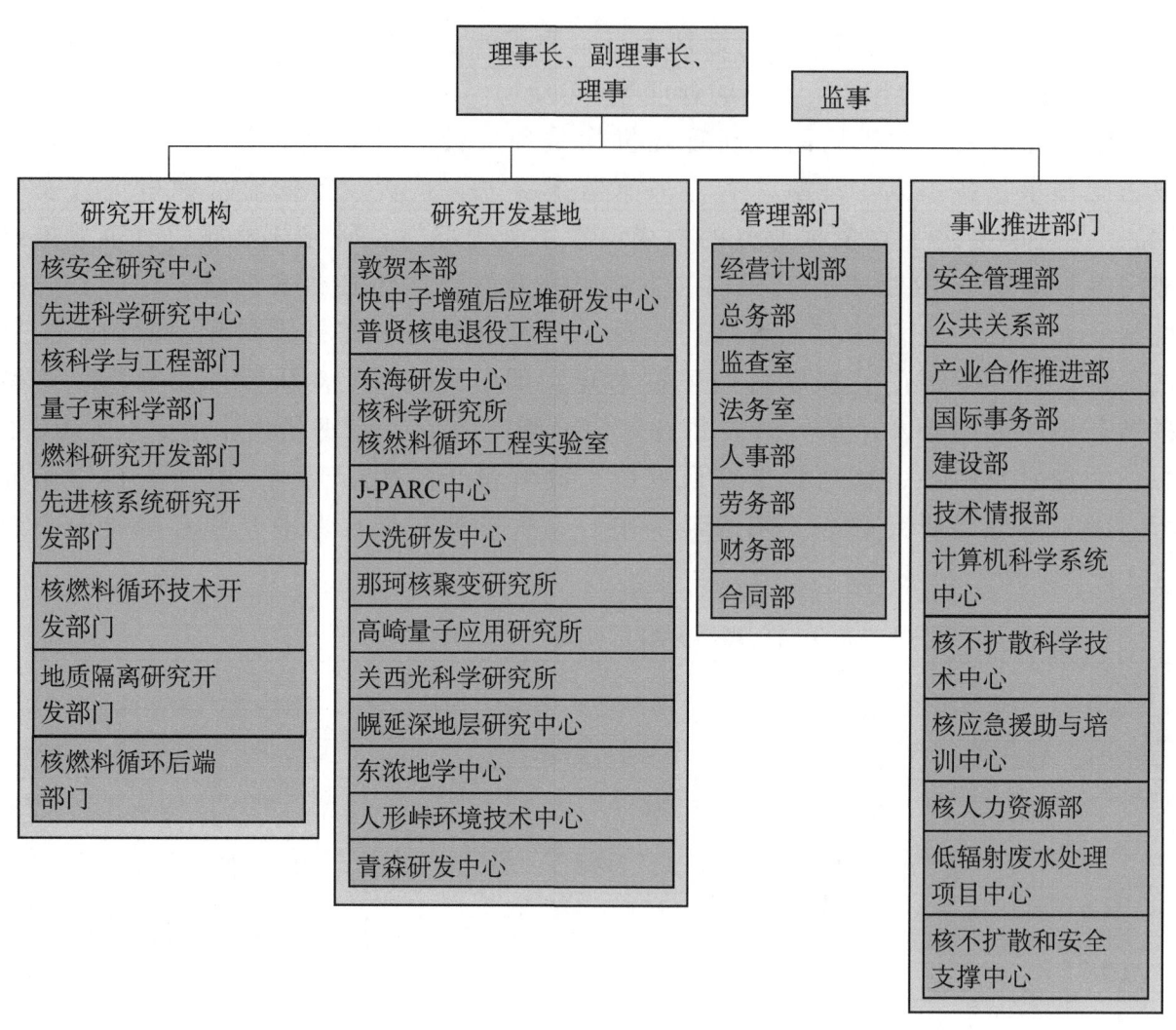

图 9-19 原子能研究开发机构组织结构

资料来源：JAEA. 2011. Outline of organization. http：//www.jaea.go.jp/english/about/organization.pdf

水平做出贡献。

（2）口号。原子能研究开发机构将"远大的志向、丰富的构思、坚强的意志"作为机构全体职员为了完成使命而共同遵守的信条。

（3）基本方针。原子能研究开发机构为了完成自身使命，在确保足够安全的前提下，推进创造性的研究开发活动。为此，需重视研究开发和设施管理的现场。同时，原子能研究开发机构作为独立行政法人，必须努力提高运行效率。此外，仍需不断完善情报公开制度，以获取社会的信任。

（4）行动基准。行动基准是原子能研究开发机构在组织层面和机构内个体层面贯彻执行使命、口号、基本方针的具体做法，是对基本方针的诠释（表 9-15）。

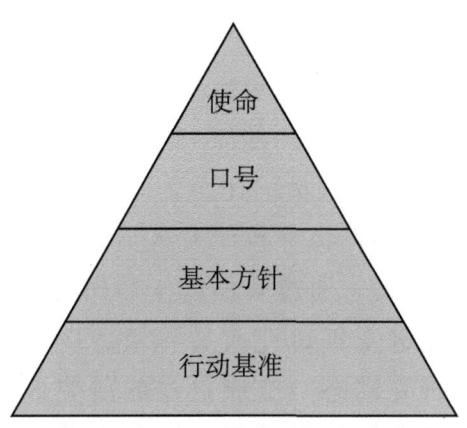

图 9-20　原子能研究开发机构经营理念结构图

资料来源：日本原子能研究开发机构．关于 JAEA 的经营理念．http://www.jaea.go.jp/01/pdf/rinen.pdf

表 9-15　原子能研究开发机构基本方针与诠释

基本方针	诠释
确保彻底安全	将确保安全作为行动的第一目标 对于事故，要防患于未然、减轻事故影响、防止事故的再次发生。如果万一发生灾害性事故，迅速采取措施，防止事故再次发生。向社会提供高度透明的情报 为了确保安全，进行高品质的研究开发活动 为了节省能源、资源、减少废弃物，确保环境安全而努力
创造性的研究开发活动	钻研专业技能、推进技术革新、挑战富有竞争力的研究开发活动 为和平利用原子能、促进国际交流、领导国际先进水平做出贡献 发挥挑战精神，通过工作完成自我实现 加强与社会、产业界、政府的对话与合作，积极促进研究成果的转移转化，为社会发展做出贡献
重视研究开发和设施管理的现场	以研究开发、确保设施安全为双重目标，重视作为研究开发成果诞生地的研究现场 重视每个人的人格和个性，创造安全、舒适的工作环境。同时培养果断、敢于挑战的研究氛围
高效的运营	肩负国民嘱托、自身事业的选择、利用经营资源高效运营 为了提高资源使用效率而努力
获取社会的信任	遵守法令、内部规定、企业伦理 遵守与机构所在地及国际社会的契约 通过与社会的交流，提高业务的透明度，实现自身责任 广泛公开研究成果，接受社会评价 牢记每个人作为原子能机构一员的同时，也是社会的一员，为做一个优秀的社会人而努力

为了实现原子能研究开发机构的使命，提高研究效率，营造富有竞争力、流动性的研究环境，增强与产业界和大学的联系，该机构于 2010 年制定了《以增强研究开发能力为目标的人才活用方针》[①]。该方针包括四个方面的主要内容：以推进研究开发为

---

① 独立行政法人日本原子力研究开発机构．平成 22 年 10 月 25 日．研究開発力強化法に基づく人材活用等に関する方針．http://www.jaea.go.jp/01/jinzaikatsuyou/houshin.pdf［2011-08-15］．

目的的青年人才计划；留住卓越人才计划；促进人才交流；其他促进研究开发的基础人才计划。

（1）青年人才计划。截至 2010 年 3 月 31 日，原子能研究开发机构 37 岁以下青年研究人员的比重为 27%，女性研究人员的比重为 3%，外籍研究人员的比重为 1%。青年人才计划的目标包括到 2014 年，将青年研究人员、女性研究人员和外籍研究人员的比重分别提高到 30%、5% 和 2%；通过资助博士后研究人员，完善研究员任期制，增强青年科研人员的积极性；促进青年研究人员积极、广泛参加与国内外大学、研究机构、企业的联系，把握最新研究动态，交流自身的研究成果。在工作时间方面，引入弹性工作时间制度，尤其针对女性研究人员，提供带薪产假、育儿假期等，为女性研究人员提供帮助。针对外籍研究人员，通过研究员（research fellow）制度等，加强与国内外大学、研究机构的联系。为外籍研究人员提供日本语言教育和住宿等福利。

（2）留住卓越人才。为卓越的研究人员提供与其能力、经历相符合的薪酬。每年组织大学教授、机构外的专家对博士研究员、限制任期的研究员进行研究成果审查，在审查结果的基础上提供与之相适应的薪酬待遇。设立研究开发成果奖、创意功劳奖、业务品质改善奖等奖励制度。引导科研人员持续产出优秀的科研成果。针对研究进展情况，制定弹性预算制度，并提高支撑管理部门的水平，提供良好的科研环境。

（3）促进人才交流。扩大任期制的适用范围、改善任期制的实施方法。不断调整完善任期制职员制度，营造富有竞争力的、流动性强的研究环境；允许兼职，促进研究人员到国内外大学进行研究深造；消除阻碍科研人员流动的因素，例如，与科研人员的流动机构协商退休金的额度，消除短期在职对退休金额度的影响。

（4）其他促进研究开发的基础人才计划。基于长期的研究项目，在锻炼青年研究人员的同时，注重具有丰富知识和经验的高级研究人员的"传、帮、带"作用，将其知识和经验传授给青年科研人员。作为培养原子能方面人才的机构，需要不断完善自身的硬件设施和相关制度。促进包括高级研究人员在内的人才流动。积极促进与高校的合作，利用自身机构的设备，培养能够从事实践研究开发的人才。

原子能研究开发机构的评价分为对机构整体运营综合情况的评价和专门针对研究开发工作的评价。其中对机构整体的评价又分为机构自评和由文部科学省、经济产业省组成的独立行政法人评价委员会对原子能研究开发机构的评价。

自评和外部评价采用同样的评价指标。该指标体系包括七个方面[①]，共 38 项评价内容。每项评价内容的评定基准分为四档：S 档表示特别优秀；A 档表示完成年度计

---

① 独立行政法人日本原子力研究開発機構．平成 24 年 6 月．平成 23 年度業務実績に関する自己評価結果．http：//www.jaea.go.jp/01/pdf/result-23-i.pdf［2012-11-15］．

划 100% 及以上；B 档表示完成年度计划的 70%～100%；C 档表示完成年度计划不足 70%。评价结果除确定评价内容的分档外，需要提供详细的分档理由陈述。

专门针对研究开发工作的评价分为七个专门评价委员会，包括先端基础研究评价委员会、原子能基础工学研究开发评价委员会、量子束应用研究评价委员会、核融合研究开发评价委员会、次世代原子能系统、核燃料回收研究开发评价委员会、地层污染处理研究开发评价委员会及后端（backend）推进评价委员会。专门评价委员会由国内外同行专家组成。以先端基础研究评价委员会为例，其委员会共 11 人，其中外籍专家 4 人，分别来自美国田纳西州立大学、法国国家科研中心、德国马普学会及德国美因茨大学。专门评价又分为事前评价、事后评价和机构五年计划的中期评价等。

9.4.4 国际科技合作

原子能研究开发机构事业推进部门专门设立国际事务部，负责国际合作的相关事项。国际事务部下设国际合作科，参与国外机构的国际合作协议、合同的制定，并协助国际多边合作项目的实施（如第四代核能系统论坛和国际热核聚变试验堆项目），安排和管理该机构与国外科研机构的人员交流等。原子能研究开发机构还在华盛顿、巴黎和维也纳设立了三个国外事务部，负责搜集、评价各国与核能技术相关的政治、科技与产业信息，特别关注各国的核政策、核能相关的研发进展、研发预算和法律法规等，并发挥原子能研究开发机构与各国政府和国际组织之间的纽带作用，协调国际合作项目的开展及合作协议的实施。

原子能研究开发机构还面向国际开放部分研究设施，用于核技术发展和强化安全的研究活动，将此作为国际研发合作的基础。该机构是日本文部科学省原子能研究人员交流项目的主要参与机构，通过该项目原子能研究开发机构接受来自邻近亚洲国家（包括孟加拉、中国、印度尼西亚、马来西亚、菲律宾、斯里兰卡、泰国和越南）的原子能研究人员进行为期 3～12 个月的原子能研究与培训活动，并派出原子能研究开发机构的研究人员到这些国家进行研究和交流[①]。

机构网址：http://www.jaea.go.jp（日语）；http://www.jaea.go.jp/english（英语）

联系地址：4-49 Muramatsu, Tokai-mura, Naka-gun, Ibaraki 319-1184, Japan

电话：+81 29 282 1122

---

① JAEA. 2011. International Affair Department. http://www.jaea.go.jp/04/kokusaibu/eng [2011-08-15].

10 韩国

- ◆ 在汽车制造、船舶制造、钢铁、电子等行业研发实力雄厚，在国际上具有重要地位。
- ◆ 根据瑞士洛桑国际管理发展学院公布的《2012国际竞争力年度报告》，韩国的科技竞争力在59个评比国家中排第五位。根据世界知识产权组织（WIPO）的统计数据，2010年，韩国在国内外获得的发明专利授权量居世界第四位。
- ◆ 2010年，全时当量研发人员总数为33.52万人·年，其中企业占68.68%，高校占21.93%，国立科研机构占8.03%。
- ◆ 2010年，国内研发经费总额达到531.85亿美元，占GDP的3.74%，高于大多数经济合作与发展组织国家。自20世纪90年代以来，韩国的研发经费主要来自企业部门，所占比重保持在70%以上。
- ◆ 教育科学技术部的基础科学技术研究会和知识经济部的产业科学技术研究会分别下辖13家中央政府资助研究机构，构成韩国国立科研机构的主体，主要承担基础、先导、公益研究和战略储备技术开发。
- ◆ 中央政府资助科研机构具备财团法人资格。中央政府资助科研机构的内部运作实行基于项目的管理制度。

10.1 科技政策与体制概况

10.1.1 科技政策与体制演变

20世纪50年代,韩国还是一个贫穷的农业国,但从1962年实施第一个经济发展五年计划以来,在短短的30多年时间里经济高速发展,创造了"汉江奇迹",并于1996年10月加入经济合作与发展组织,成为新兴工业化经济体的主要代表之一[①]。在经济发展过程中,韩国政府一直将科学技术视为经济发展的主要动力,不断加大科技投入,大力培养人才,积极引进国外资金和技术,使国家整体科技水平迅速提高,取得了令人瞩目的成就。韩国的汽车制造业、船舶制造业、钢铁业、电子行业等研发实力雄厚,在国际上具有重要地位。

韩国政府根据本国国情和国际形势的变化,不断适时调整科技战略和政策。20世纪60~70年代,着重引进、消化和利用外国技术。1967年,政府设立了副部级的科学技术处,作为主管科学技术的行政机构,负责制定国家科技发展政策、规划,为国立科研机构、高校和企业提供科学技术发展资金,协调政府其他各部门制定科技政策等。

20世纪80年代,重点转向了策划和实施国家的研究与发展项目,以提高韩国的科技水平。这种项目包括增加对公共和私营研发项目的投资及培养高级研发人才,80年代后期,开始确立科技立国的战略。1988年,成立专设机构科学技术委员会,由副总理任委员长。1999年,在科学技术委员会的基础上,韩国政府根据《科技创新特别法》[②]设立了由总统任委员长、非常设的科技政策审议与调整最高决策机构——国家科学技术委员会,负责科技工作的宏观决策和调控及国家预算分配。1998年政府进行重组时,科学技术处升格为科学技术部,进入内阁,科学技术部负责科技发展政策和计划的制定、实施,各部门科研机构的管理协调、人才培养、信息扩散和成果转化等业务。科学技术部也作为国家科学技术委员会的常设事务执行机构。

自20世纪90年代以来,政府的注意力集中在鼓励基础科学研究、保证对研发资源的有效分配与利用和扩大国际合作上,出台了一系列科技改革措施,其科技发展战

---

① 魏蔚. 2004. 韩国的科技实力究竟如何. 经济学家茶座,(2): 74-77.
② 该法于1997年颁布,在2001年被《科技创新基本法》取代。

略转向以自主创新为重点。进入21世纪以后，韩国的科技政策重点为促进将政府主导的科技体系转变为私营部门主导的科技体系①。总体来看，韩国科技政策走势的主要特点如下：①明确目标，调整方向；②强化科技管理机构，改组和调整政府资助的科研机构；③积极实施旨在加强主要产业国际竞争力和为未来产业发展奠定基础的国家研究开发计划，研发投资向重点领域倾斜；④促进基础科学研究，重视人才培养②。

韩国政府致力于保持科技政策的长期连续性。2001年，政府颁布了《科技创新基本法》，相当于韩国科技领域的"宪法"，是韩国在科技政策和研发计划跨部门间协调的法律基础，为科技创新提供了法律依据。基于该法，韩国从2002年开始出台五年期的科学技术基本计划，设定了科技发展的具体路线。此外，韩国还实施了技术开发准备金制度、技术和人才开发费税金减免制度及新技术推广投资税金减免制度等税收优惠政策，为创新能力的提高提供了一个优良的环境③。

2004年，韩国政府修订了《政府组织法》和《科技创新基本法》，将科学技术部长提升为副总理级，并在科学技术部下成立了科技创新本部（副部级），由科学技术部负责科技创新的副部长领导，负责国家研发计划的制订、科研计划及预算的综合调整，对科技政策、产业政策及人才政策进行综合企划与调整，对国家研发工作进行调查、分析、评价及成果管理等。科技创新本部也是国家科学技术委员会的秘书处。

2008年，李明博上台以后，进行了部委改革，取消了副总理制度，将科学技术部的大部分职能并入教育部，成立了新的教育科学技术部；另外，将产业资源部的产业、经贸、投资、能源业务，信息通信部的IT产业和邮政业务，科学技术部的产业技术研发业务，财政经济部的经济自由区、地区产业发展等相关业务进行整合，成立了知识经济部（Ministry of Knowledge Economy，MKE)④。韩国已经建成了以企业为研发主体，国立科研机构承担基础、先导、公益研究和战略储备技术开发，高校从事基础研究，产学研结合并有健全法制保障的国家创新体系⑤。

10.1.2 科技管理体系

在韩国现行科技管理体系中，国家科学技术委员会（National Council for Science and Technology，NCST）是韩国科学技术创新政策的最高决策机构，负责韩国重大科

---

① Ministry of Science and Technology of Korea. 1999. Vision 2025：Korea's long-term plan for S&T development. http：//unpan/. un. org/intradoc/groups/public/documents/APCITY/UNPAN 008040. pdf [2011-08-06].
② 汪凌勇. 2003. 韩国科技政策的变革与启示//中国科学院. 2003科学发展报告. 北京：科学出版社：155-159.
③ 韩国-国际科技合作政策与战略研究课题组. 2009. 国际科技合作政策与战略. 北京：科学出版社：114，115.
④ 韩国知识经济部. 2008. 机构沿革. http：//www. mke. go. kr/language/chn/about/history. jsp [2009-10-26].
⑤ 牟春光，刘云. 2008. 韩国科技政策的演变特点及其启示. 国防技术基础，(7)：3-6.

技政策的规划和协调，具体职能如下：①根据国家中长期科技发展规划，确定国家科技发展方向；②分析和评估研发项目，防止重复，并提出改革方向；③制定研发项目优先列表，设定国家研发预算调整和分配的指导方针等。截至2008年，国家科学技术委员会下设指导委员会，指导委员会下设关键产业技术、大规模技术、国家领导型（state-led）技术、交叉学科和多学科技术、基础设施技术五个专家委员会。总统教育科学技术顾问委员会（Presidential Advisory Council on Education, Science & Technology, PACEST）主要负责就科技政策及发展向总统提供咨询和建议，为总统及相关科技部委提供系统改革方针等[1]。

在部委层面，教育科学技术部和知识经济部分别是韩国主管基础科学和产业技术两大门类科技创新事务的管理部门，而企划财政部则是政府预算管理部门。具体来说，教育科学技术部负责支撑国家科学技术委员会的工作，主管科技规划、分析和前期预算案审查（pre-budget review）等工作，下设的涉及科技管理的部门有科学技术政策办公室、学术研究政策办公室、原子能局和国际合作局。知识经济部的职责之一是负责拟定、执行技术开发、技术转移及商业化，产业标准化，培育设计产业等的产业技术政策[2]。企划财政部合并了原来的财政经济部和企划预算处，负责政府预算分配、研发项目评估、政府开发援助和部门间政策调整等[3]。此外，韩国科技规划评价院（Korea Institute of Science & Technology Evaluation and Planning, KISTEP）是企划财政部的重要支撑机构[4]。

为了整合科研力量，合理配置资源，提高研发效率并加速成果转化，韩国政府从1999年起对国家科研院所进行了改革和调整，把原来分散在政府各部门的国家科研院所从所属机构中分离出来，按不同领域建立五个研究会进行管理，即基础科学技术研究会、产业科学技术研究会、公益科学技术研究会、经济和社会研究会及人文和社会科学研究会。这些研究会采用理事会制，分别由各部门专家组成的联合理事会管理，隶属于国务总理室。2005年，经济和社会研究会与人文和社会科学研究会合并，组成

---

[1] Erawatch. 2009. Basic characterisation of the research system. http://cordis.europa.eu/erawatch/index.cfm?fuseaction=ri.content&topicID=5&parentID=4&countryCode=KR [2011-08-12]; Erawatch. 2009. Brief description of the structure of the research system (Korea). http://cordis.europa.eu/erawatch/index.cfm?fuseaction=ri.content&topicID=35&parentID=34&countryCode=KR [2011-08-12]; OECD. 2009. OECD Reviews of Innovation Policy Korea 2009: OECD Publishing.

[2] 韩国知识经济部. 2009. 主要职责. http://www.mke.go.kr/language/chn/about/responsibilities.jsp [2011-08-12].

[3] 王幼安. 2008. 放松管制、刺激经济——专访韩国企划财政部第一副部长崔重卿. http://www.asianbusiness-leaders.com/content.aspx?866 [2011-08-28].

[4] Erawatch. 2009. Brief description of the structure of the research system (Korea). http://cordis.europa.eu/erawatch/index.cfm?fuseaction=ri.content&topicID=35&parentID=34&countryCode=KR [2011-08-13].

经济人文社会科学研究会。2008年，公益科学技术研究会被撤销，其下属科研机构根据研究领域分别并入基础科学技术研究会和产业科学技术研究会。2009年，经济人文社会科学研究会直属于国务总理室，负责管理经济、人文和社会科学领域的27个中央政府资助科研机构（Government-sponsored Research Institute，GRI）；基础科学技术研究会隶属于教育科学技术部，负责管理基础科学技术领域的13个中央政府资助科研机构；产业科学技术研究会隶属于知识经济部，负责管理产业科学技术领域的13个中央政府资助科研机构。三个研究会的理事长均由总统直接任命。韩国科技管理体系的框架如图10-1所示。

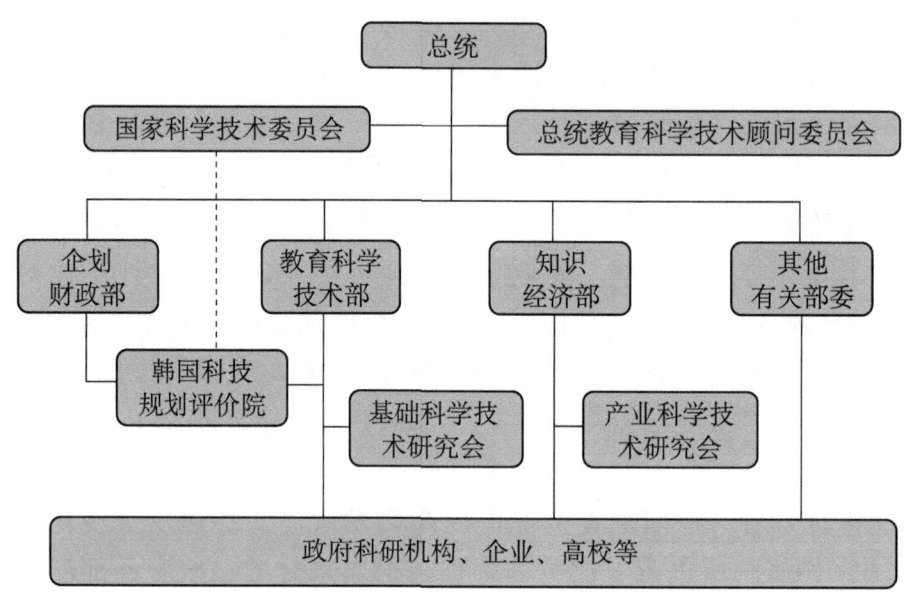

图10-1　韩国科技体系结构

资料来源：根据 Young-Hwa Cho. Korea's advancing national R&D management supporting system 2008-05. http：//www.unesco.org/science/psd/thm_innov/unispar/cho_08.ppt 修改

10.1.3　科技投入

10.1.3.1　人力资源

截至2010年，韩国全时当量研发人员总数为33.52万人·年。1995～2010年的10多年间，韩国研发人员数量增长迅速，其中，研究人员的数量增长较快，2010年为26.41万人·年，占研发人员数量的比重逐渐增大，由1995年的66%上升到2001年的82%，2001～2010年保持在80%左右。而技术人员所占比重由1995年的25%下降到2010年的14%（图10-2）。

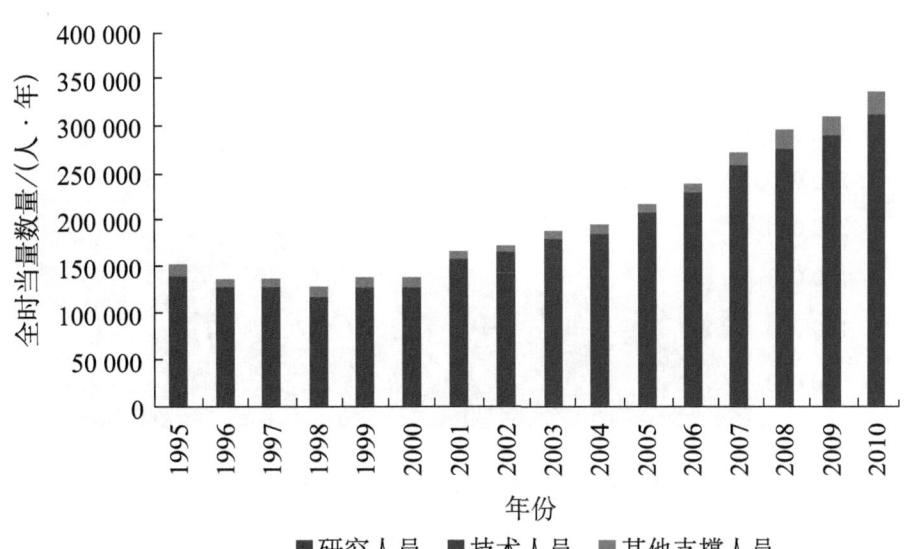

图 10-2　1995~2010 年韩国研发人员全时当量数量变化态势

资料来源：OECD Stat 数据库

2010 年，韩国企业部门的研发人员全时当量数量为 23.02 万人·年，比 1995 年增加了 137.56%，占研发人员总量的 68.68%。高校的研发人员全时当量数量居次，2010 年为 7.35 万人·年，比 1995 年增加了 133.33%，占研发人员总数的 21.93%。国立科研机构的研发人员全时当量数量从 1996 年开始有一定幅度下降，至 2007 年逐步恢复，2010 年为 2.69 万人·年，占研发人员比重由 1995 年的约 15% 降至 2010 年的 8.03%。非营利机构研发人员全时当量数量最少，所占比重变化不大，2010 年为 4557 人·年，占研发人员总数的比重仅为 1.36%。研究人员的部门分布和变化趋势表现出类似的特征（图 10-3，图 10-4）。

近年来，随着韩国产业科技的发展，韩国政府更加认识到科技人才的重要性。系统地、有计划地、目标明确地培养一批科技人才已成为韩国科技工作中的重要内容。2005 年韩国科技部采取了一系列措施，协调、调整分散在各部门的人才培养计划，系统地构筑产学研合作关系，培养具有创新精神的科技人才。2005 年 8 月，韩国制订了《大力培养科技人才，实现创新人才强国战略》的实施计划，计划实施时间为 2005~2010 年。该计划协调了各部门人才培养计划，确定了三个建设领域：①大学管理体制的创新，主要是完善大学间竞争体制和激励措施；②提高大学的研究能力，培养领军型人才，建设世界一流研发型大学；③强化产学间的联系与合作，针对企业实际情况，为企业提供支持，培养企业所需的人才。同期，韩国也颁布实施了《理工科技人才培养支援基本计划》，以五年为一个实施单位，计划截止年份为 2010 年。该计划涵盖了《大力培养科技人才，实

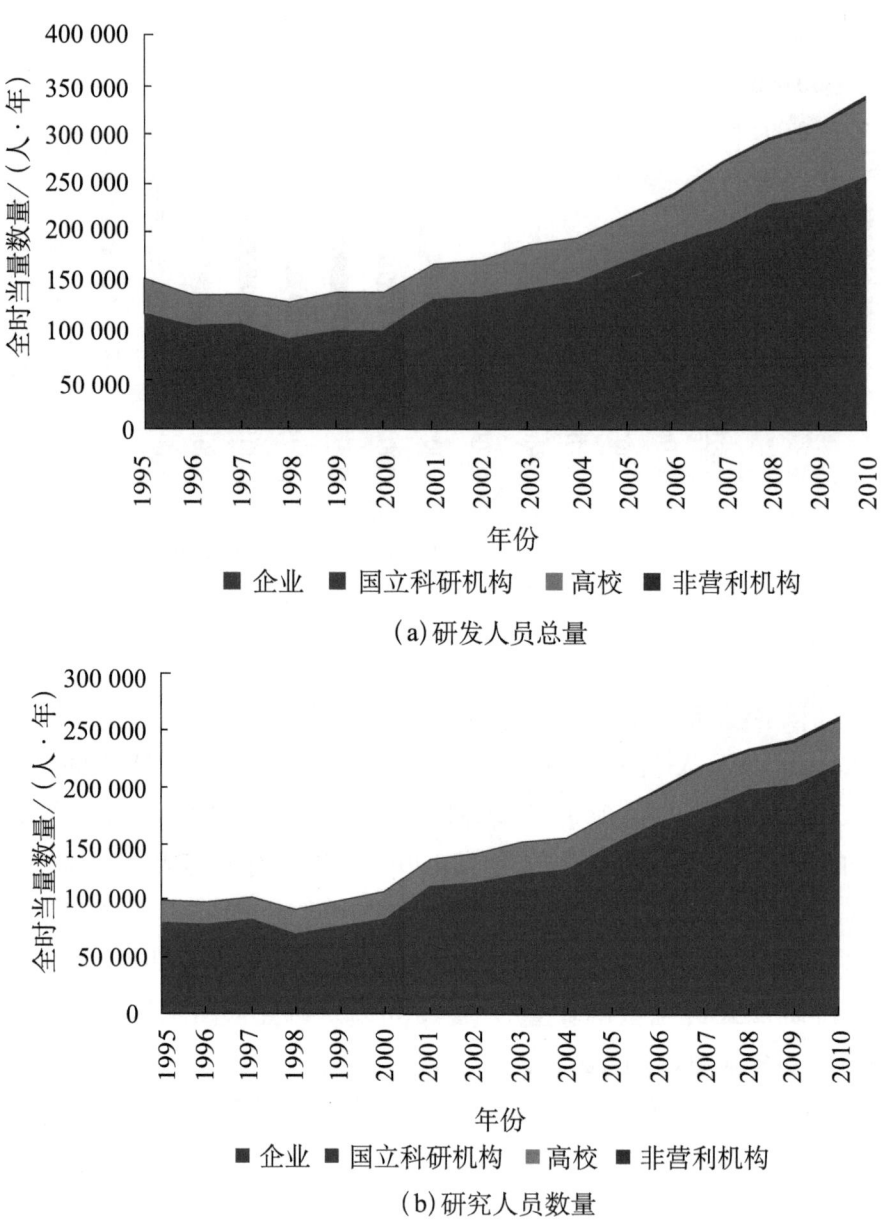

图 10-3　1995～2010 年韩国各部门科技人力资源数量变化态势

资料来源：OECD Stat 数据库

现创新人才强国战略》计划的主要内容，共设五大领域，14 个重点项目[①]。

---

① 国家自然科学基金委员会. 2007. 韩国科研实力调研报告. http://www.nsfc.gov.cn/nsfc/cen/gjhz/analysis/20071031_01.html [2011-08-12].

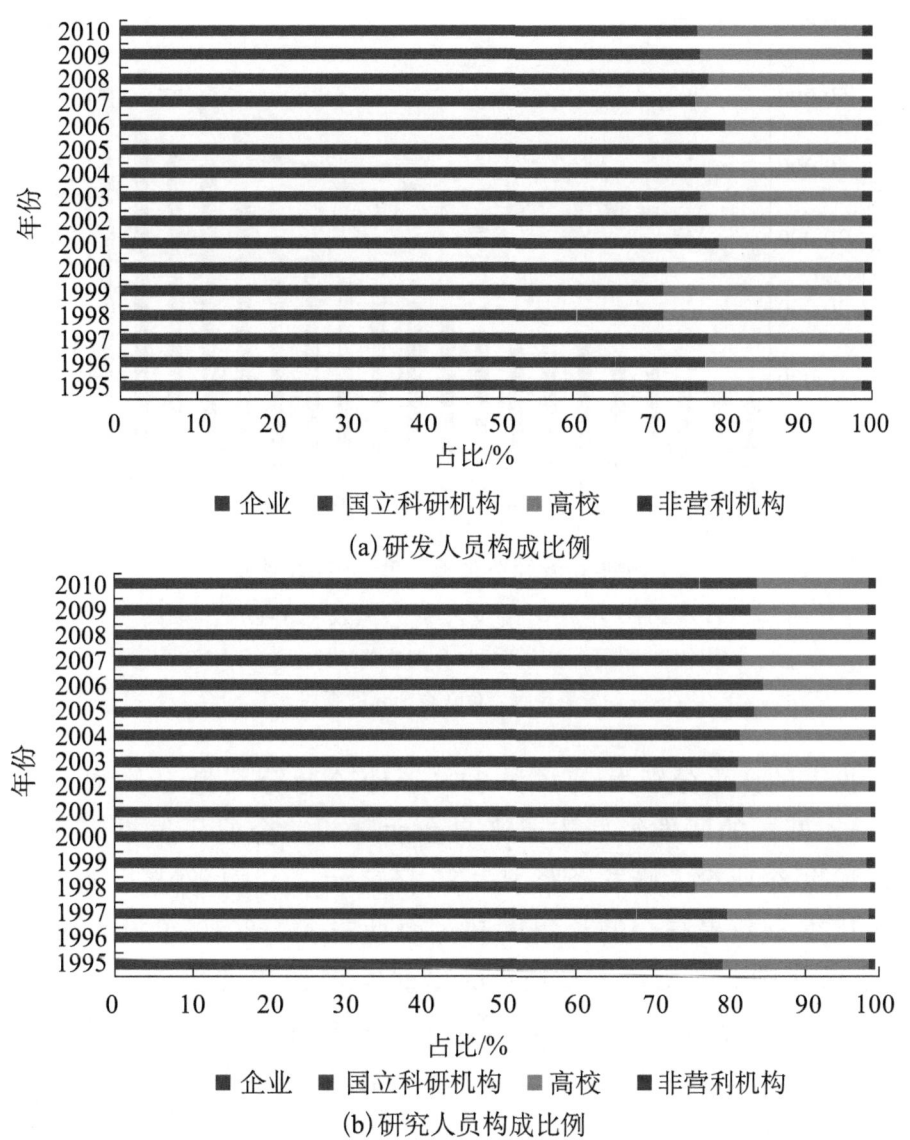

图 10-4　1995～2010 年韩国各部门科技人力资源构成的变化态势

资料来源：OECD Stat 数据库

10.1.3.2 科技经费

2010年，韩国的研发经费达到531.85亿美元，占GDP的3.74%，超过了英国和法国的研发经费投入。自20世纪80年代以来，随着经济实力的增强和发展高科技的需要，韩国的研发经费投入大幅增加，除了亚洲金融危机导致1998年、1999年稍有下降外，经费总额一直保持持续增长态势，研发经费投入强度不断加大，到2008年已高于大多数经济合作与发展组织国家（图10-5）。

韩国在研发经费投入方面经历了由政府主导型向企业主导型的转变。1970年，政

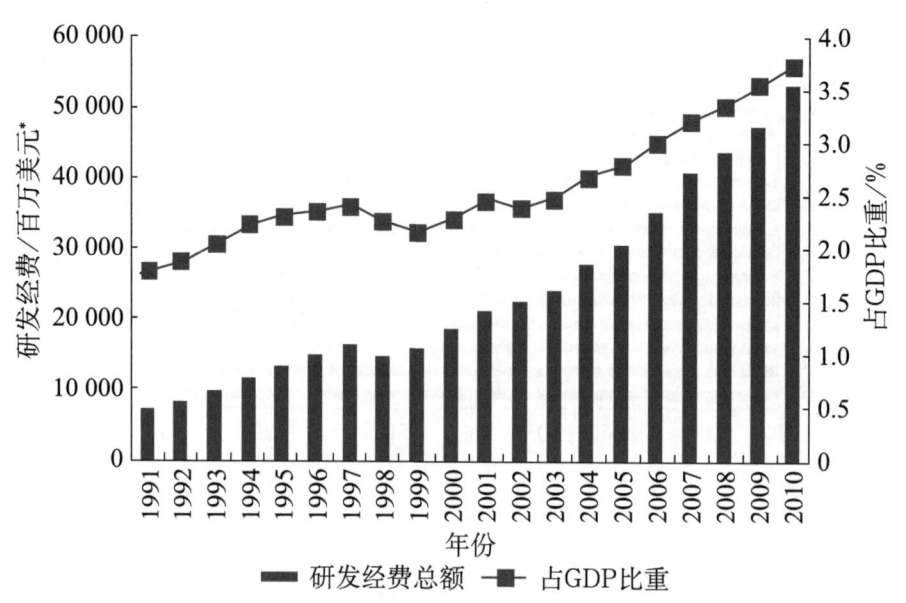

图 10-5　1991～2010 年韩国研发经费总额及占 GDP 比重的变化趋势

* 按购买力平价现值美元计

资料来源：OECD Stat 数据库

府与企业研发投入的比重分别为 77% 和 23%，1980 年分别为 52% 和 48%[①]。自 20 世纪 90 年代以来，韩国的研发经费主要来自企业部门，企业研发投入所占比重保持在 70% 以上。2010 年企业投入研发经费 381.89 亿美元，占 71.80%。近年来，政府经费投入额和所占比重不断提高，增长幅度超过企业投入，2010 年投入研发经费 142.25 亿美元，是 1995 年的 5.6 倍，占总经费的比重也从 1995 年的 19.04% 提高到 2010 年的 26.75%。其他国内来源所占比重较低，包括高校和私人非营利机构，2010 年投入研发经费 6.55 亿美元，占 1.23%。2010 年来自国外的研发经费为 1.15 亿美元，占比仅为 0.22%（图 10-6）。

韩国政府非常重视科学技术在经济社会发展中的作用，对其支持力度不断加大。2000～2006 年，政府研发预算的年均增长率达到 9.5%，超过了美国、日本、德国等发达国家，是经济合作与发展组织国家平均水平（3.9%）的两倍以上（表 10-1）。2009 年，韩国政府研发预算达到 12.34 万亿韩元，比 2008 年增长了 13.8%。其中，基础研究预算为 2.77 万亿韩元，占 22.45%；应用研究预算为 8.57 亿韩元，占 69.45%。作为韩国最主要的科技主管部门，教育科学技术部和知识经济部的研发经费最多，分别占政府研发投入总额的 31% 和 32%。2009 年韩国政府研发预算按政府部门

---

① 邓练兵，张传杰，罗芳. 2009. 中韩两国 R&D 投入状况比较与启示. 当代经济，(8)：76, 77.

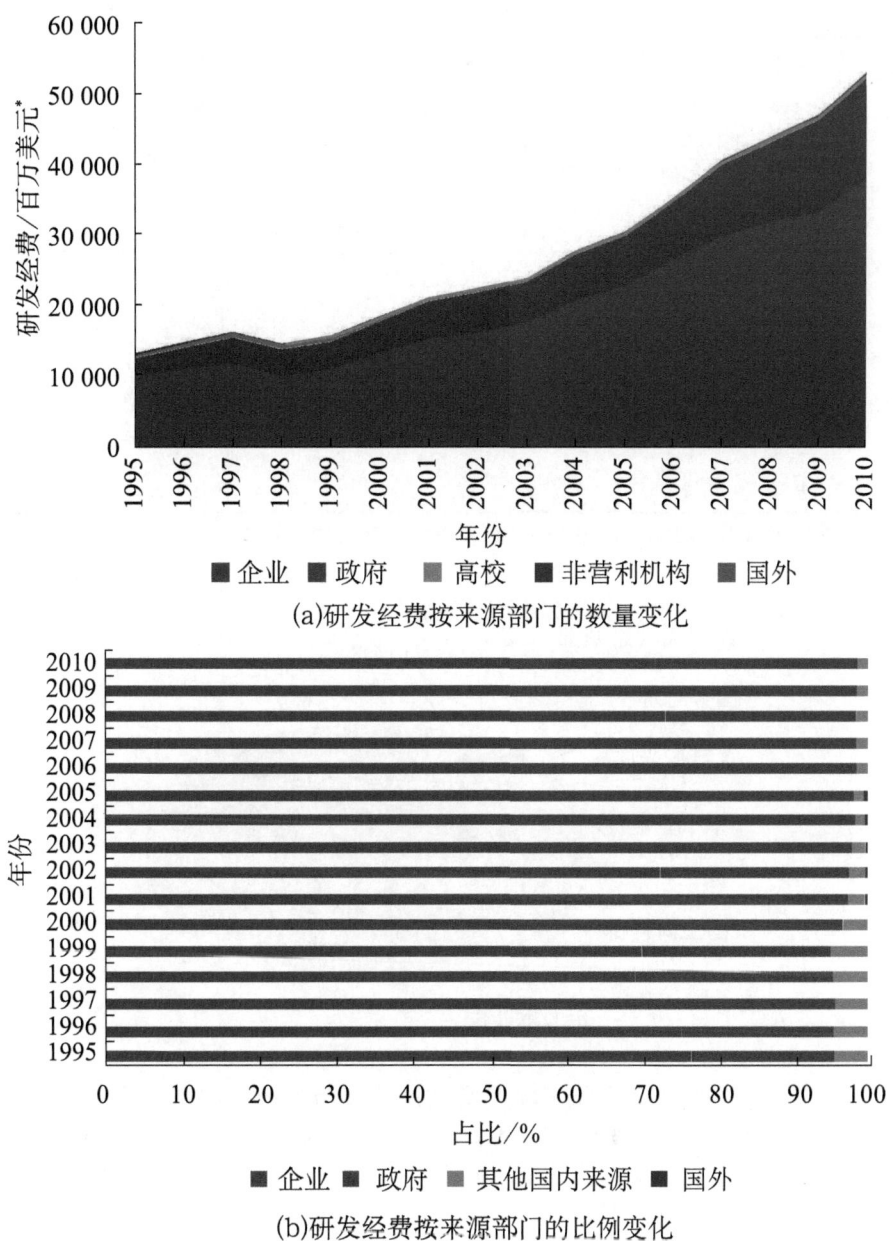

图 10-6　1995～2010 年韩国研发经费来源部门构成的变化态势

* 按购买力平价现值美元计

资料来源：OECD Stat 数据库

划分情况如图 10-7[①] 所示。

---

① 日本科学技術振興機構. 2009. 科学技術・イノベーション動向報告～韓国編～. http://crds.jst.go.jp/kaigai/report/TR/AS/Asia20090331K.pdf [2011-08-13].

表10-1　2000～2006年经济合作与发展组织主要国家政府研发投入年均增长率

地区	年均增长率/%
韩国	9.5
瑞典	6.2
美国	5.7
经济合作与发展组织国家平均水平	3.9
英国	3.8
芬兰	3.5
日本	2.7
欧盟27国平均水平	1.8
德国	0.3
法国	－1.1

资料来源：OECD. 2009. OECD Reviews of Innovation Policy Korea 2009：OECD Publishing

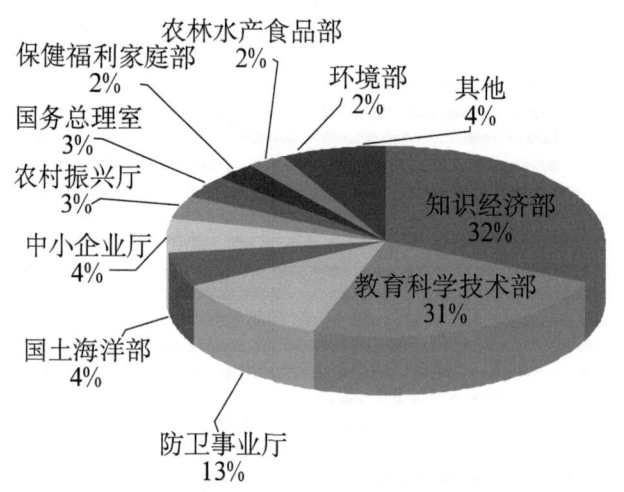

图10-7　2009年韩国政府研发预算按照政府部门划分情况
资料来源：日本科学技術振興機構.2009.科学技術・イノベーション動向報告～韓国編～.http://crds.jst.go.jp/kaigai/report/TR/AS/Asia20090331K.pdf

韩国企业部门使用研发经费最多，并且所占比重在不断增加，2010年使用研发经费397.82亿美元，占全国研发经费的74.80%；其次为国立科研机构，使用研发经费稳步增加，2010年为67.41亿美元，但所占比重有所下降，从1995年的近17%下降到2010年的12.67%；第三是高校，2010年使用研发经费57.55亿美元，占10.82%；私营非营利机构使用的研发经费最少，2010年为9.07亿美元，占比1.71%（图10-8）。

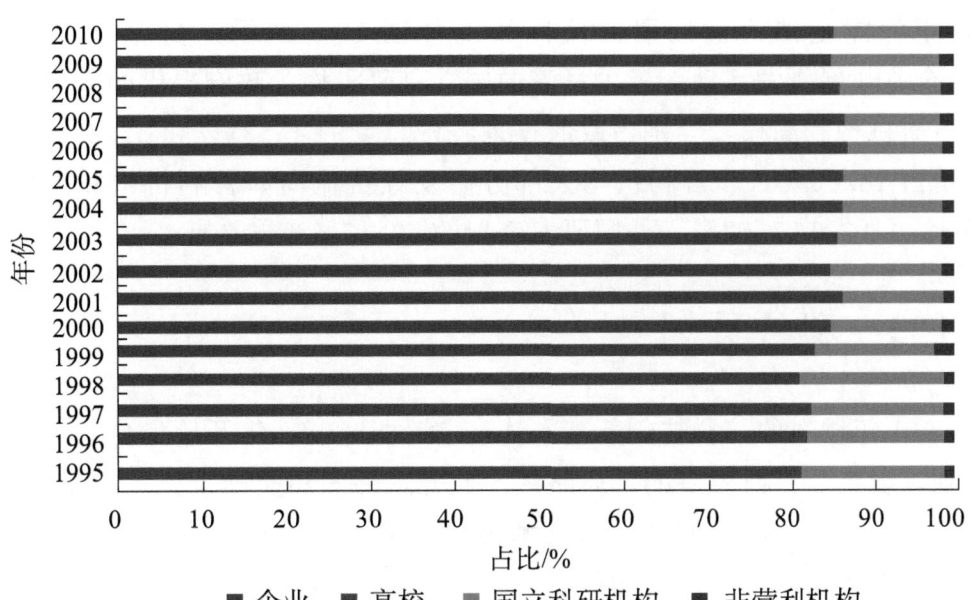

图 10-8　1995～2010 年韩国研发经费执行部门构成的变化态势

资料来源：OECD Stat 数据库

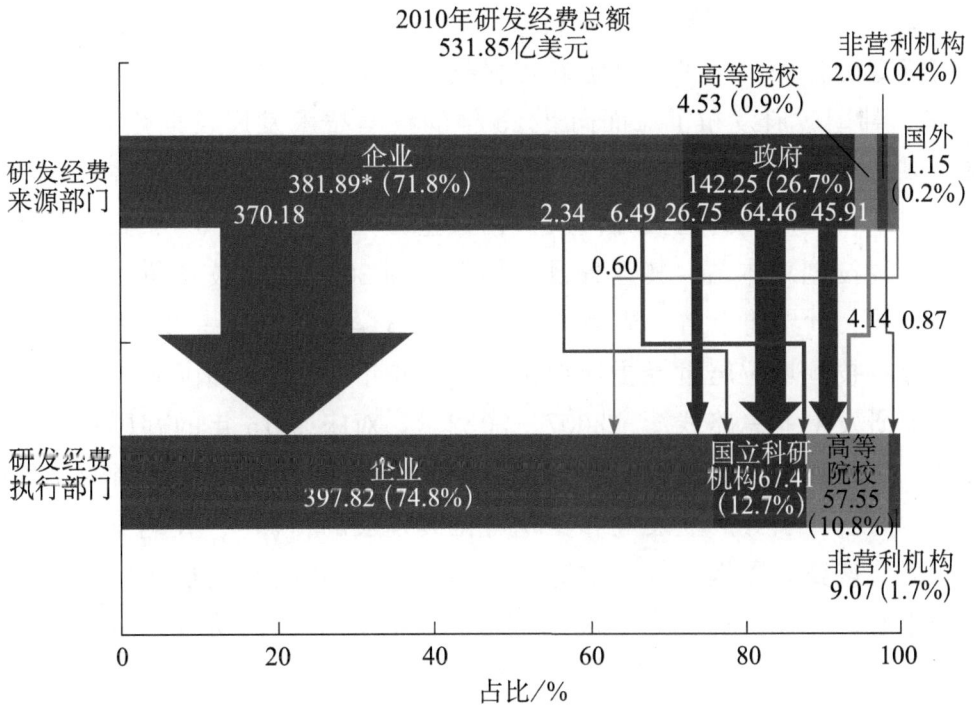

图 10-9　2010 年韩国研发经费流向图

* 图中数据单位为亿美元，按购买力平价现值美元计

资料来源：OECD Stat 数据库

2010年韩国全国研发经费的流向情况如图10-9所示。企业投入研发经费的96.93%供企业开展研发活动，极少量流向国立科研机构。政府提供的大部分研发经费流向国立科研机构和高校，分别占政府投入经费总量的45.31%和32.27%，流向企业的研发经费占18.80%。非营利机构大部分研发经费流向非营利机构和高校，分别占其投入的43.07%和37.62%。外国研发经费的52.17%流向企业。

10.1.4 科技计划

基于2001年颁布的《科技创新基本法》，韩国从2002年开始出台五年期的科学技术基本计划，设定了科技发展的具体路线。此外，韩国还实施了技术开发准备金制度、技术和人才开发费税金减免制度及新技术推广投资税金减免制度等税收优惠政策，为创新能力的提高提供了一个优良的环境[1]。

韩国政府的科技计划可分为中长期科技发展远景规划与短期（五年期）科技发展计划。计划的制订和优先领域的选择实行自上而下和自下而上相结合的方式，即由政府确定长远的国家发展目标和技术领域，并通过技术前瞻和关键技术选择等方式征求科学家的意见，经过反复调整来制订科技计划，并确定优先领域。多年来，韩国基本上按照政府规划的蓝图实现了科技创新，科技实力不断提升。

1999年，韩国政府发布了《面向2025年的科学技术发展长期规划》，在分析韩国科技现状的基础上，提出了韩国科技长远发展的战略目标和实现这些目标的条件，并给出了韩国未来科技发展的五大方向及根据这些方向要完成的39项具体任务，最后提出要建立国家科技创新体系。其远景目标如下：到2005年科技竞争力进入世界前十二名[2]；2015年进入世界前十名，成为亚太地区的科学研究中心；2025年进入世界前七名，并在部分科技领域位居世界主导地位[3]。2006年12月，韩国颁布了国家中长期研发战略《国家研发事业总路线图（2007—2022）》，对未来15年的韩国科学研发事业进行总体设计。该路线图提出通过调整国家战略性研发投入来提高韩国的研发生产率和国家科技竞争力、并引导产业发展和实现可持续发展的目标[4]。在国家中长期研发事业投资战略方面，该路线图提出韩国政府将2007~2012年的研发投入方向转向以基础和原创技术为中心，2013~2022年，将构建能够强化未来成长动力，同时能够满足提升

---

[1] 中国科学院国际合作局.2007.创新型国家与创新人才环境建设.国际科技动态,(3):4.
[2] 世界经济论坛发布的《2005—2006年全球竞争力报告》显示，韩国国家科技竞争力排在世界第十一位，综合竞争力为第十七位。
[3] 刘蔚然,程顺.2004.《韩国科技发展长远规划——2025年构想》剖析.科学对社会的影响,(3):8-11.
[4] 任真.2008.韩国研发事业总路线图//中国科学院.2008科学发展报告.北京：科学出版社：223-225.

国民生活质量社会需求的投资资产管理。

2010年10月,韩国国家科学技术委员会公布了由韩国教育科学技术部制定的《大韩民国的梦想与挑战:科学技术未来愿景与战略》。为了实现韩国梦想的未来景象,即建设一个与自然和谐相处、富饶、健康和便利的社会,该战略在对国际环境和国内环境变化分析的基础上,展望了未来的科技发展趋势,并提出了使韩国在2040年跻身全球五大科技强国的科技发展长期愿景与目标,具体目标如下:将国家研发投入占GDP的比重从2010年的3.37%提高到2040年的5%,将全球大学排名前一百强的韩国大学数量从2010年的两所提高到2040年的10所以上,将韩国的支柱产业从目前的半导体、汽车、造船与信息通信业转型为2040年的生物制药、新材料、清洁能源和机器人产业[①]。

在短期科技发展计划方面,2002年,韩国政府基于《科技创新基本法》出台了《第一期科学技术基本计划(2002—2006年)》。2003年,卢武铉上台后将该计划改为《国民参与型政府的科学技术基本计划(2003—2007年)》。2008年,李明博上台后,对卢武铉在2007年年末出台的《第二期科学技术基本计划(2008—2012年)》进行了修订,并于2008年8月正式发布了《面向先进一流国家的李明博政府的科学技术基本计划(2008—2012年)》(图10-10)。该计划明确了李明博政府未来五年内的研发经费预算、重点发展领域和所要实现的目标,其核心内容可简称为"577战略",即"到2012年将韩国的研发投入强度提高到5%,通过集中培育七大技术研发领域和实施七大系统改革,使韩国到2012年跻身世界七大科技强国之列"[②]。

10.1.5 国际科技合作

韩国现代科技的历史较短、基础薄弱,国际科技合作对其科学技术发展的重要性显而易见。直到20世纪80年代,韩国的国际科技合作还主要以促进国外技术向韩国转移、获取关键技术及相关技术培训为主,其科研环境还处于相对封闭的状态。80年代后,韩国的科技水平迅速发展,确立了新兴工业化国家的地位。在此基础上,韩国的国际科技合作战略也逐步转变,力求在国际科技活动中发挥更加主动、积极的作用,它不光寻求为科技进步做出贡献,还致力于掌握并利用新的知识为国家的经济社会和科技发展服务。基于这样的考虑,韩国积极促进与国外或国际组织的双边或多边科技合作,提出向尖端技术发源地进军的科技国际化战略,即扩大建立海外共同研究中心,

---

① Ministry of Education Science and Technology. 2010. 과학기술미래비전및전략 http://nstc.go.kr/index.html [2011-07-14].
② 王玲. 2009. 韩国李明博政府的科技政策之探究. 全球科技经济瞭望, 24(6):52-56.

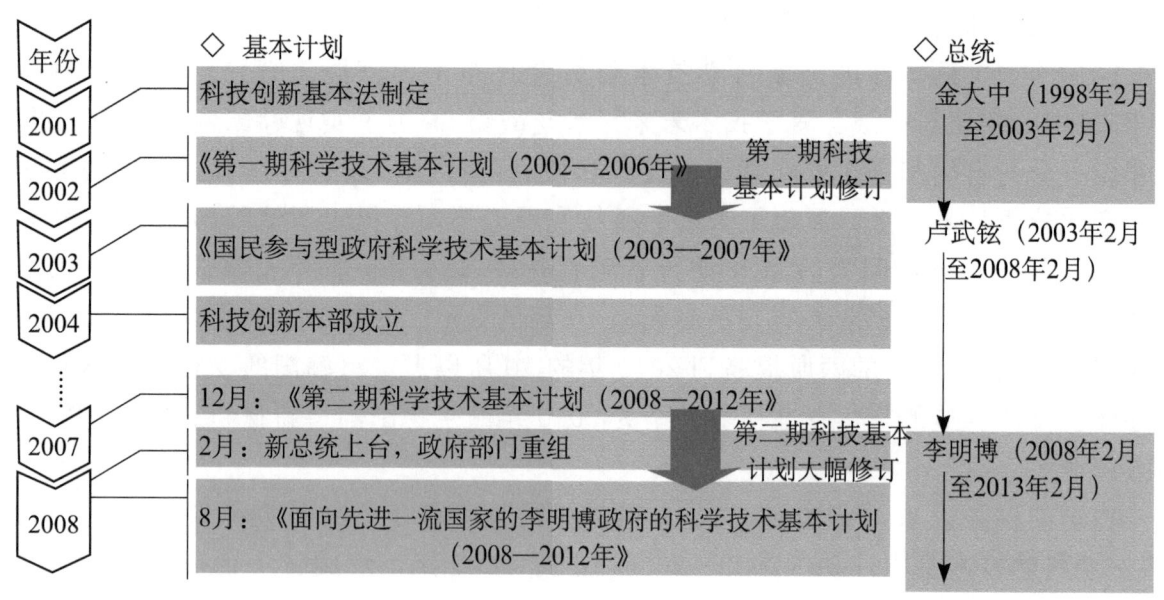

图 10-10　韩国五年期科学技术基本计划概况

资料来源：日本科学技術振興機構.2009.科学技術・イノベーション動向報告～韓国編～.http://crds.jst.go.jp/kaigai/report/TR/AS/Asia20090331K.pdf

太早拥有自己的先进技术；建立海外科技信息的收集、分析、流通和利用体系；根据每一地区、国家的特点，制订各具特色的共同研究计划。

根据韩国《第一期科学技术基本计划（2003—2007年）》，韩国加强了在科技人员交流、科研成果共享和试验设备共享等方面的国际合作，加强与周边国家及东南亚新兴工业国家间的合作，同时有效推动与朝鲜的科技合作。在《第二期科学技术基本计划（2008—2012年）》中，设置了《战略性推进科技的国际化，增强韩国在全球的竞争力》一章，提出了要确立全球网络型科技开放机制，扩大政府研发投资中国际合作的比重，为世界科技的发展和全球问题的解决做出应有贡献的目标。为了更好地获取和利用全球知识资源，韩国将单纯吸收海外的科技资源的战略转变为同时强调国内资源出口到海外的网络型战略。

韩国的双边国际科技合作主要基于两国政府间的科技合作协议，主要的双边科技合作伙伴包括美国、日本、德国、英国、俄罗斯、中国和朝鲜等。根据不同国家的特点，在科技合作的领域和方式等方面也各有侧重，如表10-2所示。

表 10-2　韩国主要的双边科技合作对象及合作方式和领域

主要的双边合作对象	合作方式、领域等
美国	参与双方的研究计划；共同举办科技论坛；互派访问学者，赴美研修等
日本	设立了科技合作委员会、基础科学交流委员会等，通过共同研究、研讨会、地方间合作等方式开展合作

续表

主要的双边合作对象	合作方式、领域等
德国	设立了韩德民间科学技术合作委员会、建立了韩德基础科学研究基金;在德国设立韩国研究所和实验室等;加强了在高科技领域如新材料、激光技术等方面的合作等
英国	设立韩英科学技术共同研究基金,成立韩英航空技术研究中心、韩英生命工学合作中心和韩英民间科学技术协会等组织;在生命科学、尖端材料与制造技术、航空与汽车、电子与计算机等领域开展共同研究等
俄罗斯	在俄罗斯设立了能源、航空材料、宇航、粉末材料、资源开发、光学等研究中心,开展共同研究课题和韩方的委托课题,购买俄方的先进技术等
中国	在生命科学、新材料、激光、气象、信息技术、环境技术等方面实施共同研究项目;建立诸如中韩海洋科学共同研究中心等共同研究开发中心;促进科学家的交流等
朝鲜	实施了诸如超级水稻、农业医药研发和计算机软件的合作研究等;2003年投入研发资金10亿韩元,重点推进对朝鲜的粮食、能源等首要问题研究等

资料来源:国际科技合作政策与战略研究课题组.2009.国际科技合作政策与战略.北京:科学出版社

除了双边科技合作,韩国还积极参与地区组织和国际组织的国际合作,主要包括欧盟、经济合作与发展组织、亚太经济合作组织和联合国开发计划署等[1]。

为促进韩国的国际科技合作,韩国推出了一系列的科技合作计划,其中包括由教育科学技术部负责的全球实验室计划、国外优秀研究机构引进计划,以及由韩国知识经济部负责的韩国-全球创新网络计划。以全球实验室计划为例,其目标是在核心的基础原创技术领域和必要的战略性合作研究领域中,促进以韩国科研机构为主导的、有诺贝尔奖获得者和国内外杰出学者参与的成果产出型国际合作研究。其资助对象包括以符合《技术开发促进法》第七条的高校、政府资助研究机构内的研究中心、实验室、研究小组等为单元的、实体性专业研究组织,以及具备国际合作的基础与合作网络或具备国际合作发展潜力的大型实验室。原则上政府平均每年为每个全球实验室提供最高5亿韩元左右的资助经费,根据研究内容与合作研究的特性,此资助额度还可以适当调整[2]。

10.1.6 创新体系构成:高校与企业

10.1.6.1 高校

2007年,韩国共有高校220所,其中,国立大学为41所,公立大学为2所,私立

---

[1] 国际科技合作政策与战略研究课题组.2009.国际科技合作政策与战略.北京:科学出版社.
[2] 韩国科技创新态势分析报告课题组.2011.韩国科技创新态势分析报告.北京:科学出版社.

大学为 177 所，在校学生为 246 万人[①]。2010 年，韩国高校研发人员共有 7.35 万人，占全国总研发人员的 22%，但其执行研发经费仅占韩国总研发经费的约 11%。70% 的博士在高校工作，但很多不从事科研活动。相对于国立科研机构，很多高校的设施没有得到很好的利用，研究团队没有得到很好的组织，2005 年，高校研究人员的人均研发经费仅为国立科研机构的 1/4[②]。

高校是韩国自然科学领域基础研究的重要力量。科研力量较强的高校主要是综合性大学，比较著名的有首尔国立大学、韩国高等科学技术研究院（KAIST）延世大学、高丽大学、浦项工业大学等。高校的科研经费主要集中在少数大学。2005 年，韩国高校科研经费的 51.7% 集中在排名前二十位的大学，其中首尔国立大学最多，达到约 2.2 亿美元，占高校总经费的 12.2%，其次是韩国高等科学技术研究院，占 4.7%。韩国高校的 SCI 论文数从 1998 年的 3765 篇增长到 2005 年的 7281 篇[②]。

从经费的构成来看，1996～2010 年，韩国高校基础研究经费占其使用研发经费总额的 40% 左右，而试验开发经费自 2006 年以来占比已超过应用研究（图 10-11）。

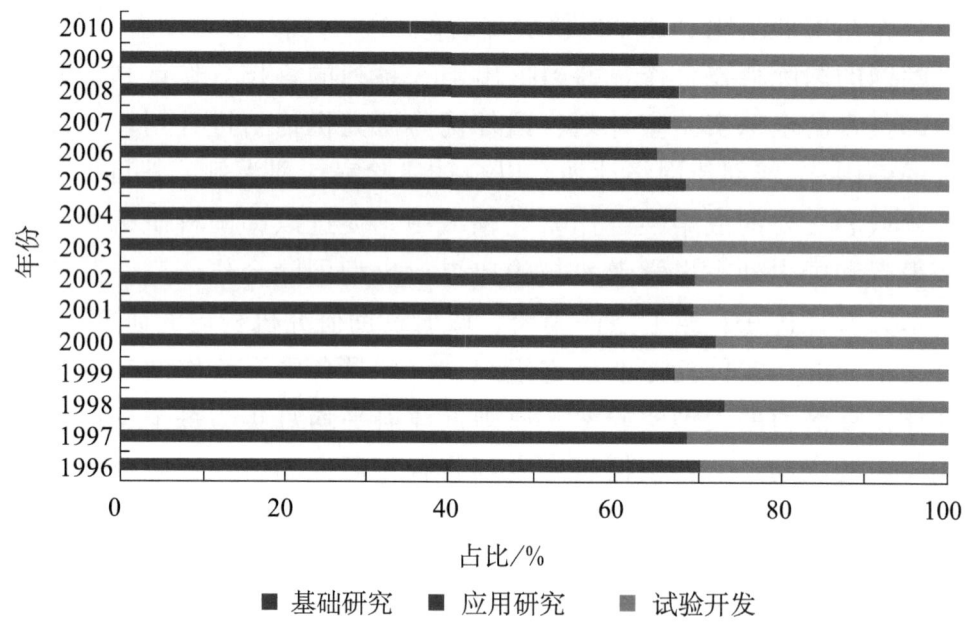

图 10-11　1996～2010 年韩国高校研发经费按研发活动类型构成情况

资料来源：OECD Stat 数据库

韩国政府对高校科研给予了极大的重视，拨给高校的研发经费增长迅速，各大公司也纷纷投资大学，借大学的智力进行技术开发，极大地促进了产学研结合。自 20 世

---

① MEST. Overview. http：//english.mest.go.kr/web/1691/site/contents/en/en_0203.jsp［2011-08-15］.
② OECD. 2009. OECD Reviews of Innovation Policy Korea 2009：OECD Publishing.

纪90年代以来,韩国政府用研发经费支出总额的10%陆续在大学建设基础研究设施。2005年3月,韩国确立了"适应国家产业技术发展需要,建设世界水平研究型大学"的基本方针,把构建产学合作体制作为政策重点[1]。韩国大学通过多种途径促进科技成果转化和产学研结合。例如,建立大学合作科学园区,使企业能够利用大学的研究力量、信息、技术和设备,加强大学研究成果向企业转让,促进人才培养和交流。典型的案例有首尔国立大学基础科学合作支援团、浦项工业大学的产业科学研究所等。一些大学还设立了具有独立法人资格的产学合作团,其主要工作是签署及履行产学研合作合同,获得并管理知识产权,奖励在职发明人,促进技术转让及产业化相关工作等[2]。韩国大学申请的专利数量也在快速增长,申请专利数量排名前十位的大学从1997年的187项增长到2005年的1557项,增长了7.3倍[3]。

10.1.6.2 企业

韩国政府采取了很多有效的措施,积极支持企业参与研发活动。允许企业以利润的20%作为研究开发的投资,而且在头两年可将此作为亏损处理。政府还鼓励企业成立自己的科研机构,对应交税款予以减免[4]。在这种政策的激励下,从20世纪80年代末开始,韩国企业纷纷设立技术研究所,加强独创技术和产品核心技术的独立研发。企业研究所数量由20世纪80年代初的47家猛增至2005年的11 279家,企业的研发投入也大幅增加,在国家研发投入中占主要地位。2010年企业投入研发经费381.89亿美元,占全国研发经费总投入的71.80%;使用研发经费397.82亿美元,占全国研发支出的74.80%。

韩国的大型企业是研发主力,2006年,研发投入前五位的企业投入总量占韩国企业总投入的40%,而其中三星电子就占了一半,研发投入占销售额的比值上升到6.84%。企业研究人员的30%集中在前五位的大型企业。一些大型企业如三星、现代、LG等所设立的研究所,还得到政府的支持,其研究成果可以很快用于生产。中小企业技术研发活动也日益活跃。

尽管韩国企业主要从事技术研究开发,但就基础研究来说,企业是韩国基础研究经费的最大投入者和执行者。大型企业为了保持其领先地位,增加了在技术前沿领域和基础研究的投入;中小企业也增加了对基础研究的投入[2]。1996~2010年,企业使

---

[1] 曹世功. 2006-02-28. 韩国:科技创新 赢得市场. 经济日报,第15版.
[2] 陈宝明,杨起全. 2009. 韩国产学研合作进展及其启示. 科苑,(8): 104-107.
[3] OECD. 2009. OECD Reviews of Innovation Policy Korea 2009: OECD Publishing.
[4] 曹晓蕾. 2009. 韩国产学研合作的经验与启示. http://xh.xhby.net/mp2/html/2009-09/01/content_48944.htm [2011-08-14].

用的基础研究经费占全国基础研究经费比重已从40%提高到近60%,远超过高校和国立科研机构等其他创新单元(图10-12)。企业研究经费中基础研究所占比重已提高到10%以上。

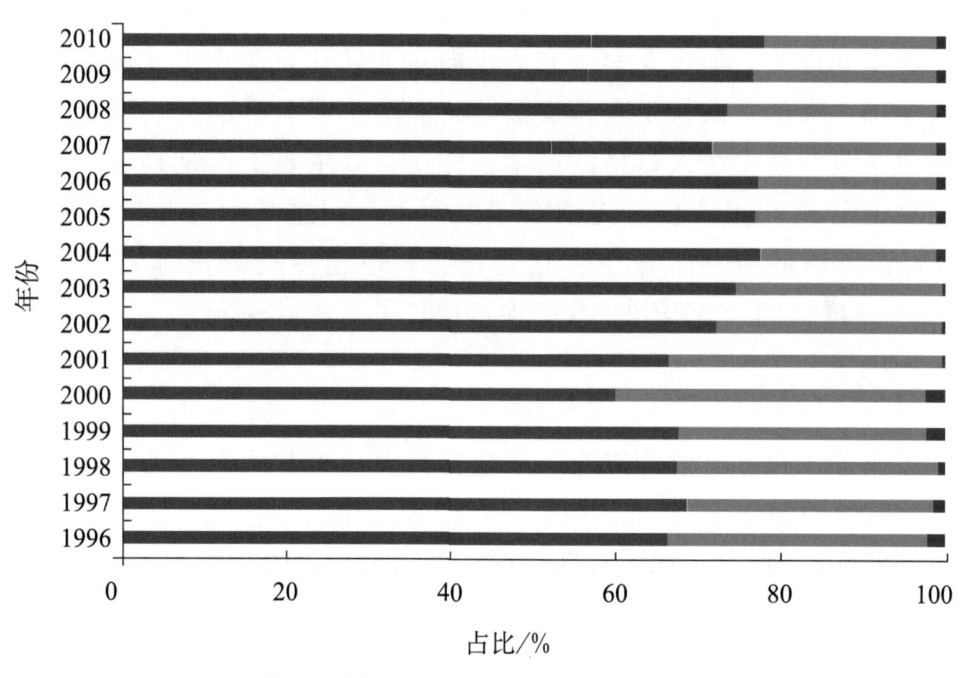

图 10-12　1996~2010年韩国基础研究经费(按执行部门构成)

资料来源:OECD. 2009. OECD Reviews of Innovation Policy Korea 2009:OECD Publishing

韩国企业的科研机构可分为两种类型:一种是企业附设的科研机构;另一种是产业技术联合科研机构。韩国政府要求大企业必须设立研发机构,中小企业联合设立研发机构[①]。韩国还通过产业技术联合研究体制促进产学研结合、产业发展和提升产业竞争力。产业技术联合研究体制的基本模式是将具有研发实力或专长的领先企业与相关的大学、科研院所联合起来,围绕产业研发目标形成一定的分工,共同开发。例如,早在20世纪80年代,韩国在半导体方面的研发计划,就是采用这种联合研究体制。1986年,韩国电子通信研究院、三星电子、LG半导体、现代电子产业和首尔国立大学等五家单位开始对动态随机存取存储器(DRAM)进行共同研发,成功研发出1M DRAM,为后来韩国半导体产业的高速发展奠定了基础[②]。

---

① OECD. 2009. OECD Reviews of Innovation Policy Korea 2009:OECD Publishing.
② 陈宝明,杨起全. 2009. 韩国产学研合作进展及其启示. 科苑,(8):104-107.

10.1.7 创新体系构成：国立科研机构

10.1.7.1 类型和分布

韩国的国立科研机构主要包括四部分：①中央政府资助科研机构；②国立实验室；③地方政府资助的科研机构（LGRI）；④地方政府实验室。前两者是国立科研机构的主体。截至2004年，韩国共有100家中央政府资助科研机构，其中自然科学与技术领域有46家，农业与渔业领域有2家，人文与社会科学领域有52家；国立实验室共53家，大部分隶属于农林食品水产部，主要从事农业、渔业和食品等相关技术的开发。

自20世纪60年代以来，中央政府资助科研机构一直发挥着国家研发执行主体的作用，特别是在国家整体科学技术基础薄弱、科研机构研发能力不足的时候，中央政府资助科研机构的设立为韩国研发能力的扩展和提升奠定了重要基础。80年代以来，随着大学和民间科研机构的不断涌现，以及创新能力的不断提升，中央政府资助科研机构不断调整自身的工作重点，在产学研共同研究活动中发挥核心作用。在韩国国立科研机构发展的历史中，其工作重点不断调整变化，从几乎承担国家全部的研究开发活动，到成熟期技术开发和未来型尖端技术的模仿，再到未来大型尖端技术的研究开发。

中央政府资助科研机构主要分布在教育科学技术部和知识经济部，教育科学技术部的基础科学技术研究会和知识经济部的产业科学技术研究会分别下辖13家中央政府资助科研机构（图10-13）。这些中央政府资助科研机构力量雄厚、集中了大批科技精英，在一定程度上代表了韩国科技的最高水平，包括韩国科学技术研究院、原子能研究院、能源技术研究院、机械与材料研究院、宇航研究院等[1]。此外，还有一些中央政府资助科研机构直接隶属于各部委。下面主要介绍研究会及其下属科研机构的情况。

10.1.7.2 组织结构

1999年，韩国政府颁布实施了《关于政府资助研究机构的设立、运营及促进的法案》，为加强管理和提高研究资源的利用率，对中央政府资助科研机构的管理体制进行

---

[1] 曹丽燕. 2007. 韩国的科技创新体系. 科技管理研究, 27 (6): 16-18; Kong-Rae LEE. 2008. Public research system as a national knowledge infrastructure of Korea. http://www.research.smu.edu.sg/irc/2008/Slides/Lee-Slides.pdf [2011-08-16].

| 世界主要国立科研机构概况 |

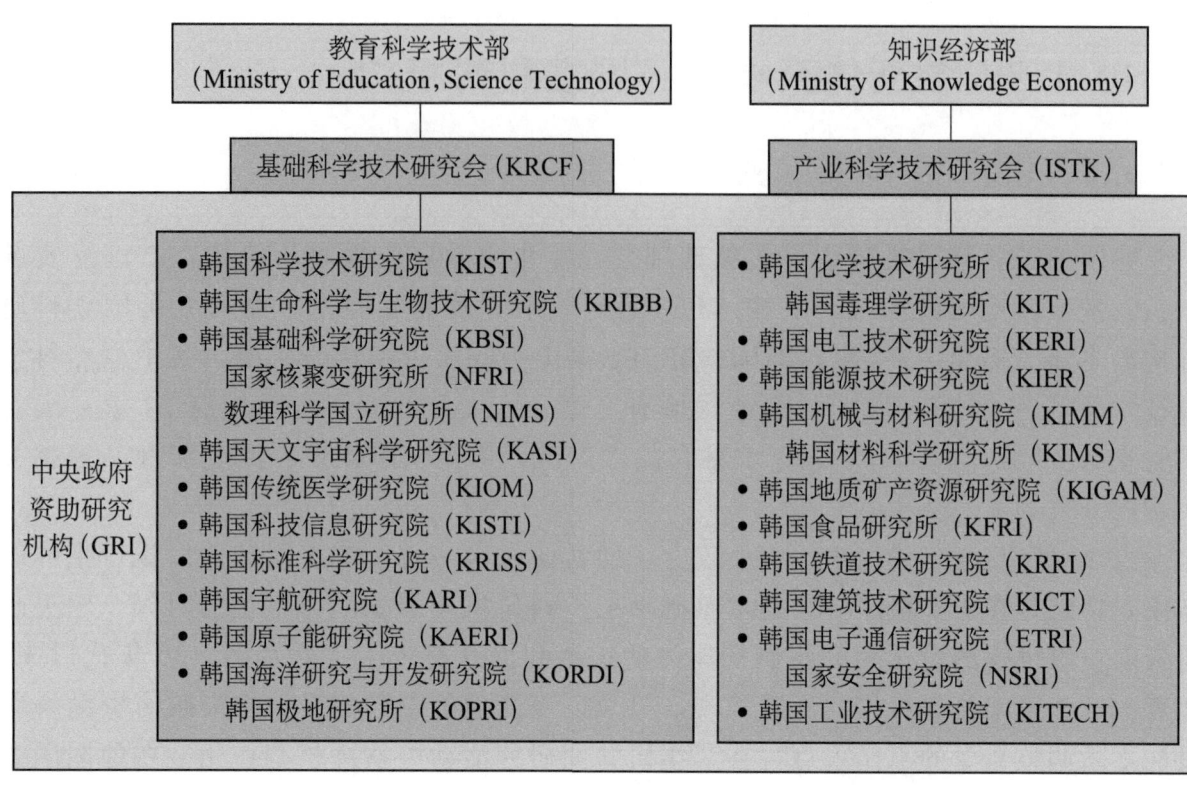

图 10-13　韩国基础科学技术研究会和产业科学技术研究会下属中央政府资助科研机构分布情况
资料来源：根据基础科学技术研究会和产业科学技术研究会网站整理

了重大改革。研究会及其下属中央政府资助科研机构依据此法案设立为财团法人。研究会对下属科研机构的管理职能主要表现在以下方面：制订下属科研机构的研究与发展方向规划；协调和重组其下属科研机构，包括机构的组建、整合和解散；评估下属机构的研究和管理绩效；支持科研机构之间的合作；支持下属科研机构提高其研究水平和扩展研究成果的应用；为创新政策和增强在自然科学和技术领域的竞争力提供建议；任命下属科研机构的负责人和监事；批准下属科研机构的管理目标及预算与工作计划等[①]。具有财团法人资格的科研机构可以避开国立机构必须遵守的那些僵硬的预算会计法和公务员任用规定，为科研机构在人事、工资管理、财务会计管理等方面创造宽松的环境，保障科研机构的绩效。

　　研究会采取理事会制度进行管理。各研究会的理事会是研究机构的最高决策机构。研究会及研究机构的预算和工作计划的确认、下属科研机构负责人和监事的任命、机构职能的调整、机构的评价、各科研机构之间开展合作研究所需采取的措施等，均需

---

① KRCF. 2008. Act on the Establishment, Operation and upport of Government-Funded Science and Technology Research Institutes. http：//eng. krcf. re. kr/site/english/sub. do？Key = 2103 ［2011-08-16］；KRCF. Brief overview of Research Councils in Korea. http：//eng. krcf. re. kr/site/english/sub. do？Key=2101 ［2011-08-16］.

理事会研究决定。研究会设立包括理事长在内的 15 名理事和一名监事，理事长为常勤，其他成员为非常勤。理事长代表研究会统管业务工作；监事负责监察和审计研究会的业务和财务。各研究会理事长是由研究会理事长推荐委员会推荐，由总统任命；理事分为当然理事和选任理事，当然理事由总统指令（presidential decree）委任；选任理事则由产业界、学术界、教育界推荐，经理事会议决，由主管部门长官任命；监事由监督机构主管任命。理事长、理事（不包括当然理事）和监事的任期为三年。

研究会设有规划与评估委员会和管理顾问委员会。规划与评估委员会由相关领域的专家构成，帮助协调和评估科研机构，并为各研究领域的长期发展方向提供咨询建议。管理委员会由理事长、理事和各科研机构的负责人组成，为研究会的重大政策提供咨询建议。研究会还设有秘书处，管理研究会的相关事务[①]。以产业科学技术研究会为例，其组织架构如图 10-14 所示。

研究会下属的研究院所实行所长负责制。所长代表科研机构，每年向研究会提交管理目标并得到研究会的批准。所长经公开招聘或由所长推荐委员会推荐，经理事会决议由理事长任命，任期为三年。每一个科研机构有一名监事，负责监察和审计研究院所的事务和财务，监事经理事会决议由理事长任命，任期为三年。

10.1.7.3 管理模式

1）人事管理[②]

薪酬的制定一般都是通过劳使协议会与劳动组合协商而定。中央政府资助科研机构所长（院长）的薪金实行年薪制，具体数目与劳动组合协商而定。奖金等也是依据一年的业绩与劳动组合协商而定。从整体薪金来源来看，一般 65%～70% 由政府支付，30%～35% 由科研机构自己解决。科研人员薪酬福利由基本工资、可变薪酬和间接薪酬三部分组成。基本工资的计算方法和增长机制由各院所与劳动组合协商制定。以韩国科学技术研究院为例，其基本薪金的增长机制大致分为两种：一是年终评价机制，定量评价占 50%，领导评价占 50%，根据评价结果决定增长标准；二是工作年限评价，在本单位或本系统工作 10 年以上才有资格参加这类评价，评价方式包括领导评价、同事评价、服务保障部门评价等。对于可变薪酬，一般与奖金直接挂钩。依据与劳动组合协商的方案，研究课题所得利润的 30%～50% 作为奖金在课题组内分配，各科研机构的分配方案不尽相同。间接薪酬包括带薪休假、社会保险、培训、养老金等。

---

① KRCF. 2008. Act on the Establishment, Operation and Support of Government-Funded Science and Technology Research Institutes. http：//eng.krcf.re.kr/site/english/sub.do? Key=2103 ［2011-08-16］.

② 王超. 2004. 韩国政府科研分配制度. 全球科技经济瞭望，(10)：12-14.

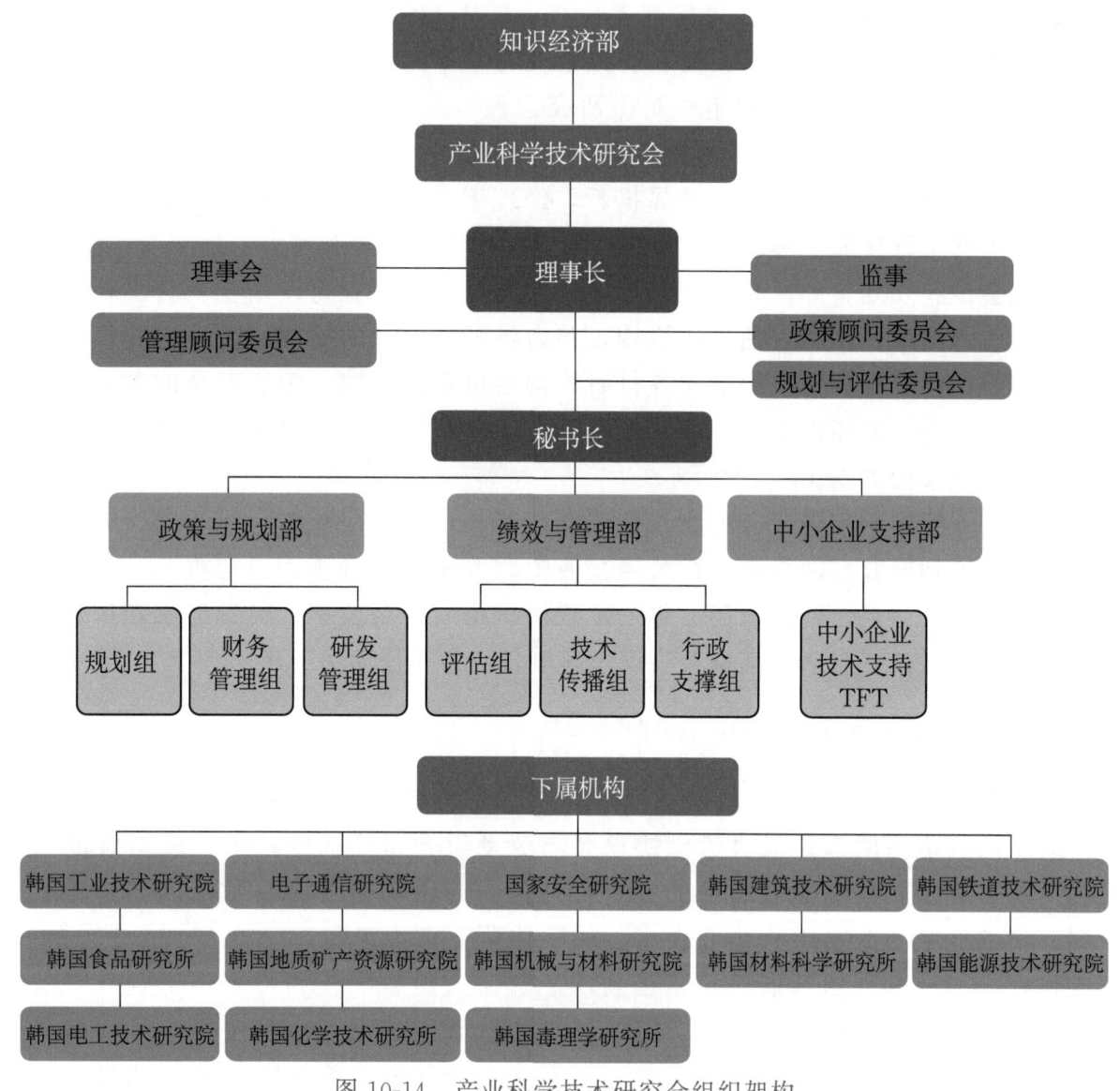

图 10-14 产业科学技术研究会组织架构

资料来源：ISTK. 2011. Organization. http：//istk.re.kr/eng/intro/organization_01.php

2）经费管理

1996~2008 年，韩国中央政府资助科研机构的内部运作实行基于项目的管理制度（project based system，PBS）[①]，其特点如表 10-3 所示。该制度取代了以前的"一次性拨款制度"（包干制度，lump-sum system），核心是将科研机构原来的研究部室负责制改为研究项目负责制，即在研究项目的计划、预算分配、项目承担及管理等管理体系

---

① 金圭洙，李民衡.2007. 韩国政府研究机构的课题管理制度. 国外社会科学，(3)：105, 106.

中使用以课题为中心的竞争体制来进行管理的制度。在这种管理制度下，项目负责人拥有很大的自主权，负责研究项目的争取、组织管理、实施、研究经费的申请与使用、确定研究项目的人员构成及其责任等，并可以通过合同制聘用外部研究人员，使人员结构得到优化。

表 10-3 基于项目的管理制度的特点

特点	说明
预算以总成本计算	总成本包括完成当年课题所需要的劳务费、材料费、办公设备采购费等直接费用和管理费等间接费用
以课题负责人为核心对课题进行管理	课题负责人拥有执行课题的权力与责任，包括对参加该课题的研究人员的选择权、研究经费的使用权、课题的管理权、奖金的分配权等
以研究小组为中心进行管理	从过去以部门、研究室为单位进行管理的形式转型为以研究小组为中心进行管理，提高了科研机构的生产力和竞争力

资料来源：金圭洙，李民衡. 2007. 韩国政府研究机构的课题管理制度. 国外社会科学，(3)：105，106

中央政府资助科研机构的研发经费绝大部分来自政府，民间投入及其他收入仅占4%~5%[①]。政府投入包括预算直接拨款、研究项目经费资助等。政府预算直接拨款是拨付给中央政府资助科研机构维持机构正常运转的政府资助金，包括经常性开支和基础研究费。基础研究费的拨款原则如下：向从事公共领域研究开发倾斜，削减有可能与民间研究机构形成竞争的领域的研究。政府资助金的申请程序如下：每年由企划财政部将《预算编制指南》（科学技术领域研究会的《预算编制指南》由国家科学技术委员会制定）经研究会主管政府部门、研究会层层下发给中央政府资助科研机构，中央政府资助科研机构根据《预算编制指南》制定并向研究会提交预算案，经研究会下属的规划与评估委员会审议后，各研究会理事会将所属机构预算案汇总后提交给主管部门，形成部门预算案后提交给企划财政部审议，政府预算案经韩国国会审议并同意拨款后，再由主管部门、研究会层层下拨给中央政府资助科研机构[②]。另一部分为项目研究开发资金，由政府有关部门随研究课题拨出，相当于竞争性经费。韩国多数中央部委均有国家研究开发项目，并设立了隶属于本部门的基金会，以便于部门研究项目经费的拨付、管理及研发项目的评估。例如，原科技部通过韩国科学与工程基金会、原教育部通过韩国研究基金会为研发项目提供资助[③]。

如前所述，中央政府资助科研机构研究经费的配置基于项目的管理制度，其核心

---

① 王超. 2004. 韩国政府科研机构分配制度. 全球科技经济瞭望，(10)：12-14.
② Korea Research Council of Fundamental Science & Technology. 2011. Budget. http://eng.krcf.re.kr/site/english/sub.do?Key=2106 [2011-08-16].
③ 2009年7月，韩国科学与工程基金会（KOSEF）、韩国研究基金会（KRF）和韩国国际科技合作基金会（KICOS）合并组成韩国国家研究基金会（NRF），首任主席 Chan-Mo Park 教授为韩国总统的科学顾问。韩国国家研究基金会2009年度的经费预算达到26亿美元，在促进韩国科学研究中发挥着举足轻重的作用。

是研发活动与预算相结合,韩国教育科学技术部等政府主管部门根据研发课题的总成本支付研究经费,与以前实行的以人员规模为标准提供经费的形式不同,因此在研究经费的成本结构与核算等方面出现了很多变化。如总成本按直接费用和间接费用来区分。人员劳务费也分为内部劳务费和外部劳务费,正式职工使用内部劳务费,临时工或外单位人员使用外部劳务费核算。过去,间接费用中的管理费占总研究经费的3%～5%;引进基于项目的管理制度后,管理费占内外部劳务费总额的10%～15%,与劳务费一同核算[1]。

此外,科研机构的日常管理经费与课题相联系,在课题竞争中失败的科研机构将无法得到足够的管理经费。而在此之前,政府拨款并不依据中央政府资助科研机构的成果或绩效,而是根据政府认可的人员规模来决定,因此这种拨款方式导致科研人员的工作态度过于懈怠,管理效率低下。而引入基于项目的管理制度后,由于预算结构的变化,政府拨款也相应地减少,科研机构及研究人员便产生了危机感。如果不能参加课题,研究人员的劳务费会有所减少,科研机构也要面对管理费不足的状况。这也使得机构管理的自律性及有效性得以逐步提高,确保了执行课题的自由度和研发项目管理的透明性,韩国采用基于项目的管理制度取得了预期的效果[1]。

当然,在实施基于项目的管理制度后也出现了一些问题。首先,由于该制度的引进,竞争性的研究项目比重明显增加,迫使研究人员的研究焦点从自由探索的基础研究项目转移到以任务为导向的短期竞争性项目,对科研机构长期稳定地推动基础研究造成不利的影响;其次,尽管聘用更多的临时合同人员为中央政府资助科研机构带来了管理上的灵活性,但也降低了其被研究人员当做职业最终归属地的吸引力;最后,科研机构的劳务费依赖竞争项目的比重逐渐提高,从而增加了科研机构管理预算的压力[1]。

3)科技评价

韩国自1991年开始对国立科研机构进行评价。1992～1995年,对国立科研机构进行年度评价,并对研究所进行排序,排名靠前的科研机构可以获得奖励。从1996年开始,对评价制度进行了调整,实行三个层面的评价。第一层面是研究所的年度自我评价;第二层面是由韩国科技主管部门对国立科研机构的年度评价;第三层面是三年一次的由科技主管部门负责的对国立科研机构的战略评价。1999年,韩国对国立科研机构的管理体制进行重大改革,成立了研究会,对国立科研机构实行了新的管理系统,其评价主要包括国立科研机构的年度自我评价和各部或研究会对国立科研机构的评价,

---

[1] 金圭洙,李民衡.2007.韩国政府研究机构的课题管理制度.国外社会科学,(3):105,106;OECD.2009. OECD Reviews of Innovation Policy Korea 2009:OECD Publishing.

评价结果影响科研机构预算和人员工资等方面的调整。

以 2003 年为例，教育主管部门对国立科研机构评价的准则包括使命和战略、管理、研发等三个方面。使命和战略是对科研机构的目标和战略进行评价，包括目标和计划中战略的合理性，根据以往评价结果所作的改进。管理评价包括财政和预算管理、知识和信息评价及组织文化的评价。研发评价包括项目绩效及效果的评价，其中，项目绩效包括战略性项目产出的质量和对研究所的贡献，效果主要是科研成果转移转化效益及对科学和经济的贡献[①]。

在研究会及其下属科研机构的评估方面，主管部门长官负责评估研究会的方向和科研机构的管理，向企划财政部和国会提交评价结果。韩国的各研究会主要依据《政府资助科研机构设立、运营及促进法案》对下属科研机构的研究和管理绩效进行评价。评价的内容包括研究结果优秀性及应用程度；研究领域专业化程度；经营目标完成情况；研究业绩评价体系客观性及公正性程度；组织及人事管理的合理性；年薪制度、成果报酬体系运营状态；产学研合作研究利用情况等[②]。评价结果呈报主管部门长官和企划财政部，并向国会提交评估报告。在对科研机构的监督管理方面，企划财政部每财政年度均对下属科研机构的预算分配进行评估，主要评价资源利用的效率、资金流向的合理性[③]。这些评价结果将影响科研机构的研究经费分配、是否被解散及科研机构的人事任免等。

---

① 朱雪飞，曾乐民，卢进. 2006. 韩国科技评估现状分析及借鉴. 科技管理研究，(2)：45-51.
② 张强. 2004. 韩国科技计划评价体系和制度. 全球科技经济瞭望，(4)：10-12.
③ 王志刚. 2001. 韩国政府科技经费的分类、管理、决策机制. 全球科技经济瞭望，(3)：24, 25.

10.2　韩国科学技术研究院

> ▶ 隶属于韩国教育科学技术部的基础科学技术研究会,主要承担国家大型、长期、跨学科研发项目。
> ▶ 截至2012年,共有员工714人,其中包括497名研究人员,另有1200多名临时人员。
> ▶ 2012年,经费预算为2833.61亿韩元(约合2.4亿美元),政府资助占56.74%,外争经费占43.26%。
> ▶ 在中国科学院管理创新与评估研究中心对86个国际国立科研机构的学术影响力排名中,韩国科学技术研究院的工程学排名第十八。

韩国科学技术研究院(Korea Institute of Science and Technology,KIST)始建于1966年,是韩国政府支持的最大综合性科研机构。1981年韩国科学技术研究院与理工类教育机构——韩国高等技术研究院合并,成立了韩国科学技术院,1989年教育与研究机构分离,韩国科学技术研究院重新设立。该院主要承担国家大型、长期、跨学科研发项目,其中包括基础及应用科学研究和原创技术开发,也接受企业委托研究。韩国科学技术研究院在江原道江陵市建有江陵分院,主要从事天然植物和环境科学的研究;2008年在全罗北道完州郡建立全北分院,主要从事复合材料产业开发①。

10.2.1　人力资源和经费状况

截至2012年,韩国科学技术研究院共有员工714人,其中包括497名研究人员、37名工程师、104名技术人员及76名管理人员。另有1200多名临时人员,包括访问学者、研究生、实习生及外国研究人员等(图10-15)②。韩国科学技术研究院在从事研究开发的同时,还与韩国高丽大学、延世大学、汉阳大学等九所高校联合办学,向在校生提供实习、实践机会,指导学生开展研究和撰写论文③,截至2012年2月,韩国

---

① KIST. KIST Branches. http://www.kist.re.kr/en/ki/kb.jsp [2012-06-16].
② KIST. 2012. 인원 및 예산현황. http://www.kist.re.kr/ki/ma.jsp [2012-06-18].
③ KIST. 2007. Brochure. http://www.kist.re.kr/en/cy/cms/KIST20070905.pdf [2011-08-28].

科学技术研究院共培养硕士生 1542 人、博士生 393 人[①]。

韩国科学技术研究院近年的经费情况如表 10-4 所示。2012 年，该院经费预算为 2833.61 亿韩元（约合 2.4 亿美元[②]），主要来自政府资助金和外争经费。政府资助金包括事业费、设备费、人员工资、基本业务费等；外争经费包括其争取的国家研发项目经费、接受政府委托项目所得的委托研究经费、企业的委托研究经费、为企业提供技术服务所获经费、成果有偿转让所得收益等。韩国科学技术研究院自身创收的能力比较强。2000 年以前，其经费总额的 83% 来自政府资助金；2003~2007 年，其外争经费达到 50% 以上，超过政府资助金所占的比重[③]；2012 年外争经费为 1225.7 亿韩元，占比略有下降，但仍约为 45%。

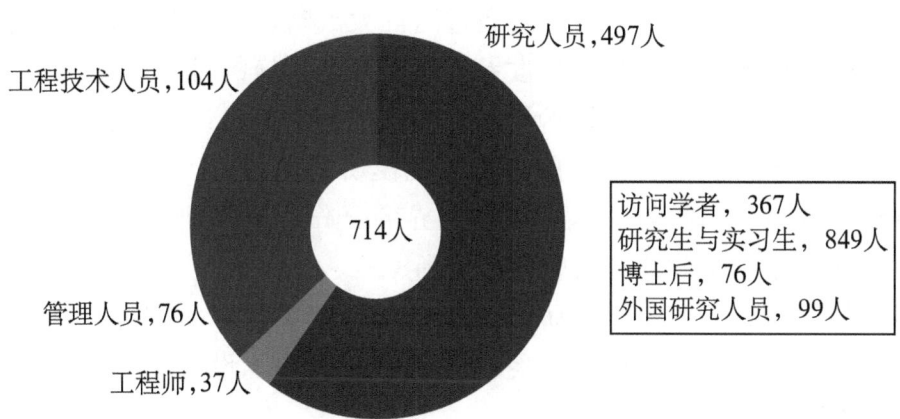

图 10-15　韩国科学技术研究院人员情况（截至 2012 年）
资料来源：KIST. 2012. 인원및예산현황. http://www.kist.re.kr/ki/ma.jsp

表 10-4　2006~2012 年韩国科学技术研究院的经费概况　　（单位：亿韩元）

年份	政府资助金				外争经费		总计
	基本业务费	一般性费用	设备费	其他	政府项目研究	企业项目研究	
2006	614.87	64.05	151.76	136.42	677.62	77.00	1721.72
2007	626.79	98.14	133.32	65.24	701.76	101.33	1726.58
2008	366.39	126.46	214.07	78.50	743.32	102.18	1900.92
2009	669.91	201.22	319.00	68.41	893.87	116.82	2269.23
2010	683.81	381.78	384.06	—	1019.78	178.03	2647.46
2011	784.51	489.05	311.06	—	1085.40	199.23	2869.25
2012	769.45	448.28	390.18	—	1015.54	210.16	2833.61

资料来源：KIST. 2012. 인원 및 예산현황. http://www.kist.re.kr/ki/ma.jsp

---

① KIST. 2012. 석박사과정. http://www.kist.re.kr/ki/ms.jsp [2012-06-18].
② 根据 2012 年 6 月 21 日汇率换算——美元：韩元=1：1180.1。
③ 中国科学院国家科学图书馆. 2007. 国际科研机构发展态势分析（内部报告）.

10.2.2 战略定位和重点领域

成立40余年来，韩国科学技术研究院作为韩国科学技术的引领机构，在韩国的国家创新体系中发挥着重要的作用。这些作用包括成为国家研发系统的基础；形成以基金为基础的创新研发模式；变革国家教育系统中的研究模式；挑战前沿技术和新兴技术等。它的基本目标是引领韩国科学技术发展，研究和发展原创技术并把研究结果传播到社会的各个地方。

韩国科学技术研究院确立了三大战略，即选择和集聚面向核心和基础研究领域新兴技术的研究资源、构建国家研发体系的研究枢纽（research hub）及采取严格、可靠的开放式管理等。韩国科学技术研究院通过这三大战略，朝向提升机构的核心竞争力、建立符合国际标准的研究机构及打造世界级研发基础设施的目标发展。

为实现三大战略，韩国科学技术研究院采取的具体措施包括培育世界级卓越中心、促进交叉与融合的学科研究、关注前沿与大规模研发项目、创建国际化研发网络、加强研发基础设施建设、加强与学术界和产业界的合作、改进研究环境与支撑条件、主要以激励的方式及基于绩效的方式管理研究所[①]。

韩国科学技术研究院的主要科研部门包括未来汇聚技术研究部、国家议程研究中心、脑科学研究所和生物医学研究所等，各研究部门均下设若干研究中心，从事不同方向的研究工作，如表10-5所示。

表10-5　韩国科学技术研究院主要研究方向

科研部门	研究中心	主要研究方向
未来汇聚技术研究部	自旋电子学研究中心	自旋场效应晶体管器件技术、自旋记忆体装置技术、自旋相对通信设备技术
	纳米材料研究中心	0维-1维混合纳米结构发展、纳米粉体的综合和应用、电介质陶瓷材料发展
	纳米光子学研究中心	纳米光子学研究、低维半导体纳米结构的合成和设备的应用、光纤及其应用
	界面工程研究中心	能源和环境使用的结构材料、减少贵金属使用的技术、耐高温材料
	高温能源材料研究中心	SOFC堆栈组件、氢能源材料、节能钢铁材料
	纳米杂化研究中心	纳米材料的发展、材料加工和制造技术、电子产品先进材料、信息技术产业材料、环保产业材料、碳材料及其应用的发展
	电子材料研究中心	泛传感器网络能量捕获、下一代半导体材料与器件、纳米光学材料和应用、压电式和嵌入式电介质材料和设备、轻元素基薄膜和应用、热电和红外传感器材料
	成像介质研究中心	移动增强现实技术、基于UPnP的机器人中间设备、多聚焦三维显示系统、电磁波成像、虚拟机技术
	生物分子功能研究中心	代谢、蛋白质组/信号、药理学/毒理学、生物活性分子筛选、药物设计和合成、化学生物学
	计算科学研究中心	高性能计算和生物模拟、表面与界面现象研究、新材料设计研究

---

① KIST. Mission/Vision. http://www.kist.re.kr/en/ki/vi.jsp [2011-08-14].

续表

科研部门	研究中心	主要研究方向
国家议程研究中心	燃料电池研究中心	高温燃料电池、低温燃料电池、氢能生产与储存
	太阳电池研究中心	染料敏化太阳电池、有机聚合物太阳电池、CIGS薄膜太阳电池、薄膜硅太阳电池
	能源存储研究中心	二次电池和电容、表面化学工艺
	清洁能源研究中心	制氢技术、生物燃料和清洁燃料生产技术、环境友好的工艺开发
	水研究中心	替代水资源和水环境治理、低碳水环境技术、跨学科的水环境技术
	环境传感器系统研究中心	环境传感器/催化研究、传感器系统研究、综合风险评估研究
	能源机械研究中心	微功率包装技术、能量转换系统的智能传感器
	交互和机器人研究中心	人与机器人共存、共存交互及接口、空间交互、自然交互及接口、人与计算机及人与机器人交互技术、基于网络的人形机器人、仿生智能控制、传感器融合学习和智能技术
脑科学研究所	神经科学中心	神经意识和认知的机制、分子/细胞认知功能机制、大脑信号处理和分析方式研究等
	功能连接组学中心	鼠模型、脑电路测绘、突触传递的分子机制
	神经医学中心	铅化合物在动物模型中的疗效评价、神经成像探针诊断脑部疾病的发展、in silico药物设计和实验发展、铅化合物的临床前评估
生物医学研究所	生物微系统中心	神经工程学、纳米生物传感器、微流体芯片、生物机器人、纳米机械电子学
	仿生学中心	生物神经界面系统、人工呼吸器康复系统、生物认知康复系统
	生物材料中心	个性化（定制）治疗定量纳米诊断技术、组织再生研究、生物相容性功能生物材料、新药物合成和药物输送系统、高科技分析用仿生技术
	成像与治疗（theragnosis）中心	分子成像、给药、生物芯片技术和生物分析、使用X射线晶体学和电子显微镜的结构生物学、蛋白质组学、细胞-ECM识别和信号转导

资料来源：根据KIST网站资料综合整理

10.2.3 组织架构和管理模式

韩国科学技术研究院的归口管理机构是韩国教育科学技术部的基础科学技术研究会，韩国科学技术研究院组织结构如图10-16所示。

韩国科学技术研究院还设有江陵分院（Gangneung branch）、全北分院（Jeonbuk branch）和韩国科学技术研究院欧洲分部（KIST Europe）。其中江陵分院在实施韩国培育区域科技创新能力的政策中发挥引导作用，它通过支持在江原地区产生尖端、专门的产业所需的核心技术为地方经济贡献力量[①]。

韩国科学技术研究院下设技术转移部，专门负责技术开发、技术转移和产业化方面的工作。其主要职能如下：负责有前景的技术的挖掘和转移，提供与技术转移和产

---

① KIST. KIST brochure. http：//www.kist.re.kr/en/cy/cms/KIST20070905.pdf［2011-08-19］.

世界主要国立科研机构概况

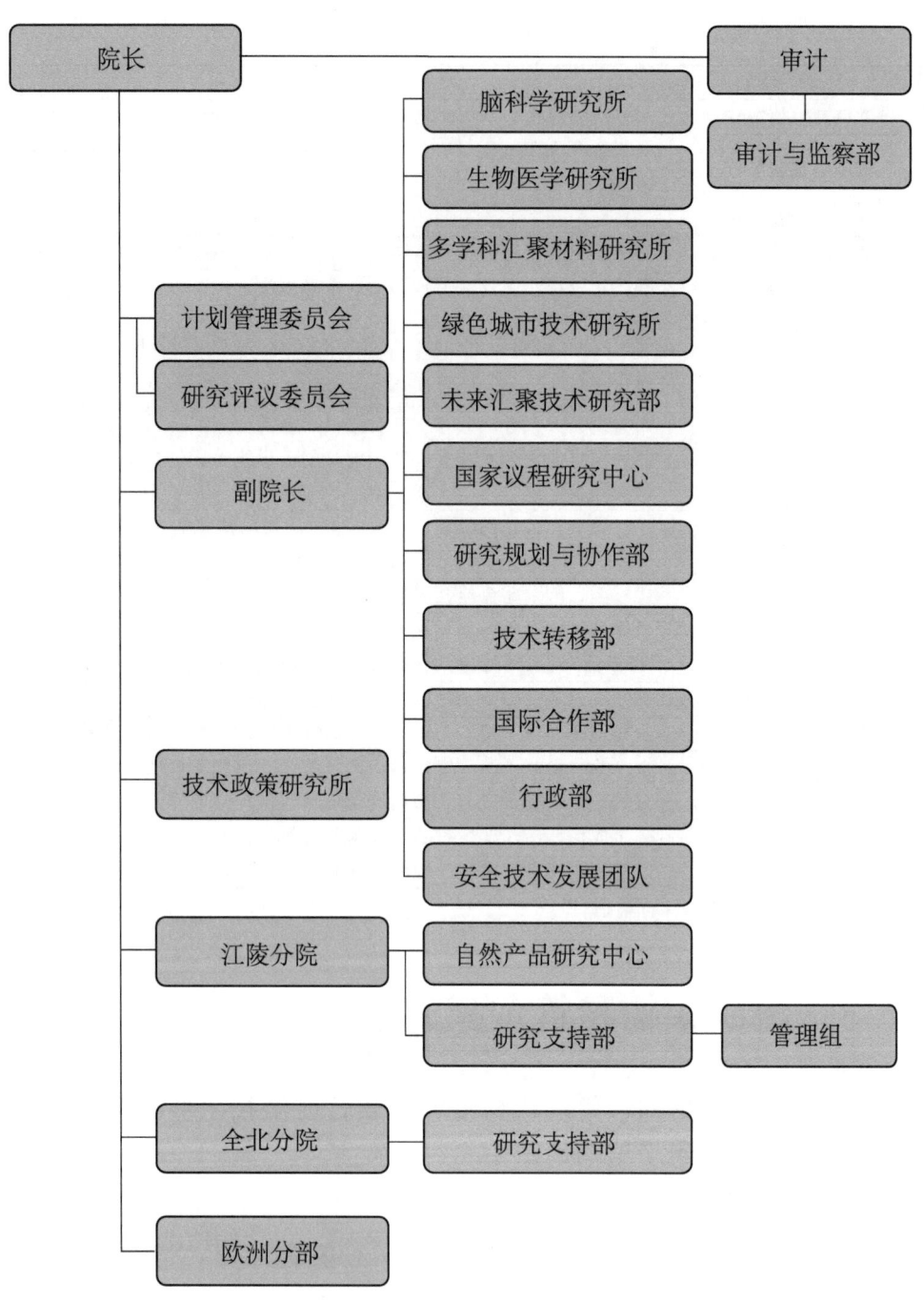

图 10-16　韩国科学技术研究院组织结构图
资料来源：KIST. Organization. http://www.kist.re.kr/en/ki/or.jsp

业化相关的服务，以及根据技术需求者的需求进行合适的技术转移与产业化[①]。

韩国科学技术研究院成立了研究成果管理与综合体系及由课题成果管理系统、知

[①] 韩国科技创新态势分析报告课题组．2011．韩国科技创新态势分析报告．北京：科学出版社．

识管理系统和电子图书馆三个子系统组成的技术成果综合系统,以促进成果转移的有效管理,根据各项研究工作开发活动的具体情况,实现研究成果跟踪管理系统化。2002~2008年,韩国科学技术研究院的技术费收入额的年平均增长率为25.2%,新合同金额年平均增长率为41.2%。以2008年为例,韩国科学技术研究院的技术费收入额为26.47亿韩元,转移技术19件,新合同金额为70.68亿韩元。

在人事管理上,韩国科学技术研究院实行以项目为中心的管理制度,人员收入与项目密切联系。1995年引进基于项目的管理制度之前,韩国科研机构的人员工资52%来自政府拨款,实施该制度之后,2004年人员工资中的政府拨款比重下降到了34%,2008年降为31%,为了给科研人员提供稳定的科研环境,这一比重在2009年提高到50%[1]。

10.2.4　国际科技合作

韩国科学技术研究院已与全球超过80个科研机构签订了合作协议,其中与中国科学院、哈尔滨工业大学、吉林化工研究所、哈尔滨技术研究所、延边科技大学、南京航空航天大学、兰州大学、成都理工大学等14个科研机构和大学建立了合作关系,频繁开展信息交换、人才交流和合作研究等。根据中韩政府科技合作协定,1997年,韩国科学技术研究院与中国北京有色金属研究总院共同建立了中韩新材料合作研究中心[2]。

韩国科学技术研究院在德国萨尔布吕肯市(Saarbrücken)建有欧洲分部(成立于1996年),旨在促进韩国和欧盟国家之间在科技领域的合作。欧洲分部在拓展该院基础与应用研究领域的国际合作方面发挥了非常重要的作用。

韩国科学技术研究院于2001年创立了国际研究开发学院(International R&D Academy,IRDA),作为一个研究生项目,培训外国的科学家和工程人员。该学院为学生提供全额奖学金[3]。

机构网址:http://www.kist.re.kr(韩语);http://www.kist.re.kr/cn(英语)
联系地址:Hwarangno 14-gil 5, Seongbuk-gu, Seoul 136-791, Republic of Korea
电话:+82-2-958-6251
传真:+82-2-958-6259
E-mail:leeyh@kist.re.kr

---

[1] 韩国科技创新态势分析报告课题组.2011.韩国科技创新态势分析报告.北京:科学出版社.
[2] 驻韩国使馆科技处.韩国科研院所改革情况简介.http://www.fzkj.gov.cn/NewsView.aspx?NewsID=8474 [2008-05-16].
[3] KIST. International R&D Academy. http://www.kist.re.kr/en/ic/ms_he.jsp [2011-08-19].

11 印 度

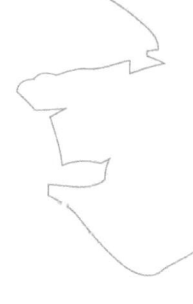

- 印度是发展中的科技大国之一，科技战略目标主要围绕"国家安全体系"和印度"大国形象"展开，政府资助的重点领域包括航天工程、制药、材料、信息技术、生物、地球系统与探测和能源等。近年来，在数学和天文学等某些研究领域已跻身世界前列。

- 2005年，印度研发机构共有员工39.11万，直接从事研发活动的有15.48万人，约占39.58%，其中49%任职于中央政府研究机构，37%任职于企业。

- 2007~2008年度，全国研发经费总额为3777.79亿卢比（约合67.9亿美元），占当年GNP（国民生产总值）的0.88%，中央政府是研发投入的主体，占57.5%，企业投入占30.4%。

- 中央政府的研究机构主要承担基础研究、应用研究和关键技术领域的研究。邦政府的科研机构侧重于开展结合当地资源现状、以解决当地实际问题为主的科技活动，经费主要来自邦政府。高校主要以基础研究为主。企业主要以汽车整车及零部件、软件和制药等试验开发领域的研究为主。

- 国立科研机构的人数最多，经费最充足，在国家科技研发活动中占主导地位。研究人员数量约为5.73万人，占全国研究人员总数的37%。印度科学与工业研究理事会、印度农业研究理事会、国防研究发展组织等12个主要机构的研发经费占中央政府研发总经费的86%。

- 国立科研机构依法独立运作，有关部门需按照法律规定进行协调和指导，不得随意干涉研究机构的正常研究活动。科研机构采取"理事会＋顾问委员会＋绩效评估委员会"的管理机制。

11.1 科技政策与体制概况

11.1.1 科技政策与体制演变

印度自独立以来,历届政府都对科学技术给予了极大重视,先后制定颁布了三份重要的科技政策文件,即 1958 年颁布的《科学政策决议》,1983 年颁布的《技术政策声明》和 2003 年颁布的《新科技政策》。这些具有战略意义的重要科技政策文件是指导印度科技发展的大政方针。《科学政策决议》是印度开始通过立法形式和计划模式推动科技进步的标志,自此逐步形成了立法推动、计划落实和部门执行的科技体系;《技术政策声明》进一步强化了印度对内强调技术的自主开发和对外强调技术引进消化吸收的技术政策目标[1];《新科技政策》则将科学与技术政策合二为一,对印度科技发展做出了全面的指导和规划。虽然印度科技政策几经修订,但是科技在印度的发展过程中一直处于重要地位,历次的科技政策都强调了对人才的培养、对知识的尊重,以及推动科技与经济和社会发展相结合。

1958 年,制定并颁布了《科学政策决议》,强调技术、原材料和资本的有效结合是国家繁荣的关键,创造和应用新的科学技术尤为重要。决议指出了科技政策的目标主要包括以下六个方面。①采用一切合理的手段,促进、鼓励和支持基础科学、应用科学和科学教育等各个领域的科学研究;②保证为国家提供足够的高水平的科学家,并承认他们的工作是民族力量的重要组成部分;③鼓励并迅速制订科技人员的培训计划,以满足国家在科学、教育、工业、农业和国防等领域的需要;④保证鼓励杰出人才创造性,使其有用武之地;⑤鼓励个人在学术自由的环境里,利用首创精神发现、获取和传播科学知识;⑥保证所有公民在科学知识的获取和应用中受益[2]。这一决议确立了印度科学发展的基本原则,并据此规范确立了政府部门的各项管理职能,该决议是形成印度科技体制的纲领性文件。在这一决议的引导下,印度设立了一批高校、科研机构和国家实验室,奠定了印度科技发展的基础[3]。

---

[1] 张义明. 2004. 印度推动科技进步的立法形式和政策机制. 全球科技经济瞭望,(10):25-27.
[2] Department of Science and Technology. 1958. Scientific policy resolution. http://www.dst.gov.in/stsysindia/spr1958.htm [2011-08-16].
[3] Erawatch. 2008. Structure of research system organogram. http://cordis.europa.eu/erawatch/index.cfm?fuseaction=ri.content&topicID=35&countryCode=IN&parentID=34 [2011-08-18];张义明. 2004. 印度推动科技进步的立法形式和政策机制. 全球科技经济瞭望,(10):25-27.

1983年颁布了《技术政策声明》，强调进行技术设备的全面更新，以提高劳动生产率，增强竞争力。其核心思想是技术的国产化和对必须引进的技术的有效消化和吸收，注重环境保护。基本目标如下：①提高技术的竞争力和自主能力，以减少对国外技术的依赖，特别是在战略和关键技术领域，最大限度地利用本国资源；②为社会提供最大限度的就业机会，特别是妇女和弱势群体；③利用传统技术和能力，使其具有商业竞争力；④保证把大众化生产技术与大众化产品相结合；⑤保证用最小的资本投入获得最大的发展；⑥对设备和技术进行现代化改造；⑦发展具有国际竞争力的技术，特别是有出口潜力的技术；⑧通过发挥现有技术能力和提高效率，提高生产能力、产品质量和运行可靠性；⑨减少能源消耗，特别是不可再生能源的消耗；⑩确保环境和谐，保护生态平衡和提高生态质量；⑪废物再利用和副产品的利用①。

1993年，印度科技部根据经济改革开放的需要和工业应用技术落后的状况，制定了《新技术政策》，但并未正式公布。该政策强调加大工农业和基础设施的科技含量，科研与生产相结合，在自力更生的基础上加强国际交流与合作，注重对引进技术的消化、吸收和创新，加速科研成果商品化②。

2003年，印度制定了《新科技政策》，希望进一步加强科学技术在促进社会各行业发展中的作用，为经济发展提供强大支撑。该政策将印度的科学和技术政策合二为一，对印度科技发展做出了全面的指导和规划，明确提出了要振兴印度科技和重建科技体系的政策构想。《新科技政策》对印度科技管理、科技投入、科技人员、科技与教育、科技推广、科技产业化和科学普及等各个方面的方针和政策作了详细的阐述。

2008年，印度科技部起草了《国家创新法案2008》③，用于建设创新体系、修订国家综合科技计划和信息、贸易保密法律等。

11.1.2 科技管理体系

印度独立后，逐渐建立起了一套完整的、中央政府处于主导地位的高度集中式的科技管理体制，形成了以国立科研机构为主、企业研发机构为辅的科技创新体系，以政府投入为主、企业投入为辅的科研投入机制。印度科技体系架构如图11-1所示④，

---

① Department of Science and Technology. 1983. Technology policy statement. http://www.dst.gov.in/stsysindia/sps1983.htm [2011-08-16].
② 张双鼓，薛克翘，张敏秋. 2003. 印度科技与教育发展. 北京：人民教育出版社：44.
③ 印度科技部. 2008. India National Innovation Act. http://www.dst.gov.in/draftinnovationlaw.pdf [2012-06-11].
④ Erawatch. 2008. ERAWATCH research inventory report for: India. http://erawatch.jrc.ec.europa.eu/erawatch/export/sites/default/search/countryprofiles/country_profile_IN.pdf [2011-08-18].

主要由宏观决策和咨询部门、科技管理部门和研发活动执行部门三部分构成。

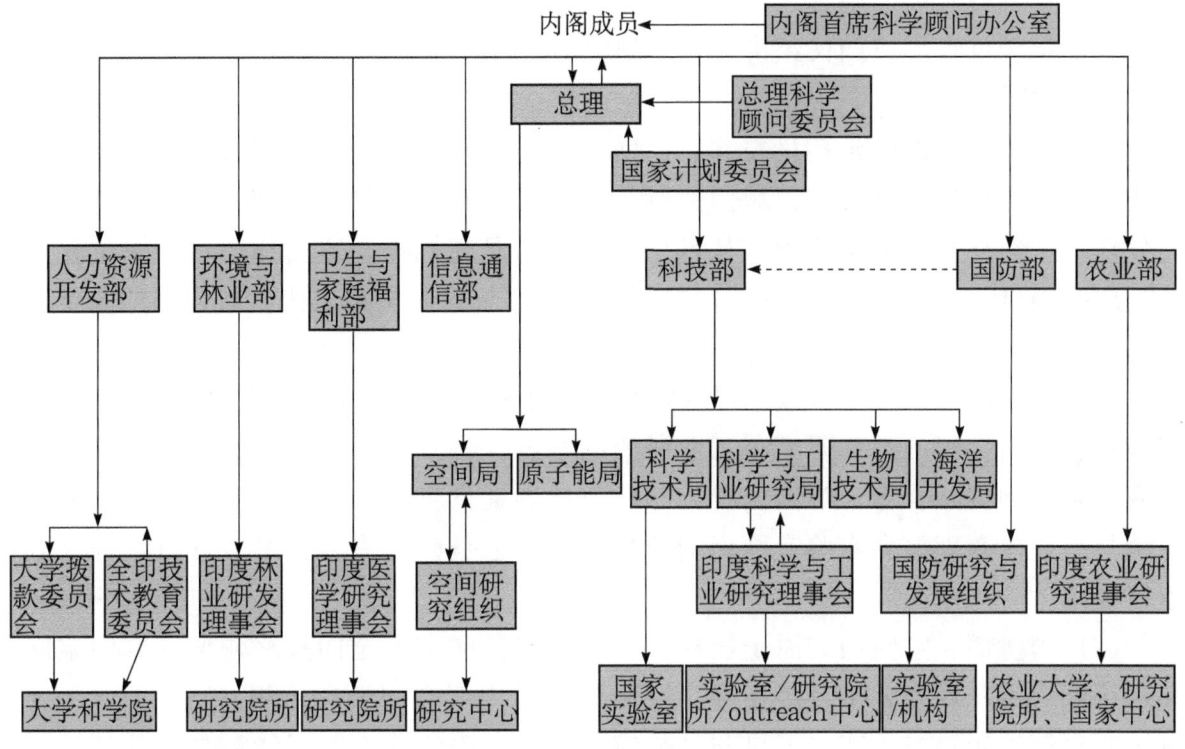

图 11-1　印度科技体系结构

资料来源：Erawatch. National profiles：India-organogram. http://cordis. europa. eu/erawatch/index. cfm? fuseaction= ri. content&topicID=35&parentID=34&countryCode=IN

1）宏观政策和咨询部门

印度宏观决策和咨询部门包括总理办公室、总理科学顾问委员会（Science Advisory Council to the Prime Minister）、内阁首席科学顾问办公室（Office of the Principal Scientific Advisor to the Cabinet）和国家计划委员会。总理办公室负责全国科技工作的总体管理与控制，并直接领导空间局和原子能局两大涉及敏感领域的科技部门。总理科学顾问委员会负责国家科技政策的顶层设计，主要根据国内外重大科学技术的发展向总理内阁提出前瞻性的、长远的战略性政策建议。内阁首席科学顾问办公室的职责是根据总理科学顾问委员会的政策建议提出政府部门和各个行业及领域贯彻落实政策建议的具体方案[①]。总理科学顾问委员会和内阁首席科学顾问办公室还负责协调国防部、空间局和原子能局三个部门的科研工作并提供相关建议[②]。国家计划委员

[①] 常青 . 2006. 印度科学技术概况 . 北京：科学出版社：14，15.

[②] Erawatch. 2008. ERAWATCH research inventory report for：India. http://erawatch. jrc. ec. europa. eu/ erawatch/export/sites/default/search/countryprofiles/country_profile_IN. pdf [2011-08-18].

会负责制定印度科学技术中期发展政策和国民经济发展计划中科学技术发展规划，指派专门负责科技发展的副部长级的委员牵头，邀请科技部门官员和科技界知名人士组成专家委员会负责形成国民经济五年计划中的科技发展计划报告。

2) 科技管理部门

印度科技管理部门包括科技部、国防部、空间局、原子能局等政府各个部委或独立的司局，各自负责对相应领域内的科技发展制定部门政策和实施计划。此外，它们还分别负责领导和管理相关领域从事公共科研的研究机构。这些部门均由一位秘书长（或总主任）代表相关部委的部长、国务部长或部长代表主持工作，其领导的委员会负责制定相关领域的科学政策和计划，并向总理负责[1]。

(1) 科技部下设的科学技术局和科学与工业研究局两个重要部门管理着45个国家实验室和面向全国的基础研究与工业研究的基金。科技部通过科学技术局负责协调政府内部合作和国际合作，为国内机构和研究计划提供资金。科学与工业研究局是印度科学与工业研究理事会实验室网络的机构总部，也是政府许多技术转移方案与计划的枢纽部门。

(2) 国防部、空间局和原子能局三个部门涉及国家安全的战略领域，其中空间局和原子能局由总理办公室直接领导。空间局下设印度空间研究组织（ISRO），主要负责运载火箭的研制与生产、卫星与其他航天器等方面工作。原子能局是核武器研制与生产的主管部门，在负责有关核武器发展方面的政策研究的同时，还指导、管理与核武器发展相关的基础研究与应用研究工作[2]。国防部下设的国防研究与发展组织（DRDO）负责整个国防科研的组织与实施工作。

(3) 农业部下设的印度农业研究理事会（ICAR）负责发展、促进和协调农业、林业、畜牧和水产养殖等领域的全国科研计划和教育项目。印度政府的许多研究和开发机构通常也涉及农业、畜牧业、灌溉和公共卫生等领域的工作。

(4) 人力资源开发部（MHRD）下设大学拨款委员会（UGC）和全印技术教育委员会（AICTE），负责全国的教育与培训工作[3]。其中，大学拨款委员会主要负责高等教育，负责管辖360多所大学；全印技术教育委员会主要负责技术、职业教育与培训。医学研究理事会与大学拨款委员会一起负责医学教育。

3) 研发活动执行部门

印度研发活动执行部门包括隶属于中央政府各部门的科研机构、隶属于邦政府的

---

[1] 邱举良. 2008. 透视印度科技研发现状. 科学新闻，(14)：25，26.

[2] Department of Atomic Energy. 2008. DAE organization chart. http://www.dae.gov.in/sectt/daeorg/images1/daeorg.htm [2012-06-07].

[3] 安双红. 2010. 印度科技人才的培养机制探析. 比较教育研究，(25)：57.

科研机构、高校和企业研发机构。截至2010年6月，印度共有研发机构4288家，其中，中央政府所属科研机构为611家，邦政府所属科研机构为918家，分别占总数的14.2%和21.4%[①]。中央政府所属科研机构是国家创新体系的主体。这些科研机构的人数和经费最多，主要承担基础研究、应用研究和关键技术领域的研究。邦政府所属科研机构侧重于开展结合当地资源现状、以解决当地实际问题为主的科技活动，如农业相关技术的研究工作等，经费主要来自邦政府。高校主要以基础研究为主。企业主要以汽车整车及零部件、软件和制药等试验开发领域为主。

11.1.3 科技投入

11.1.3.1 人力资源

印度的研发人员总量较少，主要分布在国立科研机构和企业（图11-2）。截至2005年4月1日，印度研发人员全时当量总数为39.11万人·年，其中研究人员为15.48万人·年，占总数的39.58%；技术人员为10.58万人·年，占27.05%；支撑人员为13.05万人·年，占33.37%。其中，国立科研机构人数最多，研发人员有28.18万人·年，占研发人员总数的72%，研究人员有7.54万人·年，占研究人员总数的49%。企业研发人员数量居次，为8.72万人·年，占总数的22%，其中研究人员为5.74万人·年，占研究人员总数的37%。

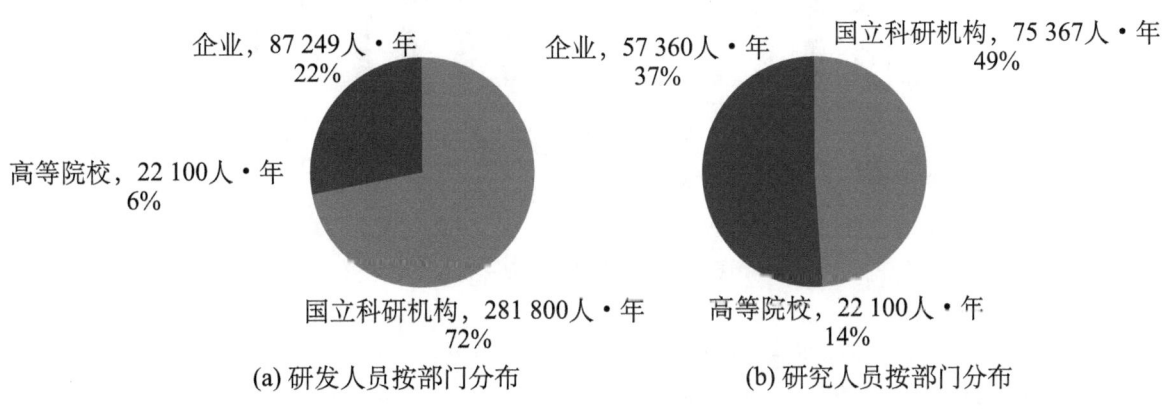

图11-2　2005年印度科研人力资源配置图

资料来源：Department of Science and Technology. Research and development statistics 2007-08. http://www.nstmis-dst.org/rdeng.pdf

---

① NSTMIS. 2010. Directory of R&D Institutions 2010. http://www.nstmis-dst.org/DST%20Directory%20Link%20file.pdf ［2012-06-07］.

印度研究人员中受过高等教育的有11.62万人·年，占研究人员总数的75.06%，其中，博士学位人员占总数的17.56%，硕士学位人员占38.19%，大部分拥有博士学位（76.61%）和硕士学位（54.98%）的研究人员就业于国立科研机构和高校。从研究人员的专业领域分布来看，工程技术领域研究人员数量占比最高，达47.59%；其次是自然科学领域，占29.79%；第三是农业科学领域，占12.07%；其后分别是医学领域和社会科学领域，分别占8.15%和2.41%[1]。

11.1.3.2 科技经费

近20年来，印度的科研经费持续增长，但其投入总量和投入强度仍然偏低。2007~2008年度，印度国内研发经费总额为3777.79亿卢比（约合67.9亿美元[2]），占当年GNP的0.88%（图11-3）[1]。

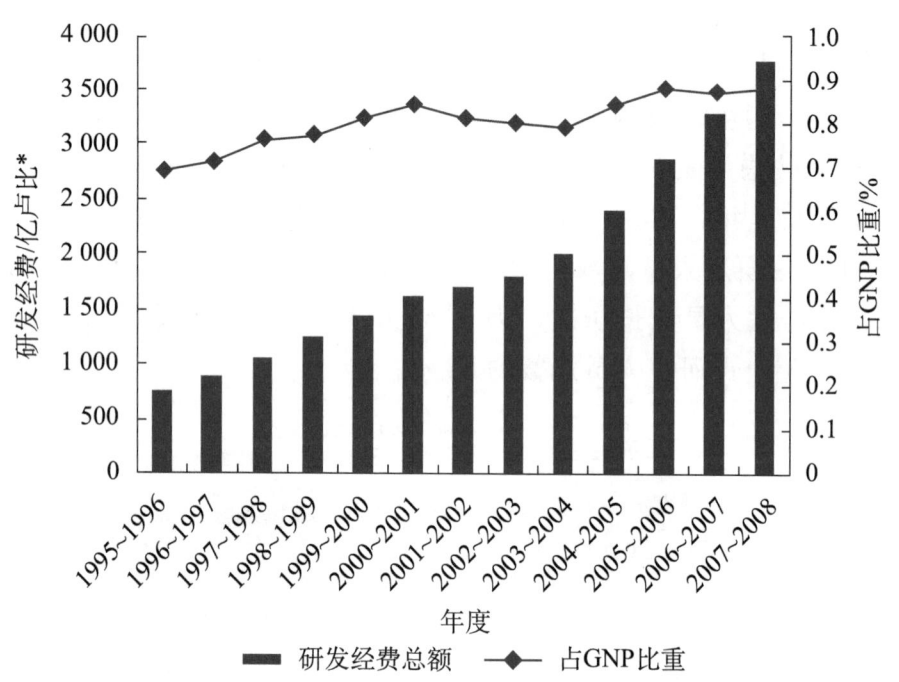

图11-3　印度全国研发经费总额及占GNP比重的变化趋势

* 2006~2007和2007~2008年度数据为估算值，研发经费按现值卢比计

资料来源：Department of Science and Technology. 2008. Research and development statistics at a glance 2007-08. http://www.nstmis-dst.org/rdeng.pdf

印度研发经费主要来自中央政府、邦政府和私营企业（图11-4）。与发达国家的

---

① Department of Science and Technology. 2008. Research and development statistics at a glance 2007-08. http://www.nstmis-dst.org/rdeng.pdf [2012-06-07].

② 根据2012年6月21日汇率换算——美元：卢比＝1∶55.64。

企业部门研发投入通常占到研发经费总额的一半以上不同,印度政府部门是研发投入的主体,但其在研发经费总额中所占比重正在减少。中央政府2007～2008年度投入2220.48亿卢比,占研发经费总额的比重从1970～1971年度的80%以上降至2007～2008年度的60%左右。印度政府2007～2008年度投入271.92亿卢比,占总经费的7%左右。私营企业研发投入呈逐年上升趋势,从20世纪70年代的1.46亿卢比上升到2007～2008年度的1119.29亿卢比,占印度研发经费总额的比重也从10%上升到30%。印度政府2003年公布的《新科技政策》对此起到了很大的推动作用,政策文件中强调了企业界需要向研发进行更多的投资,以期在全球化浪潮中更具有竞争力。

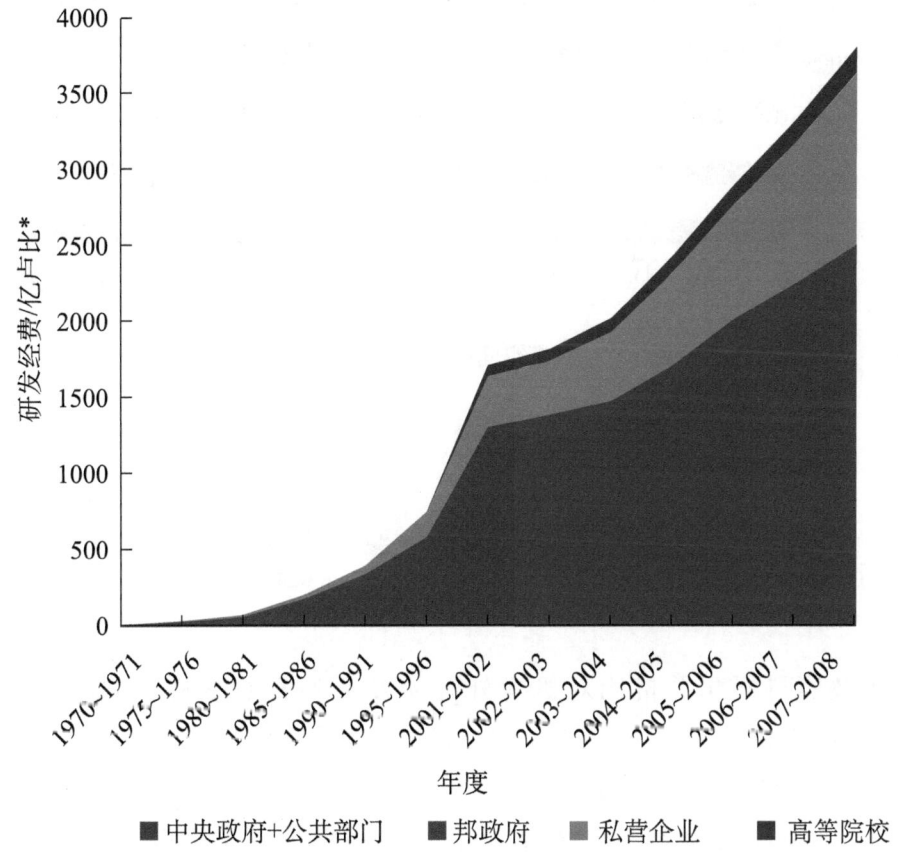

图 11-4　印度各研发经费投入部门的发展趋势
* 2006～2007 和 2007～2008 年度数据为估算值,研发经费按现值卢比计
资料来源：Department of Science and Technology. Research and development statistics 2007-08. http://www.nstmis-dst.org/rdeng.pdf

印度中央政府研发投入主要集中在关乎国家安全和提升其大国形象的领域,

其他领域得到政府的支持仍然有限。印度中央政府主要通过12个科研相关机构①开展研发活动和研发资助,这12个机构的研发经费之和占中央政府投入总额的86%和全国研发经费总额的53.3%②。长期以来,中央政府研发投入的60%左右集中在国防、空间、核技术三个战略性领域,其次是农业,以提高作物产量,解决印度的粮食问题。作为印度最大的综合性研究机构,印度科学与工业研究理事会能够获得近10%的中央政府研发经费投入(图11-5)。

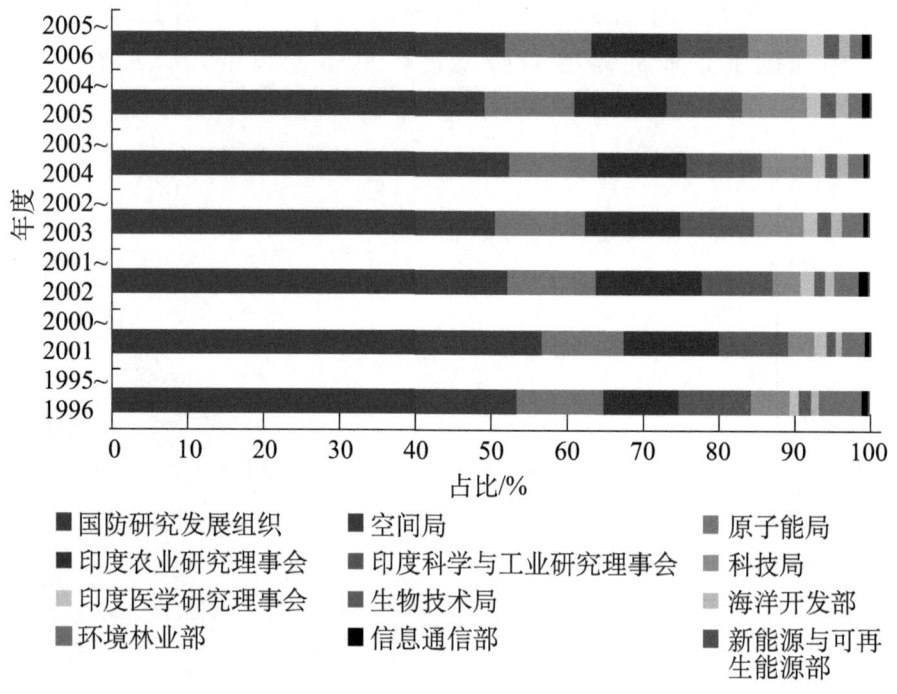

图11-5 印度中央政府主要科研相关机构研发经费投入情况

资料来源:Department of Science and Technology. 2009. Research and development statistics 2007-08. http://www.nstmis-dst.org/rdeng.pdf

印度中央政府科研相关机构对机构外部研发活动日益重视,支持力度不断加大。2002~2003年度到2005~2006年度,对外部研发活动资助额从44.87亿卢比增加到116.38亿卢比,占这些机构资助总额的比重从4.42%提高到8.12%,资助外部研发项目数量从2718项增加到3569项。科技局、信息通信部、生物技术局是对外部研发活动支持力度最大的三个机构,2005~2006年度的资助额占12个机构对外资助总额的80%。其中,对外部研发活动资助经费和资助项目最多的是科技局,资助额达57.21

---

① 这12个机构是国防研究发展组织、空间局、原子能局、印度农业研究理事会、印度科学与工业研究理事会、科技局、印度医学研究理事会、生物技术局、海洋开发部、环境林业部、信息通信部及新能源与可再生能源部。

② Department of Science and Technology. 2009. Research and development statistics 2007-08. http://www.nstmis-dst.org/rdeng.pdf [2012-06-07].

亿卢比，资助项目数达 1297 项（图 11-6）。

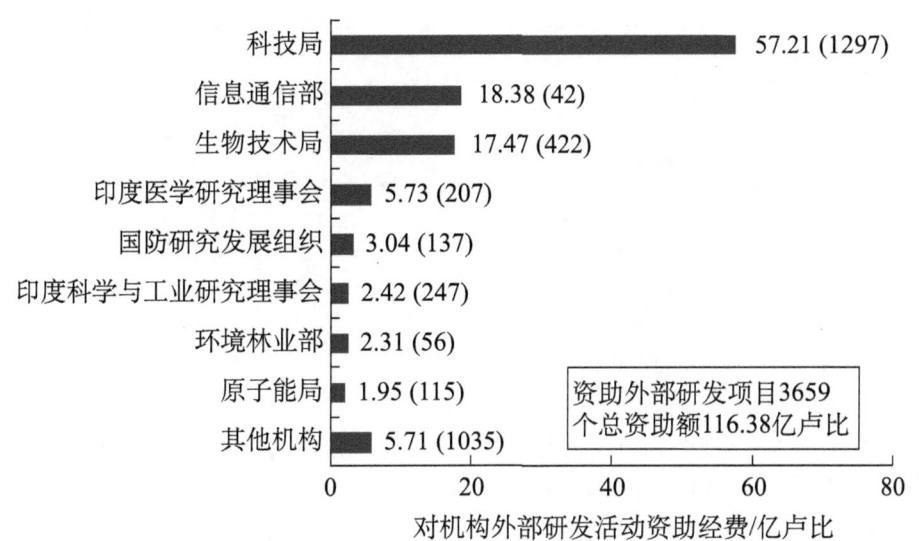

图 11-6　印度中央政府主要的科研相关机构对外部研发活动支持情况
注：括号内数据为各机构资助外部研发项目数量
资料来源：Department of Science and Technology. 2009. Research and development statistics 2007-08. http：//www.nstmis-dst.org/rdeng.pdf

11.1.4　科技计划

2010 年 9 月，印度科技部发布了由总理签署的《科技愿景 2020》报告。报告建议：通过加大科技投入、加强基础研究、扩大教育基础、增强科技基础设施、建立卓越研究中心、培育创新文化、营造有利于青年人才创造力发挥的环境等措施，使印度在 2020 年成为知识型社会与全球科技领导者。报告呼吁将政府研发投入占 GNP 的比重从目前的 0.9% 提高到 2020 年的 2.5%[①]。

2010 年 12 月，印度科技部公布了《2010—2015 战略规划》，提出在 2010～2015 年将完成的主要任务包括资助研发活动，制定政策与提供咨询，强化研究人力资源建设，加强研发基础设施建设及产学研合作，支持太阳能、新医药、基因组等领域的高技术开发，加强科技的社会应用，加强国际科技合作，建立跨部门的国内科技合作平台等。规划确立今后五年的战略目标如表 11-1[②] 所示。

---

① Scientific Advisory Council to the Prime Minister. 2010. India as a global leader in science. http：//resourcecentre.daiict.ac.in/eresources/iresources/reports/science_vision_10.pdf [2012-06-07].
② Department of Science and Technology. 2010. Strategic plan of Department of Science and Technology （2010-15）. http：//dst.gov.in [2012-06-07].

表 11-1 《2010—2015 战略规划》提出的战略目标

序号	2010～2015 年战略目标
1	按照全球发展趋势提高科技支出，将工业、农业和制造业领域的私营企业科技投资比重由 25% 提高到 50%
2	将研发支出占 GDP 的比重提高到 2%
3	制定技术研发目标及相应计划
4	提高科研设备的设计与开发能力
5	支持卓越研究中心及优秀学校
6	重视食品与营养安全、费用合理的医疗保健、环境安全、国土安全、可持续供水等方面的基础研究
7	巩固战略性与非战略性行业研发成果的效益
8	建立印度科技部门需要的领导制度与人员体系
9	在满足社会需求和追求全球领先之间平衡科研工作
10	通过创新实现高速增长，提高国际竞争力与产业价值
11	制定合理的评价指标体系以评估科技对 GDP 的贡献
12	推进国际科技合作，保障国家发展与安全，改进国际关系
13	保障男女平等，推进妇女参与科技活动
14	强化各邦之间的科技合作
15	鼓励以科技帮助乡村及弱势群体

2010 年 9 月，印度总理批准建立国家创新理事会，该理事会的主要任务是制定"创新十年 2010～2020"路线图，建设国家创新框架，其目的如下：①探索适合印度的创新发展模式以实现包容性增长；②为推动创新政府需要采取的政策措施；③发展和倡导创新精神和方法；④建立适当的生态系统和环境推动包容性创新；⑤探索创新与合作的新战略和选择；⑥探索扩大和持续创新的方法和手段；⑦鼓励官产学研各部门创新；⑧提供公共服务以鼓励创新；⑨鼓励跨学科创新和面向全球竞争力方法的创新；⑩建立邦及部门创新委员会以推动创新战略的实施等[①]。

此外，在印度《国民经济五年计划》中，包括了《科学与技术发展》章节，这部分内容是指导印度研发和确定科技优先领域的重要政策文件，通过《国民经济五年计划》的落实和执行实现其科技政策目标。在制订科技相关五年计划的过程中，计划委员会、内阁首席科学顾问办公室和科技部发挥了重要作用。其他参与制订科技相关五年计划的部门包括农业研究体系的代表、信息通信部、总理科学顾问委员会、印度财政部及印度工业联合会、印度工商联合会的代表[②]。

---

① National Innovation Council. 2010. Decade of innovations：2010-2020 roadmap. http：//iii. gov. in/index. php？option＝com_content&view＝article&id＝90；decade-of-innovations-2010-2020-roadmap&catid＝48；presentations&Itemid＝2 ［2012-06-07］.

② Erawatch. Government policy making and coordination. http：//cordis. europa. eu/erawatch/index. cfm？fuseaction＝ri. content&topicID＝619&parentID＝44&countryCode＝IN ［2012-06-07］.

11.1.5 国际科技合作

印度一直非常重视科学技术和教育的发展，而国际合作是大力提升其教育与科技水平的有效手段之一。印度理工学院的发展就是印度通过国际合作促进科研与教育发展的一个典范。由于自身的科技、教育、人才和经济基础都很落后，印度采取了借助国际组织和先进国家的经验和力量，发展其高等教育。早在1951年创建的第一所印度理工学院卡拉格普尔分校就是以美国麻省理工学院为原型构建起学术、科研和管理制度，随后接受了联合国教科文组织、苏联、德国、美国和英国等国家和机构的技术援助，创办或合作发展了印度理工学院孟买分校、马德拉斯分校、坎普尔分校、德里分校。这些国际合作使得印度理工学院可以利用国外支持实现教学科研设施和设备的现代化、开展科研合作、加强师资队伍和学科建设等，最终使印度理工学院迅速崛起，享誉世界。

印度的国际科技合作类型包括双边合作、地区性合作和多边合作[①]。印度已与73个国家展开了双边科技合作[②]，合作强度较高的国家为俄罗斯、美国、德国、英国和法国等。2010年，印度与29个国家签署了科技合作协议，开展了353个联合研究项目，成立了29个联合工作组，实现419人次学者互访。在合作建立联合研究中心方面，2010年，印度与美国合作成立了清洁能源联合中心，与马普学会合作成立了计算科学联合中心，与英国合作成立了太阳能联合中心，并分别与德国、俄罗斯和法国合作成立了科技中心[③]。地区性合作的对象包括东南亚国家联盟、南亚区域合作联盟和不结盟运动组织等。而多边合作对象主要是联合国教科文组织、联合国开发计划署和第三世界科学院等。

在国际科技交流与合作中，印度强调要符合国家利益和突出本国的优势。与不同国家之间的科技合作各有侧重点，例如，印度与发展中国家尤其是周边国家的合作，侧重于为印度技术寻找市场；与中国在新兴高科技领域的交流与合作，侧重于与中国优势互补；在与俄罗斯和美国的合作中，印度偏重于高科技领域的合作，加强基础设施建设，开发人力资源等。合作项目大部分由科技部科学技术局主导，用于国际合作

---

① Department of Science & Technology Goverment of India. 2009. S&T international cooperation. http://www.stic-dst.org [2012-06-07].

② Department of Science & Technology Goverment of India. 2008. Bilateral programme. http://www.stic-dst.org/bilateral.html [2012-06-07].

③ Department of Science & Technology. Annual report 2010. http://www.dst.gov.in/about_us/ar10-11/default.htm [2012-06-07].

的经费占科学技术局拨款的7%,其中1/3用于与俄罗斯的合作[①]。

11.1.6 创新体系构成：高校与企业

11.1.6.1 高校

截至2009年9月30日,印度共有大学436所,其中中央大学为40所、邦大学为227所、私立大学为18所、准综合性大学为105所,其他类型高等教育机构为46所。高校注册的总人数约为1865万,其中博士生人数为92 211人,理工科硕士人数约为52万人[②]。

印度很多大学接纳本地区规模较小的高等教育机构作为自己的附属学院,由大学制订附属学院的教学计划与教学大纲、指定教科书并组织考试、颁发学位的制度。这类具有附属学院的大学被称为附属型大学,依附在大学的学院则被称为附属学院,形成了独具印度特色的附属制。印度附属型大学容纳了全印约90%的高校在校生,是高等教育的主力军[③]。在印度,大学和附属学院的最大区别是,大学可以对其所附属的学院规定课程、举行考试并授予学位,而附属学院只承担本科生的培养,教学质量由大学来监督,因此一般来说这些学院大多附属某个公立大学。20世纪90年代中期,印度涌现出一批拔尖的附属学院,它们希望自由改变课程或者扩大校园。为此,印度中央政府于1994年颁布规定,允许表现最突出的附属学院升格为准综合大学[④]。

印度的高校以教育工作为主,只有15%的大学和部分附属学院从事科学研究工作。印度大学的科研以基础研究为主,发表的SCI论文数占印度全国总数的50%以上[⑤]。印度高校的研究经费主要来自大学拨款委员会和政府有关部门的对外资助项目。此外,大学拨款委员会在高校中建立了若干卓越中心,以资助特定领域的研究。

---

① 邱举良.2008.透视印度科技研发现状.http://news.sciencenet.cn/html/showxwnews1.aspx? id=209420 [2012-06-07].

② Ministry of Human Resource Development. 2012. Statistics of higher & technical education 2009-10. http://mhrd.gov.in/sites/upload_files/mhrd/files/Abstract2009-10_0.pdf [2012-06-07].

③ 季诚钧.2008.印度大学附属制对我国独立学院的启示.http://www.shifansheng.com/plus/view.php? aid=15586 [2012-06-07].

④ 唐璐.2010.向印度学习.国际先驱导报.http://news.xinhuanet.com/herald/2010-04/01/content13281039.htm [2012-06-07].

⑤ Erawatch. 2008. Research performers. http://cordis.europa.eu/erawatch/index.cfm? fuseaction=ri.content&topicID=66&parentID=65&countryCode=IN [2012-06-07].

11.1.6.2 企业

印度大型企业大多设有独立的研发机构，实行企业自主管理，研究方向按照企业发展战略和市场需求确定。印度政府为了促进企业开展研发，鼓励企业建立研发中心并给予资格认证，依法享受相关优惠政策[①]。此外，印度政府还通过金融和税收优惠等手段对企业研发加以支持。例如，印度工业发展银行设立了风险投资基金，为采用国产技术的新企业承担投资风险和提供资金。印度政府对公共企业和私营企业征收研究开发税，如果企业将其营业收入的2%用于研发，就可以不再缴纳该项税收[②]。印度企业研发工作具有以下几个特点。

（1）总体来看，印度企业部门的研发投入相对不足，只占国家研发总投入的30%。2005~2006年度，印度企业部门研发经费投入占其营业收入的0.55%，其中私营企业和公共企业的这一比重分别为0.66%和0.30%。企业部门研发经费投入最多的是医药业，占企业研发投入总额的37.4%，其次是交通运输业和国防工业，分别占14.7%和6.9%。公共企业研发经费投入更侧重于国家安全，前两位的领域是国防工业和燃料工业，分别占其研发投入总额的38.8%和24.2%；私营企业研发经费投入主要集中在医药业和交通运输业，分别占其投入总额的45.1%和16.7%（图11-7）[③]。

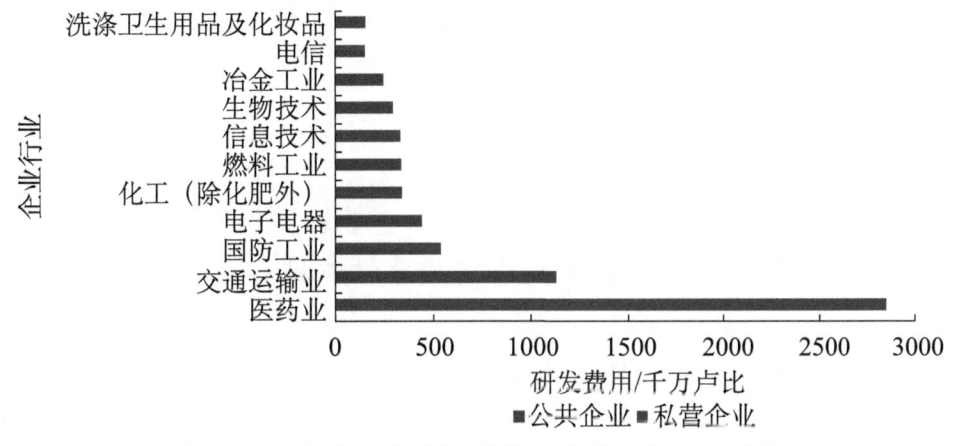

图 11-7　印度企业部门研发经费投入按行业划分

资料来源：Department of Science and Technology. Research and development statistics 2007-08. http://www.nstmis-dst.org/rdeng.pdf

---

[①] 吴峰. 2007. 印度企业创新动力探源. 全球科技经济瞭望，(6)：44-48.
[②] 李大明，尹磊. 2006. 支持自主创新：税收政策之比较——以韩国、印度、新加坡和台湾为例. 涉外税务，(10)：36-40.
[③] Department of Science and Technology. 2008. Research and development statistics 2007-08. http://www.nstmis-dst.org/rdeng.pdf［2011-08-16］.

(2) 印度私营企业研发逐步转向自主创新，但总体规模较小，集中在少数行业。长期以来，印度一直是西方技术的接受者或模仿者。以信息技术产业为例，该产业一直致力于为外国跨国企业提供软件外包服务，却没有形成自主知识产权，没有完整的产业体系和产业链。20 世纪 90 年代，印度经济对外开放之后，面临日益激烈的全球竞争，印度部分领域私营部门的研发开始转向自主创新，但这种创新的总体规模还较小，主要集中在信息、制药及汽车行业[1]。2010 年，印度研发投入排名前 10 位的企业几乎全属于这三个行业（表 11-2）。

表 11-2 2010 年印度研发投入前 10 位企业

排名	企业	行业类别	2010 年研发投入/百万欧元
1	Tata Motors	汽车及零部件	311.92
2	Prithvi Information Solutions	计算机服务	193.14
3	Polaris Software Lab	软件	178.78
4	Bharat Heavy Electricals	工业机器	138.25
5	Mahindra & Mahindra	汽车及零部件	123.24
6	Kpit Cummins Infosystems	计算机服务	110.02
7	Zylog Systems	软件	104.93
8	Dr Reddy's Laboratories	制药	98.66
9	Lupin	制药	88.37
10	Infosys	软件	87.86

资料来源：Joint Research Centre, Research Directorates-General of the European Commission. The 2011 EU R&D investment scoreboard. http：//iri. jrc. ec. europa. eu/research/scoreboard_2011. htm

(3) 印度企业与大学、国立科研机构之间的产学研结合较为薄弱，很少从大学和国立科研机构获得创新的知识来源。印度大学以教学为主，较少从事科学研究，除了为企业提供人才以外，很少与企业合作研究或向企业转让科研成果；而国立科研机构多为国家目标服务，集中在关乎国家安全的战略性领域，与企业研发需求较难形成对接[2]。

(4) 越来越多的跨国企业选择在印度设立研发中心，使得印度成为外商直接研发投资的主要目的地。印度拥有大量的研发人才和低廉的研发成本，加上其在信息技术、医药领域的较强研发实力，以及政府对研发领域的扶持政策和高速增长的经济，使得越来越多的西方跨国企业选择将其研发基地设在印度。全球已有 250 家跨国企业，在印度各地设立了研发中心或实验室，其中大部分是世界五百强企业[3]。2002~2004 年，

---

[1] 黄军英. 2007. 印度科技崛起的原因. http：//theory. people. com. cn/GB/49154/49155/5940183. html [2011-08-16].

[2] 吴峰. 2007. 印度企业创新动力探源. 科技进步与对策，24 (9)：204-206.

[3] Erawatch. 2008. Private research performers. http：//cordis. europa. eu/erawatch/index. cfm? fuseaction = ri. content& topicID=69&parentID=65&countryCode=IN [2012-06-08].

西方跨国公司投资于印度的研发经费增长了 45%，印度已成为继美国和中国之后世界第三大研发投资目的地[①]。

11.1.7 创新体系构成：国立科研机构

11.1.7.1 类型与分布

印度的国立科研机构主要是指隶属于中央政府的科研机构，主要分布在科技部、农业部、国防部、原子能局和空间局等科学技术部门。国立科研机构在印度国家科技体系中占有非常重要的地位，研究人员数量约为 5.73 万人，占全国研究人员总数的 37%，印度科学与工业研究理事会、印度农业研究理事会、国防研究发展组织、印度医学研究理事会等 12 个主要机构的研发经费占中央政府研发总经费的 86%，许多科技政策也是通过这些机构来执行。下面对印度主要的国立科研机构分别进行介绍。

1）科学与工业研究理事会

成立于 1942 年，隶属于印度科技部科学与工业研究局，主席与副主席分别由总理和科技部部长兼任。该理事会是印度最大的研发机构，印度在美国申请的专利（除外企）中有 50%~60% 属于科学与工业研究理事会。2008 年，该理事会拥有大约 1800 项外国专利，约 1500 项本国专利。2007~2008 年度，科学与工业研究理事会有员工 17 391 人，设立 37 个实验室和研究所及 39 个外延中心（outreach centre）[②]。

2）印度农业研究理事会

印度农业研究理事会于 1929 年成立，隶属于农业部，并由农业部部长兼任理事会主席，1965 年和 1973 年进行了两次重组。印度农业研究理事会设有农作物学学部、园艺/林业学学部、自然资源管理学部、动物科学学部、渔业科学学部、社会科学学部，共有 98 个农业研究院/所、52 所邦农业大学、1 所中央农业大学和四所设有农科专业的中央大学[③]。2010 年的预算为 286.5 亿卢比[④]。

3）国防研究与发展组织

国防研究与发展组织成立于 1958 年，隶属于国防部国防研究与发展局，由印度陆军技术开发组织和国防科学机构的技术开发与生产管理局合并而成，最初只有 10 个研

---

① 文富德. 2008. 印度正在成为世界研发中心的原因、影响与启示. 亚太经济，(3)：69-74.
② CSIR. 2008. CSIR brochure. http://www.csir.res.in/External/Heads/aboutcsir/brochure2008.pdf [2012-06-08].
③ ICAR. ICAR at a glance. http://www.icar.org.in/files/ICAT-At-A-Glance-2012-s.pdf [2012-06-08].
④ ICAR. DARE/ICAR annual report 2011-2012. http://www.icar.org.in/files/reports/icar-dare-annual-reports/2011-12/overview-AR-2011-12.pdf [2012-06-09].

究机构。截至2008年年底，该组织已拥有50个研究机构[①]、5000多名科学家和25 000名研发支撑人员[②]。其研究领域包括航空、武器装备、电子、作战车辆、工程系统、仪器仪表、导弹、先进计算技术和仿真、特殊材料、海军舰船、生命科学、训练和信息系统等。

4）印度空间研究组织

印度空间研究组织创建于1972年，是空间局的主要研发机构，主席由空间局局长兼任。其主要目标是发展空间技术及其在国家各种任务中的应用。该组织建成了两大空间系统：一是用于通信、电视广播和气象服务的印度国家卫星系统，二是用于资源监测和管理的印度遥感卫星（IRS）系统。印度空间研究组织也开发出极轨卫星运载火箭（PSLV）和地球同步卫星运载火箭（GSLV）两种卫星运载火箭，用于将印度国家卫星系统和印度遥感卫星系统的卫星送入预定轨道。该组织也在国际市场上提供商业发射服务。

5）印度医学研究理事会

印度医学研究理事会成立于1911年，隶属于卫生部，宗旨是促进、协调医学研究并为其投资，研究重点是传染性疾病、营养、环境和普通医学研究[③]。下设国家营养学研究所、国家病毒研究所和结核研究中心等19个研究所与研究中心[④]。

6）原子能局下属科研机构

原子能局是核武器研制与生产的主管部门，在负责有关核武器发展方面的政策研究的同时，指导、管理核武器发展相关的基础研究与应用研究工作。原子能局下设5个研究机构和6个辅助研究机构。另外，原子能局还拥有6家企业，包括印度原子能有限公司、印度稀土有限公司、印度铀有限公司、印度电子有限公司和印度核能公司等，都有较强的研发实力。

7）科学技术局下属科研机构

科学技术局下属17个自治的研发机构和3个气象与测绘方面的国家级研究机构，即印度气象局、印度测绘局和国家地图与专题组织。科学技术局还与科学与工程研究理事会合作，对公共机构和大学实验室的科研项目提供联合资助。此外，印度政府于1996年在科学技术局下增设技术开发委员会（Technology Development Board），成为科学技术局下属的唯一法定机构（statutory board）。

---

① DRDO. Genesis & growth. http://drdo.gov.in/drdo/English/index.jsp?pg=genesis.jsp [2012-06-09].
② DRDO. Labs & establishments. http://drdo.gov.in/drdo/English/index.jsp?pg=labs.jsp [2012-06-09].
③ ICMR. About ICMR. http://www.icmr.nic.in/abouticmr.htm [2012-06-09].
④ ICMR. ICMR's permanent institutes/centres. http://www.icmr.nic.in/institute.htm#Permanent%20Institutes/Centres [2012-06-09].

8) 生物技术局下属科研机构

生物技术局是印度生物技术领域的主管部门。其前身为1982年成立的印度国家生物技术理事会（National Biotechnology Board，NBTB）。1986年，国家生物技术理事会转制划归科技部，成立了独立的生物技术局。在该局的推动下，印度DNA重组技术、细胞和组织培养技术、免疫学、酶学、生物工艺工程和接种学等学科发展迅猛。生物技术局领导着一个全国性的实验室网络，其中三个被看做是基础研究的专业实验室，即国家免疫学研究所、国家细胞科学中心和国家脑研究中心。生物技术局还拥有国立植物基因组研究所、甘地生物技术中心、DNA指纹识别和诊断学中心、生物资源与可持续发展研究院所和生命科学研究所。此外，生物技术局还参与了高校的50多个生物实验室的工作。

9) 新能源与可再生能源部下属科研机构

新能源与可再生能源部的前身是非传统能源部，2006年改名为新能源与可再生能源部，其使命是为了国家经济建设开发、使用新型可再生能源[1]。下设太阳能中心、风能技术中心、沙达尔·斯瓦兰·幸格可再生能源研究所、替代氢能中心和印度可再生能源开发署[2]。

10) 地球科学部下属科研机构

地球科学部成立于2006年7月，主要研究内容是全国的海洋科学、气象学、气候学、环境科学、地震学及极地研究计划，下设国家中期天气预报中心、印度热带气象学研究所、地震风险评估中心、国家海洋技术研究所、国家南冰洋研究中心、国家海洋信息服务中心、海洋生物资源与生态中心[3]。

11.1.7.2 管理模式

1) 组织结构

印度国立科研机构一般根据《社团注册法》注册为一个社团组织，依法独立运作，实行自治管理，具有充分的自主权和灵活性。上级主管部门需按照法律规定对机构的运行进行协调和指导，不能随意干涉科研机构的正常研究活动[4]。

国立科研机构的内部管理根据《社团注册法》的规定，建立理事会、顾问委员会和绩效评估委员会。理事会是科研机构的最高决策机构，理事会的理事长一般由上级政府部门的部（局）长兼任。顾问委员会负责为决策提供咨询建议，其成员包括委员

---

[1] Ministry of New and Renewable Energy. About us. http：//mnre. gov. in [2012-06-09].
[2] Ministry of New and Renewable Energy. Specialized centers/institutes. http：//mnre. gov. in [2012-06-09].
[3] Ministry of Earth Sciences. About us. http：//moes. gov. in [2011-08-23].
[4] 常青. 2006. 印度科研机构的管理制度. 全球科技经济瞭望，(7)：38-40.

会主席、理事会的理事长、下属研究所所长或实验室主任、社会科学家、政府科技部门代表等，其中，委员会主席由知名科学家、技术人员或企业家担任。顾问委员会每年至少开会一次。绩效评估委员会成员由理事长指定，负责至少每三年对机构进行一次绩效评估，提出改进意见，并向理事会和顾问委员会提交评估报告。理事会、顾问委员会和绩效评估委员会的职责如表11-3所示。

表11-3 理事会、顾问委员会、绩效评估委员会职责

机构	职责
理事会*	管理机构的行政和财务；审议年度预算和追加预算；决定下属机构的建立、保留、合并和关闭；提议各类奖项；审议机构内部人事职位的设立；确立机构工作人员的岗位和职责；机构内部人事任免原则和程序的制定；评估机构内部科技人员结构；通过政府或应政府要求与外国和国际组织，以及政府或民间团体签署合作协议和接受赞助；有关分委员会的成立、任命和解散；对下属研究所所长、主任的任命等
顾问委员会	向主管团体提供科技评述；就科研机构制定和执行其愿景提供建议；评估科研机构的主要研发领域；建议新研发设想、网络化的/使命导向的计划及其优先领域；主管团体/总干事指定的其他事务
绩效评估委员会	对研究所和国家实验室进行评估；就评估结果，向顾问委员会/主管团体提出建议；提出改进研究所和国家实验室绩效的措施；完成顾问委员会/主管团体指定的其他事务

* 整理自常青. 2006. 印度科研机构的管理制度. 全球科技经济瞭望，(7)：38-40

国立科研机构下属的研究所或实验室实行在管理委员会和学术委员会协助下的所长负责制。管理委员会依照理事会章程、理事会颁布的条例和管理办法对研究所和国家实验室进行管理[①]。以科学与工业研究理事会为例，其管理委员会的组成包括：研究所所长或实验室主任、四位代表不同年龄组人员的科学家代表、一位技术人员的代表、一位兄弟研究所的所长级科学家、研究所负责研究计划和评估部门的领导、研究所的高级财务和管理人员及研究所办公室的领导。管理委员会实行少数服从多数的原则。学术委员会成员包括：五位所外专家、印度政府有关科技管理部门的代表、研究所的所长及来自兄弟研究所的所长或高级科学家。通常学术委员会的成员由理事长提名，任期为三年，每年召开的学术委员会议不少于两次，会议需邀请理事会理事长或其代表出席。

2）经费管理

印度国立科研机构的经费主要来源于中央政府的财政预算拨款，投入方式分两种。

一是政府科技直接投入。这部分资金是由国家以年度预算的方式提供给政府部门所属科研机构，主要用于维持日常的研究开支。拨款方式主要可分为全额拨款和浮动差额拨款两种。实行政府全额拨款的机构有印度国防部、空间局、原子能局等直属的科研机构；实行浮动差额拨款的是拥有较大自由度的各类理事会下属的科研机构，如

---

① 常青. 2006. 印度科研机构的管理制度. 全球科技经济瞭望，(7)：38-40.

科学与工业研究理事会所属研究所和国家实验室等。政府主管部门对实行浮动差额拨款的科研机构全额提供人员工资和日常开支两部分的经费,研究经费部分实行浮动拨款。以科学与工业研究理事会所属的科研机构为例,科学技术局根据部门总预算和参考上一年度经费按比例确定人员工资和日常开支部分的预算,对研究经费则根据上一年度科研机构的业绩和横向得到的科研经费确定科研经费的拨款额度[1]。无论是全额拨款还是浮动差额拨款,都需通过国家计划委员会的审批,并且经费使用情况必须接受议会委员会和审计总长及会计检察官的审计。

二是政府项目竞争性资助。印度政府各部门和研究组织均拥有项目资助基金,为从事研究开发活动的科研机构和高校提供全部或部分资金支持。这种部门间的横向资金,是科研机构获得经费的一个重要渠道。各部门和研究组织通过发布项目指南,对科研机构以公开招标的方式提供资助,科研机构根据项目指南提出申请,通过竞争获得项目资助。另外,政府制定的跨部门的科技项目也为各级、各类科研机构提供专项研究经费[2]。

---

[1] 张义明. 2004. 印度科研机构经费和科研人员管理. 全球科技经济瞭望, (9): 24-27.
[2] 陈冰. 2000. 印度政府对科技经费管理的做法. 全球科技经济瞭望, (9): 20, 21.

11.2　印度科学与工业研究理事会

> ▶ 印度最大的综合性研究机构，除了资助本系统内的研发工作外，还通过基金支持其他机构的科研工作。其使命是推动和促进印度科学与工业研究的发展，从而促进印度的经济、环境和社会利益最大化。主要任务是满足国家战略需求、促进基础知识进步，为增强产业竞争力、增加社会福利和加强科学技术基础等开展研究开发活动。
>
> ▶ 2007~2008年度，共有员工17 391名，其中科研人员为12 554名，管理人员为5137名。
>
> ▶ 科研经费70%来自中央政府拨款，其他主要来自研究合同、版税、使用许可费及创办公司的营业收入等。2007~2008财年，政府拨款186.12亿卢比（约合3.34亿美元）。
>
> ▶ 实行理事会制度，管理机构包括理事会、顾问委员会和绩效评估委员会。实验室由实验室主任在管理委员会和学术委员会的协助下进行管理。
>
> ▶ 在中国科学院管理创新与评估研究中心对86个国际国立科研机构的学术影响力排名中，印度科学与工业研究理事会的化学排名第十，材料科学排名第十二。

印度科学与工业研究理事会（Council of Scientific and Industrial Research，CSIR）成立于1942年，是按当时的英国科学与工业研究部的模式创建的，现归印度科技部下属的科学与工业研究局管辖，其使命是推动和促进印度科学与工业研究的发展，从而促进印度的经济、环境和社会利益最大化，主要任务是满足国家战略需求、促进基础知识进步，为增强产业竞争力、增加社会福利和加强科学技术基础等开展研究开发活动。科学与工业研究理事会除了资助本系统内的研发工作外，还以研究与发展基金的方式支持大学和其他研究机构的研发工作，对跨学科计划和机构间合作研究计划给予优先支持。

2002年，科学与工业研究理事会开始创建跨越其管辖的实验室的知识创新网络，重点建设跨学科领域实验室的资源与能力网络，确定55项"网络计划"。推进"组建网络协同研究联盟"计划，旨在将科学与工业研究理事会与大学、企业及其他科研机构结成网络联盟，协同开展研究。2006年，印度形成了由科学与工业研究理事会和10多所大学、三个著名医学实体结成的网络联盟[1]。

印度在美国申请的专利（除外企）中，有50%～60%属于科学与工业研究理事会。2008年，其拥有大约1800项国外专利和约1500项本国专利[2]。

11.2.1 人力资源和经费状况

2007～2008年度，科学与工业研究理事会共有员工17 391人，其中科研人员为12 554人，占员工总数的72%，包括科学家4452人、技术人员2830人、辅助技术人员4972人；管理人员为5137人，占员工总数的28%，如表11-4[3]所示。

科学与工业研究理事会是科学与工业研究局的主要研发力量，70%以上的经费来自中央政府拨款，2007～2008财年，政府拨款经费为186.12亿卢比（约合3.34亿美元[4]）；其他来自外争经费，包括科学与工业研究理事会与各级政府部门、私营企业及国外的研究资助机构签订的研究合同、版税、使用许可费及其创办公司的营业收入等。中央政府主要采用年度计划和国民经济发展五年计划的科技拨款方式，提供直接、固定的投入。科学与工业研究理事会获得中央政府科技拨款之后，再以预算的方式或以项目的方式，依据下属各研究所或实验室的性质和需要按不同比例进行分配。

表11-4 科学与工业研究理事会研究人员及经费状况

资源		2003～2004年度	2004～2005年度	2005～2006年度	2006～2007年度	2007～2008年度
人力资源/人	科技人员					
	科学家	4 651	4 682	4 635	4 555	4 452
	技术人员	2 959	2 957	2 996	2 887	2 830
	辅助技术人员	5 935	5 699	5 353	5 114	4 972
	科技人员总数	13 545	13 338	12 984	12 556	12 554
	管理人员 管理人员总数	4 440	4 913	5 309	4 876	5 137
人员总数		17 985	18 251	18 293	17 432	17 391

---

[1] 中国科学院科技布局研究组. 2007. 关于我院科技布局调整的若干思考. 中国科学院院刊, 22 (2): 89-103.
[2] CSIR. 2008. CSIR brochure. http://www.csir.res.in/External/Heads/aboutcsir/brochure2008.pdf [2012-06-10].
[3] CSIR. Annual report 2007-08. http://www.csir.res.in/External/heads/aboutcsir/Annual_report/annualreport07_08.pdf [2012-06-10].
[4] 根据2012年6月21日汇率换算——美元：卢比=1：55.64。

续表

资源		2003～2004年度	2004～2005年度	2005～2006年度	2006～2007年度	2007～2008年度
经费/亿卢比	政府预算拨款 政府项目分配	43	58.08	71.30	94	103.5
	政府预算拨款 政府非项目分配	64.45	68.57	74.05	77	82.62
	政府预算拨款 政府预算总额	107.45	126.65	145.35	171	186.12
	外争经费 研发合同及咨询	25.52	25.88	—	—	—
	外争经费 杂项收益（非研发）	3.22	5.58	—	—	—
	外争经费 实验室服务	8.92	8.9	—	—	—
	外争经费 外争经费总额	37.66	40.36	—	—	—
	经费总额	145.11	167.01	—	—	—

资料来源：CSIR. Annual report 2007-08. http：//www.csir.res.in/External/heads/aboutcsir/Annual_report/annualreport07_08.pdf

11.2.2　战略定位和重点领域

根据科学与工业研究理事会2011年发布的《使命与战略2022》报告，印度科学与工业研究理事会的使命是"为新印度建设新科学与工业研究理事会"，其愿景是"追求具有全球影响力的科学和创新驱动型产业的技术，培育顶尖的跨学科人才，为印度实现经济包容性增长"[①]。科学与工业研究理事会研究领域广泛，在理论物理学、化学、地学和生物学等基础研究方面实力较为雄厚，在超导、细胞与分子生物学等方面的基础研究上取得了突出的成绩。国家物理研究所、国家化学实验室、细胞与分子生物研究中心等一批研究机构代表着印度的科学发展水平，电子、土木工程、机械、药物开发、航空航天工程和环境工程等领域的研究也是该理事会研究领域的重要组成部分。科学与工业研究理事会取得的一些成果案例如表11-5所示。

表11-5　科学与工业研究理事会在各领域取得的主要成果

重点领域	取得的成果
生物和生物工程	国内领先的DNA指纹识别技术 建立了Cybirds实验室（Cybirds facility）以研究神经退化疾病，尤其是帕金森病 为遗传工程药物的安全评估建立了高级实验室 从本土植物中萃取活性成分用于慢性白血病和胃溃疡的治疗 开发了基因型CIM-Arogya以提高苦艾素的产量 制备大量RNAsin（从胎盘中萃取的一种抑制酶）的有效方法

---

① CSIR. 2011. Vision & strategy 2022. http：//rdpp.csir.res.in/csir_acsir/PDF/CSIR80-final.pdf [2012-06-11].

续表

重点领域	取得的成果
卫生保健	疾病（包括癌症和内脏利什曼病）的早期检测技术 利用核苷的多态现象开发了哮喘病的生物标记技术 抗疟疾药物 Elubaquine 和 Arteether，出口到 48 个国家 口服胰岛素和乙肝疫苗 为新药物的开发而编写的"Geno cluster"软件 非类固醇避孕药物 CENTCHROMOM-A 为病原体研究和药物开发设立了五个尖端生物安全实验室
农业	不必冷冻就能保藏的、拥有较长货架期的食物产品 自然食物色素 从大豆卵磷脂中萃取新型磷脂 可生化降解的包装材料 为食物安全研究而设立了食品放射实验室 抗早熟性疾病和病虫害的薄荷醇（Mentha arvensis）：Himalaya 和 Kosi
化学	含氢氟烃（hydro fluoro carbon，HFC）的制备工艺 烯丙基氯的催化制备工艺 薄膜复合物和反渗透隔膜 利用甲烷和甲醇制备汽油技术 甲烷制备裂解合成气技术 打破垄断的 THPE 工艺 利用椰子壳大量制备纤维复合物 电火花聚合体 微纳结构聚合体材料 一硝基甲苯的环境友好制备技术 三功能催化剂 抗抑郁药的绿色合成方法 将环氧化物（如环氧丙烷、氧化苯乙烯、二氧化碳）转化成循环碳酸盐的技术 生物质燃料技术 生物质原料制备聚乳酸技术 用于污水净化的超级过滤薄膜
皮革	皮革加工技术从化学工艺向生物工艺转变 脂肪酶、蛋白酶等生物产品的生产工艺的标准化 用于卫生保健的胶原质产品的商业化 零污水排放的三步制革法
生态与环境	参与编写政府间气候变化专门委员会第四次评估报告，并获得 2007 年诺贝尔和平奖 印度国内主要城市的空气质量及管理政策的编目和测试 饮用水中的砷、铁、氟化物和盐的滤除技术 用来进行快速可靠的生物学氧需求量分析的生物传感器 污水处理设施 工业废弃物的管理和回收技术，如利用造纸工业废弃物制造甲醛 石油化工、皮革和纺织工业的废弃物的循环回收工艺和设备

续表

重点领域	取得的成果
地球科学	为环境管理而绘制的首张 Gauvery 盆地的地球化学基线图 Narmada cambay 地区的碳氢化合物沉积区域的划分 季风爆发的新标准和近赤道印度洋在季风爆发中的作用和地位 为早期预测季风降雨而创立的神经网络模型 热带飓风的早期预测和预警 雾预报平台 用来检测印度东北部地震活动的 VSAT 网络
电子仪器	用于金属氧化物半导体器件的高介电常数材料 碳化硅 Schotty 二极管（印度国内首创） 低成本、响应速度快的聚合物薄膜传感器，用于检测食品中的微生物和矿山中有毒气体 高性价比的医用仪器：生物传感器和医用直线加速器 地球科学仪器，包括智能地震数据记录仪和分析仪、积雪深度和表面测量探测器等 利用微机电技术制造的压力传感器和声音传感器 利用图像处理技术制造的纸面污斑分析仪（paper dirt speck） 光纤温度传感器，可用来监控高压输电线路 便携式振动监控系统，可用来监控列车的水平、垂直加速度 商用低成本电能质量分析仪
能源	除硫的高级催化剂 石脑油裂解成汽油和液化石油气 利用多相催化剂生产生物柴油 生物质制造乙醇和液态燃料 从植物油中提炼的、可生物降解的润滑剂 FCC 石脑油的吸附脱硫技术 柴油氧化脱硫技术 利用甲醇、甲醛，通过非氧化激活工艺制造汽油 基于碳的甲烷/天然气重整合成气 热稳定性能良好的阳离子交换薄膜（燃料电池） 自组装单层有机分子制备锂电池阴极
航空	14 座双涡轮引擎 SARAS 飞机，时速达 600 公里/小时，最大航程 1200 公里 设计制造了 HANSA 轻型教练机 深度参与了印度 Tejas 轻型战斗机计划 为维克拉姆航天中心（VSSC）的高超音速飞机开发了超音速冲压喷气发动机 开发了地基、空载的天线屏蔽器 开发了用来保障安全着陆的自动视程仪（automatic visual range assessor） 新型陶瓷隔离内衬材料（用于火箭推进器） 顶尖的视距测量计 DRUSHTI 滚动轴承国家测试中心 用于事件、事故分析的 Windows 兼容的可视化软件 高性价比的树脂浇铸技术，用于制造战斗机天线屏蔽器 被动红外探测器的纳米涂层镜面

续表

重点领域	取得的成果
采矿、矿物和材料	微波辅助燃烧冶炼磁合金 利用 Floatex 密度分选机进行铁矿选矿 自清洁玻璃涂层 用于制造自然纤维合成物的技术开发中心 HAP 涂层牙齿填充物 掺杂有富勒烯的玻璃，拥有极限光学性能

资料来源：CSIR. 2008. CSIR brochure. http://www.csir.res.in/External/Heads/aboutcsir/brochure2008.pdf

11.2.3 组织架构和管理模式

11.2.3.1 组织架构

科学与工业研究理事会的组织结构如图 11-8 所示。根据《社团注册法》，科学与工业研究理事会实行理事会制度。印度总理出任理事会主席，科技部部长出任理事会副主席，通过主管团体（governing body）对该理事会进行领导和管理。总干事（director general）负责对科学与工业研究理事会的日常工作进行管理。顾问委员会和绩效评估委员会协助总干事开展工作。

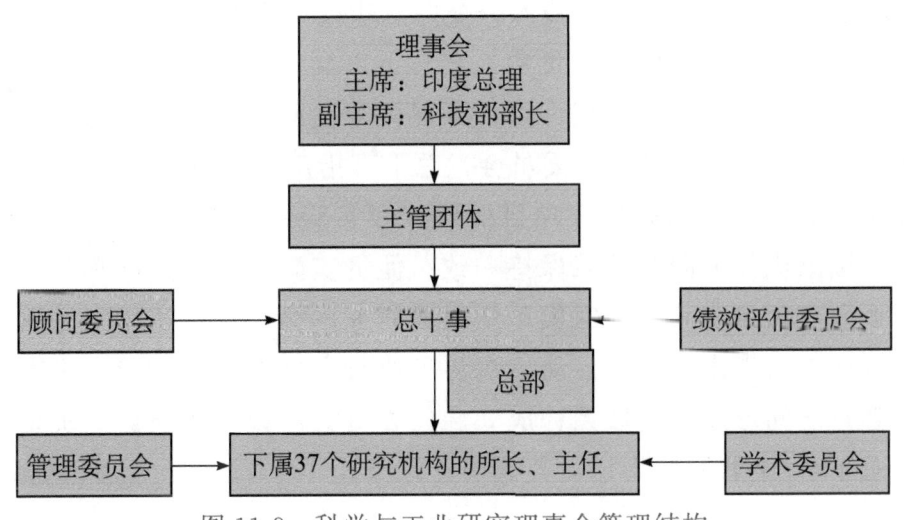

图 11-8　科学与工业研究理事会管理结构

资料来源：http://www.csir.res.in/External/Heads/aboutcsir/org_structure.htm

顾问委员会的职能包括向主管团体提供科技评述；为科学与工业研究理事会制定和执行其愿景提供建议；评估该理事会的主要研发领域；建议新研发设想、网络化的/

使命导向的计划及其优先领域；完成主管团体/总干事指定的其他事务①。

绩效评估委员会由总干事任命组建，至少每三年对其所有国家实验室进行一次绩效评估。绩效评估委员会的具体职能包括评估研究所和国家实验室的绩效；就评审结果向顾问委员会和主管团体提出建议；提出改进实验室绩效的措施及顾问委员会和主管团体委派的其他事务②。

科学与工业研究理事会总部架构如下：①研发规划部，负责根据印度国民经济五年规划中的科技规划制订科学与工业研究理事会的研究计划；②知识产权管理部，负责知识产权的管理；③技术网络与商业开发部，负责产学研的合作，拓展科学与工业研究理事会的研究伙伴，促进科技成果转移转化；④人力资源开发组，负责员工的雇佣和培训；⑤国际科技事务组，负责处理国际科技相关事务；⑥信息技术部，负责处理科学与工业研究理事会总部内部计算机和网络相关问题；⑦科学传播单元，负责对公众宣传科学与工业研究理事会的科研成果，扩大该理事会的社会影响力；⑧招聘和评价委员会，负责对科学与工业研究理事会雇员的雇佣审核和评估③。

科学与工业研究理事会下属的37家研究机构，由其总部统一协调管理，研究机构的所长直接向总干事负责，在管理委员会和学术委员会的辅助下，对机构进行管理。

管理委员会的职能包括管理实验室的内外事务；在科学与工业研究理事会规定的范围内，冲销无法弥补的资金亏损和储存（irrecoverable monetary losses and stores）；就实验室/研究所实验活动/设施的资源分配提出建议；监督实验室/研究所研发和其他活动的进度；推动具体权利向项目负责人转移，以利于项目的有效执行；批准研发合约、咨询服务项目，进行知识产权许可；开展国家实验室的年度报告工作；组建针对所有技术人员的选任委员会和评审委员会；总干事指定的其他事务。

学术委员会的职能包括就研发项目的形成和实验研发活动的未来方向提出建议，与五年计划、国家优先方向和领域保持一致；促进实验室在有共同利益的项目研究上与科学与工业研究理事会其他国家实验室组成研究网络；评价实验室的研发活动和研究计划，就未来方向提出建议；推动科学与工业研究理事会各实验室之间及它们与产业界和潜在客户之间形成紧密联系；成立选任委员会和评审委员会，负责科学家的选任和晋升；总干事/主管团体指定的其他事务。

---

① CSIR. Functions of the society. http://www.csir.res.in/external/heads/aboutcsir/information_act/functions_of_organisation.htm [2012-06-11].

② CSIR. CSIR rules and regulations & bye-laws section 8. http://www.csir.res.in/External/Heads/aboutcsir/governance/rules/volume3/new/section8.pdf [2012-06-11].

③ CSIR. Annual report 2007-08. http://www.csir.res.in/External/heads/aboutcsir/Annual_report/annualreport07_08.pdf [2012-06-11].

11.2.3.2 管理模式

1)人事管理

科学与工业研究理事会的人员分为科学家、技术人员、辅助技术人员和行政管理人员四类。科学家实际相当于国家公务员,享受的工资标准和福利待遇与政府公务员相当,工资水平也基本上是参照政府公务员的工资标准制定的,并随时根据政府公务员工资的调整而进行相应的调整。理事会的章程对科学家的遴选、职位工资、工资晋级及业绩评价等均做出了相关的规定。科学家的工资级别分为七个等级,并严格确定了聘用人员相应级别的任职条件和工资范围,如表11-6[①]所示。除工资外,科学家还享受相应的福利、医疗和住房待遇等。

表11-6 科学与工业研究理事会科学家工资级别与任职要求

工资级别	工资范围/卢比	相关领域工作经验年限	年龄上限
Scientist Group-IV (1)	8 000~13 500	无	35岁
Scientist Group-IV (2)	10 000~15 200	0~3年	35岁
Scientist Group-IV (3)	12 000~16 500	3~7年	40岁
Scientist Group-IV (4)	14 300~18 300	6~10年	50岁
Scientist Group-IV (5)	16 400~20 000	9~13年	50岁
Scientist Group-IV (6)	18 400~22 400	12~16年	50岁
Scientist Group-IV (7)	22 400~24 500	—	—

资料来源:CSIR. Rules for recruitment and assessment promotion of scientists GR. I V in CSIR. http://www.csir.res.in/external/heads/career/recruit/assess.pdf

各实验室科学家和技术人员的选任与晋升分别由各自选任委员会和评审委员会负责。各实验室学术委员会成立负责科学家的选任和晋升的选任委员会和评审委员会;管理委员会成立负责技术人员的选任和晋升的选任委员会和评审委员会。

对科学家的招聘,要组成相关的遴选委员会:5级以下的研究人员,由研究所所长组建的遴选委员会负责;6级以上的研究人员,由总干事组建的遴选委员会负责。招聘的程序如下:研究所所长先征得所学术委员会同意后,向理事会招聘和评价委员会提出招聘申请;研究所发出招聘公告;申请人提出申请;遴选委员会采用笔试或口试的方式选出候选人,将面试候选者和委员会的建议交理事会招聘和评价委员会;由选任委员会负责召集评审会,提出聘任候选人名单和相应的任职建议,递交给招聘和评价委员会。在通常情况下,受聘人可以得到相应职位所规定的最低工资。入职后1级科学家的试用期为两年,其他级别的科学家为一年。

---

① CSIR. Rules for recruitment and assessment promotion of scientists GR. I V in CSIR. http://www.csir.res.in/external/heads/career/recruit/assess.pdf [2012-06-11].

各级科研人员需在一个职称位置任职一定年限后才可晋升。例如，1级科学家为三年；2级科学家为四年；3级科学家为四年；4级科学家为五年；5级科学家为五年。对1~4级人员晋升，需组成所一级推选委员会。对5级以上人员的晋升，需组成高一级的推选委员会。推选委员会根据记录申报人工作业绩的年度报告和有关资格年限要求，初步筛选出候选人，由评审委员会与候选人面谈，经过评审后提出"适合晋升"和"不适合晋升"意见[①]。

此外，为了表彰在科学技术领域中卓有成效的学者，防止研究人员外流，吸引国内外的优秀人才，科学与工业研究理事会设立了巴特纳加尔科学技术奖（Shanti Swarup Bhatnagar Prize，SSB）、"新创意基金"，参与和实施了"联合国Tokten计划"、"科学家储备计划"、"海外印裔科技专家联络中心"等多个计划。

2）经费管理

在经费的宏观管理上，由理事会设立的财务理事行使印度政府对其所有的财务管理权。财务理事与科学与工业研究理事会总干事一样具有印度政府秘书职权。总干事有权监管除财务理事外的其他所有理事会成员，总干事在提出超出自己职权范围内的有关财务议案时，事先要征得财务理事的同意。财务理事有权过问所有财务问题，并有权将与总干事意见不一致的财务议案提交给财政部主管副部长乃至部长。

科学与工业研究理事会总部为总干事配备内部财务顾问。总部内部财务顾问为专职人员，向总干事负责，对总干事职权范围内的财务提出建议。科学与工业研究理事会所属研究所和实验室设同样职责的内部财务顾问。所属研究所和实验室的年度财务预算要提交本单位的财务委员会审查。总干事的内部财务顾问代表总干事对所有部门的财务预算进行审查并提交给总干事。财务理事和总干事对审查过的各部门年度财务预算可进行个别磋商，将审查过的财务预算提交理事会议汇总和讨论，随后将理事会议审查通过的年度财务预算提交财政部[②]。

3）科技评价

科学与工业研究理事会绩效评估委员会负责下属实验室和研究所的绩效评估工作。委员会主席由总干事担任，委员由总干事直接委任，包括研究所学术委员会主席、三位研究所的所长、两位顾问委员会成员及三位外部专家。

科学与工业研究理事会各研究机构都有一套较为完备的研究人员工作绩效的检查、评价和职称评定制度，每年各级业务负责人对被考评人做出年度评价考核。科学家年

---

① 张义明. 2004. 印度科研机构经费和科研人员管理. 全球科技经济瞭望，(9)：24-27；CSIR. Rules for recruitment and assessment promotion of scientists GR. I V in CSIR. http：//www.csir.res.in/external/heads/career/recruit/assess.pdf［2012-06-11］.

② 陈冰. 2000. 印度政府对科技经费管理的做法. 全球科技经济瞭望，(9)：20，21.

度业绩评价报告由其直接领导给出。研究所设有一个内部推选委员会和一个评审委员会，负责对科学家的年度业绩进行评价和晋升考核。科学家的年度业绩评分是内部推选委员会进行遴选的基础。只有那些历年的年度业绩评分都达到业绩标准的科学家，才有资格被提名给评审委员会，进行面试考核[①]。

11.2.4　国际科技合作

科学与工业研究理事会与澳大利亚、芬兰、美国、加拿大、马来西亚、斯里兰卡、丹麦、英国、捷克、法国、德国、意大利、日本、俄罗斯、孟加拉、约旦、科威特、蒙古、尼泊尔、尼日利亚、波兰、罗马尼亚、沙特、苏丹、叙利亚、泰国、阿联酋等国的一些科学组织及大型企业建立了合作关系。科学与工业研究理事会与我国的中国科学院、国家自然科学基金委员会等机构都签署了合作协议，双方在普惠医学与健康、可再生能源等领域开展了一系列合作，同时在纳米医药、太阳能等方面还有很大的合作潜力[②]。

科学与工业研究理事会的重点合作领域包括航天及航天材料、医疗卫生、传染病防治、传统医学、分子生物医药、污染检测与防治、环保型皮革加工、气候变化、工业废弃物管理、地下水管理、光子与光电子、传感器、金属与矿山建筑材料、道路建设、特殊聚合物化学、食品加工、转基因食品、生物能源开发和新型燃料等。

机构网址：http://www.csir.res.in
联系地址：Anusandhan Bhawan, 2 Rafi Marg, New Delhi-110001, India
电话：011-25840887（Head，HRDG）
传真：011-23713011，011-23736842（Head，PPD）
E-mail：itweb@csir.res.in

[①] 张义明.2004.印度科研机构经费和科研人员管理.全球科技经济瞭望，(9)：24-27.
[②] 中国科学院国际合作局.2011.白春礼会见印度科学工业理事会总主任Samir Brahmachari.http://www.gscas.ac.cn/site/178?u=33610［2012-06-12］.